爆轰物理

张震宇　田占东　陈　军　段卓平　编著

国防科技大学出版社
·长沙·

图书在版编目（CIP）数据

爆轰物理/张震宇，田占东，陈军，等编著．—长沙：国防科技大学出版社，2016.9（2022.9 重印）

ISBN 978－7－5673－0461－1

Ⅰ.①爆…　Ⅱ.①张…②田…③陈…　Ⅲ.①爆震—物理学　Ⅳ.①O381

中国版本图书馆 CIP 数据核字（2016）第 228739 号

国防科技大学出版社出版发行

电话：（0731）87027729　邮政编码：410073

责任编辑：文　慧　　责任校对：刘璟珺

新华书店总店北京发行所经销

国防科技大学印刷厂印装

*

开本：787×1092　1/16　印张：24.75　字数：587 千字

2016 年 9 月第 1 版 2022 年 9 月第 3 次印刷　印数：1201－2000 册

ISBN 978－7－5673－0461－1

定价：68.00 元

说　明

我们对首版教材中的一些文字错误和图标的不规范处做了修改，加入了新内容第八章《含铝炸药爆轰模型》，并将原书中内容相对独立的第八章改为第九章。

含铝炸药是一种典型的非理想炸药，其在军民领域都有比较广泛的应用。新加入的第八章介绍了迄今为止国内外常用的几个非理想炸药爆轰模型，并详细讨论了这些模型的理论基础、适用性和存在的一些不足之处；提出了一个新的非理想炸药JWL-Three Lines爆轰产物状态方程（JWL equation of state based on Three Lines，简称JWL-TL爆轰产物状态方程）；探讨了利用爆轰模型确定、比较包括非理想炸药在内的做功能力的方法。

张震宇

2021年1月

前 言

爆轰是包含复杂化学反应的流体动力学过程。自从 Zeldovich、Von Neumann 和 Doering 各自独立地对爆轰作出系统的论述以来，人们对爆轰理论本身一直缺乏广泛深入的研究，一方面因为解化学与力学耦合的高度非线性问题太烦琐和困难，另一方面因为它很难直接应用于实际工程装置。

实验是爆轰物理学科中了解爆轰现象和本质，以及得到理论（或经验）模型参数的基本方法。除此之外，多种尺度下的数值模拟是近年来对爆轰物理进行研究的主要手段。其中分子动力学方法使人们可以从原子层次认识固体炸药的反应机制，但受到计算机速度和内存的制约，在可以预见的未来，真实爆轰的典型反应区长度（毫米量级）仍然远远超出分子动力学模拟的能力，爆轰过程的分子动力学模拟可能还只能停留在建立模型以及定性研究的阶段。近年来国外很多研究者对爆轰过程进行了大量中等尺度的模拟，其目的只是要了解热点产生的机制。因为模拟是在炸药颗粒尺度上使用宏观流体动力学程序，所以中等尺度模拟的本质就是宏观流体动力学模拟，只是炸药材料这时不能被看成宏观平均的连续介质。因为网格尺寸过细，同样受计算机速度及其内存的制约，近几十年内它也很难应用于对实际爆轰装置的计算。宏观唯象的爆轰数值模拟是目前唯一能用于武器研制、工程应用和安全问题的计算方法，其计算精度和可靠性直接与包括反应材料模型在内的爆轰模型本身，以及确定模型参数的实验方法、精度和数据处理方法有关。对某些特殊问题，如反应区对爆轰波传播的影响，计算精度还与网格尺寸密切相关，即使在宏观唯象尺度下，对实际爆轰装置的模拟也需要使用大型计算机才可能完成。

本书的主要对象是从事凝聚炸药爆轰研究领域的初学者和那些要与炸药爆轰装置打交道并在工作中需要用到爆轰专业知识的人们。本书共分九章，第一章为爆轰波的 CJ 理论，在假设波阵面为含化学反应强间断面的条件下，讨论了爆轰波和爆燃波的基本关系式、基本性质和波后流动问题。第二章阐述了爆轰波的经典定常结构理论与 ZND 模型，并对本征爆轰、病态爆轰和直径效应进行了讨论。第三章介绍了凝聚炸药和爆轰产物的状态方程。这三章是经典爆轰理论的内容，主要参考了

《理论爆轰物理》（孙锦山、朱建士著）、《应用爆轰物理》（孙承纬、卫玉章、周之奎著）、《爆轰物理学》（张宝平、张庆明、黄风雷编著）和《爆轰学教程》（薛鸿陆编国防科大讲义）等多本相关专著，并根据作者多年来在国防科技大学教授爆轰物理课程的讲义，将内容重新整理、编排而成。第四章给出了一些作者认为比较重要的、与凝聚态炸药爆轰及安全性课题相关的实验结果、理论模型和定性结论。第五章重点介绍几种比较常见、有影响的反应速率模型及其详细推导方法和基本物理概念。第六章专门讨论有助于进一步深入理解炸药冲击起爆和爆轰波传播动力学过程的反应流场实验分析方法。第七章描述冲击起爆和爆轰过程的宏观唯象数值模拟方法。因为流体动力学的基本控制方程与化学反应无关，其中重点介绍模拟中对爆轰反应混合物材料模型的处理方法。第八章介绍了含铝炸药爆轰模型。第九章介绍固体含能材料的燃烧。目的之一是通过对含能材料的燃烧过程建模，以了解炸药的基元反应与动力学方程耦合的方法，原则上对爆轰过程也能如此处理，但因为在爆轰过程所经历的高温、高压状态下难以弄清具体发生了哪些基元反应，且无法实现对基元反应参数的测量，所以到目前为止，对爆轰的反应过程只能进行唯象处理。

书的最后附有几张国外常用炸药爆轰参数的表格。我们曾希望查找或协助分析处理得到一些国内炸药的相关参数附在其中，以期帮助国内近年来大量的工程应用，但令人遗憾的是公开资料中很少有国内定型炸药的完整原始实验数据和爆轰参数。好在一些国外典型的配方炸药参数齐全、实验数据充分，不影响无实验条件的研究者研究爆轰反应材料模型和宏观唯象爆轰反应数值模拟方法。

因时间关系，书中还有许多与爆轰相关的内容，如关于爆轰波传播的 DSD 方法等没有涉及。另外，受作者知识面的限制，书中难免会存在错误或不妥之处，敬请读者批评指正。具体的批评意见和建议可发至第一作者的邮箱（zhangzhenyu205@163. com），我们一定虚心接受，并在以后的修订版本中增加相关内容，改正错误。

编 者

2020 年 12 月于长沙

目　录

第七章 爆轰的数值模拟

第八章 含铝炸药爆轰模型

第一章　爆轰波的 CJ 理论

炸药是含能材料，属于易燃物，它是燃料和氧化剂以分子形式混合的物质。这类材料能支持所有类型的燃烧，包括普通燃烧，如火柴头的燃烧。普通燃烧是一个耦合的物理化学过程，在此过程中，有一个将已燃烧的含能材料和未燃烧的含能材料相隔离的燃烧界面，该界面以波的形式在样品内传播。放热化学反应开始于含能材料表面，并燃烧外层材料。释放的热量通过热传导传给相邻的未反应材料层，直至第二层材料点火燃烧，这种一层接一层的燃烧过程，一直持续到整个样品都燃烧完。燃烧波的传播速度相对较低，这是由两层材料之间能量转移速率和各层上的局部放热化学反应速率决定的。

与普通燃烧不同，炸药能支持称之为爆轰的非常高速的燃烧过程。与普通燃烧波一样，爆轰波从材料的化学反应中获得能量，但其能量的传播方式不是热传导，而是高速压缩波或冲击波。在爆轰和燃烧情况下，化学能量转换界面称为爆轰波阵面或燃烧波阵面，而在波阵面范围内物质经历了从未反应材料初态到反应产物的所有中间过程。

燃烧与爆轰的区别是：燃烧波化学转换阵面的正常传播速度小于原始炸药的声速；爆轰波波阵面速度大于原始炸药的声速。爆轰波可以在与外界隔离的封闭系统条件下传播。由此可以得到爆轰的定义：它是化学转换阵面沿炸药超声速传播的过程，这个过程也可以在不与周围介质发生任何相互作用之下进行，即它可以在炸药中自持地传播。

有一个化学转换阵面的存在，是一种理想化的假设。这种假设对于爆轰波一般可以接受，但是对于燃烧波就很难让人接受，因为燃烧过程一般会受到在管壁上发展的黏性边界层的强烈影响，它们与重力也强烈相关，而波后形成气流又经常是湍流。可是在作了这样的理想化假设之后，可以对某些特殊的快速燃烧过程的一般通性，特别是一些不稳定的、趋向于过渡成爆轰的过程的一般通性，得到很有价值的透视。有时人们称做了这一假设后的燃烧过程为爆燃。

对气体的爆轰和爆燃的研究始于 18 世纪末期。1880 年前后，许多法国物理学家，主要是 Vielle，Mallara，Le Chatelier 和 Berthlot 等人，开始对在特定的可燃性气体混合物中的火焰的传播做实验。他们发现，在正常的情况下，在用这种气体充填的管中，从一端用微弱的电火花点燃后，产生的燃烧波将以每秒几米的低速传播。但是如果在管子的一端利用某种爆炸物的爆炸引起化学反应，例如利用雷管爆炸引起化学反应，则慢的燃烧过程会变成不稳定的快的燃烧过程或爆燃过程，最终会演变成稳定的、极快的化学反应过程，这种过程被他们首先称之为爆轰。爆轰存在爆轰波阵面，这个波阵面在可燃性气体中以每秒 2000 米以上的极高速度向前推进。燃烧与爆轰不仅在可燃性气体中会发生，在液态和固态（总称为凝聚态）的炸药中也会发生。

爆轰物理是专门研究在含能材料中发生和传播的爆轰过程的学科。炸药在爆轰时的化学转换必定伴随介质运动，它是由于在相同压力下原始炸药与反应产物之间的比容差

(或者在相同比容下的压力差)造成的。同样,力学运动对爆轰波阵面范围内的炸药状态,以及最终对化学转换的速率都会产生影响。早期研究已经发现,正是气体动力学定律决定了爆轰波阵面沿炸药传播的速度,以及爆轰过程的许多其他方面。

在一般情况下,为了确定炸药化学转换过程的状态,必须求解流体动力学与化学反应动力学的联立方程组。但是,到目前为止这个问题也只能解决一些最简单的系统。另一方面,爆轰波阵面运动以及爆轰波阵面内介质的运动的许多基本结论,都可以根据流体动力学分析来设想解的一些性质而得到。这种分析正是本书主要讨论的爆轰唯象理论的课题。

1.1 爆轰波的基本关系和CJ理论

按照流体动力学理论,爆轰的实质是依靠前导冲击波的传播来压缩介质,引起能量转换和化学能释放的流体动力学现象。爆轰时,炸药的化学反应和反应混合物的质点运动同时发生。爆轰过程不仅是化学过程,也是流体动力学过程。因此,必须同时考虑流体动力学和冲击波化学问题。但是爆轰中化学反应是极其复杂的,为了使问题简化, Chapman 和 Jouguet 分别在1899 年和 1905 年独立提出了一个简单却令人信服的假设。如图 1.1.1 所示,他们认为爆轰的化学反应在一薄层内迅速完成,将炸药瞬时变为完全反应的爆轰产物。根据这个简化假设,可以不考虑爆轰中化学反应的详细过程,爆轰波阵面相当于把炸药和爆轰产物分隔开的一强间断面。这样,一个复杂的爆轰过程就可以用比较简单的流体动力学冲击波理论进行研究。至于爆轰中化学反应的效应,则用一个外加能源反映到流体动力学方程中去。这种处理的结果与爆轰波波后流体的状态常常符合较好。

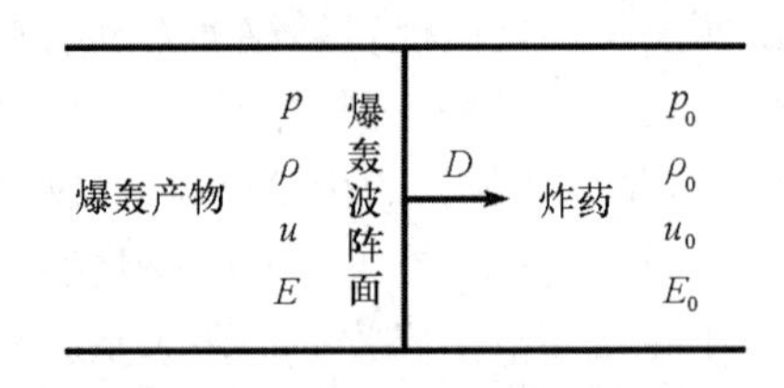

图 1.1.1 爆轰的 CJ 模型

将爆轰波简化为含化学反应的强间断面的理论通常称为 Chapman-Jouguet 理论,简称CJ 理论。

CJ 理论将爆轰波阵面处理成包含化学反应的强间断面,因此,它和冲击波有很多相似之处,爆轰产物各物理量与爆速及炸药物理量之间的关系遵守质量、动量和能量守恒定律。由于爆轰波阵面以超声速向前运动,它不可能发出向前的扰动,因而初始炸药介质一直到化学转换开始都不会受到干扰。这样,在爆轰时只有爆轰产物才能影响力学运动。

假定原始炸药和爆轰产物都是各向同性的介质,并进行对称考虑,则反应产物刚刚生成时的质点速度 u 是指向爆轰波阵面法线方向的。我们取与爆轰波传播方向一致的方向为 u 的正方向,定义爆轰波传播速度为 D。

设想从爆轰波阵面附近切出一块物理上无限小的圆柱体微元,其底面积为 S,它的轴线垂直于爆轰波阵面,假设波前炸药初始质点速度为 u_0。如图 1.1.2 所示,若爆轰波阵面在时间 t 内穿过整个圆柱体,则圆柱体的初始体积和质量分别等于 $S(D-u_0)t$ 和 $\rho_0 S(D-u_0)t$,其中 ρ_0 为炸药的初始密度。爆轰波阵面进入圆柱体的那个端面以反应产物

质点速度 u 移动，经过时间 t，圆柱体的高度缩短了 $(u-u_0)t$。因此，反应产物的体积等于 $S(D-u)t$，而质量等于 $\rho S(D-u)t$，其中 ρ 为爆轰产物的密度。令产物质量与初始炸药质量相等，则得

$$\rho_0(D-u_0)=\rho(D-u)=j \tag{1.1.1}$$

式中，j 为通过爆轰波阵面的物质流密度，即在单位时间内、单位面积爆轰波阵面扫过的一段体积内发生反应的物质质量。

有时将方程(1.1.1)写成另一种等价形式时讨论问题更为方便，即：

$$u-u_0=\rho_0(D-u_0)(v_0-v)=j(v_0-v) \tag{1.1.2}$$

式中 $v_0=\dfrac{1}{\rho_0}$ 和 $v=\dfrac{1}{\rho}$ 分别为初始炸药和反应产物的比容。方程(1.1.1)和方程(1.1.2)均表示爆轰波的质量守恒定律。

现在再观察图1.1.2所示的圆柱体微元应用动量守恒定律。在时间 t 内，爆轰波传过圆柱体微元后炸药介质获得的动量为 $\rho_0S(D-u_0)t(u-u_0)$。该动量是在周围介质对圆柱体边界施加的压力作用下产生的。若用 p_0 和 p 分别表示初始炸药和爆轰产物中的压力，而作用在圆柱体侧面边界上的力是相互抵消的，因此炸药爆轰时作用在圆柱体上的合力是恒定的，且等于 $p-p_0$。令力的冲量 $(p-p_0)St$ 等于动量的增量，于是得到

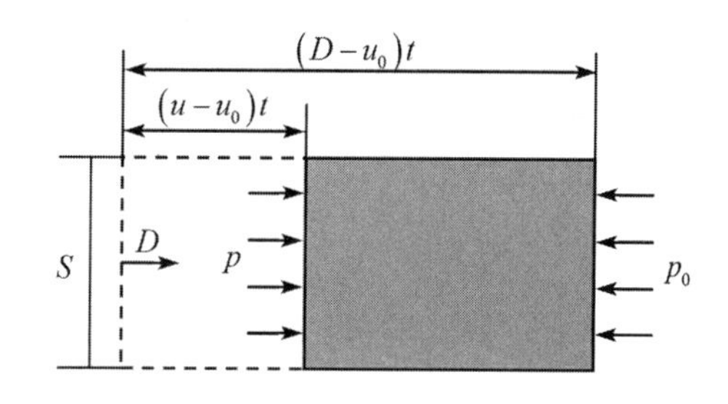

图1.1.2 爆轰波阵面附近的圆柱体微元

$$p-p_0=\rho_0(D-u_0)(u-u_0) \tag{1.1.3}$$

利用质量守恒方程(1.1.2)，上式可以写成爆轰理论上十分重要的另一种形式

$$j^2=\frac{p-p_0}{v_0-v} \tag{1.1.4}$$

方程(1.1.3)和方程(1.1.4)都称为爆轰波的动量守恒方程。

下面讨论能量守恒定律。用 E_0 和 E 分别表示初始炸药和产物的比(单位质量的)内能。假定这两个能量值都是相对于同一选定的能量零点计量的，并且既包括了分子的运动动能及分子间相互作用势能，又包括了炸药介质的潜在的化学能。如果我们用相同的热力学视角观察初始炸药介质和爆轰产物，则化学能 Q 可以从内能表达式中单独分离出来，即

$$E=e(p,v)+Q$$

其中 $e(p,v)$ 为一般热力学意义下的比内能，它仅包括分子运动动能和分子之间相互作用的势能。这是爆轰学研究中经常采用的做法。

除了内能之外，初始炸药和反应产物还具有比动能 $u_0^2/2$ 和 $u^2/2$，因此，图1.1.2所示的圆柱形微元体在爆轰过程中的总能量的变化为 $\rho_0S(D-u_0)t(E-E_0+u^2/2-u_0^2/2)$。

一般地说，图1.1.2所示的圆柱形微元体，无论是由于体积变化还是由于来自周围介质的热输运，都会引起能量改变。在研究凝聚炸药爆轰时，扩散和热传导等输运过程是忽

略不计的。因为这些过程与爆轰过程相比都很缓慢,显然它们还来不及在表征爆轰的特征时间内对反应产物的能量作出大的贡献,由此,我们只要使能量的改变与外力所作的功$(pu-p_0u_0)St$相等。利用动量守恒方程(1.1.3),可以得到

$$\rho_0(D-u_0)(E-E_0)=pu-p_0u_0-\rho_0(D-u_0)(u^2/2-u_0^2/2)$$
$$=\frac{p+p_0}{2}(v_0-v)j \tag{1.1.5}$$

再利用质量守恒方程(1.1.2),消去上式中的D和u,即可得到如下形式的能量守恒方程:

$$E-E_0=\frac{1}{2}(p+p_0)(v_0-v) \tag{1.1.6}$$

能量守恒方程(1.1.6)不同于方程(1.1.5),它只包含热力学量。这个方程的存在表明:当炸药的初始状态p_0、E_0、v_0给定时,爆轰产物的所有状态并不都能在爆轰过程中经历到。

鉴于化学反应通常发生在一个有限时间内的事实,真实的爆轰波阵面必定有一个有限厚度。因而严格地说,建立在质量、动量和能量守恒定律方程(1.1.1)—(1.1.6)基础上的经典CJ爆轰理论,只适用于平面稳定爆轰波阵面。事实上,在推导三个守恒定律方程时已经用了两个重要假设。第一,若实际爆轰波阵面厚度为a,则原始炸药柱的特征尺寸L和爆轰波阵面的曲率半径R远远大于此波阵面厚度,即$L\gg a$,$R\gg a$。第二,爆轰波阵面速度D的变化在爆轰化学反应时间$t\approx a/D$内必定是极其微小的,即$\mathrm{d}D/\mathrm{d}t\cdot a/D\ll D$。在这种一维平面、定常条件下传播的爆轰波称为理想爆轰波。因此,经典的CJ爆轰理论是一种理想爆轰的理论。

经典的CJ爆轰理论的三个守恒定律方程与冲击波物理中的相应守恒方程在形式上是完全一致的。它们的区别如下:

(1)两者能量守恒方程中的内能函数意义不同。对于冲击波而言,由于不发生化学反应,波前与波后介质的材料成分是一样的,所以方程的内能函数E仅仅是压力p和比容v的函数。对爆轰波而言,由于存在化学反应,所以波前、波后以及反应区内物质的成分是不同的,它们的内能函数E不仅与压力p、比容v以及潜在的化学能有关,而且也与物质的材料性质有关,即波前原始炸药、波后爆轰产物以及反应区内物质的内能函数是不同的。

(2)冲击波在介质中传播时,由于它的能量要不断地消耗在被压缩介质的不可逆加热上,它的幅度和速度会不断衰减,因此如果没有外界供给它能量,稳定的冲击波是不可能长久存在的。但是对于爆轰波,由于炸药受到它的强烈冲击作用而引发快速化学反应,释放大量的化学能,这些能量反过来又供给爆轰波,使它对下一层物质进行冲击压缩。因此,爆轰波能够自持地不衰减地稳定传播下去。即爆轰波与冲击波有自持与非自持的区别。

1.2　理想气体中的爆轰波和爆燃波

为了进一步具体地阐述经典CJ爆轰波理论,下面以理想气体的爆轰为例进行讨论,在得到一些具体的概念后再研究一般介质的情况。

假设初始炸药和反应产物均为理想气体,且反应产物处于热力学平衡状态。在这种情况下,产物的比内能 e 仅仅是压力 p 和比容 v 的函数

$$e(p,v)=\frac{pv}{\gamma-1} \tag{1.2.1}$$

含化学潜能的产物比内能表达式为

$$E=\frac{pv}{\gamma-1}+Q \tag{1.2.2}$$

式中,$\gamma=C_p/C_v$ 为理想气体的等熵指数(C_p、C_v分别是定压比热和定容比热),Q 是一个常数,它与气体的化学组分以及能量的零点基准选择有关。考虑到产物气体的化学稳定性,这个零点基准的选择一般是使产物的

$$Q=0 \tag{1.2.3}$$

对于初始炸药介质,含化学潜能的比内能表达式为:

$$E_0=\frac{p_0v_0}{\gamma-1}+Q_0 \tag{1.2.4}$$

从对方程(1.2.2)(1.2.3)和方程(1.2.4)的比较中可以得出,Q_0是单位质量炸药在等压、等容反应时的热效应,即在 $p=p_0$和 $v=v_0$条件下,炸药发生化学反应时释放的热量。从上述比较中还可以看出,在通常情况下所给的 Q_0值取决于 p_0和 v_0。如果初始炸药也是理想气体,并且与产物的 γ 值相同,则这种情况下 Q_0值才可能不变。

将内能函数代入爆轰波能量守恒方程,可得理想气体的爆轰 Hugoniot 曲线

$$\frac{pv}{\gamma-1}-\frac{p_0v_0}{\gamma-1}=\frac{1}{2}(p+p_0)(v_0-v)+Q_0 \tag{1.2.5}$$

经简单整理后可得

$$p=\frac{2(\gamma-1)Q_0+p_0[(\gamma+1)v_0-(\gamma-1)v]}{(\gamma+1)v-(\gamma-1)v_0},\text{当 } v\to\infty \text{ 时},p_\infty\to-\frac{\gamma-1}{\gamma+1}p_0 \tag{1.2.6}$$

或

$$v=\frac{2(\gamma-1)Q_0+v_0[(\gamma+1)p_0+(\gamma-1)p]}{(\gamma+1)p+(\gamma-1)p_0},\text{当 } p\to\infty \text{ 时},v_\infty\to\frac{\gamma-1}{\gamma+1}v_0 \tag{1.2.7}$$

由上两式可见,理想气体的爆轰 Hugoniot 曲线是一族以 $p_\infty=-\frac{\gamma-1}{\gamma+1}p_0$ 和 $v_\infty=\frac{\gamma-1}{\gamma+1}v_0$ 为渐进线、Q_0为参数的双曲线,如图1.2.1所示。在 $p-v$ 平面上,爆轰 Hugoniot 曲线的垂直渐进线给出了爆轰过程中产物可能被压缩的极限体积。显然,因为 $Q_0\neq0$,爆轰 Hugoniot 曲线不经过原始炸药的初始状态点(p_0,v_0),否则爆轰波与冲击波的差别将消失。爆轰 Hugoniot 曲线表示了对应于同一初始状态的、不同波速的爆轰波产物可能达到的反应终态的连线,即它是一条状态线。

在同一个 $p-v$ 平面上，对应于动量守恒方程(1.1.4)的直线被称为 Rayleigh 线。这是一簇从初始状态点(p_0，v_0)发出的、倾角正切等于 j^2 的直线。因此，只有 $\mathrm{tg}\varphi>0$ 的 Rayleigh 线可以对应于实际的爆轰过程。在以后的讨论中，可以不必研究图 1.2.1 所示 $p-v$ 平面上的第Ⅰ象限和第Ⅲ象限，因为这两个象限对应着通过爆轰波阵面的物质流密度 j 为虚数。由方程(1.1.4)可知，$p-p_0$ 和 $v-v_0$ 必须符号相反，即经过波阵面，压力和密度只能同时增加或者同时减少。图 1.2.1 中的第Ⅱ象限和第Ⅳ象限把包含化学反应的强间断面分为两类：一类是爆轰波，经过爆轰波压力增加，密度增加；另一类为爆燃波，经过爆燃波压力下降，密度也下降。可以证明，在封闭的绝热系统条件下，在对应于爆燃过程的第Ⅳ象限不可能存在稳定的化学转换状态。因此，只有 $p-v$ 平面上的第Ⅱ象限才对应稳定传播的爆轰。

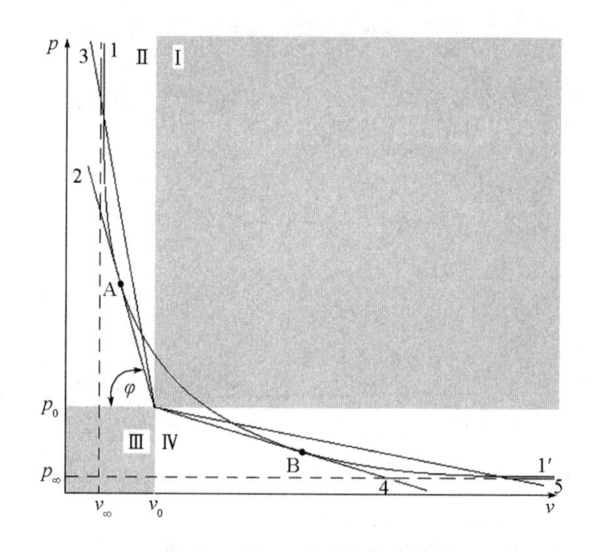

图 1.2.1　理想气体的爆轰 Hugoniot 曲线和 Rayleigh 线

当爆速 D 给定后，Rayleigh 线对应一条过程线，即爆轰波阵面上的所有状态点都经历了相同的爆轰波速度而达到波后状态。因为爆轰波终态点既要落在 Hugoniot 曲线上，又要落在 Rayleigh 线上，因此，这两条线的交点即是爆轰波波后状态。由图 1.2.1 可见，一般情况下这样的交点有两个，如图中直线 3 与曲线 1 的交点。即在同一爆速 D 下，质量、动量和能量三个守恒定律允许有两种类型的爆轰存在，其中对应于产物中具有较大压力值的爆轰称为超压爆轰或强爆轰，而对应于较低压力值的爆轰称为欠压爆轰或弱爆轰。能使 Rayleigh 线与爆轰 Hugoniot 曲线有交点的最小爆速称为正常爆速或 CJ 爆速，在此爆速下，Rayleigh 线与爆轰 Hugoniot 曲线仅有一个公共切点 A。A 点所对应的状态称为正常爆轰或 CJ 爆轰。按爆轰状态的分段范围，位于 A 点上方的爆轰 Hugoniot 线段称为强爆轰分支，而位于 A 点下方的那段称为弱爆轰分支。

同理，在对应爆燃过程的第Ⅳ象限也有正常爆燃点或 CJ 爆燃点 B。位于 B 点左上方的爆轰 Hugoniot 线段称为它的弱爆燃分支，而位于 B 点右下方的线段称为它的强爆燃分支。

由动量守恒方程(1.1.3)还可以得到，对于爆轰波，因为 $p-p_0>0$，所以 $u-u_0$ 与

$D-u_0$同号，$D-u_0$是爆轰波相对于波前质点的速度，$u-u_0$是波后质点相对于波前质点的运动速度。经过爆轰波，产物质点在爆轰波传播方向上受到加速，质点轨迹更靠近爆轰波的轨迹。波前相距为 Δx_0的两个质点，波后相距 $\Delta x_1 < \Delta x_0$，爆轰波过后介质被压缩，产物密度大于炸药密度，见图 1.2.2。

同样，如图 1.2.3 所示，对于爆燃波，因为 $p-p_0<0$，所以 $u-u_0$与 $D-u_0$反号，因此 $\Delta x_1 > \Delta x_0$，爆轰波过后产物密度小于炸药密度。

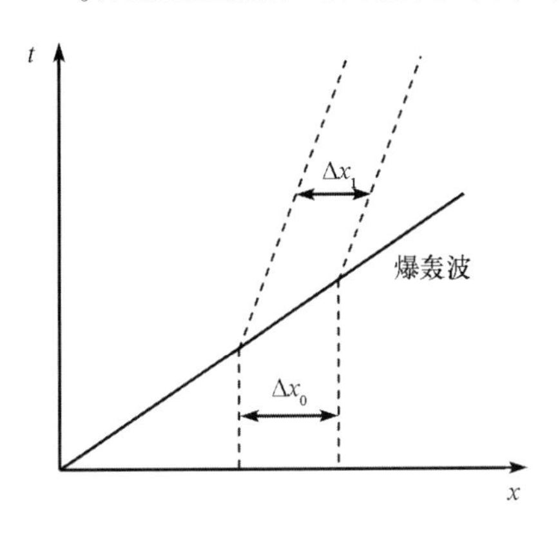

图 1.2.2　爆轰波，压缩

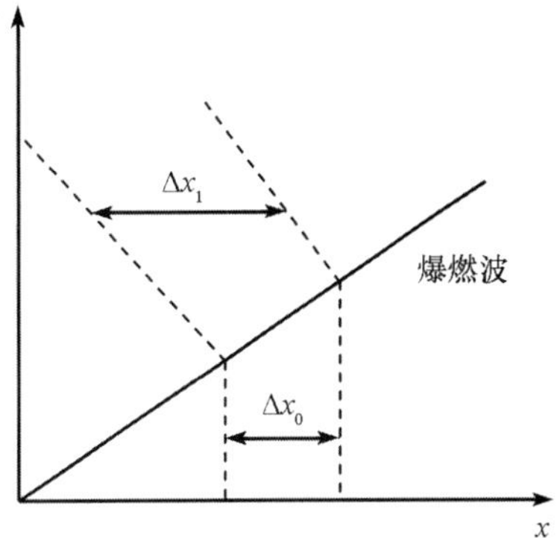

图 1.2.3　爆燃波，膨胀

按照 CJ 理论，爆轰波就是波阵面上化学转换时间小到可以忽略的冲击波。如果冲击波是在惰性介质中传播，那么紧靠冲击波阵面后方的物质流速度小于扰动的传播速度。当冲击波无外部能量支持时，若波阵面后存在着起稀疏作用的扰动，则冲击波会衰减。因而为仿照冲击波来解释爆速的不变性，必须假定爆轰波阵面后爆轰产物的速度大于或等于声速，由此，Jouguet 便提出了紧靠爆轰波阵面后爆轰产物流速度等于声速的假设。

理想气体的爆轰波动力学性质可以通过讨论爆轰 Hugoniot 曲线和 Rayleigh 线之间的关系而得到。

引入无量纲马赫数：$M_0=\dfrac{D-u_0}{c_0}$，其中，因理想气体有状态方程 $p=A\rho^{\gamma}$，理想气体反应物的初始声速为 $c_0^2=\left(\dfrac{\partial p}{\partial \rho}\right)_s=\dfrac{\gamma p_0}{\rho_0}$。

利用无量纲马赫数可以将 Rayleigh 线方程(1.1.4)改写成：

$$\frac{p}{p_0}=1+\gamma M_0^2\left(1-\frac{v}{v_0}\right) \tag{1.2.8}$$

将其与爆轰 Hugoniot 曲线式(1.2.5)联立求解，可以得到一个关于$\dfrac{v}{v_0}$的二次方程

$$f\left(\frac{v}{v_0}\right)=(\gamma+1)\gamma M_0^2\left(\frac{v}{v_0}\right)^2-2\gamma(1+\gamma M_0^2)\frac{v}{v_0}+$$

$$\left[(\gamma+1)+(\gamma-1)(1+\gamma M_0^2)+2(\gamma-1)\frac{Q_0}{p_0v_0}\right]=0 \tag{1.2.9}$$

其解对应于图 1.2.1 中爆轰 Hugoniot 曲线与 Rayleigh 线的两个交点。

下面讨论函数$f\left(\frac{v}{v_0}\right)$的性质：

$$f(0)=(\gamma+1)+(\gamma-1)(1+\gamma M_0^2)+2(\gamma-1)\frac{Q_0}{p_0v_0}>0 \tag{1.2.10}$$

$$f(1)=2(\gamma-1)\frac{Q_0}{p_0v_0}>0 \tag{1.2.11}$$

$$f'\left(\frac{v}{v_0}\right)=2(\gamma+1)\gamma M_0^2\frac{v}{v_0}-2\gamma(1+\gamma M_0^2) \tag{1.2.12}$$

$$f''\left(\frac{v}{v_0}\right)=2(\gamma+1)\gamma M_0^2>0 \tag{1.2.13}$$

$f''\left(\frac{v}{v_0}\right)>0$，说明函数$f\left(\frac{v}{v_0}\right)$是凹曲线，它有极小值，位于$f'\left(\frac{v}{v_0}\right)=0$处，即极小值出现在

$$\left(\frac{v}{v_0}\right)_{\min}=\frac{\gamma(1+\gamma M_0^2)}{\gamma M_0^2(1+\gamma)} \tag{1.2.14}$$

由此可见，当

$M_0^2=1$ 时，$\left(\frac{v}{v_0}\right)_{\min}=1$；

$M_0^2>1$ 时，$\left(\frac{v}{v_0}\right)_{\min}<1$；

$M_0^2<1$ 时，$\left(\frac{v}{v_0}\right)_{\min}>1$。

其中：$\left(\frac{v}{v_0}\right)_{\min}$表示函数$f\left(\frac{v}{v_0}\right)$取最小值时$\left(\frac{v}{v_0}\right)$的值；$M_0^2=1$对应于等容爆轰情况，这时的爆速$D$无限大。图1.2.4是根据式(1.2.10)(1.2.11)(1.2.12)(1.2.13)和式(1.2.14)给出的、对应于爆轰和爆燃时函数$f\left(\frac{v}{v_0}\right)$的解的性质的示意图。

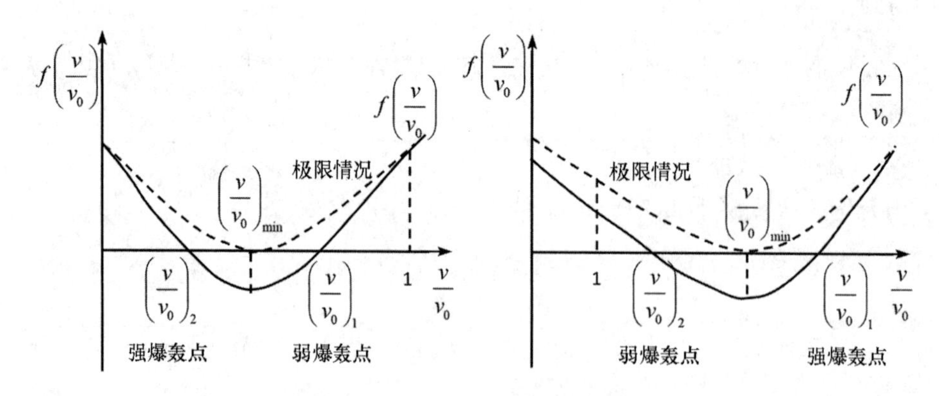

图1.2.4　爆轰与爆燃时，函数$f\left(\frac{v}{v_0}\right)$的解的性质的示意图

显然，因为$f\left(\frac{v}{v_0}\right)$是凹曲线，当$M_0^2>1$时，$\left(\frac{v}{v_0}\right)_{\min}<1$，且$f(0)$和$f(1)$均$>0$，所以方程

的两个解$\left(\frac{v}{v_0}\right)_{1,2}<1$,波后处于受压缩状态。因此,$D-u_0>c_0$ 对应于爆轰情形。即爆轰波相对于波前介质以超声速传播。

当 $M_0^2<1$ 时,因为$\left(\frac{v}{v_0}\right)_{\min}>1$,方程的两个解$\left(\frac{v}{v_0}\right)_{1,2}>1$,所以 $D-u_0<c_0$ 对应于爆燃。即爆燃波相对于波前介质以亚声速传播。

通过对方程(1.2.9)简单分析可以知道,爆轰波相对于波前介质是超声速的,波后及波阵面的扰动不能传入波前介质,即波前状态不会因为爆轰的传播而发生改变;相反,爆燃波相对于波前介质是亚声速的,波阵面的扰动可以传到上游任何地方,波阵面实际上不可能是压力间断面,爆燃传播机制不是靠先导冲击波的压缩加热,而是依靠输运过程,包括热传导、热辐射以及活化中心向上游扩散等。

解方程$f\left(\frac{v}{v_0}\right)=0$,得

$$\frac{v}{v_0}=\frac{1}{(\gamma+1)M_0^2}\left[\gamma M_0^2+1\pm\sqrt{(M_0^2-1)^2-2(\gamma+1)M_0^2\overline{Q}}\right] \tag{1.2.15}$$

其中 $\overline{Q}=\frac{\gamma-1}{\gamma}\frac{Q_0}{p_0v_0}$为无量纲化学反应能。

式(1.2.15)中,$M_0>1$ 对应爆轰过程,根号前取“ − ”号时,对应强爆轰(强爆轰的$\frac{v}{v_0}$较小);取“ + ”时,对应弱爆轰。爆燃过程 $M_0<1$,根号前取“ − ”号时,对应弱爆燃;取“ + ”时,对应强爆燃。当根号为零时,分别是 CJ 爆轰和 CJ 爆燃情况。

根据质量守恒方程 $\rho_0(D-u_0)=\rho(D-u)$,定义:

$$M^2=\frac{(D-u)^2}{c^2}=\frac{(D-u)^2}{\gamma pv}=M_0^2\frac{p_0}{p}\frac{v}{v_0} \tag{1.2.16}$$

将方程(1.2.8)(1.2.15)代入,得:

$$M^2=\frac{\gamma M_0^2+1\pm\sqrt{(M_0^2-1)^2-2(\gamma+1)M_0^2\overline{Q}}}{\gamma M_0^2+1-\gamma\left[\pm\sqrt{(M_0^2-1)^2-2(\gamma+1)M_0^2\overline{Q}}\right]} \tag{1.2.17}$$

当根号为零时,$M^2=1$(即 $D-u=c$),表示在 CJ 爆轰和 CJ 爆燃时,波阵面相对于波后介质以声速运动。当根号不为零时,相应于对式(1.2.15)的讨论,根号前取“ + ”号,有 $M^2>1$,对应于弱爆轰和强爆燃,这时波阵面相对于波后介质以超声速运动;根号前取“ − ”号时,有 $M^2<1$,对应于强爆轰和弱爆燃,这时波阵面相对于波后介质以亚声速运动。这就证明了如下理想气体爆轰和爆燃的 Jouguet 规则:

(1)相对于波前介质:

爆轰波以超声速传播,$D-u_0>c_0$;爆燃波以亚声速传播,$D-u_0<c_0$。

(2)相对于波后介质:

强爆轰以亚声速传播,$D-u<c$;强爆燃以超声速传播,$D-u>c$;

弱爆轰以超声速传播,$D-u>c$;弱爆燃以亚声速传播,$D-u<c$;

CJ 爆轰和 CJ 爆燃以声速传播,$D-u=c$。

根据函数$f\left(\frac{v}{v_0}\right)=0$的解式(1.2.15),为保证根号内的函数≧0。当初始状态、爆速和γ值给定后,炸药释放的化学能有一极大值:

$$\bar{Q}\leqslant\frac{(M_0-M_0^{-1})^2}{2(\gamma+1)}\equiv\bar{Q}_{\max}(M_0,\gamma) \tag{1.2.18}$$

这个关系式的重要意义是:如果爆轰波传播过程已由M_0和γ确定,则驱动爆轰波传播的化学能Q_0存在一个极大值$Q_{0\max}$,这种现象称为热阻塞。即使混合气体所含能量大于$Q_{0\max}$,它也释放不出来。因此,当爆轰波后的压缩增强时,气体爆轰波在推进过程中的放热作用必定会逐渐减小。维持爆轰过程所需的能量主要依靠波后的压缩功来供给。大量实验数据证明,在爆轰波波后用活塞压缩气体混合物,当活塞速度大于1300m/s很多时,就会出现这种情况。

由式(1.2.18)还可以求出

$$M_0\geqslant\sqrt{\frac{\gamma+1}{2}\bar{Q}+1}+\sqrt{\frac{\gamma+1}{2}\bar{Q}}=M_{0\min} \tag{1.2.19}$$

这是爆轰波波前马赫数必须满足的条件,只有满足了式(1.2.19),爆轰Hugoniot曲线和Rayleigh线才有交点,爆轰波才可能存在。

从以上的讨论可以看出,只要D不小于最小的正常爆速值,质量、动量和能量守恒定律可以允许有任意的爆速值,即自持爆轰波阵面好像可以具有从正常到更高之间的任意速度。然而,大量试验表明,每一种炸药都有它自己的特定爆速。因此,一定存在这样一种机制,即自持爆轰波只能从守恒定律允许的一组速度中选择一个特定的速度作为爆轰波正常传播速度。

Jouguet早就指出,超压自持爆轰不可能是稳定的,这是根据Jouguet规则中超压爆轰产物以亚声速离开爆轰波阵面这一事实得出的。由于这个原因,稀疏波具有赶上超压爆轰波阵面的可能性,从而使爆轰波阵面变得不稳定。如果在爆轰产物的后面有某种活塞支持,那么就不会有稀疏波。但是,这种状态已经不再是自持的,这时爆轰波速度不仅取决于爆轰转变机制,还要受到外部能源的影响。

由此简单概念能够证明,自持爆轰应该是正常爆轰,或者是弱爆轰。但是如果得不到自持爆轰波阵面结构的有关信息,就不可能对这种爆轰状态作出更为明确的结论。因此,在经典的爆轰理论范畴内,爆速的特性问题只能根据补充的假定来解决。这个补充的假定被后人称为Chapman-Jouguet假设,或简称CJ假设。根据这一假设,自持爆轰是正常爆轰,即自持爆轰波阵面相对其产物以声速运动

$$D-u=c \tag{1.2.20}$$

如果炸药的初始状态参数p_0、v_0和E_0已知,爆轰产物的状态方程$e(p,v)$也已知,利用CJ假设就能计算出爆轰波阵面的参量。

仍以理想气体的爆轰为例,假设初始气体的等熵指数γ与产物气体的相同。爆轰波前、后的质量、动量和能量守恒方程连同理想气体状态方程共含有爆轰波的五个未知参量p、ρ、e、u、D,而CJ假设恰好提供了第五个方程。

对很多实际问题,爆轰波前压力相对于波后压力可以忽略不计,即$p/p_0\gg1$,这时可近

似取 $p_0=0$。又,波前质点速度经常为零,即 $u_0=0$,这时,理想气体的爆轰 Hugoniot 曲线和 Rayleigh 线方程分别为

$$\frac{pv}{\gamma-1}=\frac{1}{2}p(v_0-v)+Q_0 \tag{1.2.21}$$

$$p=\rho_0^2D^2(v_0-v) \tag{1.2.22}$$

由此解出爆轰波状态得:

$$\frac{v}{v_0}=1-\frac{1}{\gamma+1}\left[1\pm\sqrt{1-2(\gamma^2-1)Q_0/D^2}\right] \tag{1.2.23}$$

$$p=\frac{\rho_0D^2}{\gamma+1}\left[1\pm\sqrt{1-2(\gamma^2-1)Q_0/D^2}\right] \tag{1.2.24}$$

解中,"+"号对应强爆轰,"-"号对应弱爆轰。根号为零时对应 CJ 爆轰:

$$D_{CJ}=\sqrt{2(\gamma^2-1)Q_0} \tag{1.2.25}$$

$$\frac{v_{CJ}}{v_0}=\frac{\gamma}{\gamma+1} \tag{1.2.26}$$

$$p_{CJ}=\frac{\rho_0D_{CJ}^2}{\gamma+1} \tag{1.2.27}$$

$$u_{CJ}=\frac{D_{CJ}}{\gamma+1} \tag{1.2.28}$$

$$c_{CJ}=\frac{\gamma D_{CJ}}{\gamma+1} \tag{1.2.29}$$

1.3　一般性介质理想爆轰和爆燃的 Jouguet 规则证明

上节对理想气体的爆轰和爆燃进行了讨论,现在将讨论扩大到一般性介质范围。所谓一般性介质,是指其行为满足以下三个热力学条件的物质:

$$\left(\frac{\partial p}{\partial v}\right)_s<0 \tag{1.3.1}$$

$$\left(\frac{\partial^2 p}{\partial v^2}\right)_s>0 \tag{1.3.2}$$

$$\left(\frac{\partial p}{\partial s}\right)_v>0 \tag{1.3.3}$$

式中 s 为比熵,这些条件是介质在热力学稳定状态下一般都能满足的。条件式(1.3.1)对于所有已知物质都能满足,说明在熵不变的条件下,介质压力增加时,体积减小,密度增加,不会出现压力愈大体积膨胀的反常现象。根据声速的定义,该条件保证了介质有实际声速存在。条件式(1.3.2)与冲击波的稳定性有关,它排除了稀疏冲击波存在的可能性。将爆轰波看成一个强间断面,式(1.3.2)可以保证爆轰波作为强间断面的稳定性。条件式(1.3.3)在一般情形下也都满足,只是在相变点附近有时可能不成立。

我们称满足式(1.3.1)(1.3.2)和式(1.3.3)的一般性介质为正常介质。下面将要证

明，对于正常介质，爆轰波和爆燃波的 Jouguet 规则成立。

在不知道状态方程具体表达式的情况下要证明 Jouguet 规则，必须在 $p-v$ 平面上利用正常介质满足的三个条件，先找出 Rayleigh 线、Hugoniot 曲线和等熵线之间的关系。

从几何上看，条件式(1.3.1)和式(1.3.2)要求 $p-v$ 平面上的等熵线是压力随比容增加而递减的凹曲线，而条件式(1.3.3)指出了熵增加的方向，具有较大熵值的等熵线靠上，$p-v$ 平面上的等熵线族如图 1.3.1 所示。图 1.3.2 是 $p-v$ 平面上的 Rayleigh 线族示意图。如前所述，Rayleigh 线族是从原始介质的初始状态点发出的斜率为 $-j^2$ 的直线簇。

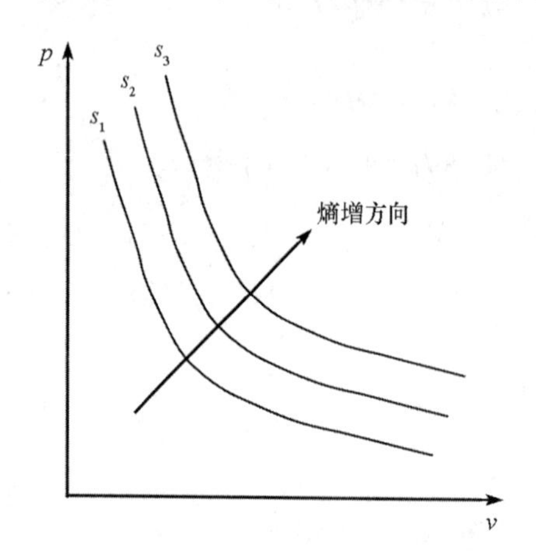

图 1.3.1　$p-v$ 平面上的等熵线族

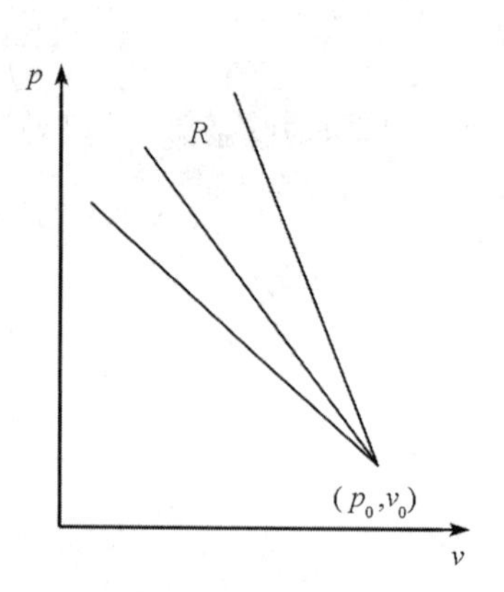

图 1.3.2　$p-v$ 平面上的 Rayleigh 线族

关于 Hugoniot 曲线族必须重新定义。因为对于炸药，反应物和产物的比内能函数表达式可能完全不同，而且具体形式不知，所以我们用 $E^{(0)}$ 代表反应物的包含潜在化学键能在内的内能表达式，用 $E^{(1)}$ 代表反应产物的包含分子重组所用去的化学结合能在内的内能表达式。如果化学反应是放热的，则反应后包含化学键能或结合能在内的内能必然减少。这时可以得到如下的不等式：

$$\begin{cases}E^{(0)}(p_0,v_0) > E^{(1)}(p_0,v_0)\\ E^{(0)}(p_1,v_1) > E^{(1)}(p_1,v_1)\end{cases} \tag{1.3.4}$$

式中：p_0、v_0是爆轰波前炸药初始状态；p_1、v_1是波阵面后产物的状态。

引入 Hugoniot 函数的定义并讨论它的一些性质。定义 Hugoniot 函数 $H^{(1)}$ 为：

$$H^{(1)}(p,v) = E^{(1)}(p,v) - E^{(1)}(p_0,v_0) + \frac{1}{2}(p+p_0)(v-v_0) \tag{1.3.5}$$

显然，这样定义的 Hugoniot 函数只与波前状态 p_0、v_0以及波后介质的特性 $E^{(1)}$ 有关，而与波前介质的特性无关。

在 $p-v$ 平面上，Hugoniot 函数等于常数的曲线

$$H^{(1)}(p,v) = \text{const} \tag{1.3.6}$$

称为等 $H^{(1)}$ 线，而能量守恒方程(1.1.6)可以写成：

$$H^{(1)}(p,v) = E^{(0)}(p_0,v_0) - E^{(1)}(p_0,v_0) = \text{const} > 0 \tag{1.3.7}$$

即爆轰 Hugoniot 曲线是一条特殊的等 $H^{(1)}$ 线。

这样,在 $p-v$ 平面上的第Ⅱ象限和第Ⅳ象限分别可被三簇不同的曲线所覆盖,其中一簇是等熵线,它满足式(1.3.1)(1.3.2)和式(1.3.3)所表达的不等式;另一簇是 Rayleigh 线,它通过波前状态(p_0,v_0)点,因 ρ_0、D 不同而具有不同斜率;还有一簇是等 $H^{(1)}$ 线,我们所关心的爆轰 Hugoniot 曲线是其中一条。下面将讨论这些曲线的一些重要性质,并利用这些性质证明一般性介质理想爆轰和爆燃的 Jouguet 规则。

1. **熵在 Rayleigh 直线上的变化规律**

Rayleigh 线与任何一条等熵线的交点不能多于两个。熵沿 Rayleigh 线的变化规律是:熵在 Rayleigh 线上有一个而且只有一个极值,这个极值是极大值,它发生在 Rayleigh 线与一条等熵线的切点上。

设已知比熵 s 是比容 v 和压力 p 的函数,而 p 是 v 和 s 的函数,即 $s=s[p(v,s),v]$。沿 Rayleigh 线求熵对比容 v 的微分:

$$\frac{\mathrm{d}s}{\mathrm{d}v}=\left(\frac{\partial s}{\partial v}\right)_p+\left(\frac{\partial s}{\partial p}\right)_v\frac{\mathrm{d}p}{\mathrm{d}v} \tag{1.3.8}$$

其中 $\mathrm{d}p/\mathrm{d}v=-j^2$ 是 Rayleigh 线的斜率,它是常数。若 Rayleigh 线上有一点是熵的极值点,该点上应有 $\mathrm{d}s/\mathrm{d}v=0$,立刻可以推出:

$$\frac{\mathrm{d}p}{\mathrm{d}v}=\frac{-\left(\dfrac{\partial s}{\partial v}\right)_p}{\left(\dfrac{\partial s}{\partial p}\right)_v} \tag{1.3.9}$$

对式(1.3.8)再求一次微分,考虑到沿 Rayleigh 线 $\mathrm{d}p/\mathrm{d}v$ 为常数,利用式(1.3.9)可以得到:

$$\frac{\mathrm{d}^2s}{\mathrm{d}v^2}=\frac{\left[\left(\dfrac{\partial^2 s}{\partial v^2}\right)_p\left(\dfrac{\partial s}{\partial p}\right)_v^2-2\dfrac{\partial^2 s}{\partial p\partial v}\left(\dfrac{\partial s}{\partial v}\right)_p\left(\dfrac{\partial s}{\partial p}\right)_v+\left(\dfrac{\partial^2 s}{\partial p^2}\right)_v\left(\dfrac{\partial s}{\partial v}\right)_p^2\right]}{\left(\dfrac{\partial s}{\partial p}\right)_v^2}=-\left(\frac{\partial s}{\partial p}\right)_v\left(\frac{\partial^2 p}{\partial v^2}\right)_s \tag{1.3.10}$$

由一般性介质满足的条件(1.3.2)和式(1.3.3),得:

$$\frac{\mathrm{d}^2s}{\mathrm{d}v^2}<0 \tag{1.3.11}$$

这就证明了在 $p-v$ 平面上,沿 Rayleigh 线,若熵有极值,一定是极大值。Rayleigh 直线与任何一条等熵线的交点不能多于两个,否则其中两点之间一定会有极小值出现。

这一性质也能从图 1.3.1 上直观看出,若 Rayleigh 线上出现熵的极值点,在该点上 Rayleigh 直线一定与某一条等熵线相切,切点斜率小于零。考虑到等熵线是一条凹曲线,那么与 Rayleigh 线相切的等熵线一定是与 Rayleigh 线有相交的等熵线中最靠上的那一条。由式(1.3.3)可知,最靠上的等熵线上的熵值最大。

2. **Hugoniot 函数在 Rayleigh 直线上的变化规律**

Rayleigh 线与任何一条等 $H^{(1)}$ 线的交点不能多于两个。Hugoniot 函数 $H^{(1)}$ 在 Rayleigh 线上只有一个极值。这个极值也是极大值。它发生在 $H^{(1)}$ 线与 Rayleigh 线的切点上。

对 $H^{(1)}$ 函数求微分，得：

$$\mathrm{d}H^{(1)} = \mathrm{d}E^{(1)}(p,v) + \frac{1}{2}(v-v_0)\mathrm{d}p + \frac{1}{2}(p+p_0)\mathrm{d}v$$
$$= T\mathrm{d}s + \frac{1}{2}(v-v_0)\mathrm{d}p - \frac{1}{2}(p-p_0)\mathrm{d}v \tag{1.3.12}$$

其中用到了热力学关系 $\mathrm{d}E = T\mathrm{d}s - p\mathrm{d}v$。

因为，沿 Rayleigh 线有：

$$\frac{\mathrm{d}p}{\mathrm{d}v} = \frac{p-p_0}{v-v_0}$$

所以，$H^{(1)}$ 函数沿 Rayleigh 线的微分式(1.3.12)可写成：

$$\mathrm{d}H^{(1)} = T\mathrm{d}s \tag{1.3.13}$$

这个关系表明：沿 Rayleigh 线，Hugoniot 函数 $H^{(1)}$ 的变化规律与熵 s 的变化规律是一致的。在 Rayleigh 线上 Hugoniot 函数 $H^{(1)}$ 最多只有一个极值，这个极值也是极大值，它发生在 Rayleigh 线与等 $H^{(1)}$ 线的切点上。因此，Rayleigh 线与任何一条等 $H^{(1)}$ 线最多只能交于两点，否则 Hugoniot 函数 $H^{(1)}$ 在 Rayleigh 线上会出现两个极值。

3. Hugoniot 函数 $H^{(1)}$ 在等熵线上的变化规律

一条等熵线与任意一条等 $H^{(1)}$ 的交点不能多于两个，Hugoniot 函数 $H^{(1)}$ 在等熵线上的极值出现在等熵线和 Rayleigh 线的切点上，对爆轰分支是极大值，对爆燃分支是极小值。

沿等熵线微分 Hugoniot 函数 $H^{(1)}$，即在式(1.3.12)中取 $\mathrm{d}s = 0$，得：

$$\left(\frac{\mathrm{d}H^{(1)}}{\mathrm{d}v}\right)_s = \frac{1}{2}\left[(v-v_0)\left(\frac{\mathrm{d}p}{\mathrm{d}v}\right)_s - (p-p_0)\right] \tag{1.3.14}$$

由此可见，等熵线上 $H^{(1)}$ 函数的极值点出现在 $\left(\frac{\mathrm{d}p}{\mathrm{d}v}\right)_s = \frac{p-p_0}{v-v_0}$ 处，即出现在等熵线与 Rayleigh 线的切点上。

对式(1.3.14)再微分一次，有：

$$\left(\frac{\mathrm{d}^2H^{(1)}}{\mathrm{d}v^2}\right)_s = \frac{1}{2}(v-v_0)\left(\frac{\mathrm{d}^2p}{\mathrm{d}v^2}\right)_s \tag{1.3.15}$$

由一般性介质满足的条件(1.3.2)可知，$\left(\frac{\mathrm{d}^2H^{(1)}}{\mathrm{d}v^2}\right)_s$ 与 $(v-v_0)$ 同号。根据爆轰与爆燃的压缩特性，可以得出如下结论：对爆轰过程，沿等熵线 $H^{(1)}$ 有极大值，即

$$\left(\frac{\mathrm{d}^2H^{(1)}}{\mathrm{d}v^2}\right)_s < 0 \tag{1.3.16}$$

对爆燃过程，沿等熵线 $H^{(1)}$ 有极小值，即

$$\left(\frac{\mathrm{d}^2H^{(1)}}{\mathrm{d}v^2}\right)_s > 0 \tag{1.3.17}$$

因此，对爆轰过程，Hugoniot 函数 $H^{(1)}$ 在等熵线上的极值出现在等熵线与一条 Rayleigh 线的切点上，是极大值。同时也能得出结论，等熵线与任意一条等 $H^{(1)}$ 的交点最多只能有两个。

对爆燃过程，Hugoniot 函数 $H^{(1)}$ 在等熵线上的极值也出现在等熵线与一条 Rayleigh 线的切点上，是极小值。等熵线与任意一条等 $H^{(1)}$ 的交点也不能多于两个。

4. 熵 s 在等 $H^{(1)}$ 线上的变化规律

熵在一条等 $H^{(1)}$ 线上有一个且只有一个极值。这个极值发生在等 $H^{(1)}$ 线与一条 Rayleigh 线的切点上。在爆轰分支是极小值，在爆燃分支是极大值。

在式(1.3.12)中，取 $\mathrm{d}H^{(1)}=0$，得沿等 $H^{(1)}$ 线微分：

$$T\left(\frac{\mathrm{d}s}{\mathrm{d}v}\right)_{H^{(1)}}=\frac{1}{2}(p-p_0)-\frac{1}{2}(v-v_0)\left(\frac{\mathrm{d}p}{\mathrm{d}v}\right)_{H^{(1)}} \tag{1.3.18}$$

由此可见，等 $H^{(1)}$ 线上的熵的极值点出现在 $\left(\frac{\mathrm{d}p}{\mathrm{d}v}\right)_{H^{(1)}}=\frac{p-p_0}{v-v_0}$ 处，即出现在等 $H^{(1)}$ 线与 Rayleigh 线的切点上。

对式(1.3.18)再微分一次，在极值点上可以得到：

$$T\left(\frac{\mathrm{d}^2s}{\mathrm{d}v^2}\right)_{H^{(1)}}=-\frac{1}{2}(v-v_0)\left(\frac{\mathrm{d}^2p}{\mathrm{d}v^2}\right)_{H^{(1)}} \tag{1.3.19}$$

将 Hugoniot 函数 $H^{(1)}$ 看成 s、v 的函数，在 $H^{(1)}-v$ 平面上做等熵线，如图 1.3.3 所示。从式(1.3.16)和式(1.3.17)可知，对应爆轰过程，即 $v-v_0<0$ 时，等熵线是凸曲线；而对应爆燃过程，即 $v-v_0>0$ 时，等熵线是凹曲线。在 $v=v_0$ 时，有 $\left(\frac{\mathrm{d}^2H^{(1)}}{\mathrm{d}v^2}\right)_s=0$，该点为 $H^{(1)}-v$ 平面上的等熵线的拐点，对应等容爆轰，即在该点处 $p-p_0>0$。因此，由(1.3.18)式，在 $v=v_0$ 时，有

$$\left(\frac{\mathrm{d}s}{\mathrm{d}v}\right)_{H^{(1)}}=\frac{1}{2T}(p-p_0)>0 \tag{1.3.20}$$

因此，在 $H^{(1)}-v$ 平面上靠上的等熵线具有较大的熵值。

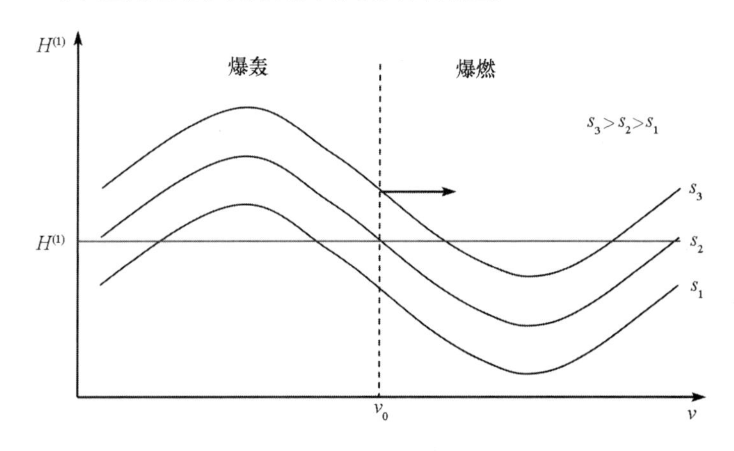

图 1.3.3　$H^{(1)}-v$ 平面上的等熵线

根据图 1.3.3 所示 $H^{(1)}-v$ 平面上的等熵线图，我们可以得出如下结论：

对爆轰过程，沿等 $H^{(1)}$ 线熵有极小值，即 $\left(\frac{\mathrm{d}^2s}{\mathrm{d}v^2}\right)_{H^{(1)}}>0$；

对爆燃过程，沿等 $H^{(1)}$ 线熵有极大值，即 $\left(\dfrac{d^2s}{dv^2}\right)_{H^{(1)}}<0$。

因此，由式(1.3.19)，在爆轰和爆燃两种情况下，极值点上都有 $\left(\dfrac{d^2p}{dv^2}\right)_H>0$，即在 $p-v$ 平面上等 $H^{(1)}$ 线也是凹曲线。

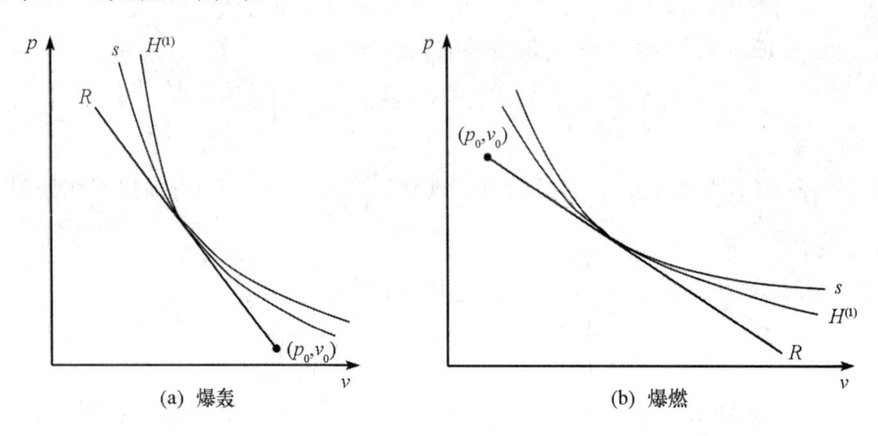

图 1.3.4 极值点附近 Rayleigh 线(R)、等熵线(s)和等 $H^{(1)}$ 线相互位置示意图

综合以上论证，我们对 $p-v$ 平面上的 Rayleigh 线、等熵线和等 $H^{(1)}$ 线这三族曲线的几何特性有了一个明确的了解。Rayleigh 线比较简单，它是过初始状态点(p_0, v_0)的斜率为负的直线簇；等熵线是一簇左倾的凹曲线，见图 1.3.1；等 $H^{(1)}$ 线和等熵线几何形状相似，只是在爆轰分支(图 1.2.1 中第Ⅱ象限)等 $H^{(1)}$ 线凹得更厉害一些(见图 1.3.4(a))；在爆燃分支(图 1.2.1 中第Ⅳ象限)等熵线凹得更厉害一些(见图 1.3.4(b))。

根据上面关于沿等 $H^{(1)}$ 线熵的变化规律的讨论，我们知道熵的极值点出现在等 $H^{(1)}$ 线和 Rayleigh 线的切点上，爆轰情形熵在切点处是极小值，爆燃情形熵在切点处是极大值。由于爆轰 Hugoniot 曲线是一条特殊的等 $H^{(1)}$ 线(见式(1.3.7))，这样就能知道：

在图 1.2.1 中第Ⅱ象限的爆轰 Hugoniot 曲线分支上，CJ 点处的熵取极小值；

在图 1.2.1 中第Ⅳ象限的爆燃 Hugoniot 曲线分支上，CJ 点处的熵取极大值。

注意：上述结论不可与热力学中的熵增原理混淆。在爆轰 Hugoniot 曲线分支上，CJ 点处熵取极小值是相对于爆轰 Hugoniot 曲线上的强爆轰点和弱爆轰点而言的。热力学的熵增原理是针对一个过程而言的，而 Rayleigh 线是一条过程线，所以不论是爆轰过程还是爆燃过程，沿 Rayleigh 线，熵在 CJ 点处都取极大值。

下面，我们对一般性介质的 Jouguet 规则进行证明。

由本节对 $p-v$ 平面上的 Rayleigh 线、等熵线和等 $H^{(1)}$ 线这三族曲线之间的几何关系的讨论，证明可以通过 $p-v$ 平面上直观的几何图像进行。

因为在 CJ 点上，Rayleigh 线不但与 Hugoniot 曲线相切，与等熵线也相切，即：

$$-\frac{1}{v^2}c^2=\left(\frac{dp}{dv}\right)_s=\frac{p-p_0}{(v-v_0)}=-\rho^2(D-u)^2 \tag{1.3.21}$$

式中，左边的等号是声速的定义，右边的等号是 Rayleigh 线方程，中间的等号表示等熵线斜率与 Rayleigh 线斜率相等。

因此，在 CJ 点有：

$$D - u = c \tag{1.3.22}$$

这个公式对爆轰和爆燃是相同的。因此，对一般的爆炸性物质来说，相对于波阵面后的反应产物，CJ 爆轰和 CJ 爆燃均以声速传播。

当一条 Rayleigh 线与 Hugoniot 曲线相交于两点时，在这两点上有相同的 $H^{(1)}$ 值。两点之间沿 Rayleigh 线一定有 $H^{(1)}$ 的极值，是极大值；由式(1.3.13)，这两点之间沿 Rayleigh 线也应有熵的极值，而且也是熵 s 的极大值。另外，熵沿 Hugoniot 曲线，在该 Hugoniot 曲线与另一条 Rayleigh 线的切点，即 CJ 点上有极小值 s_3，见图 1.3.5。所以，在强爆轰点上的等熵线 s_1 和弱爆轰点上的等熵线 s_2 的走向，一定如图 1.3.5 所示。

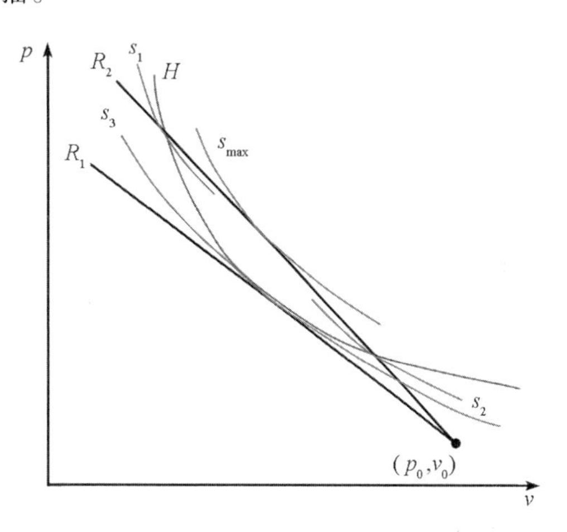

图 1.3.5　爆轰分支上各点的等熵线位置

从图 1.3.5 中可以清楚地看出，在强爆轰点上，等熵线斜率小于 Rayleigh 线斜率

$$-\frac{1}{v^2}c^2 = \left(\frac{\mathrm{d}p}{\mathrm{d}v}\right)_s < \frac{p - p_0}{(v - v_0)} = -\rho^2\,(D - u)^2 \tag{1.3.23}$$

所以

$$D - u < c \tag{1.3.24}$$

因此，在强爆轰时，爆轰波相对于波后产物介质以亚声速运动。

在弱爆轰点上，等熵线斜率大于 Rayleigh 线斜率

$$-\frac{1}{v^2}c^2 = \left(\frac{\mathrm{d}p}{\mathrm{d}v}\right)_s > \frac{p - p_0}{v - v_0} = -\rho^2\,(D - u)^2 \tag{1.3.25}$$

所以

$$D - u > c \tag{1.3.26}$$

因此，在弱爆轰时，爆轰波相对于波后产物介质以超声速运动。

同理，在爆燃分支上有如图 1.3.6 所示的关于 Rayleigh 线、等熵线和 Hugoniot 曲线之间的几何关系。

从图 1.3.6 可以得到，在强爆燃点上有

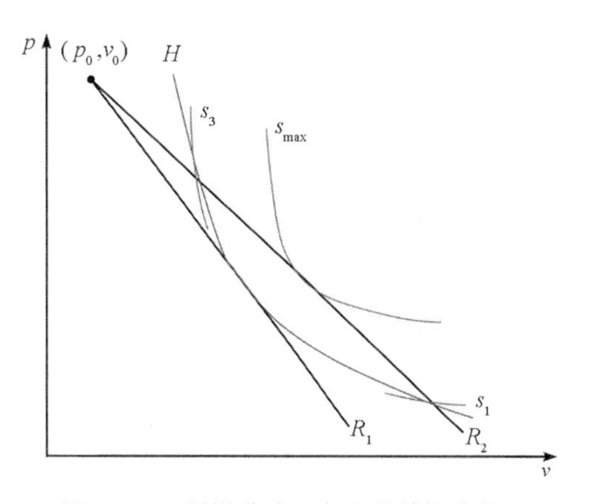

图 1.3.6　爆燃分支上各点的等熵线位置

$$-\frac{1}{v^2}c^2=\left(\frac{\mathrm{d}p}{\mathrm{d}v}\right)_s>\frac{p-p_0}{v-v_0}=-\rho^2\ (D-u)^2 \tag{1.3.27}$$

所以

$$D-u>c \tag{1.3.28}$$

因此,在强爆燃时,爆燃波相对于波后介质以超声速运动。

在弱爆燃点上有

$$-\frac{1}{v^2}c^2=\left(\frac{\mathrm{d}p}{\mathrm{d}v}\right)_s<\frac{p-p_0}{v-v_0}=-\rho^2\ (D-u)^2 \tag{1.3.29}$$

所以

$$D-u<c \tag{1.3.30}$$

因此,在弱爆燃时,爆燃波相对于波后介质以亚声速运动。

就此,我们已对一般性爆炸介质证明了 Jouguet 规则的波后部分。

为了证明 Jouguet 规则的波前特性,引入一个新的 Hugoniot 函数 $H^{(0)}$:

$$H^{(0)}(p,v)=E^{(0)}(p,v)-E^{(0)}(p_1,v_1)+\frac{1}{2}(p+p_1)(v-v_1) \tag{1.3.31}$$

其中 p_1、v_1 是波后产物的压力和比容;p、v 是波前未反应介质的压力和比容。

由能量守恒方程(1.1.6),爆轰 Hugoniot 曲线可以写成

$$H^{(0)}(p,v)=E^{(1)}(p_1,v_1)-E^{(0)}(p_1,v_1)<0 \tag{1.3.32}$$

即爆轰 Hugoniot 曲线是一条特殊的等 $H^{(0)}$ 线。

显然,这样定义的 Hugoniot 函数 $H^{(0)}$ 只与波后状态 p_1、v_1 以及波前介质的特性 $E^{(0)}$ 有关,而与波后介质的特性无关。

比较式(1.3.5)和式(1.3.31)可见,$H^{(0)}$ 和 $H^{(1)}$ 的定义是一样的,只是与爆轰 Hugoniot 曲线对应的 $H^{(1)}>0$ 和 $H^{(0)}<0$。前面所论证过的所有关于 $H^{(1)}$ 的性质同样适用于 $H^{(0)}$。图 1.3.7 给出了 $p-v$ 平面上,Rayleigh 线 R、等熵线 s 和由式(1.3.32)定义的 Hugoniot 曲线 $H^{(0)}$ 之间的几何关系。其中 Hugoniot 曲线 $H^{(0)}$ 是以 p_1、v_1 为波后状态的所有波前状态的集合。图中波后状态 p_1、v_1 左上方曲线对应爆燃过程,右下方曲线对应爆轰过程。通过与前面类似的分析,可以得到:

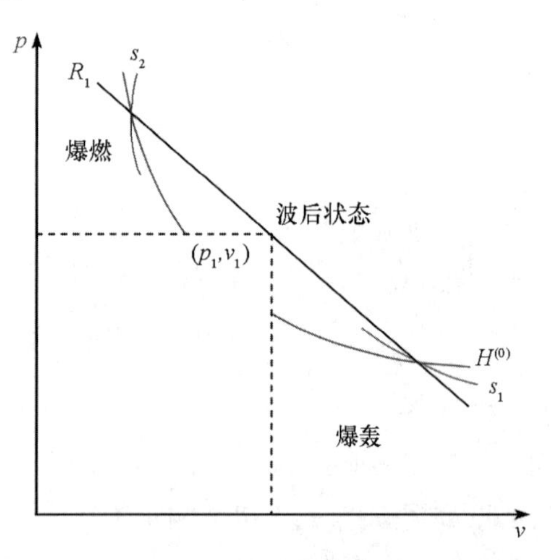

图 1.3.7　爆燃分支上各点的等熵线位置

对爆轰过程:

$$-\frac{1}{v_0^2}c_0^2=\left(\frac{\mathrm{d}p}{\mathrm{d}v}\right)_{s1}>\frac{p-p_1}{v-v_1}=-\rho_0^2\ (D-u_0)^2 \tag{1.3.33}$$

所以

$$D - u_0 > c_0 \tag{1.3.34}$$

即爆轰波相对于波前介质以超声速传播。

对爆燃过程：

$$-\frac{1}{v_0^2}c_0^2 = \left(\frac{\mathrm{d}p}{\mathrm{d}v}\right)_{s2} < \frac{p - p_1}{v - v_1} = -\rho_0^2\ (D - u_0)^2 \tag{1.3.35}$$

所以

$$D - u_0 < c_0 \tag{1.3.36}$$

即爆燃波相对于波前介质以亚声速传播。

这样，就完成了一般性介质理想爆轰的 Jouguet 规则的证明。Jouguet 规则在研究分析爆轰和爆燃问题时非常有用。

1.4　活塞问题解的确定性

前面几节，在假设波阵面为含化学反应强间断面的条件下，讨论了爆轰波和爆燃波所满足的基本关系式以及它们的一些基本性质。本节将讨论爆轰波和爆燃波的波后流动问题。

1.4.1　活塞问题

假设管道内充满可燃气体，$t=0$ 时刻在左端活塞表面 $x=0$ 处点火，引发一个爆轰波或爆燃波自左向右传播，同时，活塞以速度 u_p 运动。研究不同活塞速度条件下爆轰波或爆燃波及其波后流场的性质，称为活塞问题，见图 1.4.1。

爆轰波或爆燃波波前是未反应物质，波后是已反应的产物，活塞是已反应产物的后部（即最左边的）边界。活塞问题要解决的是：已知产物后边界速度，已知自左向右传播的是爆轰波或爆燃波，并已知其波前状态的流动问题的解。如果产物的后边界是一个自由面，这时后边界条件变为在界面上 $p=0$。所以，自由边界问题可以看成活塞问题的一个特殊情形。

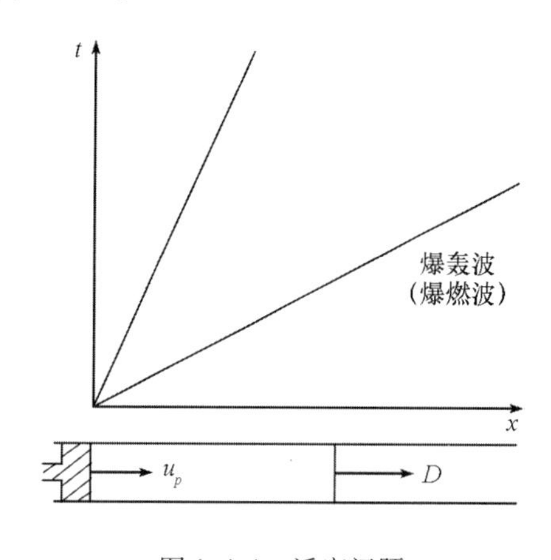

图 1.4.1　活塞问题

活塞问题不仅对气体的爆轰和爆燃存在，固体炸药的爆轰也有类似活塞的这种边界条件。当固体炸药的药柱直径足够大时，可以认为在药柱的中心部分是严格的一维流动，当一个厚度很大的飞片高速撞击引爆炸药时，飞片就起到活塞的作用。即使没有飞片，在炸药界面起爆时，其起爆边界条件就是上述自由面的情形。

1.4.2 流体动力学方程组的初、边值问题

在活塞问题中，假定爆轰波或爆燃波波前是一个恒流区，活塞以恒速 u_p 运动，则此时爆轰波或爆燃波的强度保持不变。若不计黏性、热传导、扩散和辐射等输运过程，波阵面前后两个流动区是连续等熵的，可用理想可压缩流动方程组描述，波后的流动以爆轰波或爆燃波波阵面和活塞为其流动的两个边界。

一维理想可压缩等熵流体动力学方程组是：

$$\left.\begin{aligned}\frac{\partial\rho}{\partial t}+u\frac{\partial\rho}{\partial x}+\rho\frac{\partial u}{\partial x}=0\\ \frac{\partial u}{\partial t}+u\frac{\partial u}{\partial x}+\frac{1}{\rho}\frac{\partial p}{\partial x}=0\end{aligned}\right\}\tag{1.4.1}$$

若已知流场介质的等熵状态方程为：

$$p=f(\rho)\tag{1.4.2}$$

则有

$$c^2=f'(\rho)\tag{1.4.3}$$

这样，压力 p、声速 c 和密度 ρ 这三个量为非独立参量，只要知道一个，其他两个便可由式(1.4.2)和式(1.4.3)求出。

方程组(1.4.1)是一组非线性双曲型偏微分方程组，它的自变量为 x、t，未知函数可取 u 和 p，或 u 和 ρ 等。根据偏微分方程的数学理论，存在两簇特征线，沿着这些特征线能把原偏微分方程组化成等价的沿特征线的全微分方程。通过解此全微分方程，可以得到方程组(1.4.1)所描述的流场的解析解或近似解。

由特征线理论，方程组(1.4.1)的特征线解为：

$$\text{沿 } C_+ \text{ 特征线：}\frac{dx}{dt}=u+c \quad \text{有 } du+\frac{d\rho}{\rho c}=0\tag{1.4.4}$$

$$\text{沿 } C_- \text{ 特征线：}\frac{dx}{dt}=u-c \quad \text{有 } du-\frac{d\rho}{\rho c}=0\tag{1.4.5}$$

整个连续等熵流动区被这两簇特征线覆盖，流场中任意一点都有两条不同的特征线通过。

如果在 $x-t$ 平面上有一条曲线，且当 $dt>0$ 时从该曲线上每一个点发出的两根特征线分别朝向曲线的两边，这条曲线称为时向线，见图 1.4.2(a)。若 $dt>0$ 时从该曲线上每一个点发出的两根特征线朝向曲线的同一边，这条曲线称为空向线，见图 1.4.2(b)。

关于一维等熵流动方程组(1.4.1)的初、边值问题解的唯一性有如下两个重要定理。

定理一 如果流动区的两个边界都是时向线，每个边界上已知一个未知量的值，在两边界交点上已知两个未知量的值，则流动区内的解存在且唯一。

对于这种情况，两个边界上已知量的值在交点处必须连续，不能存在间断。

定理二 如果流动区有一个边界是空向线，其上已知两个未知量的值，另一个边界是时向线，其上已知一个未知量的值，则流动区内的解存在且唯一。

对于这种情况，在两个边界的交点处允许初始值有间断，因而，流动区内的解可以包含冲击波或中心稀疏波。

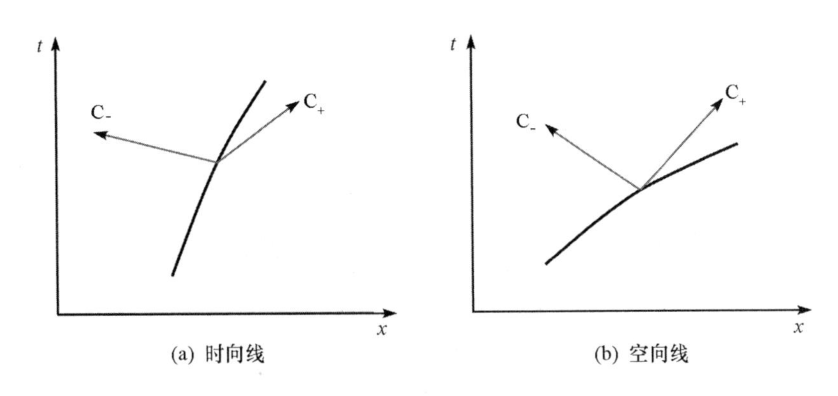

图 1.4.2　时向线和空向线

利用上述关于解存在的唯一性定理，可以解决活塞问题的解的确定性问题。

1.4.3　活塞问题解的确定性

活塞问题的一条边界是 x 轴，从 x 轴上的每一点均发出两条不同的特征线，另一条边界是活塞的轨迹，其斜率为 $dx/dt = u_p$。从活塞轨迹发出的 C_+ 特征线的斜率为 $u_p + c$，C_- 特征线的斜率为 $u_p - c$，因此，活塞的轨迹是一条时向线。按 CJ 理论，爆轰波或爆燃波是强间断面，它们将活塞问题的两个边界之间的流动区域划分为波前和波后两个连续的等熵流动区。因此，在讨论活塞问题解的确定性时，需要分别对这两个连续的等熵流动区域进行分析。下面对反应波的不同情况分别加以讨论。

1. 反应波为爆轰波

(1)波前情况

由 Jouguet 规则可知，不论爆轰波处于何种状态，爆轰波相对于波前介质均是超声速运动，即爆轰波迹线的斜率 $dx/dt = D$ 大于爆轰波前流场的 C_+ 特征线的斜率 $dx/dt = u_0 + c_0$。所以如图 1.4.3 所示，区域 A 活塞问题的一条边界是爆轰波运动轨迹，区域 A 中的两条特征线 C_+ 和 C_- 都进入爆轰波迹线，因此，从该边界上不会发出任何影响区域 A 流场的扰动。区域 A 的另一条边界是 x 轴，其上的初始状态都已知，从 x 轴上发出的两条特征线将已知的初始状态带入区域 A 中，因此，区域 A 的流场的解仅由初值唯一决定。

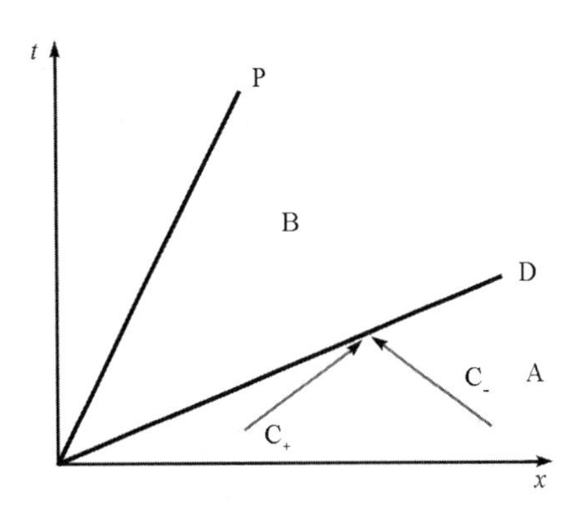

图 1.4.3　爆轰波前情况

(2)波后情况

当爆轰波速度 D 给定时，$p-v$ 平面上 Rayleigh 线与爆轰 Hugoniot 曲线的交点决定了爆轰波波后状态，这样的交点可能有三个，分别对应弱爆轰、强爆轰和 CJ 爆轰，这三种爆轰状态的解的确定性问题需分别进行讨论。

① 弱爆轰情况

如图 1.4.4 所示，爆轰波波后区域 B 的两个边界分别是活塞轨迹 P 和爆轰波迹线 D。如果爆轰波速度 D 大于 CJ 爆速 D_{CJ}，则在 $p-v$ 平面上 Rayleigh 线与爆轰 Hugoniot 曲线相交两点，其中压力幅值较小的一点对应弱爆轰。利用爆轰关系式，区域 B 的边界 D 上的状态可由已知的波前状态和爆轰波速度完全确定。由 Jouguet 规则可知，弱爆轰相对于波后产物是超声速，即爆轰波迹线的斜率 $dx/dt=D$ 大于当地 C_+ 特征线的斜率 $dx/dt=u+c$，所以区域 B 的边界 D 是空向线，在它上面已知方程组(1.4.1)的两个未知量的值（例如 u 和 p）；B 区的另一个边界是活塞轨迹 P，它是时向线，其上已知一个未知量的值 $u=u_p$，由 1.4.2 节中的定理二，区域 B 的解唯一确定。但是必须注意到，区域 B 的边界 D 上的状态随爆轰波速度 D 而变化，也就是说，在弱爆轰情况下，活塞问题的解不是唯一确定的，它依赖于爆速 D 这个参量的变化而变化，具有一阶不确定性。当爆轰波前状态已知，活塞速度给定，爆轰波如果是弱爆轰，B 区中的流场就可能有很多解，而这些解的性质与爆轰波波后质点速度 u_D 及活塞速度 u_p 的相对大小有关。

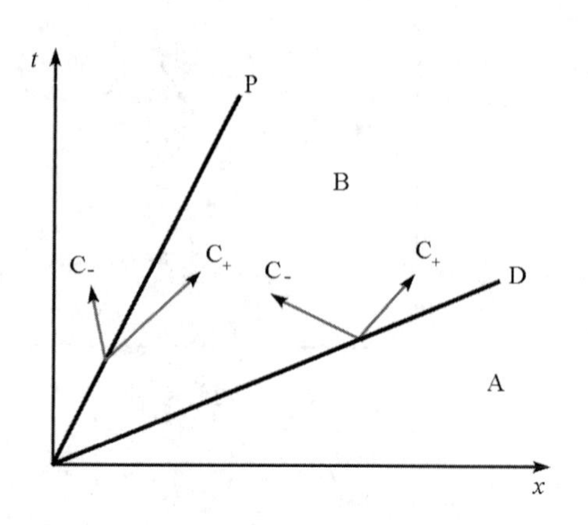

图 1.4.4 弱爆轰波后情况

当爆轰波后质点速度等于活塞速度，即 $u_D=u_p$ 时，爆轰波波后流场区域 B 是一个恒流区，其空间状态剖面如图 1.4.5(a)所示。

当爆轰波后质点速度小于活塞速度，即 $u_D<u_p$ 时，爆轰波波后质点速度 u_D 与活塞迹线附近的质点速度 u_p 不相等，这时在区域 B 的两个边界的交点上初始值有间断。前面的定理二已经指出，在弱爆轰情况下，区域 B 的边界条件允许在交点上出现初始值的间断。这个间断以冲击波的形式在区域 B 的流场中传播，并将原流动区域 B 分为两个连续等熵的流动区域 B 和 C，如图 1.4.5(b)中的 $x-t$ 平面图所示。在 $x-t$ 平面上的 S 线表示冲击波，冲击波相对于波前是超声速，区域 B 中的两条特征线 C_+ 和 C_- 都进入冲击波迹线 S，即冲击波不会影响其波前流场状态。又因为弱爆轰波 D 相对于波后介质以超声速运动，若冲击波 S 的速度小于爆轰波 D 的速度，则区域 B 的状态完全由爆轰波阵面状态确定，它是一个恒流区，其中质点速度等于爆轰波质点速度，即 $u=u_D$。再来看区域 C 中流场的状态，冲击波 S 是区域 C 的一个边界，它相对于波后是亚声速的，即冲击波 S 的迹线的斜率小于冲击波后 C_+ 特征线的斜率，因此，区域 C 的两个边界均为时向线，按前面给出的定理一，区域 C 的解唯一确定。因为由活塞迹线处发出的扰动一定会赶上冲击波 S，所以区域 C 为另一个恒流区，其质点速度等于活塞速度，即 $u=u_p$。这种情况下，爆轰波后流场的空间状态剖面如图 1.4.5(b)所示。

当爆轰波后质点速度大于活塞速度，即 $u_D>u_p$ 时，这时在图 1.4.4 所示的区域 B 的两个边界的交点上初始值也有间断，而这个间断以中心稀疏波的形式在区域 B 中传播。这时，如图 1.4.5(c)所示，爆轰波波后流场分为 B、C、E 三个区域。因为，弱爆轰波相对于波后是超声速的，而稀疏波以声速运动，所以，在稀疏波波头和爆轰波迹线之间有一个恒流区 B,其中质点速度等于爆轰波质点速度,即 $u=u_D$。而 E 区是另一个恒流区,流场质点速度等于活塞速度,即 $u=u_p$。这种情况下,爆轰波后流场的空间状态剖面如图 1.4.5(c)所示。注意,如果活塞问题的左边界为自由面边界,则恒流区 E 区消失。

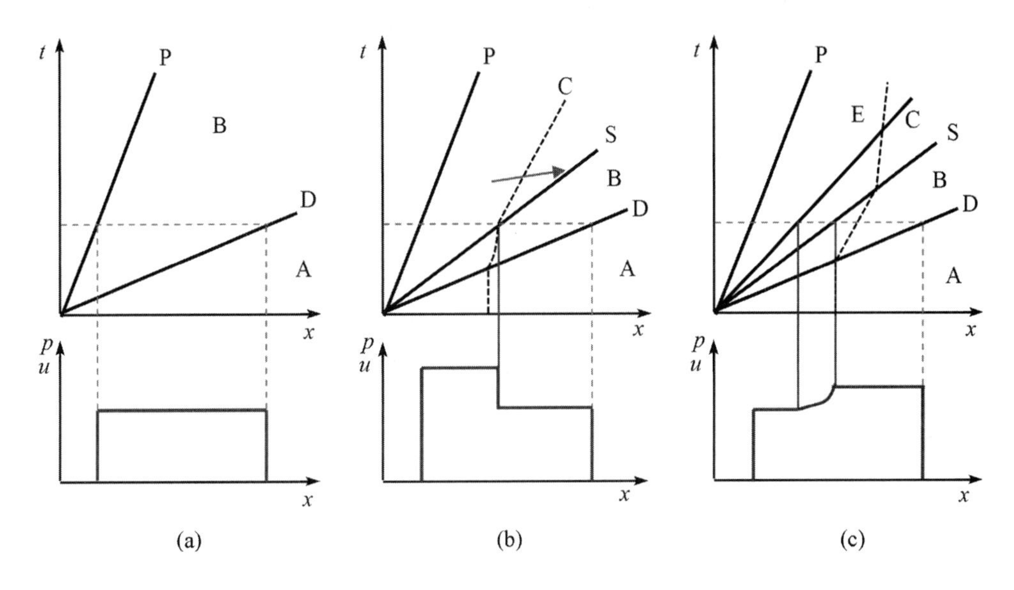

图 1.4.5　弱爆轰波活塞问题的解

由上述讨论可见,弱爆轰本身的强度与活塞条件无关,完全由爆轰波守恒关系决定。活塞上的条件和爆轰波状态一起共同决定波后流场的解的性质。

② 强爆轰情况

与弱爆轰波情形相同,强爆轰波波后区域 B 的边界 D 上的状态可由已知的波前状态和给定爆轰波速度完全确定,所以区域 B 的边界 D 上已知方程组(1.4.1)的两个未知量的值。由 Jouguet 规则可知,强爆轰相对于波后产物是亚声速的,即爆轰波迹线的斜率 $dx/dt=D$ 小于当地 C_+ 特征线的斜率 $dx/dt=u+c$,所以区域 B 的边界 D 是时向线,见图 1.4.6。因为 B 区的另一个活塞边界 P 也是时向线,其上已知一个未知量的值 $u=u_p$。由 1.4.2 节中的定理一,只要用边界 D 上一个未知量的值就能唯一确定区域 B 的解。这个解不一定能与另一个边界上的未知量的值相同,因此,必须适当调整爆速使它们一致起来。可见,对强爆轰问题,解是唯一确定的。

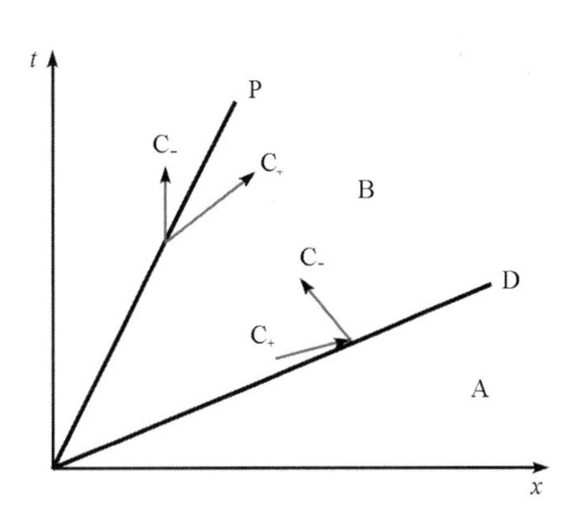

图 1.4.6　强爆轰波后情况

事实上,当活塞速度给定后,只有一种强爆轰状态是可能的,它的波后质点速度一定和活塞速度相同。这是因为强爆轰波相对于波后是亚声速,若活塞速度小于爆轰波后质点速度,就会有一个稀疏波赶上爆轰波使它质点速度衰减下来与活塞速度一致;反之,若活塞速度大于爆轰波后质点速度,就会有一个压缩波进入 B 区并赶上爆轰波,使它加强。

这一性质和冲击波一样。因为强爆轰波的能量由化学反应和活塞做功提供，它的强度依赖于活塞的运动。活塞加速意味着活塞做功增加，会导致爆轰波增强，当活塞速度增大到一定程度时，活塞做功大大超过化学反应能，强爆轰将趋近于一个冲击波。反之，当活塞速度下降，活塞做功减少，爆轰波强度也随之减小，所以，强爆轰波是不能自持的。

③ CJ 爆轰情况

在强爆轰情形，当活塞速度小于或等于 CJ 爆轰波后质点速度时，爆轰波强度不再变化，爆轰波成为 CJ 爆轰。这时，$p-v$ 平面上的 Rayleigh 线与爆轰 Hugoniot 曲线相切，爆速为所有可能爆速的最小值 D_{CJ}，即 B 区边界 D 上的状态可由已知的波前状态完全确定。

由 Jouguet 规则可知，CJ 爆轰相对于波后产物是声速，爆轰波迹线的斜率 $dx/dt=D$ 等于当地 C_+ 特征线的斜率 $dx/dt=u+c$，这时波后的扰动刚好不能再影响爆轰波状态，爆轰波开始达到自持。即使活塞再减速，波后的稀疏波只是紧接着 CJ 爆轰波，但不能赶上并影响 CJ 爆轰波，见图 1.4.7。

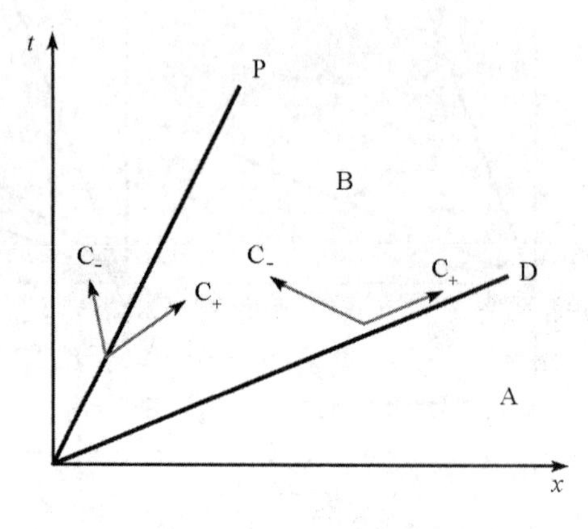

图 1.4.7　CJ 爆轰波后情况

对 CJ 爆轰情形，活塞问题的解也是唯一的。当 $u_p=u_{CJ}$ 时，CJ 爆轰波后是一均匀区，其中 $p_p=p_{CJ}$，$u_p=u_{CJ}$，p_{CJ}、u_{CJ} 是 CJ 爆轰波的压力和速度，波后流场及空间状态剖面如图 1.4.8(a) 所示。当 $u_p<u_{CJ}$ 时，波后有一中心稀疏波区 B，然后是均匀区 C，区域 C 中有 $u=u_p$，速度与活塞速度匹配，波后流场及空间状态剖面见图 1.4.8(b)。如果活塞突然以无限大速度向左运动，则活塞问题的左边界成为自由面边界 $p=0$，这时均匀区 C 区消失，如图 1.4.8(c) 所示。

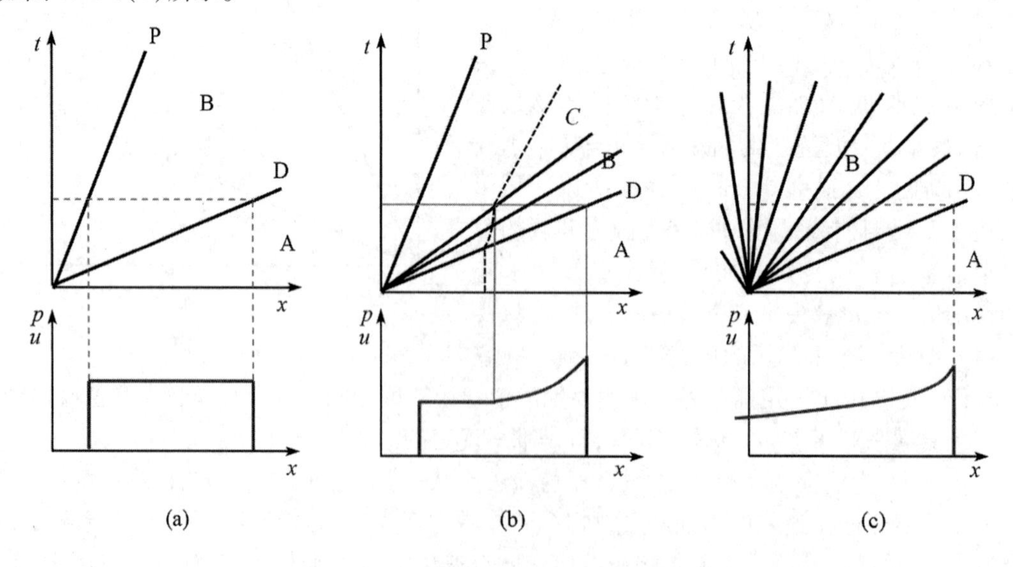

图 1.4.8　CJ 爆轰波活塞问题的解

2. 反应波为爆燃波

(1)波前情况

由 Jouguet 规则,爆燃波相对于波前是亚声速,爆燃波迹线的斜率 $dx/dt = D$ 小于爆燃波前流场的 C_+ 特征线斜率 $dx/dt = u_0 + c_0$。对区域 A,其边界是时向线,从该边界上发出的扰动会影响波前原始均匀区域 A 的流场,这个影响仅限于从边界 D 上发出的稀疏波波头之后的区域。如果任取一个爆燃波速度(它决定了边界 D 的位置)和爆燃波上一个未知量的值,则波前区域 A 的解唯一确定。如图 1.4.9 所示。

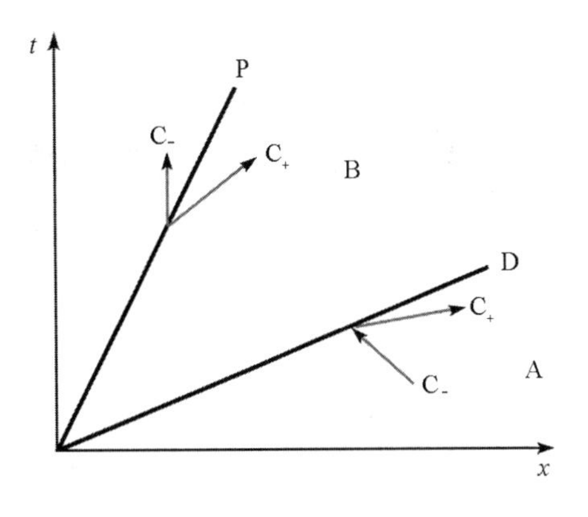

图 1.4.9　爆轰波前情况

(2)波后情况

因弱爆燃波相对于波后是亚声速的,爆燃波迹线应为时向线;活塞轨迹 D 作为区域 B 的边界也是时向线。在 $x - t$ 平面上,迹线和特征线方向的关系与强爆轰波的相同,见图 1.4.6。因此,由 1.4.2 节中的定理一可知,P 和 D 上只要各知道一个未知量的值,区域 B 的解就唯一确定了,而 P 和 D 上的两个量中只有一个是任意给定的,另一个必须适当选取,使得区域 B 的解和 D 上的值一致。即弱爆燃波后的 B 区是一个恒流区。考虑到爆燃波相对于波前是亚声速,波的扰动要影响波前,同样,波前的扰动也会影响波后,所以弱爆燃的活塞问题的解具有一阶不确定性。

对于强爆燃情形,因其相对于波后是超声速的,边界 D 对区域 B 是空向线。在 $x - t$ 平面上,迹线和特征线方向的关系与弱爆轰波的相同,见图 1.4.4。由 1.4.2 节中的定理二,区域 B 的解完全确定。因为波速和波前一个未知量的值是任意给定的,所以强爆燃的活塞问题的解具有二阶不确定性。

总之,只有强爆轰(包括 CJ 爆轰)的活塞问题,其解是唯一确定的;弱爆轰和弱爆燃情形,活塞问题的解具有一阶不确定性,即有一个未知量可以任意给定;强爆燃的活塞问题的解有二阶不确定性,它的解随两个参量变化。

应当指出,所谓解的不确定,是在 CJ 假定下存在的不确定。因为将爆轰(爆燃)波看成化学反应的强间断,忽略了很多过渡区信息;爆燃波相对于波前是亚声速,波后状态会受波前状态影响,要使波前状态保持为一均匀区是要有一定条件的,考虑这些条件后,解就不一定是不确定的了。

参考文献

[1]　Chapman D L. On the Rate of Explosion in Gases[J]. Philos. Mag, 1899, 47:90 -104.

[2]　Jouguet E. On the propagation of Chemical Reactions in Gases[J]. J de Math. Pures et Appl. 1905,1:347 -425.

[3]　薛鸿陆编. 爆轰学教程(讲义,上册)[M]. 国防科技大学爆炸力学教研室.

[4]　孙锦山,朱建士著. 理论爆轰物理(第三章)[M]. 北京:国防工业出版社,1995.

[5]　张宝平,张庆明,黄风雷编著. 爆轰物理学[M]. 北京:兵器工业出版社,1997.

第二章　爆轰波经典定常结构理论与 ZND 模型

第一章介绍了爆轰波的 CJ 理论。CJ 理论将爆轰波阵面简化成一个包含化学反应的强间断面，经过此强间断面，原始炸药立即转化成爆轰产物并释放化学能。由于不考虑反应区内部结构，CJ 理论使问题大为简化，成为纯流体动力学问题。虽然如此，在处理一些具体的爆轰问题时，CJ 理论仍然近似有效，并且常常取得令人满意的结果。

CJ 理论在 20 世纪初取得了明显的成功。科学家们使用了当时可能得到的粗糙的热力学函数值，居然能预测可燃气体爆轰波的速度，误差在 1%~2% 以内。当时还没有能精确测量压力、密度、温度等参数的实验手段，因此，一直也没有发现 CJ 理论预测这些参数的精度较差，压力和密度的实验值比理论计算得到的 CJ 点上的值低 10%~15%。

大多数含能材料，特别是固体炸药，其反应区宽度都很小。固体炸药爆轰产物的状态方程是由半理论半经验的方法给出的。在计算具体的爆轰问题之前，通常需要利用实验对所用的状态方程进行检验性的修正，这使得我们用 CJ 理论处理具体的爆轰问题时，并不是完全从理论出发，计算时所用的状态方程已经包含了某种实验的修正，很有可能通过状态方程的实验修正已将 CJ 理论不正确的部分做了某种补偿，使得计算结果常常能令人满意。虽然从爆轰理论研究的角度早就指出 CJ 理论不完全正确，但是由于上述种种原因，加以它简单可行，到目前为止，在处理各种爆轰问题时，仍然广泛地应用 CJ 理论。

CJ 理论必须发展的主要原因是它对反应区的简化过多。因为实际的爆轰毕竟存在一个有一定宽度的反应区，对于某些含能材料或炸药，反应区宽度相对于问题的特征尺寸还相当大，如炸药的冲击起爆过程或小直径装药爆轰波传播的边侧效应等，再将它看成一个强间断已经不恰当了。这就促使人们去进一步深入了解爆轰波的反应区内部结构。

2.1　爆轰波的 ZND 模型

20 世纪 40 年代，Zeldovich（苏）、Von Neumann（美）和 Doring（德）各自独立地对 CJ 模型的基本假设作了改进，提出了考虑爆轰波内部结构的新模型，后称为 ZND 模型。这个模型对爆轰波结构给出了一个简单的图像（图 2.1.1），认为未反应炸药首先经过一个先导冲击波被压缩到高温高压状态，此高温高压状态引发炸药的化学反应，然后经过一个有限厚度的反应区达到爆轰波终态。并且假设：

（1）先导冲击波为惰性的强间断面；

（2）冲击波后的流动是平面一维层流，不考虑流动的耗散性质；

（3）冲击波前炸药的化学反应速率为零，波后的反应速率为有限值，反应是单一不可逆和放热的；

(4)化学反应区内所有热力学参量处于局部热力学平衡状态;

(5)爆轰波结构是定常的,与时间无关。反应区中各截面上的状态参数在随爆轰波运动的动坐标系下不随时间变化。

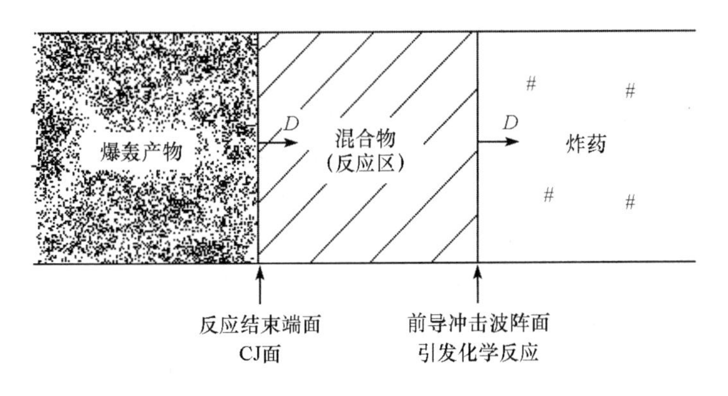

图 2.1.1　爆轰 ZND 模型示意图

虽然爆轰波的 ZND 模型对 CJ 模型提出了修正和发展,但它本质上仍然是一种理想爆轰的理论。按照 ZND 模型的定常假设,以先导冲击波阵面为参考点,化学反应区内的流动是定常的,虽然不同截面上的状态参数值不同,但反应区中各个截面上的状态参数值在动坐标系上不随时间变化。可以证明,在 $p-v$ 平面上 ZND 模型描述的反应区终态只可能出现强爆轰解和 CJ 爆轰解,不可能出现弱爆轰解。如果放宽 ZND 模型关于单一不可逆化学反应的限制,可以得到一种新型定常解,称为弱解或本征解,它具有一个由模型结果所指出的特性:爆轰反应区终止于爆轰 Hugoniot 曲线 CJ 点下方的弱分支即超声速分支上。这种解最让人关注的特点是,这类弱爆轰的速度是由反应系统全部的物性关系(包括状态方程、反应速率和输运性质等)所唯一确定的,是一组常微分方程的本征值,因而该解所对应的爆轰被称为本征爆轰。

由于不计输运现象,除冲击压缩外,化学反应是爆轰波熵增的唯一来源。考虑到伽俐略的相对性原理,反应速率只能是反应区内流体质点本身热力学量的函数,与质点速度无关。为了描述反应过程,需引入一个称为反应度或反应进程变量的热力学量 λ,在多反应道场合 λ 是一个向量。ZND 模型假设的单一不可逆反应可表示为 A→B,其中 A 为反应物(炸药)组分,B 为爆轰产物组分,λ 则是爆轰反应区混合物中产物组分 B 的质量分数,它描述了系统的化学组成,$\lambda=0$ 和 1 分别表示未反应炸药和爆轰产物。λ 对时间的导数即为反应速率。

因为反应区内独立的热力学自变量个数为三个,反应混合物状态方程可设为:

$$E=E(p,v,\lambda) \tag{2.1.1}$$

式中 E 是包含化学能在内的总比内能。若以 E_0 和 E_J 分别表示未反应炸药和反应区末端爆轰产物的总比内能,以 Q_e 表示单位质量未反应炸药分子所含的化学键能、Q_J 表示单位质单爆轰产物的化学能,(或炸药经化学反应生成新的稳定产物气体所需的结合能),又以 e_0 和 e_J 表示未反应炸药和爆轰产物的比热力学内能。则

$$\left.\begin{aligned} E_0 = e_0 + Q_e \\ E_J = e_J + Q_J \end{aligned}\right\} \tag{2.1.2}$$

在爆轰波结构中,爆轰产物与未反应炸药的总比内能变化为:

$$E_J - E_0 = (e_J - e_0) + (Q_J - Q_e) \tag{2.1.3}$$

这里下标 J 广义地表示包含 CJ 状态在内的所有可能的爆轰反应区终态。式中 $Q = Q_e - Q_J$ 的实质是放热的爆轰反应所释放的化学能,通常称为爆热。故上式可写为

$$E_J - E_0 = (e_J - e_0) - Q \tag{2.1.4}$$

按照 ZND 模型关于先导冲击波为惰性强间断面的假设,上式中的下标 0 既可表示先导冲击波前未反应炸药的初始状态,又可表示先导冲击波阵面上已被压缩的未反应炸药的状态。考虑到爆轰产物的化学稳定性,一般取 $Q_J = 0$ 为混合物(包括炸药和产物)的能量零点基准,因此有 $Q = Q_e$。

注意,除特别说明外,本书中所有(包括第一章)关于介质的比内能标记符号 E 表示包含了介质潜在化学能在内的总比内能,e 表示仅包括分子运动动能和分子之间相互作用势能在内的比热力学内能。

本章后面的内容不一定完全满足 ZND 模型假设,只在维持一维层流的假定,即不考虑反应区内横向扰动的条件下研究爆轰波的定常结构。

2.2 爆轰波反应区流动的定常解

本章主要研究爆轰波的定常结构。所谓"定常",是相对于爆轰波先导冲击波阵面或整个反应区而言的,给出的定常流动方程组是建立在随冲击波阵面或整个反应区运动的动坐标系上的 Euler 流动方程组。为了讨论的需要,下面介绍描述爆轰反应区流动的定常流动方程的不同形式和一些基本概念。

2.2.1 有耗散项的形式

在不忽略黏性和热传导等耗散效应的情况下,爆轰波阵面不再是一个具有理想强间断面的先导冲击波(见图 2.2.1),整个爆轰反应区流场(包括先导压缩波阵面在内)是连续的反应流体动力学过程,描述反应区流场连续流动的一维定常流动方程组为:

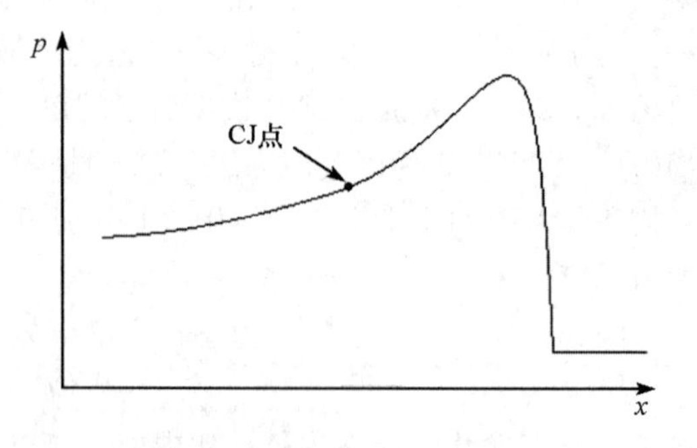

图 2.2.1　考虑输运过程的爆轰波剖面

$$\frac{\mathrm{d}}{\mathrm{d}x}(\rho u) = 0 \tag{2.2.1}$$

$$\frac{\mathrm{d}}{\mathrm{d}x}\left(p + \rho u^2 - \frac{3}{4}\eta\frac{\mathrm{d}u}{\mathrm{d}x}\right) = 0 \tag{2.2.2}$$

$$\frac{\mathrm{d}}{\mathrm{d}x}\left[\rho u\left(E + \frac{u^2}{2}\right) + pu - \frac{3}{4}\eta u\frac{\mathrm{d}u}{\mathrm{d}x} - K\frac{\mathrm{d}T}{\mathrm{d}x}\right] = 0 \tag{2.2.3}$$

式中:ρ 是混合物密度;u 是 x 方向动坐标系下的质点速度;p 为压力;E 是包含化学能在内的总比内能;η 是黏性系数;K 是热传导系数。

如果 η 和 K 已知,混合物状态方程方程 $E(p,v,\lambda)$ 和 $T(p,v,\lambda)$ 也已知,并且还知道反应速率方程

$$\frac{\mathrm{d}\lambda}{\mathrm{d}t}=r(p,v,\lambda) \tag{2.2.4}$$

则三个守恒方程(2.2.1)(2.2.2)(2.2.3)加状态方程 $E(p,v,\lambda)$ 和 $T(p,v,\lambda)$,再加反应速率方程(2.2.4)共六个方程组成了封闭方程组,可以用来求解 p、$\rho(=1/v)$、u、E、T 和 λ 六个未知量。这就是解定常问题的出发点。

积分方程(2.2.1)(2.2.2)(2.2.3),立刻得到:

$$\rho u=\rho_0 u_0=\text{const} \tag{2.2.5}$$

$$p+\rho u^2-\frac{4}{3}\eta\frac{\mathrm{d}u}{\mathrm{d}x}=p_0+\rho_0 u_0^2=\text{const} \tag{2.2.6}$$

$$E+pv+\frac{u^2}{2}-\frac{4}{3}\frac{\eta}{\rho}\frac{\mathrm{d}u}{\mathrm{d}x}-\frac{k}{\rho u}\frac{dT}{\mathrm{d}x}=E_0+p_0v_0+\frac{u_0^2}{2}=\text{const} \tag{2.2.7}$$

式中下标"0"表示爆轰波前未反应炸药的初值,等号左边的参量可取爆轰波反应区(含压缩波阵面)内任一截面的值。当等号左边的参量取爆轰波反应区终态点上的值时,一般情况下,反应区终态产物的黏性和热传导项可以忽略,因此得到:

$$\rho_J u_J=\rho_0 u_0 \tag{2.2.8}$$

$$p_J+\rho_J u_J^2=p_0+\rho_0 u_0^2 \tag{2.2.9}$$

$$E_J+p_Jv_J+\frac{u_J^2}{2}=E_0+p_0v_0+\frac{u_0^2}{2} \tag{2.2.10}$$

这就是在第一章中得到的爆轰波关系式。需要注意的是,上式中的质点速度 u 是相对于爆轰波阵面的相对速度。

从式(2.2.8)(2.2.9)(2.2.10)可以看到,CJ 理论中假定爆轰波是含化学反应的强间断面,从而推导出的爆轰波关系式也可以用于爆轰波为有限厚度的情形,只要满足以下条件:反应区是严格一维层流;爆轰波反应区终态的流动量梯度 $\mathrm{d}u/\mathrm{d}x$ 和 $\mathrm{d}T/\mathrm{d}x$ 很小,因而耗散可以忽略。

2.2.2　无耗散的形式(ZND 模型)

若在整个爆轰波结构内忽略黏性和热传导等耗散效应的影响,爆轰波结构可用 ZND 模型描述。爆轰波的先导冲击波前、后满足冲击波关系,从先导冲击波阵面至化学反应完成端面之间的反应区内的连续流动应满足一组偏微分方程组,在以爆轰波阵面为原点的动坐标系上,这组描述质量、动量和能量守恒的偏微分方程组化为常微分方程组

$$u\frac{\mathrm{d}\rho}{\mathrm{d}x}+\rho\frac{\mathrm{d}u}{\mathrm{d}x}=0 \tag{2.2.11}$$

$$\rho u\frac{\mathrm{d}u}{\mathrm{d}x}+\frac{\mathrm{d}p}{\mathrm{d}x}=0 \tag{2.2.12}$$

$$u\frac{\mathrm{d}E}{\mathrm{d}x}+pu\frac{\mathrm{d}v}{\mathrm{d}x}=0 \tag{2.2.13}$$

只要已知混合物状态方程 $E(p,v,\lambda)$ 和反应速率方程(2.2.4),就可以求解出爆轰反应区内的流动。因为混合物状态方程和爆轰反应速率方程形式都比较复杂,求出解析形式的反应区流动结果比较困难,通常多用数值方法求解。

将方程(2.2.11)(2.2.12)(2.2.13)写成守恒形式,然后积分可得:

$$\rho u=\rho_0 u_0 \tag{2.2.14}$$

$$p+\rho u^2=p_0+\rho_0 u_0^2 \tag{2.2.15}$$

$$E+pv+\frac{u^2}{2}=E_0+p_0v_0+\frac{u_0^2}{2} \tag{2.2.16}$$

这三个方程在形式上和上一小节的式(2.2.8)(2.2.9)和式(2.2.10)相同,但含义并不相同。首先,在对应有耗散和无耗散的方程中,等号右边参量的下标0意义不同,在式(2.2.8)(2.2.9)和式(2.2.10)中,下标0表示爆轰波波前状态,而在式(2.2.14)(2.2.15)和式(2.2.16)中,下标0表示先导冲击波阵面上的状态;其次,式(2.2.8)(2.2.9)和式(2.2.10)是爆轰波前和反应区终态端面上参数的关系,不能应用到反应区内部,而式(2.2.14)(2.2.15)和式(2.2.16)是在忽略了黏性和热传导后推出的反应区内任意截面上各运动参量所满足的关系式,其中等号左边参量可以取反应区内任一截面上的值。

在静止坐标系下,如果采用微分形式的守恒方程和冲击波强间断关系分别描述反应区内的流动和先导冲击波阵面状态,则可以用统一的方程组来连接先导冲击波前、后和反应区的中间状态。即:

$$\left.\begin{aligned}&\rho(D-u)=\rho_{VN}(D-u_{VN})=\rho_0(D-u_0)\\&p+\rho(D-u)^2=p_{VN}+\rho_{VN}(D-u_{VN})^2=p_0+\rho_0(D-u_0)^2\\&E+pv+\frac{1}{2}(D-u)^2=E_{VN}+p_{VN}v_{VN}+\frac{1}{2}(D-u_{VN})^2=E_0+p_0v_0+\frac{1}{2}(D-u_0)^2\end{aligned}\right\} \tag{2.2.17}$$

式中:D 是爆轰波速度;下标0表示爆轰波前状态;下标 VN 表示先导冲击波阵面上的值,无下标参量可以是反应区内任意截面上的参量。方程中左边的等号由描述反应区内连续流动的微分方程积分得到,右边的等号是先导冲击波关系式。

由式(2.2.17)可以得到 $p-v$ 平面上的 Rayleigh 线方程

$$p-p_0=\rho_0^2(D-u_0)^2(v_0-v) \tag{2.2.18}$$

和 Hugoniot 曲线方程

$$E(p,v,\lambda)-E_0(p_0,v_0)=\frac{1}{2}(p+p_0)(v_0-v) \tag{2.2.19}$$

式(2.2.19)所定义的能量守恒方程中,混合物内能函数依赖于化学反应进程变量 λ。当 $\lambda(0\leqslant\lambda\leqslant1)$ 给定后,式(2.2.19)是 $p-v$ 平面上的一条曲线,称为冻结 Hugoniot 曲线。$\lambda=0$ 时,该曲线是未反应炸药的冲击 Hugoniot 曲线,反应区初态落在这条 Hugoniot 曲线上;$\lambda=1$ 时,能量守恒方程是描述反应区终态的爆轰 Hugoniot 曲线。如图2.2.2所示。

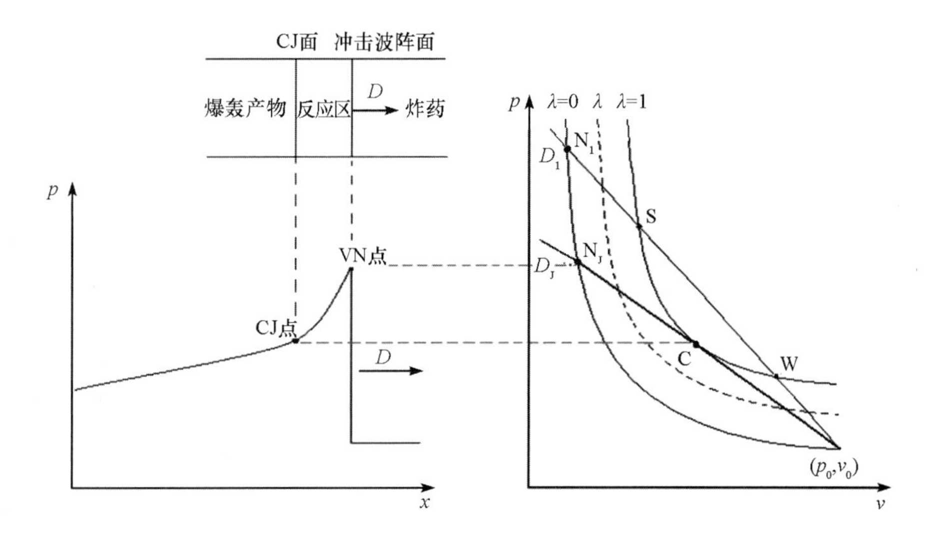

图 2.2.2　ZND 模型示意图

式(2.2.18)定义的 Rayleigh 线方程有两层含义：

(1)爆轰波传播时，当爆速 $D_1(\geqslant D_J)$ 给定，未反应炸药从初始状态点 (p_0,v_0) 沿 Rayleigh 线突跃地达到爆轰波先导冲击波阵面上的状态点，这是 Rayleigh 线与爆轰波先导冲击波的冲击 Hugoniot 曲线的交点，即图 2.2.2 中 $p-v$ 平面上的 N_1 点。若爆速 $D=D_J$，该交点为图中的 N_J 点，这个经惰性先导冲击波跃变后达到的反应区初始状态点被称为 Von Neumann 点(简称 VN 点，以后所有含下标 VN 的参量均指该状态点处的参量)或化学峰；

(2)在爆轰波反应区内，流体质点从反应区起点(图 2.2.2 中的 N_1 点或 N_J 点，视爆速 D 而定)连续地过渡到反应区终态点(S 点或 C 点)，这个过程是沿具有与先导冲击波相同斜率的 Rayleigh 线向下连续进行的，反应混合物的压力在此过程中不断下降，体积不断膨胀，ZND 模型的这个预言已为实验所证实。反应区混合物状态沿 Rayleigh 线下降的过程被称为 Rayleigh 过程。

按照 ZND 模型，化学反应是不可逆的，反应只能向一个方向进行，反应从 $\lambda=0$ 的 N_1 点开始沿 Rayleigh 线一直进展到化学反应完成，即一直进展到反应进程变量 $\lambda=1$ 的 S 点(或 C 点)为止，所以，从直观上看，ZND 模型的反应区终态只能是爆轰 Hugoniot 曲线上的 S 点(强爆轰)或者 C 点(CJ 爆轰)，不存在达到弱爆轰状态点 W 的路径。强爆轰状态必须由活塞驱动，只有 CJ 爆轰是自持的。这些结论都与第一章的 CJ 模型相同。

图 2.2.2 的 $p-v$ 平面图表明，也可能存在达到弱爆轰状态点 W 的另一途径，自初始状态点 (p_0,v_0) 沿 Rayleigh 线连续上移至 W 点。在以 ZND 模型假设为前提的条件下，这些物理上不可能的解都已被排除了，原因之一是所谓的"冷边界困难"。初始状态点 (p_0,v_0) 处炸药的反应速率必须严格为零，否则只要时间足够长，任何微小的反应速率都可使炸药发生显著反应，这同初态为亚稳定的前提相矛盾。炸药可通过冲击压缩突然升温发生反应，或者通过人为方法加热而点火，只是不可能自动地沿着 Rayleigh 线发生反应。如果炸药不是靠冲击压缩而是经过某种连续方式引起反应，则必须设定反应的起始

阈值,绕过“冷边界困难”。

应当指出,ZND 模型反映了单反应道不可逆放热系统的爆轰过程,对于复杂系统或有外界点火源的情形,弱爆轰也许是可能的。ZND 模型只考虑了爆轰波的纵向结构,没有反映更复杂的横向结构。ZND 模型的反应区终态就是 CJ 模型描述的具有相同的完全反应产物的爆轰 Hugoniot 曲线上的状态。

显然,要求解反应区各截面处的参数变化规律,必须给出反应速率方程(2.2.4)的具体形式及其对时间的积分结果,同时还需知道反应混合物的状态方程。下面我们举两个简单的例子对爆轰波的定常解作定性的说明。

1. 理想气体爆轰波

假设化学反应被简化为单一不可逆的反应过程,反应物、产物和反应区混合物均为理想气体,并且理想气体等熵指数 γ 是与反应度 λ 无关的常数。如果波前静止 $u_0=0$,且 $p_0 \ll p$,则 Rayleigh 线方程为:

$$p=\frac{D^2}{v_0^2}(v_0-v) \tag{2.2.20}$$

由能量混合法则,并对比式(2.1.4),有

$$\begin{aligned}E(p,v,\lambda)&=(1-\lambda)E_s(p_s,v_s)+\lambda E_g(p_g,v_g)\\&=(1-\lambda)(e_s(p_s,v_s)+Q_e)+\lambda(e_g(p_g,v_g)+Q_J)\\&=(1-\lambda)e_s(p_s,v_s)+\lambda e_g(p_g,v_g)+Q_e-\lambda(Q_e-Q_J)\end{aligned} \tag{2.2.21}$$

式中下标 s 和 g 分别表示混合物中未反应炸药组分和产物组分。爆轰反应区混合物与未反应炸药介质的总比内能变化为

$$E(p,v,\lambda)-E_0(p_0,v_0)=(1-\lambda)e_S(p_S,v_S)+\lambda e_g(p_g,v_g)-\lambda Q-e_0(p_0,v_0) \tag{2.2.22}$$

式中 $Q=Q_e-Q_J$是炸药的爆热。

因此,理想气体爆轰波的冻结 Hugoniot 曲线方程为:

$$(1-\lambda)\frac{p_s v_s}{\gamma-1}-\lambda\frac{p_g v_g}{\gamma-1}-\lambda Q-\frac{p_0 v_0}{\gamma-1}=\frac{1}{2}(p-p_0)(v_0-v)$$

假设反应混合物各组分之间处于压力平衡状态,且所占据的体积相等,即 $p=p_s=p_g$,$v=v_s=v_g$。上式变为

$$\frac{pv}{\gamma-1}-\frac{p_0 v_0}{\gamma-1}=\frac{1}{2}(p+p_0)(v_0-v)+\lambda Q \tag{2.2.23}$$

考虑到 $p_0 \ll p$,故可以忽略波前压力 p_0及 e_0,上式简化为:

$$\frac{pv}{\gamma-1}=\frac{1}{2}p(v_0-v)+\lambda Q \tag{2.2.24}$$

当爆轰波速度 D 给定,反应区中流体质点状态(p,v)沿 Rayleigh 线随 λ 变化。联立求解 Rayleigh 线方程(2.2.20)和冻结 Hugoniot 线方程(2.2.24),可得反应区内 $p(\lambda)$和 $u(\lambda)$关系式:

$$p=\frac{D^2}{v_0(\gamma+1)}\left[1\pm\sqrt{1-\frac{2(\gamma^2-1)\lambda Q}{D^2}}\right] \tag{2.2.25}$$

$$v=\frac{v_0}{\gamma+1}\left[\gamma\mp\sqrt{1-\frac{2(\gamma^2-1)\lambda Q}{D^2}}\right] \tag{2.2.26}$$

这两式表明解有两个，它们分别与冻结 Hugoniot 曲线同爆速为 D 的 Rayleigh 线的两个交点的状态相对应。根式前“ ± ”号的物理含义如下：当取上面的符号时指上交点（强爆轰点），取下面的符号指下交点（弱爆轰点）。

又由动量守恒方程 $p=u\dfrac{D}{v_0}$可得：

$$u=\frac{D}{\gamma+1}\left[1\pm\sqrt{1-\frac{2(\gamma^2-1)\lambda Q}{D^2}}\right] \tag{2.2.27}$$

考虑到化学反应区内状态变化的 Rayleigh 过程，爆轰反应终态点应为 Rayleigh 线与 $\lambda=1$ 的冻结 Hugoniot 曲线的上交点，它不可能再过渡到下交点。故合理的解应取上述公式中“ ± ”号的上面的符号。

对 CJ 爆轰，化学反应完成时，Rayleigh 线与 $\lambda=1$ 的爆轰 Hugoniot 曲线相切，这时有唯一解，与此解对应的上面诸式中的根式取零，故有

$$D=D_J=\sqrt{2(\gamma^2-1)Q} \tag{2.2.28}$$

将其代入式（2.2.25）（2.2.26）和式（2.2.27），得 CJ 爆轰时反应区各截面处的状态为

$$p=\frac{D_J^2}{v_0(\gamma+1)}\left[1+\sqrt{1-\lambda}\right] \tag{2.2.29}$$

$$v=\frac{\gamma v_0}{\gamma+1}\left[1-\frac{1}{\gamma}\sqrt{1-\lambda}\right] \tag{2.2.30}$$

$$u=\frac{D_J}{\gamma+1}\left[1+\sqrt{1-\lambda}\right] \tag{2.2.31}$$

又因为，理想气体满足如下关系：

$$\frac{pv}{\gamma-1}=C_vT=\frac{1}{2}p(v_0-v)+\lambda Q \tag{2.2.32}$$

当 $\lambda=1$ 时，在 CJ 点处有

$$C_vT_J=\frac{1}{2}p_J(v_0-v_J)+Q \tag{2.2.33}$$

两式相除，并简化后得：

$$\frac{T}{T_J}=\left\{\lambda+\frac{\gamma-1}{2\gamma}\left[(1+\sqrt{1-\lambda})^2-\lambda\right]\right\} \tag{2.2.34}$$

式（2.2.29）（2.2.30）（2.2.31）及式（2.2.34）是 CJ 爆轰时，反应区内各截面介质状态 $p(\lambda)$、$v(\lambda)$、$u(\lambda)$和 $T(\lambda)$的函数关系，当取 $\gamma=1.2$ 时，上面各方程的解可用图 2.2.3 表示。

由图 2.2.3 可知，在爆轰波阵面内，随着化学反应的进行，压力和粒子速度逐渐下降（先导冲击波阵面上的压力是 CJ 面值的 2 倍），比容逐渐增加，而温度开始是增加的，在接近反应终了的 CJ 面以前达到最大值，然后再下降到 CJ 点的温度值。温度在 CJ 点附近

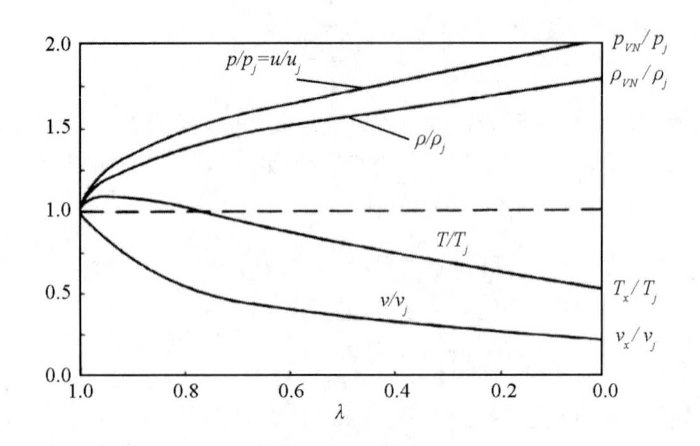

图 2.2.3　爆轰反应区内状态参数随 λ 的变化

下降的原因可解释为：当爆炸物受到先导冲击波的强烈冲击压缩，温度由 T_0 突然上升到 T_{VN}，随着反应度的增大，放热量逐渐增多，温度逐渐升高，快到反应终了之前达到温度的最高值，而后来尚未反应的物质的质量分数已经很小，反应速率大大降低，反应生成的热量不足以补充由膨胀引起的温度下降。由式(2.2.34)可以确定出现 T_{max} 的条件，由 $dT/d\lambda=0$ 得到温度取极大值时的条件为：

$$\left.\begin{aligned}\sqrt{1-\lambda}&=\frac{\gamma-1}{2}\\ \text{或}\quad \frac{p}{p_J}&=\frac{\gamma+1}{2}\end{aligned}\right\} \tag{2.2.35}$$

当 $\gamma=1.2$ 时，温度取极大值时的 $\lambda=0.99$。

为了确定爆轰波反应区中状态参数的空间和时间分布，必须知道爆轰的化学反应速率方程。原则上讲，由反应速率方程的一般式(2.2.4)，将上面得到的 $p(\lambda)$、$v(\lambda)$ 函数关系式代入，就可得到解 $\lambda(t)$ 的常微分方程，积分后可得 $\lambda(t)$ 关系式。对这个常微分方程进行积分，λ 的积分限从 $0\to\lambda$；时间 t 从 $0\to t$。即，与方程相应的坐标原点取在先导冲击波阵面上。然后再将得到的 $\lambda(t)$ 代入 $p(\lambda)$、$v(\lambda)$、$u(\lambda)$ 和 $T(\lambda)$ 的函数关系，即可求出 p、u、v、T 等参量随时间的分布 $p(t)$、$v(t)$、$u(t)$ 和 $T(t)$。

再由

$$\frac{d\lambda}{dt}=\frac{d\lambda}{dx}\frac{dx}{dt}=r(p,v,\lambda) \tag{2.2.36}$$

得

$$\frac{d\lambda}{dx}=\frac{r(p,v,\lambda)}{D-u} \tag{2.2.37}$$

式中：$dx/dt=D-u$ 为反应区内流体质点相对先导冲击波的速度；u 为反应区内流体质点的绝对速度。

由式(2.2.37)同样可以积分得到 $\lambda(x)$ 关系式，进而得到反应区内 p、u、v、T 等参量随空间坐标的分布。

2. 固体炸药爆轰波

对固体炸药，由于爆轰压力和产物热力学内能很大，可以忽略 p_0 及 e_0。假设反应混合物的总比内能取如下最简单的形式：

$$E(p,v,\lambda)=\frac{pv}{k-1}-\lambda Q \tag{2.2.38}$$

式中 k 是用 $p-v$ 平面上爆轰产物等熵线斜率定义的更一般形式的等熵线指数，在第三章中我们会详细介绍这种爆轰产物状态方程。

反应速率方程取如下简单形式：

$$\frac{\mathrm{d}\lambda}{\mathrm{d}t}=2\ (1-\lambda)^{\frac{1}{2}} \tag{2.2.39}$$

设 $t=0$ 时 $\lambda=0$，即将时间零点取在先导冲击波阵面上，然后积分式(2.2.39)得

$$(1-\lambda)=(1-t)^2 \tag{2.2.40}$$

在反应混合物的内能取式(2.2.38)的情况下，固体炸药爆轰反应区内混合物介质具有与理想气体爆轰波相同形式的 $p(\lambda)$、$v(\lambda)$、$u(\lambda)$ 关系式，即对 CJ 爆轰波，将式(2.2.40)给出的 $\lambda(t)$ 关系代入式(2.2.29)(2.2.30)和式(2.2.31)，可得固体炸药爆轰反应区内状态参数随时间的变化关系

$$p(t)=\frac{D_J^2}{v_0(k+1)}[1+(1-t)] \tag{2.2.41}$$

$$v(t)=\frac{kv_0}{(k+1)}\left[1-\frac{1}{k}(1-t)\right] \tag{2.2.42}$$

$$u(t)=\frac{D_J}{k+1}[1+(1-t)] \tag{2.2.43}$$

这里的 u 是静止坐标系下反应区内的质点速度。为了推导 p、u、v 等爆轰波参数随空间坐标的变化关系，需将坐标系变换为固定在爆轰波阵面上的动坐标系，在动坐标系下反应区内的质点相对速度为$\frac{\mathrm{d}x}{\mathrm{d}t}=D_J-u$，其中 x 和 t 为动坐标系下的空间和时间坐标。

根据爆轰波质量守恒方程

$$u=\left[D_J\left(1-\frac{v}{v_0}\right)\right] \tag{2.2.44}$$

有

$$\frac{\mathrm{d}x}{\mathrm{d}t}=D_J\frac{v}{v_0} \tag{2.2.45}$$

将式(2.2.42)的 $v(t)$ 代入

$$\frac{\mathrm{d}x}{\mathrm{d}t}=\frac{kD_J}{k+1}\left[1-\frac{1}{k}(1-t)\right] \tag{2.2.46}$$

并积分，得

$$x=\frac{D_J}{k+1}\left[(k-1)t+\frac{1}{2}t^2\right] \tag{2.2.47}$$

反解出 $t(x)$ 关系并代入式(2.2.40)(2.2.41)(2.2.42)及式(2.2.43)，便可求出 λ、

p、u、v 等参数的空间分布。这样,对这种简单的反应速率和状态方程可以得到固体炸药爆轰反应区流动的解析解。

假设已知某固体炸药参数为:$\rho_0 = 1.60\text{g/cm}^3$,$D_J = 8500\text{m/s}$,$Q = 4.5156\text{MJ/kg}$,$k = 3$。反应区参数计算结果列于下表。

表 2.1　某固体炸药 CJ 爆轰反应区定常解

t(μs)	λ	x(mm)	p(Gpa)	u(m/s)	ρ(g/cm³)
0.0	0.0	0.0	57.80	4250	3.2
0.2	0.36	0.893	52.02	3825	2.91
0.4	0.64	1.870	46.24	3400	2.67
0.6	0.84	2.933	40.46	2975	2.46
0.8	0.96	4.080	34.68	2550	2.29
1.0	1.00	5.313	28.90	2125	2.13

由表可见,在我们所作的状态方程和反应速率的假定下,先导冲击波阵面压力是 CJ 点压力的 2 倍,密度是 CJ 点密度的 $k/(k-1) \approx 3/2$(当 $k = 3$ 时)倍。压力在先导冲击波阵面上形成 Von Neumann 尖点。

2.2.3　爆轰波反应区内的压力变化速率和热转换性系数

描述反应区层流的一维平面不定常流体动力学 Euler 方程组为

$$\begin{cases} \dot{\rho} + \rho \dfrac{\partial u}{\partial x} = 0 \\ \dot{u} + v \dfrac{\partial p}{\partial x} = 0 \\ \dot{E} + p\dot{v} = 0 \end{cases} \tag{2.2.48}$$

三个方程分别对应质量、动量和能量守恒,式中参数头顶的"·"号表示随体时间导数。为了使方程组封闭,还必须知道反应混合物的状态方程 $E(p, v, \lambda)$ 和反应速率方程 $\dot{\lambda} = r(p, v, \lambda)$。

对混合物状态方程微分:

$$\mathrm{d}E = \left(\frac{\partial E}{\partial p}\right)_{v,\lambda} \mathrm{d}p + \left(\frac{\partial E}{\partial v}\right)_{p,\lambda} \mathrm{d}v + \left(\frac{\partial E}{\partial \lambda}\right)_{p,v} \mathrm{d}\lambda \tag{2.2.49}$$

利用式(2.2.48)中的能量守恒方程消去其中的 $\mathrm{d}E$,可以得到:

$$\dot{p} = \frac{p + \left(\dfrac{\partial E}{\partial v}\right)_{p,\lambda}}{\rho^2 \left(\dfrac{\partial E}{\partial p}\right)_{v,\lambda}} \dot{\rho} - \frac{\left(\dfrac{\partial E}{\partial \lambda}\right)_{p,v}}{\left(\dfrac{\partial E}{\partial p}\right)_{v,\lambda}} \dot{\lambda} \tag{2.2.50}$$

现在考察式(2.2.50)等号右边两个时间微分前乘子的物理意义。

对单反应道的爆轰反应,有热力学第二定律:

$$dE = Tds - pdv + \Delta g d\lambda \tag{2.2.51}$$

式中,g 是吉布斯自由能,Δg 是化学势,定义如下:

$$\Delta g = \left(\frac{\partial g}{\partial \lambda}\right)_{T,p} = \left(\frac{\partial E}{\partial \lambda}\right)_{s,v} \tag{2.2.52}$$

再对 $s = s(p,v,\lambda)$ 求微分,代入式(2.2.51),并与式(2.2.49)比较,立刻得到:

$$\left(\frac{\partial E}{\partial p}\right)_{v,\lambda} = T\left(\frac{\partial s}{\partial p}\right)_{v,\lambda} \tag{2.2.53}$$

$$\left(\frac{\partial E}{\partial v}\right)_{p,\lambda} = T\left(\frac{\partial s}{\partial v}\right)_{p,\lambda} - p \tag{2.2.54}$$

即

$$\frac{p + \left(\frac{\partial E}{\partial v}\right)_{p,\lambda}}{\left(\frac{\partial E}{\partial p}\right)_{v,\lambda}} = \frac{\left(\frac{\partial s}{\partial v}\right)_{p,\lambda}}{\left(\frac{\partial s}{\partial p}\right)_{v,\lambda}} = -\left(\frac{\partial p}{\partial v}\right)_{s,\lambda} \tag{2.2.55}$$

式中右边的等号用到了偏微分循环法则。

定义无量纲热转换性系数为:

$$c^2 = -v^2\left(\frac{\partial p}{\partial v}\right)_{s,\lambda} \tag{2.2.56}$$

显然,c 是在有反应介质中取 λ 恒定不变时的声速,称为冻结声速。在化学反应未建立平衡之前混合物介质的声速只能是冻结声速。

又根据偏微分循环法则:

$$-\frac{\left(\frac{\partial E}{\partial \lambda}\right)_{p,v}}{\left(\frac{\partial E}{\partial p}\right)_{v,\lambda}} = \left(\frac{\partial p}{\partial \lambda}\right)_{E,v} \tag{2.2.57}$$

定义无量纲热转换性系数为:

$$\sigma = \frac{\left(\frac{\partial p}{\partial \lambda}\right)_{E,v}}{\rho c^2} \tag{2.2.58}$$

则有:

$$-\frac{\left(\frac{\partial E}{\partial \lambda}\right)_{p,v}}{\left(\frac{\partial E}{\partial p}\right)_{v,\lambda}} = \rho c^2 \sigma \tag{2.2.59}$$

因此,经过上述变换,将式(2.2.55)(2.2.56)和式(2.2.59)代入式(2.2.50)可得经典爆轰理论中一个非常重要的公式:

$$\dot{p} = c^2\dot{\rho} + \rho c^2 \sigma \dot{\lambda} = c^2\dot{\rho} + \rho c^2 \sigma r \tag{2.2.60}$$

在无反应的情况下,即 $\dot{\lambda} = 0$ 时,上式变为 $\dot{p} = c^2\dot{\rho}$,由 c 的定义式(2.2.56)可见,它即为一般的惰性介质声速。上式右边第二项 $\rho c^2 \sigma r$ 给出了在 $p-\rho$ 平面中相对于无反应流动的偏离。其中 σr 称为热性积,它的符号取决于无量纲的热转换性系数 σ 的符号和反

应速率 $r=\dot{\lambda}$ 的符号。如果 σr 是正的，对于给定的密度变化，压力变化比无反应时大。在等容条件下，$\dot{\rho}=0$，压力增量与热性积 σr 同号。相对于爆轰波前初始状态处于亚稳平衡态的未反应炸药而言，一旦用某种手段触发了其反应，这时 r 一定为正，而且由化学反应造成的压力也从初态开始升高，即 $\dot{p}>0$，在初始时密度变化很小的情况下，σr 必定为正，因此，σ 也必须为正。粗略地说，热性积 σr 正比于化学键能转变为混合物介质流动能量的速率，即转变为内能和动能的速率。

为详细说明热性系数 σ 的物理意义需推导出它的另外一个表达式。

经过热力学变换，式(2.2.51)可写为：

$$dH = Tds + vdp + \Delta g d\lambda \tag{2.2.61}$$

式中，H 为比焓。将熵函数 $s=s(p,v,\lambda)$ 的微分代入上式，并与焓函数 $H=H(p,v,\lambda)$ 的微分和内能函数 $E=E(p,v,\lambda)$ 的微分进行比较，可得下式：

$$\left(\frac{\partial H}{\partial v}\right)_{p,\lambda} = T\left(\frac{\partial s}{\partial v}\right)_{p,\lambda}, \quad \left(\frac{\partial H}{\partial \lambda}\right)_{p,v} = \left(\frac{\partial E}{\partial \lambda}\right)_{p,v} \tag{2.2.62}$$

而

$$\left(\frac{\partial H}{\partial v}\right)_{p,\lambda} = \frac{\left(\frac{\partial H}{\partial T}\right)_{p,\lambda}}{\left(\frac{\partial v}{\partial T}\right)_{p,\lambda}} \tag{2.2.63}$$

定义混合物的定压比热：

$$C_p = \left(\frac{\partial H}{\partial T}\right)_{p,\lambda} \tag{2.2.64}$$

再定义热膨胀系数 β 为：

$$\beta = \frac{1}{v}\left(\frac{\partial v}{\partial T}\right)_{p,\lambda} \tag{2.2.65}$$

代入式(2.2.63)，得：

$$\left(\frac{\partial H}{\partial v}\right)_{p,\lambda} = \frac{\rho C_p}{\beta} \tag{2.2.66}$$

因此，由冻结声速的定义式(2.2.56)，引用式(2.2.53)(2.2.55)(2.2.62)和式(2.2.66)，得到：

$$\rho^2 c^2 = -\left(\frac{\partial p}{\partial v}\right)_{s,\lambda} = \frac{\left(\frac{\partial s}{\partial v}\right)_{p,\lambda}}{\left(\frac{\partial s}{\partial p}\right)_{v,\lambda}} = \frac{\left(\frac{\partial H}{\partial v}\right)_{p,\lambda}}{\left(\frac{\partial E}{\partial p}\right)_{v,\lambda}} = \frac{\rho C_p}{\beta\left(\frac{\partial E}{\partial p}\right)_{v,\lambda}} \tag{2.2.67}$$

σ 即可从式(2.2.58)变换成如下形式：

$$\begin{aligned}\sigma &= \frac{\left(\frac{\partial p}{\partial \lambda}\right)_{E,\lambda}}{\rho c^2} = -\frac{\left(\frac{\partial E}{\partial \lambda}\right)_{p,v}\Big/\left(\frac{\partial E}{\partial p}\right)_{v,\lambda}}{C_p/\beta\left(\frac{\partial E}{\partial p}\right)_{v,\lambda}} = -\left(\frac{\beta}{C_p}\right)\left(\frac{\partial E}{\partial \lambda}\right)_{p,v} \\ &= -\rho\left(\frac{\partial H}{\partial v}\right)_{p,\lambda}^{-1}\left(\frac{\partial E}{\partial \lambda}\right)_{p,v} = -\rho\left(\frac{\partial H}{\partial v}\right)_{p,\lambda}^{-1}\left(\frac{\partial H}{\partial \lambda}\right)_{p,v} = \rho\left(\frac{\partial v}{\partial \lambda}\right)_{H,p}\end{aligned} \tag{2.2.68}$$

又根据对热力学关系 $v=v(p,T(p,H,\lambda),\lambda)$ 的偏微分，可得：

$$\rho\left(\frac{\partial v}{\partial\lambda}\right)_{H,p}=\rho\left[\left(\frac{\partial v}{\partial\lambda}\right)_{T,p}+\left(\frac{\partial v}{\partial T}\right)_{p,\lambda}\left(\frac{\partial T}{\partial\lambda}\right)_{H,p}\right] \tag{2.2.69}$$

将关于 β 的定义式(2.2.65)和下式

$$\left(\frac{\partial T}{\partial\lambda}\right)_{H,p}=-\frac{\left(\frac{\partial H}{\partial\lambda}\right)_{T,p}}{\left(\frac{\partial H}{\partial T}\right)_{p,\lambda}} \tag{2.2.70}$$

代入式(2.2.69)，得：

$$\rho\left(\frac{\partial v}{\partial\lambda}\right)_{H,p}=\frac{1}{v}\left(\frac{\partial v}{\partial\lambda}\right)_{T,p}-\beta\frac{\left(\frac{\partial H}{\partial\lambda}\right)_{T,p}}{\left(\frac{\partial H}{\partial T}\right)_{p,\lambda}} \tag{2.2.71}$$

再引用关于 C_p 的定义，就可以得到热性系数 σ 的另一个表达式：

$$\sigma=\frac{\left(\frac{\partial p}{\partial\lambda}\right)_{E,v}}{\rho c^2}\equiv\frac{\left(\frac{\partial v}{\partial\lambda}\right)_{T,p}}{v}-\frac{\beta\left(\frac{\partial H}{\partial\lambda}\right)_{T,p}}{C_p} \tag{2.2.72}$$

对于理想气体混合物，有：

$$-\left(\frac{\partial H}{\partial\lambda}\right)_{T,p}=Q \tag{2.2.73}$$

其中 Q 为单位质量气体的反应热。又

$$\beta=\frac{1}{v}\left(\frac{\partial v}{\partial T}\right)_{p,\lambda}=\frac{R}{pv}=\frac{1}{T} \tag{2.2.74}$$

因此式(2.2.72)又可写成：

$$\sigma=\frac{\left(\frac{\partial v}{\partial\lambda}\right)_{T,p}}{v}+\frac{Q}{C_pT} \tag{2.2.75}$$

热性系数 σ 的重要性从式(2.2.72)可以看出。式(2.2.72)说明，σ 由两项组成。第一项反映在恒压下由于化学反应造成的体积增加，第二项表示在恒压下反应的释放热。它们分别代表由化学反应产生的质点数或摩尔数的增加，以及由化学键断裂得到的转换成热能和运动能的能量。虽然反应的放热性是造成爆轰过程的首要条件，但第一项的重要性也不能被忽略，在爆轰波的化学反应区内，质点数的变化或体积的变化也非常重要。即使某种物质的反应热为零，但只要它能造成 $\left(\frac{\partial v}{\partial\lambda}\right)_{T,p}/v>0$ 的变化，使 σ 有正值，似乎就能支持一个爆轰，并且有爆炸性物质的通常性质。所有有用的爆炸物，特别是军用固体炸药，事实上的确有一个很大的正释热项（即 $\left(\frac{\partial H}{\partial\lambda}\right)_{T,p}$ 为负），以及化学反应区内的一个足够大的体积变化项。

多年来，许多炸药研究者在致力于设计和制造新的、有更高能量的炸药的探索时，已得到了极为重要的结论。即为了得到高性能炸药，首先应该是希望使炸药在爆轰时每克

炸药爆炸生成产物气体的摩尔数最大，其次希望密度和爆热最大。曾经有一个时期，人们设想用硼化合物作为具有更高性能的凝聚炸药，因为它们有很高的爆热。但是，由于它的反应混合物中含有大量的具有较大分子量的固态产物，如 B_2O_3 等，它的体积变化项 $(\partial v/\partial\lambda)_{T,p}/v$ 反而比常用炸药的体积变化项小，所以对炸药性能的改进并不理想。炸药研究者还得出一个结论，如果设法增加炸药分子组成中的氢含量，并保持密度和其余组分不变，会显著地增加 CJ 爆轰性能。

因此，尽管式(2.2.72)最初是针对气体爆轰推导出来的，但从凝聚炸药的爆轰规律和性质角度来看，它反映的客观规律也具有共同之处。

在推导以上所有公式时，都只假定发生了单一的化学反应。要把这些公式推广到 n 个反应的情形，是有捷径可行的。这时，类如 λ、σ、r 和 Δg 等量都要变成有 n 个分量的矢量，乘积 $\sigma\cdot r$ 和 $\Delta g\cdot r$ 都变成矢量的点乘即可。

2.2.4 熵变化方程

在爆轰反应区流场状态变化的 Rayleigh 过程中，熵的变化规律体现在沿 Rayleigh 线的熵变化方程中。由热力学关系式(2.2.51)，将其与爆轰反应区流场控制方程组中的能量守恒方程结合，可得爆轰过程的熵增为：

$$ds = -\frac{1}{T}\left(\frac{\partial g}{\partial\lambda}\right)_{T,p}d\lambda = -\frac{\Delta g}{T}d\lambda \qquad (2.2.76)$$

此式表明，反应流动中除冲击间断外，化学反应是熵增的唯一原因。显然，如果化学反应未达到平衡，反应过程的方向应使吉布斯函数 g 减小，即 $\Delta g\leqslant 0$ 或 $\Delta g d\lambda\leqslant 0$。等号只在 $d\lambda=0$ 时成立。化学热力学理论告诉我们，化学势 Δg 表征了反应态相对于平衡态的偏离，$\Delta g<0$ 表明反应物过多，$\Delta g>0$ 表示产物过多。一般地说，所有爆轰产物气体之间的化学反应都是可逆反应，像 ZND 模型假设的单一不可逆反应只是一种理想化的处理。反应最终都会实现化学平衡，实现化学平衡的条件为吉布斯自由能 g 取极小值，即：

$$\Delta g(p,v,\lambda)=0 \qquad (2.2.77)$$

由式(2.2.76)还能看出，Δg 与化学反应速率 r 必须具有相反的符号，即 $\Delta g\cdot r\leqslant 0$，使得在 Δg 和 r 都为零的化学平衡点之外，熵的变化总是正的。即按热力学第二定律要求：

$$ds = -\frac{\Delta g}{T}d\lambda\geqslant 0 \qquad (2.2.78)$$

2.2.5 冻结声速与平衡声速

ZND 模型隐含的假设认为，爆轰反应区混合物状态的变化比反应快的多，可认为流场中的反应速率接近于零，在每一个流场截面，λ 几乎不变，这时称反应冻结。能量守恒方程(2.2.19)即为 $p-v$ 平面上的冻结 Hugoniot 曲线方程。反之，如果混合物的状态变化比反应慢的多，可认为反应速率无限大，每一时刻介质都处于热力学平衡状态，这种情形叫作漂移平衡或简称平衡。一般的反应状况处在这两种极限情形——冻结和平衡之间。ZND 模型中的 CJ 点是一个特殊的状态点，在这点上实际已达到化学平衡，因此，在单向不可逆反应假设条件下，如果过 CJ 点的冻结 Hugoniot 曲线与平衡 Hugoniot 曲线不相等，至少在 CJ 点上它们一定相切。

如果反应是可逆的，允许反应在两个方向上发生，既可向前，也可向后。反应区终态是化学平衡态，当 $\Delta g(p,v,\lambda)=0$ 时反应终止。由平衡条件式(2.2.77)，若将 p、v 看作参数，可以解出平衡时的反应进程变量 λ 作为 p、v 的函数，即 $\lambda_e(p,v)$，将其代入 Hugoniot 曲线方程式(2.2.19)，就得到平衡 Hugoniot 曲线方程

$$E(p,v,\lambda_e(p,v))-E_0(p_0,v_0)=\frac{1}{2}(p+p_0)(v_0-v) \tag{2.2.79}$$

可逆反应的反应区终态应落在 $\lambda=\lambda_e$ 的平衡 Hugoniot 曲线上，而不是落在 $\lambda=1$ 的冻结 Hugoniot 曲线上。平衡 Hugoniot 曲线上各点的 λ 值互不相同，但都等于 $\lambda_e(p,v)$。

冻结声速的定义见式(2.2.56)，平衡声速的定义如下：

$$c_e^2=-v^2\left(\frac{\partial p}{\partial v}\right)_{s,\Delta g=0} \tag{2.2.80}$$

式中，求导时不但要求熵不变化，而且要受反应平衡条件 $\Delta g=0$ 的约束。

冻结声速和平衡声速这两个物理量对理解爆轰波（特别是气体中的爆轰波）的特性有重要作用。为了给出它们之间的相对关系，首先对平衡声速定义中的偏导数做自变量的替换，因为反应区内独立的热力学自变量个数为三个，任意热力学参数都能表示成其他三个独立的热力学自变量的函数，因此，由 $p=p(s,v,\lambda(s,v,\Delta g))$，可得：

$$\left(\frac{\partial p}{\partial v}\right)_{s,\Delta g}=\left(\frac{\partial p}{\partial v}\right)_{s,\lambda}+\left(\frac{\partial p}{\partial \lambda}\right)_{s,v}\left(\frac{\partial \lambda}{\partial v}\right)_{s,\Delta g} \tag{2.2.81}$$

设 $\Delta g=\Delta g(s,v,\lambda)$，对其求微分，得：

$$d\Delta g=\left(\frac{\partial \Delta g}{\partial s}\right)_{v,\lambda}\mathrm{d}s+\left(\frac{\partial \Delta g}{\partial v}\right)_{\lambda,s}\mathrm{d}v+\left(\frac{\partial \Delta g}{\partial \lambda}\right)_{s,v}\mathrm{d}\lambda \tag{2.2.82}$$

又设 $E=E(s,v,\lambda)$，并对其求微分，得：

$$\mathrm{d}E=\left(\frac{\partial E}{\partial s}\right)_{v,\lambda}\mathrm{d}s+\left(\frac{\partial E}{\partial v}\right)_{\lambda,s}\mathrm{d}v+\left(\frac{\partial E}{\partial \lambda}\right)_{s,v}\mathrm{d}\lambda \tag{2.2.83}$$

比较式(2.2.51)与式(2.2.83)，可以得到如下用 E 的偏导数表示的热力学量：

$$\begin{cases}\left(\dfrac{\partial E}{\partial s}\right)_{v,\lambda}=T\\ \left(\dfrac{\partial E}{\partial v}\right)_{\lambda,s}=-p\\ \left(\dfrac{\partial E}{\partial \lambda}\right)_{s,v}=\Delta g\end{cases} \tag{2.2.84}$$

因为反应区是连续流场，所以反应混合物状态参量的混合偏导数的次序不影响结果，即：

$$\frac{\partial^2 E}{\partial\lambda\partial s}=\frac{\partial^2 E}{\partial s\partial\lambda} \tag{2.2.85}$$

将式(2.2.84)中的第一式和第三式代入，得：

$$\left(\frac{\partial \Delta g}{\partial s}\right)_{v,\lambda}=\left(\frac{\partial T}{\partial \lambda}\right)_{s,v} \tag{2.2.86}$$

同理可得：

$$\left(\frac{\partial\Delta g}{\partial v}\right)_{\lambda,s} = -\left(\frac{\partial p}{\partial\lambda}\right)_{s,v} \tag{2.2.87}$$

$$\left(\frac{\partial\Delta g}{\partial\lambda}\right)_{s,v} = \left(\frac{\partial^2 E}{\partial\lambda^2}\right)_{s,v} \tag{2.2.88}$$

将式(2.2.86)(2.2.87)(2.2.88)代入式(2.2.82)，可得：

$$d\Delta g = \left(\frac{\partial T}{\partial\lambda}\right)_{s,v}\mathrm{d}s - \left(\frac{\partial p}{\partial\lambda}\right)_{s,v}\mathrm{d}v + \left(\frac{\partial^2 E}{\partial\lambda^2}\right)_{s,v}\mathrm{d}\lambda \tag{2.2.89}$$

或

$$\mathrm{d}\lambda = -\frac{\left(\frac{\partial T}{\partial\lambda}\right)_{s,v}}{\left(\frac{\partial^2 E}{\partial\lambda^2}\right)_{s,v}}\mathrm{d}s + \frac{\left(\frac{\partial p}{\partial\lambda}\right)_{s,v}}{\left(\frac{\partial^2 E}{\partial\lambda^2}\right)_{s,v}}\mathrm{d}v + \frac{1}{\left(\frac{\partial^2 E}{\partial\lambda^2}\right)_{s,v}}d\Delta g \tag{2.2.90}$$

比较对 $\lambda=\lambda(s,v,\Delta g)$ 的微分，有：

$$\left(\frac{\partial\lambda}{\partial v}\right)_{s,\Delta g} = \frac{\left(\frac{\partial p}{\partial\lambda}\right)_{s,v}}{\left(\frac{\partial^2 E}{\partial\lambda^2}\right)_{s,v}} \tag{2.2.91}$$

将上式及声速的定义代入式(2.2.81)，得：

$$-\rho^2 c_e^2 = -\rho^2 c^2 + \frac{\left(\frac{\partial p}{\partial\lambda}\right)_{s,v}^2}{\left(\frac{\partial^2 E}{\partial\lambda^2}\right)_{s,v}} \tag{2.2.92}$$

因为在平衡态下 $\Delta g = \left(\frac{\partial E}{\partial\lambda}\right)_{s,v} = 0$，所以有如下关系成立，其中最后一个等号用到热性系数 σ 的定义，

$$\left(\frac{\partial p}{\partial\lambda}\right)_{s,v} = \left(\frac{\partial p}{\partial\lambda}\right)_{E,v} + \left(\frac{\partial p}{\partial E}\right)_{v,\lambda}\left(\frac{\partial E}{\partial\lambda}\right)_{s,v} = \left(\frac{\partial p}{\partial\lambda}\right)_{E,v} = \rho\sigma c_e^2 \tag{2.2.93}$$

从而得到：

$$c_e^2\left[1 + \frac{c_e^2\sigma^2}{(\partial^2 E/\partial\lambda^2)_{s,v}}\right] = c^2 \tag{2.2.94}$$

将比内能 $E=E(s,v,\lambda)$ 在 λ_e 处展开：

$$E(s,v,\lambda) = E(s,v,\lambda_e) + \left(\frac{\partial E}{\partial\lambda}\right)_{\lambda_e}\mathrm{d}\lambda + \left(\frac{\partial^2 E}{\partial\lambda^2}\right)_{\lambda_e}\mathrm{d}\lambda^2 + \cdots \tag{2.2.95}$$

由于平衡时内能 E 取极小值，即

$$\begin{cases}\left(\frac{\partial E}{\partial\lambda}\right)_{\lambda_e} = 0, \\ \left(\frac{\partial^2 E}{\partial\lambda^2}\right)_{\lambda_e} > 0\end{cases} \tag{2.2.96}$$

所以，式(2.2.94)中括号内的后一项始终大于零，由此证明了冻结声速不小于平衡

声速：

$$c_e \leqslant c \tag{2.2.97}$$

在初始处于平衡状态的反应介质中，声波的传播具有色散效应。声波引起反应介质压力和温度的微小变化，经过一定反应时间后会引起离开平衡状态的微小偏移，而这种微小偏移有时却会造成声速的较大变化，原因是声速是流动量的导数。频率很低的声波在其一个周期内足以引起介质反应状态的变化，此波以平衡声速传播。频率非常高的声波在其一个周期内介质反应状态来不及发生明显变化，此波以冻结声速传播。因此，平衡声速是反应介质中声速的低频极限，冻结声速是反应介质中声速的高频极限。

2.2.6　反应流动方程组

研究爆轰波结构时，经常会用到另一种方程形式，它是在假定反应区忽略耗散项的基础上，从一维平面不定常流体动力学的 Euler 方程组（2.2.48）出发，将坐标系变换到波速不变的波阵面参考系中，注意经此坐标变换后，原固定坐标系状态参量对时间的偏导数为零，对空间的偏导数可写为$\frac{\mathrm{d}}{\mathrm{d}x}$，设$f=f(x,t)$为反应区内任意状态参量，在固定坐标系下：

$$\dot{f}=\frac{\partial f}{\partial t}+u\frac{\partial f}{\partial x} \tag{2.2.98}$$

变换到波阵面参考系后，上式为：

$$\dot{f}=\frac{\mathrm{d}f}{\mathrm{d}t}=u\frac{\mathrm{d}f}{\mathrm{d}x} \tag{2.2.99}$$

因此，方程组（2.2.48）在波阵面参考系下变为如下定常流动方程组：

$$\begin{cases} u\dfrac{\mathrm{d}\rho}{\mathrm{d}x}+\rho\dfrac{\mathrm{d}u}{\mathrm{d}x}=0 \\ \rho u\dfrac{\mathrm{d}u}{\mathrm{d}x}+\dfrac{\mathrm{d}p}{\mathrm{d}x}=0 \\ u\dfrac{\mathrm{d}E}{\mathrm{d}x}+pu\dfrac{\mathrm{d}v}{\mathrm{d}x}=0 \\ \dfrac{\mathrm{d}\lambda}{\mathrm{d}x}=\dfrac{1}{u}r \end{cases} \tag{2.2.100}$$

式中最后一个方程是反应速率方程。将其中前三式写成守恒形式，然后积分即为式（2.2.14）（2.2.15）和式（2.2.16），可应用于反应流场中任意两个控制面之间。由方程中前两式可得：

$$u^2\frac{\mathrm{d}\rho}{\mathrm{d}x}-\frac{\mathrm{d}p}{\mathrm{d}x}=0 \tag{2.2.101}$$

又利用 2.2.3 小节所得在绝热条件下 p、ρ、v 之间的微分关系式（2.2.60），经坐标变换后的关系为：

$$u\frac{\mathrm{d}p}{\mathrm{d}x}=c^2u\frac{\mathrm{d}\rho}{\mathrm{d}x}+\rho c^2\sigma r \tag{2.2.102}$$

由上面两式解出$\frac{\mathrm{d}p}{\mathrm{d}x}$，然后回代入式（2.2.100），就得到一组很有用的反应流方程：

$$\frac{\mathrm{d}p}{\mathrm{d}x} = -\frac{\rho u \sigma r}{\eta} \tag{2.2.103}$$

$$\frac{\mathrm{d}u}{\mathrm{d}x} = \frac{\sigma r}{\eta} \tag{2.2.104}$$

$$\frac{\mathrm{d}\rho}{\mathrm{d}x} = -\frac{\rho \sigma r}{u\eta} \tag{2.2.105}$$

$$\frac{\mathrm{d}E}{\mathrm{d}x} = -\frac{p \sigma r}{\rho u\eta} \tag{2.2.106}$$

式中：$\eta = 1 - M^2 = 1 - \frac{u^2}{c^2}$，反映了流动的声速特性；$M$ 为马赫数；u 是粒子相对于波阵面的运动速度；σr 是化学反应的特征量。

利用坐标变换的微分关系式（2.2.99），式（2.2.103）（2.2.104）（2.2.105）（2.2.106）和熵变化方程（2.2.76）也可写成对时间 t 的微分形式：

$$\frac{\mathrm{d}p}{\mathrm{d}t} = -\frac{\rho u^2 \sigma r}{\eta} \tag{2.2.107}$$

$$\frac{\mathrm{d}u}{\mathrm{d}t} = \frac{u\sigma r}{\eta} \tag{2.2.108}$$

$$\frac{\mathrm{d}\rho}{\mathrm{d}t} = -\frac{\rho \sigma r}{\eta} \tag{2.2.109}$$

$$\frac{\mathrm{d}E}{\mathrm{d}t} = -\frac{p \sigma r}{\rho\eta} \tag{2.2.110}$$

$$\frac{\mathrm{d}s}{\mathrm{d}t} = -\frac{\Delta g r}{T} \tag{2.2.111}$$

$$\frac{\mathrm{d}\lambda}{\mathrm{d}t} = r \tag{2.2.112}$$

上面前四个式子里都有因子$\frac{\sigma r}{\eta}$。若$\frac{\sigma r}{\eta} > 0$，$p - v$ 平面上先导冲击波阵面后反应区的状态沿 Rayleigh 线下降；反之，若$\frac{\sigma r}{\eta} < 0$，则状态沿 Rayleigh 线上移。因为先导冲击波后反应区内的流动为亚声速流动 $\eta > 0$，所以，在反应释能，即 $\sigma r > 0$ 时，压力下降，而发生吸能反应 $\sigma r < 0$ 时，压力上升，其中前者是爆轰反应流动十分重要的特性。在声速点处，有 $\eta = 0$，但此处又不是强间断点，要使流动变量的导数保持有限值，必须有热性积 $\sigma r = 0$，这也是反应区的一个重要特性。

2.3 爆轰波阵面内有简单反应的理想气体爆轰波

仍然采用 ZND 模型的基本假定，认为爆轰波由一个惰性先导冲击波和一个连续反应区组成。反应区内忽略黏性和热传导，因此反应过程沿 Rayleigh 线进行，是一个 Rayleigh 过程。为讨论方便，又假定反应物、产物以及它们的混合物均为理想气体，且各组分有相同的定压比热容 C_p。下面分两种情形进行讨论。

2.3.1　单一不可逆反应的爆轰

单反应道不可逆反应的反应式可写成如下形式：

$$A \rightarrow B \tag{2.3.1}$$

式中：A 表示反应物；B 表示产物；单向箭头表示不可逆。因为质量守恒，A 和 B 的分子量应相等，反应生成的 B 物质的摩尔数等于反应消耗的 A 物质的摩尔数。即式(2.3.1)表示的是摩尔数不变的不可逆反应。设 λ 是产物的质量分数，因为只有 A 完全反应完时反应才能终止，反应终态只能是 $\lambda=1$ 的状态。$\lambda=1$ 的冻结 Hugoniot 曲线是反应区终态对应的爆轰 Hugoniot 曲线。这种单一不可逆的反应即使对气体爆轰而言，在物理上也不现实，但是却可以作为一种重要的参考情况得到气体爆轰的许多重要性质。

假设 A、B 两种组分有相同等熵指数 γ，由 A、B 两种组分组成的混合理想气体的状态方程为：

$$E=\frac{pv}{\gamma-1}-\lambda Q \tag{2.3.2}$$

因此冻结的 Hugoniot 曲线方程为式(2.2.23)。在 $p-v$ 平面上给定一个 λ 值($0 \leqslant \lambda \leqslant 1$)，就有一条冻结 Hugoniot 曲线，也能找到一条 Rayleigh 直线与之相切，切点是冻结声速点，它将该 Hugoniot 曲线分为两个分支，上分支为亚声速分支，其上所有的点都是冻结亚声速的；下分支为超声速分支，其上所有的点都是冻结超声速的。由式(2.2.23)求出沿冻结 Hugoniot 曲线的微商，即冻结 Hugoniot 曲线的切线斜率：

$$\frac{\mathrm{d}p}{\mathrm{d}v}=-\frac{(\gamma+1)p+(\gamma-1)p_0}{(\gamma+1)v+(\gamma-1)v_0} \tag{2.3.3}$$

当冻结 Hugoniot 曲线的切线斜率等于 Rayleigh 直线的斜率 $\frac{\mathrm{d}p}{\mathrm{d}v}=-(p-p_0)/(v_0-v)$ 时，Hugoniot 曲线与 Rayleigh 线相切，由此可以求出 λ 具有不同值时的切点连线的轨迹：

$$\left(p-\frac{p_0}{\gamma+1}\right)\left(v-\frac{\gamma v_0}{\gamma+1}\right)=\frac{\gamma p_0 v_0}{(\gamma+1)^2} \tag{2.3.4}$$

它是 $p-v$ 平面上的一条双曲线，称为声迹线。如图 2.3.1 所示，声迹线将 $p-v$ 平面分为两部分，左边部分是冻结亚声速区，右边部分是冻结超声速区。图 2.3.1 还给出了一个质点通过爆轰波所经历的过程：首先，质点经过先导冲击波达到 Von Neumann 尖点 N，然后沿 Rayleigh 直线由 $\lambda=0$ 的 Hugoniot 曲线向 $\lambda=1$ 的终态 Hugoniot 曲线移动。在移动过程中应满足方程(2.2.107)(2.2.108)(2.2.109)和式(2.2.110)。对单一不可

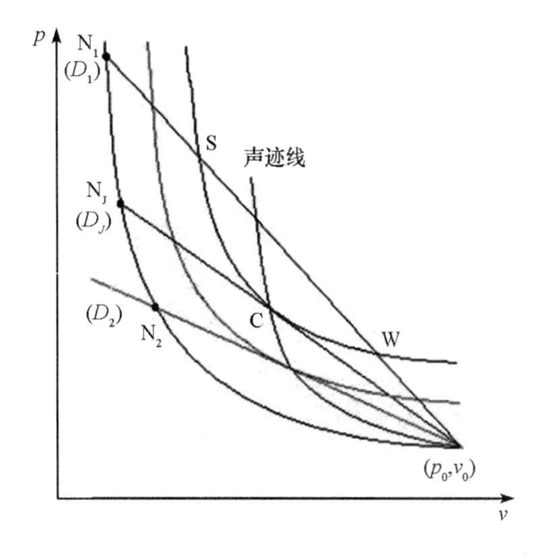

图 2.3.1　单通道不可逆反应的 Hugoniot 曲线

逆反应，压力 p 随反应过程的进行下降，比容随反应过程的进行增加。由图可见，从初始状态点 N 开始，整个反应的 Rayleigh 过程都在声迹线的左边，因此反应区内的流动均为冻结亚声速的，即 $\eta>0$，因此一定有 $\sigma r>0$；又因为是不可逆反应，总有 $r>0$，所以在反应过程中也总有 $\sigma>0$。

当 Rayleigh 线与 $\lambda=1$ 的 Hugoniot 曲线相切时，对应的爆速用 D_J 表示。当 $D>D_J$ 时，流体质点从 N_1 点开始沿 Rayleigh 线向下移动，移动到 $\lambda=1$ 的 Hugoniot 曲线上时，反应终止，终止点是爆轰 Hugoniot 曲线上的 S 点。它不可能过渡到弱爆轰点 W 上去，因为反应只能进行到 $\lambda=1$，在 S 点和 W 点之间的 Rayleigh 线上 $\lambda>1$；另外，也不可能存在稀疏的强间断使反应从 S 点突跃到 W 点。当 $D=D_J$ 时，反应终止在 CJ 点上，这是 CJ 爆轰。当 $D<D_J$ 时，流体质点从初始点 N_2 沿 Rayleigh 线向下移动，不能与 $\lambda=1$ 的终态 Hugoniot 曲线相交，反应不会终止。但在某处会与声迹线相交，这时将出现 $\eta=0$，而 $\sigma r>0$（只有 $\lambda=1$ 时 σr 才能为零），所以，从式(2.2.107)(2.2.108)(2.2.109)和式(2.2.110)可以看出，这点将有 $\frac{\mathrm{d}p}{\mathrm{d}t}=-\infty$ 的不合理状况出现，说明当 $D<D_J$ 时爆轰反应区的流动没有定常解。对于只有一个不可逆反应的爆轰波，当反应过程中反应物和产物的摩尔数相同时，只能出现定常的强爆轰或 CJ 爆轰解，弱爆轰解不可能出现。

为了更清楚地说明问题，我们可以换个角度进行讨论。设已知混合物的比内能函数 $E=E(p,v,\lambda)$，从 Rayleigh 线方程(2.2.18)和 Hugoniot 曲线方程(2.2.19)中消去 E 和 v，可以得到关系式 $p=p(\lambda,D)$。在 $p-\lambda$ 平面上，这是一簇以爆轰波速度 D 为参考的曲线（见图 2.3.2），它们是不同 D 所对应的 Rayleigh 线在 $p-\lambda$ 平面上的映射，曲线上的箭头表示定常解的变化方向，即 $p-v$ 平面上 Rayleigh 过程的方向。图中虚线表示 $\eta=0$ 的声迹线，其上方为解的强分支，下方为解的弱分支。$\lambda=1$ 的线对应反应边界，其右方的解没有意义，$\lambda=0$ 的左边界相应于先导冲击波。根据式(2.2.107)(2.2.108)(2.2.109)及式(2.2.110)，在 $p(\lambda)$ 曲线与声迹线的交点处 $\eta=r=0$，必有一条垂直的冻结 Hugoniot 曲线与之相切，切点处的 λ 为极大值。

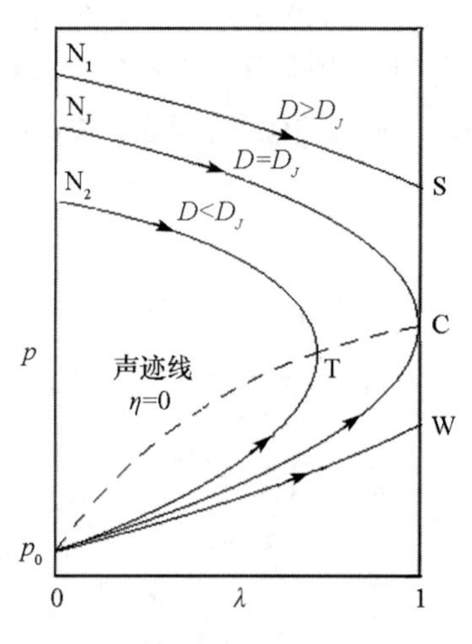

图 2.3.2　单一不可逆反应 $p-\lambda$ 平面上的 Rayleigh 线簇

图中每一条 $p(\lambda)$ 曲线的弱分支都没有物理意义，因为 2.2.2 小节提到的“冷边界问题”说明，从未反应炸药初态点 p_0 沿弱分支上行的 Rayleigh 过程是不可能的。而且在引发反应的机理的假设下，不论 D 取任何值，这些弱分支也都不能从 N 点达到。

再讨论爆速问题，在 $D<D_J$ 时，流体质点状态从 N_2 点沿 Rayleigh 线下降到与声迹线的交点 T 时，λ 仍小于 1，因为反应不可逆，故 $r>0$，又因为是放热反应 $\sigma>0$，所以 $\sigma r>0$。根据式(2.2.107)(2.2.108)(2.2.109)及式(2.2.110)，各物理量导数在 T 点将趋于无穷大。因此，D 小于 D_J 的定常解不可能存在。

当 $D>D_J$ 时，反应在 S 点结束，这时整个反应区均为亚声速流，有 $0<\eta<1$，定常解为超压爆轰解。

当 $D=D_J$ 时，流体质点状态从 N_J 点发出到 C 点结束，在 C 点上 $\lambda=1$，$\sigma r=0$ 和 $\eta=0$，定常解对应 CJ 爆轰。这种情形的活塞问题比较简单。活塞问题的定义见 1.4 节，它给出了流动方程一个完整解的结构，其前部是一个定常反应区，后边界是一给定的（活塞）速度 u_p。当 $u_p<u_J$ 时，是自持的 CJ 爆轰波，它由 CJ 爆轰定常解及一个随时间变化的稀疏波（Taylor 波）组成，从稀疏波波尾到活塞之间为 $u=u_p$ 的恒态区。当 $u_p\geqslant u_J$ 时，解由定常反应区和它后面的恒态区组成，反应区终态有 $u=u_p$（因此有 $D\geqslant D_J$），恒态区由反应区终态延续到活塞上，恒态区的状态与反应区终态相同。当 $u_p>u_J$，解是强爆轰；$u_p=u_J$（因而有 $D=D_J$），解是一个有支持的 CJ 爆轰波。图 2.3.3 是各种条件下活塞问题解的压力分布示意图。

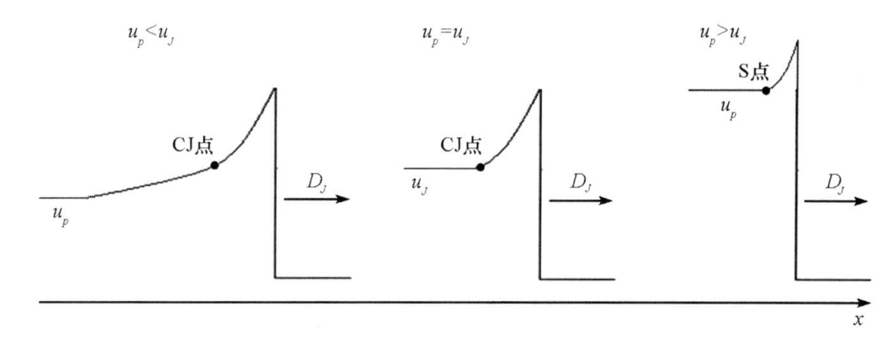

图 2.3.3　活塞问题的压力分布示意图

2.3.2　单一可逆反应的爆轰

单反应道可逆反应的反应式为：

$$A \rightleftharpoons B \tag{2.3.5}$$

因为反应是可逆的，A 组分可以通过反应转变成 B 组分，B 组分也可以转变成 A 组分。开始时，A 组分的浓度大，A→B 是主要反应。随着反应加深，A 组分浓度逐渐减小，B 组分浓度逐渐增加，逆反应 A←B 逐渐增强，最后将达到动态平衡。反应终态应是化学平衡状态，而不再是 $\lambda=1$ 的状态。已知化学平衡条件是吉布斯函数 g 取极小值，即：

$$\Delta g(p,v,\lambda)=0 \tag{2.3.6}$$

解式（2.3.6），可得平衡反应度 λ_e，即：

$$\lambda_e=\lambda_e(p,v) \tag{2.3.7}$$

式（2.3.7）说明，当达到化学平衡时，反应进展程度与当时的状态 (p,v) 有关。将式（2.3.7）代入理想气体冻结 Hugoniot 曲线方程式（2.2.23），就得到平衡 Hugoniot 曲线方程：

$$\frac{pv}{\gamma-1}-\frac{p_0v_0}{\gamma-1}=\frac{1}{2}(p+p_0)(v_0-v)+\lambda_e(p,v)Q_e \tag{2.3.8}$$

对可逆反应，反应区终态在平衡 Hugoniot 曲线上，它一般不是冻结 Hugoniot 曲线簇中的一员。

2.2.5 小节已经证明,冻结声速 c 总是大于平衡声速 c_e,在平衡 Hugoniot 曲线上的每一点都有一条冻结 Hugoniot 曲线通过,在这点上冻结 Hugoniot 曲线要陡于平衡 Hugoniot 曲线。如图 2.3.4 所示,在平衡 Hugoniot 曲线上有两个点满足 CJ 假设(即声速条件),一是它与声迹线的交点 c_0点,这是冻结 CJ 点;另一点是它与 Rayleigh 线或平衡等熵线的切点 c_e点,这是平衡 CJ 点。图中两条虚线分别为平衡 Hugoniot 曲线 H_e和声迹线$\eta=0$。这样平衡 Hugoniot 曲线被分成的三段:c_e点左边一段是冻结亚声速和平衡亚声速的;c_e和 c_0之间是冻结亚声速、平衡超声速;c_0点右边一段是冻结超声速和平衡超声速的。

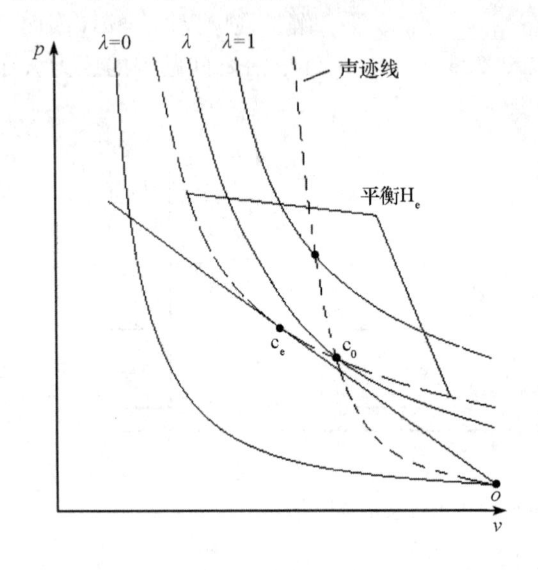

图 2.3.4 单通道可逆反应的 Hugoniot 曲线

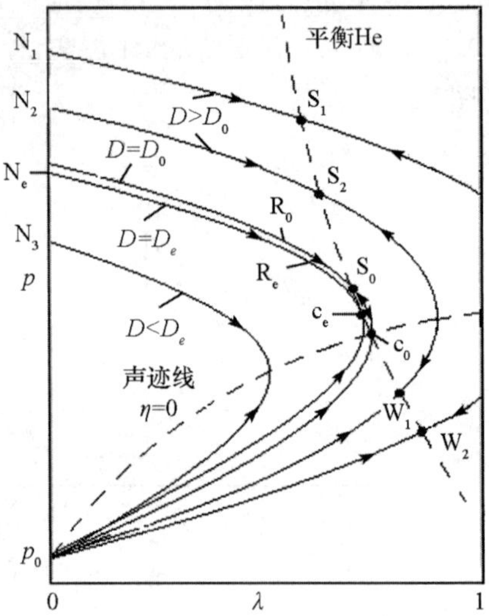

图 2.3.5 单一可逆反应 $p-\lambda$ 平面上的 Rayleigh 线簇

图 2.3.5 为 $p-\lambda$ 平面上单一可逆反应的 Rayleigh 线簇。由于平衡 Hugoniot 曲线上有两个 CJ 点:c_e和 c_0。与之对应有两条 Rayleigh 线:R_e和 R_0,相应的爆速分别为 D_e和 D_0。

熵增量方程式(2.2.111)表明,在平衡 Hugoniot 曲线 H_e上熵为极大,所以反应终态一定在 H_e上。图中任一条 Rayleigh 线上的反应箭头从两边向它与 H_e的交点趋近,但 c_e点和 c_0点例外,因为 c_e点是 R_e与 H_e相切的切点,也是它与等熵线的切点,c_0点是方程组(2.2.108)(2.2.109)(2.2.110)和式(2.2.111)的奇点。另外,因声迹线 $\eta=0$ 是方程组的奇线,除了 c_0点外,沿 Rayleigh 线的反应箭头越过声迹线时方向应发生变化。H_e与 R_e相切于 c_e点,与 R_0相交于 S_0和 c_0两点,c_0是声迹线与 H_e和 R_0三条线的交点。H_e处于 c_e和 c_0之间的段落处在平衡超声速、冻结亚声速的状态。

仿前推理可知,$D<D_e$ 时,反应从 N_3点出发沿 Rayleigh 线从左向右移动,达不到平衡 Hugoniot 曲线 H_e上的终态,因此不可能存在定态解。当 $D>D_e$ 时,把 H_e线视为反应边界,Rayleigh 过程从 N_1或 N_2出发可以到达 H_e在 c_e点上方的强分支的 S_1或 S_2点,实现强爆轰。因为这些点是化学平衡点,应有 $\Delta g=0$,由式(2.2.111),在 H_e上任意一点都有$\frac{ds}{dt}=0$。如果反应仍继续向前(即 A→B 方向)进行,则 r 仍大于零,Δg 将反号,变得大于零,因而

$\frac{ds}{dt}<0$。又因为在忽略黏性和热传导后,化学反应是熵增的唯一原因,因此,当反应进行到平衡点时就不能再继续向前进行了。所以,对 $D>D_e$ 的情形,只能以 H_e上的强爆轰点 S 作为终态。不可能沿上方的 Rayleigh 线越过反应边界 H_e而到达它们的下交点 W(即弱爆轰状态)。但在 $D=D_e$ 时,出现了不可逆系统中没有的新情况,S 点和 W 点在 c_e点相遇重合,实现自持的 CJ 爆轰。利用式(2.2.109)(2.2.111),可以得出 $s-v$ 平面上积分曲线的斜率:

$$\frac{ds}{dv}=-\frac{(\eta\Delta g)}{(\sigma vT)} \tag{2.3.9}$$

这个斜率说明,熵在平衡点 $\Delta g=0$ 和声速点 $\eta=0$ 上有极值。但是在 S 点和 W 点的重合点 c_e上,它只是一个斜率为零的拐点,而不是熵的极大值点,稍有扰动就会趋于 Rayleigh 线、平衡 Hugoniot 曲线以及声迹线三线的交点 c_0。实际上从 Von Neumann 点 N_e 下降到 c_e点的时间,即趋于平衡的过程是无限长的,c_e点的不稳定性在物理上没有意义。c_e只是熵变化的拐点。因为反应流状态不能越过平衡点 S,平衡 Hugoniot 曲线 H_e上从 c_e 点以下到 c_0点(包括 c_0点在内),有 $D_e<D<D_0$ 的这一段(冻结强分支,平衡弱分支),是不能达到的。

用 u_e表示 c_e点状态下的粒子速度。如果活塞速度 $u_P>u_e$,则爆速大于 D_e,流动区是均匀的。若 $u_P=u_e$,则得到活塞支持的平衡 CJ 爆轰,$D=D_e$。但这个自持爆轰情形有所不同,因为平衡 Hugoniot 曲线的强分支都处于冻结亚声速态,稀疏波以比 D_e 快的冻结声速传播,会波及至反应区内。冻结 CJ 点 c_0是声速点,在该点波后稀疏波以冻结声速传播,稀疏波的扰动不会干扰反应流。但任何开始于 N 点的解都不能到达 c_0点。所以严格说来,单道可逆反应系统不存在自持的定态爆轰。但从渐近意义来说,当时间趋于无限时定态的自持平衡爆轰是可以实现的。

单一可逆反应爆轰的活塞问题与单一不可逆反应爆轰的活塞问题稍有不同。对 $u_P>u_e$ 和$u_P=u_e$,与不可逆反应情形完全一样(见图 2.3.3),分别产生强爆轰和 CJ 爆轰,爆轰波后均为恒流区。这里 u_e相当于不可逆情形的 u_J。当活塞速度 $u_p<u_e$ 时,就会发生困难。因为对包括 $D=D_e$ 在内的所有允许定常解,终态都是冻结亚声速的,稀疏波在这一点不能与定常解简单地相连接。冻结 CJ 点 c_0是冻结声速点,能与稀疏波连接,但任何开始于 N 点的解都不能达到 c_0点。这个问题的精确解至今尚未找到。

2.4　本征爆轰和病态爆轰

1942 年 Von Neumann 给出"病态爆轰"的例子,从理论上首次指出在特殊的复杂反应系统中弱爆轰状态是可以达到的,以后许多工作都揭示了这类弱爆轰状态具有的共同特性。在具有某种吸热或耗散性质的复杂反应系统中,定态爆轰状态可能位于产物 Hugoniot 线的 CJ 点下方,即其弱分支上。然而最令人注目的特点是,这类弱爆轰的速度是由反应系统全部的物性关系(包括状态方程、反应速率模型和输运性质等)所唯一确定的,是一组常微分方程的本征值,因而这类弱爆轰又被称为本征爆轰(Eigenvalue

Detonation)。对于 CJ 或 ZND 为代表的简单爆轰模型,自持爆速是由产物的 Hugoniot 线单独决定的,而且只要利用相应的驱动活塞,高于自持爆轰的任何爆速都可以实现,也就是说可实现的爆速构成连续谱。简单模型的反应区终态是声速或亚声速的,定态反应区解是存在的。相比之下,本征爆轰也是自持的,但其爆速大于 CJ 爆速,只是孤立的本征值,或者说构成离散谱,其反应区终态是超声速的,产物流动区的稀疏波落后于反应区,使得反应区末端与稀疏波头之间出现一个越来越宽的均匀区。如果后边界有着速度适当的活塞,流动区中还会出现一个速度较慢的冲击波,形成双波结构。

根据目前的认识,弱爆轰如果存在,只可能是本征爆轰的形式,但尚未得到实验证实。有些实验表明,正常爆轰状态不在 CJ 点,而在其下方的 Hugoniot 线的弱分支上,似乎与本征爆轰的概念有关。本节将介绍较复杂系统的爆轰模型及存在本征爆轰和病态爆轰的可能性,这也是分析复杂实际系统的基本方法。

2.4.1 摩尔数减少的单一不可逆反应的爆轰(病态爆轰)

正常爆轰系统中反应区内具有不同反应度的部分反应产物的冻结 Hugoniot 曲线族通常不自相交,但 Von Neumann 构造了一个称为病态爆轰系统的例子,表明当单道不可逆反应系统爆轰产物的摩尔数比反应物小时,其冻结 Hugoniot 线族是自相交的。

化学反应有很大摩尔数变化的爆轰具有重大现实意义,虽然在这个简单例子中不可能包含实际系统的全部复杂内容。例如,悬浮在气态氧中的微细铝粉尘中的爆轰,预计会有很大的摩尔数减少,同时伴随巨大的热释放。氢和氧的化学计量混合物在爆轰时摩尔数也有减少。但这两种情形的产物不会正好是 Al_2O_3 和 H_2O,因为这些分子在高温时离解,会使摩尔数减少的程度有所降低。

本问题需要考虑不可逆反应为:

$$A \to (1+\delta)B \tag{2.4.1}$$

其中 $\delta<0$,因此摩尔数减少。以具有相同定压比热的两个理想气体组成的混合物为例,在单道化学反应条件下,方程(2.2.75)所表示的能量释放系数中 $\dfrac{(\partial v/\partial \lambda)_{T,p}}{v}=\dfrac{\Delta n}{n}$,其中 n 为摩尔数,因此当 $\Delta n<0$ 时,体积项和能量项的符号相反。对这两项的一定取值,热性系数 σ 可能在反应区定常流中的某个截面处改变符号,又因为假设了不可逆反应,反应完成前一直有 $r>0$,所以,热性积 σr 在反应过程中随 σ 也可能发生符号改变。这时 $p-v$ 平面上的冻结 Hugoniot 曲线会发生自相交,热性积 $\sigma r=0$ 的轨迹是其包络线。假设冻结 Hugoniot 曲线方程是 $H(p,v,\lambda)$,则按照包络线的定义,它可由如下两个方程

$$H(p,v,\lambda)=\frac{\partial H(p,v,\lambda)}{\partial \lambda}=0 \tag{2.4.2}$$

消去 λ 而得到。所得到的方程即为 $p-v$ 平面上冻结 Hugoniot 曲线的包络线方程。有包络线的原因是:如果 $\sigma r>0$,反应程度较大的冻结 Hugoniot 曲线按顺序应排在反应程度较小的冻结 Hugoniot 曲线的上方,而对于 $\sigma r<0$ 的情况,正好相反,反应度大的冻结 Hugoniot 曲线在下方,因此,在 $p-v$ 图的中间部分,各条冻结 Hugoniot 曲线发生了复杂的交叉,它们的包络线正好是热性积 $\sigma r=0$ 的轨迹。

图2.4.1画出了这些冻结Hugoniot曲线以及它们的包络线，图2.4.2是$p-\lambda$平面上的解，两图中状态点的标识符一一对应。如图所示，当爆速为$\tilde{D}$的Rayleigh线与包络线相切时，切点为P点，在P点正好与Rayleigh线和包络线均相切的冻结Hugoniot曲线的反应度为$\lambda=\tilde{\lambda}$。如果$D=D_1>\tilde{D}$，则如图2.4.2，亚声速分支和超声速分支是分离的。其中亚声速分支的流动过程为：先导冲击波使其波后状态达到Rayleigh线与$\lambda=0$的冻结Hugoniot曲线的交点N_1，然后因为热性积$\sigma r>0$反应过程沿Rayleigh线向下运动，在F点与$\sigma r=0$的包络线相遇，在这个点上，爆轰波反应区内的压力达到极小值，以后随着反应的进行，σr变号，状态点沿Rayleigh线反向向上运动，直到与$\lambda=1$的爆轰Hugoniot曲线相遇达到强爆轰点S_1，在这种情况下，整个流动区相对于冲击波而言是亚声速的，从后方来的稀疏波会赶上爆轰波使其流动退化。而超声速分支的流动过程是：反应先沿Rayleigh线从起始点O点向上运动，在E点与$\sigma r=0$的包络线相遇，在这个点上，爆轰波反应区内的压力达到极大值，以后随着反应的进行，σr变号，状态点沿Rayleigh线调头向下运动，直到与$\lambda=1$的爆轰Hugoniot曲线相遇到达弱爆轰点W_1。如果$D=\tilde{D}$，反应区流动过程有两种可能，反应区状态将从先导冲击波状态点$\tilde{N}$沿Rayleigh线向下移动到Rayleigh线与$\sigma r=0$的包络线相切之点P，然后或者沿Rayleigh线返回到$\lambda=1$的Hugoniot曲线上的强爆轰点$\tilde{S}$；或者沿Rayleigh线继续下移到$\lambda=1$的Hugoniot曲线上的弱爆轰点$\tilde{W}$，这种爆轰是由守恒方程本征值确定的本征爆轰。因为在Rayleigh线与包络线相切的P点，它同时也与一条冻结Hugoniot曲线相切（在图2.4.1中，这条冻结Hugoniot曲线的反应度被设为$\tilde{\lambda}$），所以在这一点也有$\eta=0$。$\sigma=0$和$\eta=0$同时出现的点称为病态点，即P点是一个带鞍点性质的病态点，因此本征爆轰也被称为病态爆轰。另外，从O点沿Rayleigh线连续上升到P点的过程不可能是自持的，必须借助于外界点火源。如果$D=D_2<\tilde{D}$，Rayleigh线与包络线无交点，状态由O点沿爆速$D=D_2$的Rayleigh线突跃到N_2点，再沿同一Rayleigh线下降，到达与声迹线的交点T，此处各物理量对λ的导数均趋于无穷，所以这种情况下不存在定态解。

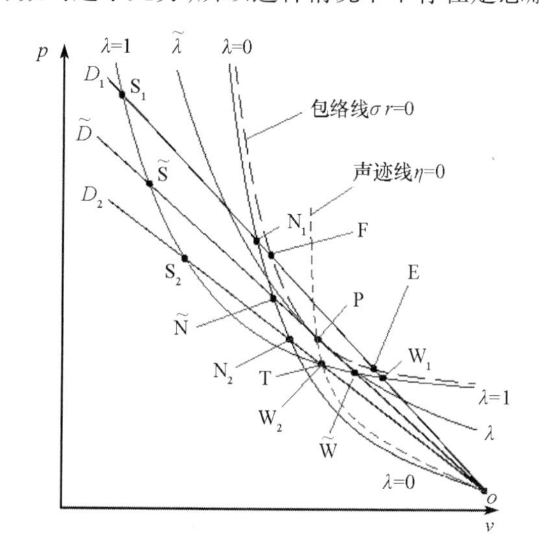

图2.4.1　病态爆轰系统的冻结Hugoniot曲线

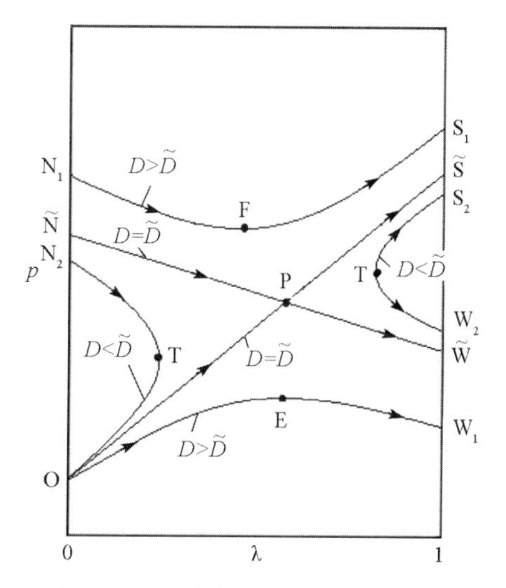

图2.4.2　病态爆轰系统$p-\lambda$平面上的Rayleigh线簇

这一情形的活塞问题显得较为复杂。图2.4.3是不同活塞速度u_p下爆轰波及波后流场的压力分布示意图。记$\tilde{S}$点和$\tilde{W}$点处的粒子速度分别为$u_{\tilde{S}}$和$u_{\tilde{W}}$。当$u_p > u_{\tilde{S}}$时，$D > \tilde{D}$，发生强爆轰，先导冲击波状态从O点突跃到N_1点，反应区内在F点处有一压力极小值，反应区终止在S_1点上，其后是一恒流区，恒流区的质点速度等于活塞速度u_p。在除此之外的其余情况下，爆轰波阵面状态都要从O点突跃到$\tilde{N}$点，再沿Rayleigh线移动到P点，爆速$D = \tilde{D}$。若$u_p = u_{\tilde{S}}$，波后过程有两种可能：$\tilde{N}$→P→$\tilde{S}$，或者$\tilde{N}$→P→$\tilde{W}$（经过第二个冲击波）→$\tilde{S}$。若$u_{\tilde{W}} < u_p < u_{\tilde{S}}$，爆轰波是弱爆轰，反应区终态在$\tilde{W}$点，又因为$u_p > u_{\tilde{W}}$，反应区后会有一冲击波将质点速度加速到$u_p$使之与活塞速度匹配，与$u_p$对应的终态点在$\tilde{S}$下方。因为弱爆轰相对于波后超声速运动，在$\tilde{W}$点和其后的冲击波之间将有一不断加宽的均匀区。当$u_p = u_{\tilde{W}}$时，发生典型的本征爆轰，过程为$\tilde{N}$→P→$\tilde{W}$，这也是一个弱爆轰，反应区终止在$\tilde{W}$点上，后面是均匀区。若活塞速度进一步减小至$u_p < u_{\tilde{W}}$，则波后状态到达$\tilde{W}$点后会有一个稀疏波使质点速度减速，降至和活塞速度一致。该稀疏波波头距爆轰波越来越远，它们之间的均匀区不断变宽。

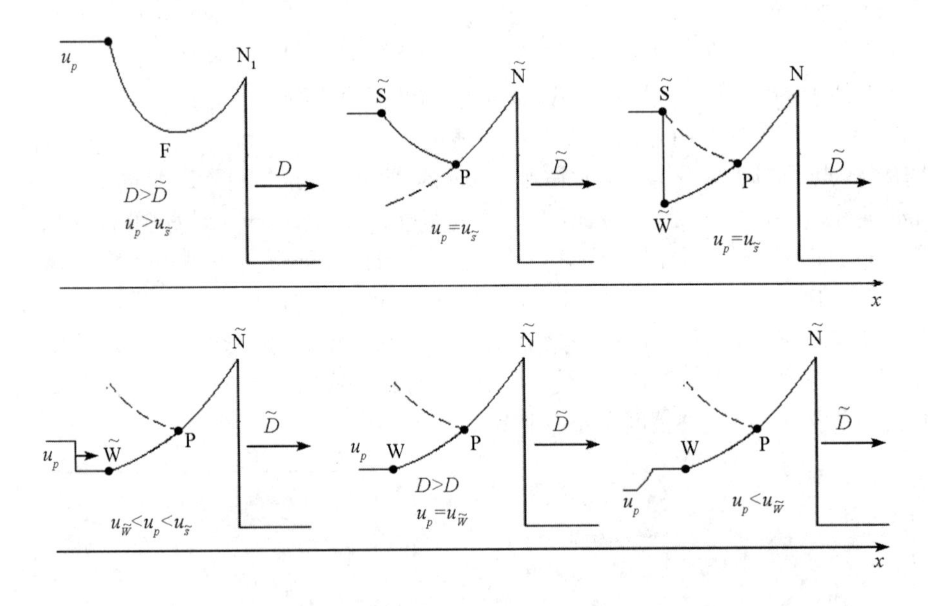

图2.4.3　本征爆轰活塞问题的压力分布示意图

长期以来，人们一直在努力探索除了正常爆轰的CJ定常解以外的其他形式的定常解。本小节的理论说明还存在一种非正常型的爆轰定常解，它居然有可能到达弱爆轰点。因为它不正常，人们称之为病态爆轰，这个名称最早是由Von Neumann提出的。病态爆轰也是本征爆轰。

2.4.2　黏性爆轰

在前面的讨论中，除2.2.1小节外，我们都保留了ZND模型的基本假定，将爆轰波看成一个先导冲击波后面跟一个连续流动的反应区，反应区内忽略黏性和热传导的影响。本节将考虑输运效应的影响，但为了使问题简化，以得到一个能反映问题主要特点的解的定性图像,我们只讨论黏性的影响,而不考虑热传导和扩散效应。这种考虑本身也是有意义的,问题类似于在流体动力学数值计算中加入了人工黏性力,无反应流方程组会有代表有限厚度的冲击波的解,在数值计算程序的离散步骤中,黏性的大小可以控制冲击波阵面宽度。因此在爆轰中,冲击波压缩区和化学反应区会有某种程度的重叠。对实际的有限反应速率,爆轰波参数分布与 ZND 模型的分布图像相似,只是由于冲击波与反应区重叠,使尖峰压力略微减小。

考虑黏性时,在随爆轰波运动的定常坐标系中,一维定常流方程为:

$$\rho u=\rho_0 D \tag{2.4.3}$$

$$\mu\frac{\mathrm{d}u}{\mathrm{d}x}=p-p_0-\rho_0 D(D-u) \tag{2.4.4}$$

$$\mu v\frac{\mathrm{d}u}{\mathrm{d}x}=E-E_0+pv-p_0v_0+\frac{1}{2}(u^2-D^2) \tag{2.4.5}$$

$$\frac{\mathrm{d}\lambda}{\mathrm{d}x}=u^{-1}r \tag{2.4.6}$$

在不考虑热传导的条件下,前三个方程就是式(2.2.5)(2.2.6)和式(2.2.7)。其中 D 是波前质点流入爆轰波的速度;$\mu=\frac{4}{3}\eta$ 是黏性系数;x 是距离。此外还必须给出混合物状态方程和反应速率方程,这里取如下简单形式就足以将问题的主要特征展现出来:

$$E=\frac{pv}{\gamma-1}-\lambda Q \tag{2.4.7}$$

$$r=k(1-\lambda) \tag{2.4.8}$$

利用质量守恒关系,式(2.4.4)和式(2.4.5)可写成:

$$\rho_0^2 D^2-\frac{(p+\pi-p_0)}{v_0-v}=0 \tag{2.4.9}$$

$$E-E_0-\frac{1}{2}(p+\pi+p_0)(v_0-v)=0 \tag{2.4.10}$$

或写成:

$$\frac{\pi}{v_0-v}=\rho_0^2 D^2-\frac{(p-p_0)}{v_0-v}=R(p,v) \tag{2.4.11}$$

$$\frac{1}{2}\pi(v_0-v)=E-E_0-\frac{1}{2}(p+p_0)(v_0-v)=H(p,v) \tag{2.4.12}$$

式中 $\pi=-\mu\frac{\mathrm{d}u}{\mathrm{d}x}$为黏性压力。这些关系式给出了该问题的解与理想流体的 Rayleigh 线和 Hugoniot 曲线之间的偏离,若用 p 代替 $p+\pi$(即 $\pi=0$),上式就是常用的无黏性守恒方程。

由式(2.4.3)(2.4.4)(2.4.5)(2.4.6)(2.4.7)和式(2.4.8)定义的方程组,消去 p 和 u 就可以得到一对关于 $v(x)$ 和 $\lambda(x)$ 的常微分方程。流体参数 μ、γ、Q、k 和初始压力 p_0、初始密度 ρ_0、爆轰波传播速度 D 等仍作为参数。假定 $p_0\ll p$,结果得到的方程是

$$\mu\frac{\mathrm{d}\left(\frac{v}{v_0}\right)}{\mathrm{d}x}=\rho_0 D\left[\frac{1}{2}(\gamma+1)\frac{v}{v_0}+\frac{1}{2}(\gamma-1)\frac{v_0}{v}-\gamma+(\gamma-1)\frac{Q}{D^2}\frac{v_0}{v}\lambda\right] \tag{2.4.13}$$

$$\frac{\mathrm{d}\lambda}{\mathrm{d}x}=r\left[\frac{v}{v_0}D\right]^{-1} \tag{2.4.14}$$

这两个方程的连续解在 x 轴上从 $-\infty$ 到 $+\infty$ 成立。在初态和终态,流动量的梯度为零,这两个状态之间的关系由守恒条件连结。这时与有相同传播速度的无黏性问题的初态和终态之间的关系相同。

定义两个特征长度,可将方程(2.4.13)和(2.4.14)写成无量纲形式:

$$\frac{\mathrm{d}(v/v_0)}{\mathrm{d}\xi}=f_1\left(\frac{v}{v_0},\lambda,\frac{Q}{D^2},\gamma\right)=\frac{1}{2}(\gamma+1)\frac{v}{v_0}+\frac{1}{2}(\gamma-1)\frac{v_0}{v}-\gamma+(\gamma-1)\frac{Q}{D^2}\frac{v_0}{v}\lambda \tag{2.4.15}$$

$$\frac{\mathrm{d}\lambda}{\mathrm{d}\xi}=f_2\left(\frac{v}{v_0},\lambda,l,\gamma\right)=l\frac{v_0}{v}(1-\lambda) \tag{2.4.16}$$

$$l=\frac{l_v}{l_r}=k\frac{\mu}{\rho_0 D^2} \tag{2.4.17}$$

$$l_v=\frac{\mu}{\rho_0 D}=\text{特征黏性长度} \tag{2.4.18}$$

$$l_r=\frac{D}{k}=\text{特征反应长度} \tag{2.4.19}$$

$$\xi=\frac{x}{l_v} \tag{2.4.20}$$

取特征黏性长度作为距离单位,它与无反应的冲击波阵面厚度,即平均自由程的自然长度单位同一量级。特征反应长度通过爆轰波速度 D 与特征反应时间 k^{-1} 相关。初态和终态之间的关系可以从守恒关系式得到,这里 p_0 忽略不计,

$$\rho_0^2 D^2=\frac{p}{v_0-v} \tag{2.4.21}$$

$$\frac{pv}{\gamma-1}-\lambda Q=\frac{1}{2}p(v_0-v) \tag{2.4.22}$$

由方程(2.4.15)、(2.4.16)可以得到如下常微分形式的反应方程:

$$\frac{\mathrm{d}\left(\frac{v}{v_0}\right)}{\mathrm{d}\lambda}=\frac{f_1}{f_2} \tag{2.4.23}$$

图2.4.4是 $\lambda-v/v_0$ 相平面图,图中画出了我们通常关心的由方程(2.4.23)解出的黏性爆轰积分曲线,图2.4.5是与图2.4.4对应的 $p-v$ 平面图。由式(2.4.15)定义的 $f_1=0$ 在 $\lambda-v/v_0$ 相平面上是一条抛物线,它是式(2.4.23)积分曲线的水平转折点的轨迹。由 $f_1=0$ 得到的 λ 与 v 之间的关系,正好是在 $p-v$ 平面中通常的 Rayleigh 线上成立的关系,所以这条轨迹称为 $\lambda-v/v_0$ 相平面上的 Rayleigh 曲线。在 $f_2=0$ 的迹线上,即在 $\lambda=1$、$r=0$ 的线上,积分曲线与 λ 轴是垂直的。$f_2=0$ 的迹线对应 $p-v$ 平面中的完全反应 Hugoniot 曲线。在 $\lambda-v/v_0$ 相平面上,Rayleigh 曲线与垂直的 Hugoniot 线 $\lambda=1$ 的交点 S 和 W,对应于在 $p-v$ 平面中 Rayleigh 线与完全反应 Hugoniot 曲线的强交点和弱交点。

Rayleigh 线与 $\lambda=0$ 线的交点 O 和 N 分别是初态点和 Von Neumann 点(化学尖峰

点）。在图 2.4.4 和图 2.4.5 中，ZND 模型的状态点从 O 点间断地跳跃到 N 点，再沿 Rayleigh 线上移或下移到 S 点。当 Rayleigh 线与完全反应 Hugoniot 曲线相切时，S 点和 W 点合并为 CJ 点，该点即为爆速 $D=D_J$ 的 CJ 爆轰状态。在黏性爆轰问题中，类似的解是一条从 O 点出发，不经过 N 点而在 S 点上终止的连续积分曲线，即黏性爆轰过程是沿积分曲线进行的一个无先导冲击波的连续过程。图中画出了取固定的 $D>D_J$ 值、但是取不同反应速率系数 k 值的一系列积分曲线（图中虚线对应不同的 k 值）。k 很小时，积分曲线将紧靠 N 点通过，这时冲击波和化学反应区几乎分离，解的压力波形和 ZND 模型相近。当 k 增大时，积分曲线在 $\lambda-v/v_0$ 相平面和 $p-v$ 平面中右移，最后在它通向 S 点的路径上会任意地靠近 W 点。对某一特殊的 k 值，黏性爆轰积分曲线将终止在 W 点上，再增加 k 值，曲线走向 $v/v_0=\infty$。若取固定的 k 值，改变爆轰波速度 D，也能得到类似于图 2.4.4 和图 2.4.5 的积分曲线变化趋势，这时，积分曲线随爆速增加而左移。

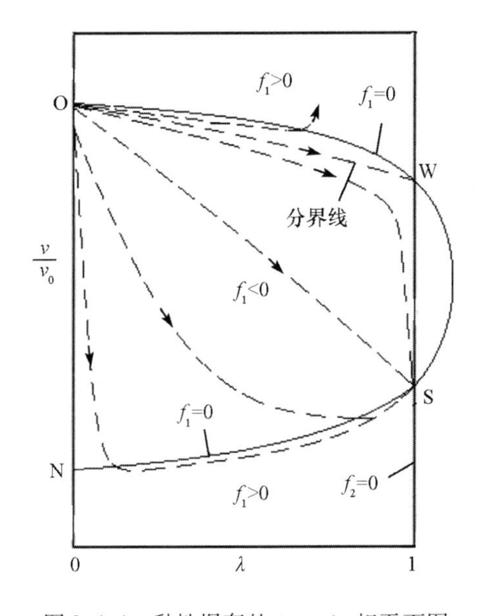

图 2.4.4　黏性爆轰的 $\lambda-v/v_0$ 相平面图

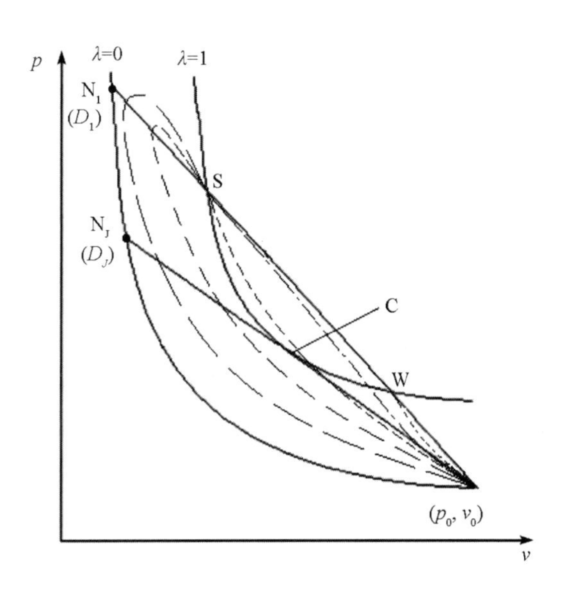

图 2.4.5　黏性爆轰的 $p-v$ 平面图

S 点和 W 点处都满足 $f_1=f_2=0$，它们是方程(2.4.23)的临界点，S 点是节点，W 点是鞍点。积分曲线接近 S 点和 W 点的方向与 k 值和 D 值有关，图 2.4.6 画出了它们的结构。对任意固定的 $D>D_J$，当 k 很小时，有(a)情形发生；当 k 增大时，有(b)情形发生。当 $D=D_J$时，Rayleigh 线与 $\lambda=1$ 的完全反应 Hugoniot 曲线相切，这时两个临界点重合，形成如图(c)所示的兼有节点－鞍点扇形式的更高阶奇点。

因此，像上一小节的问题一样，黏性爆轰对固定的爆轰波速度 D 有一本征反应速率因子 $\tilde{k}(D)$，或者对固定的 k 值有一本征爆轰波速度 $\tilde{D}(k)$ 存在。对任何固定的 k 值，当 D 无限增大时，解趋近于 ZND 模型解。可以看出本征值 $\tilde{k}(D)$ 是 D 的单调递增函数，$k<\tilde{k}(D_J)$时，活塞问题是“正常的”活塞问题，压力图和 ZND 模型的压力分布图相像，只是由于黏性效应而得圆滑一些。当 $k>\tilde{k}(D_J)$时，将有一个本征爆速 $\tilde{D}(k)$ 存在，此时定常反应区将终止在 Hugoniot 曲线弱分支上的超声速点，而活塞问题类似于上小节中的单一反应

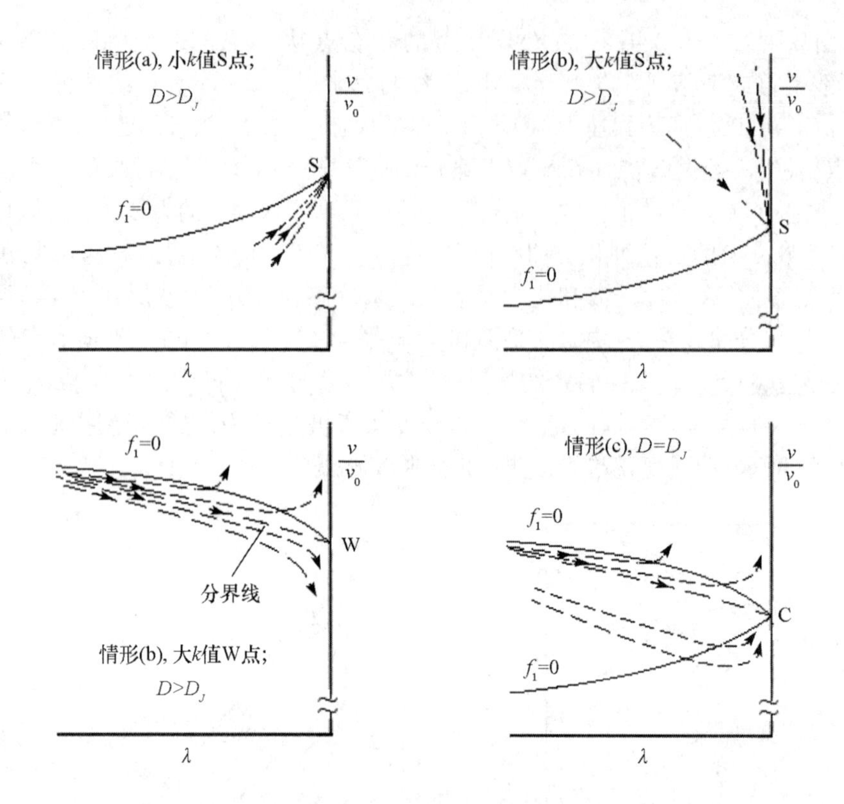

图 2.4.6　在黏性爆轰临界点 S 和 W 附近的积分曲线

病态爆轰。Wood(1963)已对服从 Arrhenius 反应速率定律、有单一不可逆反应的理想气体,利用在输运系数作了某些假设条件下得到的简化关系式,对活塞问题作了详细讨论。

至少在气体系统中,输运效应和反应速率都与分子碰撞速率有关。对这些关系进行研究,启发人们知道实际的气体反应速率太小,不足以得出弱解(本征爆轰解)。反应速率的测定也证实了这一结论。

2.5　非理想爆轰和炸药的直径效应

根据 ZND 模型求得的爆轰波参数,只与炸药的化学性质、装药密度和所取的状态方程有关,而与炸药的其他条件,如炸药装药的尺寸、形状和外壳无关。这种严格遵守 ZND 模型一维定常流理论的爆轰是理想爆轰。

理想爆轰不考虑化学反应区能量的侧向损失(这只有在装药尺寸无限大时才能实现),同时,根据 CJ 条件 $D_J = u_J + C_J$,又避免了化学反应区能量的轴向损失。从而理想爆轰波将得到反应区释放的全部能量的支持,并以相应的最大速度稳定传播。这种没有能量损失的理想爆轰波实际上是不存在的,任何实际爆轰都是在一定装药直径的炸药中进行的。实验证明,常用的圆柱形装药中,在距离引爆点一定距离后达到的稳定爆轰波速度并不是唯一的恒定值。在其他装药条件相同的情况下,这种稳定的爆速值与装药的直径有关。一般当装药直径小于某一极限直径时,爆速随直径的减小而减小,当装药直径小于某一临界直径时，爆轰就会熄灭。装药直径对爆轰的影响，称为直径效应。

装药的直径效应来源于装药侧表面向爆轰波反应区内部传播的径向膨胀波的作用。当装药直径有限时，处于高压状态的化学反应区内的介质，必然产生径向膨胀（任何金属壳也阻挡不了），因此在爆轰波阵面内，由于受侧向稀疏波的作用，介质的流动不可能是一维的；同时，介质的径向膨胀又使反应区能量受到损失，而且越靠近边界处损失越大。结果导致爆轰波速度降低和波阵面形状弯曲。因此，对实际的爆轰过程，达到稳定爆轰时的爆速都小于理想爆速；爆轰波阵面不是平面，而是向前凸起的曲面，即爆轰波不是一维的，而是二维的。换句话说，实际的爆轰都是非理想爆轰。

2.5.1　非理想爆轰的流管理论

对于直径效应引起的非理想爆轰，其爆速的变化规律可以用一种简单的模型，即所谓的流管理论进行研究。

假设有一个平面定常爆轰波。在相对爆轰波阵面静止的坐标系内，流线穿过爆轰波先导冲击波阵面后，由于受到侧向稀疏波的影响而向外膨胀，因而化学反应区内流管面积 A 将有所增加。流管理论假定流管的横截面积 A 只随爆轰波传播距离 x 变化，作为近似，我们把爆轰波阵面作为平面，而且在每一横截面上的所有力学量都相同。这样二维问题就简化成带面积修正项的一维问题。

这里约定：爆轰波前参量用下标 0 表示，爆轰波先导冲击波后的参量用下标 1 表示，化学反应结束端面的参量用下标 2 表示。化学反应从先导冲击波阵面 A_1 处开始，在界面 A_2 处结束。如图 2.5.1 所示。

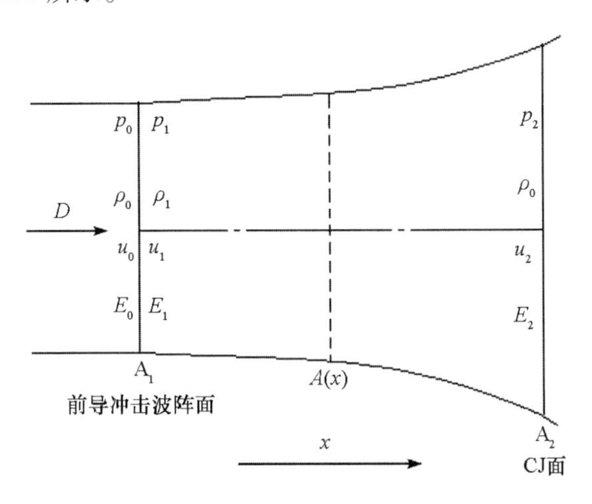

图 2.5.1　爆轰波反应区流管示意图

先导冲击波阵面 A_1 的前、后参量之间仍满足冲击波关系。忽略黏性和热传导后，截面积变化的反应区内定常流动方程为

$$\rho\frac{\mathrm{d}u}{\mathrm{d}x}+u\frac{\mathrm{d}\rho}{\mathrm{d}x}+\frac{\rho u}{A}\frac{\mathrm{d}A}{\mathrm{d}x}=0 \tag{2.5.1}$$

$$u\frac{\mathrm{d}u}{\mathrm{d}x}+\frac{1}{\rho}\frac{\mathrm{d}p}{\mathrm{d}x}=0 \tag{2.5.2}$$

$$\frac{\mathrm{d}}{\mathrm{d}x}\left[\rho\left(E+\frac{u^2}{2}\right)+p\right]=0 \tag{2.5.3}$$

对式(2.5.1)积分,可以得到:

$$\rho Au=\rho_0 A_1 D=\rho_1 A_1 u_1=\rho_2 A_2 u_2 \tag{2.5.4}$$

式中 u 均为相对于波阵面的质点速度。公式中第二个等式用到了先导冲击波的质量守恒关系。

若忽略波前状态压力 p_0,先导冲击波的动量守恒为:

$$p_1+\rho_1 u_1^2=\rho_0 D^2 \tag{2.5.5}$$

结合式(2.5.4)和式(2.5.5),可得先导冲击波的 Rayleigh 线方程:

$$p_1=\rho_0 D^2\left(1-\frac{\rho_0}{\rho_1}\right) \tag{2.5.6}$$

将式(2.5.2)式写成:

$$\mathrm{d}p=-\rho u\mathrm{d}u \tag{2.5.7}$$

由质量守恒关系式(2.5.4)可得:

$$\left.\begin{aligned} u&=\frac{\rho_0 A_1 D}{\rho A}\\ \mathrm{d}u&=D\mathrm{d}\left(\frac{\rho_0 A_1}{\rho A}\right)\end{aligned}\right\} \tag{2.5.8}$$

将上式代入式(2.5.7),求积分可得(积分限从先导冲击波阵面至 CJ 面):

$$\begin{aligned}\int_{p_1}^{p_2}\mathrm{d}p&=p_2-p_1=-\int_{A_1}^{A_2}\rho_0 D^2\frac{A_1}{A}\mathrm{d}\left(\frac{\rho_0}{\rho}\frac{A_1}{A}\right)\\ &=-\rho_0 D^2\int_{A_1}^{A_2}\left[\mathrm{d}\left(\frac{\rho_0}{\rho}\frac{A_1^2}{A^2}\right)-\frac{1}{2}\frac{\rho_0}{\rho}\mathrm{d}\left(\frac{A_1^2}{A^2}\right)\right]\end{aligned} \tag{2.5.9}$$

上式右边积分号下第二项采用中值定理,可以得到:

$$p_2-p_1=-\rho_0 D^2\left[\frac{\rho_0 A_1^2}{\rho_2 A_2^2}-\frac{\rho_0}{\rho_1}-\frac{1}{2}\frac{\rho_0}{\bar{\rho}}\left(\frac{A_1^2}{A_2^2}-1\right)\right] \tag{2.5.10}$$

若爆轰产物状态方程取等熵指数形式:

$$p=B(S)\rho^k \tag{2.5.11}$$

则对比理想爆轰波的结论,式(2.5.10)中$\frac{\rho_0}{\bar{\rho}}$处于$\frac{\rho_0}{\rho_1}\approx\frac{k-1}{k+1}$(前沿冲击波处)和$\frac{\rho_0}{\rho_2}\approx\frac{k}{k+1}$(反应区化学反应终了处)两值之间,可以近似取$\frac{\rho_0}{\bar{\rho}}=\frac{k}{k+1}$代入式(2.5.10),同时将式(2.5.6)中的 p_1 代入式(2.5.10),从而求出 p_2 的表达式为:

$$p_2=\rho_0 D^2\left\{1-\frac{\rho_0}{\rho_2}\left(\frac{A_1}{A_2}\right)^2+\frac{1}{2}\frac{k}{k+1}\left[\left(\frac{A_1}{A_2}\right)^2-1\right]\right\} \tag{2.5.12}$$

由声速的定义和 CJ 爆轰的切线条件,可得:

$$c_{\mathrm{J}}^2=k\frac{p_2}{\rho_2}=u_2^2=\left(\frac{\rho_0 A_1 D}{\rho_2 A_2}\right)^2 \tag{2.5.13}$$

代入式(2.5.12)中消去 p_2，得：

$$\frac{\rho_0}{\rho_2}\left(\frac{A_1}{A_2}\right)^2=\frac{k}{k+1}\left\{1+\frac{1}{2}\frac{k}{k+1}\left[\left(\frac{A_1}{A_2}\right)^2-1\right]\right\} \tag{2.5.14}$$

上式由质量守恒、动量守恒和 CJ 爆轰的切线条件得到，它给出了 ρ_2 和 A_2 的关系式。

再从能量方程出发，将能量守恒方程(2.5.3)积分，可得反应区两端面的能量守恒关系：

$$E_2-E_1=p_1v_1-p_2v_2-\frac{1}{2}(u_2^2-u_1^2) \tag{2.5.15}$$

考虑到爆轰产物的状态方程为式(2.5.11)的形式，将包含化学反应键能在内的总比内能 E 写成比热力学内能 e 与化学能 Q 之和，能量守恒关系式(2.5.15)可以写成如下形式：

$$\frac{kp_2}{(k-1)\rho_2}-e_1=\frac{p_1}{\rho_1}-\frac{u_2^2}{2}+\frac{1}{2}\left(\frac{\rho_0}{\rho_1}\right)^2D^2+Q \tag{2.5.16}$$

若忽略 p_0 和 e_0，则由先导冲击波能量守恒关系得 $e_1=\frac{1}{2}p_1\left(\frac{1}{\rho_0}-\frac{1}{\rho_1}\right)$，代入上式得：

$$\frac{kp_2}{(k-1)\rho_2}=\frac{1}{2}p_1\left(\frac{1}{\rho_0}+\frac{1}{\rho_1}\right)-\frac{u_2^2}{2}+\frac{1}{2}\frac{\rho_0^2}{\rho_1^2}D^2+Q \tag{2.5.17}$$

将式(2.5.6)的 p_1 和式(2.5.13)的 u_2 代入，得

$$\frac{k+1}{2(k-1)}\left(\frac{\rho_0A_1}{\rho_2A_2}\right)^2=\frac{Q}{D^2}+\frac{1}{2} \tag{2.5.18}$$

从式(2.5.14)和式(2.5.18)中消去$\frac{\rho_0}{\rho_2}$，并考虑到 $Q=\frac{D_J^2}{2(k^2-1)}$，可以得出：

$$\left(\frac{D_J}{D}\right)^2=1+k^2\left(\frac{A_2}{A_1}\right)^2\left\{1+\frac{1}{2}\frac{k}{k+1}\left[\left(\frac{A_1}{A_2}\right)^2-1\right]\right\}^2-k^2 \tag{2.5.19}$$

从流管理论的基本假定可以看出，这一理论只适用于 $\left(\frac{A_2}{A_1}\right)^2\approx 1$ 的情形。将式(2.5.19)展开，保留$\left[\left(\frac{A_2}{A_1}\right)^2-1\right]$的一次项，得到：

$$\left(\frac{D_J}{D}\right)^2=1+\frac{k^2}{k+1}\left[\left(\frac{A_2}{A_1}\right)^2-1\right] \tag{2.5.20}$$

显然，装药稳定爆轰时的实际爆速 D 与反应流管面积变化的大小有关，通常由于侧向稀疏波的影响，$A_2>A_1$，所以，非理想爆轰的爆速 D 要比理想爆轰的爆速 D_J小。知道了流管截面积在反应区内的变化量，就能从上式求出爆速的变化。

2.5.2　球、柱面爆轰波的爆速

球面或柱面爆轰波，因在反应过程中反应区半径不断变化，相应的反应区流管面积也发生变化，因而爆速也随之变化。

如图 2.5.2 所示，在静止坐标系中考查一球面或柱面爆轰波。设 $t=0$ 时，波阵面的

半径为 R，炸药在此处开始反应，在 $t=\tau$ 时化学反应完毕，在 τ 时间内，炸药的质点将从 R 处运动到 $R+u\tau$ 处。所以，在化学反应完成的时间内，流管面积变化为：

$$\frac{A_2}{A_1}=\left(\frac{R+u\tau}{R}\right)^{\alpha} \tag{2.5.21}$$

式中：u 是质点在反应区中的运动速度；$\alpha=1$ 对应柱面爆轰波；$\alpha=2$ 对应球面爆轰波；$u<0$ 时为聚心爆轰波，$u>0$ 时为散心爆轰波。

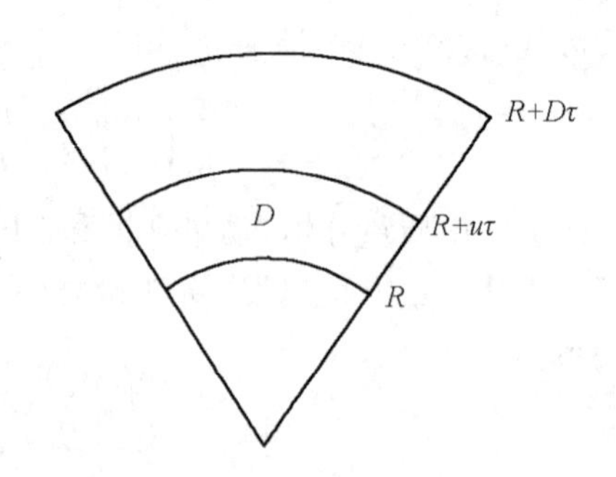

图 2.5.2　球、柱面爆轰波反应区流管示意图

$t=\tau$ 时，爆轰波阵面运动到 $R+D\tau$ 处，化学反应区厚度 l 为：

$$l=(D-u)\tau \tag{2.5.22}$$

对 CJ 爆轰有，$D_J-u_J=c_J$。若状态方程取式(2.5.11)的形式，有 $u_J=\frac{D_J}{k+1}$，$c_J=\frac{k}{k+1}D_J$。因此，式(2.5.21)可以写成：

$$\frac{A_2}{A_1}=\left(1+\frac{u_J}{c_J}\frac{l}{R}\right)^{\alpha}=\left(1\pm\frac{1}{k}\frac{l}{R}\right)^{\alpha} \tag{2.5.23}$$

因散心爆轰 u 为正，聚心爆轰 u 为负，固$\frac{u_J}{c_J}=\pm(1/k)$，其中“+”和“-”号分别对应散心爆轰波和聚心爆轰波。将式(2.5.23)代入式(2.5.20)，可得球、柱面爆轰波波速与波阵面半径之间的关系：

$$\left(\frac{D_J}{D}\right)^2=1+\frac{k^2}{k+1}\left[\left(1\pm\frac{1}{k}\frac{l}{R}\right)^{2\alpha}-1\right] \tag{2.5.24}$$

对球面爆轰波，当 $l/R\ll1$ 时，将式(2.5.24)对 l/R 展开，得到：

$$\left(\frac{D_J}{D}\right)^2=1\pm\frac{4k}{k+1}\frac{l}{R}$$

即

$$\frac{D_J}{D}=\sqrt{1\pm\frac{4k}{k+1}\frac{l}{R}} \tag{2.5.25}$$

将式(2.5.25)对 l/R 再次展开，得：

$$\frac{D_J}{D}=1\pm\frac{2k}{k+1}\frac{l}{R}=f(l,R) \tag{2.5.26}$$

从式(2.5.26)中的“+”和“-”号可以看出，对于球面散心爆轰波，其爆速 D 小于理想爆速 D_J，球面聚心爆轰波其爆速大于理想爆速 D_J。球面爆轰波速度的变化与反应区厚度 l 有关，当 $l\to0$ 时，$D\to D_J$，因此，对反应区很窄的炸药，散心球面波爆速接近 D_J；而球面聚心爆轰波在反应区内与散心波类似，因反应区很窄，聚心效应对爆速的增加也不起作用，但波后流场的聚心效应仍能使其爆速超过 D_J。此外，爆速的变化还与波阵面半径 R 有关。当波阵面曲率半径 R 很大时，球面波趋近于平面波，此时非理想效应也趋于零。当 R 很小时，即 l/R 不能被忽略时，上述非理想效应就将起重要作用。对于 $k=3$，

$l=1\text{mm}$, $R=300\text{mm}$ 的球面爆轰波,由式(2.5.26)可以求出 $D_J/D=1\pm0.005$,此时爆轰偏离理想爆轰为 0.5%。可见当反应区厚度很小,波阵面曲率半径很大时,实际的爆轰十分接近于理想爆轰的情形。

对柱面爆轰波同样可以得到:

$$\frac{D_J}{D}=1\pm\frac{k}{k+1}\frac{l}{R} \tag{2.5.27}$$

柱面爆轰波速度的变化趋势与球面爆轰波速度的变化趋势相同。

2.5.3　爆速与药柱直径的关系

直径效应产生的侧向稀疏波对反应区的影响,一般情况如图 2.5.3 所示。图中斜线部分表示没有受到径向稀疏波影响的区域,这个区域内的化学反应能是支持爆轰波的有效部分;反应区中其余部分是受径向稀疏波影响的区域,结果使能量受到损失。靠近药柱边缘处能量损失最大(有效能量最小),而越靠近药柱轴线,能量损失越小(有效能量增加)。因此,爆轰波阵面上相应的局部爆轰速度,越靠近边缘处越小,药柱中心部分最大。从而使在一定直径装药中传播的爆轰波波阵面呈现向前凸出的弯曲形状。又由于装药轴线处已经爆轰的部分对其侧面未反应的炸药有起爆作用,使边缘处的爆轰波阵面不致于越来越落后,而只是比轴线处爆速始终落后一定的距离,因而使弯曲的爆轰波在其速度和波阵面形状上均保持稳定的传播。

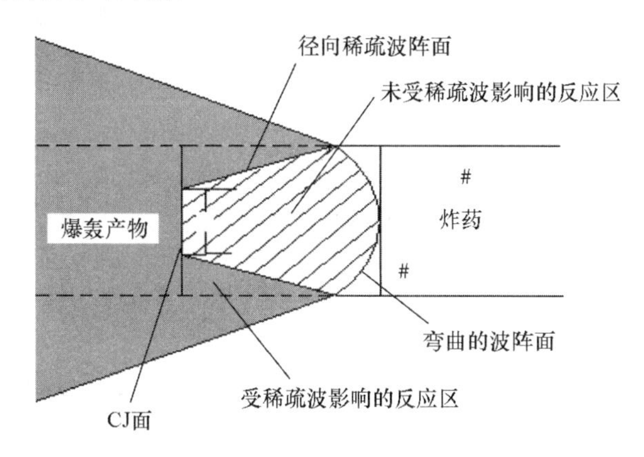

图 2.5.3　侧向稀疏波对爆轰波反应区的影响

假设弯曲爆轰波波阵面上的每一个局部都可以用一个散心球面波来近似描述,设该点的爆轰波速度为 D_{r0},曲率半径为 r_0,它们之间的关系可以用散心球面波爆速与半径的关系来描述。由式(2.5.26),球面散心爆轰波爆速与半径的关系为:

$$\frac{D}{D_J}=1-\frac{2k}{k+1}\frac{l}{R} \tag{2.5.28}$$

因此,沿药柱轴向传播的弯曲爆轰波阵面上任意一点的爆速 D_{r0} 与该点的曲率半径 r_0 的关系满足式(2.5.28),即

$$\frac{D_{r0}}{D_J}=1-\frac{2k}{k+1}\frac{l}{r_0} \tag{2.5.29}$$

在有限直径药柱中传播的爆轰波虽然不是平面波，但弯曲的波阵面整体有一个稳定的轴向平移速度 D。图 2.5.4 给出了波阵面平移速度 D、近似的散心球面波爆速 D_{r0} 和球面曲率半径 r_0 之间的关系。

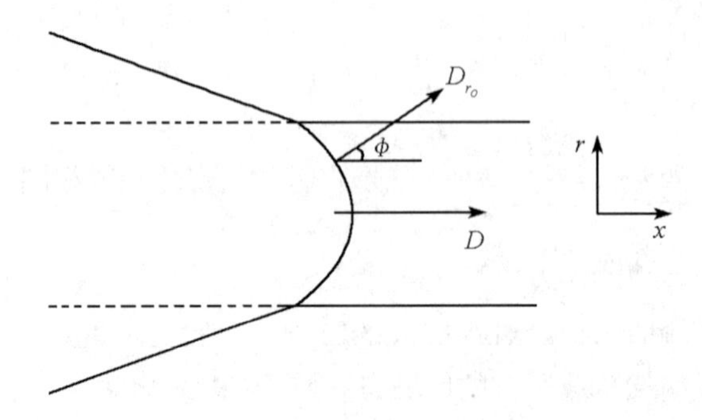

图 2.5.4　弯曲爆轰波平移速度与爆速的关系

如图所示，为了保持爆轰波以稳定的速度向前平移，应有如下关系式成立：

$$D_{r0} = D\cos\phi \tag{2.5.30}$$

式中 ϕ 为爆轰波阵面曲率半径为 r_0 处的波阵面法向与爆轰波平移方向之间的夹角。

由式(2.5.29)和式(2.5.30)及边界条件，就可以得到关于波阵面形状的知识及爆速和药柱直径的关系。

设圆柱形药柱的对称轴为 x 方向，r 为药柱半径方向。设爆轰波阵面形状可用下式表示。

$$x = f(r) \tag{2.5.31}$$

则根据解析几何知识，可以求出曲率半径和 $\cos\phi$

$$\cos\phi = \frac{1}{\sqrt{1 + f'^2}} \tag{2.5.32}$$

$$\frac{1}{r_0} = \frac{f'' + f'/r + f'^3/r}{2\,(1 + f'^2)^{\frac{3}{2}}} \tag{2.5.33}$$

将式(2.5.30)(2.5.32)和(2.5.33)代入式(2.5.29)，可以得出：

$$\frac{D}{D_J}\frac{1}{\sqrt{1 + f'^2}} = 1 - \frac{2kl}{k+1}\frac{f'' + f'/r + f'^3/r}{2\,(1 + f'^2)^{\frac{3}{2}}} \tag{2.5.34}$$

这是一个关于 f' 的一阶常微分方程，在对称轴上应满足：

$$f'(0) = 0 \tag{2.5.35}$$

原则上，可用方程式(2.5.34)和边界条件式(2.5.35)求解 $f'(r)$ 及 $f(r)$，得到波阵面形状。

若又已知药柱边界 $r = d/2$ 处的爆轰波倾角 ϕ_0，就有：

$$\cos\phi_0 = \frac{1}{\sqrt{1 + f'\left(\frac{d}{2}\right)^2}} \tag{2.5.36}$$

给定一个 D/D_J 值，由式(2.5.34)解出 $f'(r)$，再由式(2.5.36)求出 d，就能得到 D 与药柱

直径 d 的关系。这样求出的 $D-d$ 关系在 $l/d \ll 1$ 时通常可用线性方程表示：

$$\frac{D}{D_J}=1-\beta\frac{l}{d} \tag{2.5.37}$$

式中 β 是一由药柱边界条件决定的常数。

Eyring 等人对无外壳的药柱给出了半经验公式：

$$\frac{D}{D_J}=1-\frac{l}{d} \tag{2.5.38}$$

对有外壳的药柱有：

$$\frac{D}{D_J}=1-2.17\frac{(2l/d)^2}{W_c/W_e} \tag{2.5.39}$$

式中 W_c/W_e 为单位长度装药的外壳质量与炸药质量之比，这时外壳的作用取决于它的惯性。

对有很厚外壳的柱形药柱，显然起决定作用的不是外壳质量，而是外壳的冲击波阻抗。此时，有如下半经验公式：

$$\frac{D}{D_J}=1-0.88\frac{2l}{d}\cos\varphi \tag{2.5.40}$$

式中 φ 是冲击波对药柱外壳边界的入射角。

参考文献

[1] Von Neumann J. Theory of Detonation Waves[J]. In Von Neumann Collected Works Vol. 6, ed. Taub A. J. New York: Macmillan, 1942.

[2] Doering W. On Detonation Proceses in Gases[J]. Ann Phy, 1943, 43:421-436.

[3] 菲克特 W，戴维斯 W C. 爆轰. 薛鸿陆等译[M]. 北京：原子能出版社，1988.

[4] 薛鸿陆编. 爆轰学教程(讲义，上册)[M]. 国防科技大学爆炸力学教研室.

[5] 孙锦山，朱建士著. 理论爆轰物理(第四章)[M]. 北京：国防工业出版社，1995.

[6] 张宝平，张庆明，黄风雷编著. 爆轰物理学[M]. 北京：兵器工业出版社，1997.

第三章　凝聚态炸药及爆轰产物状态方程

关于炸药爆轰参数及反应流场的计算除了利用流体动力学方程组（质量、动量和能量守恒方程）外，还必须使用描述炸药或其爆轰产物各热力学量之间关系的状态方程。虽然，对描述爆轰波的带反应流场和惰性材料冲击波波后流场所用的流体动力学守恒方程在形式上是一样的，但由于能量守恒方程中的混合物内能包含化学能，爆轰波与冲击波之间存在本质的区别。一般情况下，对于在惰性介质中传播的冲击波，由于不需要考虑化学反应，波前、波后是同一种物质，波前和波后的比内能函数相同，在计算一维平面冲击波能量守恒关系的比内能差 $e-e_0$ 时，只需用介质的比内能函数在两个状态下的差值就可以表示。然而，对于爆轰波，由于发生炸轰反应的同时伴随发生物质的相变，波前及先导冲击波波阵面上的未反应炸药与爆轰波波后的反应产物是两种不同的物质，它们的物态性质不同，因此比内能函数不同。在计算理想爆轰波能量守恒关系的比内能差 $E-E_0$ 时，或利用混合法则由未反应炸药比内能函数和爆轰产物比内能函数计算反应混合物的比内能函数时，必须考虑两者的能量零点匹配问题。

物质的状态方程是描述物质在特定条件下的热力学性质和行为的方程，分为完全状态方程和不完全状态方程。完全状态方程有：

$$e=e(s,v) \tag{3.0.1}$$

$$H=H(s,p) \tag{3.0.2}$$

$$F=F(T,v) \tag{3.0.3}$$

$$G=G(T,p) \tag{3.0.4}$$

式中，内能 e、焓 H、自由能 F、吉布斯函数 G 统称为状态方程的特征函数。只要独立规定两个相应的状态变量，其他热力学状态变量就可以由热力学关系和状态方程完全确定，所以称为完全状态方程。这样的状态方程虽然在理论上可行，但实际使用不便。

在爆轰学研究中经常采用的是一种不完全、但很实用的状态方程：

$$e=e(p,v) \tag{3.0.5}$$

有时称它为力学状态方程，它与流体动力学守恒方程组结合可以得到我们最感兴趣的一些状态变量，如压力 p、比容 v、比内能 e 以及爆轰波速度 D 和质点速度 u 等，但利用热力学关系求不出包含温度在内的其他热力学状态变量。如果考虑带反应流场，因为炸药的爆轰反应与未反应炸药及其爆轰产物的温度密切相关，所以我们通常希望得到爆轰反应区内混合物各组分的温度，为此，我们还需要知道热温状态方程：

$$p=p(v,T) \tag{3.0.6}$$

这也是一种不完全状态方程。取温度为参数，它能决定 $p-v$ 平面上的等温线。它代表在规定的温度下系统可能取得的所有的状态。

3.1　凝聚态炸药爆轰产物的性质

常用的高能单质炸药主要由元素 C、H、O、N 所组成。爆轰前，其分子中的原子在空间上的配置和相互之间的距离是固定的，处于不稳定化学平衡状态。爆轰发生时，这些原子要在约 10^{-7}秒的时间内重新组合成化学上稳定的分子，如 CO_2、CO、NO_2、NO、H_2O、N_2 和 C 等。除少量固态碳外，这些分子在正常状态（1atm，298K）下都是气态分子。但是在爆轰时，CJ 点附近的爆轰产物的密度为 2 ~3g/cm^3，比原始炸药密度还高约 4/3 倍以上，压力也达到几十万大气压。在这样的高压密实介质中，爆轰产物分子处于特殊的凝聚态，分子间的相互作用类似于固体或液体性态，随着产物的膨胀，它们最终变为常态下的各种产物气体，分子间的相互作用又呈现气体性态。在膨胀降压过程中，产物气体相互之间还存在着复杂的化学反应和弛豫过程。由此可见，凝聚态炸药爆轰产物状态方程的研究在理论和实验上都很困难。

物质在通常情况下有三种聚集状态，即气态、液态和固态，统计力学已经分别为这三种物质形态提供了多种模型和状态方程。只要知道凝聚态炸药爆轰产物的性质属于哪种物质形态，就能为凝聚态炸药的爆轰产物提供描述其性态的状态方程。然而，这种知识只能来源于对爆轰产物本质由表及里的认识。鉴于爆轰产物在整个膨胀过程中物质形态的大跨度变化，人们在研究凝聚态炸药爆轰产物状态方程的过程中，曾逐一地运用气态、液态和固态的状态方程取代不考虑化学反应的爆轰方程组中的爆轰产物状态方程，检验所得的结论是否与凝聚态炸药爆轰的主要实验事实相符合，以此来推断究竟用哪类状态方程能更好地描述爆轰产物的状态。现简要介绍两种人们曾经用过的、针对不同物质形态的爆轰产物状态方程。

3.1.1　Abel 余容稠密气体状态方程

因考虑到爆轰产物大多为稳定的气体分子，在爆轰研究的早期，多用气体状态方程描述凝聚态炸药的爆轰产物行为。对于不能忽略分子本身容积的实际稠密气体，可以采用 Abel 余容状态方程式：

$$p(v-\alpha)=nRT \tag{3.1.1}$$

或

$$p=\frac{\rho nRT}{(1-\alpha\rho)} \tag{3.1.2}$$

式中，α 是余容，$n=1/M_n$是气体产物平均分子量的倒数，R 为普适气体常数。

对于爆轰产物遵守 Abel 余容状态方程的炸药，其爆轰参数可以用以下各式进行近似计算：

$$v_J\approx\frac{k_Jv_0-\alpha}{k_J+1} \tag{3.1.3}$$

$$p_J\approx\frac{2Q(k_J-1)}{v_0-\alpha} \tag{3.1.4}$$

$$T_J \approx \frac{2Qk_J}{(k_J+1)C_v} \tag{3.1.5}$$

$$u_J \approx \sqrt{\frac{2(k_J-1)}{k_J+1}Q} \tag{3.1.6}$$

$$D = \frac{1}{1-\alpha\rho_0}\sqrt{2Q(k_J^2-1)} \tag{3.1.7}$$

其中：

$$k_J = 1 + \frac{nR}{C_v} \tag{3.1.8}$$

用 Abel 余容状态方程计算高密度真实气体的爆轰参数，其结果与实验数据比较相符。式(3.1.7)表明爆速 D 随装药密度 ρ_0 的增加而增加。图 3.1.1 给出了 PETN 炸药 ($D(\rho_0)=4.88+3.56(\rho_0-0.8)$, $0.4\leqslant\rho_0\leqslant0.7$)用实测的 $D(\rho_0)$ 数据，按 $\ln(1/D)-\ln\rho_0$ 作图(其中 D, ρ_0 的单位分别为 km/s 和 g/cm^3)，并外推至 $\rho_0=0$ 时的曲线。当 $\rho_0=0$ 时，式(3.1.7)式变成式(1.2.25)，即爆轰波速度变为理想气体中传播的 CJ 爆轰波速度。从图 3.1.1 可以发现，$\ln(1/D)$ 与 $\ln\rho_0$ 之间的关系存在如式(3.1.7)表明的线性关系的范围是 $0\leqslant\rho_0\leqslant0.25$g/cm^3(图 3.1.1 中的虚线与实线的重合部分)。因此，Abel 余容状态方程只适用于密度较低的凝聚态炸药。在这样的密度下，装药密度对爆速的影响较小。当装药密度对爆速的影响比较大时，余容 α 不能取为常数，这时用上述式子计算所得的结果与爆轰实验数据相差很大。一般军用炸药的密度在 1.6g/cm^3 以上，因此 Abel 余容状态方程的使用受到限制。另外，Abel 余容状态方程的计算结果表明，当初始密度 ρ_0 改变时，爆温 T_J 和爆轰产物的质点速度 u_J 保持不变，这在物理学上也是显然不合理的。

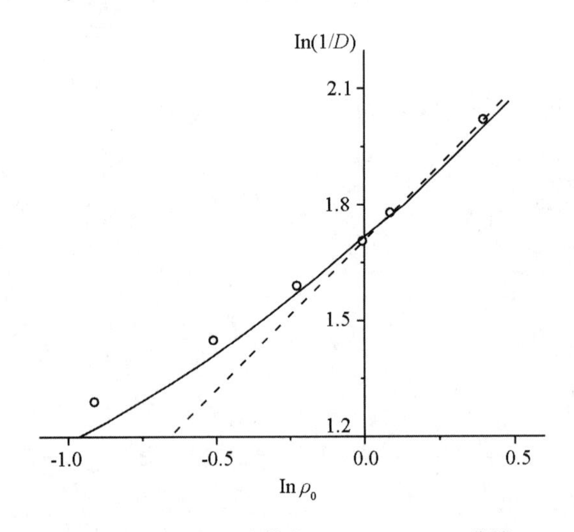

图 3.1.1　PETN 炸药的 $\ln(1/D)-\ln\rho_0$ 曲线

Abel 余容状态方程的局限性部分来自于余容 α 为常数的限制。实验证明，余容 α 是炸药密度(或比容)的函数，如果将其表示为 p、v 的函数，即 $\alpha=\alpha(p,v)$，对 Abel 余容状态方程的限制就会减弱。

Cook 使用了如下形式的 Abel 余容状态方程：

$$p(v-\alpha(v))=nRT \tag{3.1.9}$$

他假设余容 α 只是密度的函数,并指出,在 $\alpha(v)-v$ 平面上,许多凝聚态炸药余容的实验值落在一条共同的曲线上,此曲线可以近似地用一个指数函数来描述:

$$\alpha(\rho)=\exp(0.4\rho) \tag{3.1.10}$$

Jones 等人还提出过如下压力相关的变余容 Abel 状态方程式:

$$p(v-\alpha(p))=nRT \tag{3.1.11}$$

其中

$$\alpha(p)=bp+cp^2+dp^3 \tag{3.1.12}$$

式中 b、c、d 为炸药常数。变余容 Abel 状态方程大约可以用到炸药密度小于 $0.5\mathrm{g/cm^3}$ 的范围。

3.1.2 固体状态方程

凝聚态物质在受到强冲击波压缩时表现出的行为与气态物质有明显不同。在气态物质中,质点颗粒之间的平均距离要比质点尺寸大得多,它们之间的相互作用主要发生在碰撞时,即在分子紧密靠近时才能出现。气体的压力来源于热,它与参加热运动的质点动量迁移有关,而总是与温度成正比。要强烈压缩气体,不需要很强的冲击波。一般来说,在压力幅度为几十至几百大气压的冲击波阵面后,气体就能被极限压缩。凝聚态物质受压缩的情况就很不相同,在固体或液体中,原子和分子彼此相距很近,而且有强烈的相互作用。这些相互作用具有两重性:一方面,间隔较远的原子互相吸引;另一方面,当原子靠近时,由于电子层的相互渗透,又会互相排斥。固体原子在没有外力作用下所处的平衡距离,对应于吸引力和排斥力相互抵消的距离,亦即相互作用势能有最小值时的距离。如果要使原子分离,就必须克服内聚力,并消耗掉等于分子键能的能量。反之,为了压缩物质,必须克服排斥力,而这种排斥力在原子靠近时上升极快。因此,在凝聚态物质受到强烈压缩时,即使不产生任何热,只是由于原子之间的排斥,也会造成巨大的内压力。这种非热来源的压力的存在是气体所完全不具有的,它决定了凝聚态物质在受强冲击波作用时其行为的主要特点。

此外,凝聚态物质在受强冲击波作用时还会产生强烈的热,从而造成与原子(和电子)的热运动相关的压力出现。这种压力被称为热压力,以与排斥力造成的弹性压力或"冷"压力相区别。如果温度不是很高,则凝聚态物质的原子仅在平衡位置附近作微小的简谐振动。当温度高到一定程度,物体内的原子可以自由移动,这时热运动失去了振动性,很快接近于与气体运动相似的杂乱无章的运动,这时凝聚态物质会转变成由剧烈相互作用的原子组成的密实"气体"。

原则上,热压力的相对作用随冲击波强度的增加而增长。在极限情况下,弹性压力与热压力相比可以忽略,即在具有极高压力幅值的冲击波作用下,凝聚态物质行为类似于气体。凝聚态物质在受到几十万大气压或更低幅值冲击波作用时,弹性压力占优势。这时受冲击波压缩的物质的热能较小,波后物质所取得的全部内能主要用来克服物体在受压缩时的排斥力,而表现为弹性势能形式。

苏联科学家 Ландау 和 Станюкович 在 1945 年根据上述凝聚态炸药爆轰产物的压力

和内能的双重物理本性,提出了爆轰产物的固体状态方程,其一般形式为:

$$p=\phi(v)+f(v)T \tag{3.1.13}$$

式中,$\phi(v)$是分子之间相互作用产生的弹性压力,$f(v)T$是分子热运动引起的热压部分。分子间的相互作用势能ε随分子间的距离r的变化如图3.1.2所示,可用公式$\varepsilon=Ar^{-n}-Br^{-m}$表示,其中$A$、$B$、$n$、$m$为常数,公式中第一项是排斥力项,第二项是引力项。考虑到爆轰产物在CJ点附近处于高压高密度状态,r很小,引力项可忽略不计,这时$\varepsilon=Ar^{-n}$,由此可推得冷压形式为

$$\phi(v)=av^{-n} \tag{3.1.14}$$

必须指出,如果爆轰时粒子间距极小,则弹性压力的指数关系式av^{-n}不成立,因此,状态方程中分子间排斥力的指数关系仅是数学上的近似。

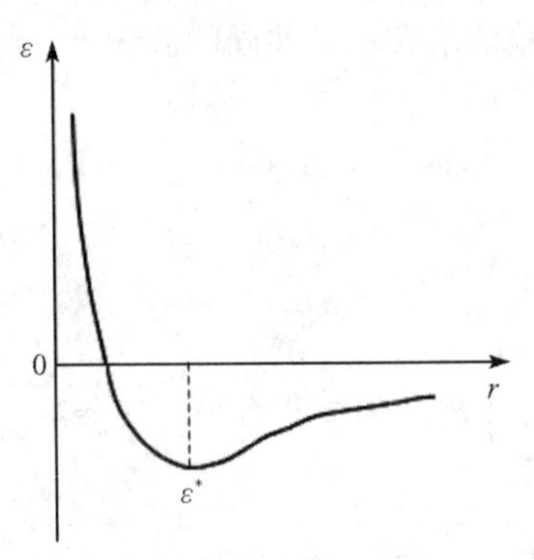

图3.1.2 分子相互作用势能ε与分子间距离r的关系

类比于Abel余容状态方程,当物质在高压作用下发生体积压缩时,余容α不是常数,因此,热压部分中的函数不能采用$f(v)=\dfrac{nR}{v-\alpha}$的表达形式。因为$\alpha \ll v$,故可将$f(v)$近似取为$f(v)=\dfrac{b}{v}$。式中,$b$为与压力相关的函数,当压力很大时,$b$为常数;压力很小时,$b \to nR$,这样得到的爆轰产物状态方程的最终形式为:

$$p=av^{-n}+\frac{bT}{v} \tag{3.1.15}$$

式中a、b和n是与炸药有关的常数。可以证明,与状态方程(3.1.15)相应的等熵线方程形式为$p=A(s)v^{-\gamma}$。

3.2 爆轰产物的经验状态方程

由于爆轰过程中所发生的各种反应的复杂性,现有的各种理论模型都包含一些需要用实验测定的参数。本节我们介绍在工程应用上比较适用、形式比较简单的由实验定标的经验或半经验状态方程。这类状态方程不考虑CJ面之后产物各组分之间可能存在的二次化学反应,也不涉及炸药及其产物的化学成分。它们能成功地应用于炸药装置设计的原因如下:

(1)状态方程系数是用与实际应用相似的实验结果进行定标的;

(2)爆轰波冲击物体时反射冲击波的熵增很小,产物状态偏离CJ等熵线不远;

(3)爆轰产物传递给所作用物体的能量主要发生在其压力变化不太大的范围内。

Davis等曾指出,没有一个简单的法则帮助人们决定该用哪一种产物状态方程,以及用怎样的实验结果来确定其系数值,选择总是受到具体的应用方式、精度要求和所用计算编码的影响。用某一组状态方程系数计算某一类问题得到很好的结果,对另一类问题并

不一定最好。实际上,工程使用的炸药爆轰产物“状态方程”并不是真正的热力学意义上的状态方程,而是计算编码中的一种材料模型。二维流体动力学计算一般有百分之几的误差,可调整状态方程系数,使计算与实验一致,这是一种惯例。

3.2.1 常 k 状态方程

炸药爆轰时,可以近似认为 CJ 面后爆轰产物经历的是一个等熵膨胀过程,爆轰产物的状态可以用过 CJ 点的等熵线方程描述。

定义爆轰产物等熵线斜率为

$$k = -\left(\frac{\partial \ln p}{\partial \ln v}\right)_s = -\frac{v}{p}\left(\frac{\partial p}{\partial v}\right)_s \tag{3.2.1}$$

它描述过 CJ 点等熵线上各点的压力随比容变化的相对变化率。其中,等熵线在 CJ 点的斜率用 k_J 表示,它是一个很重要的爆轰参数。

利用 $p-v$ 平面上在爆轰波 CJ 点处 Rayleigh 与等熵线相切的条件及声速定义,有:

$$\left(\frac{\partial p}{\partial v}\right)_s = -\frac{p}{v_0 - v_J} \tag{3.2.2}$$

由式(3.2.1)和(3.2.2)可得

$$k_J = \frac{1}{\dfrac{v_0}{v_J} - 1} \tag{3.2.3}$$

即

$$\frac{v_0}{v_J} = \frac{\rho_J}{\rho_0} = \frac{k_J + 1}{k_J} \tag{3.2.4}$$

再利用 CJ 爆轰的质量守恒方程、动量守恒方程以及 CJ 条件,可得:

$$p_J = \frac{\rho_0 D^2}{k_J + 1} \tag{3.2.5}$$

$$u_J = \frac{D}{k_J + 1} \tag{3.2.6}$$

$$c_J = D - u_J = \frac{k_J}{k_J + 1} D \tag{3.2.7}$$

因此,只要知道炸药的 CJ 爆轰参数,即初始装药密度 ρ_0、爆速 D_J 和等熵线在 CJ 点的斜率 k_J,就可以确定炸药爆轰产物在 CJ 点上的 p、u、v 和 c 等状态参数。

如果假设 k 是常数,则式(3.2.1)定义了凝聚态炸药具有最简单形式的爆轰产物状态方程,称为常 k 状态方程。由 k 的定义,在等熵条件下有:

$$k \frac{dv}{v} = -\frac{dp}{p} \tag{3.2.8}$$

将上式积分,立刻得到:

$$p = A\rho^k \tag{3.2.9}$$

式中 A 为只与熵值有关的常数。显然,这是当爆轰产物作等熵膨胀时,在一定压力范围内的爆轰产物过 CJ 点的等熵线方程。假定不通过 CJ 点的等熵线也可以表示成式

(3.2.9)的形式,其中 k 仍然是常数,且与过 CJ 等熵线的 k 值相等,只是不同等熵线的 A 不同。由热力学定律:$de = Tds - pdv$,沿各条等熵线对比内能函数积分,可以得到 $p-v$ 平面上状态参数之间的关系,即简单的常 k 状态方程:

$$e = \frac{pv}{k-1} \tag{3.2.10}$$

式(3.2.9)和式(3.2.10)在形式上与理想多方气体状态方程相同,若用 γ 代替 k,则它们也可被称为凝聚态炸药爆轰产物的 γ 律状态方程,但它们与理想气体状态方程有本质区别。理想气体的压力和内能是分子无规则热运动产生的,而凝聚态炸药爆轰产物在 CJ 点附近高密度状态下,其压力和内能的主要部分是分子排斥产生的弹性压力(冷压)和弹性势能(冷能)。

常 k 状态方程中有两个经验参数 A 和 k。其中 A 由过 CJ 点等熵线条件确定,即 $A = p_J v_J^{k_J}$,所以常 k 状态方程的经验参数最终归结为一个需要确定的参数,即 k 值。下面介绍三种确定 k 值的方法。

1. 对爆轰产物等熵膨胀实验曲线的拟合

1946 年,Goranson 提出一种测量炸药爆轰产物等熵膨胀线和反射冲击 Hugoniot 曲线的方法。实验装置如图 3.2.1 所示,用被测炸药中传播的平面爆轰波冲击不同厚度的惰性靶板,测量靶板内的冲击波速度和自由表面速度,并将数据外推到零厚度靶板(忽略反应区厚度),可以求得爆轰波从靶板反射后产物的压力 p 和粒子速度 u。用各种冲击阻抗的材料作靶板来重复这种实验,就可以得到一条爆轰产物的 $p-u$ 曲线。对于压力低于 p_J 的数据,由 Riemann 积分关系

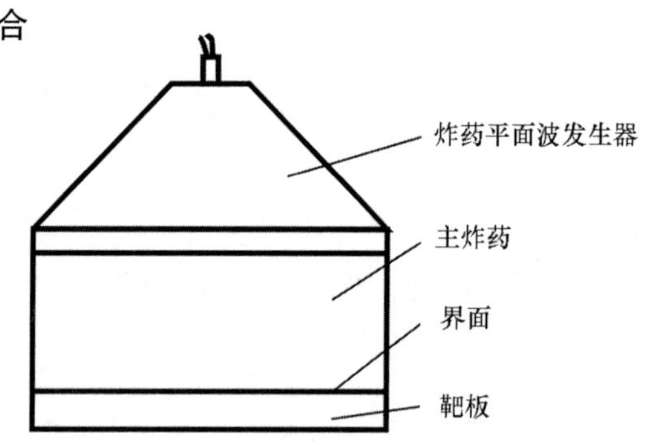

图 3.2.1　平面爆轰波冲击靶板实验装置

$$v = v_J - \int_{p_J}^{p} \left(\frac{\mathrm{d}u}{\mathrm{d}p}\right)^2 \mathrm{d}p \tag{3.2.11}$$

可求出各个实验点的 v 值,从而得到过 CJ 点的 $p-v$ 等熵膨胀曲线。

20 世纪 50 年代,Duff 等人和 Deal 先后用这种方法测量了 Comp. B 等几种炸药的 $p-u$ 曲线。作为一个例子,我们列出 Deal 的实验数据如表 3.2.1 所示。实验所用炸药样品厚度为 203mm,尺寸(长×宽)为 254mm×254mm,密度 1.717g/cm³,用直径 203mm 平面波透镜引爆,炸药冲击靶板的过程按平面一维应变过程处理。

表 3.2.1　Comp. B 炸药/靶板界面爆轰产物参数

靶板材料	靶板材料密度 ρ_0(g/cm³)	压力 p(GPa)	粒子速度 u(km/s)	相对密度 v_J/v
铀	18.95	51.51	0.742	1.246
黄　铜	8.395	45.36	1.044	1.198

（续表）

靶板材料	靶板材料密度 $\rho_0(g/cm^3)$	压力 p(GPa)	粒子速度 u(km/s)	相对密度 v_J/v
铝	2.291	35.63	1.677	1.015
镁	1.743	28.21	2.220	0.982
水	0.9965	18.79	2.943	0.860
已　烷	0.6804	14.92	3.341	0.794
戊　烷	0.6176	14.41	3.457	0.775
泡沫塑料	0.4891	11.29	3.966	0.691
泡沫塑料	0.1301	4.376	5.160	0.495
氩　气	0.001383	0.0874	7.504	0.191
空　气	0.000914	0.0571	7.561	0.188

分析表 3.2.1 中被测 Comp. B 炸药爆轰波冲击靶板的实验数据，发现 p 和 v 的对数在一定压力范围内呈线性关系，如图 3.2.2 所示该关系可用式（3.2.9）的函数形式拟合，从而得到相应的 k 值。

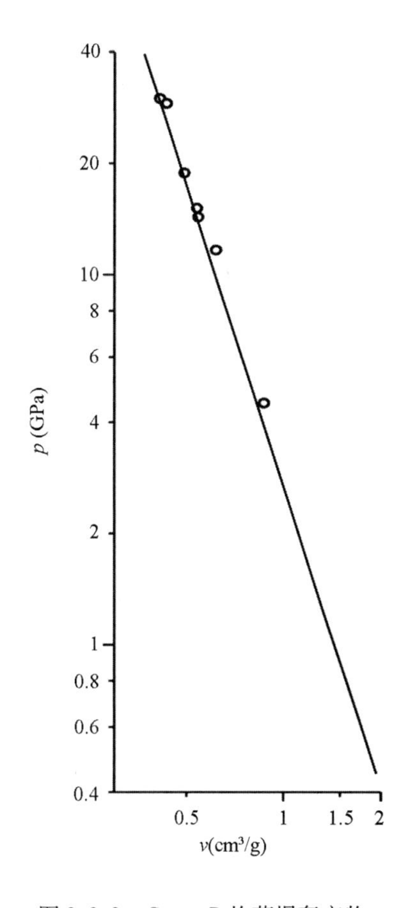

图 3.2.2　Comp. B 炸药爆轰产物过 CJ 点的等熵线

2. 根据 $D(\rho_0)$ 的实验数据反推 k 值

实验发现，许多炸药的爆速与初始装药密度之间存在简单的幂指数关系：

$$D = b\rho_0^{\alpha} \tag{3.2.12}$$

令 $\rho = h\rho_0$，并与上式一起代入如下 Rayleigh 方程

$$p = D^2\rho_0^2\left(\frac{1}{\rho_0} - \frac{1}{\rho}\right) \tag{3.2.13}$$

可得：

$$p = b^2\,\frac{h-1}{h^{2(\alpha+1)}}\rho^{2\alpha+1} \tag{3.2.14}$$

将式（3.2.14）与常 k 状态方程式（3.2.9）进行比较，得：

$$k = 2\alpha + 1 \tag{3.2.15}$$

$$A = b^2\,\frac{h-1}{h^{2(\alpha+1)}} \tag{3.2.16}$$

实验数据表明，一般凝聚态炸药的 α 值约为 0.65～1。例如，TNT 炸药 $\alpha = 0.67$，$b = 5060$，故

TNT 的 k 值约为 2.34。RDX 炸药 $\alpha=0.71, b=5720$,则 RDX 的 k 值约为 2.42。应该注意,用这种方法得到的炸药爆轰产物的 k 值通常会偏低。

3. 根据爆轰产物的组成确定 k 值

利用混合法则,由凝聚炸药爆轰产物的局部等熵指数可近似地确定爆轰产物的 k 值,即:

$$\frac{1}{k}=\sum\frac{x_i}{k_i} \tag{3.2.17}$$

式中,x_i 为爆轰产物第 i 种成分的摩尔数比例;k_i 为爆轰产物第 i 种成分的局部等熵指数。

要利用爆轰产物的组成确定 k 值,首先需要知道爆轰产物的组分和每种组分的局部等熵指数 k_i 值。已知爆轰产物各主要成分的局部等熵指数 k_i 分别为:$k_{H_2O}=1.90, k_{CO_2}=4.50, k_{CO}=2.85, k_{N_2}=3.70, k_C=3.55, k_{O_2}=2.45$。

确定爆轰产物具体组分的原则是:炸药中的氧首先将氢氧化成水,而后将碳氧化成一氧化碳,若还有剩余的氧,再将一氧化碳氧化成二氧化碳;如还有剩余,便以氧气释放,氮气以氮气分子形式存在。

例如,TNT 炸药的爆轰反应式为:

$$C_7H_5O_6N_3=2.5H_2O+3.5CO+3.5C+1.5N_2 \tag{3.2.18}$$

则利用式(3.2.17)和已知局部等熵指数

$$\frac{1}{k}=\frac{2.5}{11}\times\frac{1}{1.9}+\frac{3.5}{11}\times\frac{1}{2.85}+\frac{3.5}{11}\times\frac{1}{3.55}+\frac{1.5}{11}\times\frac{1}{3.7} \tag{3.2.19}$$

得 TNT 炸药爆轰产物的 k 值为:$k=2.8$。

在计算机及流体动力学程序得到广泛应用之前,人们很难利用形式上复杂的爆轰产物状态方程,因此大多采用式(3.2.9)(3.2.10)所表示的常 k 状态方程,并且用上述方法确定的 k 值来估算爆轰波在 CJ 点的压力 p、质速 u 和密度 ρ 等参数。常 k 状态方程的形式虽然简单,但是对于求解爆轰产物的初期飞散等问题的快速预估以及其他一些类似的问题,如炸药与惰性材料接触爆炸等的预估是很成功的。尽管在导出常 k 状态方程时作了许多的假设和简化,它们仍然能取得一定成功的原因有以下几点:

(1)在爆轰波的 CJ 点之后,爆轰产物的飞散过程近似为等熵过程;

(2)在许多实际应用中,从爆轰产物到其驱动的介质的能量转移的大部分,通常是在较小的压力范围内完成(即能量转换一般在 CJ 点附近就完成了),产物的附加熵增值通常很小,在 CJ 点附近可取 $k\approx$常数;

(3)这样的状态方程都用每一种炸药在特殊的密度范围内做了标定,因此利用此状态方程计算出的爆轰参数结果通常能与实验结果符合较好。

但是,这样简单的状态方程显然也存在很多明显的缺点,主要有如下几个方面:

(1)k 是采用了式(3.2.1)表示的更一般形式的等熵线指数,它没有任何物理意义,不同于理想气体的 $\gamma=C_p/C_v$。虽然常 k 状态方程的形式与理想气体状态方程的形式相同,但凝聚态炸药爆轰产物在 CJ 点附近的物理状态与理想气体的物理状态差别很大。由实验测定的等熵指数 k 对于大多数凝聚炸药的 CJ 爆轰产物而言约等于 3,然而随着产物体积的膨胀,它终将接近理想气体,而理想气体的多方指数 $\gamma\approx1.3$。这就是说,k 值应从产物膨胀初期的约等于3，随着体积的膨胀，最后变为约等于1.3。k 值不变只能在一个小的压力范围内成立；

（2）采用常 k 状态方程后，能够使爆轰 Hugoniot 方程成立的一种形式上的爆热的表达式为：

$$Q=\frac{D^2}{2(k^2-1)} \tag{3.2.20}$$

上式确定的爆热值 Q 与实验爆热 Q_e 之间的偏差可达 $+10\% \sim -26\%$。另外，D 只与 Q 有关，与炸药的初始密度无关，这与实验事实不符。这表明该方程对能量守恒定律的偏离是不可忽视的；

（3）它在细节上对产物膨胀行为的描述更差。如果在一个二维计算程序中，用常 k 等熵方程描述炸药爆轰产物的膨胀行为来模拟圆筒实验结果，发现圆筒外壁运动历程的计算结果与实验结果相差甚远。这表明这个等熵方程不能精确地描述爆轰产物的膨胀做功行为。

因此，有必要在爆轰装置设计中研究新的、更精确的爆轰产物状态方程。

3.2.2　计算爆轰波参数的 Jones 公式

Jones 公式是英国科学家 Jones 于 1949 年，对上述简单的常 k 状态方程提出的一种著名的改进方法。利用该方法不必详细知道爆轰产物的真实状态方程，就可以得到一种确定凝聚炸药 CJ 爆轰波参数的近似方法。

令：

$$\alpha=p\left(\frac{\partial v}{\partial e}\right)_p \tag{3.2.21}$$

由热力学关系和 k 与 α 的定义，可以求得：

$$k=-\frac{v}{p}\left(\frac{\partial p}{\partial v}\right)_s=\frac{\left(\frac{v}{p}\right)\left(\frac{\partial s}{\partial v}\right)_p}{\left(\frac{\partial s}{\partial p}\right)_v}=\frac{v}{p}\frac{p+\left(\frac{\partial e}{\partial v}\right)_p}{\left(\frac{\partial e}{\partial p}\right)_v}=v\left(\frac{\partial p}{\partial e}\right)_v(1+\alpha^{-1}) \tag{3.2.22}$$

已知凝聚态炸药的 CJ 爆轰压力一般为几十万大气压，而爆轰波前的一个大气压与波后压力相比完全可以忽略不计，即 $p_0=0$。又取爆轰波前未反应炸药初始热力学内能为能量零点，即 $e_0(p_0,v_0)=0$。因此，CJ 爆轰的能量守恒方程为

$$e(p,v)=\frac{1}{2}p(v_0-v)+Q \tag{3.2.23}$$

其中，Q 是常态下单位质量的炸药转变为零状态（$p=0,e=0$）的爆轰产物时释放出的能量（反应热）。

对式（3.2.23）求微分，并利用式（3.2.21）（3.2.22）可得

$$\begin{aligned}\mathrm{d}e&=\left(\frac{\partial e}{\partial p}\right)_v\mathrm{d}p+\left(\frac{\partial e}{\partial v}\right)_p\mathrm{d}v=\frac{v}{k}(1+\alpha^{-1})\mathrm{d}p+\frac{p}{\alpha}\mathrm{d}v\\&=\frac{1}{2}p(\mathrm{d}v_0-\mathrm{d}v)+\frac{1}{2}(v_0-v)\mathrm{d}p+\mathrm{d}Q\end{aligned} \tag{3.2.24}$$

用在 CJ 点处成立的式(3.2.4)消去上式中的 v_0/v,可以得到:

$$\frac{dp}{p}+k\frac{dv}{v}=(2\alpha^{-1}+1)^{-1}\left[\frac{k}{v}dv_0+\frac{2kdQ}{pv}\right]=\frac{\alpha}{\alpha+2}\left[(k+1)\frac{dv_0}{v_0}+2(k+1)^2\frac{dQ}{D^2}\right] \tag{3.2.25}$$

再从 $p-v$ 平面上的 Rayleigh 线方程出发,先求对数,再求微分,得

$$\frac{dp}{p}+k\frac{dv}{v}=2\frac{dD}{D}+(k-1)\frac{dv_0}{v_0} \tag{3.2.26}$$

比较式(3.2.25)和式(3.2.26),消去等号左边的 $dp/p+kdv/v$,就可以得到爆速随初始密度及化学能变化的关系式:

$$\frac{dD}{D}=-\frac{k-1-\alpha}{\alpha+2}\frac{dv_0}{v_0}+\frac{\alpha(k+1)^2}{\alpha+2}\frac{dQ}{D^2} \tag{3.2.27}$$

上式又可整理成:

$$\left(\frac{d\ln D}{d\ln v_0}\right)=\frac{1}{\alpha+2}\left[(\alpha+1-k)+\alpha(k+1)^2\left(\frac{dQ}{dv_0}\right)\frac{v_0}{D^2}\right] \tag{3.2.28}$$

解出 $1/(k+1)$,有:

$$\frac{1}{k+1}=\frac{1}{2(\alpha+2)\left(1+\frac{d\ln D}{d\ln\rho_0}\right)}\left[1+\sqrt{1-4\alpha(\alpha+2)\left(1+\frac{d\ln D}{d\ln\rho_0}\right)\frac{dQ}{dv_0}\frac{1}{\rho_0 D^2}}\right] \tag{3.2.29}$$

将上式带入式(3.2.5),可得:

$$p=p*\left[1+\sqrt{1-4\alpha(\alpha+2)\left(1+\frac{d\ln D}{d\ln\rho_0}\right)\frac{dQ}{dv_0}\frac{1}{\rho_0 D^2}}\right] \tag{3.2.30}$$

其中

$$p*=\frac{\rho_0 D^2}{2(\alpha+2)\left(1+\frac{d\ln D}{d\ln\rho_0}\right)} \tag{3.2.31}$$

式(3.2.30)称为 Jones 公式。由于测定 Q 随 v_0的变化关系非常困难,实际应用 Jones 公式时,通常假设反应热 Q 与初始比容 v_0的关系微弱,即:

$$\frac{dQ}{dv_0}\approx 0 \tag{3.2.32}$$

这样,式(3.2.29)就可以简化为

$$\frac{1}{k+1}=\frac{1}{(\alpha+2)\left(1+\frac{d\ln D}{d\ln\rho_0}\right)} \tag{3.2.33}$$

而 Jones 公式就成为:

$$p\approx 2p*=\frac{\rho_0 D^2}{(\alpha+2)\left(1+\frac{d\ln D}{d\ln\rho_0}\right)} \tag{3.2.34}$$

利用爆轰波关系同时还可以求出 CJ 爆轰波的质点速度 u 和比容 v 值:

$$u=\frac{D}{(\alpha+2)\left(1+\frac{d\ln D}{d\ln\rho_0}\right)} \tag{3.2.35}$$

$$\frac{v}{v_0}=\frac{(\alpha+2)\left(1+\frac{\mathrm{dln}D}{\mathrm{dln}\rho_0}\right)-1}{(\alpha+2)\left(1+\frac{\mathrm{dln}D}{\mathrm{dln}\rho_0}\right)} \tag{3.2.36}$$

上述公式是 Jones 得到的预估凝聚炸药 CJ 点上的爆轰波参数的近似公式。它考虑了 D 和 ρ_0之间的关系。这些公式要比式(3.2.4)(3.2.5)(3.2.6)更准确，它们在作爆轰波 CJ 参数的估计时非常有用。

D 与 ρ_0之间的关系很容易由实验测出，因此通常是已知的，所以微商 $\mathrm{dln}D/\mathrm{dln}\rho_0$ 也是已知的。例如，许多凝聚态炸药在一定初始密度范围内满足如下 $D(\rho_0)$关系：

$$D=D_1+M(\rho_0-\rho_1) \tag{3.2.37}$$

式中，ρ_1、M、D_1是炸药常数。因此，有

$$\frac{\mathrm{dln}D}{\mathrm{dln}\rho_0}=\frac{\rho_0 M}{D} \tag{3.2.38}$$

若炸药 k 值已利用 3.2.1 节中介绍的方法得到，将上式带入式(3.2.33)，即可求出 α 值。求出 α 值后，就可以利用式(3.2.34)(3.2.35)(3.2.36)求出 CJ 爆轰波参数。

表 3.2.2 给出了一些单质炸药和混合炸药的 ρ_1、M、D_1 值。

表 3.2.2　一些单质炸药和混合炸药的爆速公式参数

炸药	ρ_1 (g/cm³)	D_1 (m/s)	M [(m/s)/(g/cm³)]
TNT	1.0	5010	3225
RDX	1.0	6080	3590
PETN	1.0	5550	3950
PETN/TNT(50/50)	1.0	5480	3100
Tetryl	1.0	5600	3225
Comp. A(RDX－石蜡)	1.6	8180	4000
Comp. B(RDX/TNT－石蜡)	1.6	7540	3080

式(3.2.33)中出现的 α 和 k 两个量是热力学量的微商，它们可以利用式(3.2.27)给出的爆速随初始状态变化的关系，通过测量初始参数的变化同时求出，而不需要产物状态方程的全部知识。

为了书写简明，将式(3.2.27)写成如下形式：

$$\frac{\mathrm{d}D}{D}=A\frac{\mathrm{d}v_0}{v_0}+B\frac{\mathrm{d}Q}{D^2} \tag{3.2.39}$$

其中

$$\left.\begin{aligned}A&=(\alpha+1-k)/(\alpha+2)\\B&=\alpha(k+1)^2/(\alpha+2)\end{aligned}\right\} \tag{3.2.40}$$

或

$$\left.\begin{aligned} k &= A + [(1+A)^2 + B]^{1/2} \\ \alpha &= \{[(1+A)^2 + B]^{1/2} - (1+A)\}/(1+A) \end{aligned}\right\} \tag{3.2.41}$$

在推导式(3.2.27)时,用到了爆轰波的三个守恒关系式以及 CJ 爆轰的切线条件。适当选取两个炸药初始状态参数 X 和 Y,使它们变化,就能得到:

$$\frac{1}{D}\frac{\mathrm{d}D}{\mathrm{d}X} = A\frac{1}{v_0}\frac{\mathrm{d}v_0}{\mathrm{d}X} + B\frac{1}{D^2}\frac{\mathrm{d}Q}{\mathrm{d}X} \tag{3.2.42}$$

$$\frac{1}{D}\frac{\mathrm{d}D}{\mathrm{d}Y} = A\frac{1}{v_0}\frac{\mathrm{d}v_0}{\mathrm{d}Y} + B\frac{1}{D^2}\frac{\mathrm{d}Q}{\mathrm{d}Y} \tag{3.2.43}$$

式中$\frac{\mathrm{d}v_0}{\mathrm{d}X}$、$\frac{\mathrm{d}Q}{\mathrm{d}X}$、$\frac{\mathrm{d}v_0}{\mathrm{d}Y}$、$\frac{\mathrm{d}Q}{\mathrm{d}Y}$是炸药初始参数的变化,可以通过对炸药做常规热力学测量定出。只要能通过爆轰试验得到$\frac{\mathrm{d}D}{\mathrm{d}X}$和$\frac{\mathrm{d}D}{\mathrm{d}Y}$(通常,这比较容易,因为爆速是所有能够测量的爆轰波参数中测量精度最高的量),就能由式(3.2.42)(3.2.43)求出 CJ 点上的 A 和 B 值,再利用 A 和 B 与 α 和 k 的关系式(3.2.41)求出 CJ 点上的 k 和 α 蜓值。有了 k 值,就可以根据式(3.2.4)(3.2.5)(3.2.6)(3.2.7)求出 CJ 爆轰波的参数 p、u、ρ、c 等。同样,有了 α 值,也可以利用式(3.2.34)(3.2.35)(3.2.36)求出 CJ 爆轰波的参数。

例如,可以选取 X 和 Y 分别为炸药的初始密度 ρ_0 和初始温度 T_0。即:

$$\frac{\mathrm{d}\ln D}{\mathrm{d}\rho_0} = A\frac{1}{v_0}\frac{\mathrm{d}v_0}{\mathrm{d}\rho_0} + B\frac{1}{D^2}\frac{\mathrm{d}Q}{\mathrm{d}\rho_0} \tag{3.2.44}$$

因为$\frac{\mathrm{d}Q}{\mathrm{d}v_0}\approx 0$,上式的结果为(即式(3.2.33)):

$$k+1 = 2(\alpha+2)\left(1+\frac{\mathrm{d}\ln D}{\mathrm{d}\ln\rho_0}\right) \tag{3.2.45}$$

和

$$\frac{\mathrm{d}\ln D}{\mathrm{d}T_0} = -\frac{k-1-\alpha}{\alpha+2}\beta_0 + \frac{\alpha\,(k+1)^2}{\alpha+2}\frac{C_{p0}}{D^2} \tag{3.2.46}$$

式中:$\beta_0 = \frac{1}{v_0}\frac{\partial v_0}{\partial T_0}$是炸药初始状态的体膨胀系数;$C_{p0} = \frac{\mathrm{d}Q}{\mathrm{d}T_0}$是炸药初始状态的定压比热容,它们都可以用常规方法单独测出。只要利用爆轰实验测出爆速随初始密度的变化规律$\frac{\mathrm{d}\ln D}{\mathrm{d}\ln\rho_0}$以及爆速随初始温度的变化规律$\frac{\mathrm{d}\ln D}{\mathrm{d}T_0}$,就能通过式(3.2.45)和式(3.2.46)定出 CJ 点上的 α 和 k 值,从而定出 CJ 爆轰的参数。

X、Y 这两个量还可以有多种不同的选择。

3.2.3 常 β 和常 α 状态方程

爆轰产物的膨胀过程经历了从高压密实的 CJ 状态到低密度接近理想气体状态的转变,这两种状态物质所表现出的物理性质和行为明显不同。简单的常 k 状态方程假设爆轰产物在整个膨胀过程中有一个不变的等熵线斜率,这显然不合适。由常 k 状态方程得到的计算爆速的公式 $D_J = \sqrt{2(k^2-1)Q}$表明爆速与炸药的初始密度无关,这也不符合凝聚态炸药爆轰的实验事实。

事实上，即使不考虑爆轰产物对物质的作用，压力为几十万大气压的爆轰产物在离开 CJ 点的初始飞散阶段，它的状态也会偏离等熵线规定的状态。换句话说，爆轰产物所经历的状态实际上是在这条等熵线附近的状态。因为爆轰产物在 CJ 点后的膨胀过程中，熵的变化很小，考虑到爆轰波对固壁反射作用时的熵增最大，我们在 $p-v$ 平面上感兴趣的区域是以 CJ 等熵线为下边界和通过固壁反射态 A 的等熵线为上边界的一个窄带，如图 3.2.3 所示。

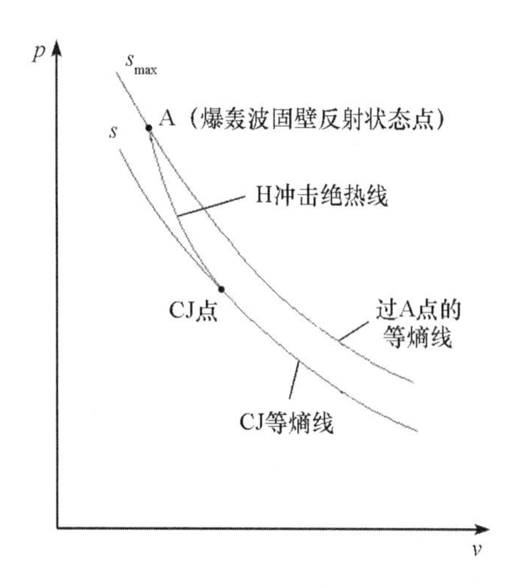

图 3.2.3　$p-v$ 平面上爆轰产物状态方程应描述的相关区域

1. **常 β 状态方程**

若以过 CJ 点的 CJ 等熵线作为参考曲线（曲线上的参量用下表 s 表示），则临近区域的爆轰产物状态可由 Gruneisen 状态方程给出，

$$p-p_x=\frac{\Gamma}{v}(e-e_x) \tag{3.2.47}$$

式中，p_x 和 e_x 分别为冷压和冷能，Γ 是 Gruneisen 系数。将此状态方程应用于 CJ 等熵线上的状态，有：

$$p_s-p_x=\frac{\Gamma}{v}(e_s-e_x) \tag{3.2.48}$$

式(3.2.47)与式(3.2.48)两式相减，得到以等熵线为参考曲线的状态方程：

$$p-p_s=\frac{\Gamma}{v}(e-e_s) \tag{3.2.49}$$

式(3.2.49)的状态方程还可以换一种方式得到：在 CJ 等熵线附近将爆轰产物的内能函数 e 对压力 p 展开，保留一次项，得：

$$e(p,v)=e_s+\left(\frac{\partial e}{\partial p}\right)_v(p-p_s)=e_s+\beta v(p-p_s) \tag{3.2.50}$$

式中：

$$\beta=\frac{\left(\frac{\partial e}{\partial p}\right)_v}{v}=\Gamma^{-1}$$

若取常 k 值定义的 CJ 等熵线作为参考线，则：

$$p_s(v)=p_J\,(v_J/v)^{-k} \tag{3.2.51}$$

$$e_s(v)=p_s v/(k-1) \tag{3.2.52}$$

若知道 β 随 v 的变化关系，状态方程式(3.2.49)或式(3.2.50)就完全确定。

β 可以从它与 α 和 k 之间的关系得到，由 β、α、k 的定义和热力学关系：

$$\left(\frac{\partial p}{\partial v}\right)_s=\left(\frac{\partial p}{\partial v}\right)_e+\left(\frac{\partial p}{\partial e}\right)_v\left(\frac{\partial e}{\partial v}\right)_s=\left(\frac{\partial p}{\partial v}\right)_e-p\left(\frac{\partial p}{\partial e}\right)_v \tag{3.2.53}$$

及

$$\left(\frac{\partial p}{\partial v}\right)_e = \frac{-(\partial v/\partial e)_p}{(\partial e/\partial p)_v} = -\frac{p/\alpha}{v\beta} \tag{3.2.54}$$

可以得到 k、α、β 之间的关系为：

$$-\frac{p}{v}k = -\frac{p/\alpha}{v\beta} - p\frac{1}{v\beta} \tag{3.2.55}$$

从中解出 $\alpha(\beta)$ 关系，并代入式(3.2.33)，可得：

$$\beta = \frac{1}{k}\left\{1 + \left[(k+1)\left[\frac{\mathrm{dln}D}{\mathrm{dln}\rho_0} + 1\right]^{-1} - 2\right]^{-1}\right\} \tag{3.2.56}$$

根据式(3.2.56)，可以从爆速随炸药初始密度变化的实验曲线，并取 k 为特定炸药初始密度时的数值而求得 β。

在方程(3.2.49)中取 $\beta = \Gamma^{-1}$ 为常数而得到的一类爆轰产物状态方程，称为常 β 状态方程。

2. 常 α 状态方程

在 CJ 等熵线附近将爆轰产物的内能函数 e 对比容 v 展开，保留一次项，得：

$$e(p,v) = e_s + \frac{p}{\alpha}(v - v_s) \tag{3.2.57}$$

式中 α 的定义见式(3.2.21)。

取常 k 值定义的 CJ 等熵线作为参考线，

$$v_s(p) = v_J\,(p_J/p)^{-\frac{1}{k}} \tag{3.2.58}$$

$$e_s(p) = pv_s/(k-1) \tag{3.2.59}$$

若知道 α 随 p 的变化关系，状态方程(3.2.57)就完全确定。在方程(3.2.57)中取 α 为常数而得到的一类爆轰产物状态方程，称为常 α 状态方程。

在状态方程式(3.2.50)和式(3.2.57)中取不同的参考等熵线，就可以得到不同的爆轰产物状态方程。常 β 状态方程和常 α 状态方程与常 k 状态方程相比更好地描述了爆轰产物偏离 CJ 等熵线时的状态。要想更精确地描述爆轰产物行为，必须使用更为复杂的 CJ 等熵线作为参考线的产物状态方程。

3.2.4 JWL 状态方程

常 k 状态方程仅是拟合平面爆轰波冲击靶板的初始自由表面速度数据而建立的。为了更精确地计算炸药爆轰驱动金属板、壳的加速过程，需要用相应的实验数据建立或定标爆轰产物状态方程。

1965 年美国 Lawrence Livermore 实验室的 Lee 等人发现在较大的压力范围内，更好的 CJ 等熵线方程的形式是：

$$p_s = A\mathrm{e}^{-R_1\bar{v}} + B\mathrm{e}^{-R_2\bar{v}} + C\bar{v}^{-(1+\omega)} \tag{3.2.60}$$

式中：A、B、C、R_1、R_2、ω 是经验系数；$\bar{v} = v_g/v_0$ 是爆轰产物的相对比容（下标 g 表示气体炸轰产物参量）。

单位初始体积的内能沿等熵线的变化关系是：

$$e_s = \frac{A}{R_1}\mathrm{e}^{-R_1\bar{v}} + \frac{B}{R_2}\mathrm{e}^{-R_2\bar{v}} + \frac{C}{\omega}\bar{v}^{-\omega} \tag{3.2.61}$$

将式(3.2.60)(3.2.61)式代入 Gruneisen 状态方程,可得:

$$p(e,\bar{v}) = A\mathrm{e}^{-R_1\bar{v}} + B\mathrm{e}^{-R_2\bar{v}} + C\bar{v}^{-(1+\omega)} + \frac{\Gamma}{\bar{v}}\left[e - \left(\frac{A}{R_1}e^{-R_1\bar{v}} + \frac{B}{R_2}\mathrm{e}^{-R_2\bar{v}} + \frac{C}{\omega}\bar{v}^{-\omega}\right)\right] \tag{3.2.62}$$

取 $\Gamma = \omega =$ 常数,上式即为常 β 状态方程,可写成如下形式:

$$p(e,\bar{v}) = A\left(1 - \frac{\omega}{R_1\bar{v}}\right)\mathrm{e}^{-R_1\bar{v}} + B\left(1 - \frac{\omega}{R_2\bar{v}}\right)\mathrm{e}^{-R_2\bar{v}} + \frac{\omega}{\bar{v}}e \tag{3.2.63}$$

这就是爆轰产物标准形式的 JWL 状态方程,其中 e 是单位初始体积的内能(使用时注意量纲)。

在 Lee 的工作之前,Jones 和 Wilkins 分别给出过类似的等熵线方程

$$p_s = A\mathrm{e}^{-Rv} + B - CT \tag{3.2.64}$$

$$p_s = Av^{-Q} + B\mathrm{e}^{-R\bar{v}} + C\bar{v}^{-(\omega+1)} \tag{3.2.65}$$

式(3.2.64)中的 T 是温度。

Lee 等人按照模型发展的顺序把式(3.2.63)称为 JWL(Jones-Wilkins-Lee)状态方程。其中若六个系数 A、B、C、R_1、R_2 和 ω 选取得合适,它能很好地重现圆筒实验的结果,并且符合用爆速、爆压实验值换算或直接用量热弹测得的爆轰反应释放能量数据。

用于标定爆轰产物 JWL 状态方程参数的标准圆筒实验装置如图 3.2.4 所示。用平面波发生器通过 Comp. B 炸药片引爆装在圆筒内的直径 25.46mm、长 300mm 的待测炸药柱,其爆轰产物驱动 2.6mm 厚的无氧铜管向外运动。在离引爆端 200mm 的截面处用高速扫描相机观测铜管外表面沿观测狭缝的膨胀运动历程,图 3.2.5 为圆筒实验的典型高速扫描相机记录(底片中 x 为时间轴,y 方向为圆筒径向),从中可以读出圆筒外壁到达一系列径向坐标 r_i 的时刻 t_i(时间零点取在狭缝处的管壁运动速度起跳的时刻)。圆筒实验装置要求铜管有很好的化学纯度和物理均匀性,以及较高的尺寸精度和表面光洁度,并且要求药柱有很好的均匀性,内部无间隙,与圆筒配合密切,保证产物膨胀压力下降到 0.1GPa 时,圆筒仍不发生破裂或其他异常现象。

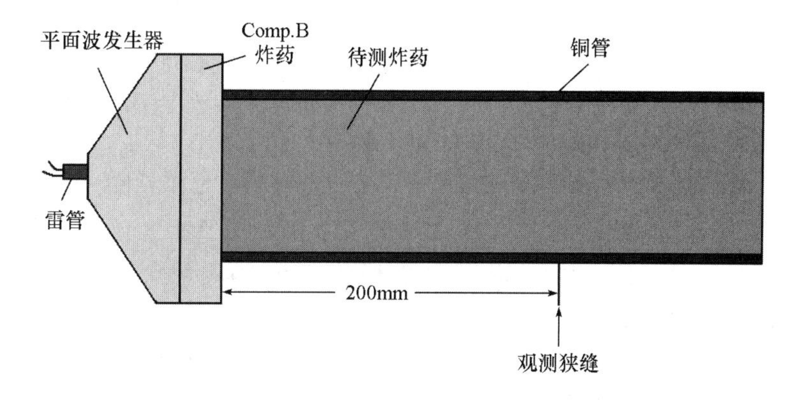

图 3.2.4　标准圆筒实验装置示意图

图 3.2.5　圆筒实验的典型高速扫描相机记录

对于反应区较窄的敏感炸药，小直径圆筒实验与大直径圆筒实验得到的状态方程是一致的。对于反应区较长特别是在 CJ 面之后仍有可观放能反应的钝感炸药，这两种实验得到的状态方程系数并不一定相同，这时圆筒实验应该使用直径为 50mm 的大直径药柱，以消除钝感炸药直径效应的影响。

含铝炸药因为在其基体炸药快速反应完成的 CJ 面之后仍有可观的缓慢放能反应，使产物膨胀过程偏离基体炸药过 CJ 点的等熵线，而且这种缓慢的放能反应与炸药所含铝粉的含量、颗粒尺寸等因素有关，因此，需重新考虑反应产物状态方程模型，以便能描述铝粉燃烧过程对做功的影响。

确定炸药爆轰产物的 JWL 状态方程，也就是要确定有关的六个经验系数。给定炸药的爆速 D_J、爆压 p_J 和化学能 E_0，通过 CJ 条件和爆轰 Hugoniot 关系，可以给出 JWL 状态方程系数之间的某些关系。

根据在 CJ 点上等熵线与 Rayleigh 线相切的条件 $-(\partial p/\partial v)_s = \rho_0^2 D_J^2$，有：

$$AR_1 e^{-R_1 \bar{v}_J} + BR_2 e^{-R_2 \bar{v}_J} + C(\omega+1)\bar{v}_J^{-(\omega+2)} = \rho_0 D_J^2 \tag{3.2.66}$$

式中，$\bar{v}_J = k/(k+1)$，$k = \rho_0 D_J^2/p_J - 1$。

由爆轰 Hugoniot 关系得到：

$$\frac{A}{R_1} e^{-R_1 \bar{v}_J} + \frac{B}{R_2} e^{-R_2 \bar{v}_J} + \frac{C}{\omega}\bar{v}_J^{-\omega} = E_0 + \frac{1}{2} p_J (1 - \bar{v}_J) \tag{3.2.67}$$

若取常态下爆轰产物的内能为能量零点，式中 E_0 就是常态下单位初始体积的炸药转变为常态下爆轰产物时释放的能量（爆热）。

又因为 CJ 等熵线通过 CJ 点，所以：

$$Ae^{-R_1 \bar{v}_J} + Be^{-R_2 \bar{v}_J} + C\bar{v}_J^{-(\omega+1)} = p_J \tag{3.2.68}$$

任意给定一组 R_1、R_2 和 ω 的值，式(3.2.66)(3.2.67)和式(3.2.68)就是一组求 A、B、C 三个系数值的线性代数方程组，因而六个 JWL 状态方程系数中实际上只有三个是独立的。调试 JWL 系数的具体方法是：首先假定一组 R_1、R_2 和 ω 值，由上述三个方程求出 A、B、C 的值，然后通过嵌入了 JWL 状态方程的二维流体动力学程序对圆筒实验作数值模拟计算，比较计算与实验结果的相对误差，若计算得到的圆筒壁速度与实验值相差不超过 1%，定常飞行时间相差不超过 0.5%，则六个 JWL 状态方程系数确定。否则，重新选取一组 R_1、R_2 和 ω 的值，重复以上过程，直到误差满足精度要求为止。

R_1、R_2 和 ω 的值也不是任意选取的，考虑到 JWL 状态方程 CJ 等熵线的三项 $Ae^{-R_1\bar{v}}$、$Be^{-R_2\bar{v}}$ 和 $C\bar{v}^{-(\omega+1)}$ 分别在高、中和低的压力范围内起主要作用，它们根据以下几个原则来选取：

(1)在 CJ 点附近,$\bar{v}_J \approx 3/4$,假定式(3.2.60)定义的 CJ 等熵线的第一项起主要作用,于是在 CJ 点附近的等熵线斜率为

$$k_J = -\left(\frac{\partial \ln p_s}{\partial \ln v}\right)_J \approx R_1 \bar{v}_J \approx \frac{3}{4} R_1 \tag{3.2.69}$$

因为在 CJ 点附近,$k_J \approx 3$,所以 $R_1 \approx 4$。

(2)当 $\bar{v}$ 很大时,CJ 等熵线的第三项起主要作用,这时等熵线的斜率为:

$$k = -\frac{\partial \ln p_s}{\partial \ln v} \approx 1 + \omega \tag{3.2.70}$$

当 $\bar{v}$ 很大时,产物膨胀接近于理想气体,k 应约等于理想气体的等熵线指数 γ,即 ω 为 0.3 左右。

(3)在 $\bar{v}$ 适中(例如,取 $\bar{v}=2$)时,CJ 等熵线的第二项起主要作用,等熵线的斜率为:

$$k = -\frac{\partial \ln p_s}{\partial \ln v} \approx R_2 \bar{v} \approx 2R_2 \tag{3.2.71}$$

这时的 k 值应在 3 与 1.3 之间,若取 $k=2$,则 $R_2 \approx 1$。

对于大多数炸药,R_1、R_2和 ω 的选取范围是:$R_1=4\sim5$,$R_2=1\sim2$,$\omega=0.2\sim0.4$。上述确定 JWL 等熵线中六个系数的方法使得 JWL 状态方程有以下三个优点:

(1)JWL 等熵线中的六个系数,在选取时要求它们满足爆轰 Hugoniot 方程和 CJ 条件;

(2)它能精确地再现炸药加速金属圆筒实验的结果,这是用足够多次的流体力学数值模拟计算保证的;

(3)JWL 等熵线各点的相对斜率(或等熵线指数)为:

$$k = -\left(\frac{\partial \ln p}{\partial \ln v}\right)_s = \frac{AR_1\bar{v}e^{-R_1\bar{v}} + BR_2\bar{v}e^{-R_2\bar{v}} + C(1+\omega)\bar{v}^{-(\omega+1)}}{Ae^{-R_1\bar{v}} + Be^{-R_2\bar{v}} + C\bar{v}^{-(\omega+1)}} \tag{3.2.72}$$

在 CJ 点上:分子 $=\bar{v}\rho_0 D_J^2$,分母 $p_J=\rho_0 D_J^2/(k+1)$,所以,$k=\bar{v}(k+1)$,与(3.2.4)式比较可知,这时的 $k=k_J$。当 $\bar{v}\to\infty$,$k\to 1+\omega\approx1.3$,即趋于理想气体的等熵指数。如图 3.2.6,JWL 等熵线方程确定的 $k-\bar{v}$ 曲线有两个极大值,这可能是由于此方程中含有两个指数项而引起的,不一定有什么物理意义。

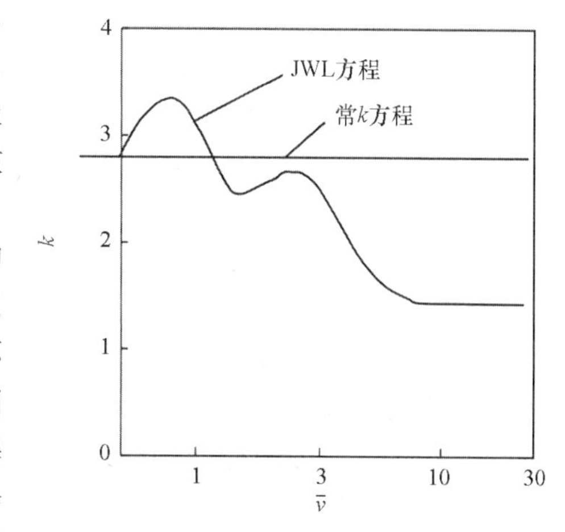

图 3.2.6　Comp. B 炸药爆轰产物 JWL 方程的 $k-\bar{v}$ 关系曲线

确定 JWL 等熵线系数时要用到炸药的爆轰性能参数 D_J、p_J和 E_0,其中爆速 D_J可以通过实验精确测量。p_J的测量值有很大的不确定性,各种方法所得的结果相差很大。用不同的 p_J确定的 JWL 等熵线系数来计算爆轰驱动重金属飞片时,初始自由表面速度会有一些差别,但对飞片总体加速效应影响不大。爆热 E_0可以采用量热弹数据,也可通过热化学计算得到。实验表明,对于负氧平衡

的炸药,初始密度不同,爆热会有一些差别。在取 E_0 值时,可按现有数据作相应修正,因为我们关心的是炸药爆轰释放的能量中作有用功的部分对 JWL 等熵线系数确定的影响,选取的 E_0 值是否精确地等于炸药反应释放的真实能量并不重要。在数值模拟计算中,炸药初始比内能 E_0 只是能量计算的一种基准,往往需要调整,以使其余爆轰参数符合要求并相互匹配。

固体炸药从初态受冲击压缩变化到 CJ 态产物、然后再等熵膨胀到零压状态的过程如图 3.2.7 所示。

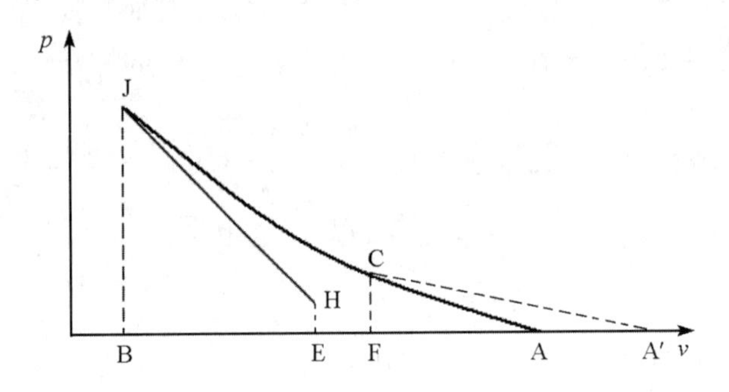

图 3.2.7　炸药爆轰和膨胀时的压力变化过程

炸药从初始状态 H 点被冲击压缩变化到 CJ 态 J 点时,外界对炸药做功为:

$$W = \frac{v_0}{2}(p_J + p_0)(1 - \bar{v}_J) \tag{3.2.73}$$

对应图中梯形面积 BJHE。爆轰产物从 J 点等熵膨胀到零压状态 A 点,释放出能量 e_J,对应于图中斜边三角形面积 BJA。炸药由 CJ 爆轰产物转变成零压状态下的产物过程中所释放的反应能是:

$$E_0 = e_J - \frac{v_0}{2}(p + p_0)(1 - \bar{v}_J) \tag{3.2.74}$$

对应图中曲边四边形面积 EHJA。图中 C 点表示产物膨胀到 $\bar{v} = 7$ 时的状态,这时爆轰产物压力 p 下降到约 10^{-1}GPa 量级。除非我们对爆轰产物压力下降到 10^{-1}GPa 量级以下的状态仍然感兴趣,否则,在爆轰驱动中起作用的只是等熵线的 JC 段,衡量炸药做功能力的大小是面积 EHJCF,CA 段的形状及面积 FCA 的大小无关紧要,因而不必追究所选 E_0 值是否是炸药的“真实化学能量”。比如两组 JWL 系数确定的两条 CJ 等熵线分别是 JCA 和 JCA′,它们的基准能量 E_0 不同,但只要在 JC 段能够拟合实验结果,则它们都能很好地描述爆轰产物的膨胀行为。

实际使用的炸药密度可能有些差别,这时仍可用原来的 R_1、R_2 和 ω 系数,而将实际使用炸药的实测 D_J、p_J 值代入式(3.2.66)(3.2.67)(3.2.68)重新确定 A、B 和 C 三个系数即可。如果已有两种或两种以上密度的 JWL 系数,可通过内插或外推确定所用密度炸药的 R_1、R_2 和 ω 值,然后再通过式(3.2.66)(3.2.67)和式(3.2.68)确定 A、B 和 C。如果所用炸药与 JWL 系数定标所用炸药的密度相差很大,则必须作新的定标实验确定其 JWL 等熵线系数。

由于惯性效应,从图 3.2.5 所示的圆筒实验扫描相机记录中很难精确判读圆筒外壁开始运动的时间零点，而该时间零点的选择也会影响对 JWL 等熵线系数的标定。以表 3.2.3 所给的塑料粘结炸药 JOB－9003 的圆筒实验数据为例，图 3.2.8(a)是圆筒实验的二维流体动力学计算结果与实验数据的比较。很明显，表 3.2.3 提供的圆筒实验数据在时间零点（即筒壁表面速度起跳点）处有明显拐点，JWL 状态方程在拐点附近无法精确拟合该实验数据。若将时间零点前移 0.4μs，实验数据在时间零点处的拐点消失（这更符合扫描相机在时间零点附近的记录），计算结果与实验数据的比较如图图 3.2.8(b)所示。图中标注为 Euler 和 Lagrange 的两条计算曲线分别对应于管壁在狭缝像位置的 Euler 径向位移和滑移爆轰作用下管壁质点 Lagrange 位移的径向分量。针对两套具有不同时间零点的实验数据，用优化计算方法标定出的 JWL 等熵线系数见表 3.2.4。其中 JOB－9003 炸药的基本性能参数为：$p_J=0.352\text{Mbar}$，$D_J=0.8712\text{cm/μs}$，典型密度 $\rho_0=1.849\text{g/cm}^3$，炸药初始内能 $E_0=0.1(10^2\text{GJ/m}^3)$。

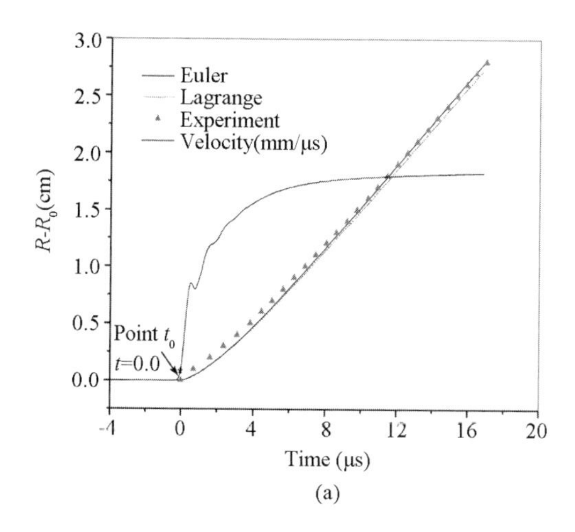

(a)

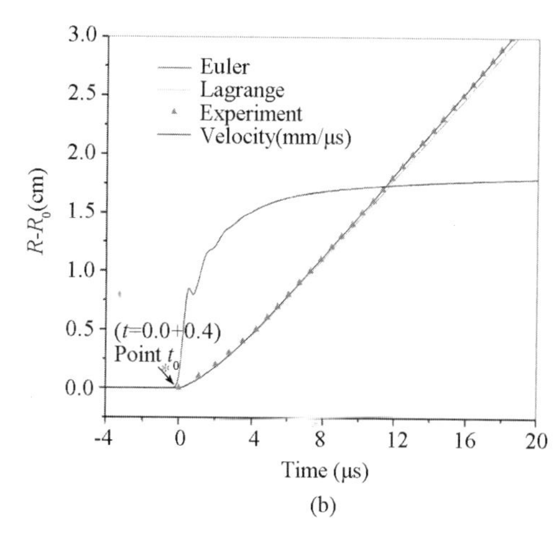

(b)

图 3.2.8　JOB－9003 炸药圆筒实验计算与实验结果比较

表 3.2.3　JOB－9003 炸药标准圆筒实验数据

运动距离 $(R-R_0)$ (mm)	飞行时间 (μs)	运动距离 $(R-R_0)$ (mm)	飞行时间 (μs)	运动距离 $(R-R_0)$ (mm)	飞行时间 (μs)	运动距离 $(R-R_0)$ (mm)	飞行时间 (μs)
0	0	7	4.838	14	8.886	21	12.780
1	0.873	8	5.414	15	9.444	22	13.301
2	1.580	9	5.998	16	10.017	23	13.849
3	2.316	10	6.588	17	10.570	24	14.381
4	2.971	11	7.177	18	11.111	25	14.935
5	3.610	12	7.744	19	11.660	26	15.459
6	4.232	13	8.328	20	12.223	27	16.017

表 3.2.4 JOB－9003 炸药爆轰产物 JWL 等熵线系数

	A(Mbar)	B(Mbar)	C(Mbar)	R_1	R_2	ω
$t_0=0.0$	10.6374	0.1980	0.003919	4.94	1.15	0.23
$t_0=-0.4\mu s$	10.2545	0.2257	0.008359	4.91	1.37	0.29

我们用于标定 JWL 等熵线系数的优化程序是以遗传算法为主程序，二维流体动力学程序为子程序编制的拟合 JWL 等熵线系数的专用计算编码。只需给定 JWL 等熵线系数 R_1、R_2和ω的取值范围，构造适应度函数：

$$Z = \sum_{i=1}^{8} (R(t_i) - r(t_i))^2 \tag{3.2.75}$$

其中：$r(t_i)$为 t_i 时刻相机狭缝线上筒壁径向位移的实验数据，$R(t_i)$为相应时刻筒壁径向位移的计算值。程序会自动完成对 JWL 等熵线系数的标定，精度远高于人工调整所得结果。

若实验测试结果为圆筒外壁自由表面速度，只需在流体动力学程序的输出数据中提取给定质点的相应计算结果，改变适应度函数即可。

本书在附录中的附表 1 列出了几种国内外常用炸药的爆轰产物 JWL 状态方程参数。

3.2.5 其他形式的 JWL 状态方程

1. 以相对比容 $\bar{v}$ 和温度 T 为变量的 JWL 状态方程

研究表明，爆轰产物在高压、高密度下的状态方程具有和固体及液体相近的形式，压力可分为冷压和热压两部分，热力学量也可分为冷能和热能两部分：

$$p = p_x(\rho) + \varphi(\rho)\rho T \tag{3.2.76}$$

$$e = e_x(\rho) + e_T(\rho, T) \tag{3.2.77}$$

其中：p_x和 e_x是冷压（弹性压力）和冷能（弹性能），$\varphi(\rho)\rho T$ 和 e_T 是热压和热能。

式(3.2.76)和式(3.2.77)并不完全独立，它们之间应满足热力学关系：

$$\left(\frac{\partial e}{\partial v}\right)_T = T\left(\frac{\partial p}{\partial T}\right)_v - p \tag{3.2.78}$$

因此，若已知式(3.2.76)，由式(3.2.78)，函数 $e(\rho, T)$可以确定到包含一个任意函数$f(T)$。

由热力学第二定律 $T\mathrm{d}s = \mathrm{d}e + p\mathrm{d}v$，在 $T=0\mathrm{K}$ 时，有：

$$p_x = -\frac{\mathrm{d}e_x}{\mathrm{d}v} = \rho^2\frac{\mathrm{d}e_x}{\mathrm{d}\rho} \quad 或 \quad e_x = \int_{\rho^*}^{\rho} p_x \frac{\mathrm{d}\rho}{\mathrm{d}\rho^2} \tag{3.2.79}$$

其中当 $\rho=\rho^*$ 时，有 $e_x=0$。

因为 $C_v=(\partial e/\partial T)_v$，由式(3.2.77)有 $C_v=(\partial e_T/\partial T)_v$，求积分得到：

$$e_T = \int_0^T C_v \mathrm{d}T \tag{3.2.80}$$

式(3.2.77)可写成：

$$e = e_x(\rho) + \int_0^T C_v \mathrm{d}T \tag{3.2.81}$$

如果 C_v等于常数，则

$$e = e_x(\rho) + C_v T \tag{3.2.82}$$

从上式与式(3.2.76)中消去 T,就得到:

$$p - p_x = \rho\Gamma(e - e_x) \tag{3.2.83}$$

这就是 Gruneisen 状态方程。当 C_v 等于常数时,Gruneisen 系数 $\Gamma = \varphi(\rho)/C_v$,它只是密度(或比容)的函数。

可以将式(3.2.83)中的冷压和冷能用 CJ 等熵线上的压力和内能替换,然后与式(3.2.62)对比,考虑到 JWL 状态方程中的内能为单位体积的比内能和 $\Gamma = \omega$,式(3.2.76)和式(3.2.77)即可表示为以相对比容 $\bar{v}$ 和温度 T 为变量的 JWL 状态方程:

$$p = p(\bar{v}, T) = A\mathrm{e}^{-R_1\bar{v}} + B\mathrm{e}^{-R_2\bar{v}} + \frac{\omega}{\bar{v}}C_v T \tag{3.2.84}$$

$$e = e(\bar{v}, T) = \frac{A}{R_1}\mathrm{e}^{-R_1\bar{v}} + \frac{B}{R_2}\mathrm{e}^{-R_2\bar{v}} + C_v T \tag{3.2.85}$$

因为炸药的爆轰反应与温度 T 密切相关,所以在做炸药冲击起爆和爆轰波传播的带反应流场计算时,要使用到这种与温度相关的产物状态方程。

2. 改进的 JWL 状态方程

标准 JWL 状态方程中取 Gruneisen 系数 Γ(即 ω)为常数,不能反映它在爆轰产物膨胀过程中的变化,而许多爆轰产物的实际 Γ 值是从高密度时的 0.6 ~ 0.7 下降到低密度时的 0.3 左右。标准 JWL 状态方程通常取 $\Gamma = \omega = 0.2 \sim 0.4$,即选择了下限。

改进的 JWL 状态方程考虑了 Γ 随 ρ 的变化,因而是变 Γ 或变 β 状态方程。为了得到与标准 JWL 状态方程类似的形式,在标准 JWL 等熵线后增加了第四项:

$$p_s(\bar{v}) = A\mathrm{e}^{-R_1\bar{v}} + B\mathrm{e}^{-R_2\bar{v}} + C\bar{v}^{-(\omega+1)} + f \tag{3.2.86}$$

上式中 $f = a\bar{v}^2/(1 + b\bar{v}^2)^2$,其中 a 和 b 是炸药常数。将上式及其相应的 $e_s(\bar{v})$ 关系代入 Gruneisen 方程,可以得到:

$$p(e, \bar{v}) = A\left(1 - \frac{\Gamma}{R_1\bar{v}}\right)\mathrm{e}^{-R_1\bar{v}} + B\left(1 - \frac{\Gamma}{R_2\bar{v}}\right)\mathrm{e}^{-R_2\bar{v}} + \frac{\Gamma e}{\bar{v}} \tag{3.2.87}$$

式中 $\Gamma = \omega \dfrac{C + a\bar{v}^{(\omega+2)}/(1 + b\bar{v}^2)^2}{C + a\omega\bar{v}^{\omega}/[2b(1 + b\bar{v}^2)]}$,表示了 Γ 随 $\bar{v}$ 的变化。改进的 JWL 状态方程中有 8 个需要确定的经验系数 A、B、C、R_1、R_2、ω、a 和 b。为了使式(3.2.87)能重现圆筒实验结果,并使爆轰产物在高密度下具有更接近真实的 Γ 值(0.6 ~ 0.7),而当密度很低时则 $\Gamma = \omega = 0.2 \sim 0.4$,与理想气体相近,我们可以取 $a = 0.74$ 和 $b = 6.0$。由于 CJ 等熵线方程式(3.2.86)中增加了一项,原来的六个系数要作相应调整,它们的值与标准 JWL 系数略有差别。因为爆轰产物作用于惰性物时的熵增不大,通常情况下不必使用形式复杂的改进的 JWL 状态方程。

3. 简化的 JWL 状态方程

去掉标准 JWL 等熵线方程中第二个指数项,得到简化的 JWL 等熵线

$$\begin{cases} p_s(\bar{v}) = A\mathrm{e}^{-R\bar{v}} + C\bar{v}^{-(\omega+1)} \\ e_s(\bar{v}) = \dfrac{A}{R}\mathrm{e}^{-R\bar{v}} + \dfrac{C}{\omega}\bar{v}^{-\omega} \end{cases} \tag{3.2.90}$$

将上式代入 Gruneisen 状态方程,得到

$$p(\bar{v},e)=A\mathrm{e}^{-R\bar{v}}+C\bar{v}^{-(\omega+1)}+\frac{\Gamma}{\bar{v}}\left[e-\frac{A}{R}\mathrm{e}^{-R\bar{v}}+\frac{C}{\omega}\bar{v}^{-\omega}\right] \tag{3.2.89}$$

取 $\Gamma=\omega$，上式化成

$$p(\bar{v},e)=A\left(1-\frac{\omega}{R\bar{v}}\right)\mathrm{e}^{-R\bar{v}}+\frac{\omega e}{\bar{v}} \tag{3.2.90}$$

此式只有四个系数 A、C、R 和 ω。给定 ω 值，另外三个系数可由 CJ 条件确定，可调系数 ω 则由实验数据确定。简化的 JWL 状态方程优于常 k 状态方程，但不如标准 JWL 方程。

4. 超压爆轰产物的 JWL 状态方程

爆轰产物的超压状态方程是用于 CJ 爆轰压力以上压力区的爆轰产物状态方程。这种超压爆轰状态在 $p-v$ 平面上的位置如图 3.2.9 的 S 点所示，图中超压爆轰 Hugoniot 曲线（爆轰 Hugoniot 曲线强分支）的测量技术与一般惰性材料冲击 Hugoniot 曲线的测量没有大的差别。因为强爆轰状态加快了反应速率，使化学反应在极短的时间内完成，因此，对超压爆轰产物状态的实验研究，可以将反应速率效应从状态方程效应中最大程度地解耦出来。用高速飞片撞击炸药可以在炸药中产生平面一维超压爆轰波，根据超压爆轰活塞问题的解，这个超压爆轰波为一方波，脉宽由飞片厚度确定。用不同速度的飞片进行冲击，可对炸药超压爆轰产物 Hugoniot 曲线进行测量。图 3.2.10 给出了 Tang 等在文献中提供的 PBX－9502 炸药的超压爆轰实验数据，

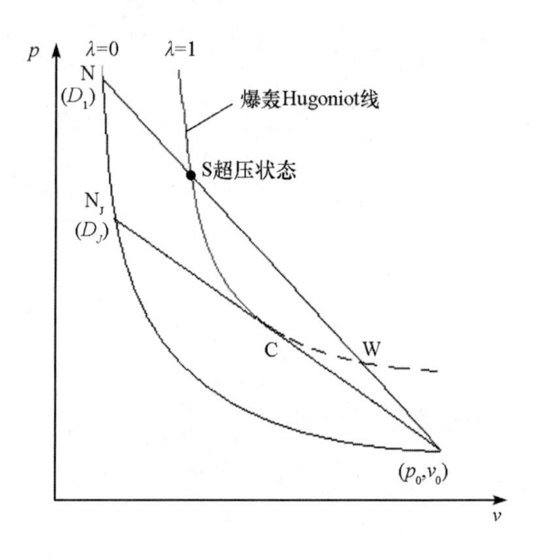

图 3.2.9　超压爆轰产物的状态

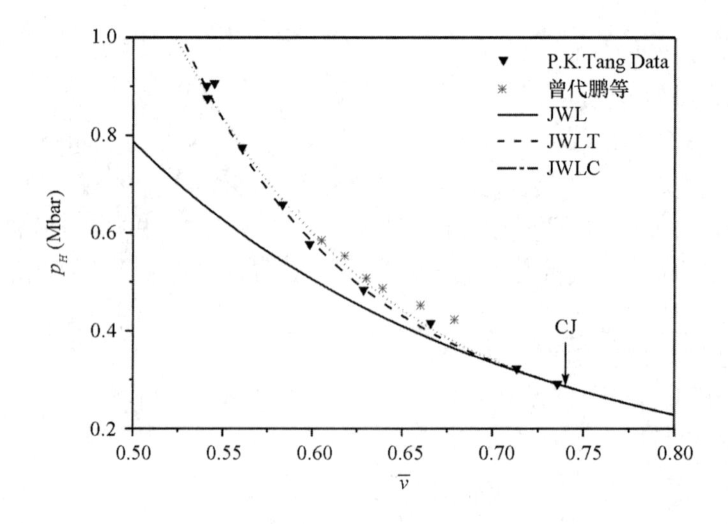

图 3.2.10　PBX－9502 炸药的超压爆轰 Hugoniot 压力与相对比容关系

曾代鹏等对 JB－9014 炸药所作的超压爆轰实验结果也标在图中。JB－9014 炸药与 PBX－9502 炸药成分配比相同，粘结剂相近。

超压爆轰产物 Hugoniot 曲线方程可用爆轰产物状态方程描述。以爆轰产物 JWL 状态方程为例，将其应用于爆轰 Hugoniot 曲线：

$$p_H = p_s + \frac{\Gamma}{\bar{v}}(e_H - e_s) \tag{3.2.91}$$

联立式（3.2.91）和爆轰 Hugoniot 关系的能量守恒方程 $e_H - E_0 = \frac{1}{2}p_H(1-\bar{v})$，消去 e_H，得爆轰 Hugoniot 曲线方程：

$$p_H = \left[p_s + \frac{\Gamma}{\bar{v}}(E_0 - e_s)\right] \Big/ \left[1 - \frac{\Gamma}{2\bar{v}}(1-\bar{v})\right] = p_H(\bar{v}) \tag{3.2.92}$$

式中，$E_0 = e_J - \frac{1}{2}p_J(1-\bar{v}_J)$ 是炸药由 CJ 爆轰产物转变成零压状态下的产物过程中所释放的反应能。图 3.2.10 中的实线是将式（3.2.60）和式（3.2.61）定义的标准 JWL 等熵线 p_s 和 e_s 代入式（3.2.92）所得到的 PBX－9502 炸药的超压爆轰 Hugoniot 曲线 $p_H(\bar{v})$。PBX－9502 炸药爆轰产物 JWL 状态方程系数取自附表 1。显然，用标准 JWL 方程参数得到的超压炸轰 Hugoniot 曲线与实测的超压炸轰实验数据有很大偏差。

现有各种爆轰产物状态方程（包括标准 JWL 方程）的系数标定大多只用了爆轰波 CJ 条件，以及等熵膨胀实验数据（即只用到 CJ 压力以下的实验数据），因此它们都不能较好地反映超压爆轰实验结果，各国学者都在寻找一种合适的状态方程形式，以便能正确地描述爆轰产物在超压爆轰状态下的特征。

Tang 根据图 3.2.10 显示的超压爆轰 Hugoniot 曲线的特点，假设爆轰产物的标准 JWL 状态方程在低压部分是可以接受的，而对超压爆轰 Hugoniot 曲线的状态进行描述时有所欠缺。为此他建议增加爆轰 Hugoniot 曲线在 CJ 点以上的斜率，以更好地匹配超压爆轰 Hugoniot 实验数据，同时也希望增加处于超压爆轰状态下的产物的声速。从显示 $p-v$ 平面等熵线、Rayleigh 线和 Hugoniot 曲线相互位置的图 1.3.5 可以看出，当超压爆轰 Hugoniot 曲线斜率增加后，在 Rayleigh 线 R_2 与爆轰 Hugoniot 曲线的强交点处，相应的等熵线 S_1 的斜率也会增加。

Tang 给出了超压爆轰产物状态方程的建模思路——只对标准 JWL 状态方程中的高压指数项做修正：

$$p_s = [1 + F_p(\bar{v})]Ae^{-R_1\bar{v}} + Be^{-R_2\bar{v}} + C\bar{v}^{-(1+\omega)} \tag{3.2.93}$$

$$e_s = [1 + F_E(\bar{v})]\frac{A}{R_1}e^{-R_1\bar{v}} + \frac{B}{R_2}e^{-R_2\bar{v}} + \frac{C}{\omega}\bar{v}^{-\omega} \tag{3.2.94}$$

式（3.2.93）的压力修正项 $F_p(\bar{v})$ 为当前相对比容与 CJ 相对比容之差的简单多项式：

$$F_p(\bar{v}) = A_0(\bar{v}_J - \bar{v})^2 + B_0(\bar{v}_J - \bar{v})^3 \tag{3.2.95}$$

式（3.2.94）的内能修正项 $F_E(\bar{v})$ 可从对式（3.2.93）的积分得到：

$$F_E(\bar{v}) = \left[A_0 - \frac{3B_0}{R_1}\right]\left\{\frac{2}{R_1^2}[1 - e^{-R_1(\bar{v}_J - \bar{v})}] - \frac{2}{R_1}(\bar{v}_J - \bar{v}) + (\bar{v}_J - \bar{v})^2\right\} + B_0(\bar{v}_J - \bar{v})^3 \tag{3.2.96}$$

修正只在当前比容小于 CJ 比容时进行，即只对超压爆轰状态进行。在等熵线压力和内能的表达式中只有两个新的参数 A_0 和 B_0。

考虑到微分求解较之积分求解更容易，还可以先给出式（3.2.94）中沿内能等熵线的修正项 $F_E(\bar{v})$ 的表达形式，然后根据热力学第二定律，通过微分得到沿压力等熵线修正项 $F_p(\bar{v})$ 的具体表达式：

$$p_s = -\frac{\mathrm{d}e_s}{\mathrm{d}v} = [1 + F_E(\bar{v}) - \frac{\dot{F}_E(\bar{v})}{R_1}]A\mathrm{e}^{-R_1\bar{v}} + B\mathrm{e}^{-R_2\bar{v}} + C\bar{v}^{-(1+\omega)} \tag{3.2.97}$$

假设内能等熵线修正项 $F_E(\bar{v})$ 为当前相对比容与 CJ 相对比容之差的简单多项式：

$$F_E(\bar{v}) = A_0\ (\bar{v}_J - \bar{v})^3 + B_0\ (\bar{v}_J - \bar{v})^4 \tag{3.2.98}$$

则相应有：

$$\begin{aligned} F_p(\bar{v}) &= F_E(\bar{v}) - \frac{1}{R_1}\dot{F}_E(\bar{v}) \\ &= \frac{3A_0}{R_1}(\bar{v}_J - \bar{v})^2 + (A_0 + \frac{4B_0}{R_1})(\bar{v}_J - \bar{v})^3 + B_0(\bar{v}_J - \bar{v})^4 \end{aligned} \tag{3.2.99}$$

同样，修正只在当前比容小于 CJ 比容时进行，在等熵线压力和内能的表达式中也只有两个新的参数 A_0 和 B_0。

确定等熵线压力和内能表达式中的两个新参数 A_0 和 B_0 不仅要拟合超压 Hugoniot 实验数据，同时还要拟合超压 Hugoniot 状态下的声速实验数据。这也是 Tang 标定超压爆轰产物状态方程方法的特点。

根据声速的定义，沿标准 JWL 等熵线的声速为：

$$c_s^2 = -\frac{\bar{v}^2}{\rho_0}\frac{\mathrm{d}p_s}{\mathrm{d}\bar{v}} = \frac{\bar{v}^2}{\rho_0}[R_1A\mathrm{e}^{-R_1\bar{v}} + R_2A\mathrm{e}^{-R_2\bar{v}} + (1+\omega)C\bar{v}^{-(2+\omega)}] \tag{3.2.100}$$

在超压状态下，沿过 CJ 点的修正的 JWL 等熵线的声速为：

$$\begin{aligned} c_s^2 = &-\frac{\bar{v}^2}{\rho_0}[(1 + F_p(\bar{v}))R_1A\mathrm{e}^{-R_1\bar{v}} + [2A_0(\bar{v}_J - \bar{v}) + 3B_0\ (\bar{v}_J - \bar{v})^2]A\mathrm{e}^{-R_1\bar{v}}] \\ &-\frac{\bar{v}^2}{\rho_0}[R_2A\mathrm{e}^{-R_2\bar{v}} + (1+\omega)C\bar{v}^{-(2+\omega)}] \end{aligned} \tag{3.2.101}$$

而在超压状态点上，Hugoniot 声速的表达式为：

$$c_H^2 = c_s^2 + \frac{\bar{v}}{\rho_0}(p_H - p_s)(\Gamma + 1 - \frac{\bar{v}}{\Gamma}\frac{\mathrm{d}\Gamma}{\mathrm{d}\bar{v}}) \tag{3.2.102}$$

因为超压爆轰产物以亚声速流动，在超压爆轰产物中以声速传播的稀疏波一定能追赶上超压爆轰波。超压爆轰波声速的测量方法与惰性材料声速的测量方法相同。

图 3.2.10 给出了由超压修正 JWL 状态方程及标准 JWL 状态方程得到的爆轰 Hugoniot 曲线与超压实验 Hugoniot 数据的比较。图 3.2.11 是由超压修正 JWL 状态方程及标准 JWL 状态方程得到的 Hugoniot 声速曲线和超压声速实验数据的比较。图中虚线 JWLT 的修正项为式（3.2.95）和式（3.2.96），只对 Tang 的实验数据进行拟合，修正系数 A_0、B_0 为 4.477、22.8957。虚线 JWLC 的修正项为式（3.2.98）和式（3.2.99），拟合同时用到 Tang 和曾代鹏等对 JB－9014 炸药的实验数据，修正参数 A_0、B_0 分别为 15.6061、－22.6100。

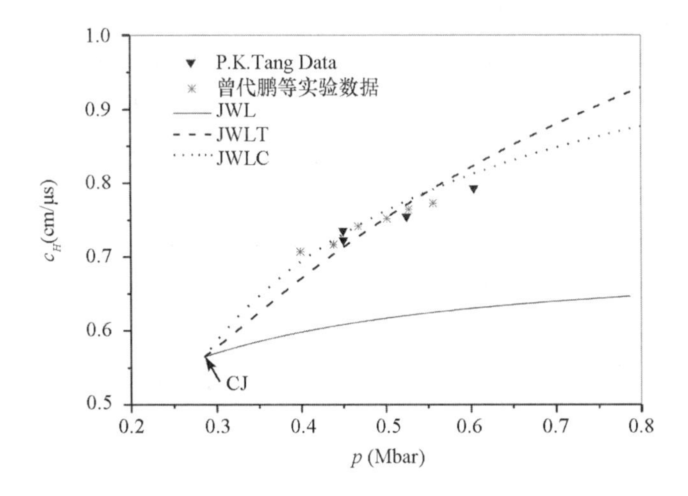

图 3.2.11　PBX－9502 炸药在超压状态下的 Hugoniot 声速与 Hugoniot 压力的关系

Tang 将修正后可以描述爆轰产物超压状态的 JWL 状态方程嵌入流体动力学程序的反应材料模型中，对 PBX－9502 炸药超压卸载现象进行了计算。模型中未反应炸药状态方程为 HOM 状态方程（见 3.4.2 节），PBX－9502 炸药的冲击 Hugoniot 曲线方程为：

$$D = 0.3098 + 1.578u \qquad (3.2.103)$$

图 3.2.12 为超压卸载实验装置示意图。实验装置及条件为：4.711mm 厚铝飞片以 5.414mm/μs 速度撞击 PBX－9502 炸药，撞击在炸药中产生 480kbar 的超压。炸药厚 13.018mm，在炸药被撞面的另一端放置一块透明 LiF 窗口。超压卸载实验的描述为炸药样品受高速飞片撞击，在给定位置处此炸药不仅被起爆，而且保持高于 CJ 压力值一段时间，直到从飞片背面传来的稀疏波到达同一位置。通过测量炸药样品和过渡窗口之间的粒子速度历史可以得到这方面信息。粒子速度历史显示了常超压状态，当稀疏波传到，高于 CJ 态的压力开始卸载。

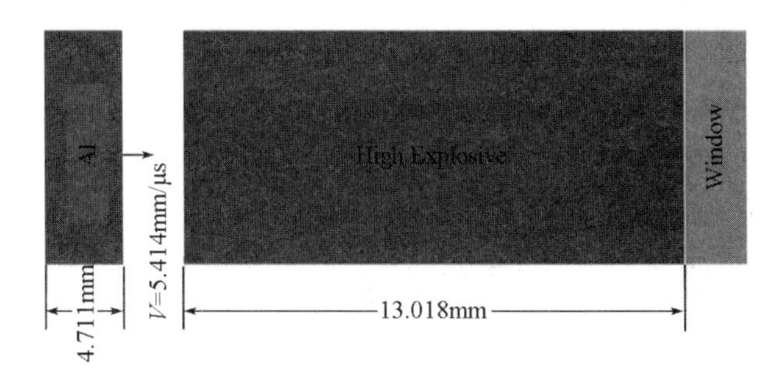

图 3.2.12　超压卸载实验装置示意图

图 3.2.13 为 Tang 对超压卸载实验现象的计算结果与实验结果的比较。图 3.2.14 给出了 $p-v$ 平面上 PBX－9502 炸药冲击 Hugoniot 曲线和爆轰 Hugoniot 曲线，以及超压爆轰状态点。按照标准 JWL 产物状态方程和修正的 JWLT 爆轰产物状态方程对图 3.2.12 所示实验计算出了爆轰波传播速度，相应的 Rayleigh 线也在图 3.2.14 中画出。从

图中可见，当爆轰产物状态方程未做修正时，Rayleigh 线与未反应炸药的冲击 Hugoniot 曲线和爆轰 Hugoniot 曲线的交点接近，若爆速稍有增加，冻结 Hugoniot 曲线相对位置会出现翻转，图 3.2.13 显示波阵面附近的化学峰消失。而修正后的爆轰 Hugoniot 曲线斜率增加，爆速加大，相应的 Rayleigh 线斜率的绝对值增加，这时先导冲击波阵面压力大于爆轰产物压力，爆轰波阵面附近仍有化学峰存在的条件。

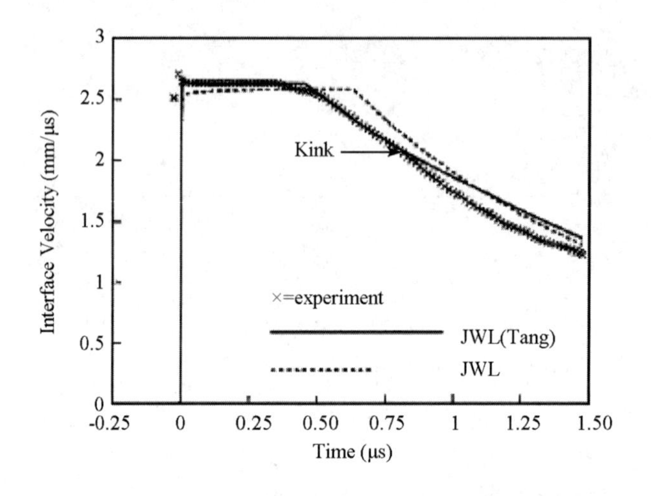

图 3.2.13　标准 JWL 方程和修正的 JWLT 方程对超压卸载实验的计算结果与实验结果的比较

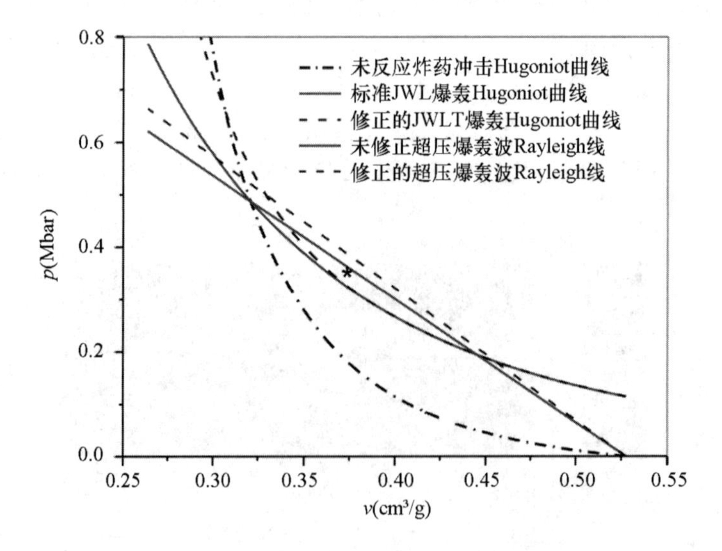

图 3.2.14　$p-v$ 平面上 PBX－9502 炸药的超压爆轰状态

3.3　涉及化学的爆轰产物状态方程

不涉及化学组分的爆轰产物经验状态方程已成功地应用于炸药装置的设计和性能分析,是很有用的工程工具,但很难看出这类状态方程的系数与炸药的元素组成有怎样的关系。对于研制和选用新炸药配方来说,这一类状态方程没有多大帮助。如果找到把炸药性能和其配方关联的另一类状态方程,只需知道炸药配方组成,就可以预估不了解的或设想中的新炸药的性能,从而避免大量的盲目研制及试验。对工程应用来说,不通过实验,仅利用炸药化学组成的知识就可获得基本正确的产物爆轰参数和状态方程,无疑是一种十分有用的途径。

这类状态方程通常有两个一般性假设:

(1)爆轰产物能够描述成产物分子的混合物;

(2)爆轰产物状态(含 CJ 状态)处于化学平衡状态。

在此假设前提下,这类状态方程先对在爆轰产物中可能存在的每一种分子类型建立一种状态方程。再利用混合法则以及“产物各组分的比例确定”这一约束条件,对于爆轰产物所有可能的组成得到各种产物混合物的状态方程。最后通过计算所有可能实现的混合物的自由能,并求出具有最小自由能的组成,从而确定在化学平衡态下的爆轰产物组分及其混合物状态方程。这类状态方程仍然会含有一些可调系数,它们由已知炸药的爆轰实验参数定标,因而也是一种半经验的状态方程。后来人们相继提出了从分子相互作用势出发,用统计物理方法建立起来的各种理论状态方程。近年来,这方面的研究同分子动力学方法相结合,有了很大的进展。

利用上述建立明显涉及化学的爆轰产物状态方程的基本思想,人们有可能通过一种更本质的方式,只用原子组成、生成热和初始密度等作为输入量,求出凝聚态炸药爆轰产物的状态方程,以及炸药的一些主要爆轰性能、爆轰产物组成等重要信息。

3.3.1　BKW 和 HOM 状态方程

在涉及化学的爆轰产物状态方程中,Becker-Kistiakowsky-Wilson(简称 BKW)状态方程是应用比较广泛、标定系数较全的。

德国科学家 Becke 在 1921 年提出了氢在高压、高密度下的一个状态方程为:

$$\frac{pv}{RT}=(1+xe^{x})\left(\frac{a}{v}+\frac{b}{v^{n+1}}\right) \tag{3.3.1}$$

式中:a、b 为常数;v 是一摩尔产物的体积,R 是气体常数;$x=K/v$,K 为氢的余容。1922 年,Becke 又用下式计算一些炸药的爆轰波速度:

$$\frac{pv}{RT}=1+xe^{x} \tag{3.3.2}$$

这种状态方程把产物处理成一种稠密气体,在理想气体的基础上增加了产物分子余容的影响项 xe^{x}。1941 年 Kistiakowsky 和 Wilson 对 x 采用新的表达式:

$$x=\frac{K}{vT^{1/3}} \tag{3.3.3}$$

在 x 的定义中引入温度,他们发现对于大多数炸药,K 能够用爆轰产物各气体组分的分子余容的线性函数叠加来近似表示,

$$K = \kappa \sum x_i k_i \tag{3.3.4}$$

式中:κ 是常数;x_i 是产物各组分的摩尔分数;k_i 是产物各组分的几何余容。其中几种主要成分的几何余容见表3.3.1。

表3.3.1　凝聚态炸药爆轰产物的几种组分的几何余容

产物组分	H_2O	CO_2	CO	N_2	NO	H_2	O_2	CH_4
余容	420	735	390	380	386	180	350	528

考虑到 BKW 状态方程建立在将分子之间的排斥势应用于 Virial 方程的基础之上,描述稠密气体的 Virial 方程为:

$$\frac{pv}{RT} = 1 + \frac{B}{v} + \frac{C}{v^2} + \cdots\cdots \tag{3.3.5}$$

若令 $x = B/v$,忽略高次项,上式化为 $pv/RT = 1 + x + \beta x^2$,其中 $\beta = C/B^2$。作为一次近似,此式可化为 $pv/RT = 1 + xe^{\beta x}$。用 $\varepsilon = A/r^n$ 表示分子之间势能,r 是分子之间距离,A、n 是常数,可以推得 $B = KT^{-3/n} = KT^{-\alpha}$,因而 $x = B/v = Kv^{-1}T^{-\alpha}$。

1941 年,MacDougall 等将稠密气体状态方程写为:

$$\begin{cases} \dfrac{pv}{RT} = 1 + xe^{\beta x} \\ x = \dfrac{K}{vT^{\alpha}} \end{cases} \tag{3.3.6}$$

式中 α、β 是常数。与式(3.3.2)相比,引入 β 可以扩大方程的适用范围。为了复演出随初始密度 ρ_0 而变化的爆轰波速度的实验值,拟合得到的 α 值和 β 值分别为0.25和0.3。

1956 年 Fickett 和 Cowan 为防止温度趋于零时压力趋于无限大,并在所关心的范围内保持导数 $(\partial p/\partial T)_v$ 为正,将式(3.3.6)中 T 改为 $T+\theta$。他们发现要复演爆轰波速度随初始密度变化曲线和 Comp B 炸药的爆轰压力,最好取 α 值和 β 值分别为0.5和0.09。他们用的 θ 值为400。

凝聚态炸药爆轰产物大部分是气体组分,但也有固体组分,如固体碳,上面所述状态方程只是用于描述爆轰产物中气体混合物的状态。根据热力学平衡假定,产物混合物各组分的温度 T 和压力 p 相等。用下标 g 表示气体,最终将爆轰产物气体混合物的 BKW 方程表示成:

$$\frac{pv_g}{RT} = 1 + xe^{\beta x} \tag{3.3.7}$$

式中:

$$x = \frac{\kappa \sum x_i k_i}{v_g (T + \theta)^{\alpha}} \tag{3.3.8}$$

x_i 是一摩尔气体产物中第 i 组分的摩尔分数;几何余容 k_i 是第 i 组分的特征常数,求和只

对气态组分进行；v_g 为所有气态产物的克分子体积，α、β、θ 和 κ 是常数。

对许多负氧凝聚态炸药而言，其爆轰产物中除了气态产物外，还有石墨之类的固态产物。Cowan 对石墨提出了如下形式的固体状态方程：

$$p = p_1(\eta) + a(\eta)T + b(\eta)T^2 \tag{3.3.9}$$

其中

$$\begin{cases} p_1(\eta) = -2.4673 + 6.7692\eta - 6.9555\eta^2 + 3.0405\eta^3 - 0.3869\eta^4 \\ a(\eta) = -0.2267 + 0.2712\eta \\ b(\eta) = 0.03816 - 0.07804\eta^{-1} + 0.03068\eta^{-2} \end{cases} \tag{3.3.10}$$

式中：$\eta = v_{s0}/v_s$，下标 s 表示固体，下标 0 表示标准大气压下的状态。爆轰产物中气体和固体混合物的热力学参数由理想混合法则确定：

$$nY = n_g Y_g + n_s Y_s \tag{3.3.11}$$

式中：Y 是以每摩尔质量计算的热力学量（如比容 v、比内能 e、熵 s、焓 H、赫姆霍兹自由能 F、吉布斯自由能 G 等）；n_g 和 n_s 分别是每克产物中气体混合物和固体产物的摩尔数；n 是每克产物中的总摩尔数，$n = n_g + n_s$。

从产物气体混合物状态方程式（3.3.7）和产物固体状态方程式（3.3.9），可以得到相应的比内能 e、熵 s、赫姆霍兹自由能 F、吉布斯自由能 G 和化学势 μ 的方程。由比内能的热力学关系：

$$\left(\frac{\partial e}{\partial v}\right)_T = T\left(\frac{\partial p}{\partial T}\right)_v - p \tag{3.3.12}$$

在恒定温度和组分不变的条件下积分上式，利用在给定温度 T 和参考体积 v_0 状态的内能值，可以分别得到温度为 T、体积为 v 时的产物气体混合物和固体产物的内能

$$e(T,v) = e(T,v_0) + \int_{v_0}^{v}\left[T\left(\frac{\partial p}{\partial T}\right)_v - p\right]\mathrm{d}v \tag{3.3.13}$$

气体混合物的参考体积可取理想气体在零压下的标准参考体积，即 $v_0 \to \infty$。固态组分的参考体积，则要取单位压力 p_0 条件下的摩尔体积 v_{s0}。

熵对压力的依赖关系为：

$$\left(\frac{\partial s}{\partial p}\right)_T = -\left(\frac{\partial v}{\partial T}\right)_p \tag{3.3.14}$$

对产物气体混合物和固体组分分别积分上式可求出它们的熵值，

$$s(T,p) = s(T,p_0) + \int_{p_0}^{p}\left(\frac{\partial v}{\partial T}\right)_p \mathrm{d}p \tag{3.3.15}$$

式中参考压力 $p_0 = 1$ 大气压。赫姆霍兹自由能 F 和吉布斯自由能 G 分别为

$$F = e - Ts \tag{3.3.16}$$

$$G = e + pv - Ts \tag{3.3.17}$$

假定每一时刻产物都处于化学平衡状态，则各组分之间可能发生多种二次化学反应，每种化学反应都必须满足如下热力学条件：

$$\sum n_i \mu_i = 0 \tag{3.3.18}$$

式中：n_i 是各种二次反应化学式中第 i 种组分的摩尔数，对产物取正数，对于反应物取负

数;μ_i为第 i 种组分的化学势:

$$\mu_i = \left(\frac{\partial nF}{\partial n_i}\right)_{T,v,n_j} = \left(\frac{\partial nG}{\partial n_i}\right)_{T,p,n_j} \tag{3.3.19}$$

下标 n_j表示对 n_i求微商时其他组分的摩尔数 $n_j(i \neq j)$不变。

实现化学平衡时,方程式(3.3.18)成立,自由能取最小值。如果炸药含有 m 种元素,产物有 L 个气体组分和一个固体组分,则有$(L+1-m)$个化学平衡方程,加上 m 个原子数守恒方程,就可确定一定(p,v)状态下产物$(L+1)$个组分的摩尔数或摩尔分数,它们都是 p 和 T 的函数。

确定了 CJ 状态下的爆轰产物组成后,由爆轰产物的能量守恒关系式、比内能方程式(3.3.13)、化学势方程式(3.3.19)以及化学平衡条件式(3.3.18),通过迭代求解得到爆轰产物 Hugoniot 曲线,它的每一个点对应一个爆速:

$$D = v_0 \left[(p-p_0)/(v_0-v) \right]^{1/2} \tag{3.3.20}$$

其中对应于 D 最小值的点就是 CJ 点,这个点上的压力和比容就是 p_J和 v_J,它们满足定态爆轰的 CJ 条件:

$$\left(\frac{\partial p}{\partial v}\right)_s = -\frac{p_J - p_0}{v_0 - v_J} \tag{3.3.21}$$

得到 CJ 点后,通过熵的方程(3.3.15)、化学势方程(3.3.19)和化学平衡条件式(3.3.18),可以解出 CJ 等熵线。由气体混合物状态方程和固体组分状态方程,通过化学平衡条件和有关热力学关系进行炸药爆轰性能参数如爆速、爆压、CJ 等熵线以及产物组分的计算,在爆轰研究中通常称为热化学计算。要应用涉及化学的爆轰产物气体混合物的状态方程估算炸药的做功能力,都必须首先进行这种计算。

为了完成上述计算,需要知道描述爆轰气体产物的 BKW 状态方程中的几个常数,它们是拟合产物组分 Hugoniot 线和炸药爆轰实验的有关数据而得到的。1963 年 Mader 给出了 BKW 方程常数的系统的定标结果。一些重要的产物组分如 H_2O、CO_2、CO、N_2 等的余容用实验 Hugoniot 数据确定。α 的选择主要用以重现实验 CJ 压力,调整 β 和 κ 可以拟合爆速随炸药初始密度变化的曲线。先选择合适的 κ 重现某一密度下的爆速 D,再调整 β 值,得到与实验一致的 $D-\rho_0$曲线斜率。Mader 发现,需要用两组数据来描述各种炸药。一组适用于含碳较多的 TNT 类型的炸药,另一组适用于含碳较少的 RDX 类型炸药,这两组常数列于表 3.3.2。应该指出,在 BKW 计算中使用两组参数的必要性说明 BKW 状态方程本身中还存在明显缺陷,方程参数 α、β、k、θ 不能看成是常数。但是按照炸药的类型和进行的化学反应,去确定这些量之间的函数关系,目前还做不到。

表 3.3.2　爆轰气体产物的 BKW 方程常数

炸药类型	β	κ	α	θ
TNT	0.09585	12.685	0.50	400
RDX	0.16	10.91	0.50	400

几何余容的定义是一个分子绕其质心旋转所占据的体积,再乘以 10.46,单位

为(0.1nm)^3。这相当于把分子看成从质心计算的最大尺度为半径的球体,大于分子的实际体积,由于高温下分子的旋转自由度被激发,这样计算是合理的。Fickelt 引入因子“10.46”是为了使 CO 的余容计算值能与最早的使用值一致。气体产物各组分的余容选取值列于表 3.3.3。

表 3.3.3 爆轰气体产物各组分的余容

产 物	H_2O	CO_2	CO	N_2	NO	H_2	O_2	CH_4
余 容	250	600	390	380	386	180	350	528

1978 年 Guidry 等重新定标 BKW 方程常数,给出了表 3.3.4 的新常数值。用这组新常数可以描述各类炸药的爆轰性能,不仅可以预估理想炸药的爆速和爆压,也可以预估非理想炸药的爆速和爆压,并且计算得到的产物成分更接近于 Ornellas 的实验数据。

表 3.3.4 重新定标的 BKW 常数及产物气体组分的余容

α	β	κ	θ	CO	CO_2	H_2O	N_2	H_2	NH_3	CH_4	NO	O_2
0.50	0.176	11.8	1850	440	610	270	404	98	384	550	386	325

BKW 状态方程本身不能(或不宜)直接用于爆轰的流体动力学程序计算。但因为它能解出 CJ 等熵线和炸药爆轰性能参数,可以通过拟合 BKW 状态方程的计算结果得到爆轰产物状态方程。由 BKW 方程计算得到的 CJ 等熵线数据,可以拟合成如下爆轰产物气体比容对数 $\ln v$ 的多项式:

$$\ln p_{Js}(v) = A + B(\ln v) + C(\ln v)^2 + D(\ln v)^3 + E(\ln v)^4 \tag{3.3.22}$$

$$\ln e'_{Js}(v) = K + L(\ln p_{Js}(v)) + M(\ln p_{Js}(v))^2 + N(\ln p_{Js}(v))^3 + O(\ln p_{Js}(v))^4 \tag{3.3.23}$$

$$\ln T_{Js}(v) = Q + R(\ln v) + S(\ln v)^2 + U(\ln v)^3 + W(\ln v)^4 \tag{3.3.24}$$

式中:下标 Js 表示 CJ 等熵线上的物理量;A、B、…、W 称为 HOM 方程系数。由 $T_{Js}(v)$ 的表达式可得:

$$\frac{1}{\beta} = \Gamma = -\left(\frac{\partial lnT}{\partial lnv}\right)_s = -[R + 2S(\ln v) + 3U(\ln v)^2 + 4W(\ln v)^3] \tag{3.3.25}$$

由以上方程可以建立适用于流体动力学数值计算的 Gruneisen 形式的状态方程:

$$p(v,e) = p_{Js}(v) + \frac{(e - e_{Js})}{\beta v} \tag{3.3.26}$$

$$T(v,e) = T_{Js} + \frac{(e - e_{Js})}{C_{vg}} \tag{3.3.27}$$

其中 $e_{Js} = e'_{Js} - e_z$,e_z 是用以改变气体爆轰产物标准状态,使其与固体反应炸药的标准状态一致的常数。这种状态方程被称为爆轰产物的 HOM 状态方程,它是以爆轰产物 BKW 状态方程确定的 CJ 等熵线为参考线的变 β 状态方程,有些文献中把 HOM 状态方程也习惯地称为 BKW 状态方程,不作区分。用 BKW(即 HOM)方程计算得到的 Comp B 炸药 $k-\bar{v}$ 曲线与 JWL 方程计算结果的比较如图 3.3.1 所示,两种方程对 Comp B 炸药圆筒实验的计算结果与圆筒实验结果的比较如表 3.3.5 所示。

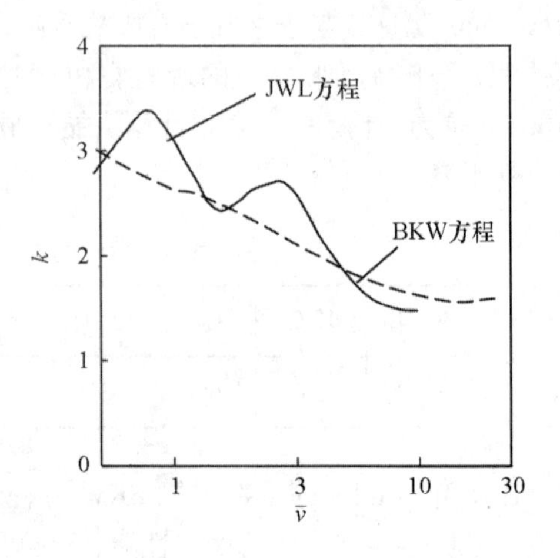

图 3.3.1　JWL 和 BKW 方程计算的 Comp. B 炸药爆轰产物 k 随 $\bar{v}$ 的变化

BKW 状态方程是简化具有明确物理意义的 Virial 方程而得到的,但它仍含有一些没有明确物理意义的可调系数,这些系数是通过拟合产物组分 Hugoniot 曲线和炸药爆轰实验的有关数据而得到的,而且它们还与炸药类型(分子的含氧量)有关,因此 BKW 状态方程仍是一种半经验状态方程。而 HOM 状态方程参数又是通过拟合 BKW 方程的计算结果得到,因此它没有精确描述爆轰产物加速金属壳体运动的能力,虽然如此,BKW(HOM)状态方程至今仍是一个不需要定标实验就可用于计算炸药性能的重要工具。

表 3.3.5　JWL 方程和 BKW 方程计算 Comp. B 炸药圆筒实验结果的比较

圆筒壁运动距离 $(R-R_0)$(mm)	运动时间 t(μs)		
	实验值	计算值	
		JWL	BKW
0	0	0	0
2	2.17	2.18	2.10
4	3.77	3.76	3.62
6	5.22	5.19	4.93
8	6.59	6.56	6.20
10	7.92	7.89	7.43
12	9.22	9.19	8.62
14	10.50	10.46	9.78
16	11.75	11.72	10.93
18	12.99	12.97	12.07
20	14.22	14.20	13.19

BKW 方程计算得到的 CJ 等熵线数据原则上也可以拟合成 JWL 等熵线形式,如此得到的 JWL 状态方程同样不能精确地描述爆轰产物加速金属壳体的能力,而且与 HOM 状态方程比较,它是一个常 β 状态方程,不能反映 Gruneisen 系数 Γ(或 β)在爆轰产物膨胀过程中的变化。

20 世纪 60 年代以来,人们相继提出几种形式的理论状态方程来描述爆轰产物的行为。他们从最基本的分子之间相互作用势出发，应用物理力学的方法，首先建立产物单个组分的状态方程，然后通过一定的混合法则得到产物混合物的状态方程，方程中所含的常数是具有明确物理意义的产物组分的分子势参数。方程的“好坏”与所选分子势及分子势参数有关，参数值的确定仍需拟合冲击压缩实验数据，而且它们本身都不能（或不宜）直接用于爆轰的流体动力学程序计算。本书不对这些状态方程作专门介绍，感兴趣的读者可查阅相关文献。

3.3.2 Kamlet 的简单方法

使用 BKW 状态方程计算爆轰产物的 CJ 参数、等熵线和 Hugoniot 曲线，虽然取得了很大成功，但过程比较复杂。Kamlet 等人研究了初始密度 $\rho_0>1\text{g/cm}^3$ 的 $C_aH_bN_cO_d$ 类型的有机凝聚态炸药的 BKW 计算结果，发现可以引用如下参数：

$$\phi=N\cdot\sqrt{MQ} \tag{3.3.28}$$

通过下面的半经验方程来计算 CJ 压力和爆轰波速度：

$$p_J=F\phi\rho_0^2(\text{Kbar}) \tag{3.3.29}$$

$$D_J=A(1+B\rho_0)\sqrt{\phi}(\text{km/s}) \tag{3.3.30}$$

式中：N 为每千克炸药产生的气态爆轰产物的摩尔数；Q 为每千克炸药的反应热（单位：Kcal/Kg）；M 为气态爆轰产物的平均分子量（单位：g/mole）；ρ_0 为炸药的初始密度（g/cm^3）。F、A、B 均为常数。对 $C_aH_bN_cO_d$ 类型的炸药，Kamlet 等人给出的值为 $F=15.58$，$A=1.01$，$B=1.3$。

从式(3.3.28)可见，组成参数 ϕ 的三个因子，全部受化学反应方程和建立化学平衡时的爆轰产物组成的影响。BKW 状态方程应用化学平衡时自由能值最小的原理去确定平衡组成的过程复杂。Kamlet 在使用 BKW 状态方程作计算时，发现了一个重要信息，即 ϕ 对于这样的平衡组成不敏感。因此，可以用简单的爆轰过程热化学和热力学原理去近似地但是又足够精确地粗估出 ϕ，并以此为依据再去预估 CJ 爆轰压力 p_J 和爆轰速度 D_J。这样的方法称为 Kamlet 简单方法。

将式(3.3.29)和式(3.3.30)带入 CJ 等熵线指数 k_J，得

$$k_J=\frac{\rho_0D_J^2}{p_J}-1=\frac{A^2(1+B\rho_0)^2}{F\rho_0}-1 \tag{3.3.31}$$

显然，对于不同的炸药，k_J 只与炸药的初始密度 ρ_0 有关，与炸药化学成分无关。

下面讨论如何应用爆轰过程的热化学和热力学来简单地估计 N、M 和 Q。

首先是如何估计每千克炸药产生的气态爆轰产物的摩尔数 N 和爆轰产物的平均分子量 M。爆轰产物组成的理论计算是极其复杂的，爆轰产物的组分与炸药中可燃剂和氧化剂的含量有关。在确定爆轰反应方程时，通常用表示炸药中可燃元素和氧元素相对含量的氧平衡和氧系数来将炸药进行分类。设炸药的分子式可写成 $C_aH_bN_cO_d$，所谓炸药的氧平衡是指，炸药爆炸时单位质量炸药中所含的 O 将 C、H 元素完全氧化为 CO_2 和 H_2O 以后多余或不足的氧量。氧平衡公式为：

$$K=\frac{\left[d-\left(2a+\frac{b}{2}\right)\right]\times lo}{Me}$$

式中:lo 是氧原子的摩尔质量;Me 是炸药分子的摩尔质量。

根据氧平衡公式,如果 $d \geqslant (2a+b/2)$,即含氧较多,这类炸药称为富氧炸药,或氧平衡为正的炸药,通常要按照最大释热量法则作出化学反应方程式。按照这个法则,在爆轰时只形成了完全氧化的产物 CO_2、H_2O 和 N_2,而不考虑它们的部分分解,以及形成 NO 的可能性。所以在这种情况下,爆轰反应的化学方程式为

$$C_aH_bN_cO_d = a\,CO_2 + \frac{b}{2}H_2O + \frac{1}{2}\left(d-2a-\frac{b}{2}\right)O_2 + \frac{c}{2}N_2 \tag{3.3.32}$$

这种被称为 H_2O-CO_2形式的分子分解近似理想方案。

如果炸药中 O 的多余量不多,甚至为负,即当$\left(a+\frac{b}{2}\right) < d < \left(2a+\frac{b}{2}\right)$时,可按照 H_2O-CO_2形式分解方案,进行下面的化学反应,这种反应产生游离碳,这类炸药是负氧炸药:

$$C_aH_bN_cO_d = \frac{c}{2}N_2 + \frac{b}{2}H_2O + \left(\frac{d}{2}-\frac{b}{4}\right)CO_2 + \left(a+\frac{b}{4}-\frac{d}{2}\right)C \tag{3.3.33}$$

关于这类炸药,还有第二种形式的分解方案,即所谓 $H_2O-CO-CO_2$方案,或 Brinkley－Wilson 方案。按照这种方案,炸药中含有的 O 要先将所有的 H 氧化成 H_2O,所有的 C 先氧化成 CO,多余的 O 再将 CO 部分地氧化成 CO_2,即

$$\begin{aligned} C_aH_bN_cO_d &\rightarrow \frac{b}{2}H_2O + aCO + \left(d-\frac{b}{2}-a\right)O + \frac{c}{2}N_2 \\ &\rightarrow \frac{b}{2}H_2O + \left(d-a-\frac{b}{2}\right)CO_2 + \left(2a+\frac{b}{2}-d\right)CO + \frac{c}{2}N_2 \end{aligned} \tag{3.3.34}$$

如果 $d \leqslant (a+b/2)$,在爆轰产物的组成中必然会形成大量烟炱状的游离碳,这类炸药也是负氧炸药。当 $d<a$ 时,形成游离碳更是不可避免。这时可以认为,反应将按照 $H_2O-CO-CO_2$ 方案或下面的 $H_2O-CO-C$ 方案进行化学反应:

$$C_aH_bN_cO_d \rightarrow \frac{b}{2}H_2O + \frac{c}{2}N_2 + \left(d-\frac{b}{2}\right)CO + \left(a-d+\frac{b}{2}\right)C \tag{3.3.35}$$

作出化学反应方程式后,就很容易计算 N 值和 M 值。例如按照式(3.3.33)进行反应时,每千克炸药产生的气态炸轰产物的摩尔数 N 为

$$N = \frac{b+2c+2d}{48a+4b+56c+64d} \tag{3.3.36}$$

而气态爆轰产物的平均分子量为

$$M = \frac{56c+88d-8b}{b+2c+2d} \tag{3.3.37}$$

按照式(3.3.34)进行反应时,则

$$N = \frac{2a+b+c}{24a+2b+28c+32d} \tag{3.3.38}$$

而气态爆轰产物的平均分子量为

$$M = \frac{24a+2b+28c+32d}{2a+b+c} \tag{3.3.39}$$

依此类推。

爆炸热 Q 是一定质量的炸药在发生爆燃或爆轰等爆炸变化时释放的热量数量。在工程技术上通常取 1kg 作为单位质量。

除实验方法外，爆炸热可以根据 Hess 定律算出。Hess 定律是热化学的一条定律，它指出：系统的化学变化的热效应只与初始状态和终末状态有关，与中间状态无关，即与变化过程无关。将这条 Hess 定律应用于炸药的热化学，可以把它写成如下形式

$$Q_{1\to2} + Q_{2\to3} = Q_{1\to3} \tag{3.3.40}$$

下标 1、2、3 分别指三种状态：初始态、中间态和终末态，$Q_{1\to2}$ 是从状态 1 过渡为状态 2 时放出或吸收的热量，$Q_{2\to3}$ 是从状态 2 过渡到状态 3 时放出或吸收的热量，$Q_{1\to3}$ 是从状态 1 直接过渡为状态 3 时放出或吸收的热量。在爆轰学中一般使用炸药的生成热和爆炸反应方程进行计算，在方程(3.3.40)中采用下面的标记为：

状态 1　在标准大气(1 大气压)0°C 或 25°C 下的元素状态。元素在标准条件下的生成热一般取为 0；

状态 2　在标准条件下的炸药状态；

状态 3　在同样的条件下的爆轰产物状态。

因此，$Q_{1\to2}$ 为炸药由元素组成时的生成热；$Q_{2\to3}$ 为爆炸热；$Q_{1\to3}$ 为爆炸产物由元素组成时的生成热。

式(3.3.40)得到求爆炸热的公式为

$$Q_{2\to3} = Q_{1\to3} - Q_{1\to2} \tag{3.3.41}$$

由表 3.3.6 中列出了一些主要炸药及其爆炸产物的生成热。根据这些数据，炸药的爆炸热就可以很容易地从其反应方程求出。

表 3.3.6　**一些重要炸药和** H_2O、CO_2 **的生成热**

炸药名称	化学式	分子量	生成热(18°C，恒压) kcal/mol
TNT	$C_6H_2(NO_2)_3CH_3$	227	17.5
RDX	$C_3H_6O_6N_6$	222	-27.9
Tetryl	$C_7H_5N_5O_8$	287	-47.0
PETN	$C_5H_8N_4O_{12}$	316	129.37
HMX	$C_4H_8O_8N_8$	296	-17
四硝基甲烷	$C(NO_2)_4$	196	-12.4
雷汞	$Hg(ONC)_2$	284.6	-64.1
叠氮化铅	PbN_6	291.3	-115.5
H_2O	H_2O	18	67.50
CO_2	CO_2	44	94.51

以 PETN 炸药 $C(CH_2ONO_2)_4$ 或 $C_5H_8N_4O_{12}$ 为例。由于 $d < \left(2a + \frac{b}{2}\right)$，故它是负氧炸药，按照式(3.3.33)，它的爆轰分解反应为

$$C_5H_8O_{12}N_4 = 2N_2 + 4H_2O + 4CO_2 + C \tag{3.3.42}$$

所以，$Q_{2\to3} = 4 \times 67.50 + 4 \times 94.51 - 129.37 = 518.67\text{kcal/mol} = 1640\text{kcal/kg}$。得到的数值是在恒压下的爆炸热，即气态爆炸产物在 18℃ 和 1 大气压下所取的体积中的爆炸热，用 Q_p 表示。但是在爆轰条件下，爆炸产物所占体积大致与未反应炸药所占的体积相同，而在等容条件下的爆炸热为 Q_v。

$$Q_v = Q_p + 0.58L \tag{3.3.43}$$

L 为气态爆轰产物的摩尔数（水取为气体）。0.58 是 1 摩尔的气体从原来体积（取成近似为 0）膨胀到 18℃ 和 1 大气压所占体积时以 kcal 计的膨胀功。

在以上所举的例子中，$Q_v = Q_p + 0.58 \times (2 + 4 + 4) = 1658\text{kcal/kg}$，下面的爆炸热 Q 指在恒容下的爆炸热。

在得到 N、M 和 Q 后就可以按照 Kamlet 简单方法粗略估计炸药的爆轰压力 p_J 和爆轰速度 D_J。按照式(3.3.42)所示 PETN 炸药的化学反应式，爆轰产物气态组分的摩尔数为 10，PETN 炸药的分子量为 316。由此可知 $N = 10/316$，爆轰产物气态组分平均分子量为 $M = (316 - 12)/10 = 30.4$，$Q = 1658\text{kcal/kg}$，$\phi = \frac{10}{316}\sqrt{30.4 \times 1640} = 7.1$。

按照式(3.3.29)和式(3.3.30)，取 PETN 炸药的初始密度为 $\rho_0 = 1.77\text{g/cm}^3$，有

$$p_J = 15.58 \times 7.1 \times 1.77^2 = 347\text{Kbar}$$

$$D_J = 1.01(1 + 1.3 \times 1.77)\sqrt{7.1} = 8.88\text{km/s}$$

Kamlet 简单方法有一定的准确度，计算结果与实验结果的比较见表 3.3.7。

表 3.3.7　一些炸药爆轰波参数的计算值和实验值

炸药名称	ρ_0 (g/cm^3)	D_J(m/s)		p_J(kbar)	
		实验值	计算值	实验值	计算值
硝化甘油	1.6	7650	7700	253	255
RDX	1.8	8850	8600	390	360
PETN	1.77	8600	8880	350	347
TNT	1.62	7000	7050	212	215
Tetryl	1.7	7860	7850	263	265

3.4　未反应炸药状态方程

在大多数现有的流体动力学程序中有两类涉及炸药爆轰过程的材料模型。一类适用于计算爆轰驱动问题，因为凝聚态炸药的爆轰反应区很窄，一旦爆轰波进入被驱动的惰性材料，冲击波后的稀疏波会在很短距离内"抹平"化学尖峰，只要被驱动材料的厚度不是非常薄，对驱动爆轰波的计算不需要考虑爆轰波的化学反应，只要有炸药爆轰产物状态方程的知识即可；另一类适用于计算爆轰波的反应流体动学问题，如冲击起爆、爆轰波直径效应和拐角效应等。这类模型包含两个基本要素：

(1)反应混合物状态方程；

(2)反应速率模型。

通常假定反应区的物质是未反应炸药和完全爆轰产物的两相混合物，这两个组分处于压力和温度平衡状态，混合物内能(因此状态方程)按规定的混合法则，由两个组分相应的量算出。因此进行带反应流体动力学计算必须知道未反应炸药的状态方程，而且必须把炸药和爆轰产物的状态方程整理为适当形式，以便与反应速率方程一起进行迭代运算，求出两相组分的混合比例。本节主要叙述测量未反应炸药冲击绝热线的实验方法，并根据冲击绝热线导出相应的状态方程。

3.4.1　未反应炸药的冲击 Hugoniot 曲线

未反应炸药的状态方程以炸药的冲击绝热线(Hugoniot 曲线)为基础。图 3.4.1 和图 3.4.2 分别是用楔形炸药样品测量炸药冲击 Hugoniot 曲线的实验装置示意图和相应的 $p-u$ 平面测试原理示意图，其中衰减片材料的冲击 Hugoniot 曲线已知。由悬丝影像测得衰减片自由表面运动迹线求得其初始自由表面速度 u_{fs0}，利用自由面速度倍增定律可以得到衰减片中的入射冲击波波后粒子速度为 $u_{f0}=u_{fs0}/2$。如图 3.4.2 所示，在 $p-u$ 平面横坐标的 u_{fs0}点处作衰减片材料冲击 Hugoniot 曲线的镜像反演曲线，它与衰减片材料冲击 Hugoniot 曲线交点的粒子速度即为 u_{f0}。它也是衰减片中入射冲击波从衰减片/楔形炸药样品界面反射波的波前状态，界面状态(即衰减片中反射波波后状态)一定落在以 (p_{f0},u_{f0})为波前状态的反射波 $p-u$ 曲线(即以 $u=u_{f0}$ 为对称轴的衰减片材料冲击 Hugoniot 曲线的反演曲线)上。假设在炸药样品中传入的冲击波在入射界面处的反应为零，初始入射冲击波速度 D 可由楔形炸药表面的冲击波迹线在初始入射点的斜率求得，在图 3.4.2 中作未反应炸药 Rayleigh 直线，它与衰减片材料反射波 $p-u$ 曲线的交点就是传入炸药中冲击波阵面的压力 p 和粒子速度 u 状态点。改变驱动炸药或衰减片材料，变动待测炸药中的入射冲击波压力，可以得到一组 $D-u$ 数据，这组数据一般可以拟合成线性关系：

$$D=C_0+Su \tag{3.4.1}$$

这就是待测炸药的冲击绝热曲线。将 $D-u$ 直线外推到爆速 D_J，可以得到 Von Neumann 尖峰点的压力 p_{VN}。

由于各种实验方法都存在一定的响应时间，先导冲击波也不是理想的间断面，特别是

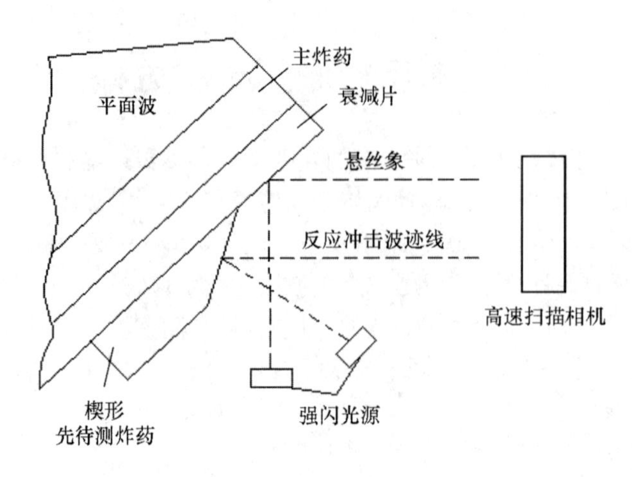

图 3.4.1 测量未反应炸药冲击 Hugoniot 曲线的楔形炸药实验装置

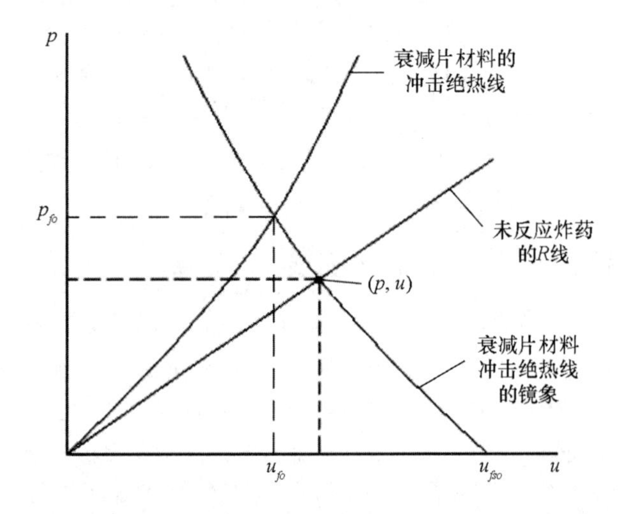

图 3.4.2 测量未反应炸药冲击 Hugoniot 曲线的楔形炸药实验测量原理

当起爆冲击波出现类似爆轰波的化学峰之后,这时实验测得的有可能是已发生了少许反应的炸药的状态,换言之,是某种“反应冲击波”的 Hugoniot 线。另外,利用低压下实验测量的 C_0 和 S 数据,把冲击绝热线的线性 $D-u$ 关系外推到高压段的做法,不是对所有炸药都适用,有许多炸药的实测 $D-u$ 数据显示了双线性性质。如图 3.4.3 所显示的 PBX-9502 炸药的冲击 Hugoniot 数据,其 $D-u$ 关系可用双线性拟合,也有人用二次曲线对 PBX-9502 炸药的 $D-u$ 关系进行拟合。图 3.4.4 比较了将两种拟合结果均外推到 CJ 爆速 D_J 时的情形,化学峰的粒子速度相差约 0.25mm/μs,相应的 Von Neumann 尖峰点的压力相差约 6GPa。在超压状态下,用双线性拟合的 $D-u$ 关系会使 $p-v$ 平面上的冻结 Hugoniot 曲线发生自相交,化学峰消失。如果只用低压冲击 Hugoniot 数据线性外推,则会出现爆轰波先导冲击波阵面压力低于 CJ 面压力的情况。

一般说来,如果选用某组 C_0 和 S 值来换算炸药其他性能的数据,例如冲击起爆判据、Pop 关系和反应速率等,则反应流动计算中也应使用与这组值对应的未反应炸药状态方程。

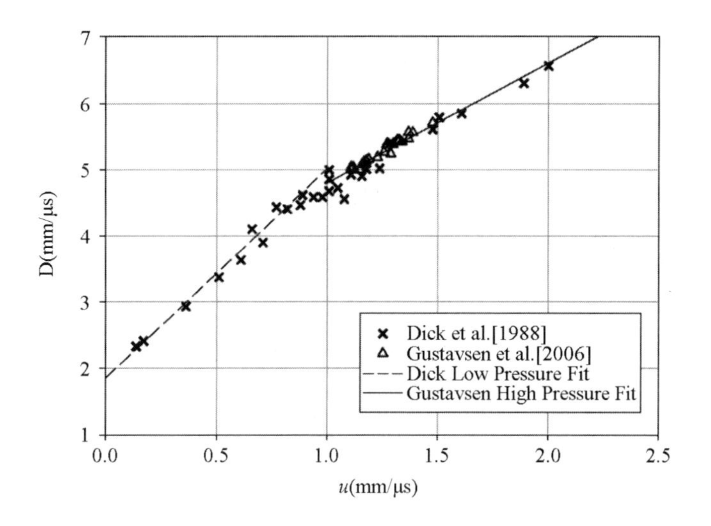

图 3.4.3　PBX－9502 炸药的冲击 Hugoniot 数据

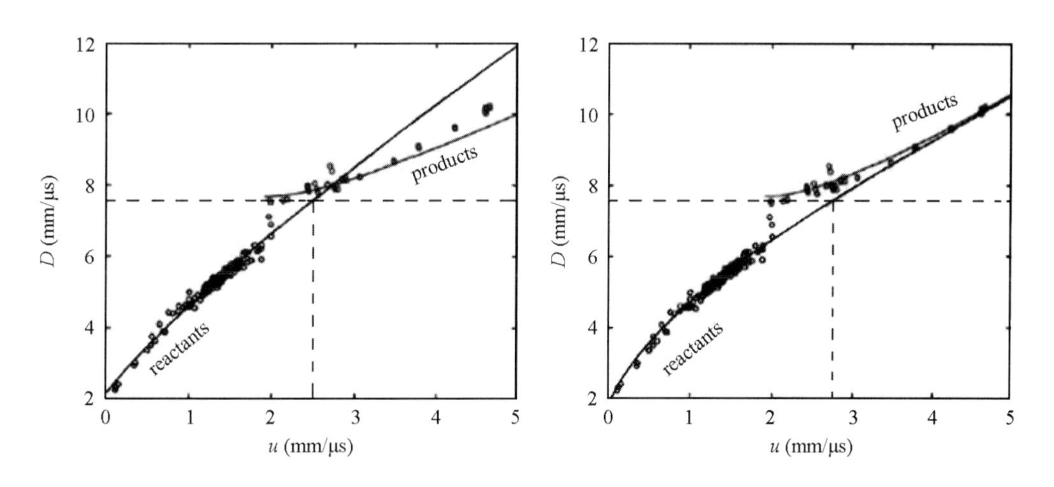

图 3.4.4　PBX－9502 炸药冲击 Hugoniot 数据的双线性拟合和二次拟合比较

3.4.2　未反应炸药 JWL 状态方程

未反应炸药状态方程也可以写成 JWL 状态方程形式。因为在带反应流场计算时，爆轰反应与混合物组分的温度密切相关，所以反应材料模型中的未反应炸药状态方程应取以相对比容 v 和温度 T 为自变量的 JWL 状态方程形式：

$$p = A\mathrm{e}^{-R_1 v} + B\mathrm{e}^{-R_2 \bar{v}} + \frac{\omega}{\bar{v}} C_v T \tag{3.4.2}$$

$$e = \frac{A}{R_1}\mathrm{e}^{-R_1 v} + \frac{B}{R_2}\mathrm{e}^{-R_2 \bar{v}} + C_v T \tag{3.4.3}$$

式中：$\bar{v} = v/v_0$ 为相对比容；A、B、R_1、R_2；ω 为炸药常数，其中 B 通常为负值，以使凝聚态炸药能够承受拉伸作用，ω 为 Gruneisen 系数。炸药常数的确定与用于拟合这些常数的条件有关，其中包括实验 Hugoniot 数据（含实测的体声速低压下和高压下的 $D-u$ 曲线），在调整了初始内能后，当 $\bar{v}=1, T_0=298\mathrm{K}$ 时，$p=0$。

若干种未反应炸药的 JWL 状态方程参数见附表 3。

3.4.3 未反应炸药 HOM 状态方程

利用已知速度平面上未反应炸药的冲击绝热线式(3.4.1)，由冲击波阵面的冲击 Hugoniot 关系，可以得到 $p-v$ 面上的相应关系：

$$p_H=\frac{C_0^2(v_0-v)}{[v_0-S(v_0-v)]^2+p_0} \tag{3.4.4}$$

$$e_H=e_0+(p_H+p_0)(v_0-v)/2 \tag{3.4.5}$$

下标 H 表示冲击绝热线状态。Walsh 和 Christian 给出了一种近似计算冲击温度 T_H 的方法，即

$$T_H = T_0\mathrm{e}^{b(v_0-v)} + \frac{p_H}{2C_v}(v_0 - v) + \frac{\mathrm{e}^{-bv}}{2C_v}\int_{v_0}^{v} p_H\mathrm{e}^{bv}[2 - b(v_0 - v)]\mathrm{d}v \tag{3.4.6}$$

其中：$b=3\bar{\alpha}/K_TC_v$；$\bar{\alpha}$、C_v 和 K_T 分别是炸药的线膨胀系数、定容比热和等温压缩系数，这里均假设为常数；T_0 是炸药的初始温度。为了方便使用，把式(3.4.6)作数值积分，再将 T_H 拟合为如下 $\ln v$ 的多项式：

$$T_H=\exp[F+G(\ln v)+H(\ln v)^2+I(\ln v)^3+J(\ln v)^4] \tag{3.4.7}$$

式中 F、G、H、I、J 为拟合系数。若以冲击绝热线为参考状态，代入 Gruneisen 状态方程，则未反应炸药的状态方程可以表示为

$$p(v,e)=p_H+\frac{\Gamma}{v}(e-e_H) \tag{3.4.8}$$

$$T(v,e)=T_H+(e-e_H)/C_v \tag{3.4.9}$$

当比容大于 $v_0(v>v_0)$ 时，材料呈膨胀状态，状态方程取如下形式

$$p(v,e)=\frac{\Gamma}{v}\left[e-\frac{C_v}{3\bar{\alpha}}\left(\frac{v}{v_0}-1\right)\right] \tag{3.4.10}$$

$$T(v,e)=T_0+e/C_v \tag{3.4.11}$$

未反应炸药状态方程式(3.4.4)(3.4.5)(3.4.6)(3.4.7)(3.4.8)(3.4.9)(3.4.10)(3.4.11)同爆轰产物的状态方程式(3.3.22)(3.3.23)(3.3.24)(3.3.25)(3.2.26)(3.3.27)一起被称为 HOM 状态方程，这两组方程分别被称为 HOM 方程的“固态”(未反应炸药)和“气态”(爆轰产物)部分。

附表 3 列出了几种炸药的 HOM 状态方程参数，这些参数对应于长度、时间、质量和温度的单位分别为 cm、μs、g 和 K。

最后需要说明一点，对反应流动中两相混合物平衡比例的计算并不一定要求未反应炸药的状态方程形式与爆轰产物的状态方程形式相同，但可能需要考虑能量零点的匹配。在带反应流体动力学的计算中，原则上除力学状态方程 $p(v,e)$ 外，还需要附加一个计算温度的状态方程 $T(v,e)$，以便能(1)处理混合物各组分之间的温度平衡假设；(2)因为化学反应的本质是热，许多化学反应模型与温度相关。

参考文献

[1] 徐锡中,张万箱等著. 实用物态方程理论导引[M]. 北京:科学出版社,1986.

[2] 孙锦山,朱建士著. 理论爆轰物理(第四章)[M]. 北京:国防工业出版社,1995.

[3] 汤文辉,张若棋编著. 物态方程理论及计算概论[M]. 长沙:国防科技大学出版社,1999.

[4] 孙承纬,卫玉章,周之奎著. 应用爆轰物理[M]. 北京:国防工业出版社,1999.

[5] Davis W C. Equation of State for Detonation Products. Proc. of 8th Symp. (Int.) on Detonation. 1986, 785 -795.

[6] Jones H. The Properties of Gases at High Pressures which can be Deduced from Explosion Experiments [J]. 3rd Symp on Combustion, Flame and Explosion Phenomena. 1949: 590 -594.

[7] Lee E L, Hornig H C. Equation of state of detonation product gases. Proc. of 12th Symp. (Int.) on Combustion. 1969: 493 -499.

[8] Tang P K, Anderson W W, Fritz J N, et al. A study of overdriven behaviors of PBX 9501 and PBX 9502 [R]. 11th Symposium (International) Detonation, Colorado, USA: Office of the Naval Research, 1998: 1058 -1064.

[9] 曾代朋,陈军,谭多望,方青. JB -9014 超压爆轰雨贡组实验测量[C]. 第五届全国计算爆炸力学会议. 西宁, 2008.

[10] 陈军,曾代朋,孙承纬,张震宇,谭多望. JB -9014 炸药超压爆轰产物状态方程研究[J]. 爆炸与冲击 2010 年 06 期.

[11] 谭江明. 钝感炸药的化学反应速率和超压爆轰理论研究[D]. 国防科技大学硕士论文,2007.

[12] Kistiakowsky G, Wilson E B. Report on the Prediction of Detonation Velocities of Solid Explosives[R]. OSRD -69, 1941.

[13] Hornig H C, et al. Equation of state of detonation products[E]. Proc. of 5th Symp. (Int.) on Detonation. 1965: 503 -512.

[14] Kamlet M J, Hurwifz H. Evaluation of a Simple Predictional Method for Detonation Velocities of CHNO Explosives[J]. Chem. Phys. 48: 3685 -3692, 1968.

第四章　凝聚态炸药的点火、起爆与爆轰波传播

炸药是一种处于亚稳态的含能材料，用各种把能量传递给炸药的方法都可能起爆炸药。经验证明，要引起一些炸药爆炸只需要微弱的外界作用，而引起另外一些炸药爆炸可能则需要强得多的作用。例如碘化氮受到羽毛轻拨能引起爆炸，而 TNT 受到步枪子弹射穿后不会发生爆炸。换句话说，不同的炸药对外界作用具有不同的敏感性或感度。感度是指炸药在外界作用下发生燃烧、爆燃和爆轰等化学和力学方面剧烈变化的能力，它是一种用于比较的相对概念。

一块炸药，无论是被火烧、擦碰还是被冲击，都可以提供开始起爆过程的第一个能量脉冲，然而，不论在何种引爆条件下，爆轰都是在点火的非稳态冲击波过渡过程的最后阶段才产生的，即炸药的起爆最终总是要经历以冲击波为重要特征的一个阶段。几十年来，对炸药起爆特性的大多数理论研究基本上是针对冲击起爆的。对于与压力有关的燃烧和炸药的冲击波分解相结合，从而导致燃烧到爆轰转变过程的数值模拟是进一步研究最有希望的领域。

传入炸药一个足够强的冲击波，可以引发爆轰波的传播。对于特定密度和形状的炸药存在着一个最小的冲击压力，低于此压力，炸药就不会发生爆轰。如果在均质炸药中，如液体炸药或单晶体炸药中，引入气泡或沙粒，形成一个包含密度间断的非均质炸药，那么引发爆轰所需的最小冲击压力大约降低一个量级。实验和理论研究指出，均质炸药的冲击起爆是由于冲击波对炸药体积加热所产生的简单热爆炸引起的。当冲击非均质炸药时，气泡或密度的不均匀性引起了不规则的质量流动。由于冲击波和密度间断的相互作用，形成局部热点，引爆了非均质炸药。这种对起爆过程局部的理解，是需要特别加以研究的。

任何时候，为了发展较安全的炸药和保障炸药使用的安全操作，深入了解炸药的起爆特性是必须的，这也是我们研究爆轰的起爆理论和实验所面临的任务。

4.1　热 起 爆

热起爆是引发含能材料燃烧或爆炸的一种最简单的形式，它可以作为研究更复杂现象，例如冲击起爆、摩擦起爆等的研究工具。在实践上，热起爆理论也可以帮助人们区分爆炸物工作状态的安全条件。

4.1.1　凝聚态炸药在恒温或缓慢加热时的爆炸现象

如果将一定重量的少量炸药放入恒温器中，保持恒温或缓慢升温，经过一段延迟时间后会观察到闪燃爆炸，这时的温度称为该炸药的点火温度。大量的试验结果表明，炸药的点火温度与爆炸发生的延迟时间之间存在如图 4.1.1 所示的指数曲线关系。

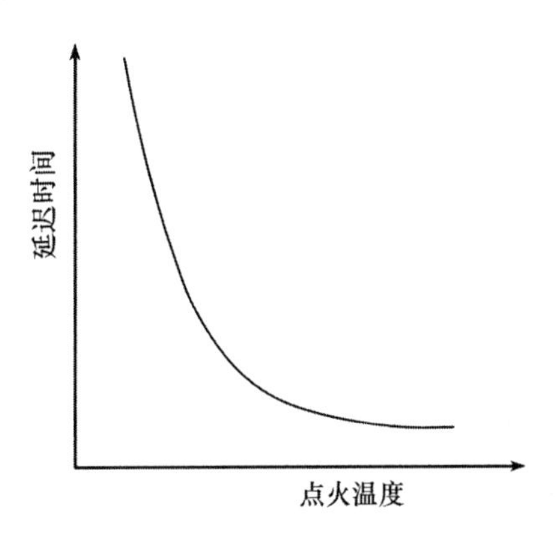

图 4.1.1　闪燃爆炸点火温度与延迟时间关系

表 4.1.1 给出了雷汞炸药的点火温度与延迟时间的试验数据。

炸药的点火点不是炸药的不变常数，它与影响热量传失的所有因素（炸药装药量、外壳、导热率、形状等）以及影响反应速率的所有因素（压力、浓度、自动加速反应的发展条件等）有关。所以，只有在各种条件均相同的情况下才可以根据炸药的点火温度来比较炸药对加热作用的感度。

表 4.1.1　雷汞点火温度与延迟时间数据

点火温度(℃)	230	225	220	215	210	205	200	195	190
延迟时间(s)	1.5	2.1	2.9	4.0	5.1	8.2	12.2	18.0	23.1

4.1.2　均温系统热爆炸稳定理论

炸药之所以会发生热爆炸，是因为炸药在受热时要发生热分解反应。热分解反应机理基于反应物分子间活化碰撞的观念，认为反应速率正比于单位时间、单位体积内任意两个分子的有效碰撞次数，只有动能大于活化能 E_a 的分子发生相互碰撞才能引起反应。若系统处于热平衡状态，根据 Boltzmann 分布，动能大于 E_a 的分子所占比例为 $\exp(E_a/RT)$，描述热分解的反应速率为 Arrhenius 定律：

$$r = -\frac{\mathrm{d}c}{\mathrm{d}t} = c^n Z\exp\left(-\frac{E_a}{RT}\right) \tag{4.1.1}$$

式中：c 为反应物的克分子浓度；Z 是频率因子（或称指前常数），它正比于双分子反应的碰撞次数或单分子反应的分子分解概率；n 是反应阶数；R 和 T 分别是气体常数和反应物温度。

少量炸药在恒温或缓慢加热时的热爆炸机理，可以用热爆炸理论所研究的最简单的均温系统来说明。

假设炸药内温度均匀分布，即炸药内的温度不随空间位置变化，如图 4.1.2 所示，图中所示的反应物（即炸药）内部没有温度梯度，各处温度均为 T，且由于炸药要发生放热化学反应，T 大于恒热器提供的环境温度 T_a。环境温度也是均匀的，即在和炸药接触的表面上各点的温度相同，都是 T_a。恒热器内的炸药表面有一个温度阶梯（温度突变）。这个边界条件称为 Semenov 边界条件，图 4.1.2 所示的均温系统称为 Semenov 系统。

设均温系统中，体积为 V 的炸药的放热反应为如下单一不可逆反应：

$$a\mathrm{X} \rightarrow b\mathrm{Y} \tag{4.1.2}$$

其中：X 表示炸药；Y 表示产物；a 和 b 分别表示相应的摩尔数。在没有热量损失的情况下，系统中炸药热量的总产生速率为：

$$\dot{q}_G = V\rho Q c^n Z\exp(-E_a/RT) \tag{4.1.3}$$

其中 Q 为单位质量炸药的反应热。

如果考虑热损失，在热爆炸理论中，对均温系统研究用的最多的热损失率形式为：

$$\dot{q}_L = \chi S(T - T_a) \tag{4.1.4}$$

该式被称为 Newton 冷却公式。式中 S 是炸药散热的表面积，χ 是边界上的冷却系数。

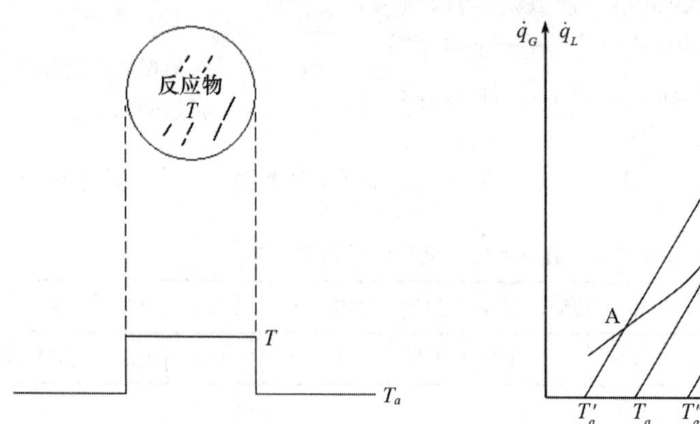

图 4.1.2　Semenov 系统示意图

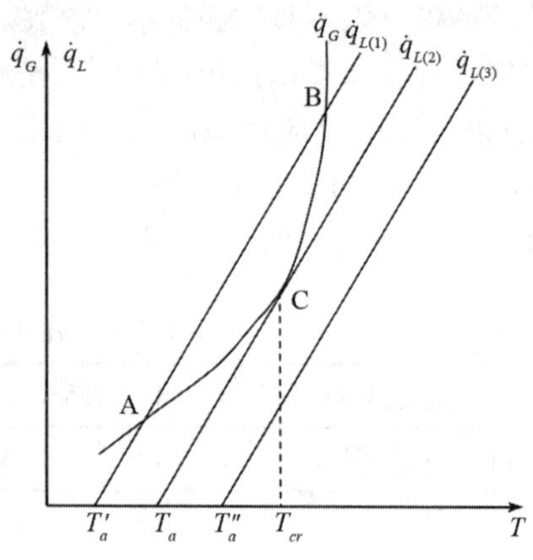

图 4.1.3　热图

如果把热量产生率与温度的关系式(4.1.3)和热损失率与温度的关系(4.1.4)式画在同一张坐标图上，可以得到如图 4.1.3 那样的曲线。图 4.1.3 在热爆炸文献中通常被称为热图，图中曲线 $\dot{q}_{L(1)}$、$\dot{q}_{L(2)}$、$\dot{q}_{L(3)}$ 分别为在不同环境温度下所对应的三条热损失率直线，曲线 $\dot{q}_G$ 为热产生率曲线。这些曲线表示，若热产生率曲线与热损失率曲线相交，则交点处于热平衡状态，这时的热产生率与热损失率刚好相等。其中 A 点是稳定的热平衡点，因为不论发生什么样的偏离 A 点的温度扰动，系统都会回到 A 点。B 点是不稳定热平衡点，当系统有一个向右的微小温升，这时热产生率曲线处于热损失率曲线之上，热量增加大于热量损失，使炸药的温度进一步升高，更加偏离 B 点；反之，当系统有一个向左的微小温度下降，这时热损失率曲线处于热产生率曲线之上，热量损失大于热量的产生，使炸药的温度进一步下降，系统回不到 B 点。曲线 $\dot{q}_{L(2)}$ 和 $\dot{q}_G$ 相切对应于临界状态，这时的环境温度为 T_a，A、B 两点在切点 C 上合二为一，切点 C 是热平衡存在的临界点，该点对应的温度 T_{cr} 为临界状态时系统的温度。T_{cr} 和 T_a 之间的距离 $\Delta T_{cr} = T_{cr} - T_a$ 具有重要物理意义，它表示热爆炸发生前的升温。实际上 ΔT_{cr} 是一个很小的量，通常在 10℃ ~20℃之间。若环境温度 $T''_a > T_a$，这时热产生率曲线永远处于热损失率曲线之上，热爆炸的发生不可避免。

一旦系统产生的热量不能全部从系统中传递出去或损失掉，系统就会出现热量的积累，使系统的温度有所上升，这叫作热平衡的破坏，或称为热失衡。热失衡的结果是热产生的速率随着温度的提高或指数地增加，从而释放更多的热量，使热积累和热损失的失衡更加恶化，系统好像是在自己加热自己。因此，这个过程称为自加热过程，它最终导致热爆炸的发生。

Semenov 在 1928 年首先提出了热爆炸稳定理论中热爆炸判据的切线求法。这一方法提供了热爆炸稳定理论的直观几何意义，对掌握热爆炸理论很有帮助。

根据热图，热爆炸的临界条件是 $\dot{q}_G$ 曲线和 $\dot{q}_L$ 曲线相切。在数学上，切点必须满足两个条件，即 $\dot{q}_G$ 和 $\dot{q}_L$ 在该点上不但数值相等，而且两条曲线的斜率也相等：

$$\dot{q}_G\big|_{T=T_{cr}} = \dot{q}_L\big|_{T=T_{cr}} \tag{4.1.5}$$

$$\mathrm{d}\dot{q}_G/\mathrm{d}T\big|_{T=T_{cr}} = \mathrm{d}\dot{q}_L/\mathrm{d}T\big|_{T=T_{cr}} \tag{4.1.6}$$

由这两个临界条件可以得到（不考虑反应物的消耗，$c=c_0$）

$$V\rho Qc_0^n Z\exp(-E_a/RT_{cr}) = \chi S(T_{cr}-T_a) \tag{4.1.7}$$

$$\frac{V\rho Qc_0^n ZE_a\exp(-E_a/RT_{cr})}{RT_{cr}^2} = \chi S \tag{4.1.8}$$

由此二式消去 χs，可得一个关于 T_{cr} 的一元二次方程，它的解为：

$$T_{cr} = \frac{1 \pm \sqrt{(1-4RT_a/E_a)}}{2R/E_a} \tag{4.1.9}$$

其中"+"号对应函数 $\exp(-E_a/RT_{cr})$ 在温度很高时的转折点，这时 $T_{cr}=E_a/R$ 有 10000 以上的数值，明显不合理。所以我们只考虑解中温度较低的值作为热爆炸的临界温度，即取根号前的符号为"−"号。又因为对于大多数我们感兴趣的反应，RT_a/E_a 通常很小，不超过 0.05，将式(4.1.9)在 RT_a/E_a 附近作级数展开，得：

$$\begin{aligned} T_{cr} &= \frac{2RT_a/E_a + 2(RT_a/E_a)^2 + 4(RT_a/E_a)^3 + \cdots}{2R/E_a} \\ &= T_a + RT_a^2/E_a + 2R^2T_a^3/E_a^2 + \cdots \end{aligned} \tag{4.1.10}$$

只保留前两项，从而得到环境温度 T_a 下的热爆炸临界温度为：

$$T_{cr} \approx T_a + RT_a^2/E_a \tag{4.1.11}$$

即

$$\Delta T_{cr} = T_{cr} - T_a \approx RT_a^2/E_a \tag{4.1.12}$$

上式表示，如果系统的升温 $\Delta T < RT_a^2/E_a$，则热爆炸不会发生；反之，如果 $\Delta T > RT_a^2/E_a$，则热爆炸应当发生。显然，对应于不同的 T_a 和 E_a，爆炸前的升温是不同的。Semenov 指出，如果活化能和自燃温度取表征爆炸时之值，则 T_{cr} 与 T_a 很接近，即，$\Delta T_{cr} \ll T_a$。

由式(4.1.8)，并考虑到 $\Delta T_{cr} \ll T_a$，可以得到均温系统的热爆炸判据为：

$$\frac{V\rho Qc_0^n ZE_a\exp(-E_a/RT_a)}{\chi SRT_a^2} = \mathrm{e}^{-1} \tag{4.1.13}$$

其中 T_a 是图 4.1.3（热图）中通过切点的热损失率曲线与温度轴的交点。上式表征了热爆炸即将来临时，浓度 c_0、环境温度 T_a 和其他参数之间的关系。如果定义

$$\psi = \frac{V\rho Qc_0^n ZE_a\exp(-E_a/RT_a)}{\chi SRT_a^2} \tag{4.1.14}$$

那么,若 $\psi<\psi_{cr}=e^{-1}$,表示不会发生热爆炸;若 $\psi\geqslant\psi_{cr}=e^{-1}$,则系统的热量产生超过向周围的耗散,会发生自加热过程,从而导致热爆炸。ψ 称作 Semenov 数。

4.1.3 不定常均温系统热爆炸理论

当均温系统的温度随时间变化时,有如下热平衡方程:

$$\rho VC_v\frac{\mathrm{d}T}{\mathrm{d}t}=\rho VQc^nZ\exp(-E_a/RT)-\chi S(T-T_a) \tag{4.1.15}$$

式中 ρ 和 C_v 分别是反应物的密度和定容比热。因为热爆炸发生时,系统升温的数量级为 RT_a^2/E_a,故用 RT_a^2/E_a 对温度差进行无量纲处理,定义:

$$\theta=\frac{(T-T_a)}{(RT_a^2/E_a)} \tag{4.1.16}$$

则方程(4.1.15)可写成如下形式:

$$\frac{\mathrm{d}\theta}{\mathrm{d}t}=\frac{Qc^nZE_a}{C_vRT_a^2}\exp(-E_a/RT_a)\exp(\theta)-\frac{\chi S}{\rho VC_v}\theta \tag{4.1.17}$$

上式的初始条件是 $T|_{t=0}=T_a$,即 $\theta|_{t=0}=0$。将方程(4.1.17)无量纲化为:

$$\frac{\mathrm{d}\theta}{\mathrm{d}t}=\frac{\exp(\theta)}{\tau_1}-\frac{\theta}{\tau_2} \tag{4.1.18}$$

式中:

$$\tau_1=\left(\frac{Qc^nE_a}{C_vRT_a^2}Z\exp\left(-\frac{E_a}{RT_a}\right)\right)^{-1} \tag{4.1.19}$$

$$\tau_2=\left(\frac{\chi S}{\rho VC_v}\right)^{-1} \tag{4.1.20}$$

按照量纲分析,这个常微分方程的解应该有如下形式:

$$\theta=f\left(\frac{t}{\tau},\frac{\tau_2}{\tau_1}\right) \tag{4.1.21}$$

其中 τ 为 τ_1 或者 τ_2,无量纲温度 θ 与无量纲时间 t/τ 的关系应该含有一个无量纲参数 τ_2/τ_1,而

$$\frac{\tau_2}{\tau_1}=\frac{Qc^nE_a\rho V}{\chi sRT_a^2}Z\exp\left(-\frac{E_a}{RT_a}\right) \tag{4.1.22}$$

在绝热情况下,$\chi=0$,方程(4.1.18)变成:

$$\frac{\mathrm{d}\theta}{\mathrm{d}t}=\frac{\exp(\theta)}{\tau_1} \tag{4.1.23}$$

将其在[0,θ]区间内积分,得到:

$$\theta=\ln\left(\frac{1}{1-t/\tau_1}\right) \tag{4.1.24}$$

设在炸药放热反应的热量产生与向周围介质的热量损失建立平衡的瞬间,炸药的温度为临界温度 T_{cr}。按照式(4.1.12)及 θ 的定义,有:

$$\theta_{cr}=\frac{E_a}{RT_a^2}(T_{cr}-T_a)=1 \tag{4.1.25}$$

因此由式(4.1.24),令 $\theta=\theta_{cr}=1$ 可求得到达临界温度 T_{cr}的时间 t_{cr}为

$$t_{cr}=\frac{e-1}{e}\tau_1=0.633\tau_1 \tag{4.1.26}$$

这对应于在绝热情况下的闪燃诱发期。而实际情况不可能是完全绝热的,因此,闪燃诱发期一定长于式(4.1.26)定义的 t_{cr}。

式(4.1.24)给出的无量纲温度 θ 与无量纲时间 t/τ_1 的关系曲线如图 4.1.4 所示,其中曲线的右半分支无物理意义。

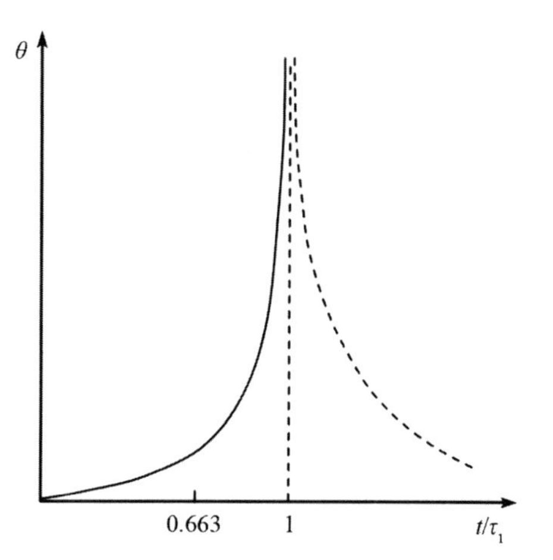

图 4.1.4　式(4.1.22)给出的无量纲温度 θ 与无量纲时间 t/τ_1 的关系曲线

从图中可以看出,无量纲闪燃诱发期 t_{cr}/τ_1 应该在 0.633 到 1 之间。假定 $t_{cr}=\tau_1$ 是可能的最大诱发期时间,则由 Arrhenius 定律式(4.1.1)和 τ_1的定义式(4.1.19),炸药在诱发期内的燃去量为:

$$c^nZ\exp\left(-\frac{E_a}{RT_a}\right)\tau_1=\frac{C_vRT_a^2}{QE_a}=\frac{1}{B_1} \tag{4.1.27}$$

如果无量纲量

$$B_1=\frac{QE_a}{C_vRT_a^2}\gg 1 \tag{4.1.28}$$

则在诱发期内忽略不计炸药物质的燃去量是完全允许的。否则可能因为在诱发期内炸药的燃去量较多,热爆炸不再发生。条件式(4.1.28)是发生热爆炸的第一个必要条件。

发生热爆炸还要有第二个必要条件,即 Semenov 的结论:

$$\Delta T_{cr}=T_{cr}-T_a\approx RT_a^2/E_a\ll T_a \tag{4.1.29}$$

只有上式成立,放热反应的热量产生才能开始超过向周围介质的热量损失。这个必要条件可以改写成如下形式:

$$E_a/RT_a\gg 1 \tag{4.1.30}$$

凝聚态炸药在经历热起爆的过程中,这两个必要条件都需要满足。

4.1.4　一维反应系统的不定常热爆炸理论

在炸药内有温度分布的情况下,对于单一零阶 Arrhenius 反应速率过程,描述热平衡条件的 Frank-Kamenetskii 方程为:

$$\rho C_v\frac{\partial T}{\partial t}=\lambda\nabla^2T+\rho QZ\exp(-E_a/RT) \tag{4.1.31}$$

假设方程(4.1.31)中的材料常数均与温度无关。

在球面、柱面和平面一维对称的特殊条件下,Laplacina 算子∇^2可以简化为:

$$\left(\frac{\partial^2}{\partial x^2}\right)+\left(\frac{m}{x}\frac{\partial}{\partial x}\right) \tag{4.1.32}$$

式中,对平面 $m=0$,对柱面 $m=1$,对球面 $m=2$。

若式(4.1.31)中反应热源项为零,它就是众所周知的热传导方程。在平面一维情况下,热传导方程为:

$$\rho C_v \frac{\partial T}{\partial t}=\lambda \frac{\partial^2 T}{\partial x^2} \tag{4.1.32}$$

设初始条件为:

$$T|_{t=0}=f_0(x) \tag{4.1.33}$$

边界条件为:

$$T|_{x=0}=T_1, T|_{x=2a}=T_1 \tag{4.1.34}$$

则热传导方程(4.1.32)有解析解:

$$T(x,t)=T_1+\frac{1}{a}\sum_{n=1}^{\infty}\exp\left(-\frac{n^2\pi^2\lambda t}{4\rho C_v a^2}\right)\sin\frac{n\pi x}{2a}\cdot\int_0^{2a}[f_0(x)-T_1]\sin\frac{n\pi x}{2a}\mathrm{d}x \tag{4.1.35}$$

只要初始时刻的空间温度分布 $f_0(x)$ 已知,就可对上式进行数值积分,求出以后时刻的温度分布。

若反应热源项不为零,平面一维 Frank-Kamenetskii 方程为:

$$\rho C_v \frac{\partial T}{\partial t}=\lambda \frac{\partial^2 T}{\partial x^2}+\rho QZ\exp(-E_a/RT) \tag{4.1.36}$$

此方程无解析解。但是,可以用下述方法得到数值解。

假设反应热不是连续释放,而是在每个时间间隔 Δt 结束时一起加给系统,当时间间隔缩短时,这种近似将得到改善。这样,如果在没有反应的时间 Δt 内,由(4.1.35)式计算出某点的温度应该是 T,那么我们就可以估算出在此时间内若有化学反应发生,该点的温度实际应升高到 $T+(QZ\Delta t/C_v)\cdot\exp(-E_a/RT)$。

假设无限大平板初始处于均匀低温 T_0。在零时刻,两边界面 $x=0$ 和 $x=2a$ 突然温度升高到 T_1。在第一个时间间隔 Δt_1 中,将平板处理成惰性,利用式(4.1.35)可以得到 Δt_1 秒后的温度分布近似值 $T(x,\Delta t_1)$,其中 $f_0(x)$ 等于 T_0,$t=\Delta t_1$。因为存在化学反应,温度的估算值应修正为 $T(x,\Delta t_1)+(QZ\Delta t_1/C_v)\cdot\exp[-E_a/RT(x,\Delta t_1)]$。在下一个时间间隔 Δt_2 中,将平板再次处理成惰性,温度的首次近似值再一次由式(4.1.35)计算出,这时必须令公式中的 $f_0(x)$ 等于 $T(x,\Delta t_1)+(QZ\Delta t_1/C_v)\cdot\exp[-E_a/RT(x,\Delta t_1)]$,而 $t=\Delta t_2$。然后将由反应而提高的温度再一次叠加上去。这个过程一直重复到获得稳定状态或者平板中某点温度突然上升到十分高的被认为是热爆炸的温度值为止。

可以用完全类似的方法解决一维柱对称问题,其中惰性热传导方程为:

$$\rho C_v \frac{\partial T}{\partial t}=\lambda\left(\frac{\partial^2 T}{\partial r^2}+\frac{1}{r}\frac{\partial T}{\partial r}\right) \tag{4.1.37}$$

设初始条件和边界条件为:

$$T|_{t=0}=f_0(x);\quad T|_{r=a}=T_1 \tag{4.1.38}$$

方程的解是:

$$T(x,t) = T_1 + \frac{2}{a^2}\sum_{n=1}^{\infty}\frac{\exp(-g_n^2\lambda t/\rho C_v a^2)}{J_1^2(g_n)}J_0\left(\frac{g_n r}{a}\right)\cdot\int_0^a r[f_0(r) - T_1]J_0\left(\frac{g_n r}{a}\right)\mathrm{d}r \tag{4.1.39}$$

其中 g_n 是零阶 Bessel 函数 J_0 的根。

这个方法也可以应用于球对称情形,这时惰性热传导方程是:

$$\rho C_v\frac{\partial T}{\partial t} = \lambda\left(\frac{\partial^2 T}{\partial r^2} + \frac{2}{r}\frac{\partial T}{\partial r}\right) \tag{4.1.40}$$

取式(4.1.38)定义的初始条件和边界条件,方程的解为:

$$T(x,t) = T_1 + \frac{2}{ar}\sum_{n=1}^{\infty}\exp\left(\frac{-n^2\pi^2\lambda t}{\rho C_v a^2}\right)\sin\frac{n\pi r}{a}\cdot\int_0^a r[f_0(r) - T_1]\sin\frac{n\pi r}{a}\mathrm{d}r \tag{4.1.41}$$

计算的粗略结果表明,如果在一个给定形状和大小的装药中,炸药表面的温度高于温度的临界值 T_m,炸药在经历了一个诱导时间之后最终将发生热爆炸。如果炸药表面的温度低于临界值 T_m,则不会发生热爆炸。对于一个给定的边界温度 $T_1(>T_m)$,小尺寸装药的诱导时间比大尺寸装药的诱导时间短得多。

在稳态条件,即$\partial T/\partial t=0$ 的情况下,Frank-Kamenetskii 解方程(4.1.36)获得了与有关物理参数相关的临界温度表达式:

$$T_m = \frac{E_a}{2.303R\log(\rho a^2 QZE_a/\lambda RT_m^2\delta)} \tag{4.1.42}$$

其中平面对称取 $\delta=0.88$,柱对称取 $\delta=2.00$,球对称取 $\delta=3.32$。利用迭代方法能从上式中迅速解出 T_m 值。Rogers 曾用他的差热量热学方法(differential thermal calorimetry technique)获得了式(4.1.42)中的炸药常数,并在表 4.1.2 中对几种不同的炸药比较了热爆炸临界温度的实验值和计算值。

表 4.1.2　实验和计算的临界温度

炸药	温度 T_m(℃)		计算所使用的参数					
	实验值	计算值	A (cm)	ρ (g/cm³)	Q (cal/g)	Z (sec⁻¹)	E_a (Kcal/mole)	$\lambda\times10^4$ cal/(cm·sec·℃)
HMX(liq.)	253 − 255	253	0.033	1.81	500	5.000×10^{19}	52.7	7.0
RDX(liq.)	215 − 217	217	0.035	1.72	500	2.015×10^{18}	47.1	2.5
TNT	287 − 289	291	0.038	1.57	300	2.510×10^{11}	34.4	5.0
PETN	200 − 203	196	0.034	1.74	300	6.300×10^{19}	47.0	6.0
TATB	331 − 332	334	0.033	1.84	600	3.180×10^{19}	59.9	10.0
DATB	320 − 323	323	0.035	1.74	300	1.170×10^{15}	46.3	6.0
BTF	248 − 251	275	0.033	1.81	600	4.110×10^{12}	37.2	5.0
NQ	200 − 204	204	0.039	1.63	500	2.840×10^{7}	20.9	5.0
PATO	280 − 282	288	0.037	1.70	500	1.510×10^{10}	32.2	3.0
HNS	320 − 321	316	0.037	1.65	500	1.530×10^{9}	30.3	5.0

如果炸药装药处于非定常状态，则在超过感应期（即诱导时间）t_{ign}后，炸药将在某一位置处点火。为了得到 t_{ign}，必须使用非定常的热爆炸理论，这一般要使用数值积分方法。在反应绝热进行的条件下，Frank - Kamenetskii 得到了点火延迟时间的解析解：

$$t_{ign}^{ad} = t_{ad} = \frac{C_v R T_1^2}{Q Z E_a} \exp\left(\frac{E_a}{R T_1}\right) \tag{4.1.43}$$

在物理上，这表示初始处于均匀温度 T_1 的无限大质量炸药装药点火所应该具有的时间。显然，这个绝热爆炸时间一定比仅将炸药表面温度提高到 T_1 所需要的点火延迟时间要短。

Mader 根据一维 Frank - Kamenetskii 方程（4.1.31）在边界条件 $T|_{r=a} = T_1$ 约束下的数值积分结果，把点火延迟时间表示为：

$$t_{ign} = \frac{\rho C_v a^2}{\lambda} F\left(\frac{E_a}{T_m} - \frac{E_a}{T_1}\right) \tag{4.1.44}$$

其中 F 是一个仅与装药几何形状、初始温度 T_0 有关的函数。图 4.1.5 绘出了以 $E_a/T_m - E_a/T_1$ 为变量的 F 函数曲线，其中炸药装药的初始温度是 25℃，图中三条曲线分别对应球、柱和平面对称情况。当炸药常数 ρ、C_v、a、λ、Z、Q 和 E_a 等均已知时，利用式（4.1.42）和图 4.1.5 可以计算任何炸药的球、柱和平面对称的热爆炸延迟时间。

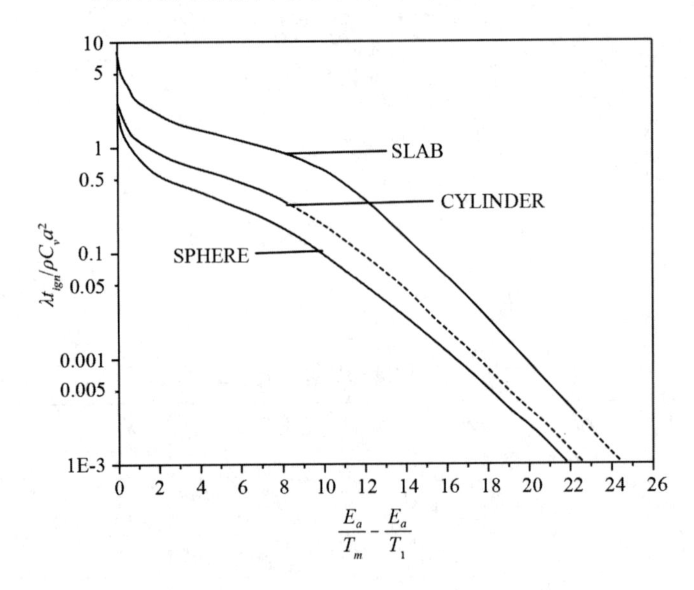

图 4.1.5　初始温度 25℃，球、柱、平面对称的 $\lambda t_{ign}/\rho C_v a^2$ 与 $E_a/T_m - E_a/T_1$ 曲线

图 4.1.6 是针对几种 T_1 值，在直径 1 英寸的 RDX 小球内的两个位置上温度随时间变化的计算曲线。所使用的 RDX 参数见表 4.1.2。计算结果显示，如果装药初始处于室温，然后它的表面温度突然上升到 T_1，且 T_1 高于 T_m，则在一定诱导时间后，将发生热爆炸，而诱导时间取决于炸药本身性质、装药的形状、尺寸和表面温度 T_1。如果 T_1 仅稍高于临界温度 T_m，则诱导时间相当长，并且热爆炸从装药中心开始发展。随着 T_1 值的增高，诱导时间逐渐缩短，热爆炸的起始点逐渐接近表面。这些事实在图 4.1.7 中有明确显示，该

图给出了诱导期结束前不同时刻的温度对位置剖面。

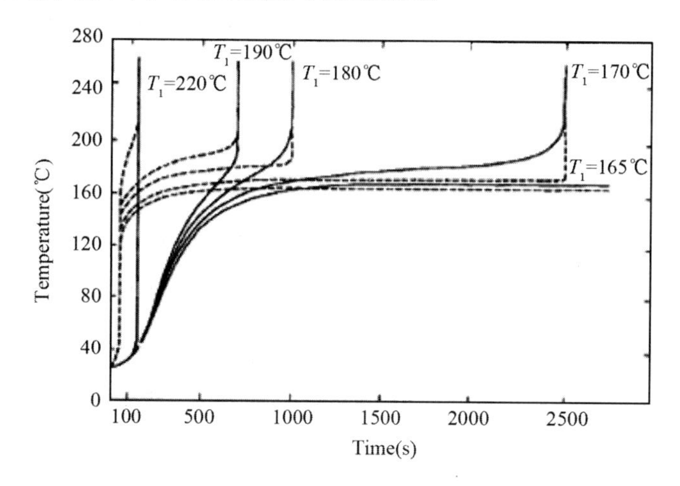

其中实线：$r/a=0$（球心）；虚线：$r/a=0.9$

图 4.1.6　初始温度 25℃，1 英寸直径 RDX 小球内几种 T_1 值的温度－时间曲线

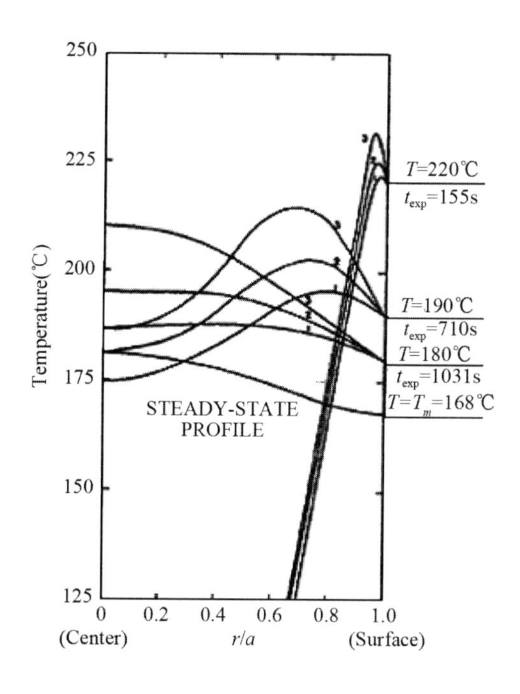

其中曲线 1：$t=0.90t_{ign}$；曲线 2：$t=0.95\ t_{ign}$；曲线 3：$t=0.98\ t_{ign}$；

图中同时标出了表面温度等于临界温度 T_m 时的稳态剖面

图 4.1.7　初始温度 25℃，1 英寸直径 RDX 小球，诱导期快结束前的温度剖面

4.2　均质炸药的冲击起爆(SDT)

所谓冲击起爆(SDT,Shock-to-Detonation Transition),是指炸药中冲击波转变为爆轰波的过程。

均质炸药是指其物理性质和力学性质在各处都是均一的凝聚态炸药,如内部无气泡的液态炸药、熔化态炸药和单晶固态炸药等都是典型的均质炸药。对这类炸药,Campbell等人所做的研究均质炸药冲击起爆的典型实验表明,在冲击波进入炸药后,受冲击压缩加热的炸药经过一段诱导时间之后,首先在加热时间最长的冲击波入射界面附近完成热爆炸反应,产生超速爆轰,当这个超速爆轰波在受压缩的炸药中传播并赶上初始入射冲击波后,在未受冲击作用的炸药内发展成稳定的正常爆轰波。如果入射冲击波的持续时间较长,压力较低,则在冲击波阵面后的热分解反应以低速率进行,热爆炸发生在初始冲击波入射面和冲击波阵面之间的区域内。

图 4.2.1 是 Campbell 等人在1961 年所发表文章的实验装置示意图。实验用的液态炸药是硝基甲烷,用一组有机玻璃隔板阻挡主装药炽热的爆轰产物。因为被测炸药液态硝基甲烷和有机玻璃是透明的,从液态炸药端面观察引爆过程时,高速扫描相机可以在底片上记录下冲击波通过隔板时空气隙的闪光。

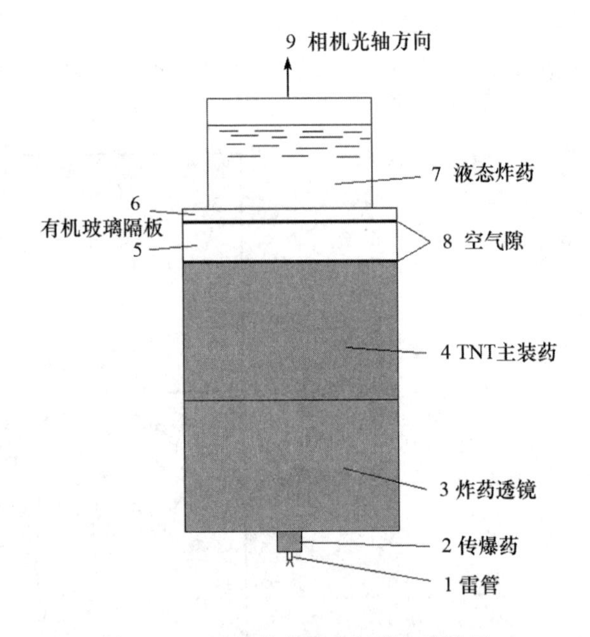

图 4.2.1　液态炸药冲击起爆实验装置

要定量研究待测炸药的冲击起爆感度,就必须知道入射冲击波压力。图 4.2.2 是待测炸药入射冲击波压力计算方法的图解。其中有机玻璃和硝基甲烷炸药的冲击绝热线为已知,由有机玻璃隔板间空气隙发光可测出主装药在有机玻璃板中产生的冲击波速度,因此有机玻璃在 $p-u$ 平面上的 Rayleigh 线也已知。有机玻璃的冲击绝热线与 Rayleigh 线的交点状态即为主装药在有机玻璃板中产生的冲击波波后状态,它也是该冲击波自有机玻璃/硝基甲烷界面反射波的波前状态,以该点为起点的有机玻璃反射波绝热等熵线与硝基甲烷冲击绝热线的交点就是被测硝基甲烷炸药中入射冲击波波后的状态点。

引爆待测炸药所需的冲击压力强度靠改变压装 TNT 主装药的初始密度来进行调整,精确调节起爆冲击波的压力可以使冲击波转变为爆轰波的延迟时间达到 10μs 以内。图 4.2.3 是Campbell 等人利用图 4.2.1 所示实验装置得到的典型扫描相机实验记录。因为文章中原始照片的清晰度不高,图 4.2.3 所示硝基甲烷冲击起爆过程的不同发光区的对比度也比较模糊。

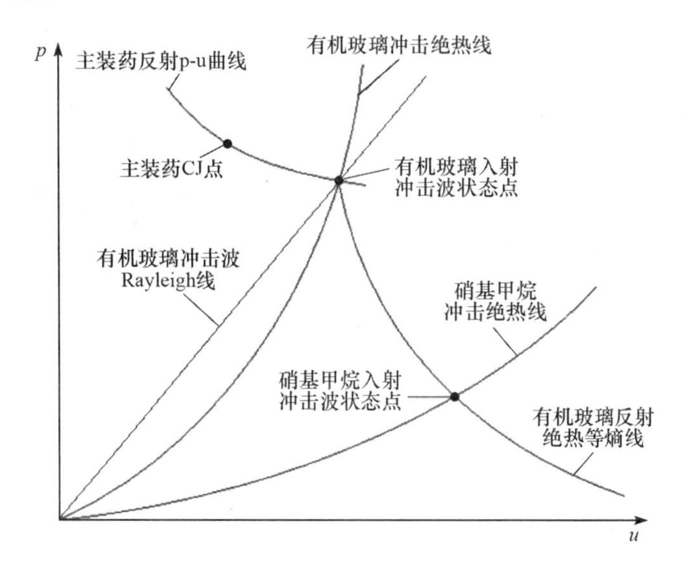

图 4. 2. 2　待测炸药入射冲击波压力计算方法的图解

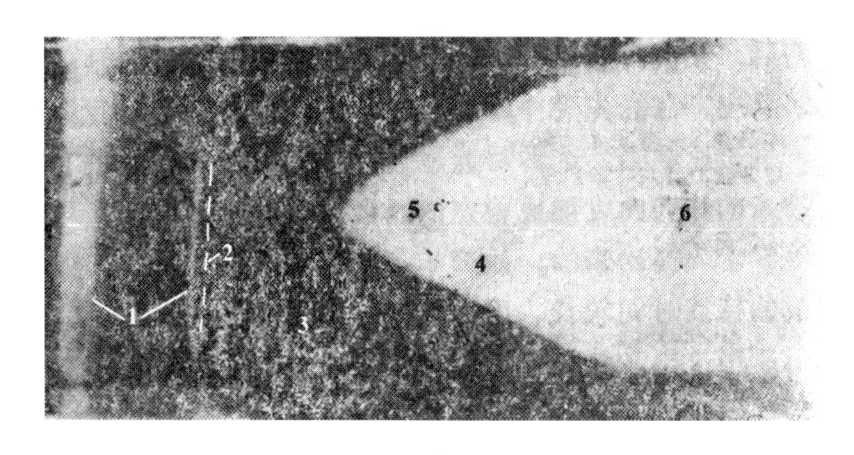

1—冲击波通过空气隙时的发光;2—冲击波进入液体炸药瞬间;3—液体炸药冲击压缩区内的发光;
4—硝基甲烷正常爆轰发光;5—硝基甲烷超压爆轰波区;6—爆轰产物从液体炸药自由面飞散时的发光

图 4. 2. 3　硝基甲烷冲击起爆过程发光的扫描相机记录

对硝化甘油、二硝基甘油和四硝基甲烷的研究表明,所有这些液态均质炸药在受激范围内都表现出类似于硝基甲烷的性能。但是,这些炸药的起爆压力阈值明显不同,硝化甘油为 12GPa,而四硝基甲烷为 7GPa。图 4. 2. 4 所示是硝化甘油在相同实验装置下冲击起爆期间发光的扫描照片。

从图 4. 2. 3 和图 4. 2. 4 所示的高速相机扫面照片上可以看到,在起爆冲击波进入液体炸药的一段时间内,冲击波像进入了惰性介质一样。某一时刻之后,在受冲击压缩的液体炸药中突然产生光强恒定不变且相对较弱的发光(见图 4. 2. 4 中 3 区的弱辉光),经过一段时间之后又突然转变为液体炸药的正常爆轰发光(图 4. 2. 4 中 4 区的发光)。

高速扫描相机只能记录炸药起爆过程中发光事件发生的时刻，而得不到发光开始的空间位置。爆轰发光区开始的正确位置可以用离子探针去探测。离子探针之所以能准确工作是因为发光区具有导电性，这种导电性显然是由于化学反应引发的。Campbell 等人用离子探针的探测结果确定了有机玻璃惰性隔板与硝基甲烷分界面上出现的导电性对应着光测记录中弱辉光区的起始时刻。他们同时记录到了这一导电区以高速度在冲击波阵面后的传播，以及赶上冲击波阵面的过程。

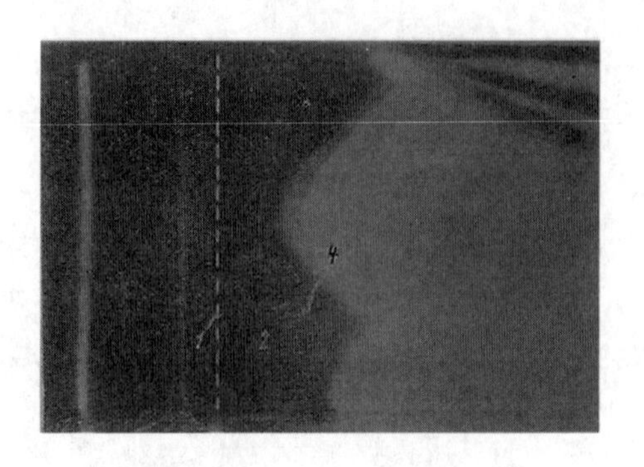

1—冲击波进入硝化甘油瞬间；
2—液体炸药冲击压缩区内的发光；
3—超压爆轰波发光；4—正常爆轰发光

图 4.2.4 硝化甘油冲击起爆过程发光的扫描相机记录

Chaiken 详细地分析了这些现象，指出这里观察到的与弱辉光相伴随的超速扰动，对应着在经过冲击波预先压缩和加热的液体炸药中传播的爆轰，它是由在隔板与炸药分界面上经过一定的热爆炸感应期之后受热爆炸作用产生的。按照流体动力学模型，在受压缩炸药中传播的爆轰波速度必定大于正常爆速。换句话说，当冲击波进入液体炸药后，经过一定延迟时间，在惰性隔板与炸药交界面处炸药最先受冲击加热的地方，首先跃变地转成爆轰，而初始时，该爆轰波是在受冲击压缩炸药中传播的超压爆轰波。这种超压爆轰的发生是液态炸药冲击起爆过程的特有现象。

Chaiken 把这种超速爆轰波称为二次波，而且将其看成是定常的。他根据已知的初始冲击波动力学参数和扫描照片上的数据，提出了如图 4.2.5 所示的描述均质炸药冲击起爆过程的时间 - 空间示意图。其中直线 1 是进入炸药中的初始冲击波阵面运动轨迹，初始冲击波速度为 D_s；直线 2 为惰性隔板与炸药交界面的运动轨迹，其速度为 u；直线 3 是在受预先压缩的液态炸药中传播的超速爆轰波运动轨迹，其速度为 D'；直线 4 是超速爆轰波赶上初始冲击波后转变为正常爆轰波的传播轨迹，其速度为 D。t_1 是冲击波入射表面处的炸药热爆炸延迟时间，$t_2 - t_1$ 是超速爆轰波发出的弱辉光时间间隔。

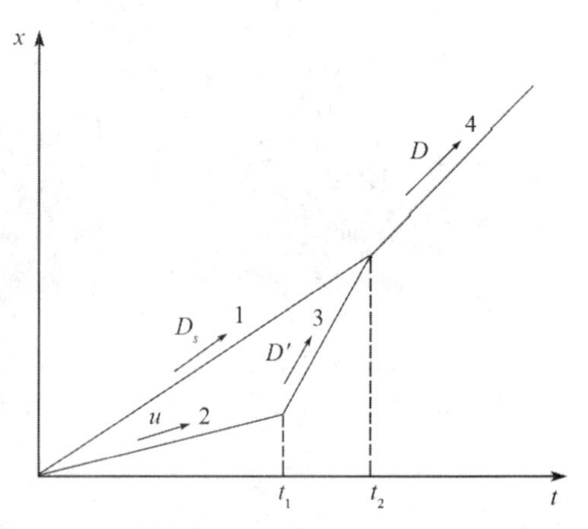

图 4.2.5 液态炸药冲击起爆过程的波传播时空图

按照 Chaiken 的说法，超速爆轰波对应于已受冲击压缩的液体炸药的爆轰，根据计算或实测的这种爆轰波的速度可以估计出对应于流体动力学模型的超速爆轰波阵面上的状态参数（图 4.2.6 给出了这种计算的图解）。结果发现，即使用实测的最低波速，在使用二次压缩冲击绝热线后，按 ZND 模型，硝基甲烷超速爆轰波波阵面上的压力也应该接近一百万大气压左右。在这样的压力下,波阵面前后的密度跃变一定会超过正常爆轰波阵面上密度跃变的两倍。

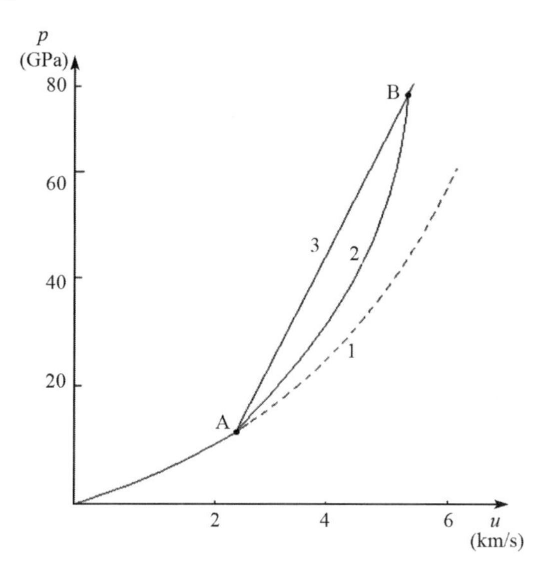

1—在 8GPa 压力之下测出的硝基甲烷冲击绝热线的延长线;2—二次冲击压缩绝热线;
3—二次波的 Rayleigh 直线,二次波相对于惰性隔板的运动速度为 8.1km/s;
A—起爆冲击波阵面状态;B—二次波阵面状态

图 4.2.6　在受冲击压缩炸药中传播的爆轰波阵面上的先导冲击波参数估计

Campbell 等人的实验还发现,起爆延迟时间对初始冲击波压力、液体炸药的初始温度、纯度和隔板表面粗糙度的变化很敏感。对硝基甲烷,当冲击压力由 8.6GPa 增加到 8.9GPa 时,延迟时间从 2.26μs 减少到 1.74μs;初始温度由 1.6°C 增加到 26.8°C 时,延迟时间由 5.0μs 减少到 1.8μs。

在所有拍摄到的爆轰发光图像中,受冲击压缩炸药的爆轰发光与正常爆轰发光相比显得要弱很多,这主要是由于在超速爆轰波中,大部分释出的化学能转变为了爆轰产物的弹性能,热能反而减少的缘故。

用热爆炸理论来解释均质炸药的冲击波起爆,虽然在定性上可以说明一些现象,但定量上还只是初步近似,因为计算模型中的一些炸药参数很难确定,如受冲击作用后凝聚态炸药的活化能、热容和反应速率的指前因子等。这些物理量很难在炸药受冲击后准确测定,不同人用不同方法得到的数据相差很大。在问题解决之前,要作准确计算几乎是不可能的。虽然作准确计算还有困难,但是受冲击压缩的均质炸药在起爆时的化学反应具有热爆炸性质,这一点已经得到公认。

Mader 用一维带反应流体动力学程序 SIN 对几种均质凝聚态炸药的冲击起爆过程进行了数值计算。炸药中的起爆冲击波由固壁撞击炸药产生,调整固壁撞击的速度可使其在炸药中产生的冲击波强度与实验值一致。固壁速度一直保持到与之相邻的炸药发生热爆炸、开始超速爆轰为止,之后固壁的运动速度将逐渐衰减至零。从固壁撞击开始到与之相邻的炸药发生热爆炸之间的延迟时间(即诱导时间)和在初始冲击波后传播的超速爆轰波速度,以及正常爆轰的 CJ 压力是均质炸药冲击起爆实验的主要结果,也是通过数值计算预估这些参数的主要目的。

图 4.2.7 中显示了一组典型的硝基甲烷冲击起爆的计算压力剖面,从中可以清楚地看出均质炸药冲击起爆过程的特征。对硝基甲烷、液态 TNT 和单晶 PETN 计算所使用的 HOM 状态方程参数见附表 3,其中包含了由 Walsh 和 Christian 方法得到的计算冲击 Hugoniot 温度公式的系数(即式(3.4.7)中的拟合系数 F、G、H、I、J)。Arrhenius 反应速率方程参数见表 4.2.1,活化能和频率因子分别来自 Cottrell 等人和 Rogers 的文献。

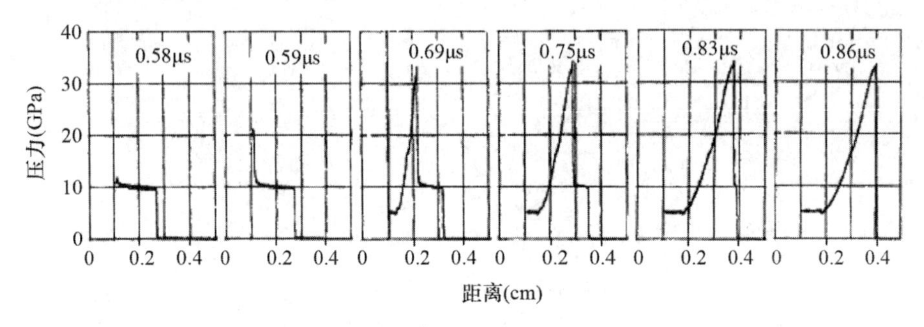

图 4.2.7 一组典型的硝基甲烷冲击起爆的计算压力剖面

表 4.2.1 几种炸药的 Arrhenius 反应速率方程参数

硝基甲烷		液态 TNT		单晶 PETN	
E_a(Kcal/mole)	$Z(\mu s^{-1})$	E_a(Kcal/mole)	$Z(\mu s^{-1})$	E_a(Kcal/mole)	$Z(\mu s^{-1})$
53.6	4.0×10^{8}	41.1	2.0×10^{6}	47.0	6.3×10^{13}

对冲击起爆实验的计算结果和实验值的比较列于表 4.2.2 中,其中数值计算得到的爆炸延迟时间是使用表 4.1.2 的参数由式(4.1.43)计算的绝热热爆炸时间的 2 倍以内。引起这个差别的主要原因是,在冲击起爆模型中,在较高压力和反应速率时应取较高的爆

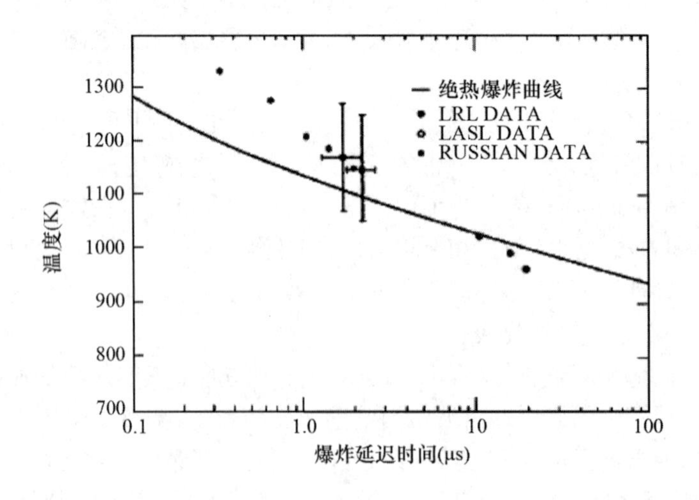

图 4.2.8 硝基甲烷的温度 - 绝热爆炸时间曲线及冲击起爆实验数据

热值。图 4.2.8 画出了硝基甲烷的温度与由式(4.1.43)计算得到的绝热热爆炸时间关系曲线及冲击起爆热爆炸延迟时间的实验数据,这些实验数据与绝热热爆炸模型在合理的实验误差及温度计算误差范围之内。

表 4.2.2　冲击起爆的计算结果与实验结果的比较

参　数	输入参数	计算结果	实验结果
硝基甲烷			
粒子速度 (cm/μs)	0.171		0.171 ±0.01
初始温度 (K)	300		300
冲击波压力 (Mbar)		0.086	0.086 ±0.005
冲击波温度 (K)		1180	
冲击波速度 (cm/μs)		0.445	0.45
延迟时间 (μs)		0.64	2.26 ±1.
爆轰波速度 + 粒子速度 (cm/μs)		1.00	1.02 ±0.03
爆轰波速度(稳态)(cm/μs)		0.83	0.85 ±0.02
爆轰压力 (Mbar)		0.35	0.300
液态 TNT			
粒子速度 (cm/μs)	0.176		
初始温度 (K)	358.1		358.1
冲击波压力 (Mbar)		0.125	0.125
冲击波温度 (K)		1180	
冲击波速度 (cm/μs)		0.490	0.49 ±0.01
延迟时间 (μs)		0.30	0.70
爆轰波速度 + 粒子速度 (cm/μs)		1.01	1.10 ±0.1
爆轰波速度(稳态)(cm/μs)		0.83	0.92 ±0.1
爆轰压力 (Mbar)		0.44	
PETN 单晶			
粒子速度 (cm/μs)	0.124		0.125 ±0.01
初始温度 (K)	298.17		298.17
冲击波压力 (Mbar)		0.112	0.110 ±0.01
冲击波温度 (K)		660.	
冲击波速度 (cm/μs)		0.51	0.50 ±0.01
延迟时间 (μs)		0.35	0.30 ±1.
爆轰波速度 + 粒子速度 (cm/μs)		1.12	1.09 ±0.1
爆轰波速度(稳态)(cm/μs)		1.00	0.97 ±0.1
爆轰压力 (Mbar)		0.61	

在上述带反应流体动力学计算中,所使用的状态方程可以得到和有效实验数据一致的入射冲击波压力、体积等力学状态。利用 Walsh 和 Christian 方法计算冲击波温度,并使

用 Arrhenius 反应动力学在极端的温度、时间、压力范围内,都可以粗略地描述硝基甲烷热爆炸分解的特性。根据已知的热分解机制随温度、压力的变化趋势,可以粗略地认为从低温热起爆计算到高温、高压的爆轰计算,反应热大约增加 1 倍,即从 500cal/g 增加到 1000cal/g。研究这样的补偿机制是有益的,它允许我们使用这样简单的反应动力学来描述均质炸药的冲击起爆过程。

4.3 非均质炸药的冲击起爆(SDT)

所谓非均质炸药,是指物理 - 力学结构上不均一的炸药。即炸药在浇注、压装、结晶过程中出现的密度不连续性(气泡、杂质等)或应某些技术要求人为掺入一些杂质引起的不均匀性。因此,实际应用的固体炸药一般都是非均质炸药。

对非均质炸药冲击起爆的研究首先必须从实验开始。对非均质炸药冲击起爆阈值及起爆过程的典型实验结果进行研究,并讨论影响冲击起爆阈值的主要因素,有助于我们分析非均质炸药冲击起爆的主要机制和爆轰建立过程。

4.3.1 冲击起爆实验

设计炸药冲击起爆实验的主要目的是:分析非均质炸药冲击起爆的机理;建立、标定并检验宏观反应流体动力学模型;判断或比较各种炸药相互之间的冲击起爆感度。实验测量参量包括宏观状态参量和过程参量。

1. 含杂质液态炸药光测实验

为了考虑炸药中的缺陷或杂质对引发冲击起爆反应的影响,Campell 等人利用图 4.2.1 所示的用于观察均质液体炸药冲击起爆过程的实验装置,在均质液体炸药硝基甲烷中人为地充以不同尺寸的气泡,进行了平面冲击起爆实验。图 4.3.1 是扫描相机的实验记录。照片上的弱辉光区表示均质硝基甲烷在冲击波入射界面处开始的热起爆,而两个尺寸较大的气泡在均质炸药热爆炸发光之前约一个多微秒就开始了强烈发光,其尺寸随着时间而扩展。较小的气泡 2 可能使硝基甲烷只发生少量反应,在底片记录上没有观察到起爆反应发光;或反应开始时间较晚,其起爆反应发光淹没在大尺寸气泡 1 的发光中。所以起爆反应与气泡及其尺寸有很大关系。在硝基甲烷中放入充有氩气和丁烷气体的气泡进行相同的实验,结果表明:虽然两种气体在受压缩后温度有很大差别,但在起爆能力上它们的差别却很小,这表明气泡中气体的绝热加热通过热传导方式引发炸药的反应不是炸药起爆的主要机制。当气泡被小尺寸的钨或塑料圆柱体代替时,Campell 等人发现这些杂质也能起起爆中心的作用,虽然它们在冲击波作用下引起的温度上升较小,但热起爆延迟时间与气泡相近,实验结果如图 4.3.2 所示。

由 Campell 等人的实验结果可以得到如下结论:

(1)气泡引起的爆轰反应比由炸药在冲击波均匀加热下热爆炸引起的超压爆轰反应早;

(2)大尺寸气泡更容易引起爆轰反应;

(3)气泡中充以热容量相差很大的不同气体(氩气、丁烷等)对起爆能力没有影响;

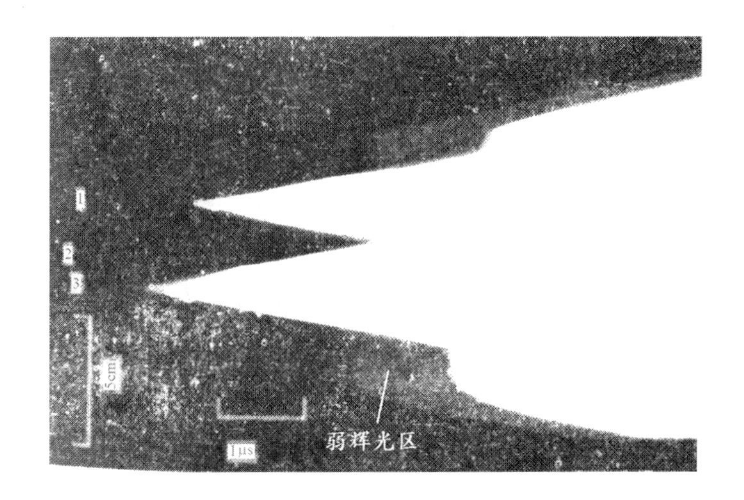

氩气泡尺寸:1—3/4mm 直径;2—1/2mm 直径;3—1mm 直径

图 4.3.1　含气泡的硝基甲烷冲击起爆过程发光的相机记录

F—冲击波进入液体炸药瞬间;A—硝基甲烷与隔板交界面处的热起爆;B—超速爆轰赶上冲击波;

1—距隔板 1/2mm 处,用 1.27×10^{-3}cm 的 Mylar 膜包封的直径 1mm 空气泡;

2—距隔板 7/4mm 处,直径 1mm、长 2.5mm 钨棒;

3(a)—直径 0.8mm 空气泡;3(b)—直径 0.8mm 氩气泡;

4—直径 1mm 左右的塑料

图 4.3.2 硝基甲烷中冲击波压力在杂质表面相互作用引起的起爆

(4)当气泡被其他小尺寸材料代替时,这些杂质也能起起爆中心的作用。

2. 隔板试验

隔板试验是早期建立的用于测定炸药冲击起爆感度的典型方法,有两种类型:一种称为小尺寸隔板试验,药柱直径不超过十几毫米,并有厚金属套约束;另一种称为大尺寸隔板试验,药柱直径数十毫米以上,不加外套。如图 4.3.3 所示,主发药柱爆轰通过隔板衰减,冲击起爆待试的被发药柱样品,后者是否爆轰由软钢验证板的凹坑或冲孔来证实。各个实验室所采用的药柱尺寸各不相同,直径 25~100mm,长度 25~140mm,大多数不加外套。隔板材料多数采用铝,也有用有机玻璃和黄铜的。隔板由多层薄片组成,隔板厚度增加,入射到被发炸药的冲击波压力就减小。用升降法调整隔板厚度,使被发炸药发生爆轰或不爆轰。对应于发生爆轰概率为 50% 的隔板厚度被称作临界或阈值隔板厚度。

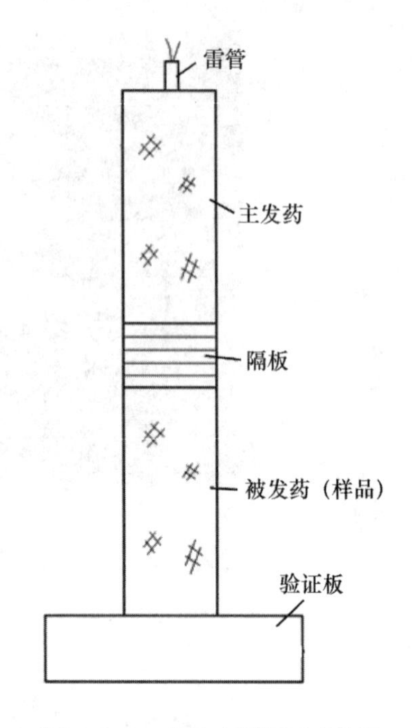

图 4.3.3　大尺寸隔板试验装置

表 4.3.1 给出了几种炸药的阈值隔板厚度。阈值隔板厚度代表了被测炸药的冲击起爆感度,阈值隔板厚度越大,表示炸药的冲击波感度越高。随着隔板厚度的增加,入射冲击波峰压下降,半宽度增加。峰压是描述炸药起爆性能的一个基本参数。用锰铜压力传感器可以测量被发药柱/隔板界面处的压力历程,也可以测量隔板在主发炸药驱动下的自由表面速度,再通过计算得到入射冲击波峰压。对应阈值隔板厚度的入射压力峰值称为引爆阈值压力或临界压力。

表 4.3.1　几种炸药的阈值隔板厚度

炸　药	密度(g/cm^3)	阈值隔板厚度(mm)
PETN	1.09	70.2
PBX9404	1.841	57.6
RDX/TNT(60/40)	1.727	50.3
TNT	1.626	49.4

主发炸药为密度 1.68g/cm^3 的 PBX9205(含 92% 的 RDX),主发药柱和被发药柱尺寸为 ϕ41.3mm × 102mm,隔板采用铝材。

Liddiard 等人提出了一种改进的隔板试验方法。将验证板去掉,通过高速相机测量被发炸药柱的自由表面速度。这种方法不仅可以得到爆轰阈值,还能得到开始发生反应的入射冲击波阈值压力。图 4.3.4 所示是炸药样品自由表面速度随入射冲击波压力(或隔板厚度)变化的实验结果曲线,其中自由表面速度随入射冲击波压力提高而变大,曲线的第一次转折表示反应开始,第二次转折表示到爆轰的转变。Liddiard 利用实验得到了 ϕ50.8×50.8mm 的主发药柱通过有机玻璃隔板引爆尺寸为 ϕ50.8×12.7mm 的各种被发炸药时的反应阈值压力和爆轰阈值压力,表 4.3.2 中的实验结果表明,反应阈值压力与被测炸药的厚度无关,而爆轰阈值压力随被测炸药厚度的减小而增大,这说明反应冲击波转变为爆轰波有一个过程,并受到背后稀疏波的影响。

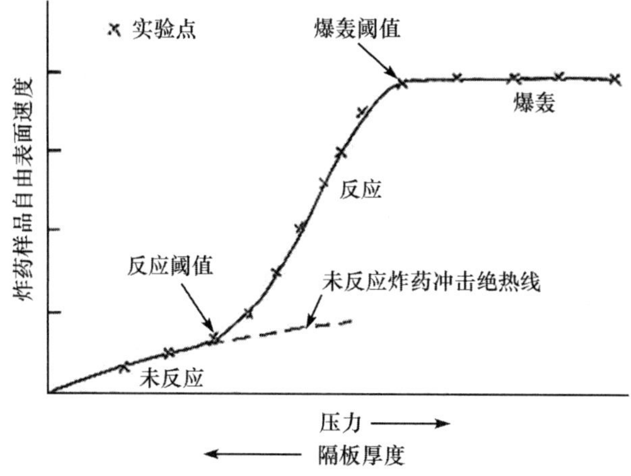

图 4.3.4　炸药样品自由表面速度随入射冲击波压力的变化

表 4.3.2　几种炸药的冲击起爆阈值压力

炸药	与理论最大密度之比(%TMD)	反应阈值压力(GPa)	爆轰阈值压力(GPa)
PBX9404	98.2	1.78	3.95
Comp. B-3	98.4	1.7	4.20
TNT(压装)	97.9	1.53	5.03
TNT(浇注)	97.6	4.10	10.40
TATB	93.8	7.5	8.64
Pentolite	97.2	1.20	1.63

3. 楔形炸药实验及 Pop 关系

楔形炸药实验是观察非均质炸药爆轰建立过程的基本手段之一。待试炸药样品做成楔形块形状,其侧向截面为扁的直角三角形,长直角边的界面为入射冲击波加载面,用高速扫描照相观察斜面上反应冲击波迹线,实验装置如图 4.3.5 所示。悬丝像用于测量衰减板的自由表面速度,若已知衰减板材料和未反应炸药的冲击绝热线,可以计算出待测炸药样品中的入射冲击波压力。楔形炸药斜面镀(贴)反光膜,冲击波所到之处强光源在斜面上的反光截止。图 4.3.6 所示为高速扫描相机记录的楔形炸药斜面上的反应冲击波迹线,其中转折点即冲击波转变为爆轰波之处。为了避免来自斜面的侧向稀疏波对楔形块中传播的平面冲击波的影响,楔形块的鼻角最好取 15°左右,由于加工困难,也有采用20°~35°的。

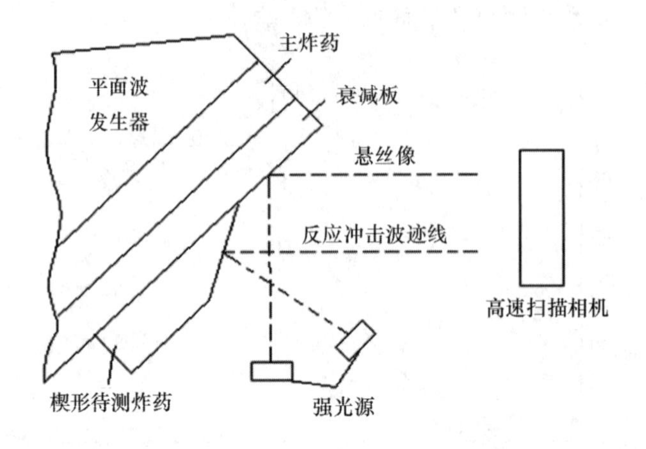

图 4.3.5 楔形炸药实验装置示意图

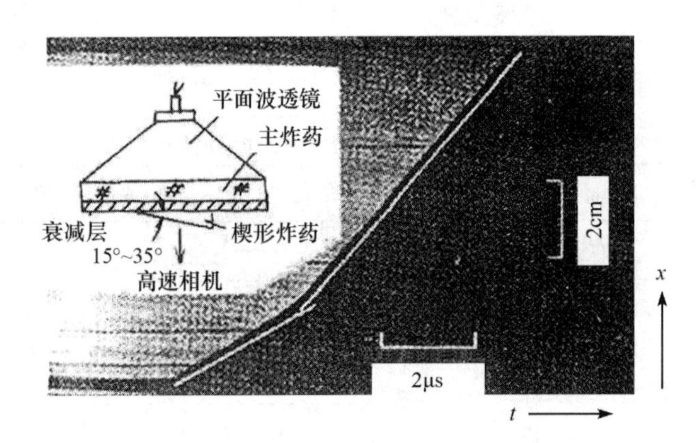

图 4.3.6 楔形炸药实验记录

图 4.3.7 是根据楔形炸药实验照片得到的非均质炸药中反应冲击波成长的迹线，其中 D 点为冲击波至正常爆轰波的转变点。将 D 点之后的迹线反向直线延伸交时间轴于截距 Δt 处，Δt 称为超量传播时间，D 点的时、空坐标分别是到爆轰时间 t_D 和到爆轰距离 x_D。超量传播时间 Δt 与到爆轰时间 t_D 和到爆轰距离 x_D 之间的关系为：

$$\Delta t = t_D - x_D/D_J \tag{4.3.1}$$

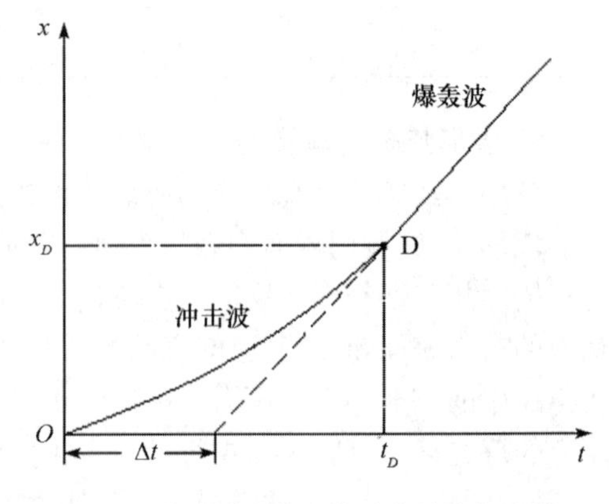

图 4.3.7 非均质炸药反应冲击波成长迹线

Ramsay 和 Popolato 根据大量重复的楔形实验结果总结出，在一定压力范围内，x_D 和 t_D 随入射冲击波压力 p_i 的变化可拟合为如下关系式：

$$\begin{cases} \lg p_i = a_1 + a_2 \lg x_d \\ \lg p_i = b_1 + b_2 \lg t_d \end{cases} \tag{4.3.2}$$

式中，系数 a_1、a_2 和 b_1、b_2 与炸药性质有关。在双对数坐标平面上式(4.3.2)是直线，此式因提出者而得名为 Pop 关系。几种常用炸药冲击起爆的 Pop 线如图 4.3.8 所示，从图中 Pop 直线的相对位置可以判断炸药冲击起爆感度的相对大小，Pop 线偏上的炸药其冲击起爆感度相对较低，即对应于给定的到爆轰距离，所需的起爆冲击波压力相对较高。因为不同炸药的 Pop 直线不平行，如果相交，说明它们的冲击起爆感度在一定条件下会翻转。

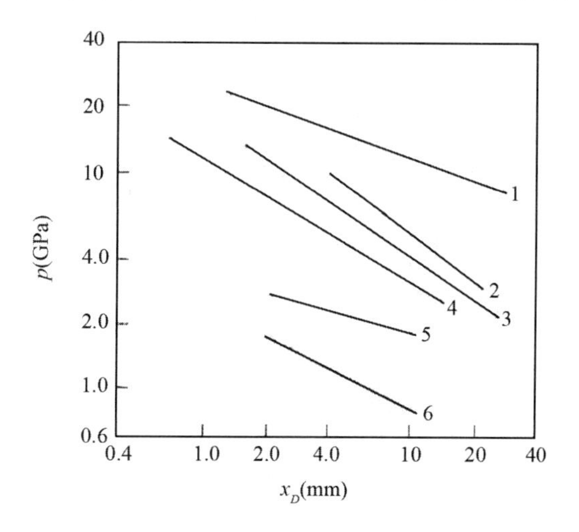

1—PBX9502(1.9g/cm³)；2—Comp. B(1.72g/cm³)；3—JOB9003(1.85g/cm³)；
4—PBX9404(1.83g/cm³)；5—PETN(1.75g/cm³)；6—PETN(1.6g/cm³)

图 4.3.8　几种常用炸药的 Pop 关系

p_i 和 x_D 的关系也可表示为如下形式：

$$p_i^b x_D = B \tag{4.3.3}$$

其中 b 和 B 是与炸药有关的常数。图 4.3.9 画出了不同颗粒尺寸的塑料粘结 RDX 炸药的 p_i 和 x_D 关系。一些炸药样品的密度和颗粒尺寸对冲击起爆到爆轰距离 x_D 的影响以及相应的感度翻转现象可以从图 4.3.8 和图 4.3.9 中看出。

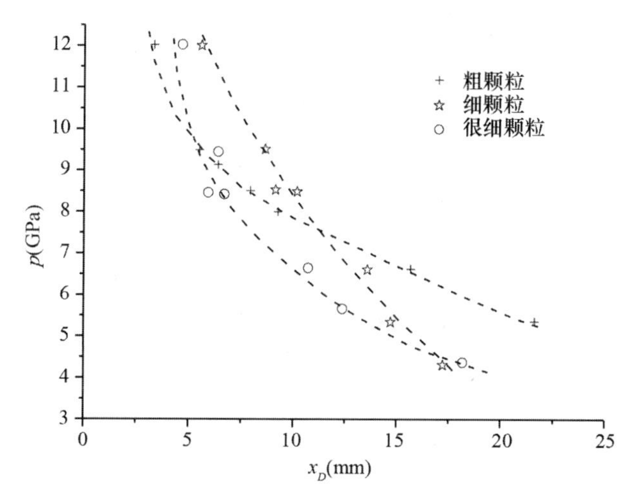

图 4.3.9　不同颗粒尺寸的塑料粘结 RDX 炸药的 p_i 和 x_D 关系

4. **短脉冲冲击起爆实验及冲击起爆判据**

楔形炸药实验中的加载脉冲很长,可看作是持续的。当压力脉冲变窄时,x_D和 t_D将会受到脉冲持续时间 τ 的影响。压力幅值高,但脉冲时间 τ 很短的起爆冲击波不一定能够引发凝聚态炸药的爆轰。

化爆驱动短脉冲加载装置如图 4.3.10 所示,其中钢(重)/铝(轻)飞片的组合能使铝飞片脱离钢板在空腔中自由飞行,撞击待测炸药样品。

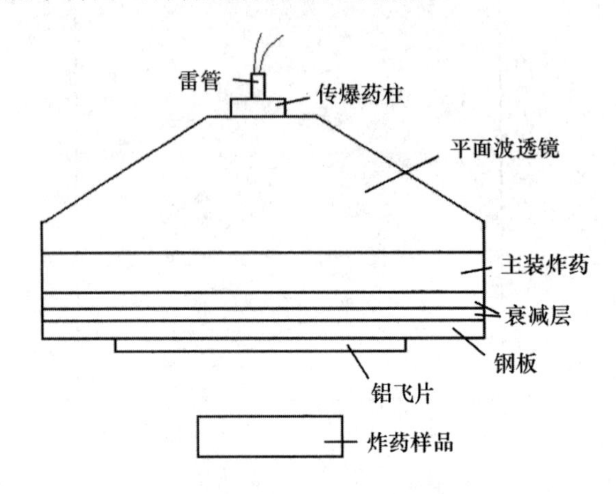

图 4.3.10　化爆驱动短脉冲加载装置示意图

当所需压力脉宽很窄时,要求飞片厚度足够薄,这时电炮装置是研究炸药高压短脉冲冲击起爆性能的一种更为方便的工具,实验装置如图 4.3.11 所示。当图中的开关接通后,高压电容器通过绝缘基板上的铜或铝桥箔(即电爆炸箔)放电,桥箔爆炸成为等离子体后快速膨胀,并驱动塑料薄飞片撞击炸药样品。

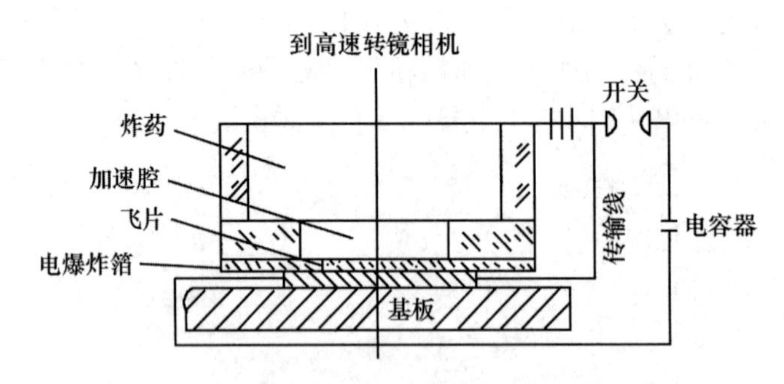

图 4.3.11　电爆炸箔驱动塑料飞片加载装置示意图

Walker 和 Wasley 利用薄飞片撞击炸药实验研究了 LX－04 和 TNT 炸药的短脉冲冲击起爆行为,并结合 Gittings 给出的 PBX－9404 炸药相关实验数据,发现可用如下阈值条件来判断非均质炸药能否被引爆:

$$p^2\tau = \text{const} \tag{4.3.4}$$

关于 $p^2\tau$ 的物理意义,Walker 和 Wasley 的解释为:将 $p^2\tau$ 用冲击波阻抗 $\rho_0 D$ 除,并利用起爆冲击波的动量守恒条件 $p=\rho_0 Du$,得到,

$$\frac{p^2\tau}{\rho_0 D}=pu\tau \tag{4.3.5}$$

式中：pu 实际上是冲击波传输的功率；$pu\tau$ 表示冲击波对炸药的做功，即冲击波在炸药单位面积上的入射能量。因此，如果令 $\rho_0 D$ = 常数，则式(4.3.4)实质上就是短脉冲冲击起爆的临界能量判据：

$$pu\tau = E_{cr} \tag{4.3.6}$$

式中单位面积上的临界起爆能量 E_{cr} 是与炸药性质有关的常数。式(4.3.4)是临界能量判据在冲击波速度 D 取常数时的特殊条件下的判据。

在一定压力范围内，如果考虑炸药中反应冲击波速度 D 随入射压力 p 的变化，则非均质炸药在短脉冲冲击波作用下的起爆判据变为：

$$p^n\tau = \text{const} \tag{4.3.7}$$

Frey 等人的实验结果显示，$n=2.6\sim2.8$。

在 $p-\tau$ 平面上的双对数坐标下，几种炸药由临界能量判据分隔爆与不爆的分界线如图 4.3.12 所示，其中临界能量分界线的相对位置决定了炸药的相对感度，位置靠上的炸药其冲击起爆感度相对较低。几种常用炸药短脉冲冲击起爆的实验数据列于表 4.3.3。

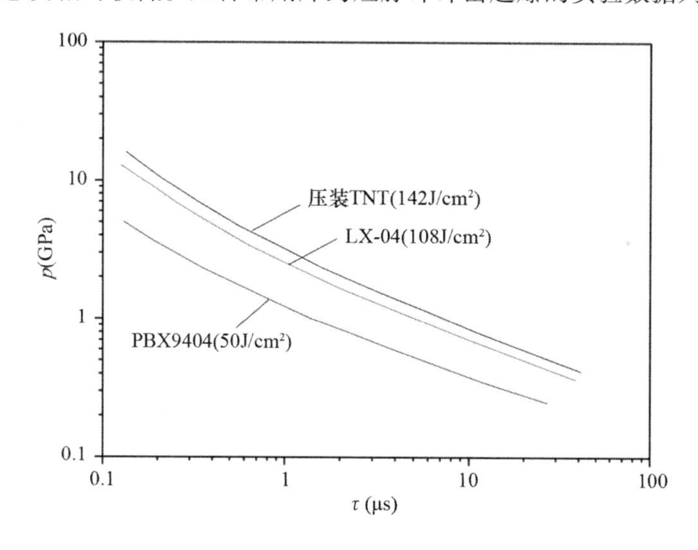

图 4.3.12　炸药短脉冲冲击起爆临界能量分界线

表 4.3.3　非均匀炸药的冲击起爆条件

炸药	HNS	LX-04	NONA	PETN	PBX-9404	RDX	TNT	Tetryl
样品密度(g/cm^3)	1.60	1.86	1.60	1.60	1.84	1.45	1.65	1.66
临界压力 p_{cr}(GPa)	2.32	—	1.95	0.91	6.45	0.82	1.04	1.85
$p^2\tau$ 常数($GPa^2\cdot\mu s$)	2.6	9.25	2.3	1.25	4.70	1.0	10	—
临界能量 E_{cr}(J/cm^2)	176	109	155	16.8	58.7	79.6	142	46.1

图 4.3.13 是 PBX-9404 炸药在入射压力为 3GPa、5GPa 和 10GPa 时，短脉冲冲击起

爆的到爆轰距离与压力脉宽之间的关系。从图中可见，当到爆轰距离与脉冲宽度无关时，它实际上是给定入射压力下的持续冲击起爆结果。在短脉冲起爆范围内，从起爆失败到持续冲击起爆的转变非常突然，压力幅值为3GPa时有约0.44μs的时间间隔，10GPa时只有约0.04μs的时间间隔。这表明短脉冲起爆很难得到精确可靠的实验数据。

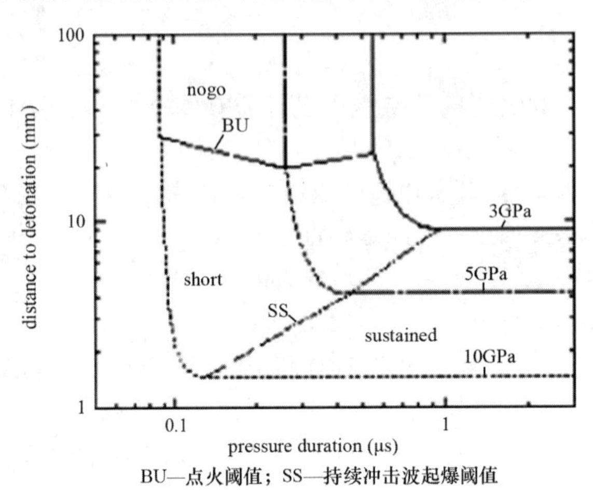

图4.3.13　入射压力为3、5和10GPa时，PBX－9404炸药的短脉冲冲击起爆结果

因为短脉冲冲击起爆的实验设计复杂，测试精度要求高，而且影响判断炸药爆与不爆的因素很多（包括电爆炸箔驱动塑料飞片时，金属箔电爆炸产生的等离子气体对短脉冲卸载波形的影响，以及炸药样品是否有足够的厚度让冲击波发展等），由式（4.3.4）和式（4.3.6）定义的两种短脉冲冲击起爆判据并不能准确地反映控制反应过程发展的物理机制，它们只是近似地给出了短脉冲起爆阈值的估计。当输入炸药中的短脉冲冲击波能量接近临界能量时，脉冲宽度 τ 的很小变化会引起到爆轰距离的很大改变。由于临界能量判据与短脉冲冲击波压力的平方成正比，入射压力（它与薄飞片的撞击速度有关）的变化对到爆轰距离的影响更大。因此，在利用电爆炸箔驱动塑料飞片撞击炸药的实验中，除非能非常精确地调整飞片速度或飞片厚度，否则很难观察到炸药样品的厚度对临界起爆条件的影响。

5. 弹丸撞击起爆实验及冲击起爆判据

小直径弹丸撞击裸炸药或有盖板覆盖的炸药的冲击起爆行为本质上与短脉冲冲击起爆类似，只不过这时的稀疏波来自弹丸侧面。

Bahl用气炮发射不同直径的圆柱形平头钢弹撞击直径25.4mm的裸露和有金属盖板的PBX－9404炸药样品，发现起爆的阈值速度随射弹直径减小而提高，随盖板厚度增大而增大，结果如图4.3.14所示。Moulard用直径15mm，但截面形状分别为圆形、矩形或圆环形的平头弹丸撞击引爆Comp. B炸药，发现实验结果可总结成如下形式的弹丸引爆判据：

$$p^k a = S_P \tag{4.3.8}$$

式中：p 是冲击压力；k 和 S_P 是与炸药性质有关常数。根据同种炸药的平面一维冲击起爆判据 $p^n\tau=$ 常数和弹丸对炸药的冲击压力 p 可决定脉宽 τ，自撞击开始经过 τ 时刻后炸药样品受截面上尚未受稀疏影响的面积称为临界面积 a。若圆柱形平头弹丸的半径为 R，

其材料声速为 c_1，则对应裸露的炸药样品有 $a=\pi(R-c_1\tau)^2$。一般情形下，式(4.3.8)中面积 a 可以根据射弹的几何形状和力学性质计算。

对于 PBX－9404 炸药，此判据为 $p^{1.47}(2R)=76.2(\mathrm{GPa}^{1.47}\cdot\mathrm{mm}^2)$。

Moulard 提出的弹丸引爆判据式(4.3.8)需要使用一维短脉冲冲击起爆实验确定 τ 值。

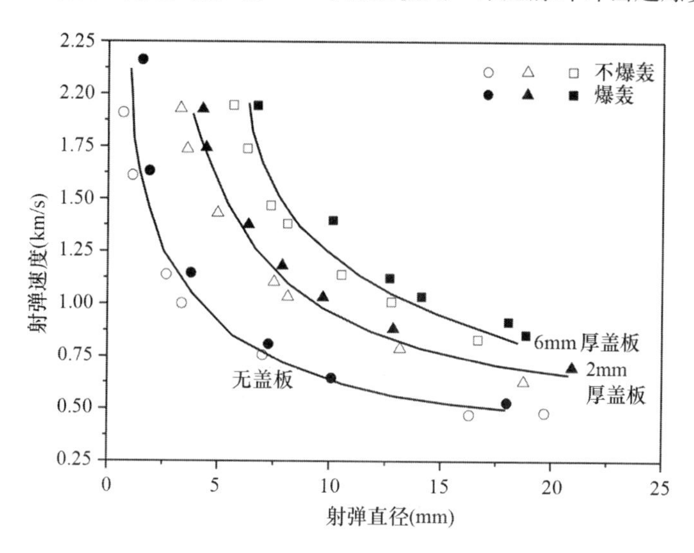

图 4.3.14　平头钢弹丸引爆 PBX9404 炸药的阈值速度

6. 射流引爆实验及机理分析

爆轰驱动金属药形罩形成聚能射流对裸露或钢板覆盖炸药的侵彻引爆机理和判据是一个多因素的复杂问题，涉及射流本身的状况和参数，又与炸药起爆性能、样品几何尺度和盖板参数等密切相关，目前也只能给出近似地估计。

(1)实验现象和经验判据

Held 综合了连续射流引爆裸露炸药的大量实验结果，并与平板和射弹撞击引爆实验进行比较，认为射流引爆判据可以表示为

$$u_p^2 d=\text{常数} \tag{4.3.9}$$

这里 u_P 和 d 分别是射流(或射弹、飞片)的速度和直径，常数值由实验确定。Chick 认为在小直径射流场合，Held 判据中速度项的指数应大于 2。

Asay 认为临界起爆条件应依赖于射流直径 d 与炸药失效(临界)直径 d_f 之比，Held 判据应修正为

$$u_p^2 d/d_f=\text{常数} \tag{4.3.10}$$

这相当于用 d_f 去标度射流直径 d，可使得新的判据常数值散布范围缩小，但此常数又明显依赖于射流的连续性质。

表 4.3.4 中列出了几种炸药的 Held 判据和 Asay 判据的常数值。结果显示两种判据对各炸药感度的排序有所不同。

射流引爆有盖板但无外壳的炸药样品时，上述判据中 u_P 和 d 都应指穿过盖板后射流的参数。盖板与炸药密合时比两者之间存在间隙时更难起爆，其原因可能是后一场合炸

药未受到冲击预压(注:预压缩冲击波可能导致非均质炸药中潜在的热点数下降、尺寸减小),而且存在的间隙使得射流侵彻盖板的破片向周围喷射,扩大了加载面积。

表 4.3.4 连续射流引爆判据的常数值

炸药	HNAB	PBX－9404	RDX/wax (88/12)	PETN	压装TNT	Comp. B	H－6	PBX－9407	Tetryl	C4	TATB	PBX－9502
$u_P^2 d$ 常数 ($10^3 m^3 s^{-2}$)	3	4	5	13	13	16	16.5	40	44	64	108	128
$u_P^2 d/d_f$ 常数 ($10^6 m^2 s^{-2}$)	—	3.4	—	—	5.0	3.5	2.6	—	—	—	17	5.12

射流引爆既有盖板又有外壳侧向约束的炸药样品时,临界起爆需要的射流速度明显降低。例如同样射流条件下 10cm 厚盖板但无外壳的炸药样品不起爆,15cm 厚盖板有外壳的样品可发生爆轰,甚至盖板增厚至 17.5cm 时炸药仍有强烈反应。同理,大尺度炸药样品易被射流引爆。

(2)射流引爆机理分析

关于射流引爆炸药的机理,目前有三种观点:

① 冲击起爆(SDT)机理。高速射流冲击压缩炸药,引起炸药中反应冲击波成长并转变为爆轰,其依据是裸露炸药或薄盖板情形下 Held 判据与冲击起爆判据的一致性。

② 爆燃至爆轰转变(DDT)机理。有外壳或大尺度炸药样品的射流引爆阈值显著地低于裸炸药样品,但它们得到爆轰距离(或到爆轰时间)较长,说明速度较低的射流对炸药的破碎作用以及由此引发的 DDT 过程可能是恰当的物理图像。

③ 弯曲冲击波起爆机理。相对于盖板或炸药样品尺度来说,射流直径较小,当它侵彻盖板或炸药的速度超过声速时,在盖板或炸药中产生弯曲的冲击波,使炸药起爆。例如实验中发现,当射流尚未穿透盖板,其下方的炸药已经爆轰;射流在很厚的盖板中会严重衰减,失去继续侵彻能力,但它先前驱动的弯曲冲击波进入炸药,仍可引起爆轰;很多情形下射流直接侵彻炸药引起弯曲冲击波的压力,高于它侵彻盖板再入射于炸药的弯曲冲击波的压力。

7. 锰铜压阻计及反应流压力波形测量

压阻传感器的应用可追溯到 20 世纪初 Bridgman 和其他学者的静高压物理实验研究,主要用于测量流体静压力。将压阻传感器用于动态加载实验始于 Hower 等人的工作。压阻传感器的原理可概述为:利用电阻率随压力以确定形式作单调变化的某些材料作敏感元件,将其置于待测样品内部,通过测量敏感元件的电阻改变量计算样品基体中纵向应力分量。

将多个传感器嵌入炸药或受冲击波作用的物质内部不同位置,构成 Lagrange 量计,可以同时测量压力随时间和空间位置的变化或分布。用于炸药的冲击起爆实验,它们能给出向爆轰转变过程中反应冲击波压力的增长,为确定炸药的唯象反应速率模型提供基本数据。

压阻传感器一般以压力敏感(压阻)元件的材料名称命名。锰铜压阻计因其压阻材料的机械强度较高,压阻系数与材料表面及内部的微观结构无关,而且电阻率随温度变化不明显,常用于炸药的冲击起爆过程的测量。图 4.3.15 为两种常用的锰铜压阻计计型。为保证在记录时间内量计保持与导电样品良好绝缘,压阻计两面必须包覆一定厚度的绝缘层材料。

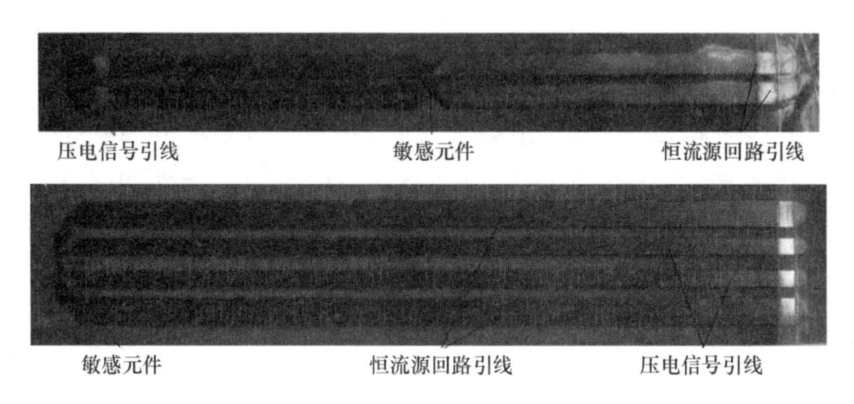

图 4.3.15　两种常用的锰铜压阻计计型

用于爆轰压力测量的锰铜压阻计敏感元件部分的电阻约为 0.05 – 0.2Ω,压阻传感器的压阻关系需要对每一批锰铜箔材料通过实验标定,图 4.3.16 为段卓平等为他们自制的锰铜压阻传感器作实验标定得到的标定曲线,拟合后得到的压阻关系为:

$$p = (0.62248 \pm 0.26475) + (35.20079 \pm 1.35138)\left(\frac{\Delta R}{R_0}\right) + (7.68603 \pm 1.14456)\left(\frac{\Delta R}{R_0}\right)^2 \tag{4.3.11}$$

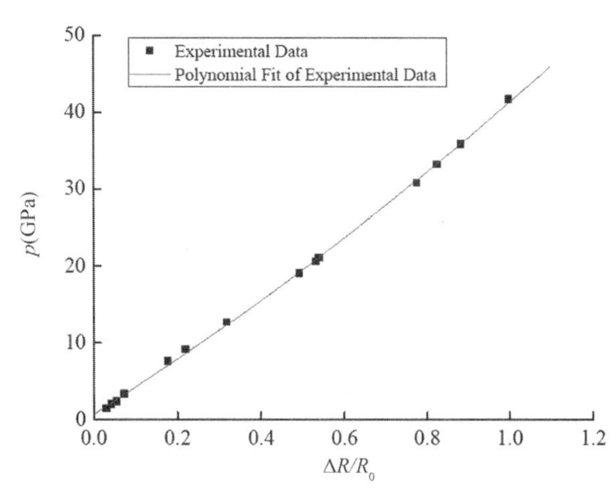

图 4.3.16　锰铜压阻传感器标定曲线

压阻传感器需要外部电源供电。常用的电源有两类:恒流电源和恒压电源。爆轰测量中用恒流电源给图 4.3.15 所示锰铜压阻计供电。图 4.3.17 为恒流源测量电路示意图,电源 E 对由恒流源内阻 R_L 和传感器电阻 R_0 组成的分压电路供电,产生回路电流 I_0,其

中示波器在压阻计两端测到的电压为

$$V_0 = I_0 R_0 \tag{4.3.12}$$

当爆轰波作用到压阻计敏感元件时,压阻计电阻 R_0 由于压阻效应产生一个增量 ΔR,分压电路上的 R_0 变为 $R_0+\Delta R$,与此相应的 V_0 变成 $V_0+\Delta V$,而恒流电源保证 I_0 不变。因此有

$$\frac{\Delta R}{R_0} = \frac{\Delta V}{V_0} \tag{4.3.13}$$

图 4.3.18 是压阻计在冲击波作用下压电信号引线两端的电压输出信号示意图,示波器记录的是传感器电阻 R_0 两端的电压变化,V_0 为爆轰波未到达传感器前示波器记录的电压值,ΔV 为爆轰波作用到传感器后由于压阻效应产生的电压增量,$V(t)$ 为波后压力随时间的变化。因此,在一个记录波形中可以同时获得 V_0 和 ΔV,这样根据式(4.3.13)和事先对传感器标定得到的压阻关系式(4.3.11)就可以计算出炸药中量计所处位置的爆轰波压力及其随时间的变化波形。

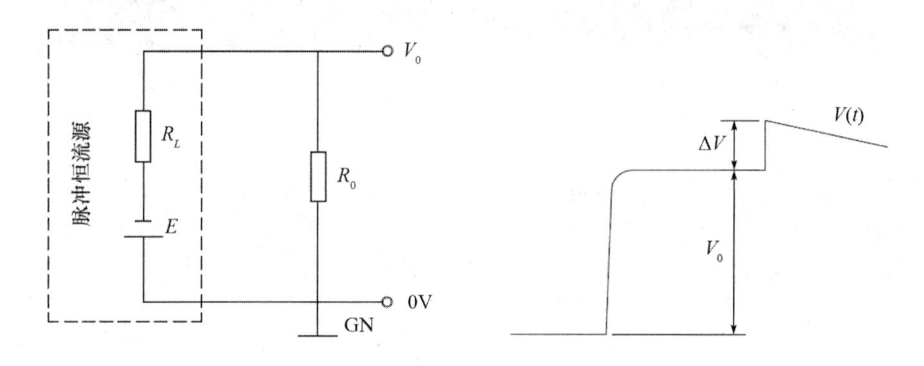

图 4.3.17　恒流测量电路　　图 4.3.18　恒流电路的输出波形

温丽晶等人用锰铜压阻计对 JB－9003 炸药的冲击起爆过程进行了测量,图 4.3.19 和图 4.3.20 分别是典型试验的压电记录信号和对应的经过标定曲线处理后的压力历史曲线。

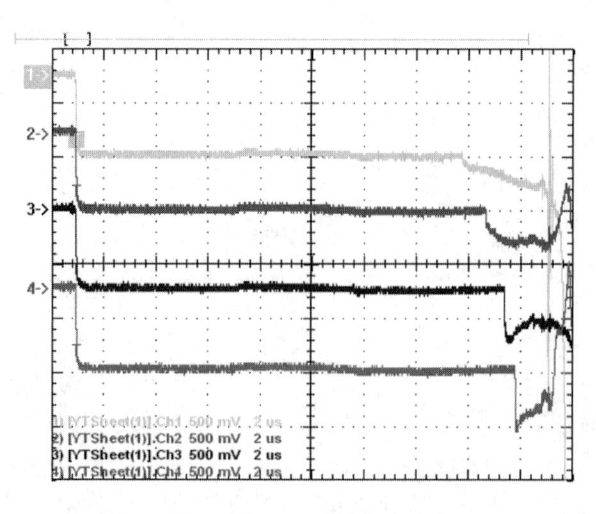

图 4.3.19　锰铜压阻计的典型实验记录

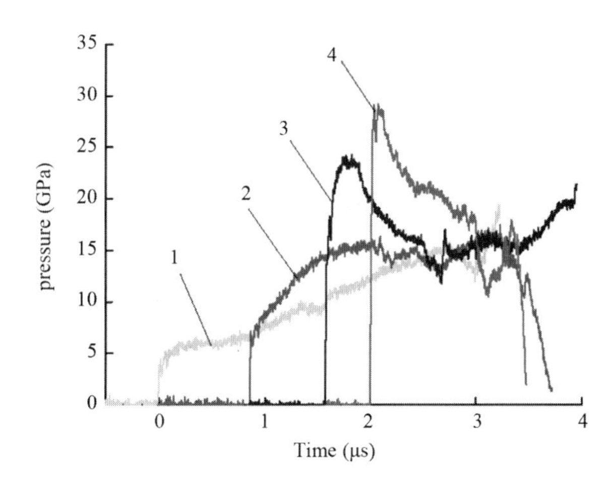

图 4. 3. 20　4 个 Lagrange 位置的压力历史

8. 电磁速度计及反应流粒子速度波形测量

电磁速度计技术的基础是简单的物理原理:当一个环形封闭导体在磁场中运动时,由于环形导体的一部分切割磁力线,会在环路中产生电压。所产生的电压 V 依赖于磁场强度 B、切割磁力线的导体长度 l 和它的运动速度 u。根据法拉第定律,当磁场强度方向、切割磁力线的导体的长度方向和导体的运动方向三者相互垂直时,感应电压 V 和它们之间的关系可以写成 $V = Blu$。实验中 B 和 l 在实验开始前预先测量,V 作为时间函数在实验过程中被记录,由此可以确定导体速度 u 与时间的函数关系。如果假设导体随埋入的材料一起运动,则导体的运动速度 u 就是样品材料在特殊 Lagrange 位置的质点速度。为了保证测量精度,嵌入炸药内部的导体必须用导电性能良好的金属(铜或铝)箔制作,厚度一般不超过 0. 02mm,整个回路的阻抗应尽量减小,以保证具有很灵敏的响应能力。

电磁速度计最初是苏联人 Zaitsev 在 1960 年提出来的,用于测量绝缘体或弱导电介质中冲击波后的粒子速度。Дремин 等人把这种量计用于测量爆轰波后产物的粒子速度历程,以研究爆轰参数和爆轰波结构。此后,虽然美国也有许多研究者试着用此技术,但并不普及,直到 1970 年,在 Fowles 和其同事指导下此技术在 Physics International and Washington State University 的气炮上得到进一步的发展。

美国 Lawrence Livermore 国家实验室(LLNL)所用电磁量计技术在 20 世纪 80 年代经过 Voethman 和 Wackerle 的发展,有许多改进,一直沿用至今。图 4. 3. 21 给出了典型的组合电磁量计外型,它包括 10 个粒子速度计和一个位于中心的"冲击波迹线"量计。

冲击波迹线量计用于测量冲击波到达量计位置的时间,当冲击波传过量计时,它垂直于波传播方向的敏感元件长度发生变化(见图 4. 3. 21 中心的量计)。因为量计的敏感元件长度发生变化,相对较长时输出的电压高,较短时输出的电压低。这些电压的变化与冲击波到达敏感元件位置的时间相关,因此当冲击波通过样品时,冲击波阵面的时间 - 距离关系可以在 $x - t$ 图中画出。如果在"冲击波迹线"量计的测量时间之内发生到爆轰的转变,就可以确定到爆轰距离和到爆轰时间。

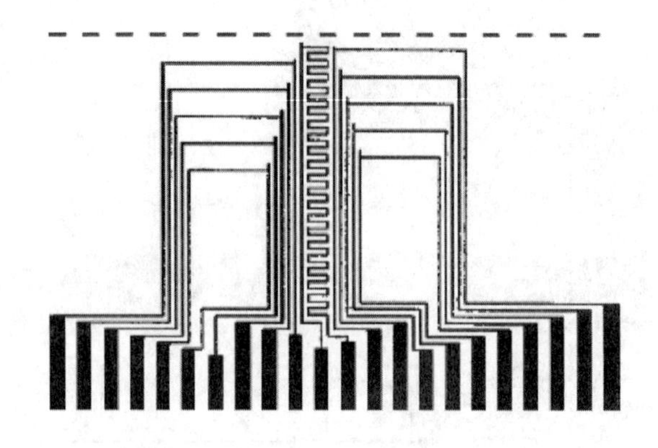

图 4. 3. 21　LANL 使用的组合电磁量计

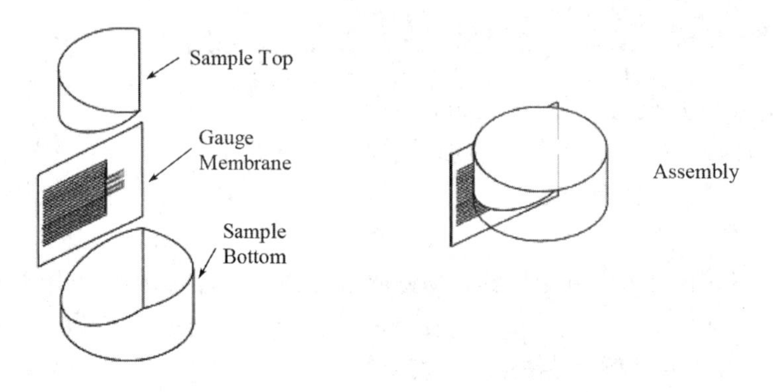

图 4. 3. 22　电磁量计的安装

量计的安装如图 4. 3. 22 所示，炸药样品被以一定角度加工成上、下两块，量计薄膜可以胶粘于其间。炸药样品被加工的典型角度相对于冲击平面为 30 度，在此角度下，10 个在波传播方向上间隔约 0. 5mm 的敏感元件埋入炸药样品的距撞击表面深度约 0. 5 ~ 5. 0mm。倾斜放置的组合量计便于量计的加工，同时可以尽量避免前面的量计对后面的量计产生流体动力学和反应发展过程的干扰。一个马镫形量计安装在样品表面，平行于冲击波平面，提供对入射冲击波的测量。炸药样品的尺寸视气炮口径而定。

然后，炸药样品被安装在一个靶板上，将靶板放入气炮的靶室，位于一个大电磁铁的两极之间，将量计的敏感元件垂直于磁力线，如图 4. 3. 23 所示。当量计的敏感元垂直于磁力线时，量计的引线在运动时不会切割磁力线，否则，引线的运动会在测量电压信号上附加一个引起误差的电压值。

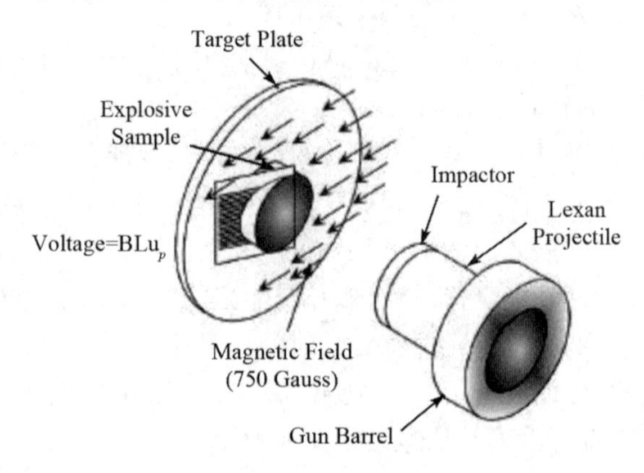

图 4. 3. 23　炸药样品在气炮靶室和磁场中的安装

实验研究发现，在固体炸药样品中，量计能准确测量炸药质点的粒子速度。在液体材料样品中有二维效应，它由冲击波与量计膜/液体界面相互作用引起。由于液体和量计膜阻抗失配会产生约 10% 的粒子速度误差。

Sheffield 等人利用组合式电磁量计测量了 PBX－9501 炸药在入射压力为 5.2GPa 的加载条件下炸药的起爆过程，结果如图 4.3.24 所示。当波传至最后一个（约 5mm 位置处）量计时，它已非常接近爆轰。显然，当起爆冲击波中发生大量反应时，量计的工作也是可靠的。图中第一个信号得自炸药表面的马镫形量计，其余信号得自组合式埋入量计。

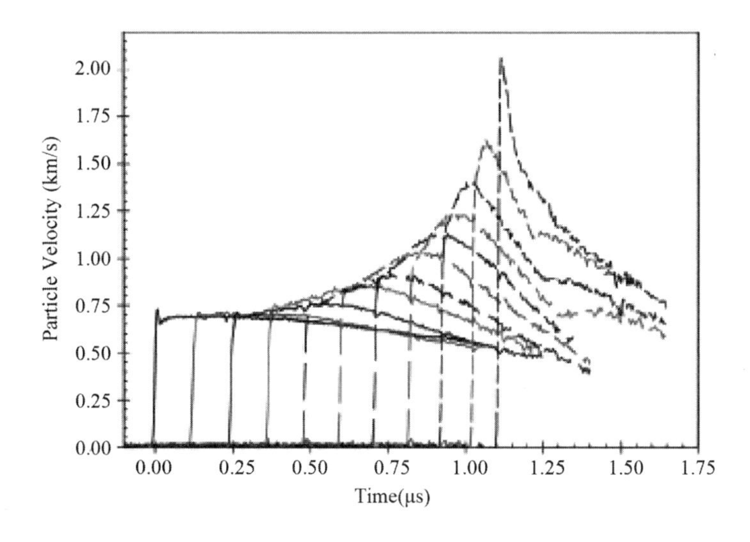

图 4.3.24　入射压力为 5.2GPa 时，PBX－9501 炸药的粒子速度剖面

由组合式量计中心的冲击波迹线量计输出的典型信号见图 4.3.25。输出电压信号的高、低对应着冲击波通过的量计的长度变化。图 4.3.26 是相应的冲击波阵面到达量计的位置－时间点。过这些点的连线给出了未反应冲击速度（初始斜率）和爆轰速度（最终斜率），以及到爆轰转变的深度和时间。该曲线的结果等同于传统楔形实验的结果。

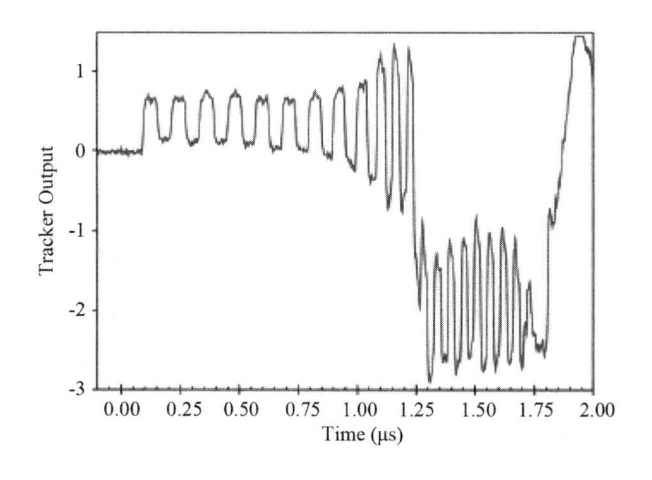

图 4.3.25　冲击波迹线量计的信号输出

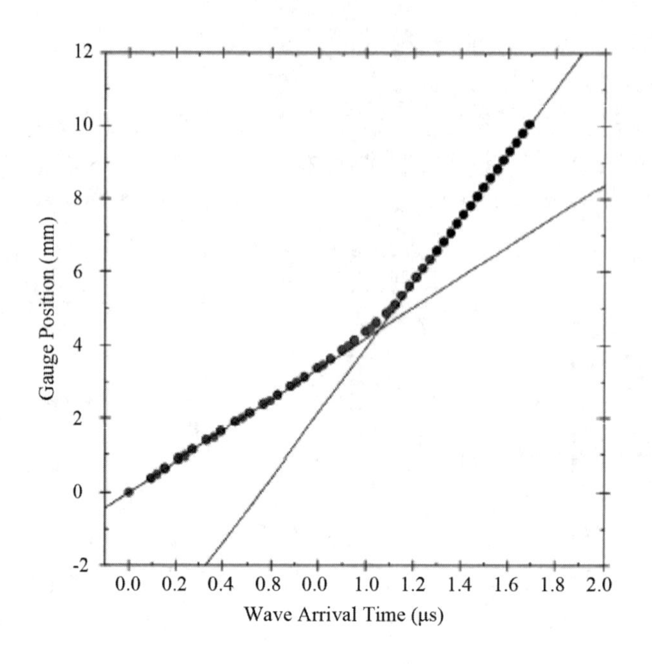

图 4.3.26 冲击波阵面到达冲击波迹线量计的位置 - 时间点

反应冲击波粒子速度波形和冲击波迹线的位置 - 时间图提供了关于从入射冲击波到爆轰增长过程的很有用的信息。在非均质炸药的起爆过程中,波的增长在冲击波阵面上开始,然后逐渐加速直到达到稳定爆轰。

很明显,多重电磁量计实验方法在每一发实验中可以得到比其他任何实验得到信息更丰富。所有关于冲击起爆过程中未反应炸药状态、反应波发展、反应波阵面加速、到爆轰的转变和爆轰产物状态等都可以在一发实验中获得。这些信息非常有助于人们对这些材料的反应行为进行建模。

另外,为了准确建模或对已有反应材料模型进行检验,冲击起爆的初始条件必须能精确计算,所以,冲击起爆的 Lagrange 量计(包括锰铜压阻计和组合式电磁测速计)实验应在气炮上进行。

4.3.2 非均质炸药冲击起爆机理及热点理论

1. 非均质炸药的冲击起爆机理

非均质炸药的冲击起爆与均质炸药的冲击起爆在起爆机理上有很大的不同,主要表现在起爆感度上。对于某些非均质炸药,在低幅值冲击压力作用下,其转换热使炸药整体加热所提高的温度根本不可能触发炸药的化学反应,但是炸药仍然发生了爆轰,这与均质炸药热爆炸理论明显相矛盾。由于物理和力学性质的不均匀,非均质炸药的起爆阈值要比均质炸药明显偏低,均质炸药的起爆压力量级一般为 10GPa,而非均质炸药的起爆压力量级一般为 1GPa。显然感度相差 10 倍的原因与炸药的初始物理 - 力学结构有关。即使是化学成分完全相同的非均质凝聚态炸药,压装装药对冲击波的感度也要比具有相同初始密度的铸装装药或熔化装药大得多。这说明,正是物理 - 力学结构的不均匀性,而不是化学性质或其他方面的原因，决定了非均质凝聚态炸药对于冲击波感度的特性。

从现象上看，非均质炸药的起爆过程与均质炸药的起爆过程也有明显差别，可以归结为：

(1)在均质炸药中，初始冲击波的速度是恒定的或随时间略有下降；而在非均质炸药中，起爆冲击波在整个传播过程中是不断加速的；

(2)在均质炸药中，到高速爆轰的过渡很突然；而在非均质炸药中，这个过渡没有这样突然；

(3)在均质炸药中，高速爆轰伴随着过高的速度，在硝基甲烷中约超出正常爆速的10%；而在非均质炸药实验中没有记录到这种以过高速度传播的波；

(4)在均质炸药中，爆轰的引发发生在惰性隔板和炸药的界面处；在非均质炸药中，爆轰的引发发生在冲击波阵面附近；

(5)用硝基甲烷和金刚砂的混合物所做的实验表明，此混合物比均质硝基甲烷敏感的多。混合物的非均匀性引起冲击波相互作用产生了局部加热，对起爆来说，影响炸药冲击加热性质的细微力学结构比热化学常数值更加重要；

(6)在均质炸药中，直到起爆开始前，初始冲击波后面的物质相对地不导电；而在非均质炸药中，初始冲击波后面的物质是完全导电的，并且当过渡到正常爆轰时，变得更明显；

(7)与非均质炸药相比，在均质炸药中，起爆过程对初始温度的变化更敏感。

现已公认，非均质凝聚态炸药有较大冲击波感度的主要原因是，沿着有不均匀的初始物理－力学结构的炸药装药传播的冲击波，会在极短的时间内造成半径尺寸估计为亚微米量级的大量微小局部热源，炸药在这些局部热源内首先发生点燃。点燃产生的气体在炸药装药中造成压力升高，从而加强了冲击波幅度。这反过来又在波阵面后造成更多的热点，使炸药的释热速度进一步增加、压力进一步升高、冲击波幅度进一步加强，最后形成爆轰。人们把这样的微小的局部热源称为热点。起爆冲击波先在非均质炸药中产生大量热点，然后再发展成爆轰的理论，称为热点理论。

2. 热点产生机制

关于非均质炸药在冲击起爆过程中产生大量热点的机制，迄今为止还没有统一的认识。其中主要的假设有以下几种：

(1)炸药孔隙中的空气或气体夹杂物在冲击波作用下，孔隙闭合时受到绝热压缩而温度升高；

(2)炸药颗粒之间、炸药与杂质之间发生摩擦而形成局部热点。对于液态炸药或低熔点炸药，则还可能由于它们之间的高速黏性流动而形成热点；

(3)炸药晶粒本身在冲击波造成的剪应力作用下，发生穿晶断裂或层裂等现象而产生的热点；

(4)冲击波与炸药装药中的密度间断发生相互作用，产生一系列流体动力学过程，如微射流、冲击波碰撞、正规反射和马赫反射等形成的流体动力学热点；

(5)微孔洞粘塑性塌缩形成的热点。

Campell 等人的实验已经证明，上述第一种由炸药颗粒之间其他介质的温度上升通过热传导引起炸药晶体颗粒发生热分解的热点形成假设与事实不符。Mader 等人在对均质炸药中的单个或少数几个独立的微结构缺陷经过一系列计算机模拟后认为，在非均质炸药中存在着许多孔隙、杂质等密度间断，冲击波与这些密度间断会发生相互作用，形成射流、孔隙塌缩、冲击波碰撞、正规反射和马赫反射等，这些作用直接造成在炸药晶体颗粒表面发热，形成热点。换句话说，所有由冲击波直接造成在炸药晶体颗粒表面发热的原因都有可能是炸药热点产生的机制。

关于从热点向周围介质传播能量和化学反应的途径，现在一般认为主要依靠热点反应产生的高温产物气体对邻近炸药晶体引发的表面燃烧。当燃烧从局部热点向外运动时，燃烧阵面的表面积增加。最后，从多个相邻热点发出的燃烧阵面相交，当反应快完成时，所有燃烧阵面的表面积下降。此变化的表面积将燃烧质量速率与火焰速度相关联，用与反应程度相关的形态因子表示。虽然火焰速度相对于爆轰速度非常低，但如果每个热点紧密接触（μm 量级），它就能导致在化学反应区内（mm 量级）从反应物向产物的完全转变。注意，这种表面燃烧的燃烧速率不是在常温下的燃烧速率，而是在冲击波和热点高压气体产物作用下的燃烧速率，这种燃烧速率主要决定于压力，而不是温度。因此，非均质炸药冲击起爆过程中的宏观唯象化学反应动力学是压力相关，而非温度相关的，Arrhenius 反应速率不再适用。

3. 中等尺度数值模拟实验

对非均质炸药起爆冲击波结构的时间分辨测量已经使人们很好地了解了波阵面附近的高应变率过程，以及波后的带反应压缩波传播过程。然而，这些测量只能分辨经过炸药内部颗粒边界相互作用后的平均波场。受传感器和记录仪器的时间、空间分辨率的限制，当前不存在炸药颗粒水平上对冲击波与炸药非均质性相互作用产生导致反应的“热点”的定量测量技术。在颗粒层面上，热力学场（如压力和温度）的时 - 空脉动产生能量局部集中。当在充分大尺度上经过平均之后，这些变化表现为平均热释放，局部热点高温经平均后不足以引起炸药的化学反应。

当前，人们正努力弄清几种热点机制的相对重要性，以及各种微观结构特性、加载条件和材料性质是如何影响热点的发展。通过这些努力，希望能提出一个更实用、更真实地反应速率模型，以便建立在宏观连续介质基础上的数值模拟能够更加深入地揭示非均质炸药的冲击起爆过程。

数值模拟是现今唯一能提供冲击波加载下颗粒尺度信息的非常有用的工具。为了衔接在宏观连续介质和原子（分子）尺度之间理解上的差异，近年来人们进行了大量冲击加载下炸药颗粒相互作用的中等尺度数值模拟（mesoscale simulations）。中等尺度的模拟是用宏观流体动力学程序在离散的颗粒层面上进行网格划分，在包含颗粒的非均匀尺度下进行真实的物理计算。这种模拟需解决以下关键问题：

（1）真实非均质材料的几何模型

其中包含颗粒尺寸分布、随意的颗粒形状和清晰的材料边界，炸药颗粒与其间隙中充入的粘结剂的集合应保证具有高压装密度，同时要求程序能处理足够多的颗粒与颗粒、颗粒与粘结剂之间的相互摩擦接触。图 4.3.1（a）给出了 PBX - 9501 炸药的一个 1200μm ×785μm 断面的显微照片。图 4.3.1（b）是经过数值处理后得到的颗粒材料的初始几何图像。好的几何模型与初始网格划分是中等尺度数值模拟成功的第一步。

图 4. 3. 1　PBX - 9501 的 1200μm × 785μm 断面的显微照片(a)和材料几何模型(b)

(2)材料模型

如果计算只关注没有任何化学反应的热力学状态分布,材料模型就只包括炸药晶体材料和粘结剂材料的本构和状态方程,其中为了计算炸药晶体表面之间的温度聚焦,炸药的状态方程应取能够计算温度的状态方程。

(3)反应模型

Field 描述了十种支配局部热集中的固体炸药起爆机制,其中大多数与炸药晶体内部的不均匀性有关。有一些炸药晶体也显示了冲击波能在没有明显缺陷的晶体中引起点火。当冲击压力在 9GPa 以上时,垂直于(110)或(001)平面的冲击波入射会造成 PETN 晶体发生爆轰,而垂直于(100)或(101)平面的冲击波起爆域值则为 19GPa。其他有些炸药晶体,如 HMX,即使当入射冲击压力超过炸药的爆轰压力,也不会引发炸药晶体爆轰。对这样的炸药,存在缺陷是起爆的必要条件。

按照宏观反应流模型的基本观点,孤立的热点通过燃烧波相互合并形成热的产物体积,燃烧阵面在未反应固体中以与压力和温度相关的速度传播。通过中尺度数值模拟可以直接计算由热点引发的燃烧速度,这时炸药颗粒中的网格尺寸必须小到能够分辨 nm 量级的燃烧波阵面。为了模拟高压下炸药晶体内的燃烧,需要将所涉及炸药的各种组分的完全状态方程、各种组分的热传导性质和温度相关的化学反应动力学速率嵌入计算程序。

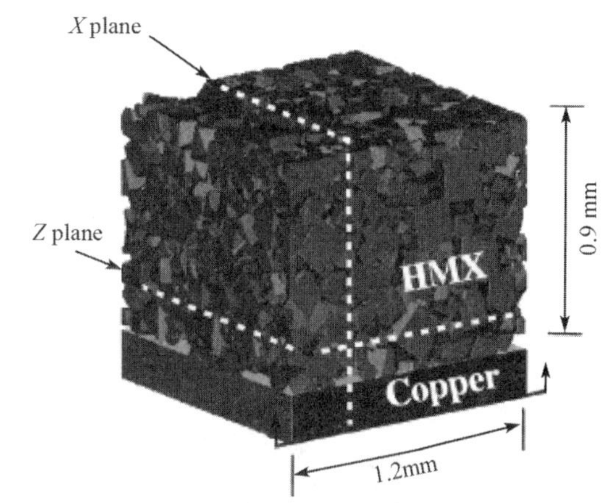

图 4. 3. 2　0. 2mm 厚铜板以 1000m/s 的速度撞击 HMX 晶体集合

原则上,只要计算机的存储能力足够大、计算速度足够快,中尺度数值模拟就可以用于实际爆轰装置的计算。Baer 等人给了一个算例,如图 4. 3. 2 所示,模型显示的空间范围是中等尺度模拟到宏观尺度模拟的过渡尺寸。计算中有 1900 个 HMX 晶体集合被铜飞片以1000m/s的速度碰撞,网格尺寸平均5μm,总共需要大约一千二百万个单元。反应模型为宏观反应速率模型,其参数是一组针对短的到爆轰距离参数,目的是探索爆轰波通过随意排布的晶体结构时的性质。纵向1mm左右的实际计算区域甚至小于许多非钝感炸药的爆轰化学反应区宽度,而平均5μm的网格尺寸对于关注热点尺寸温度分布计算的中等尺度模拟而言却仍然偏大。

4.4 固体炸药的非冲击点火

早在1980年,就有人发现固体炸药在一个远低于冲击起爆感度的冲击作用下能引发爆炸,其爆炸强度接近由强冲击波在SDT过程中引发的爆轰强度。这类由弱的多维机械冲击所引发的炸药爆炸被归类于非冲击点火。引发炸药非冲击点火反应的是一个热过程。高的压力只加速化学反应,但通常不会引发它们。因此,引发反应的临界因素是那些直接产生热或经过力学响应间接产生热的因素。

4.4.1 点火机制

大多数固体炸药是炸药晶体颗粒、粘接剂和添加剂的混合物,在材料的加工过程会产生孔隙。机械加载即使对材料的整体加热很小,也会产生具有足够高温度的成核的热点(通常在孔隙区域),其中有一小部分能成为临界热点。如果在局部体区域内的热产生量大于向周围散失的热量,这些临界热点将点燃炸药。在微观尺度下,具有不同的热点点火机制,其中包括微射流、流体动力学孔隙塌缩黏性加热、局部剪切以及冲击波与多种材料的相互作用等。Dienes等人的分析表明,在低幅值机械加载条件下对潜在热源有最大贡献的是在剪切断裂表面的摩擦力。

图4.4.1是Krzewinski等人建立的剪切打孔试验设备。当压缩波传过时,撞击杆、输入杆和输出杆以及固定器都保持为弹性。样品是唯一经历塑性变形的材料,而且应变率不为常数。典型的回收样品形状见图4.4.2。图中显示剪切面在局部形成,并分布在入射杆的半径外沿。对这发动态实验,推进剂所受到的加载足够大,最终沿剪切面出现了断裂。

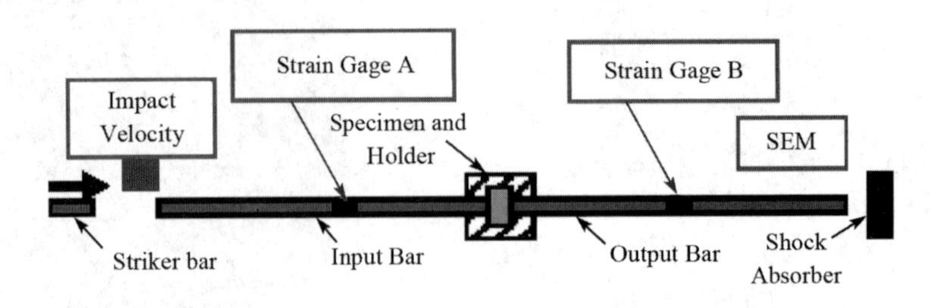

图4.4.1 剪切打孔及数据采集实验装置

Thompson等人对塑料粘接炸药的应力-应变关系做了大量实验。图4.4.3(a)和图4.4.3(b)分别是Thompson等人提供的PBX-9501炸药的原始微观结构照片和受机械冲击之后内部出现从初始微观缺陷发展出宏(细)观裂纹的微观结构照片。

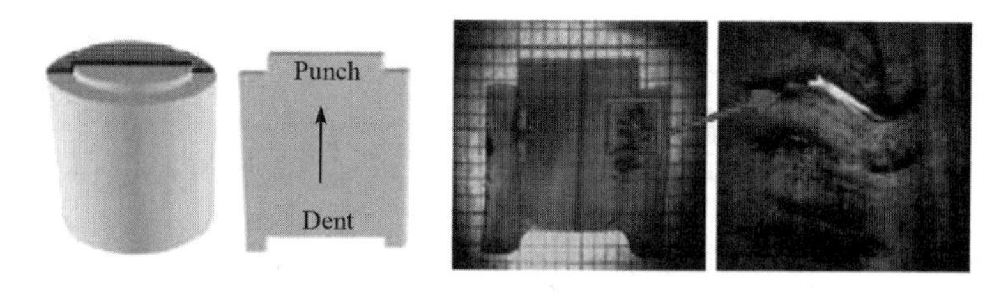

图 4.4.2 剪切打孔实验的典型回收样品

图 4.4.3 PBX－9501 炸药受机械冲击前、后的微观结构照片

4.4.2 本构模型

多数含能材料由含能晶体颗粒和聚合物(粘结剂、增塑剂和钝感剂等)组成,在机械冲击作用下,具有明显的粘弹性性质,受应变率的影响很大,而且小的变形就容易引起损伤,从而产生应变失效行为。Bennett 等人以 Addessio 和 Johnson(1990)的工作为基础,将广义 n 组分 Maxwell 粘弹性模型与 Dienes 的统计裂纹损伤模型耦合,建立了含能材料带微裂纹的损伤本构模型——粘弹性统计裂纹模型(Viscoelastic-Statistical Crack Mechanics Model,简称为 Visco-SCRAM)。SCRAM 是处理脆性材料大变形和裂纹形成的微观力学方法,在变形期间,假设裂纹分布是随意的。图 4.4.4 是粘弹性统计裂纹模型的图示。

模型中 $\dot{S}_{ij}$是偏应力率,$\dot{e}_{ij}$是偏应变率;上角标 e、v 和 c 分别表示弹性元、黏性元和裂纹体元的变量,ve 是粘弹性体元的变量;G^n 和 η^n 分别是广义粘弹性体第 n 个 Maxwell 单元的弹性组元的剪切模量和黏性组元的阻尼系数。

1. 粘弹性体模型

单个粘弹性体由弹性元和黏性元串联而成,两部分的偏应力 S_{ij} 相等,弹性元的偏应力和偏应变的关系为 $S_{ij}=2Ge_{ij}^{e}$,黏性元的偏应力和偏应变率的关系为 $S_{ij}=2\eta\dot{e}_{ij}^{v}$,两部分应变率之和为粘弹性体的应变率,即:

$$\dot{e}_{ij}^{ve}=\dot{e}_{ij}^{e}+\dot{e}_{ij}^{v}=\frac{\dot{S}_{ij}}{2G}+\frac{S_{ij}}{2\eta} \tag{4.4.1}$$

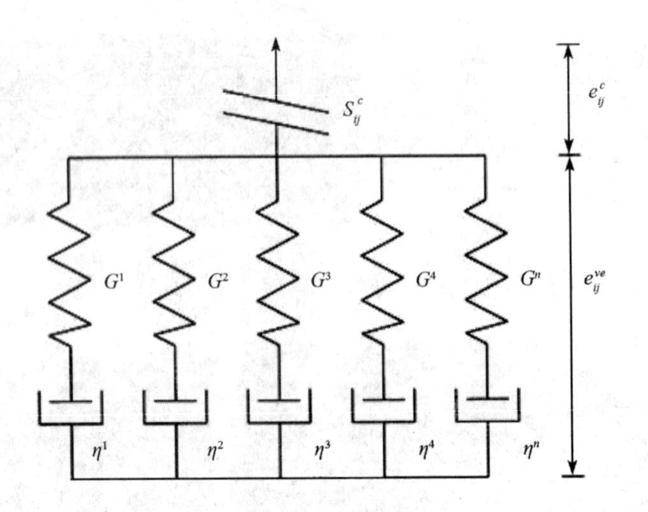

图 4.4.4　粘弹性统计裂纹模型示意图

其中 G 和 η 分别为粘弹性体的弹性元剪切模量和黏性元的黏性系数。由此得到粘弹性体偏应力率与偏应变率的关系为

$$\dot{S}_{ij} = 2G\dot{e}_{ij}^{ve} - \frac{S_{ij}}{\tau} \tag{4.4.2}$$

其中 $\tau = \eta/G$,为松弛时间。

2. 广义粘弹性体模型

广义粘弹性体由 N 个粘弹性体元并联而成,总偏应变率与每个粘弹性体的偏应变率 $\dot{e}_{ij}^{ve}$ 相等,而总的偏应力为每个粘弹性体元的偏应力之和,即:

$$\dot{S}_{ij} = \sum_{n=1}^{N} \dot{S}_{ij}^{(n)} \tag{4.4.3}$$

此外,还有如下关系:

$$G = \sum_{n=1}^{N} G^{(n)}, \quad \tau = \sum_{n=1}^{N} \tau^{(n)} \tag{4.4.4}$$

式中:N 是粘弹性体元个数;上角标 n 代表第 n 个体元。

由式(4.4.2),广义粘弹性体中,第 n 个粘弹性体元的偏应力率与偏应变率的关系为:

$$\dot{S}_{ij}^{(n)} = 2G^{(n)}\dot{e}_{ij}^{ve} - \frac{S_{ij}^{(n)}}{\tau^{(n)}} \tag{4.4.5}$$

广义粘弹性体的偏应力率与偏应变率的关系为:

$$\dot{S}_{ij} = \sum_{n=1}^{N} \left(2G^{(n)}\dot{e}_{ij}^{ve} - \frac{S_{ij}^{ve(n)}}{\tau^{(n)}} \right) \tag{4.4.6}$$

3. 统计裂纹模型

Addessio 等人在研究脆性材料动态响应时,将 Dienes 建立的统计裂纹模型简化为各向同性,得到了裂纹体的偏应变 e_{ij}^{c} 与偏应力 S_{ij} 之间的关系

$$e_{ij}^{c} = \beta^{e} c^{3} S_{ij} \tag{4.4.7}$$

式中：c 是平均裂纹半径；β^e 是与剪切模量 G 和初始裂纹数 N_0 有关的参数，其关系为

$$2G\beta^e = AN_0 \equiv \frac{1}{a^3} \tag{4.4.8}$$

其中：A 是常数；a 是初始缺陷尺寸。根据式(4.4.7)和式(4.4.8)可以得到以平均裂纹半径为参数的裂纹体应力－应变关系

$$2Ge_{ij}^c = \left(\frac{c}{a}\right)^3 S_{ij} \tag{4.4.9}$$

或以速率形式表达为：

$$2G\dot{e}_{ij}^c = 3\left(\frac{c}{a}\right)^2 \frac{\dot{c}}{a} S_{ij} + \left(\frac{c}{a}\right)^3 \dot{S}_{ij} \tag{4.4.10}$$

Dienes 假设裂纹增长速率与应力强度（$k = \sqrt{\pi c}\sigma$）的关系如图 4.4.5 所示。

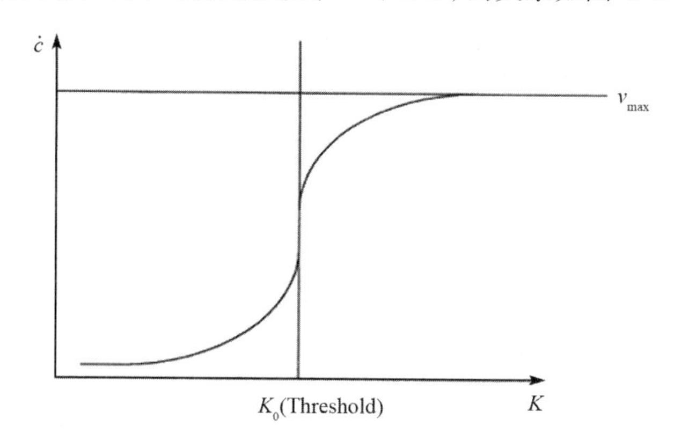

图 4.4.5　裂纹增长速率与应力强度关系

裂纹演化扩展速度的经验公式为：

$$\begin{cases} \dot{c} = v_{\max}\left(\dfrac{K}{K_1}\right)^m & K < K' \\ \dot{c} = v_{\max}\left[1 - \left(\dfrac{K_0}{K}\right)^2\right] & K \geqslant K' \end{cases} \tag{4.4.11}$$

式中

$$K' = K_0\sqrt{1 + \left(\frac{2}{m}\right)} \tag{4.4.12}$$

$$K_1 = K_0\sqrt{1 + \left(\frac{2}{m}\right)}\left(1 + \frac{2}{m}\right)^{\frac{1}{m}} \tag{4.4.13}$$

其中：$v_{\max}$ 为最大的裂纹增长速度；m 为裂纹扩展的速度指数；K_0 为材料的断裂韧性。K 为等效应力强度因子，在压缩情况下，即当 $\sigma_m \leqslant 0$ 时，有

$$K^2 = \pi \cdot a \cdot S_{eff} = \frac{3}{2}\pi \cdot cS_{ij}S_{ij} \tag{4.4.14}$$

拉伸情况下，即当 $\sigma_m > 0$ 时，有

$$K^2 = \pi \cdot a \cdot \sigma_{eff} = \frac{3}{2}\pi \cdot c\sigma_{ij}\sigma_{ij} \tag{4.4.15}$$

式中:σ_{ij}和 ε_{ij}分别为应力张量和应变张量分量;σ_{eff}和 S_{eff}分别为有效应力和有效偏应力,$\sigma_m = k\varepsilon_{ii}$。

4. 粘弹性统计裂纹模型

根据串联模型应力相等,应变率相加的原理,粘弹性统计裂纹本构模型中总的偏应变率为广义粘弹性体的偏应变率和裂纹体偏应变率之和,即

$$\begin{aligned}\dot{e}_{ij} &= \dot{e}_{ij}^{ve} + \dot{e}_{ij}^{c} \\ &= \frac{\left[\dot{S}_{ij} + \sum_{n=1}^{N} \frac{S_{ij}^{(n)}}{\tau^{(n)}}\right] + \left[3\left(\frac{c}{a}\right)^2 \frac{\dot{c}}{a} S_{ij} + \left(\frac{c}{a}\right)^3 \dot{S}_{ij}\right]}{2G} \\ &= \frac{\left[1 + \left(\frac{c}{a}\right)^3\right]\dot{S}_{ij} + \sum_{n=1}^{N} \frac{S_{ij}^{(n)}}{\tau^{(n)}} + \left[3\left(\frac{c}{a}\right)^2 \frac{\dot{c}}{a} S_{ij}\right]}{2G}\end{aligned} \tag{4.4.16}$$

式(4.4.16)即为粘弹性统计裂纹模型的总偏应力率与偏应变率之间的关系,可以改写成如下形式:

$$\dot{S}_{ij} = \frac{2G\dot{e}_{ij} - \sum_{n=1}^{N} \frac{S_{ij}^{(n)}}{\tau^{(n)}} - 3\left(\frac{c}{a}\right)^2 \frac{\dot{c}}{a} S_{ij}}{1 + \left(\frac{c}{a}\right)^3} \tag{4.4.17}$$

每个粘弹性体元的偏应力率 $\dot{S}_{ij}^{(n)}$ 为:

$$\begin{aligned}\dot{S}_{ij}^{(n)} &= 2G^{(n)}(\dot{e}_{ij} - \dot{e}_{ij}^{c}) - \frac{S_{ij}^{(n)}}{\tau^{(n)}} \\ &= 2G^{(n)}\left\{\dot{e}_{ij} - \frac{1}{2G}\left[3\left(\frac{c}{a}\right)^2 \frac{\dot{c}}{a} S_{ij} + \left(\frac{c}{a}\right)^3 \dot{S}_{ij}\right]\right\} - \frac{S_{ij}^{(n)}}{\tau^{(n)}} \\ &= 2G^{(n)}\dot{e}_{ij} - \frac{S_{ij}^{(n)}}{\tau^{(n)}} - \frac{G^{(n)}}{G}\left[3\left(\frac{c}{a}\right)^2 \frac{\dot{c}}{a} S_{ij} + \left(\frac{c}{a}\right)^3 \dot{S}_{ij}\right]\end{aligned} \tag{4.4.18}$$

在应变率 $\dot{e}_{ij}$已知的条件下,针对每一个应力分量增量,式(4.4.17)和式(4.4.18)是 $n+1$ 个常微分方程,联立求解可得 $n+1$ 个模型应力分量(即一个总偏应力分量 S_{ij}和 n 个粘弹性体元的偏应力分量 $S_{ij}^{(n)}$)的增量,其中平均裂纹半径 c 已由式(4.4.11)解出。至此,动力学程序标准循环中由已知应变率求应力增量的步骤完成。

表4.4.1 和表4.4.2 是 Bennett 在文献中给出的 PBX-9501 炸药粘弹性统计裂纹模型参数。利用表中参数,我们计算了在单轴应力条件下四个常应变率值的偏应力-偏应变关系,如图4.4.6 所示。

表4.4.1　PBX-9501 炸药的 Visco-SCRAM 模型参数(1)

n	1	2	3	4	5
G(MPa)	944	173.8	521.2	908.5	687.5
τ(s)	0	1.366×10^{-4}	1.366×10^{-3}	1.366×10^{-6}	5.000×10^{-7}

表 4.4.2　PBX－9501 炸药的 Visco-SCRAM 模型参数(2)

n	m	a(m)	c_0(m)	v_{max}(m/s)	K_0(Pa·$m^{1/2}$)
0.3	10	1.00×10^{-3}	3.00×10^{-5}	3.00×10^{2}	5.0×10^{5}

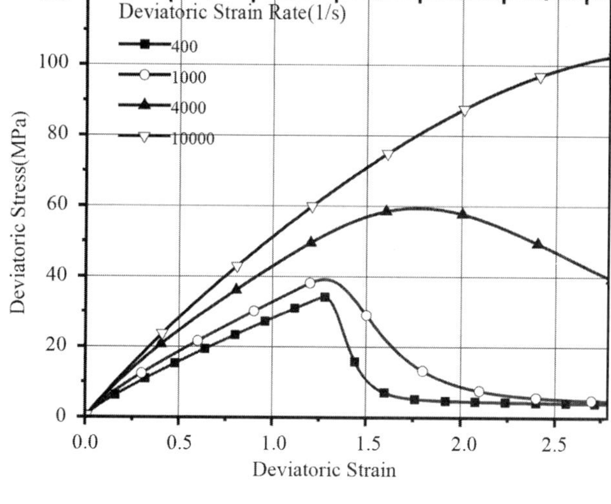

图 4.4.6　PBX－9501 炸药单轴偏应力－偏应变关系

4.4.3　点火模型

炸药受机械冲击时，粘弹性统计裂纹模型描述的材料加热包括连续宏观尺度内的体积加热和微观尺度的热点加热。宏观体积加热包含了描述黏性、损伤和绝热体积变化的力学做功项，以及一个化学分解项。对宏观连续体，与时间相关的温度变化率由能量平衡方程确定：

$$\dot{T}=\alpha\nabla^2T-\gamma T\dot{\varepsilon}_{jj}+\frac{\Im}{\rho C_v}[(\dot{W})_{ve}+(\dot{W})_c]+\frac{\Delta H}{C_v}Z\exp\left(-\frac{E_A}{RT}\right)\qquad(4.4.19)$$

方程右边的各加热项分别是：

(1)热传导项，$\alpha=k/(\rho C_v)$为热扩散率。

(2)绝热压缩加热，γ 为 Gruneisen 系数。

(3)黏性效应$(\dot{W})_{ve}$和裂纹损伤$(\dot{W})_c$引起的非弹性。$\Im$是非弹性功的热转换率。对金属，传统假设$\Im$取 95%。在缺乏含能材料相关数据的情况下，对 PBX－9501 炸药，遵循传统假设也取$\Im$为 95%。

n 维 Maxwell 模型的黏性功率为：

$$(\dot{W})_{ve}=\sum_{n=1}^{N}S_{ij}^{(n)}\dot{e}_{ij}^{ve}=\sum_{n=1}^{N}\frac{S_{ij}^{(n)}S_{ij}^{(n)}}{2G^{(n)}\tau^{(n)}}\qquad(4.4.20)$$

裂纹体损伤变形功率为：

$$(\dot{W})_c=S_{ij}\dot{e}_{ij}^{c}=\frac{1}{2G}\left[3\left(\frac{c}{a}\right)^2\frac{\dot{c}}{a}S_{ij}S_{ij}+\left(\frac{c}{a}\right)^3S_{ij}\dot{S}_{ij}\right]\qquad(4.4.21)$$

(4)热分解速率用 Arrhenius 零级化学反应动力学模型描述,其中,ΔH、E_A和 Z 分别为含能材料热分解反应单位质量分解热、活化能及指前因子。

在非冲击点火过程中,通常连续体积宏观加热的热传导时间和空间尺度与其他加热机制的时间和空间尺度相比大很多。因此,对于非冲击点火过程的整体宏观热量变化而言,式(4.4.19)中的热传导项可以忽略,偏微分方程转变为常微分方程。在流体动力学程序中,可以对每一个单元内的炸药介质的绝热温度随时间的变化进行计算和积分,结果作为单元状态变量随时间变化。

除了宏观体积加热之外,粘弹性统计裂纹模型还假设炸药中存在着随机取向的微裂纹,它们服从统计分布。在每个宏观流体动力学单元中,炸药介质处于压力和沿裂纹面剪切的组合加载条件下,如果单元的剪切应力超过了静态摩擦力,随机取向的微裂纹就会发展成点燃炸药的热点,如图 4.4.7 所示。这种热点叠加在式(4.4.19)所描述的宏观温度场上,热点的点火判据由裂纹面的滑移摩擦加热描述。这种由微裂纹摩擦触发的热点模型与宏观加热项一起包含在邻近裂纹的炸药单元体积的能量平衡方程中。在裂纹面附近,垂直于裂纹面的一维热平衡方程为:

$$\frac{\partial}{\partial y}\left(k_f\frac{\partial T}{\partial y}\right)+\rho_f\Delta HZe^{\frac{E_A}{RT}}+\mu_d p\frac{\partial v_x}{\partial y}=\rho_f C_f\frac{\partial T}{\partial t},\quad l_f\geqslant y\geqslant 0 \tag{4.4.22}$$

$$\frac{\partial}{\partial y}\left(k_s\frac{\partial T}{\partial y}\right)+\rho_s\Delta HZe^{\frac{E_A}{RT}}=\rho_s C_s\frac{\partial T}{\partial t},\quad y>l_f \tag{4.4.23}$$

式中 l_f是热点的长度尺度,它也是垂直于裂纹面裂纹一侧的裂纹宽度,摩擦热是整个热点体积上的体积量。在热点之外,只有热传导和化学反应影响温度的变化。因为微裂纹尺度下热点的长度尺度很小,因此在热点模型中必须包含热传导。

方程中的变量定义如下:

T = 绝对温度(K);

k = 炸药的热传导系数(W/(m·K));

C = 炸药的热容(J/(kg·k));

μ_d = 动摩擦系数;

$\partial v_x/\partial y$ = 平行于裂纹面的粒子速度在垂直于裂纹面方向上梯度,具体计算时可近似取为宏观有限单元的最大剪应变率;

ρ = 炸药的质量密度(kg/m^3);

ΔH = 爆热(J/kg);

Z = 指前因子(1/s);

E_A = 活化能(kJ/mole);

R = 普适气体常数(cal/(K·mole));

t = 时间(s);

l_f = 微裂纹面一侧的裂纹厚度。

热点内的材料参数用下标 f 表示(因为摩擦生热很可能使材料处于液态),而受热传导影响的热点外的材料参数用下标 s 表示。

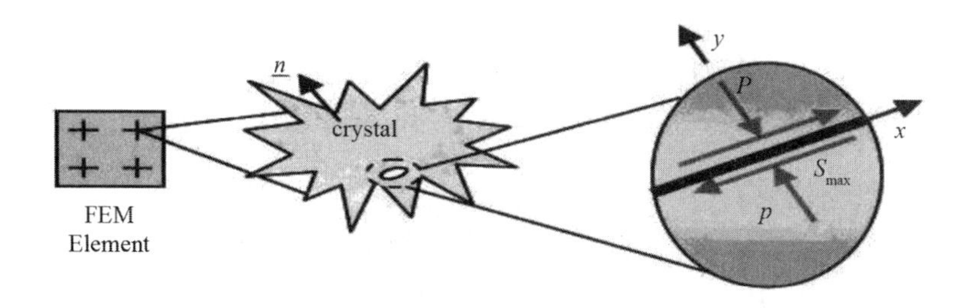

图 4.4.7　热点(裂纹面发展)模型示意图

表 4.4.3 是 HMX 炸药的点火模型参数。

表 4.4.3　HMX 炸药点火模型参数

k(W/(m·K))	C(J·kg^{-1}·K^{-1})	ρ(kg/m^3)	ΔH(J/kg)	Z(1/s)	E_A/R(K)
0.5	1.2×10^3	1.81×10^3	5.5×10^6	5×10^{19}	2.652×10^4

4.4.4　部分计算结果

Stephan 利用 ALE3D 程序对剪切打孔试验进行了数值模拟计算。整个计算范围包括入射杆、透射杆、样品和样品夹具。在计算的几何模型中,50cm 的撞击杆用入射杆被撞击界面处的输入速度边界条件代替。即撞击方向上的粒子速度脉冲为:速度 130m/s,5μs 的前沿上升时间,脉宽 200μs。模型单元为 8 节点六面体单元,单元类型如图 4.4.8 所示是混合网格单元,输入杆和输出杆用 Lagrange 网格可以提供高效的波传播计算结果。样品使用 ALE 网格以避免沙漏和过多的材料水平对流,同时保证合适的时间步长。在模拟时需要做更多的工作来减小样品中的水平对流,即样品应取 ALE 网格中偏 Lagrange 化的网格单元形式。计算用到了滑移面和对称性条件(1/4 对称)。输入、输出杆和样品夹具用弹塑性材料模型描述。样品的本构行为用 visco-SCRAM 模型描述。

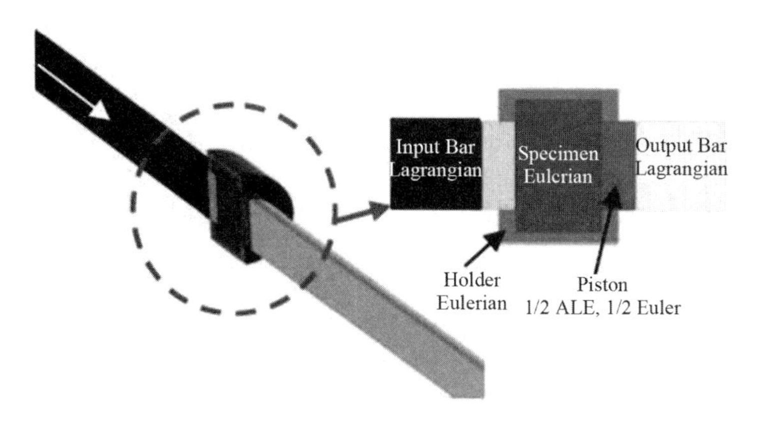

图 4.4.8　剪切打孔试验的计算模型

计算得到的样品网格变形图和替代样品 PC 材料中的温度分布等值线见图 4.4.9 。

模拟结果给出了样品中理想剪切面的大致趋势，PC 材料的温度上升是因为塑性功向热的转化。虽然温度集中在杆/样品表面附近，但因为网格分辨率的原因，温度向附近单元扩散。若用较细的网格，温度会沿理想剪切面集中，并达到较高的温度量级。

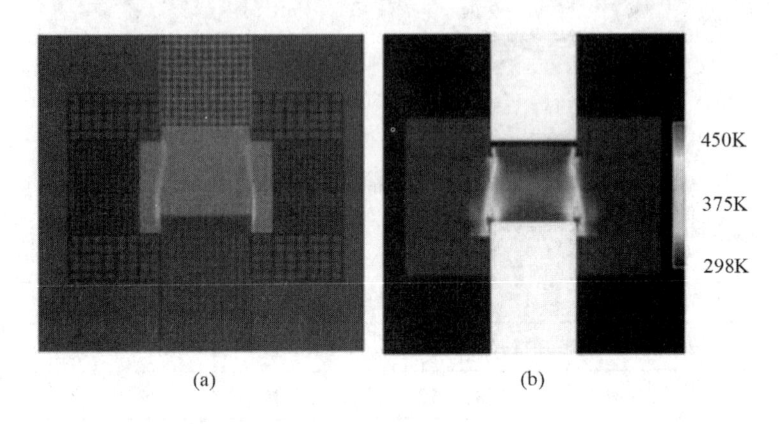

图 4.4.9　剪切打孔试验的网格变形和 PC 样品的温度分布

微裂纹热点模型必须在每一时间步长内根据单元的受力状态对每个单元分析微裂纹形成的可能性，一旦微裂纹形成，利用式(4.4.22)和式(4.4.23)求解垂直于微裂方向上温度分布。也可以根据宏观动力学计算结果，通过给定压力和偏应变率来单独执行此热点模型，将热点模型从显式流体动力学程序中分离出来进行独立评估。图 4.4.10 是 PBX－9501 炸药的微裂纹热点在压力为 1GPa 和应变率为 $14700s^{-1}$的常压、常应变率条件下的温度－时间剖面，三条曲线分别对应的热点尺寸 l_f为 3μm 、4μm 和 5μm。从图中可以看出，热点内的温度在熔化前逐渐增加，而在熔化期间几乎保持常数，此后接着稳定增加，直到化学反应产生了“失控”温度，它被作为点火判据。图中还显示，随着热点尺寸的增加，响应将从初期不点火向点火转变。热点尺寸参数只能由计算结果通过实验标定。

图 4.4.11 是热点尺寸 l_f为 4μm 时两个不同时刻的温度空间分布图。

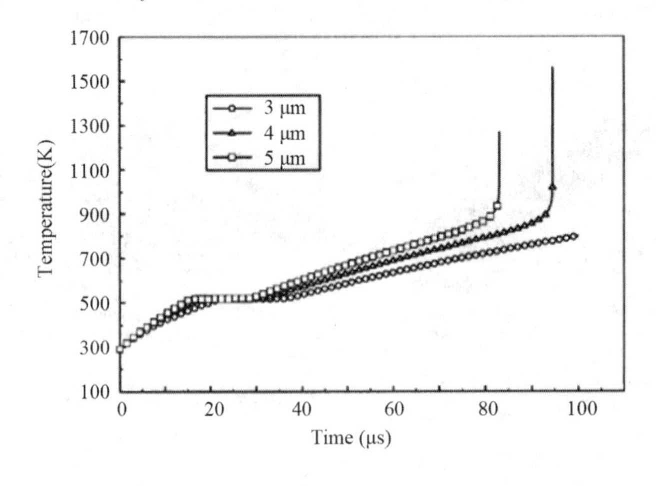

图 4.4.10　不同热点尺寸对热点温度剖面的影响

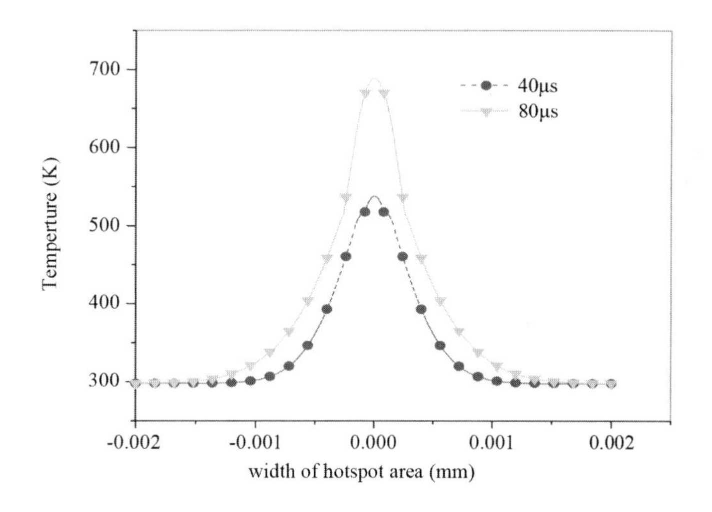

图 4.4.11　热点尺寸为 4μm 时，两个不同时刻的热点温度空间分布

4.5　爆燃向爆轰的转变(DDT)

炸药的冲击起爆过程是在可预期的较短时间和较小空间范围内发生反应、爆炸甚至爆轰。但在固体火箭发动机、火炮药室内，或当爆炸装置遇到火烧、坠落、碰撞等事故时，含能材料从燃烧或压缩开始经过一系列过程，以较小的概率发生爆炸反应甚至转变为爆轰。上节的非冲击点火和本节的 DDT 就属于这样的现象，理论探讨十分困难。本节只叙述有关 DDT 实验研究的主要结果。

DDT(Deflagration-to-Detonation Transiton)过程有两个时间尺度相差很大的阶段，一个是缓慢的发展阶段和一个较突然的到爆轰转变阶段。一般采用在较长的金属圆管中填充含能材料样品进行实验，圆管的一端用电热器点火或用活塞压缩加载点火，沿管壁设置一系列应变片、电探针和光纤探针，用来测量压力波和燃烧阵面的轨迹，还可用 X 闪光照相测量管内含能材料的密度分布，这样的实验装置称为 DDT 管，如图 4.5.1 所示，其中(b)图和(c)图分别为两种具有不同点火结构的 DDT 管的示意图。DDT 管的内部点火结构不同，引发 DDT 过程的细节就不同，但由火焰前方一系列压缩波的相互作用和叠加形成冲击波，最终实现 SDT 过程的主要 DDT 机制是相同的。

图 4.5.2 是回收的样品碎片，根据 DDT 管壁不同部位的破碎程度可以判断 DDT 过程不同阶段发生的大致位置。

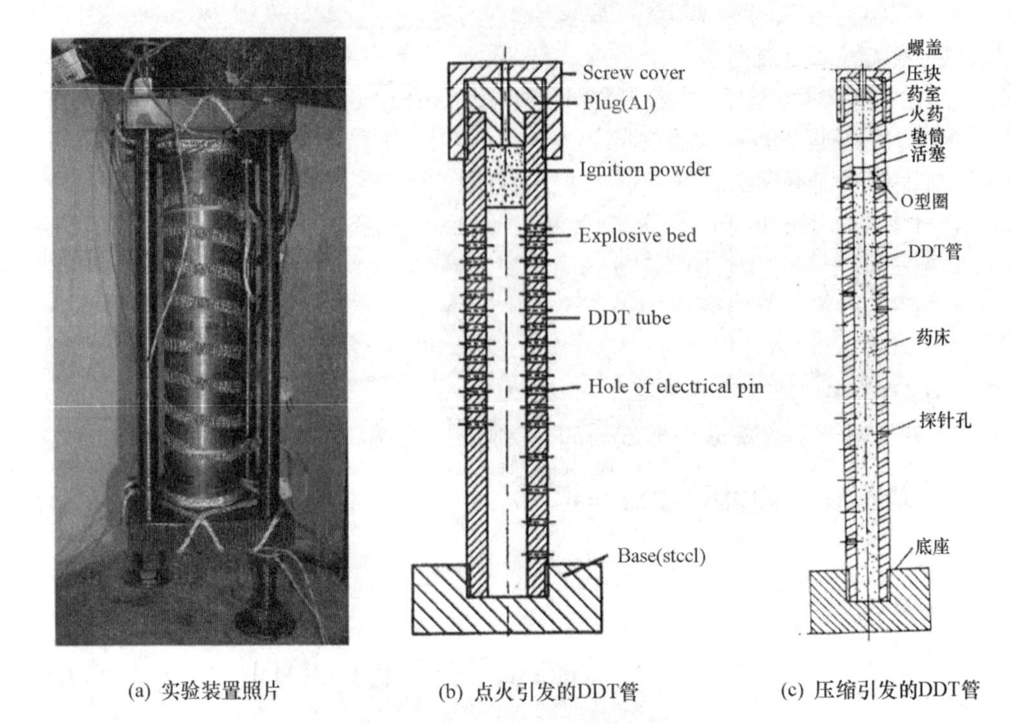

(a) 实验装置照片　(b) 点火引发的DDT管　(c) 压缩引发的DDT管

图 4.5.1　DDT 管和其点火结构示意图

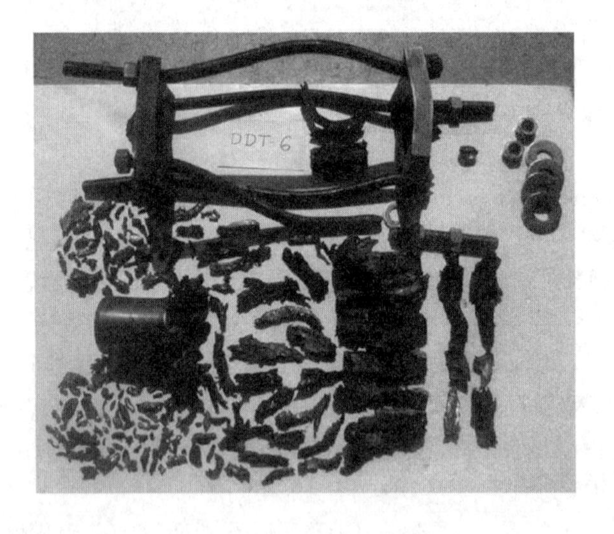

图 4.5.2　回收的 DDT 管壁碎片

4.5.1　点火引发的 DDT 过程

Bernecker 等利用图 4.5.1(b)所示的 DDT 管研究了不同颗粒尺寸 HMX 炸药的 DDT 过程,得到粗颗粒装药(颗粒尺寸 1080μm,密度 1.16g/cm^3)的实验结果如图 4.5.3 所示。电热点火器首先点燃点火药,点火药再点燃与之直接接触的被测炸药,图 4.5.3 中实线为药床中发光波阵面迹线,标注数字为速度(km/s)。弱压缩波(图中点划线)是点火药燃烧产物压缩被测炸药产生的；强压缩波（图中粗虚线）是被测炸药被点燃后，对流燃烧产物压缩燃烧波前被测炸药产生的，因为燃烧波相对于波前介质亚声速运动。从对流燃烧波阵面发出的压缩波特征线斜率逐渐增加，一旦这些特征线相交，压缩波转变成冲击波，这个示意图说明 DDT 过程是对流燃烧波阵面前的强压缩波转变为冲击波的冲击起爆机制。但是细颗粒装药（颗粒尺寸 15μm，密度 0.84g/cm^3）的实验结果并非如此，后者约于 950 μs 时在被压缩的炸药中发生热爆炸，产生超压爆轰，然后逐步衰减为正常爆轰，热爆炸同时也引起一个反向爆轰波向点火端传播。有的实验中经过第二次热爆炸，才形成爆轰波。

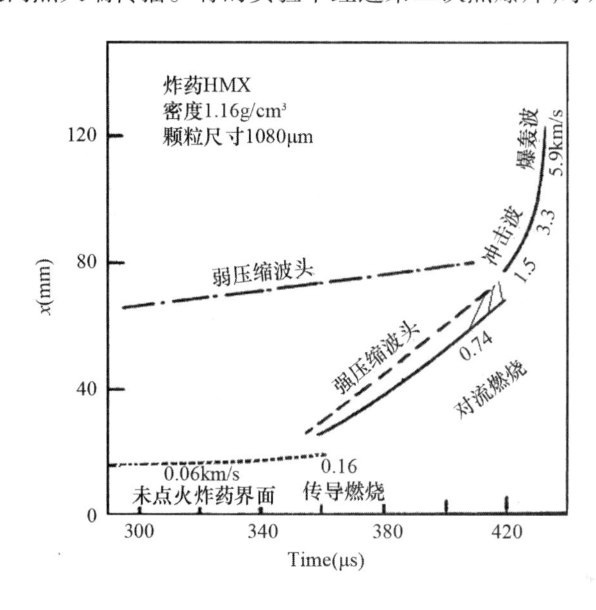

图 4.5.3　点火引发粗颗粒 HMX 炸药的 DDT 过程

4.5.2　活塞压缩引发的 DDT 过程

McAfee 用一个燃烧推动的活塞来研究低密度 HMX（65% TMD）和 LX－04（75% TMD）炸药的 DDT 过程，实验装置见图 4.5.1（c）。药床中被测炸药每隔 8mm 安装 0.13mm 厚的铅箔，以便用 X 光探测物质界面运动，离子探针与光纤用于测量燃烧波阵面运动的轨迹，电探针测激波运动历史。实验记录所呈现出的燃烧各阶段现象示意图和 DDT 过程的波系图分别见图 4.5.4 和图 4.5.5。图 4.5.4 中（a）、（b）、…、（f）图分别对应波系图 4.5.5 时间轴（t 轴）上的（a）、（b）、…、（f）时刻的 DDT 现象，其中（a）表示活塞 P 静止时的状态，活塞运动轨迹见图 4.5.5 中的实线 P；（b）为活塞速度接近饱和，即达到 100m/s 时，活塞前形成一个速度接近 400m/s 的压缩波 c，该压缩波后的介质密度接近 90% TMD（最大理论密度）；（c）显示由于动力学致密、颗粒之间的摩擦、空穴塌缩等因素致使炸药分解，在活塞运动一段距离之后活塞前形成燃烧波 b，并在预压过的介质内传播。由于被预压缩的介质对燃烧产物气体的渗漏不利，且燃烧波相对于波前介质亚声速运动，在更多介质参与化学反应时，燃烧区向前不断传入应力波 σ_i，如图 4.5.5 所示，（c）时刻附近从燃烧波 b 上发出的虚线。这些应力波特征线在 DDT 管中一定距离上相交形成冲击波S,此冲击波在压缩波c后传播,进一步将被预压过的介质再一次将密度提高到100% TMD,这种致密介质介于冲击波S和被称为虚活塞的VP之间,见图4.5.4（d)。虚活塞VP相当于冲击波的雪靶模型,支持冲击波向前传播。另外,它在燃烧波作用下逐渐加速,直至燃烧波b赶上VP,如图4.5.4（e)所示。McAfee所做的实验之一测量到的压缩波c的速度为313m/s,燃烧波b的速度为520m/s,活塞P的速度为80m/s,虚活塞VP速度最大可达1284m/s。当冲击波S的强度达到一定程度后,将引爆压缩波c后的一次致密介质,这时爆轰波的速度为8194m/s,待爆轰波进入压缩波c前的介质,爆轰波速度降为6357m/s,见图4.5.4（f)。

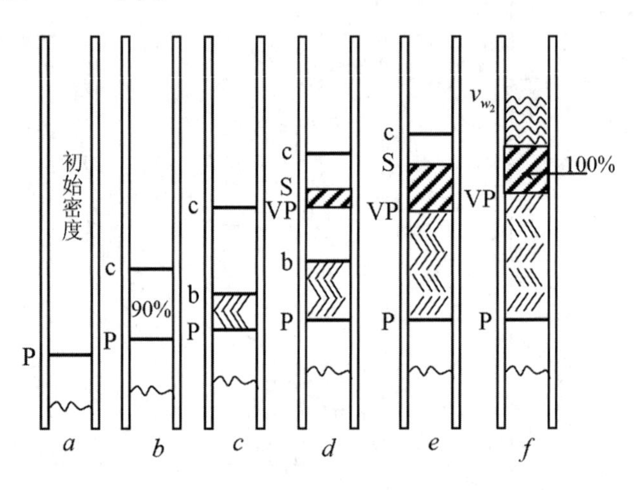

图4.5.4　实验记录所呈现出的DDT各阶段现象示意图

McAfee给出的DDT过程的图像可归纳为压实波－燃烧波－高密度“塞子”出现－冲击波形成－爆轰转变,这里压实波和“塞子”形成是关键。由于DDT的“弛豫期”要比其主要转变阶段的时间上长二三个量级,影响因素复杂,实验数据分散,理论研究及数值模拟都十分困难,现在的工作着重于最基本因素的分解实验,为理论建模打好基础。

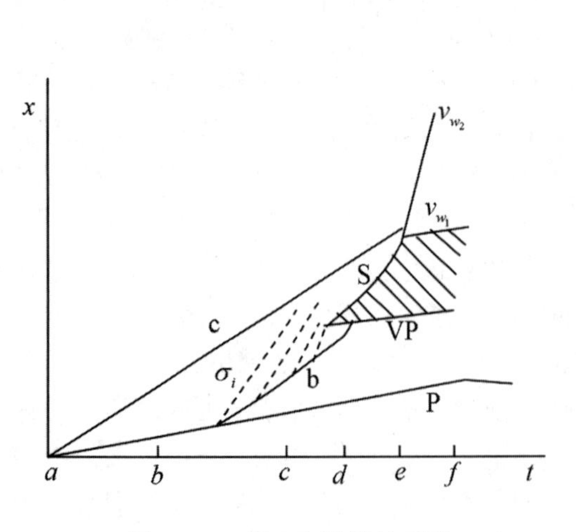

图4.5.5　DDT各阶段波系图

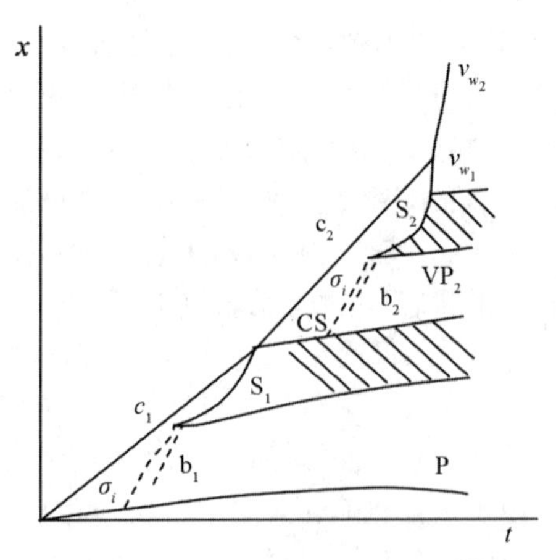

图4.5.6　双“塞子”DDT各阶段波系图

在 DDT 管壁较薄、驱动活塞速度较低的情形，第一次形成高密度“塞子”后，由于管壁约束不足，只能驱动另一个更快的压实波而不是冲击波向前传播，上述 DDT 图像再次在前方新的压实区中以更高强度展现，直至形成冲击波并转变为爆轰，如图 4.5.6 所示。

DDT 是一个随机性很明显的过程，不同成分含能材料的 DDT 过程差别很大，掺入少量钝化剂就可使转变为爆轰的距离大大增加。炸药的密度和颗粒尺寸、DDT 管的厚度、长度以及材料强度等因素都对 DDT 过程有很大的影响，一些实验数据往往自相矛盾，说明实验研究也尚未成熟，两相流的数值计算还在试探之中。

4.6　爆轰波传播

爆轰波传播的研究一般是针对爆轰波在炸药系统中建立之后，其爆轰波阵面及反应区的运动规律、波后爆轰产物的流场分布以及炸药/惰性介质（或炸药/真空）界面处爆轰波与介质的相互作用等问题进行的。爆轰模型主要探讨与宏观爆轰产物流场相自洽的定常或拟定常爆轰波的结构，是爆轰波传播研究的基础。

4.6.1　爆轰压力测量及 ZND 模型的实验验证

爆轰 CJ 压力和先导冲击波后压力剖面的测量一直是爆轰物理研究和应用中十分重要的问题。几十年来人们研究了许多测试方法，得到大量的实验结果和数据，但至今方法没有统一，实验数据的处理和解释存在相当大的分歧。本节介绍几种常用测试方法。

1. 爆轰压力测量

最常用的爆轰压力实验测量方法是阻抗匹配法。其基本原理是，利用爆轰波对惰性材料板进行冲击加载，由实验测量惰性材料板中的冲击波状态，然后反推入射爆轰波状态。假定爆轰波是波后状态恒定的 CJ 爆轰波（即不考虑爆轰波结构），$p-x$ 平面上爆轰波与物质界面相互作用过程见图 4.6.1，其中图（a）为爆轰波在炸药中传播；图（b）和图（c）显示爆轰波与物质界面作用，在惰性材料板中透射一个冲击波，在爆轰产物中反射一个波的情况。反射波的性质与物质界面两端爆轰产物和惰性材料板的冲击阻抗的相对大小有关，图中下标 J、t 和 r 分别表示入射波（爆轰波）、透射波和反射波，m 代表惰性材料。

在爆轰产物与惰性材料板的接触界面上，透射冲击波与反射波的状态满足界面连续条件：

$$\begin{cases} p = p_r = p_t \\ u = u_r = u_t \end{cases} \tag{4.6.1}$$

当爆轰波与物质界面作用后，若惰性材料冲击阻抗大于爆轰产物的冲击阻抗，在惰性材料中传播的透射冲击波和在爆轰产物中反射的冲击波满足如下关系：

$$p = \rho_{m0} D_t u_t \tag{4.6.2}$$

$$p - p_J = \rho_r (D_r - u_r)(u_J - u_t) \tag{4.6.3}$$

从上两式中消去 u_t，并利用爆轰波和反射波的质量守恒关系

$$\rho_0 D_J = \rho_J (D_J - u_J) = \rho_r (D_r - u_r) \tag{4.6.4}$$

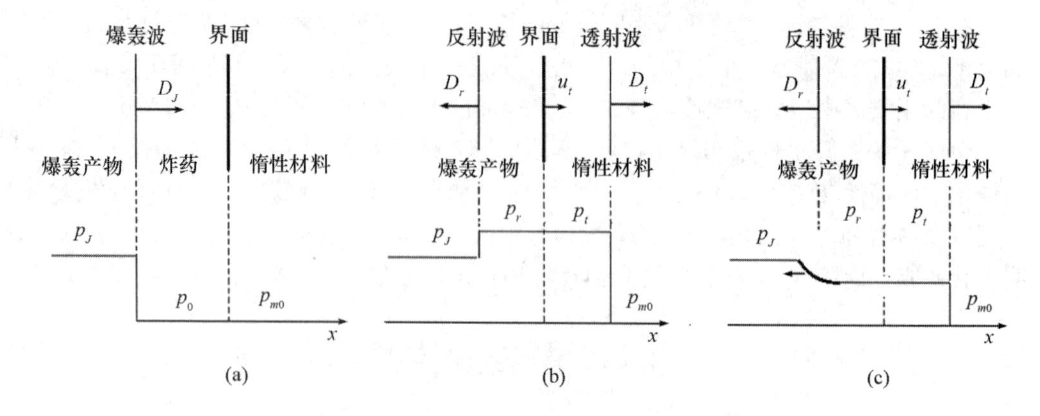

图 4.6.1　自由面速度法实验装置示意图

及爆轰波关系

$$u_J = p_J/\rho_0 D_J \tag{4.6.5}$$

可得

$$p_J = \frac{\rho_{m0} D_t + \rho_0 D_J}{2\rho_{m0} D_t} p \tag{4.6.6}$$

再由式(4.6.2)，用 u_t 表示 p，有

$$p_J = \frac{1}{2} u_t(\rho_{m0} D_t + \rho_0 D_J) \tag{4.6.7}$$

这样，爆轰波压力 p_J 的测量可以归结为透射冲击波速度 D_t 及其波后粒子速度 u_t 的测量。若与炸药接触的惰性板选用标准材料，即惰性板材料的冲击绝热线 $D_t = C_m + S_m u_t$ 已知，式(4.6.7)成为：

$$p_J = \frac{1}{2} u_t[\rho_{m0}(C_m + S_m u_t) + \rho_0 D_J] \tag{4.6.8}$$

图 4.6.2 是 $p-u$ 平面上阻抗匹配法求 CJ 爆轰压力的图解。图中 A 点是惰性材料中透射冲击波的波后状态，它也是爆轰产物中反射冲击波波后状态，若惰性材料的冲击绝热线已知，任意测量 p_t、u_t 或 D_t 都能确定 A 点的状态。过 A 点作爆轰产物的反射冲击绝热线，它与爆轰波 Rayleigh 线的交点 J 即为爆轰波波后状态点。

若惰性材料的冲击阻抗小于爆轰产物的冲击阻抗，即 OA 直线的斜率小于 OJ 直线的斜率，爆轰波从物质界面向爆轰产物的反射波是稀疏波，波后状态 A 点在 J 点以下的爆轰产物反射稀疏波的 $p(u)$ 曲线上，即

$$u - u_J = -\int_{p_J}^{p} \mathrm{d}p/\rho c \tag{4.6.9}$$

若取爆轰产物的等熵线方程为 $p = A\rho^k$，则 $c^2 = Ak\rho^{k-1}$，将其代入上式并积分，可得反射稀疏波波头(J 点)的状态与波尾(A 点)的状态之间的关系为：

$$p_J = p_r\left[1 - \frac{(k^2-1)u_r - (k-1)D_J}{2kD_J}\right]^{\frac{-2k}{k-1}} \tag{4.6.10}$$

用上式替代反射冲击绝热线式(4.6.3)，并利用界面连续性条件和惰性材料中的透

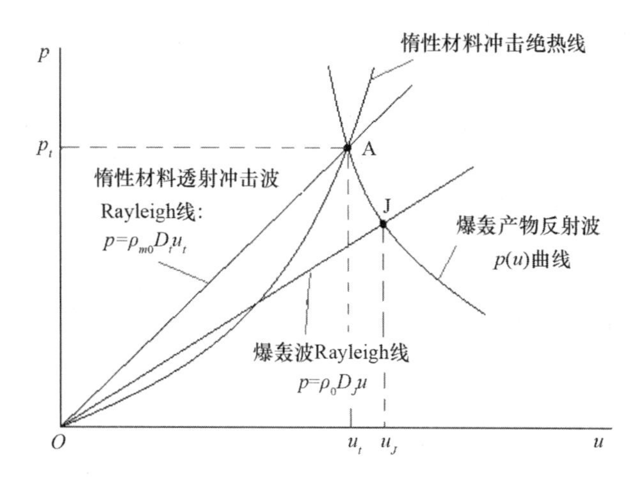

图 4.6.2　确定爆轰波压力的阻抗匹配法的图解

射冲击波关系，上式可写为：

$$p_J=\rho_{m0}D_tu_t\left[1-\frac{(k^2-1)u_t-(k-1)D_J}{2kD_J}\right]^{\frac{-2k}{k-1}} \tag{4.6.11}$$

同样，若惰性材料的冲击绝热线已知，任意测量在惰性材料中传播的透射冲击波参量 p_t、u_t或 D_t，都能通过上式确定爆压 p_J。

测量爆压的“水箱法”就是根据炸药爆轰产物与惰性材料——水的界面上的冲击波速度和已知水的冲击绝热线确定爆压的。也可利用其他透明惰性介质作监测器，测量介质中冲击波速度随传播距离的衰减，然后外推到爆轰产物界面上的冲击波速度。这种方法的优点是用一发实验就可以确定爆压，节省时间和经费。用非透明惰性材料的楔形样品及高速扫描相机也可以连续记录惰性材料中的冲击波速度。若用台阶样品，得到的各段平均速度还必须换算为爆轰产物与台阶样品界面的冲击波瞬时速度。

2. ZND 模型的实验验证

经典爆轰理论的 ZND 模型把爆轰波看成由先导冲击波和紧跟其后的化学反应区构成，反应终止于 CJ 面，整个化学反应区（包括它的两个端面）以相同的速度 D 沿炸药传播。模型有两个重要推论：

（1）因为反应区内的带反应流动过程是沿 Rayleigh 线进行的 Rayleigh 过程，所以具有单一放热反应的爆轰波在状态－空间（或时间）平面上存在化学峰；

（2）为保证爆轰波能自持稳定地传播，在爆轰反应区末端的 CJ 面上应满足流动的声速条件，即爆轰反应区 CJ 面相对于当地爆轰产物质点以声速运动，CJ 面后方是不定常的等熵膨胀流动区。在 CJ 面处流动参量发生弱间断，即反应区内、外流动参量的空间或时间导数不相等，粒子速度或压力剖面（或历程）曲线在 CJ 点发生转折。转折的拐点是否明显与化学反应在 CJ 点处快完成时的快慢程度有关，反应结束得越快，拐点越明显。对钝感炸药而言，因为反应区宽，反应快结束时的反应速率很小（这个结论见 6.3.4 节对 PBX－9502 炸药爆轰反应区的 Lagrange 分析结果图 6.3.18（b）），因此实际在炸轰波状态剖面上观察不到 CJ 拐点。声速条件得到的另一个很重要的结果是，爆轰 Hugoniot 曲线和在它上面的最小爆速 D 所对应的状态（即 CJ 状态）由反应产物状态方程单独决定，而不需要未反应炸药的状态方程。

通过对爆轰波阵面后粒子速度剖面 $u(t)$ 的测量，Duff 和 Houston 在 1955 年首先从实验上发现了爆轰波纵向结构——“化学峰”的存在。他们用的方法是自由面速度法或称“离片法”，这种方法的实质是通过实验，测量与爆轰药柱接触的惰性介质（通常是金属）内冲击波的状态剖面，反推爆轰波状态。

图 4.6.3 和图 4.6.4 分别是自由面速度法的实验装置和爆轰波压力剖面与惰性材料板中冲击波压力历程关系的示意图。实验设计思想如下：

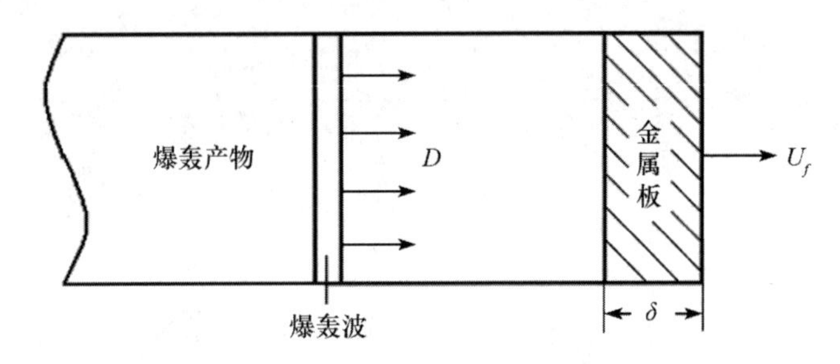

图 4.6.3　自由面速度法实验装置示意图

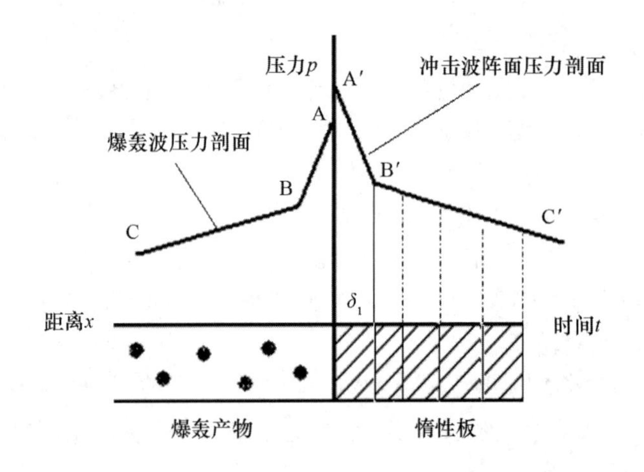

图 4.6.4　爆轰波压力剖面与惰性材料板中冲击波压力历程关系

（1）当爆轰波对惰性材料板进行冲击压缩时，其爆轰波结构的特点会在惰性材料板中传播的冲击波上反映出来；

（2）改变惰性材料板的厚度 δ，并测量其自由面速度 U_f，然后根据测得的 $U_f(\delta)$ 关系和惰性板材料的冲击绝热线可以反推爆轰波状态剖面，其中 $U_f(\delta)$ 关系的折点（图 4.6.4 中 B′点）所对应的 $U_f(\delta_1)$ 可用于计算（反推）CJ 点（图 4.6.4 中 B 点）上的爆轰产物压力 p 和粒子速度 u。设 u_{tb} 为图 4.6.4 中 B′点处的冲击波阵面的粒子速度，利用自由面速度倍增定律，有

$$u_{tb} = \frac{1}{2}U_f(\delta_1) \tag{4.6.12}$$

将其代入式(4.6.8)可得爆轰压力 p_J 为：

$$p_J = \frac{1}{4}U_f(\delta_1)\left[\rho_{m0}\left(C_m + S_m\frac{1}{2}U_f(\delta_1)\right) + \rho_0 D_J\right] \tag{4.6.13}$$

自由面速度法把测爆轰压力 p_J 归结为测量爆轰冲击作用下惰性板自由面速度 U_f 的问题。由于实际爆轰反应区内及波后流场状态的不均匀，U_f 的变化反映了爆轰波压力的剖面，应用式(4.6.13)计算爆压 p_J 实际上包含了“拟均匀化”的假设。在图 4.6.5 所示 $x-t$ 平面的波系图上，“拟均匀化”的假设认为爆轰波为强间断面，其后的 B 区、爆轰产物中反射波后的 C 区和惰性材料冲击波后的 D 区均为均匀流动区。如果考虑爆轰波结构，爆轰波迹线 OJ 应为一簇平行的直线，这簇平行直线的两端分别为先导冲击波和 CJ 面的运动轨迹，爆轰波与物质界面的交点 J 这时扩展为爆轰波结构与物质界面相互作用的 JJ′ 线段(见图 4.6.5 中 J 点附近区域的放大图)，其中 J′点为先导冲击波与物质界面的作用点，J 点为 CJ 面与物质界面的作用点。先导冲击波与物质界面作用后的反射波一定会影响反应区内(包括 CJ 面)及爆轰波后的流场运动状态。对爆轰波剖面的测量必须详细考虑爆轰波结构反射区 E 内的流动。

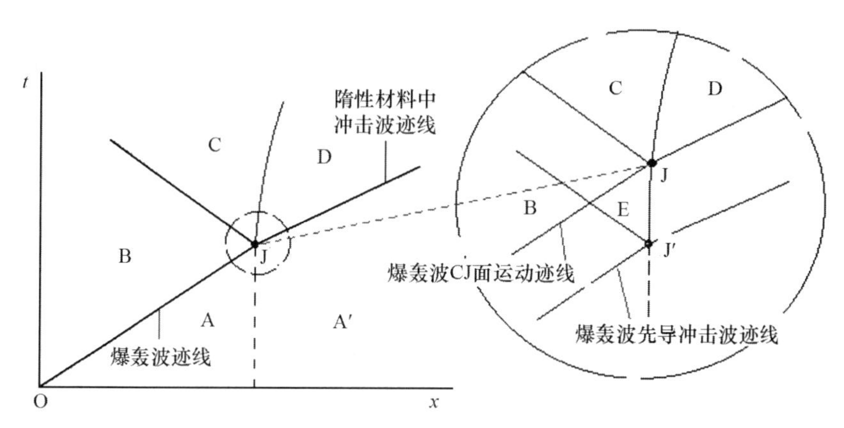

图 4.6.5　爆轰波压力剖面与惰性材料板中冲击波压力历程关系

图 4.6.6 是 Duff 等人得到的 Comp B 炸药驱动铝板的实验结果，从中可看出自由表面速度随铝板厚度变化的曲线基本可以用两段直线拟合，第一段的斜率比第二段的大。按照 ZND 模型，铝板厚度为零处的自由表面速度应与化学反应尖峰(VN 点)的状态对应。第二段直线的斜率较平缓，对应于反应区后的不定常流动。两条不同斜率直线的交点即为图 4.6.4 中的 B′点，对应于爆轰反应区末端的 CJ 点。

一般地，敏感炸药的化学反应区较窄，其反应区波剖面与 CJ 点后的不定常流动波(Taylor 波)剖面之间有一个明显的拐点，我们通常可以用这个拐点来确定 CJ 点的状态。但是对于一些具有较宽化学反应区的钝感炸药来说，在主要的快速反应完成之后是固态碳粒子凝结所控制的相对缓慢的扩散反应，这部分反应也是放热反应，但因为其产物质量分数只占总反应比重的一小部分，所以这些钝感炸药的爆轰反应区剖面与 CJ 点后的 Taylor 波剖面之间没有明显的拐点。为了更精确地测定自由表面速度与惰性板厚度关系曲线 $U_f(\delta)$ 中与爆轰波 CJ 点对应的弱间断点，可利用 ZND 模型关于反应区末端的声速

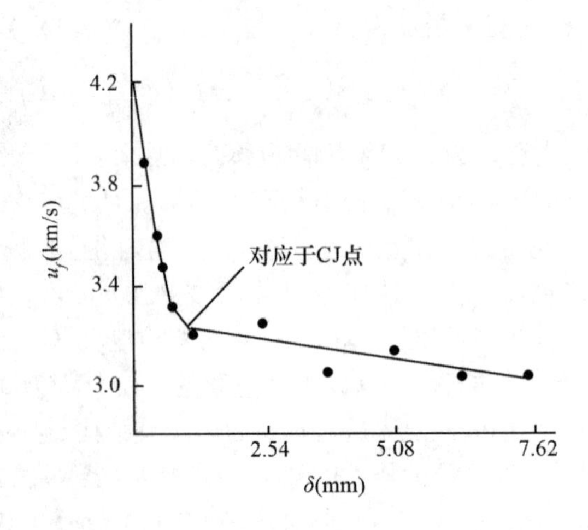

图 4.6.6　Comp B 炸药爆轰驱动铝板的自由表面速度与板厚关系

条件，认为定态爆轰反应区内的状态与装药长度无关，而反应区后不定常流动区中的状态变化则与装药长度有关，用不同长度装药测量几条 $U_f(\delta)$ 曲线，这些 $U_f(\delta)$ 曲线在对应 CJ 点之前的部分应该彼此重合，在该点之后各条曲线的斜率可以不同。也就是说，不同长度装药的 $U_f(\delta)$ 曲线的第二段应相交于一点，该点对应于爆轰波 CJ 点。

图 4.6.7、图 4.6.8 是两组实验结果：一组是压装 RDX/TNT 混合炸药（ρ_0 = 1.67g/cm^3），长度 10mm ~ 400mm，直径 120mm，铝板厚度 0.2mm ~ 18mm；另一组是压装 TNT 炸药（ρ_0 = 1.63g/cm^3），装药长度分别为 20mm、40mm 和 200mm，直径 90mm，铝板厚 1.5mm ~ 10mm。从图 4.6.7 可以看出，RDX/TNT 混合炸药的 $U_f(\delta)$ 数据与 ZND 模型比较符合，不同装药长度的曲线基本交于一点。在 TNT 炸药的实验中，不但薄板的数据分散性很大，厚板的数据也较分散。若以直线拟合数据并使各直线相交，它们的交点不易确定。这说明利用图 4.6.1 所示实验方法测 $U_f(\delta)$ 曲线，并由曲线的折点确定对应 CJ 点的方法并不具有普适性，因为曲线上的每一个状态点都是独立测量的，数据分散性很大。

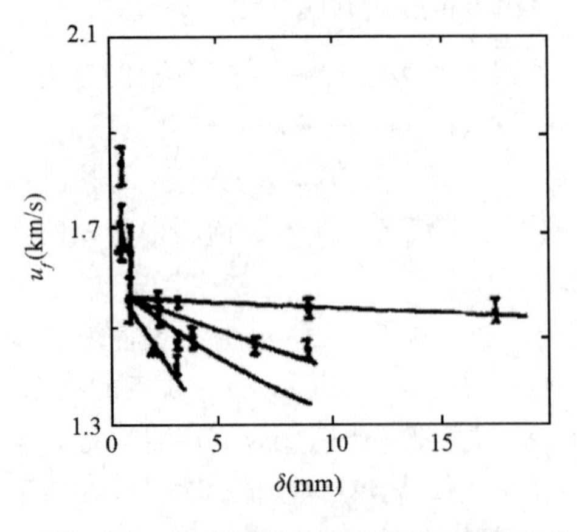

图 4.6.7　RDX/TNT 炸药爆轰作用下铝板自由表面速度与板厚的关系

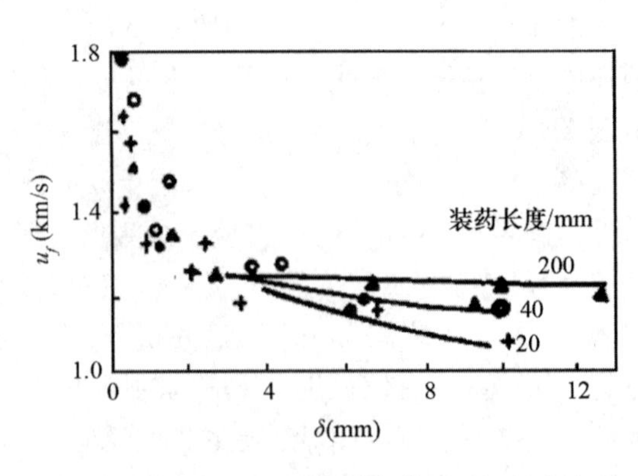

图 4.6.8　TNT 炸药爆轰作用下铝板自由表面速度与板厚的关系

若将图 4.6.3 所示实验装置中的金属板换成标准的透明材料(如 LiF 等),就可以利用激光干涉法直接连续地测量炸药/透明材料界面的粒子速度剖面,如果炸药的爆轰波有明显拐点,这种方法用一发实验就可以确定 CJ 点,而且其测量结果也远比自由面速度法的测量结果精确。图 4.6.9 为黄文斌等人用激光干涉法测量得到的钝感 TATB 基炸药/透明材料界面的粒子速度剖面,结果显示这类钝感炸药的爆轰波剖面上观察不到爆轰反应区与其后等熵膨胀流动区之间的拐点。实验通过改变被测装药长度使反应区后的 Taylor 波波形发生差异,然后利用 Taylor 波曲线相交的方法来确定炸药的爆轰反应区及反应区末端满足 CJ 条件的状态点。原则上,还可以通过改变撞击飞片厚度等影响起爆端稀疏波追赶过程的方法调整 Taylor 波波形。

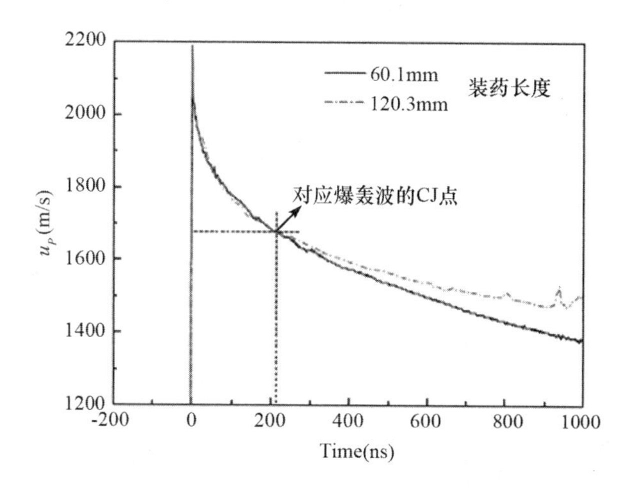

图 4.6.9 TATB 基钝感炸药爆轰产物与透明材料界面的粒子速度剖面

4.6.2 爆轰波传播

爆轰波在一定直径的均匀药柱中传播时,不论初始波形如何,经相当距离的非定常传播后,都会进入拟定常状态,此后波阵面的形状和传播速度不再变化,形成拟定常二维爆轰波。它的传播速度称为定态爆速或渐近爆速,它随药柱直径的增加而增大,并趋于平面爆轰的 CJ 爆轰速度 D_J。这种爆轰波波形和爆速随装药直径变化的现象称为爆轰波的直径效应,如图 2.5.3 所示,它与炸药的爆轰波纵向结构密切相关。

对高能炸药所做的众多一维 Lagrange 量计实验和测量炸药/透明介质界面运动速度的激光干涉实验为构造反应材料模型建立了很好的数据库。本小节介绍的各种二维实验也非常有助于人们了解这些炸药的爆轰波结构与装药直径、熄爆直径以及波曲率之间的关系。

1. 爆轰波传播的直径效应

爆轰波的直径效应主要体现在爆速和波形随装药直径的变化上,图 4.6.10 和图 4.6.11 是两个测量爆轰波传播直径效应的典型实验装置,两者的主要区别在爆速的测量上。

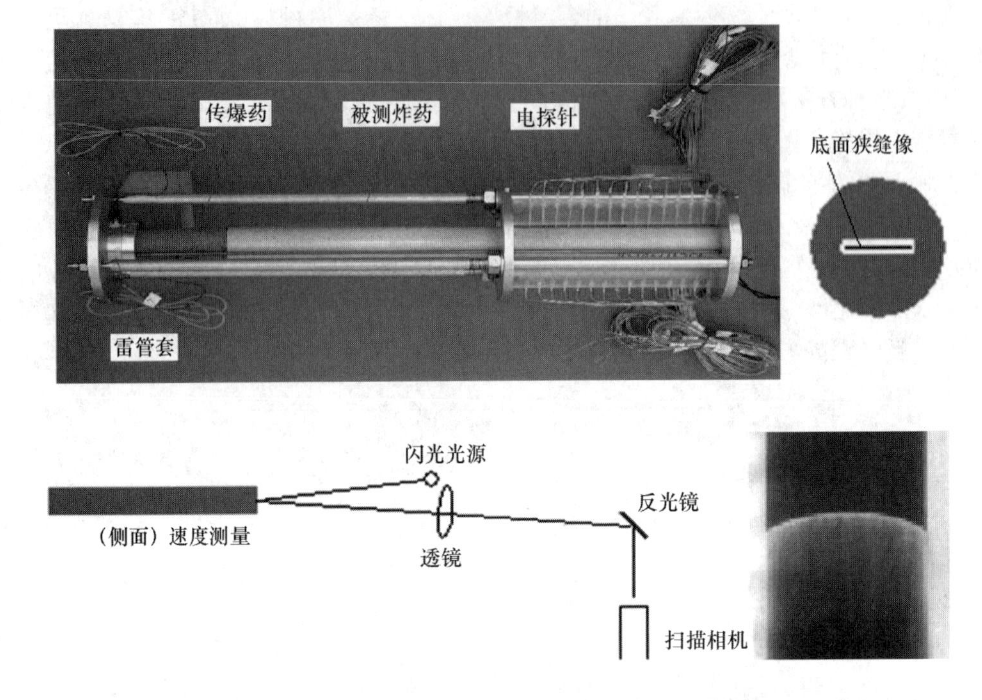

图 4. 6. 10 测量爆轰波传播直径效应的典型实验装置一

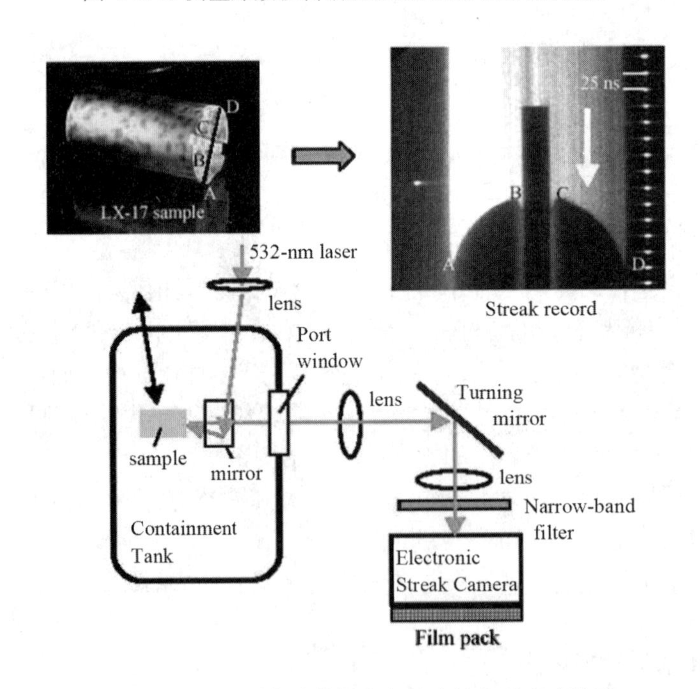

图 4. 6. 11　测量爆轰波传播直径效应的典型实验装置二

为保证爆轰波在到达测速段和药柱底面之前已进入拟定常状态，被测炸药用于爆轰波演化的长度应不低于装药直径的 6 倍。原理上，炸药爆轰反应区宽度越宽、直径越大，被测炸药演化段的长度应取的越长。

(1)爆速与装药直径的关系

爆轰波在有限直径装药中传播时,侧向稀疏的影响导致爆轰反应区中用于支持爆轰波传播的能量减少,装药直径越小,用于支持爆轰波传播的有效能量就越少,因此,直径效应会直接影响炸药的爆速。图 4. 6. 12 和图 4. 6. 13 给出了几种炸药的爆速与装药直径关系的实测曲线。从图上可以看出,在一定的直径范围内,炸药的爆速随直径的增加而提高,当直径达到一定值时,爆速有一最大值,直径再增加时爆速不再变化。

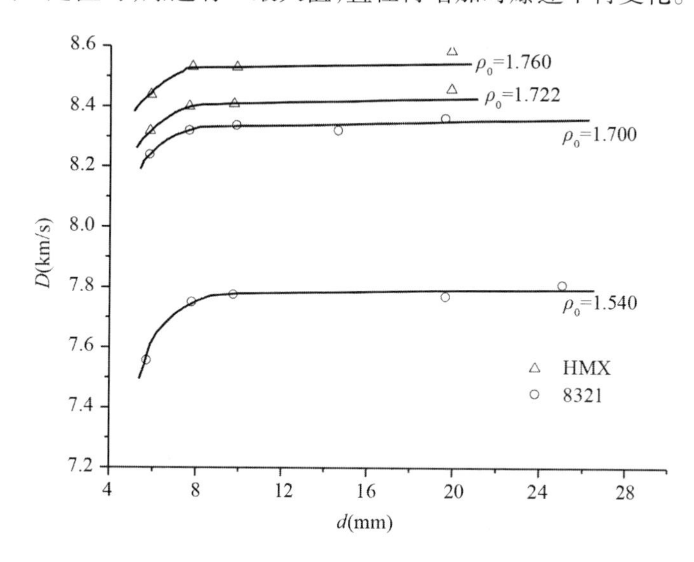

图 4. 6. 12　HMX 和 8321 炸药的爆速与装药直径关系

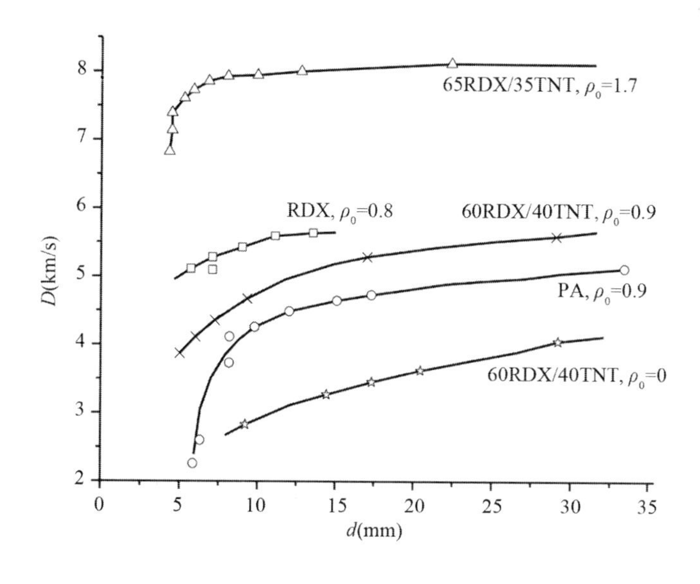

图 4. 6. 13　几种炸药的爆速与装药直径关系

归纳起来,装药直径对爆速的影响,可以用图 4. 6. 14 所示的 $D-d$ 曲线来表示。爆速达到最大时的最小直径,称为极限直径,用 d_L 表示。极限爆速通常接近 CJ 理想爆速

D_J 值。能使炸药产生稳定爆轰的最小直径，称为临界直径，用 d_C 表示。当装药直径在临界直径和极限直径之间时，爆速随装药直径的增加而提高。

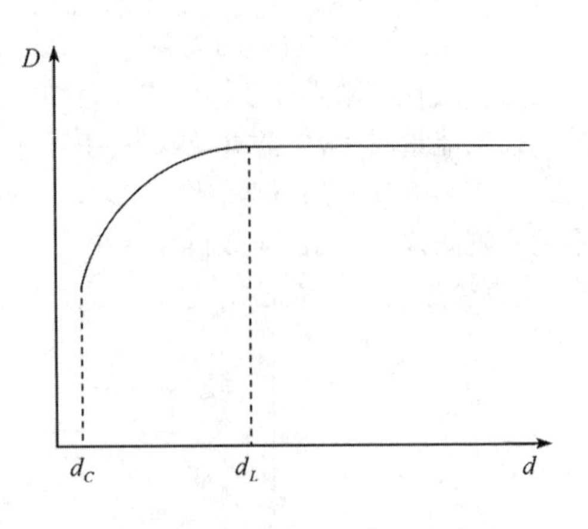

图 4.6.14　爆速与装药直径的关系

装药直径对爆速的影响，以及装药临界直径和极限直径的存在，都是由于产物的径向膨胀——直径效应引起的。直径效应的大小与爆轰波阵面内化学反应完成的时间和侧向稀疏波传至装药轴线的时间有关，即与化学反应区宽度和装药直径有关。

假设反应区内完成化学反应所需的时间为 t_1，稀疏波从装药侧面传至装药轴线的时间为 t_2。

如果 $t_1 < t_2$，表示侧向稀疏波尚未到达装药轴线之前，反应区内的化学反应已经完成。这时，反应区中心部分的能量基本没有损失（见图 4.6.15(a)），装药中心部分的爆速不受影响，仍以极限爆速传播。这对应图 4.6.14 中 $d > d_L$时的情况。

如果 $t_1 = t_2$，这时侧向稀疏波到达药柱轴线时，化学反应刚好完成（见图 4.6.15(b)），这时只有轴线上的炸药没有受稀疏波影响，爆轰波仍以极限爆速传播，这对应图 4.6.14 中 $d = d_L$时的情况。

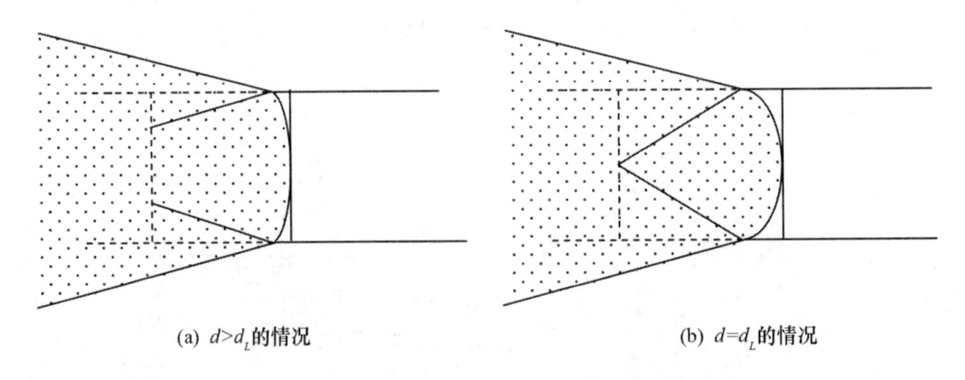

(a) $d>d_L$的情况　　　(b) $d=d_L$的情况

图 4.6.15　侧向稀疏波对化学反应区的影响

如果 $t_1 > t_2$，这时反应区内的化学反应还未完成，稀疏波就已经到达装药轴线，这使得反应区支持爆轰波传播的有效能量减少，整个波阵面的速度都低于极限爆速。装药直径越小，反应区中受稀疏波影响的区域越大，有效能量越小，爆速越低。但在一定限度内，仍能维持稳定的爆轰波传播速度，这时的装药直径满足 $d_C < d < d_L$。若装药直径再减小，反应区内的有效能量将不足以支持爆轰波的稳定传播，从而导致爆轰熄灭，这时对应图 4.6.14 中 $d < d_C$的情况。

（2）定态爆轰波波形

对爆轰波传播的实验研究表明，若爆轰反应区宽度比波阵面曲率半径小很多，可把爆轰波看作无厚度的几何曲面，面上各点都是新的起爆点（波源），从这些点产生的许多小爆轰波的包络线就构成下一时刻宏观的爆轰波阵面。这种观点类似于几何光学的 Huygens 原理,但使用这种类比应具备如下条件:

1)炸药在爆轰性能上各向同性,爆速 D 是炸药体内各点单值的、充分光滑的函数;

2)炸药装药体积较大,在所考虑的区域和时间内可避免来自外部边界的稀疏影响;

3)爆轰波阵面曲率半径显著地大于平面爆轰反应区宽度,爆速与波阵面曲率基本无关;

4)线状装药的直径或片状装药的厚度应大于炸药的极限直径(或厚度),保证爆轰波能稳定传播。

在装药的一些局部区域,如起爆区、爆轰传递区、介质或真空界面、绕射区小曲率半径或几何形状突变部位等,几何光学原理不适用,必须依靠实验或带反应流体动力学计算。

对柱形装药一端点起爆的情况,实验观察到波阵面曲率半径随着爆轰波的传播不会无限制增大。曲率半径 R 最初随药柱长度 l 的增加线性地增大,当药柱长度大于某一极限长度 l_L时,波阵面曲率半径 R 趋近于一个恒定值 R_L。图 4.6.16 描述的是实验测得的几种炸药爆轰波阵面曲率半径 R 与装药长度 l 之间的关系,其中对于直径 $d=75\text{mm}$、$\rho_0=0.9\text{g/cm}^3$的 TNT 药柱,当 $l/d=3.2$ 时,波形的曲率半径达到最大的 R_L值,而当 $l/d=6$ 时,波形的曲率半径仍为 R_L。

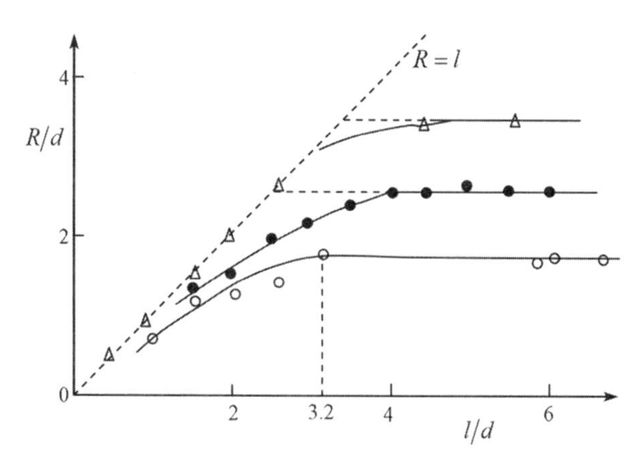

图 4.6.16　几种炸药爆轰波阵面曲率半径与装药长度的实测曲线

实验研究结果表明,对于大多数非钝感炸药,爆轰波的最大曲率半径 R_m一般约为装药直径 d 的 2 ~3.5 倍。R_m/d 的比值随着直径的变化而变化,当装药直径趋近于临界直径时,该比值接近 0.5。而当装药直径增大时,该比值随之增大。原则上,当装药直径与爆轰反应区宽度相比足够大时,定态爆轰波在装药中心附近的波形曲率半径应趋于无限大。

钝感炸药因其爆轰反应区宽度较长,在用光学方法类比处理爆轰波传播问题时会有一定局限。在进行爆轰波传播实验时,药柱的极限长度 l_L应取的更大。表 4.6.1 和图 4.6.17 分别为谭多望等通过光电联合测试方法(图 4.6.10 所示实验装置)测定的常温下直径为 9.97mm、12.49mm、15mm 和 29.99mm 的钝感 JB -9014 药柱的定态爆速和波形。

表 4.6.1　JB－9014 炸药的定态爆速

编号	直径(mm)	长度(mm)	密度(g/cm^3)	温度(℃)	D_0(km/s)
1	9.97	200	1.890	24	7.50
2	12.49	200	1.890	24	7.52
3	15.00	240	1.890	23.5	7.55
4	29.99	300	1.895	23.5	7.55

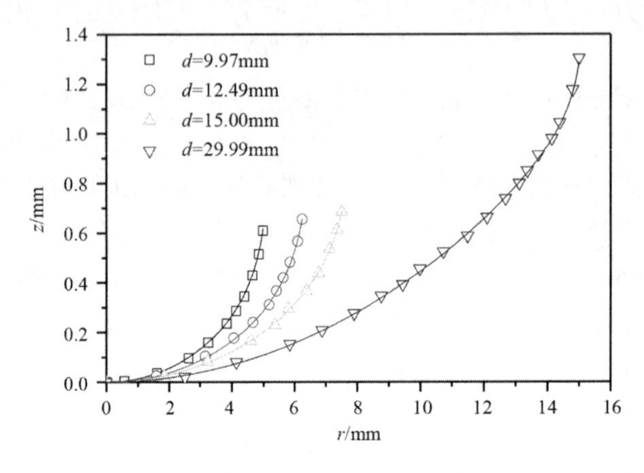

图 4.6.17　JB－9014 炸药定态爆轰波阵面波形实验的拟合结果

LANL 的 Hill 等人对 PBX－9502 炸药的直径效应也有相应的实验测试结果，其中 PBX－9502 炸药在常温下直径为 10mm、18mm 和 50mm 定态爆速和波形的实验结果分别见表 4.6.2 和图 4.6.18。

表 4.6.2　PBX－9502 炸药的定态爆速

编号	直径/mm	密度/(g/cm^3)	温度/℃	D_0/(km/s)
15－2851	10.0	1.890	25	7.451
15－2844	18.0	1.886	25	7.523
15－2839	50.0	1.886	25	7.641

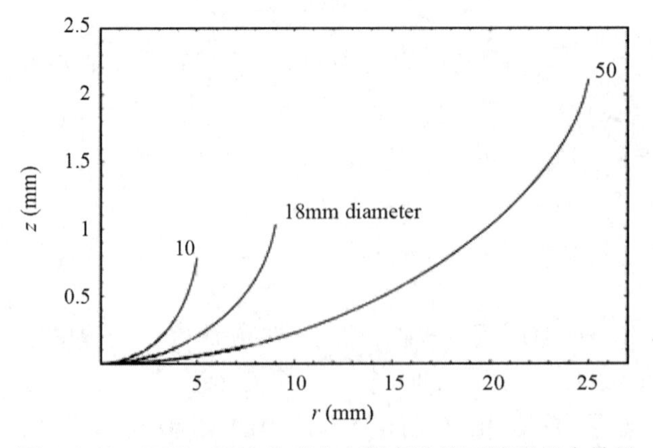

图 4.6.18　PBX－9502 炸药定态爆轰波阵面波形拟合结果

图 4.6.19 是用于测量在受惰性材料约束的扁平方形装药中稳定传播的爆轰波速度和爆轰波波形的 Sandwich 试验装置。利用线平面波发生器可以在装药中心截面(图 4.6.19 中的模拟平面)上实现二维平面对称波传播问题。然后,沿装药中心截面,在距起爆端一定演化距离后测量爆轰波速度和爆轰波速度稳定后底面的爆轰波波形。

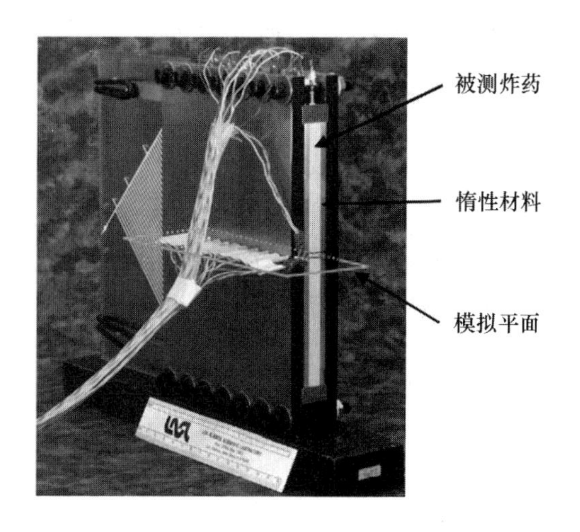

图 4.6.19　Sandwich 试验装置照片

Eden 和 Belcher 用 Sandwich 试验研究了黄铜和铍材料壁的约束对 EDC35 炸药板中爆轰波传播速度的影响。试验装置中 EDC35 炸药板的厚度为 25mm,两边的惰性约束材料分别用 10mm 厚的黄铜壁和 9.3mm 厚的铍壁。实验装置底部模拟平面上扫面相机记录的爆轰波形见图 4.6.20。结果显示,在爆轰波作用下,黄铜壁中传播的冲击波速度低于 EDC35 炸药的爆轰波速度,扫描相机在试验装置底部靠近黄铜壁的炸药中记录到了与图 4.6.17(或图 4.6.18)所示类似的正规弯曲的爆轰波阵面。而在另一边铍壁中传播的冲击波速度高于 EDC35 炸药的爆轰波速度,因此它“拉着”爆轰波沿 EDC35 炸药/铍界面以高于 EDC35 炸药爆轰波传播速度的速度运动。图 4.6.21 是对实验记录的图解,图中 A 标记了铍壁中冲击波“拉”爆轰波的效应。

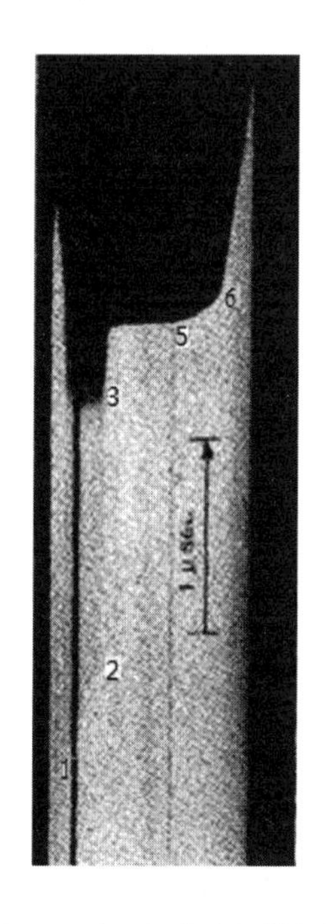

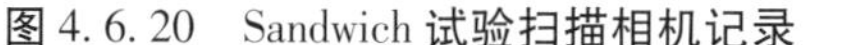

图 4.6.20　Sandwich 试验扫描相机记录

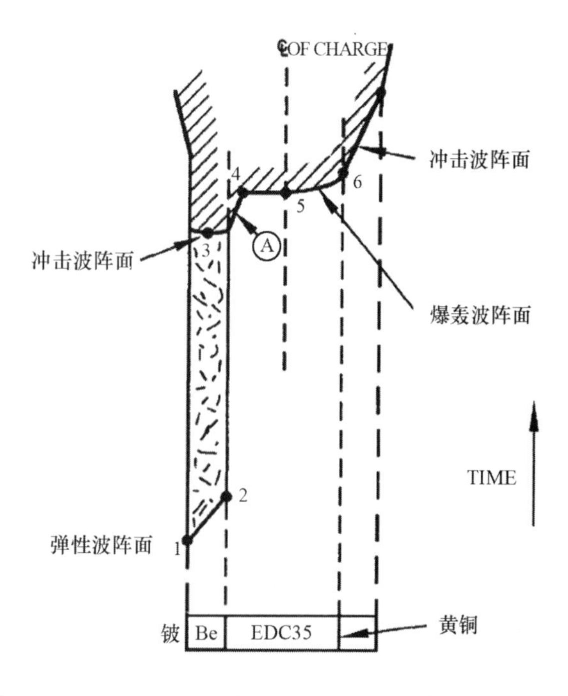

图 4.6.21　对图 4.6.20 所示实验记录的图解

严格说来,爆轰波传播是建立在一定爆轰模型基础上的反应流体动力学问题。只有在对爆轰反应机制和反应材料模型有深入了解的前提下建立的爆轰模型,才能很好地解决爆轰波传播及爆轰波与物质的相互作用问题。我们在 6.3.4 节利用得自爆轰波 Lagrange 分析的爆轰反应速率模型,对钝感炸药爆轰波传播和爆轰波与物质的相互作用问题,用数值方法进行了详细讨论。

2. 影响凝聚炸药爆轰波传播的因素

根据爆轰波流体动力学理论,当其他条件相同时,炸药的爆速取决于爆热,实际上,除此之外,装药的物理性质对凝聚炸药的爆速也有很大影响。在这些物理性质中,除装药的直径外,最主要的因素包括装药的密度、聚集状态、颗粒的大小和外壳约束等。研究各种因素对爆轰传播过程的影响、掌握其规律,对于合理、有效地使用炸药具有重要意义。

除直径效应外,影响凝聚炸药爆轰波传播的因素可以归纳为以下几个方面:

(1)炸药化学性质的影响

因为化学反应所需的时间决定着反应区的宽度,因此临界直径和极限直径均与化学反应有密切关系。反应区窄则临界直径和极限直径小,反应区宽则临界直径和极限直径大。显然,反应区的宽度取决于化学反应速度的大小。如叠氮化铅(PbN_6)爆轰时,化学反应时间比 RDX 炸药短 10 倍以上,而 RDX 又比 NH_4NO_3 短 300 倍以上。与之相对应,PbN_6的临界直径为 0.01~0.02mm,NH_4NO_3的临界直径则在 100mm 以上。又如阿玛托炸药(NH_4NO_3和 TNT 的混合炸药)的临界直径与其组分之间的关系如图 4.6.22 所示。从图上可以看出,随着 NH_4NO_3成分的增加,开始临界直径增加十分缓慢,当成分配比达到 80/20 时,便开始急剧增大。

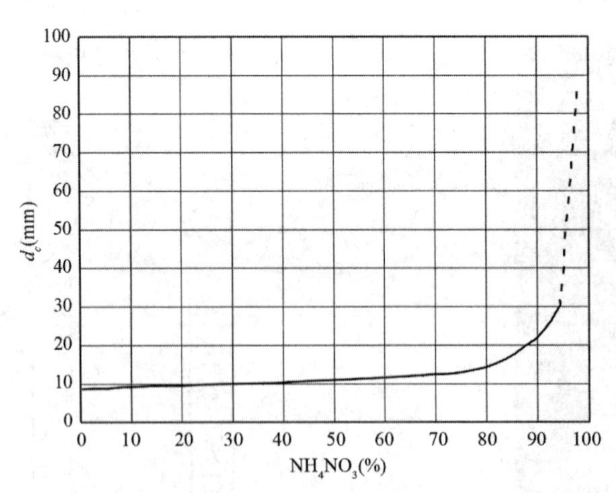

图 4.6.22 阿玛托的临界直径与 NH_4NO_3 含量的关系

因为混合炸药的爆轰反应需要通过对流燃烧和热传导进行,因此其爆轰反应速率较单质炸药的小,临界直径大于单质炸药的临界直径。

(2)炸药颗粒度的影响

炸药的颗粒度越小,临界直径和极限直径越小。这是因为颗粒度越小,爆轰反应速度就越快,因而相应缩短了化学反应区的宽度。苦味酸(PA)和 TNT 炸药在相同密度时,炸药颗粒度对临界直径和极限直径的影响见表4.6.3。这个结论对单质炸药和混合炸药都符合。

表4.6.3　颗粒度对临界直径和极限直径的影响

炸药	颗粒尺寸(mm)	临界直径(mm)	极限直径(mm)
苦味酸(PA) $\rho_0=950kg/m^3$	0.75～0.1	9.0	17.0
	0.05～0.01	5.5	11.0
TNT $\rho_0=850kg/m^3$	0.2～0.07	11.0	30.0
	0.05～0.01	5.5	9.0

表4.6.4为混合炸药NH_4NO_3/TNT(80/20)颗粒尺寸与爆速的关系。

表4.6.4　混合炸药NH_4NO_3/TNT(80/20)颗粒度与爆速关系

颗粒尺寸(μm)	爆速(m/s)($\rho_0=1300kg/m^3$)
1400	熄爆
400	2900
140	4050
90	4600
10	5000

(3)装药密度的影响

大量实验表明,对于单质凝聚态炸药,如果装药的直径大于极限直径,在达到结晶密度范围之前,爆速随装药密度的增加而增加。在$\rho_0>1000kg/m^3$时,爆速几乎随密度线性增加。图4.6.23和图4.6.24分别给出了一些单质炸药和起爆药的爆速与装药密度关系的实验结果曲线。

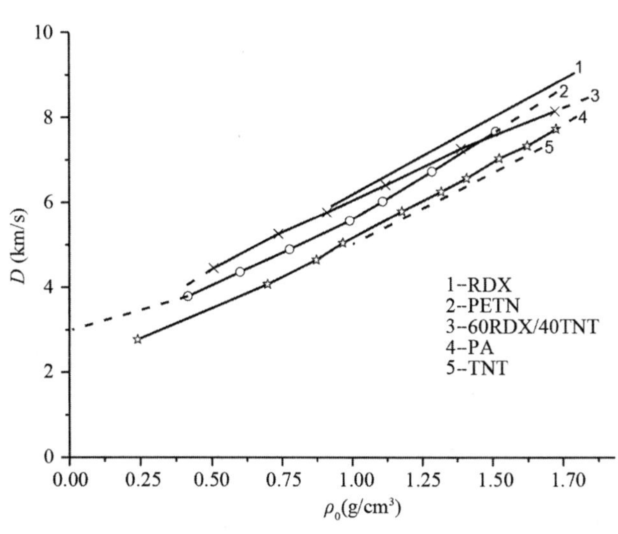

图4.6.23　一些猛炸药的爆速和装药密度关系

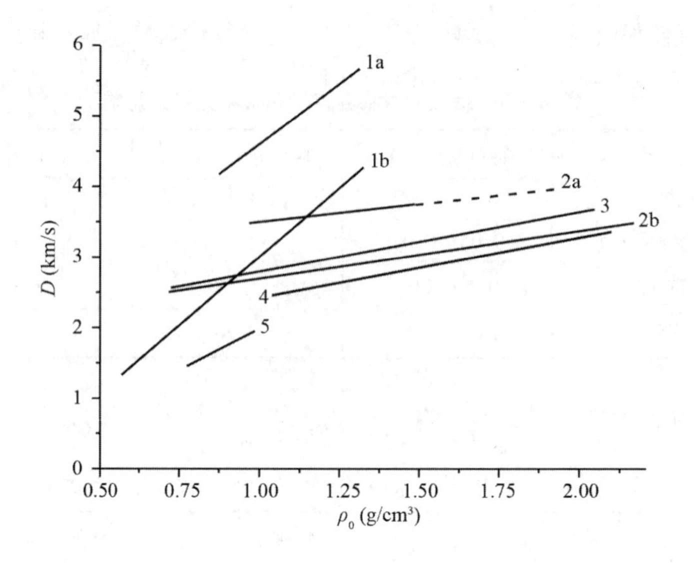

1—二硝基偶氮酚,(a)2mm,(b)1mm;2—叠氮化铅,(a)库克数据,(b)0.5~3mm;
3—叠氮化银,0.5~3mm;4—雷汞;5—特屈拉辛

图 4.6.24　一些起爆药的爆速和装药密度关系

对于许多由负氧和缺氧成分组成的混合炸药和爆轰感度低的单质炸药,爆速和密度的关系是比较复杂的。在直径一定时,它们的爆速先随密度增加,但达到某一极限以后,再增加密度爆速反而降低,并且当密度超过某一临界值(临界密度,与装药直径有关)时,发生所谓的“压死”现象,即不能发生稳定爆轰了。这种情况除硝铵炸药外,像过氯酸铵这种单质炸药也存在,如图 4.6.25 所示。

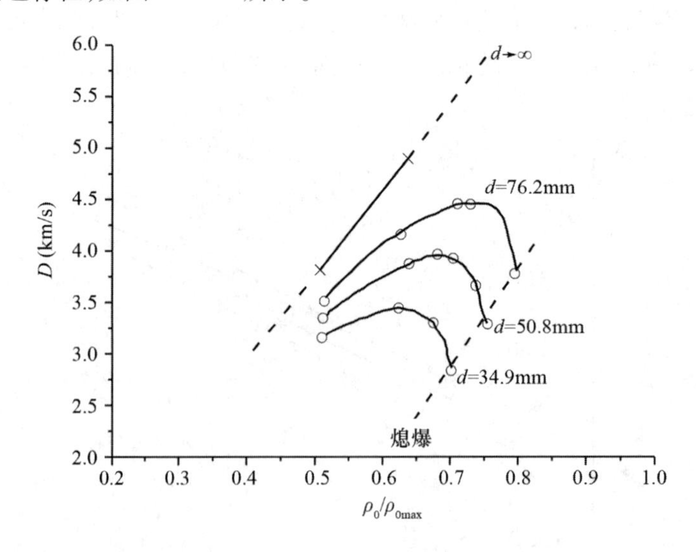

图 4.6.25　不同直径过氯酸铵的爆速和装药密度关系

(4)装药外壳的影响

有外壳装药的临界直径和极限直径比无外壳装药的相应直径均减小。这是因为外壳

可以减少径向稀疏波对反应区的影响,从而减小能量损失。外壳的阻力越大,临界直径和极限直径就越小。对于一般凝聚态炸药,外壳的质量是确定外壳作用的基本因素。对于猛度较低的炸药来说,外壳强度的影响也很大,如 NH_4NO_3 在 20mm 厚的钢管中,其临界直径由在玻璃管中的 100mm 减小到 7mm。

(5)附加物对爆速的影响

一般来说,惰性附加物,甚至某些可燃物,都会降低炸药的爆速,见表 4.6.5。

表 4.6.5　不同附加物对 TNT 爆速的影响

炸药成分	装药密度(kg/m³)	爆速(m/s)
TNT	1610	6850
TNT/$BaSO_4$(85/15)	1820	6690
TNT/$BaSO_4$(75/25)	2020	6540
TNT/Ae(74/26)	1800	6530
TNT/NaCl(50/50)	1850	6010
TNT/$Ba(NO_3)_2$(25/75)	2525	4256
TNT/$Ba(NO_3)_2$(15/85)	2580	3421

在某些炸药中加入少量掺加物,也可以使爆速增加。如在雷汞和 RDX 中加入少量石蜡(3% ~5%),与密度相同的纯炸药相比,爆速略有提高;在 TNT 中加入适量水或与水混合的配合剂,也可以提高爆速;在低密度散装炸药如 PETN、RDX、特屈儿等加入适量的水,也能够提高爆速。

(6)沟槽对爆速的影响

如果圆柱形装药有轴向内沟槽,或放在管中的装药侧面上有纵向沟槽或者横截面积比装药面积大的炮眼,则在爆轰时封闭在沟槽里的空气受到爆轰气体的推动,成为一个高温、高压的冲击压缩层向前运动,压缩爆轰波阵面前的炸药,结果使装药密度增大、爆速增大。对初始密度较小($\rho_0 < 1000$ kg/m³)的猛炸药的管状装药中,这种效应占主导作用。对于感度高的炸药,如 PETN,沟槽效应引起的爆速增加超过密度增加引起的爆速增量。而对于那些爆速随密度增加而降低的炸药,沟槽效应可使爆轰终止。低爆速的代那迈特和有外壳的粉状炸药装药,如高硝铵含量的低爆速岩石炸药就是这样。

所有对爆轰波传播影响的因素都需要做(或已经做了)大量实验并总结,这里不再赘述!

参考文献

[1]　孙承纬,卫玉章,周之奎著. 应用爆轰物理[M]. 北京:国防工业出版社,1999.
[2]　孙锦山,朱建士著. 理论爆轰物理(第四章)[M]. 北京:国防工业出版社,1995.
[3]　章冠人,陈大年编著. 凝聚炸药起爆动力学[M]. 北京:国防工业出版社,1991.
[4]　冯长根著. 热爆炸理论[M]. 北京:科学出版社,1988.

[5] Mader C L. Numerical Modeling of Explosives and Propellants. CRC Press, 2007.

[6] Semenov N N. 黄继雅译. 论化学动力学和反应能力的几个问题[M]. 北京:科学出版社,1962.

[7] Chaiken R F. Comments on Hypervelocity Wave Phenomena in Condensed Explosives[J]. Chem. Physics, 1960, 33(3),760.

[8] 德列明 A H. 等著. 凝聚介质中的爆轰波[M]. 沈金华等译,北京:原子能出版社,1986.

[9] Ramsay J B, Popolato A, Analysis of shock wave and Initiation data for solid explosives[C]. Proc. of 4th Symp. (Int.) on Detonation, 1965, 233 –238.

[10] Walker F E. Wasley R J. Critical Energy for Shock Initiation of Heterogeneous Explosives[J]. Explosive Stoffe, 1969, 17(1): 9.

[11] Frey R. Howe P. Initiation of Violent Reaction by Project Impact[C]. 6th Symp. (Int.) on Detonation. 1976, 325 –335.

[12] Gittings E F. Initiation of a solid high explosive by a short-duration shock[C]. Proc. of 4th (Int.) Symp. on Detonation, 1965, 373 –380.

[13] Partom Y. Predicting PBX – 9404 Initiation and Detonation Data with a Calibrated Reaction Model[C]. Proc. of 11th Symp. (Int.) on Detonation. 1998. 909 –916.

[14] Bahl K L et al. The Shock Initiation of Bare and Covered Explosives by Projectile Impact[C]. Proc. of 7th Symp. (Int.) on Detonation, 1981.

[15] Bahl K L et al, Initiation studies on LX – 17 explosive[C]. Proc. of 8th Symp. (Int.) on Detonation, 1985, 729 –739.

[16] Moulard H, Critical conditions for shock initiation of detonation by small projectile impact[C]. Proc. of 7th Symp. (Int.) on Detonation, 1981, 316 –324.

[17] Held M, Initiation phenomena with shaped charge jets[C]. Proc. of 9th Symp. (Int.) on Detonation , 1989, 1416 –1426.

[18] Asay B W, Pauley D J, et al. Jet Initiation Thresholds of Nitromethane[C]. Proc. of 10th Symp. (Int.) on Detonation, 1993, 104 –112.

[19] 温丽晶,PBX 炸药冲击起爆细观反应速率模型研究[D]. 北京理工大学博士论文. 2011.

[20] Dremin A N, et al. Detonation parameters[C]. Proc. of 8th Symp. (Int.) on Combust., 1962: 610 –619.

[21] Vorthman J E, and Wackerle J. Multiple-Wave Effects on Explosive Decomposition Rates[C]. in Shock Waves in Condensed Matter. 1983, 613.

[22] Vorthman J, Andrews G., Wackerle J. Reaction Rates from Electromagnetic Gauge Data[C]. Proc. of 8th Symp. (Int.) on Detonation. 1985. 99 –110.

[23] Sheffield S A., Engelke R. Alcon R R.. In-Situ Study of the Chemically Driven Flow Fields in Initiating Homogeneous and Heterogeneous Nitromethane Explosives[C]. Proc. of 9th Symp. (Int.) on Detonation , 1989. 39 –49.

[24] Conley P A, Benson D J. Microstructural Effects in Shock Initiation[C]. Proc. of 11th Symp. (Int.) on Detonation , 1998. 768 -780.

[25] Baer M R. Kipp M E. Swol F van. Micromechanical Modeling of Heterogeneous Energetic Materials[C]. Proc. of 11th Symp. (Int.) on Detonation , 1998. 788 -797.

[26] Reaugh J E. Multi-scale Computer Siumlations to Study the Reaction Zone of Solid Explosives[C]. Proc. of 13th Symp. (Int.) on Detonation , 2006: 451 -458.

[27] Krzewinski B. Lieb R. Baker P. et al. Shear Deformation and Shear Initiation of Explosives and Propellants[C]. Proc. of 12th Symp. (Int.) on Detonation, 2002. 249 -256.

[28] Bennett J G. Haberman K S. Johnson J N, et al. A Constitutive Model for the Non-Shock Ignition and Mechanical Response of High Explosives[J]. Journal of the Mechanics and Physics of Solids, 1998. 46: 2303 -2322.

[29] Addessio F L. Johnson J N. A Constitutive Model for the Dynamic Response of Brittle Materials[J]. Journal of Applied Physics, 1990. 67(7): 3275 -3286.

[30] Dienes J K. Statistical crack mechanics[C]. LA - UR -83 -1705, 1983.

[31] Dienes J K. Foundations of statistical crack[C]. LA - UR -85 -3264, 1985.

[32] Dienes J K. Kershner J D. Multiple-Shock Initiation via Statistical Crack Mechanics [C]. Proc. of 11th (Int.) Symp. on Detonation , 1998. 717 -724.

[33] Dienes J K. Middleditch J. Kershner J D. et al. Progress in Statistical Crack Mechanics: an Approach to Initiation [C]. Proc. of 12th Symp. (Int.) on Detonation, 2002.

[34] Stephan R B. Michael J S. Mechanical Response and Shear Initiation of Double-base Propellants[C]. Proc. of 13th Symp. (Int.) on Detonation , 2006.

[35] 曹雷,含能材料损伤本构模型的数值模拟研究[D]. 国防科技大学硕士论文,2010.

[36] 赵四海,用粘弹性统计裂纹模型模拟高能炸药的力学响应和非冲击点火[D]. 国防科技大学硕士论文,2011.

[37] Bernecker R R, Price D, et al. Deflagration to detonation transition behavior of Tetryl [C]. Proc. of 6th Symp. (Int.) on Detonation, 1976. 426 -438.

[38] Bernecker R R, Sandusky H W et al. Deflagration to Detonation Transition Studies of Porous Explosive Charges in Plastic Tubes [C]. Proc. of 7th Symp. (Int.) on Detonation, 1981,119 -138.

[39] McAfee J M, Asay R W et al. Deflagration to Detonation in Granular HMX[C]. Proc. of 9th Symp. (Int.) on Detonation, 1989. 265 -279.

[40] 黄文斌,李金河,张旭,赵峰. TA01 炸药爆压测量[C]. 2014 年含能材料与钝感弹药技术学术研讨会论文集.

[41] 谭多望,等. 钝感炸药直径效应实验研究[J]. 爆炸与冲击. Vol23. No.4 2003.

[42] Eden G. and Belcher R A., The Effects of Inert Walls on the Velocity of Detonation in EDC35, An Insensitive High Explosive [C]. Proc. of 9th Symp. (Int.) on Detonation, 1989. 831.

[43] Aslam T D, Hill L G. Numerical and Theoretical Investigations on Detonation Confinement Sandwich Tests[C]. Proc. of 13th Symp. (Int.) on Detonation, 2006.

[44] Tarver C M, McGuire E M. Reactive Flow Modeling of the Interaction of TATB Detonation Waves with Inert Materials [C]. Proc. of 12th Symp. (Int.) on Detonation, 2002.

第五章　非均质炸药化学反应速率模型

炸药的爆轰过程涉及复杂的物理、化学以及弹塑性流体动力学问题。在爆轰的数值模拟中，反应材料模型必须包括化学反应速率，选用什么样的化学反应速率模型是至关重要的，因为它决定着起爆冲击波的发展和爆轰波传播的计算结果。

一般常用的固体炸药都是非均质的。因为初始微细观结构的不同，非均质炸药的起爆过程与均质炸药有明显差别。非均质炸药在冲击作用下，即使其转换热使炸药整体平均能够提高的温度根本不可能触发炸药的热爆炸化学反应，但是炸药仍然发生了爆轰，这与均质炸药冲击起爆的热爆炸理论明显相矛盾。Bowden、Mader 和 Campbell 等人为解释上述现象，提出了所谓的热点理论，即认为非均质炸药在受冲击作用时，其炸药颗粒在冲击波作用下并不是遭受整体的平均加热，而只是冲击波将机械能集中在一些局部缺陷处，例如炸药内部的孔隙、杂质和密度间断等处，使这些局部区域的温度大大高于平均温度，形成高温热点。而从热点向外的能量转移主要依靠热点反应产生的高温产物气体对与之相邻的炸药晶体引发的表面燃烧。随着热点数量增加，表面燃烧反应加速，冲击波逐渐发展成爆轰波。显然，热点的形成与冲击波强度有关。由热点引发的表面燃烧速率不是在常温下的燃烧速率，而是在冲击波和由冲击引发的热点的高压气体产物作用下的燃烧速率，这种燃烧速率主要决定于压力，而不是温度。因此，非均质炸药冲击起爆和爆轰的宏观化学反应动力学是压力相关的，而非温度相关的，与宏观平均温度相关的 Arrhenius 反应速率不再适用。

由于炸药热点反应过程的复杂性，严格的化学动力学研究十分困难，在宏观尺度下，炸药的冲击起爆和爆轰反应速率模型目前大多数还是唯象和经验性的，反应速率只表现为一些热力学量的函数。这里所谓的“唯象”有两层含义：一是唯实验现象，反应速率方程的函数形式根据实验现象或反应流波形的提示提出；二是唯物理现象，反应速率模型从热点“微(细)观结构”的力学和热学概念出发建立。所有唯象模型都或多或少地含有可调系数，它们必须通过对实验数据的拟合而得到。

在过去的几十年中，人们提出了许多描述非均质炸药冲击起爆和爆轰反应的化学反应速率模型，以及建立这些模型的方法。本章重点介绍几种常见、比较有影响的反应速率模型，以及它们的详细推导方法或基本物理概念。这些反应速率模型中有些曾经得到过广泛应用，有些现在还被广泛应用着，这里介绍它们的目的是方便我们在使用时了解其适用性，或想要新建自己的模型时借鉴方法、开阔思路。

5.1 Forest Fire 反应速率模型

鉴于仅温度相关的 Arrhenius 反应速率对非均质炸药使用的局限性，人们自然会想到建立一种依赖于压力的反应速率模型。1976 年 Mader 和 Forest 提出的 Forest Fire 反应速率模型就是在反应冲击波唯一增长迹线假设下，利用部分反应混合物的状态方程以及实验 Pop 关系，求得反应冲击波阵面后的反应速率与其他状态参量之间的数值关系，进而拟合成的压力相关的反应速率函数。

5.1.1 反应冲击波唯一增长迹线假设

Lindstrom 和 Craig 分别对几种不同炸药通过持续冲击压力作用下的冲击起爆实验发现，若以反应冲击波转变为爆轰的位置坐标作为参考点，则相同炸药在不同初始入射冲击压力作用下，到爆轰距离重叠部分的反应冲击波迹线近似重合。因而到爆轰距离 x_D 随初始入射冲击波压力 p 变化的曲线（Pop 曲线）也与它们近似重合。在此实验基础上，可以作出如下假定：在爆轰建立过程中，任一时刻以后反应冲击波的发展情况，只同该时刻冲击波阵面压力有关，而同其过程无关。或者说，炸药中反应冲击波发展成为爆轰的过程，是沿状态空间中的唯一一条曲线进行的。这就是所谓的爆轰建立过程的唯一迹线假设。由爆轰形成的唯一迹线假设，楔形炸药实验得到的 Pop 关系可以被推广成为在任意幅值的入射冲击波作用下炸药中的反应冲击波阵面迹线。爆轰建立过程沿状态空间中唯一一条迹线进行，则反应冲击波阵面各物理量都可以表示为某一自变量的函数。反应冲击波阵面已发生部分反应的冲击波速度 D 也只同波阵面上粒子速度 u 有关，它们之间的关系被称为带化学反应的 Hugoniot 曲线，通常仍以线性函数表示此 $D-u$ 关系。虽然从唯一迹线假设来看，只需要 D 是 u 的确定函数，并不要求反应 Hugoniot 一定是线性的。

以到爆轰时间为原点，图 5.1.1 示出了 PBX－9404 炸药在四种初始入射冲击压力作用下起爆时的反应冲击波速度变化历程，将四个初态联结起来的虚线表示 $D-t_D$ 形式的 Pop 曲线。如图所示，四种入射压力下的反应冲击波迹线明显低于上述 Pop 曲线，因此用 Pop 曲线代替反应冲击波迹线实际夸大了阵面状态的初始增长。尽管如此，因为爆轰建立过程的唯一迹线假设能使有关数学问题大大简化，使直接计算反应流场成为可能，因此它是一个有用的近似。按照唯一迹线假设，在任意给定入射压力下的反应冲击波迹线上成立的带化学反应

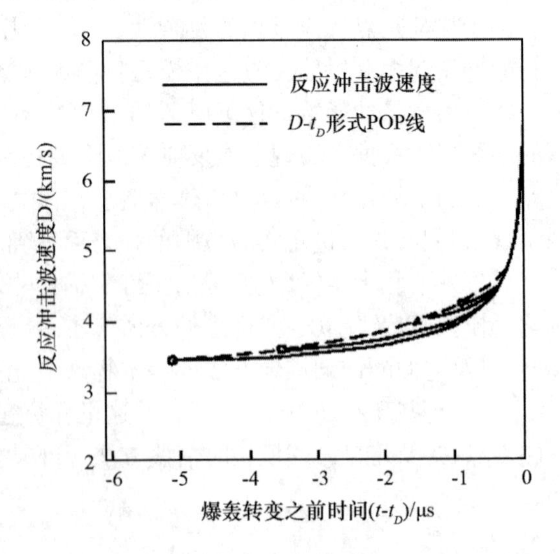

图 5.1.1 PBX－9404 炸药在四种初始入射冲击压力作用下起爆时的反应冲击波速度历程

Hugoniot 曲线，也同时在 Pop 曲线上成立。

炸药的反应物和产物状态方程往往可以用来计算炸药部分反应时的 Hugoniot 曲线（冻结 Hugoniot 曲线）。图 5.1.2 给出了用 HOM 状态方程计算的 PBX－9404 炸药的部分反应 Hugoniot 曲线和 Ramsay 用实验得到的带化学反应的 Hugoniot 曲线 $D = 0.246 + 2.53u$。对于实验得到的带化学反应的 Hugoniot 曲线上的每一个状态点，在部分反应的 HOM Hugoniot 曲线上都有一个化学反应达到某种程度的状态点与之对应。图 5.1.2 中 Ramsay 用于描述未反应炸药 Hugoniot 曲线的 $D-u$ 关系为 $D=0.2423+1.883u$。虽然定态爆轰的 ZND 模型比较成功，但这种定态结构如何从反应冲击波发展而来，理论上并不清楚，带反应 Hugoniot 的概念也比较含糊。

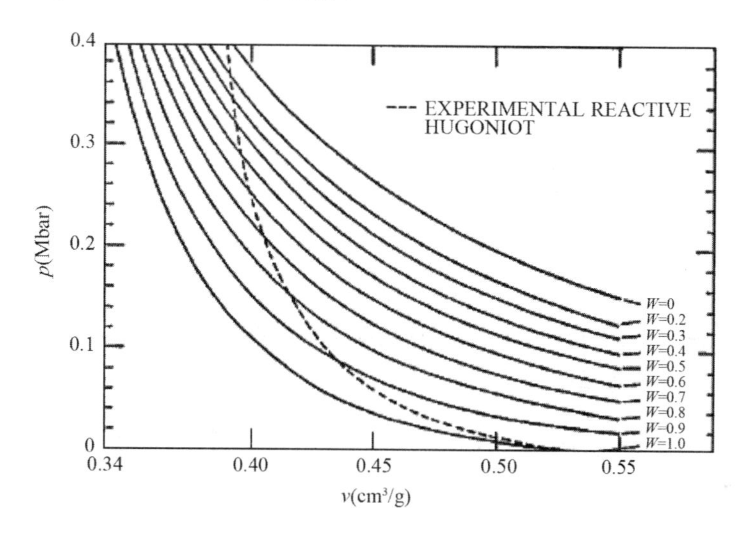

图 5.1.2　PBX－9404 炸药 HOM 部分反应 Hugoniot 曲线和实验带反应 Hugoniot 曲线

5.1.2　Forest Fire 反应速率模型的推导

要得到与 Pop 图和带反应 Hugoniot 曲线相符合的反应速率，还需要更多的信息。对于持续冲击作用下的冲击起爆过程，假设波阵面上的压力梯度为零是合适的。如果把在波阵面上导出的反应速率用于整个反应流场，那么波阵面上压力梯度为零的假设与形成方波假设是一样的。Forest Fire 反应速率模型的推导假设波阵面上的压力梯度为零，模型的一般形式为：

$$-\frac{1}{W}\frac{\mathrm{d}W}{\mathrm{d}t} = \mathrm{r}(p) \tag{5.1.1}$$

式中 W 是反应混合物中未反应炸药组分的质量分数，它与爆轰产物组分的质量分数 λ 的关系为 $W=1-\lambda$。模型的推导如下。

带反应流体的一维 Lagrange 形式的守恒方程为：

$$\frac{\partial v}{\partial t} = \frac{\partial u}{\partial m} \tag{5.1.2}$$

$$\frac{\partial u}{\partial t} = -\frac{\partial p}{\partial m} \tag{5.1.3}$$

$$\frac{\partial E}{\partial t} = -p\frac{\partial v}{\partial t} \tag{5.1.4}$$

式中：$m=\rho_0 h$ 是 Lagrange“质量坐标”；h 是 Lagrange 空间坐标。

设本小节中所有带下表 s 的参量均为冲击波（包括反应冲击波）阵面上的参量。将 Lagrange 空间坐标和时间坐标的原点取在反应冲击波转变为爆轰波的位置。

设 $m_s(t)$ = 冲击波在质量坐标系中的位置，因此在 $m_s(0)=0$ 处，冲击波转变成了爆轰波；

又设 $t_s(m)$ = 冲击波到达质量坐标 m 的时间。

沿冲击波迹线，

$$\frac{\mathrm{d}m_s(t)}{\mathrm{d}t} = \rho_0 D(t) \tag{5.1.5}$$

$$\frac{\mathrm{d}t_s(m)}{\mathrm{d}m} = \frac{1}{\rho_0 D(m)} \tag{5.1.6}$$

其中 $D(t)$ 为 t 时刻带反应冲击波速度。

假设：

$$\frac{\partial p}{\partial m} = f(\tau) \tag{5.1.7}$$

式中 τ 是冲击波阵面后的时间。则给定时刻冲击波压力的“质量空间”分布只能表现为图 5.1.3 所示的三种状况之一。

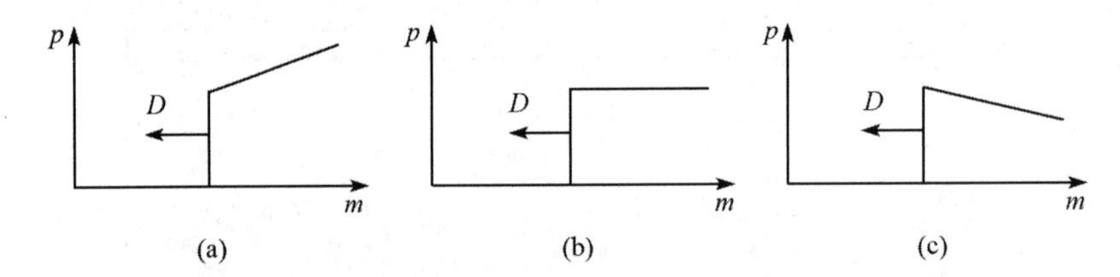

图 5.1.3　假设给定时刻反应冲击波压力的三种“质量空间”分布

对式(5.1.7)从冲击波阵面开始对 m 积分，得：

$$p(m,\tau) = p_s[m_s(\tau)] + f(\tau)[m - m_s(\tau)] \tag{5.1.8}$$

$$\frac{\partial p(m,\tau)}{\partial \tau} = \left[\frac{\mathrm{d}p_s}{\mathrm{d}m} - f(\tau)\right]\frac{\mathrm{d}m_s(\tau)}{\mathrm{d}\tau} + \frac{\mathrm{d}f(\tau)}{\mathrm{d}\tau}[m - m_s(\tau)] \tag{5.1.9}$$

再对动量守恒方程(5.1.3)从冲击波阵面开始对 t 积分，可得：

$$u(m,\tau) = u_s(m) - \int_{t_s(m)}^{\tau} f(t')\mathrm{d}t' \tag{5.1.10}$$

$$\frac{\partial u(m,\tau)}{\partial m} = \frac{\mathrm{d}u_s}{\mathrm{d}m} + f[t_s(m)]\frac{\mathrm{d}t_s(m)}{\mathrm{d}m} \tag{5.1.11}$$

将上式代入质量和能量守恒方程并积分，注意到 $\partial u/\partial m$ 只是 m 的函数，有：

$$v(m,\tau) = v_s(m) + \frac{\partial u}{\partial m}\int_{t_s(m)}^{\tau}\mathrm{d}t' \tag{5.1.12}$$

$$\frac{\partial v(m,\tau)}{\partial \tau}=\frac{\partial u}{\partial m} \tag{5.1.13}$$

$$E(m,\tau) = E_s(m) - \frac{\partial u}{\partial m}\int_{t_s(m)}^{\tau} p(m,t')\mathrm{d}t' \tag{5.1.14}$$

$$\frac{\partial E(m,\tau)}{\partial \tau} = -p(m,\tau)\frac{\partial u}{\partial m} \tag{5.1.15}$$

对于$\frac{\partial p}{\partial m}=0$ 的特殊情况，由式(5.1.8)(5.1.9)(5.1.10)和式(5.1.11)，有：

$$p(m,\tau)=p_s[m_s(\tau)] \tag{5.1.16}$$

$$\frac{\partial p(m,\tau)}{\partial \tau}=\frac{\mathrm{d}p_s}{\mathrm{d}\tau}=\frac{\mathrm{d}p_s}{\mathrm{d}m}\frac{\mathrm{d}m}{\mathrm{d}\tau} \tag{5.1.17}$$

$$u(m,\tau)=u_s(m) \tag{5.1.18}$$

$$\frac{\partial u(m,\tau)}{\partial m}=\frac{\mathrm{d}u_s}{\mathrm{d}m} \tag{5.1.19}$$

因此，在式(5.1.1)描述的反应速率模型中，化学反应与波阵面后的流动或波形无关，只与波阵面状态有关。换句话说，在方波假设下，化学反应只与唯一增长迹线(Pop 曲线)上的状态有关。

设已知带化学反应的 Hugoniot 关系为：

$$D=C+Su_s \tag{5.1.20}$$

式中 C 和 S 分别是带化学反应 Hugoniot 曲线的截距和斜率，它们是由实验确定的炸药常数。

在反应冲击波迹线上满足的冲击波关系是：

$$p_s=\rho_0 D u_s \tag{5.1.21}$$

$$v_s=v_0(D-u_s)/D \tag{5.1.22}$$

$$E_s=u_s^2/2 \tag{5.1.23}$$

因此

$$u_s=\frac{1}{2S}[-C+(C^2+4Sv_0p_s)^{\frac{1}{2}}] \tag{5.1.24}$$

$$D=\frac{1}{2}[C+(C^2+4Sv_0p_s)^{\frac{1}{2}}] \tag{5.1.25}$$

$$\mathrm{d}p_s=\rho_0(Su_s+D)\mathrm{d}u_s \tag{5.1.26}$$

又已知炸药的 Pop 曲线为：

$$\ln(run)=\alpha_1+\alpha_2\ln(p_s) \tag{5.1.27}$$

式中 run 是反应冲击波波阵面压力为 p_s 时该冲击波转变为爆轰所走过的距离，即 $m_s=\rho_0 run$，因此

$$\frac{\mathrm{d}p_s}{\mathrm{d}run}=\frac{p_s}{\alpha_2 run} \tag{5.1.28}$$

或

$$\frac{\mathrm{d}p_s}{\mathrm{d}m}=\frac{v_0p_s}{\alpha_2 run} \tag{5.1.29}$$

$$\frac{\mathrm{d}p_s}{\mathrm{d}\tau}=\frac{Dp_s}{\alpha_2 run} \tag{5.1.30}$$

由式(5.1.26)

$$\frac{\mathrm{d}u_s}{\mathrm{d}m}=\frac{1}{\rho_0(Su_s+D)}\frac{\mathrm{d}p_s}{\mathrm{d}m} \tag{5.1.31}$$

沿反应冲击波迹线有

$$\frac{\mathrm{d}t_s}{\mathrm{d}run}=\frac{1}{\left(\frac{\mathrm{d}run}{\mathrm{d}t_s}\right)}=\frac{1}{D} \tag{5.1.32}$$

将式(5.1.25)和式(5.1.27)给出的 $p_s(run)$ 关系代入,得:

$$\frac{\mathrm{d}t_s}{\mathrm{d}run}=\frac{2}{C+[C^2+4Sv_0(e^{-\alpha_1/\alpha_2}run^{1/\alpha_2})]^{1/2}} \tag{5.1.33}$$

在 $t_s(0)=0$ 的初始条件下积分上式,可得 $t_s(m)$ 关系。

在$\frac{\partial p}{\partial m}=0$ 的特殊情况下,p_s可以被看成是独立变量,$\mathrm{d}t=\mathrm{d}p_s/(\mathrm{d}p_s/\mathrm{d}\tau)$,积分得:

$$\int_0^{t_s(m)}\mathrm{d}t=\int_{p_{DET}}^{p_s}\frac{\alpha_2 run}{Dp}\mathrm{d}p \tag{5.1.34}$$

其中

$$\frac{run}{D}=\frac{2\exp[\alpha_1+\alpha_2\ln(p)]}{C+(C^2+4v_0Sp)^{1/2}} \tag{5.1.35}$$

式(5.1.34)等号右边的积分下限 p_{DET} 是时、空坐标原点处的压力值,它等于 CJ 爆轰 Rayleigh 线上带化学反应的 Hugoniot 压力,即:

$$p_{DET}=\rho_0D_J(D_J-C)/S \tag{5.1.36}$$

其中 D_J为 CJ 爆轰波速度。对式(5.1.34)积分可以得到与 p_s对应的到爆轰时间 $t_{DET}=t_s(m)$。

至此,Forest Fire 反应速率模型的求解方法为:已知反应冲击波迹线上的参量 p_s、u_s、D、v_s和 E_s,由混合物状态方程 $p_s=H(E,v,W)$ 和相应混合法则可解出唯一迹线上的 W。

又,在反应冲击波为方波的假设条件下有:

$$\frac{\partial p}{\partial\tau}=\frac{\mathrm{d}p_s}{\mathrm{d}\tau}=\frac{Dp_s}{\alpha_2 run} \tag{5.1.37}$$

$$\frac{\partial u}{\partial m}=\frac{\mathrm{d}u_s}{\mathrm{d}m}=\frac{v_0^2p_s}{\alpha_2 run(Su_s+D)} \tag{5.1.38}$$

$$\frac{\partial v}{\partial\tau}=\frac{\partial u}{\partial m} \tag{5.1.39}$$

$$\frac{\partial E}{\partial\tau}=-p\frac{\partial v}{\partial\tau} \tag{5.1.40}$$

然后,由

$$\frac{\partial p}{\partial \tau}=\frac{\partial H}{\partial E}\frac{\partial E}{\partial \tau}+\frac{\partial H}{\partial v}\frac{\partial v}{\partial \tau}+\frac{\partial H}{\partial W}\frac{\partial W}{\partial \tau} \tag{5.1.41}$$

解出

$$\frac{\partial W}{\partial \tau}=\frac{\frac{\partial p}{\partial \tau}-\frac{\partial H}{\partial E}\frac{\partial E}{\partial \tau}-\frac{\partial H}{\partial v}\frac{\partial v}{\partial \tau}}{\frac{\partial H}{\partial W}} \tag{5.1.42}$$

再由 HOM 状态方程和温度平衡假设可以附带地求出反应混合物的温度。

图 5.1.4 给出了 PBX－9404、Comp B、PBX－9502(X－0290)和 X－0219 四种炸药的 Pop 曲线。Pop 关系中的参数 α_1 和 α_2 见表 5.1.1，其中到爆轰距离 *run* 和压力 p 的单位分别为 cm 和 Mbar。图 5.1.5 绘出的是以上各种炸药的带化学反应 Hugoniot 曲线，曲线的参数 C、S 和爆轰参数 D_J、p_J 见表 5.1.2。由实验得到的带化学反应 Hugoniot 曲线数据可以用已知的炸药声速和 CJ 状态进行验证，因为带化学反应的 Hugoniot 曲线在低压时接近未反应炸药的 Hugoniot 曲线、高压时应通过 CJ 点。

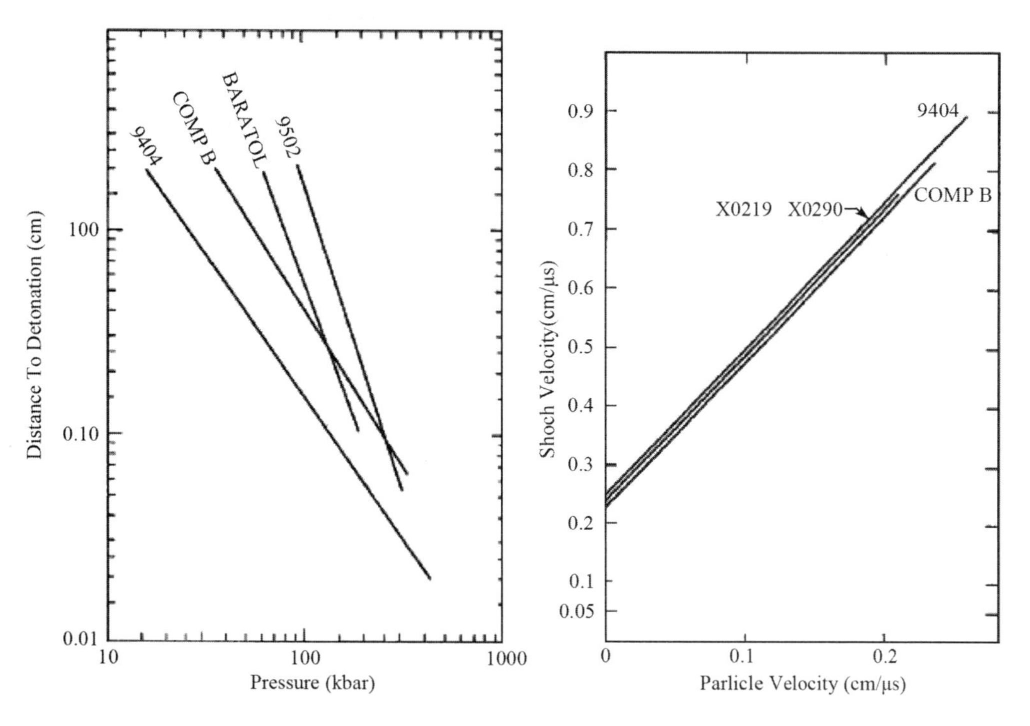

图 5.1.4　四种炸药的 Pop 曲线　　　图 5.1.5　四种炸药的带化学反应 Hugoniot 曲线

图 5.1.6 和图 5.1.7 分别是 Mader 和 Forest 得到的 PBX－9404 炸药的未反应炸药质量分数 W 与到爆轰距离 *run* 的函数关系，以及带化学反应的反应冲击波阵面速度 D 与到爆轰距离 *run* 的关系。计算用到的 HOM 状态方程参数取自附表 3。

表 5.1.1　Pop 图参数

炸药 \ 参数	α_1	α_2
PBX - 9404	-5.040996	-1.365368
Comp B	-4.384168	-1.501545
PBX - 9502	-6.347114	-2.917511
X - 0219	-6.448715	-3.540121

表 5.1.2　带化学反应的 Hugoniot 曲线参数

炸药 \ 参数	C(cm/μs)	S	D_J(cm/μs)	p_J(Mbar)
PBX - 9404	0.246	2.53	0.8880	0.363
Comp B	0.231	2.5	0.8084	0.284
PBX - 9502	0.24	2.5	0.7707	0.285
X - 0219	0.24	2.5	0.7638	0.281

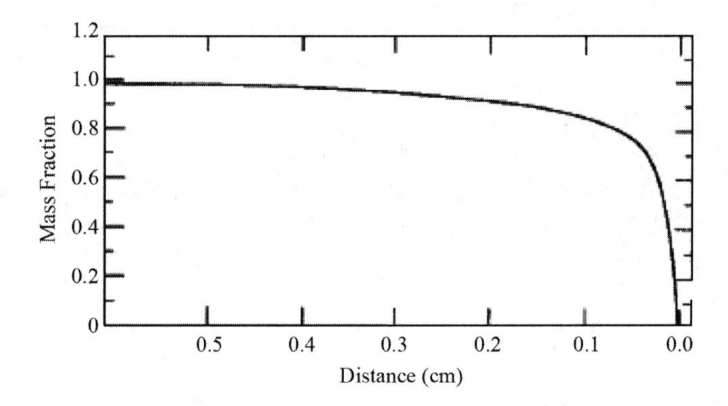

图 5.1.6　未反应 PBX - 9404 炸药的质量分数与距离的函数关系

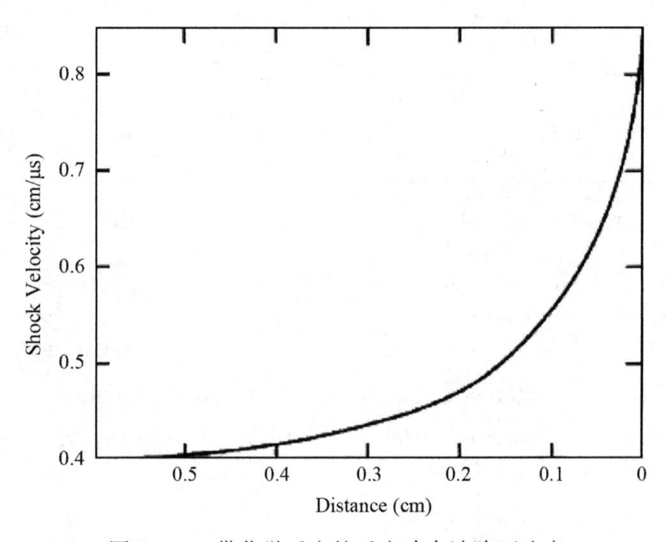

图 5.1.7　带化学反应的反应冲击波阵面速度

5.1.3　Forest Fire 反应速率模型

上述近似方法利用了唯一迹线假设、带反应 Hugoniot 曲线和波阵面处压力剖面平直的假定，把阵面处的反应速率表示为冲击波压力的一元函数，Mader 和 Forest 把这个函数再拟合成高次多项式，称为 Forest Fire 反应速率：

$$\mathbf{r} = -\frac{1}{W}\frac{\mathrm{d}W}{\mathrm{d}t} = \exp(C_0 + C_1 p + C_2 p^2 + \cdots + C_n p^n) \tag{5.1.43}$$

当压力 p 小于用来拟合模型参数的最小压力时，

$$\frac{1}{W}\frac{\mathrm{d}W}{\mathrm{d}t} = 0$$

表 5.1.3　Forest Fire 反应速率模型系数

系数 炸药	$C_i(i=0,1,\cdots,13)$			
PBX－9404	－8.3979132644E＋00	4.0524452315E＋02	－1.2887958724E＋04	2.9889932207E＋05
	－4.7962436917E＋06	5.4017707004E＋07	－4.3377143285E＋08	2.5068548001E＋09
	－1.0433258901E＋10	3.0950369616E＋10	－6.3781135352E＋10	8.6704208069E＋10
	－6.9876089170E＋10	2.5277953727E＋10		
系数 炸药	$C_i(i=0,1,\cdots,13)$			
Comp B	－1.0354580437E＋01	4.7342744951E＋02	－1.6753704228E＋04	4.4756746438E＋05
	－8.4931471542E＋06	1.1555934358E＋08	－1.1402565157E＋09	8.2065910931E＋09
	－4.2986627008E＋10	1.6183793696E＋11	－4.2605817430E＋11	7.4376767275E＋11
	－7.7289848996E＋11	3.6167775705E＋11		
系数 炸药	$C_i(i=0,1,\cdots,14)$			
PBX－9502	1.6223658470E＋02	－1.9660891926E＋04	1.0170082035E＋06	－3.1181988011E＋07
	6.3734890585E＋08	－9.2043883492E＋09	9.6978690159E＋10	－7.5817519329E＋11
	4.4248348854E＋12	－1.9206772744E＋13	6.1110150327E＋13	－1.3836158944E＋14
	2.1097494446E＋14	－1.9413888714E＋14	8.1425481888E＋13	
系数 炸药	$C_i(i=0,1,\cdots,11)$			
X－0219	1.4075505136E＋03	－9.8714282915E＋04	3.0649779677E＋06	－5.5916067561E＋07
	6.6670458079E＋08	－5.4576765803E＋09	3.1312974566E＋10	－1.2597622279E＋11
	3.4845587692E＋11	－6.3145764386E＋11	6.7508144963E＋11	－3.2273266847E＋11

当 $p > p_J$ 时，炸药完全反应，

$$W = 0$$

式中 C_0、C_1、⋯、C_n是拟合系数或炸药常数。表 5.1.3 给出了 PBX－9404、Comp B、PBX－

9502 和 X－0219 四种炸药的 Forest Fire 反应速率的拟合系数。图 5.1.8 绘出了用 Forest Fire 反应速率模型计算的反应速率作为压力的函数。

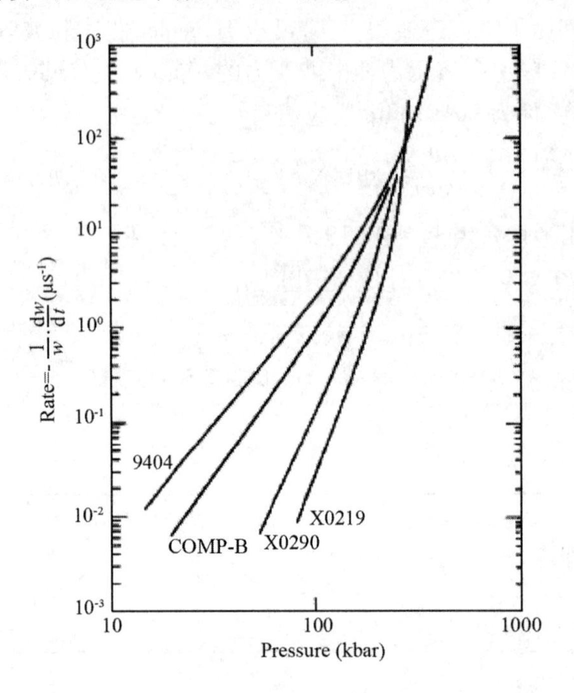

图 5.1.8　Forest Fire 反应速率作为压力的函数

图 5.1.9 是用 Forest Fire 反应速率模型计算得到的 PBX－9404 炸药在 4.4GPa 持续压力脉冲作用下的冲击起爆图像。图中显示的是不同 Lagrange 位置处的压力－时间剖面，波阵面右下角标出的数字是 Lagrange 位置坐标，单位为 cm。

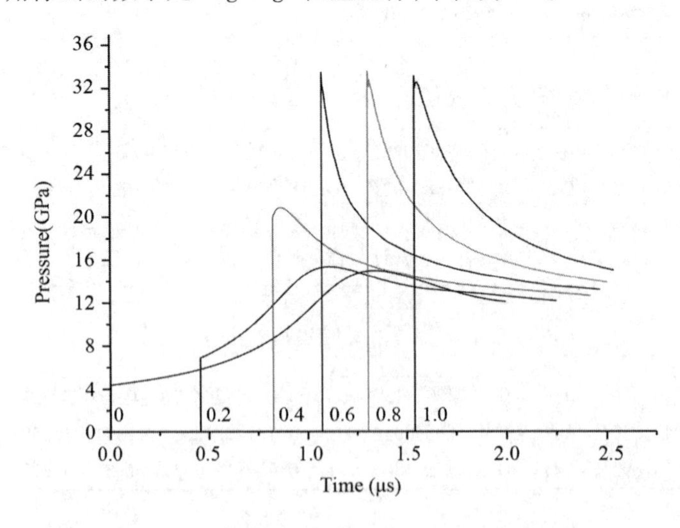

图 5.1.9　PBX－9404 炸药的冲击波起爆图像——Forest Fire 反应速率模型结果

应该指出，按照模型假设，Forest Fire 反应速率(5.1.43)式中的压力 p 本应是冲击波阵面上的压力，但是在应用时，被扩展到冲击波后流场，使反应速率作为当地压力的函数。

建立在反应冲击波唯一增长迹线基础上的 Forest Fire 反应速率关系夸大了反应冲击波阵面附近的早期反应的贡献。从模型的推导可见,Forest Fire 反应速率模型的实质是沿着 Pop 曲线加速一个增长的矩形波所必需的反应速率。而当冲击波接近达到爆轰状态时,形成矩形波的假设不再适用,因此模型不能描述稳定传播的爆轰波结构。

另外,这种反应速率正是靠取尽可能多的项来保证计算达到与实验结果较好的拟合。但是就函数形式本身而言,基本没有什么物理意义,只表明化学反应速率可以用压力相关的函数形式来表示而已。

5.2　Lee-Tarver 点火与增长反应速率模型

Lee-Tarver 点火与增长反应速率模型是根据非均质炸药冲击起爆的热点概念建立的,与大多数反应速率模型一样具有一定的物理意义,反应速率函数的每一项都反映一定的热点点火与增长的机制。

5.2.1　点火与增长二项反应速率模型

Lee 和 Tarver 于 1980 年提出了一个由点火和成长两项组成的反应速率模型,其形式为

$$\frac{\mathrm{d}\lambda}{\mathrm{d}t}=I(1-\lambda)^{x}\left(\frac{v_0}{v_1}-1\right)^{\gamma}+G(1-\lambda)^{x}\lambda^{y}p^{z} \tag{5.2.1}$$

式中,v_0是炸药的初始比容;v_1是冲击阵面后炸药的比容;I、G、x、y、z 和 γ 是与炸药有关的六个可调系数。方程中的 v_0/v_1-1 是未反应炸药在冲击波作用下的相对压缩度。压缩度越大,冲击波所产生的热点就越多,其温度也越高,热点反应也就越强。模型的第二项描述由热点引发的反应增长。

按照孔隙塌缩的热点形成模型,导致热点温度增加的塑性功正比于$\int p^2\mathrm{d}t$,在感兴趣的压力和压缩度范围内,$p\sim(v_0/v_1-1)^2$,所以式(5.2.1)中的 γ 应取 4。

假设由单个热点引发的向外球形燃烧表面半径为 r,而相邻热点之间的平均距离为 b,只要相邻热点的燃烧表面没有相交,即 $r<b/2$,就有燃烧产物的质量分数为:

$$\lambda=\frac{(4/3)\pi r^3}{b^3} \tag{5.2.2}$$

即边长为 b 的方形立方体炸药中心有一个半径为 r 的球形产物区域。将上式对时间求导可得由热点引发的增长反应的反应速率

$$\dot{\lambda}=\frac{4\pi r^2}{b^3}\dot{r} \tag{5.2.3}$$

其中 $\dot{r}$ 是产物球向外燃烧的表面燃烧速率。根据炸药在压力环境下的燃烧实验,有

$$\dot{r}=a_1p^{n_1} \tag{5.2.4}$$

低压时,压力项的指数 $n_1\approx1$。由式(5.2.2)解出 r 作为 λ 的函数关系 $r(\lambda)$,与式(5.2.4)一起带入式(5.2.3),得:

$$\dot{\lambda}=\frac{4\lambda^{2/3}}{b}a_1p^{n_1} \tag{5.2.5}$$

因此,反应速率方程(5.2.1)中的炸药常数 y 可取为 2/3,$\lambda^{2/3}$ 对应于从球形热点向外燃烧的燃烧表面积。而 $(1-\lambda)^x\lambda^y$ 的最大值在 $\lambda=y/(x+y)$ 时发生,如果当 $\lambda=3/4$ 时,$(1-\lambda)^x\lambda^y$ 达到最大值,则 x 应等于 2/9,其中 $\lambda=3/4$ 对应于大小均匀的球体在边长为 b 的方形体中所能占据的最大相对体积。这样式(5.2.1)可以写成如下形式:

$$\frac{\mathrm{d}\lambda}{\mathrm{d}t}=I(1-\lambda)^{2/9}\left(\frac{v_0}{v_1}-1\right)^4+G(1-\lambda)^{2/9}\lambda^{2/3}p^z \tag{5.2.6}$$

关于 PBX-9404、TATB、PETN 和铸装 TNT 炸药,表 5.2.1 列出了(5.2.6)式中的模型参数 I、G 和 z。Lee 和 Tarver 等人用此模型通过数值模拟计算,成功地再现了这些炸药的平面一维持续压力脉冲冲击起爆的实验结果。这支持了点火与增长唯象模型的合理性。

表 5.2.1 Lee-Tarver 两项点火与增长模型参数

炸药 \ 参数	I	G	z
PBX-9404	44	200	1.6
TATB	50	125	2.0
PETN	20	400	1.4
铸装 TNT	50	40	1.2

5.2.2 点火与增长三项反应速率模型

Tarver 等人在 1986 年发现,用两项点火与增长模型虽然能很好地重现炸药在厚飞板碰撞下的冲击起爆实验,但它不能用来描述高压短脉冲冲击起爆过程。对短脉冲冲击起爆数据进行分析表明,非均匀炸药的冲击起爆至少要用三个阶段来描述,即热点的成核-生长-汇合过程。为此,他们把模型修改为三项:

$$\frac{\mathrm{d}\lambda}{\mathrm{d}t}=I\,(1-\lambda)^b\left(\frac{\rho}{\rho_o}-1-a\right)^x+G_1\,(1-\lambda)^c\lambda^dp^y+G_2\,(1-\lambda)^e\lambda^gp^z \tag{5.2.7}$$

模型中的三项依次描述点火、燃烧和快反应三个阶段。第一个阶段是热点的形成及点火。在幅值较低但脉宽较长的入射冲击波作用下,炸药中少量成核的热点仍有可能继续生长,导致波阵面压力增长,形成更多的热点。但在短脉冲高压作用下,例如最小引爆药量试验、电爆炸箔驱动的薄飞片冲击起爆炸药等,必须有较多的热点很快点火炸药才能被引爆。应当对点火项作调整,使热点数量对冲击压缩度的依赖更强一些,扩大高压(接近爆压)和低压(几 kbar)两端情形下热点成核数量的差距。第二个阶段是一系列孤立热点的相当慢的反应成长。Lagrange 量计和炸药/透明介质界面的激光测速实验都表明,在冲击波阵面后压力和粒子速度有一个较慢的幅值增长阶段,压力或粒子速度峰移动得是如此之慢,以致在发生完全反应之前赶不上冲击波阵面,这个过程有时叫作"Dremin 燃烧"。可用与压力有关的燃烧项来模拟这一阶段,像爆燃一样,压力项的指数取为 1。第三个阶段中，从热点发出的燃烧波发生汇合，大范围内的反应快速完成。残留炸药的快速反应导致实验中观察到的向爆轰的迅速转变，快速反应用一个与压力有更强依赖关系的快反应项来描述，压力项的指数取 2～3。

三项式反应速率方程(5.2.7)中的 I、G_1、G_2、a、b、c、d、e、g、x、y 和 z 是 12 个可调系数。其中 a 是临界压缩度，用来限定点火界限，当压缩度小于 a 时炸药不点火，因而也不会发生爆轰。或者说，当冲击波足够强(具有一定压力幅值和脉宽)，使炸药达到一定压缩度时才能点火，从而为炸药起爆规定了一个必要条件。参数 I 和 x 控制了点火热点的数量，点火项是冲击波强度和压力持续时间的函数。大多数情况下，燃烧项压力指数 $y=1$，点火和燃烧项的燃耗阶数 $b=c=2/3$，表示向外的球形颗粒燃烧。G_1 和 d 控制了点火后热点早期的反应生长，G_2 和 z 决定了高压下的反应速率。在反应速率计算中，须设定每一阶段反应度 λ 的最大值和最小值，使三项中的每一项在合适的 λ 值时开始或截断。当 $\lambda > \lambda_{igmax}$ 时，点火项取为零；当 $\lambda > \lambda_{G1max}$ 时，燃烧项取为零；当 $\lambda < \lambda_{G2min}$ 时，快反应项取为零。

Lee-Tarver 的三项点火与增长模型中除 12 个可调系数外，还有三个开关常数 λ_{igmax}、λ_{G1max} 和 λ_{G2min} 共计 15 个炸药常数需要确定。其中一些由燃烧分数与燃烧波阵面几何形状的关系和低压燃烧实验大致给定，另一些要根据冲击起爆或爆轰实验数据标定。对冲击起爆，一般用模拟入射压力与到爆轰距离的关系(Pop 图关系)来调整模型系数。引入如此多可调参数的目的原本应该希望能匹配炸药的 Lagrange 量计测量历史，模型在实现这个目标的方向上确实有可喜的进展，但预测的状态参量剖面和实际测量的流动参量历史之间仍有实质上的差别。

Winter 用 Lee-Tarver 三项点火与增长模型对 HMX 基炸药 EDC37 的 Pop 图实验进行了数值计算(模型参数见附表 4)，图 5.2.1 给出的计算结果与实验结果比较显示，对 EDC37 炸药到爆轰数据的模型计算结果与实验结果符合很好。然而，他对持续脉冲加载

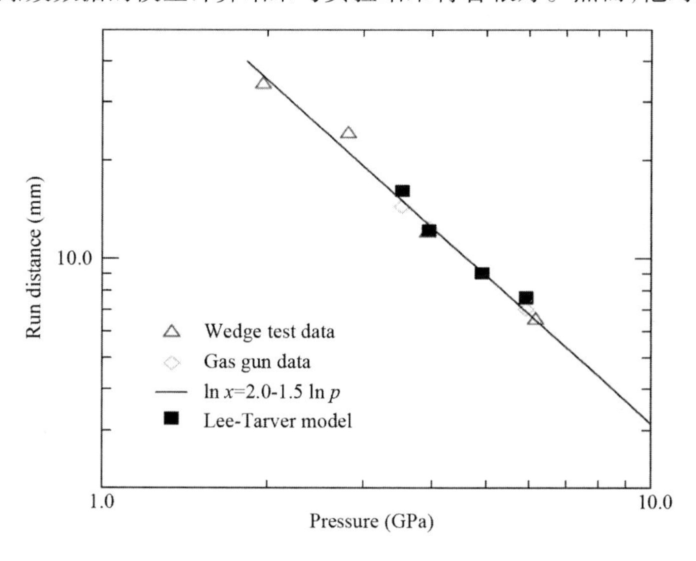

图 5.2.1　EDC37 炸药的 Pop 图

的气炮实验所做的数值模拟结果表明,计算与实验所得到的给定 Lagrange 位置处的粒子速度剖面的形状差别很大,如图 5. 2. 2 所示。实验 Lagrange 量计记录显示粒子速度历史呈凸起的鼓包状,而计算所得的相同位置处的粒子速度剖面则呈凹的上升状,这是 Lee-Tarver模型计算的特征波形计算结果。这个结果显示冲击波阵面后的初始反应量低于预期,但随后快速增长至粒子速度剖面的峰值,这两个效应相互抵消导致对到爆轰距离的模拟是正确的。换句话说,似乎出现了这样一种情况,即两个错误效应叠加产生了一个正确的结果。

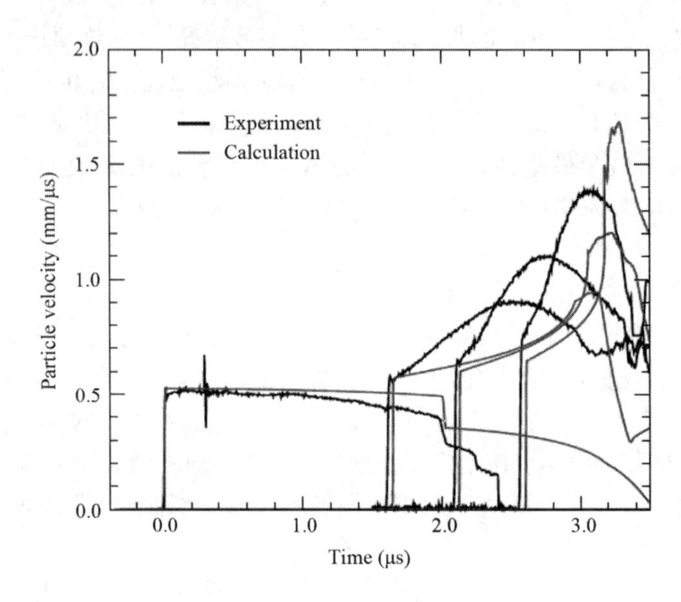

图 5. 2. 2　EDC37 炸药模型结果与气炮加载实验粒子速度剖面的比较

Lee-Tarver 的三项点火与增长反应速率模型除可用于模拟炸药的冲击起爆现象外,还可以用于模拟钝感炸药的爆轰过程。但因为这两个过程的反应机制有显著差别,模型中的三项在模拟爆轰过程时具有不同的物理意义。模拟爆轰时,模型中的第一项仍然表示炸药受前导冲击波压缩产生热点加热区域的点火,炸药的点火分数近似等于原始的孔隙率。第二项描述了爆轰时主要反应产物气体(CO_2、N_2、H_2O、CO 等)的快速形成,以及它们的后继膨胀和平衡过程。第三项是描述钝感炸药爆轰快完成时,固态碳粒子(金刚石、石墨和无定型碳等)凝结所控制的相对缓慢的扩散反应,这部分反应虽然只占总反应比重的一小部分,但因为它是放热反应,而且放出的热量不能被忽略,因此,它使得钝感炸药的反应区宽度大大增加。

用于爆轰计算的模型参数需用爆轰实验确定,所得的模型参数与用于冲击起爆计算的模型参数不同。以 PBX－9502 钝感炸药为例,附表 4 所列 PBX－9502 炸药的两组模型参数中,带下标 b 的参数组适用于爆轰波传播过程计算,而不带下标的参数组适用于冲击起爆过程的计算。图 5. 2. 3 是用 Lee-Tarver 三项反应速率模型对持续脉冲加载条件下 PBX－9502 炸药冲击起爆至爆轰过程的计算结果,起爆压力约 12. 5GPa。其中图(a)选用的是附表 4 中 PBX－9502 炸药适用于冲击起爆计算的模型参数,计算结果显示了 Lee-Tarver模型计算冲击起爆过程所特有的(凹状)粒子速度增长波形。图(b)选用的是

PBX-9502 炸药适用于爆轰计算的模型参数,对图中显示的计算结果,模型只关心爆轰形成后的爆轰波纵向结构,计算结果与实验结果的比较可参见图 6.3.20,计算波形在快反应和慢反应的衔接处存在比较明显的不连续拐点。因为模型的第三项(慢反应项)描述了占爆轰反应区约 2/3 宽度的波形,其参数可用爆轰波纵向结构实验波形数据确定。

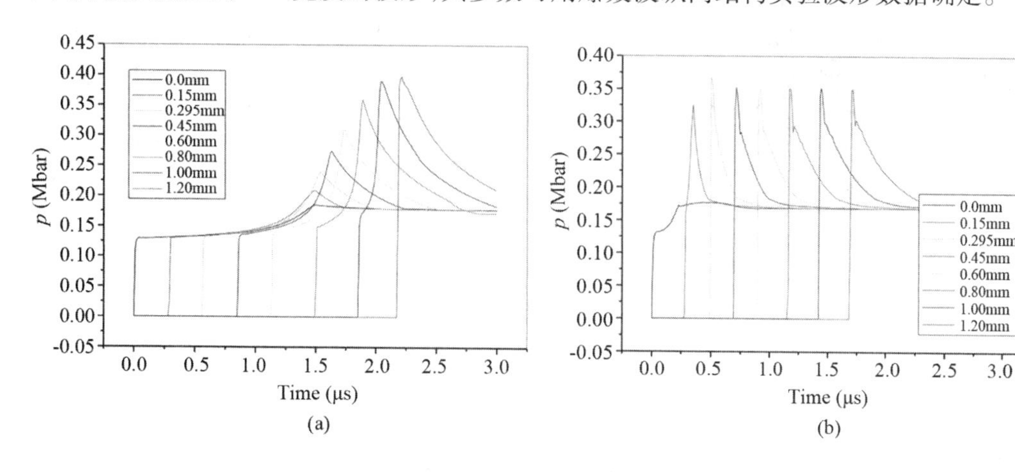

图 5.2.3　PBX－9502 炸药冲击波起爆至爆轰过程的 Lee-Tarver 模型计算结果

图 5.2.4 是计算 PBX－9502 炸药爆轰波直径效应的反应度 λ 的等值线(区)图,由图可见在装药的边侧存在反应“死区”,其中的炸药没有发生反应。因此,模型的点火项对预测熄爆直径应足够敏感。

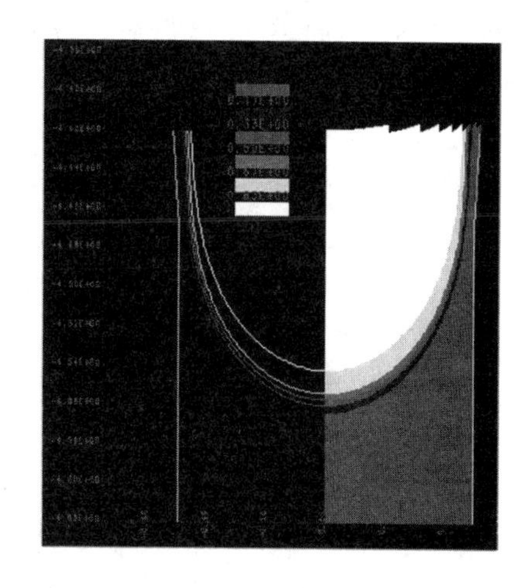

图 5.2.4　PBX－9502 炸药爆轰波直径效应反应度 λ 的等值线(区)

Tarver 和 McGuire 通过改变反应速率模型(5.2.7)第二项(反应增长项)中的 G_1 和压力指数 y,来与五个初始温度下 LX－17 炸药的熄爆半径实验值进行匹配。分别取 $y=2$ 和 $y=3$,都得到了对应的增长系数 G_1,而这两个 y 值也曾用于模拟其他 TATB 基炸药的反应速率。在无约束熄爆直径的计算中,取 $y=3$ 时,在以临界实验爆速(PBX－9502 炸药的临界爆速为 7.4mm/μs)传播几个厘米之后发生相对快的爆轰熄爆。而取 $y=2$ 时,也在正确的直径和爆速下发生熄爆,但此熄爆过程需要较长的传播距离(约 20～40cm)。Campbell 的实验表明,在圆柱形装药试验中,PBX－9502 炸药的爆轰波熄爆距离可以达到 25～30cm。因此,在反应速率模型(5.2.7)中取 $y=2$ 与实验结果更匹配。

当模型的第二项和第三项的参数确定后,对 TATB 基炸药在不同初始温度下的熄爆直径的计算只需调整模型(5.2.7)中的点火参数“a”和 λ_{igmax} 即可,即这时只考虑初始温度对初始孔隙率的影响。点火与增长模型还预测了 LX－17 炸药在初始密度接近 TMD 时,熄爆直径将增加,这是富碳炸药(如 TATB 和 TNT)的已知实验现象,但这需要较高密度和大直径条件下的更多实验来进一步验证。

5.2.3 对点火项的修正－模拟冲击钝化和拐角效应

爆轰波传播过程中由于炸药/介质边界的突然转折或阻挡,使爆轰途径发生弯曲或折转,引起爆轰波阵面和波后流场的变化,称之为爆轰的绕射。衡量爆轰扩展能力的一类实验是观测小范围起爆区内的爆轰波向侧边的传播性态,若旁边的炸药不能顺利起爆,一定范围内发生不爆或延迟起爆,称之为拐角效应。绕射和拐角效应都同爆轰途径弯曲以及不爆轰区(又称“死区”)等问题有关,是复杂几何形状或钝感炸药装置实验中经常见到的重要现象。

一种研究爆轰波拐角效应常用的实验方法是从一个圆柱形炸药样品上挖出一块短的同轴小圆柱体形成一个井,并在其中填充固体惰性材料,在井底平面中心起爆炸药形成球形爆轰波向炸药中传播,并在井底拐角发生绕射。图5.2.5给出了具有典型实验尺寸的实验样品半轴截面图。

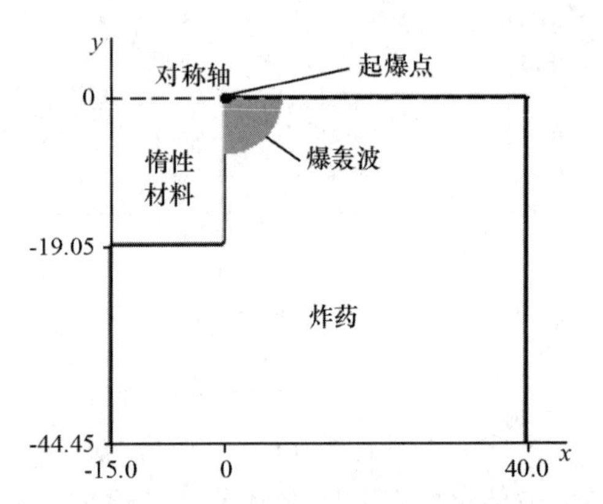

图5.2.5 爆轰波拐角效应实验样品半轴截面图

对钝感炸药的实验表明,在拐角下游会出现“死区”。原因是,爆轰波在拐角附近的绕射波在侧向膨胀作用下幅值会下降,下降程度与绕射波方向偏离爆轰波传播方向的角度有关。如果绕射波足够弱,不能直接起爆炸药,它对炸药造成的压缩就可能减少潜在的热点数量,从而使受绕射波作用后的炸药再受二次冲击作用的感度降低。这种绕射波使拐角附近炸药受预压缩导致冲击起爆感度降低的效应称为冲击钝化或脱敏(desensitization)。已有许多文献报道过将脱敏作用加入反应速率模型的尝试,任何试图描述脱敏现象、对以点火与增长概念建立的反应速率模型的改变都必须包含如下因素:

(1)对冲击导致炸药压缩程度的估计;

(2)起爆阈值对压缩程度的依赖;

(3)受压缩程度控制的反应截止机制;

(4)当起始冲击充分强时,可以忽略针对起爆和爆轰波绕射的脱敏效应。

DeOliveira等人在Lee-Tarver的三项反应速率模型式(5.2.7)的基础上引入脱敏参数ϕ,在二维坐标下,它随时间的进化服从如下偏微分方程:

$$\frac{\partial(\rho\phi)}{\partial t}+\frac{\partial(\rho u\phi)}{\partial x}+\frac{\partial(\rho u\phi)}{\partial y}=\rho S \tag{5.2.8}$$

式中S为脱敏速率,由下式定义:

$$S=Ap(1-\phi)(\phi+\varepsilon) \tag{5.2.9}$$

式中A和ε是正的速率常数。在初始未反应炸药中$\phi=0$,而在被完全钝化了的炸药中$\phi=1$。在零压力的上游状态,此脱敏速率为0;一旦冲击波到达($p>0$),就将其激活并取值$S=Ap\varepsilon$。对任何$p>0$的压缩过程,脱敏速率让ϕ从0向1方向变化。

从偏微分方程(5.2.8)求出 ϕ 值后，再从两个方面修改 Lee-Tarver 的三项反应速率模型。首先，规定点火项中的临界压缩度 a 是 ϕ 的函数：

$$a(\phi) = a_0(1-\phi) + a_1(\phi) \tag{5.2.10}$$

式中 a_0 和 a_1 是正的常数，$(1+a_0)$ 是未反应炸药点火的相对密度阈值，$(1+a_1)$ 是完全钝化炸药点火的相对密度阈值。

其次，模型的第二项仅当反应度 λ 超过用如下线性函数给出的激活最小值时才被打开：

$$\lambda_{\mathrm{G1min}}(\phi) = \lambda_c \phi \tag{5.2.11}$$

式中 λ_c 是正数。因此，(5.2.7)式的第二项被修改为：

$$G_1(1-\lambda)^c \lambda^d p^y \times H(\lambda - \lambda_{\mathrm{G1min}}(\phi)) H(\lambda_{\mathrm{G1max}} - \lambda) \tag{5.2.12}$$

式中 H 为阶跃函数。做此修改后引入了脱敏效应和反应增长之间的竞争，因此给出了反应的截止机制。修改后的模型需要对四个参数 A、ε、a_1 和 λ_c 进行标定，LX－17 炸药的这四个参数值分别为：$A=1000$，$\varepsilon=0.001$，$a_1=0.50$，$\lambda_c=0.01$。

图 5.2.6 显示的是 DeOliveira 等人对 LX－17 炸药用反应速率模型式(5.2.7)计算的冲击起爆过程，起爆压力为 12.5GPa，模型参数是适用于爆轰计算的参数组（见附表 4）。反应进程变量 λ 剖面显示了起爆冲击波在一个很短的瞬间达到稳定的爆轰状态。图 5.2.7为用修改后的反应速率模型计算的相应结果，图中显示了相对密度 v_{s0}/v 和反应速率方程中点火项的起爆相对密度域值 $1+a(\phi)$ 的剖面（图中左边纵坐标刻度标记），以及 λ 和模型第二项的激活开关参数 $\lambda_{\mathrm{G1min}}(\phi)$ 的剖面（图中右边纵坐标刻度标记）。由图可见，初始冲击波过后，相对密度立刻超过起爆域值，点火项被激活；由于增长开关参数 $\lambda_{\mathrm{G1min}}(\phi)$ 的初值为 0，一旦 $\lambda>0$，模型的第二项（增长项）也被激活；$1+a(\phi)$ 和 $\lambda_{G1min}(\phi)$ 的上升引起脱敏现象，当 $1+a(\phi)$ 超过 v_{s0}/v，点火反应停止，而当 $\lambda_{\mathrm{G1min}}(\phi)$ 超过 λ，模型的第二项描述的反应停止。最后的结果是，由于反应进程变量只能达到一个可以忽略小值，脱敏效应引起了反应的停止。

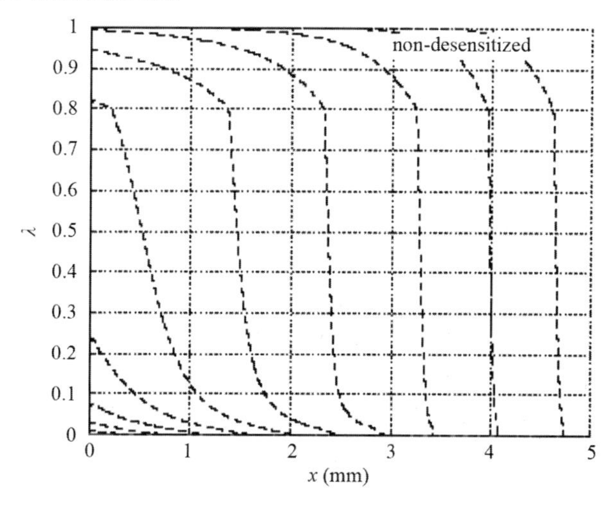

图 5.2.6　模型(5.2.7)式的冲击起爆计算结果

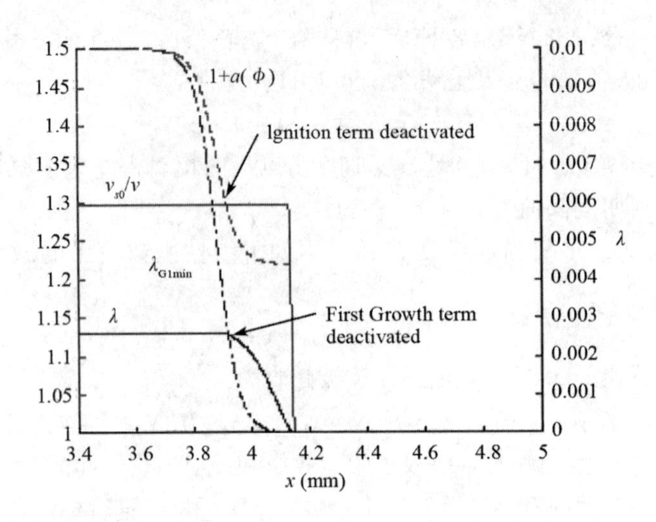

图 5.2.7 修正的反应速率模型的冲击起爆计算结果

将起爆压力增加到 14.97GPa,两种模型都能得到成功起爆的结果。图 5.2.8 显示一旦完全建立了爆轰,两种模型得到的压力剖面相近,修改后的模型所得到的爆轰波剖面稍微滞后于原始模型结果。在初始阶段的冲击起爆过程中两种模型结果的差异较大。图 5.2.9为早期($t=0.2\mu s$ 时刻)对应于图 5.2.7 的模型参量剖面,它显示了脱敏过程。因为 $\lambda_{G1min}(\phi)$和 λ 的剖面不相交,结果修正模型的第二项不再停止。然而,脱敏过程仍然影响点火项的大小和点火项被激活的 λ 的持续时间(即 $1+a(\phi)$上升到相对密度域值的时间)。这反过来又影响了 λ 剖面,从而影响模型第二项的大小。

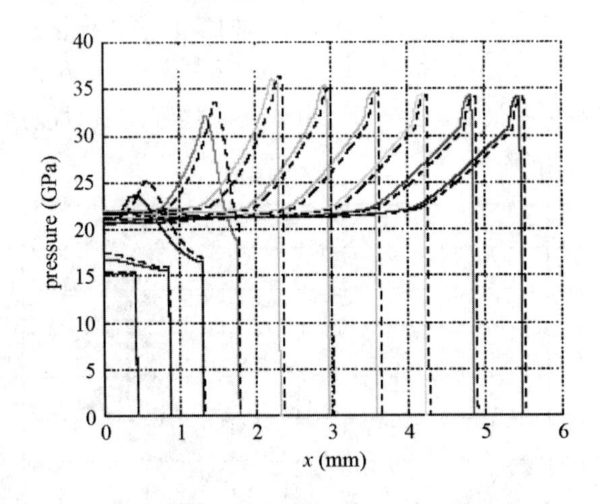

图 5.2.8 模型(5.2.7)式的冲击起爆计算结果

增加了脱敏效应的反应速率模型能模拟钝感炸药爆轰波传播拐角效应中出现的"死区"。图 5.2.10 和图 5.2.11 分别给出了两种模型对图 5.2.5 所示拐角实验的计算结果,其中上排为数值纹影图像,下排为压力等值线图。

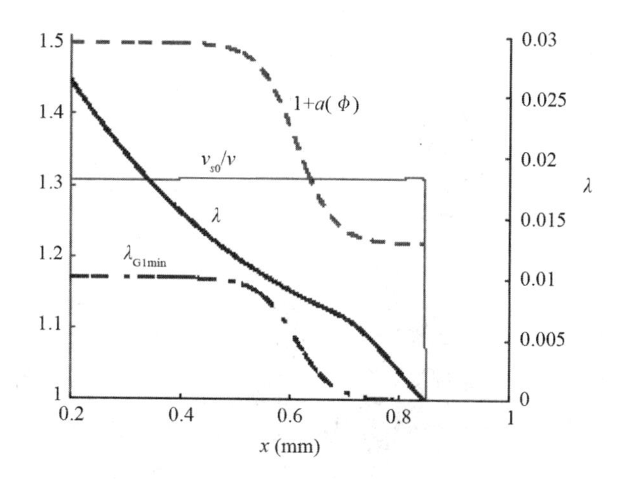

图 5.2.9　修正的反应速率模型的冲击起爆计算结果

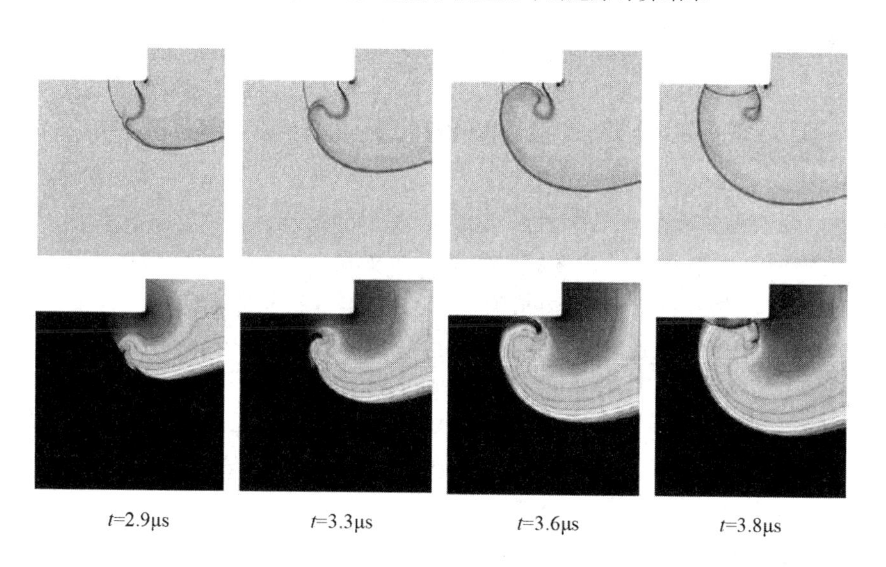

图 5.2.10　Lee-Tarver 三项反应速率模型对拐角实验的计算结果

当爆轰波转过拐角时，拐角区附近的绕射波因侧向膨胀造成幅值衰减，使得冲击波波后的反应速率下降，导致反应区落后于冲击波。而远离拐角处爆轰波不受干扰继续以球面波形式传播。两种模型结果在 $t=2.9\mu s$ 时刻开始出现差别，特别是压力等值线图。在绕射冲击波和球形爆轰波两类波头交汇处，原始模型的反应已经加强，产生一个弯钩形高压脊脱离前导冲击波。在 $t=3.3\mu s$ 时刻，此高压脊已发展成横向爆轰，并向上传播进入此刻尚未开始反应的已受绕射冲击波压缩的区域之中。这期间，修改模型的脱敏作用明显开始，在两类波头交汇处附近，横向波压力足够低，拐角附近区域出现脱敏现象，成为爆轰反应的“死区”。

即使还有许多不足，Lee-Tarver 的三项点火与增长反应速率模型目前仍然是国内使用最广、文献中出现频率最高的反应速率模型。主要原因有两个：

(1)在人们所使用的各种流体动力学程序(包括商用软件)中，用于计算冲击起爆和

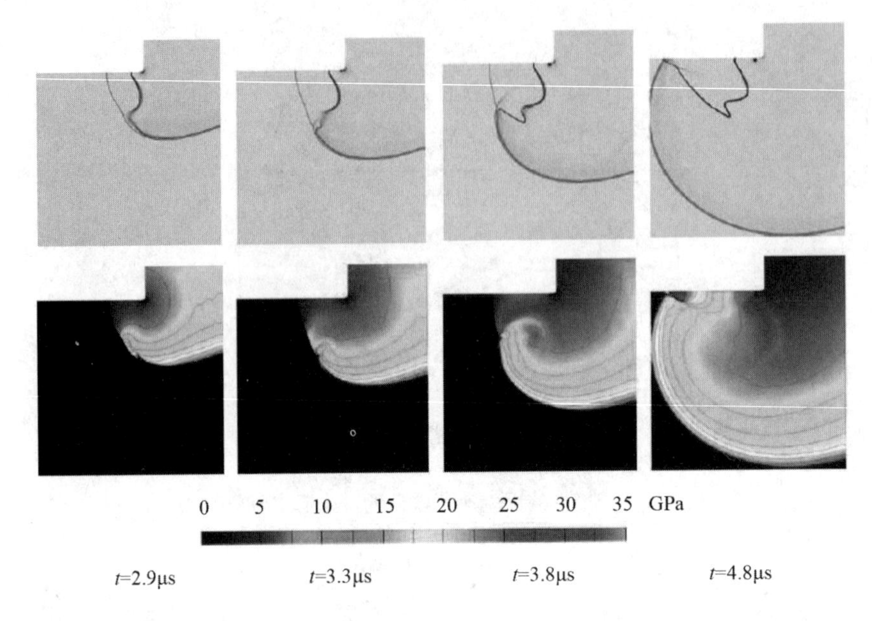

图 5.2.11 修正后的 Lee-Tarver 三项反应速率模型对拐角实验的计算结果

爆轰过程的反应材料模型大多只含有这一种反应速率方程；

(2)可以在文献中查到的各类炸药的模型参数比较齐全。

尽管这种反应速率函数中的参数多数都是由实验结果，或者通过数值模拟调试，或者通过拟合实验曲线而得到的，但是数值模拟的意义是预报未做实验的可能实验结果。若模型在所反映机制上有一定歪曲，虽然对标定实验可以符合很好，但是对其他与之差别较大的实验的数值进行模拟将可能出现脱离实际的物理图像。

5.3 多过程热点反应速率模型

Johnson、Tang 和 Forest(JTF)提出了一种考虑中间态变量(包括热点质量分数、热点反应度和热点平均温度)的多过程热点反应速率模型。模型的基本思想和导出过程如下：

首先引入反应过程时间的概念，以一级 Arrhenius 反应速率为例，设 **R** 表示反应物，**P** 表示反应产物，R 为反应物质量分数，P 为反应产物质量分数，则对如下单一不可逆化学反应：

$$\mathbf{R} \rightarrow \mathbf{P} \tag{5.3.1}$$

其一级反应过程的反应速率为

$$\frac{\mathrm{d}P}{\mathrm{d}t} = Ze^{\left(-\frac{E_a}{k\theta}\right)}R \tag{5.3.2}$$

或写成

$$\frac{\mathrm{d}P}{\mathrm{d}t} = \frac{1}{\tau_c}R \tag{5.3.3}$$

其中 $\tau_c = [Ze^{(-E_a/k\theta)}]^{-1}$ 称为反应过程时间，即反应平均在 τ_c 时间内完成。式中 Z 为频率因子，E_a 为活化能，θ 是温度，k 是 Boltzmann 常数。

对具有两种反应物的不可逆反应：

$$\mathbf{A} + \mathbf{B} \to \mathbf{C} \tag{5.3.4}$$

其中 **A** 和 **B** 是两种反应物组分，**C** 是反应产物；其二级反应的反应速率为：

$$\frac{\mathrm{d}C}{\mathrm{d}t} = Z\mathrm{e}^{\left(-\frac{E_a}{k\theta}\right)} AB \tag{5.3.5}$$

或写成

$$\frac{\mathrm{d}C}{\mathrm{d}t} = \frac{1}{\tau_c} AB \tag{5.3.6}$$

其中 $\tau_c = [Ze^{(-E_a/k\theta)}]^{-1}$ 为式(5.3.4)所示反应的反应过程时间。式中 A 和 B 分别是 **A** 和 **B** 两种反应物组分的质量分数，C 是反应产物 **C** 的质量分数。

非均质炸药的冲击起爆反应过程从物理上考虑可分解为若干阶段，包括在热点处的冲击加热、能量转换以及钝感炸药爆轰反应快结束时的固态碳凝聚过程等。

5.3.1　JTF 多过程两项经验热点模型

如图 5.3.1 所示，假设非均质炸药的冲击起爆反应分两个阶段完成——热点形成阶段和由热点引发的体积燃烧阶段。而每个阶段还可能经历几个过程，下面分别讨论：

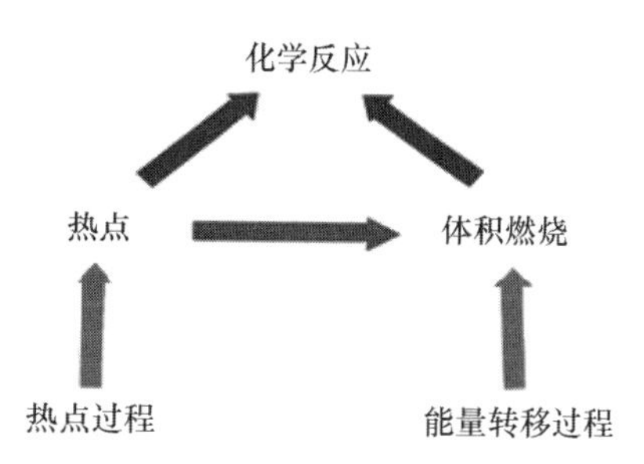

图 5.3.1　JTF 两阶段反应热点模型

1. 局部热点冲击加热和分解过程(热点模型)

在非均质炸药中，冲击产生局部热点的可能机制主要有绝热压缩、快速剪切、孔穴塌缩、摩擦和粘塑性流动等。所有这些热点都发生在炸药颗粒表面耗散过程明显的区域。图 5.3.2 绘出了热点区域示意图，单个热点的体积可根据热点表面积 A_i 和由冲击产生的热点反应区厚度 δ_i 的乘积确定。以热点质量分数 η 表示对冲击作用敏感区域的质量占炸药总质量的分数，即

$$\eta = \frac{\rho_h}{\rho} \sum \delta_i A_i \tag{5.3.7}$$

其中，ρ_h 为单个热点的密度；ρ 是炸药密度；$\sum$ 是对单位体积内所有热点求和。

显然，每单位体积中总的热点表面积 $\sum A_i$ 与给定尺寸的炸药颗粒表面积有关，热点表面积通常是颗粒表面积的一小部分，这与炸药的压紧程度或密度相关。反应区厚度 δ_i 与冲击过程、点火阈值以及初始温度有关。D_i 反映了孔隙体积的大小，它

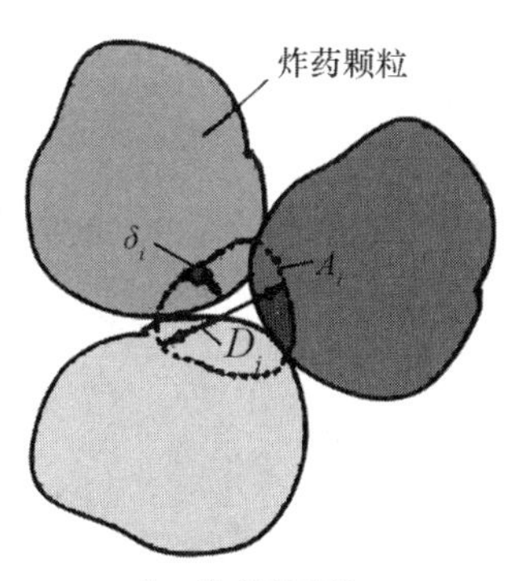

A_i—热点表面积

δ_i—由冲击产生的热点反应区厚度

D_i—热点特征尺寸

图 5.3.2　热点区示意图

在几何学上与颗粒尺寸及加载条件有关，它影响着分解机制，从而影响了热点温度。因此，可以认为 η 是一个经验常数，它是典型的小量。热点以外的区域是炸药的均质区，其质量分数为 $1-\eta$。当热点区域的反应达到一定强度后，反应将从热点向炸药颗粒的均质区传播。

假设热点反应过程分两步进行：

(1)热点冲击加热过程

$$\mathbf{R_h} \xrightarrow{\tau_{sh}} \mathbf{I_h}$$

在此过程中，热点反应物 $\mathbf{R_h}$ 经冲击压缩加热，产生中间高温状态的热点反应物 $\mathbf{I_h}$，τ_{sh} 为热点冲击加热过程时间；

(2)热点分解过程

$$\mathbf{I_h} \xrightarrow{\tau_h} \mathbf{P_h}$$

这是中间高温状态的反应物 $\mathbf{I_h}$ 分解成热点产物 $\mathbf{P_h}$ 的过程，τ_h 为热点反应过程时间。

设 R_h 为 $\mathbf{R_h}$ 的质量分数，I_h 为 $\mathbf{I_h}$ 的质量分数，λ_h 为 $\mathbf{P_h}$ 的质量分数。若定义热点的质量分数为 1，则参与热点反应各组分的质量分数之和等于 1，即：

$$R_h + I_h + \lambda_h = 1 \tag{5.3.8}$$

利用反应过程时间的概念，参与热点反应各组分的变化速率如下：

$$\frac{\mathrm{d}R_h}{\mathrm{d}t} = -\frac{R_h}{\tau_{sh}} \tag{5.3.9}$$

$$\frac{\mathrm{d}I_h}{\mathrm{d}t} = \frac{R_h}{\tau_{sh}} - \frac{I_h}{\tau_h} \tag{5.3.10}$$

$$\frac{\mathrm{d}\lambda_h}{\mathrm{d}t} = \frac{I_h}{\tau_h} \tag{5.3.11}$$

进一步假设，热点的冲击加热过程比反应过程快得多，即 $\tau_{sh} \ll \tau_h$，由式(5.3.10)，要保证产生和消耗中间高温状态反应物的速率基本相等，则有 $R_h \ll I_h$。由式(5.3.8)，忽略 R_h 得：

$$I_h = 1 - \lambda_h \tag{5.3.12}$$

代入式(5.3.11)，得热点反应速率方程：

$$\frac{\mathrm{d}\lambda_h}{\mathrm{d}t} = \frac{1}{\tau_h}(1-\lambda_h) \tag{5.3.13}$$

热点反应过程时间 τ_h 与热点平均温度 θ_h 相关。设热点反应混合物状态方程为：

$$\theta_h = \theta(p, H, \lambda_h) \tag{5.3.14}$$

式中 H 为比焓，则

$$\frac{\mathrm{d}\theta_h}{\mathrm{d}t} = \left[\left(\frac{\partial\theta_h}{\partial p}\right)_{H,\lambda_h} + v\left(\frac{\partial\theta_h}{\partial H}\right)_{p,\lambda_h}\right]\frac{\mathrm{d}p}{\mathrm{d}t} - \left(\frac{\partial\theta_h}{\partial H}\right)_{p,\lambda_h}\frac{\mathrm{d}q}{\mathrm{d}t} + \left(\frac{\partial\theta_h}{\partial\lambda_h}\right)_{p,H}\frac{\mathrm{d}\lambda_h}{\mathrm{d}t} \tag{5.3.15}$$

式中已用到热力学第一定律

$$\frac{\mathrm{d}H}{\mathrm{d}t} = v\frac{\mathrm{d}p}{\mathrm{d}t} - \frac{\mathrm{d}q}{\mathrm{d}t} \tag{5.3.16}$$

其中 $\mathrm{d}q/\mathrm{d}t$ 为耗散现象引起的热损失，由热力学关系：

$$\left(\frac{\partial H}{\partial \theta_h}\right)_{p,\lambda_h} = C_p \tag{5.3.17}$$

$$\left(\frac{\partial \theta_h}{\partial p}\right)_{H,\lambda_h} + v\left(\frac{\partial \theta_h}{\partial H}\right)_{p,\lambda_h} = \left(\frac{\partial \theta_h}{\partial p}\right)_{s,\lambda_h} = \theta_h \Gamma \kappa \tag{5.3.18}$$

令

$$\left(\frac{\partial \theta_h}{\partial \lambda_h}\right)_{p,H} \equiv \beta = \text{const}$$

则

$$\frac{\mathrm{d}\theta_h}{\mathrm{d}t} = \theta_h \Gamma \kappa \frac{\mathrm{d}p}{\mathrm{d}t} - \frac{1}{C_p}\frac{\mathrm{d}q}{\mathrm{d}t} + \beta \frac{\mathrm{d}\lambda_h}{\mathrm{d}t} \tag{5.3.19}$$

式中：Γ 为未反应炸药的 Gruneisen 系数；κ 为等熵压缩度。这说明热点温度的变化由压力变化、热损失和化学反应引起。热点反应速率由一级 Arrhenius 反应速率描述，即：

$$\frac{\mathrm{d}\lambda_h}{\mathrm{d}t} = (1-\lambda_h) Z\exp\left(-\frac{E_a}{k\theta_h}\right) \tag{5.3.20}$$

因为没有考虑热点的温度分布和热点温度的变化，所以上式是“单温热点”的反应速率。与“单温热点”温度 θ_h 相关的热点反应过程时间 τ_h 为

$$\tau_h = \left[Z\exp\left(-\frac{E_a}{k\theta_h}\right)\right]^{-1} \tag{5.3.21}$$

事实上，我们希望得到与宏观流体动力学状态参量相关的热点反应过程时间 τ_h，因此需要得到热点温度 θ_h 与宏观流体动力学状态参量之间的关系。在压力不变且无热损失的条件下，由式(5.3.19)和式(5.3.20)可得：

$$\frac{\mathrm{d}\lambda_h}{\mathrm{d}t} = (1-\lambda_h) Z\exp\left(-\frac{E_a}{k(\theta_h + \beta\lambda_h)}\right) \tag{5.3.22}$$

将此式积分，

$$t(\lambda_h) = Z^{-1}\int_0^{\lambda_h} (1-\lambda)^{-1} \exp(E_a/k(\theta_h + \beta\lambda))\,\mathrm{d}\lambda \tag{5.3.23}$$

当 $\lambda_h \to 1$，即热点发生热爆炸时，上式给出的热点热爆炸反应过程时间有一个很好的近似解，即：

$$\tau_h = t(\lambda_h \to 1) \approx \left(\frac{k\theta_h^2}{ZE_a\beta}\right)\exp(E_a/k\theta_h) \tag{5.3.24}$$

因此，描述热点反应的速率方程(5.3.13)成为：

$$\frac{\mathrm{d}\lambda_h}{\mathrm{d}t} = (1-\lambda_h)(ZE_a\beta/k\theta_h^2)\exp\left(-\frac{E_a}{k\theta_h}\right) \tag{5.3.25}$$

根据热爆炸理论，冲击波阵面上炸药热点的温度与压力的关系为

$$\theta_h = \theta_0\left[1 - m\frac{k\theta_0}{E_a}\ln\left(\frac{p_s}{p_0}\right)\right]^{-1} \tag{5.3.26}$$

式中，p_s是冲击波阵面压力，p_0是参考压力，θ_0是 $p_s = p_0$时的热点温度，m 是经验常数。若不考虑热损失，且忽略热爆炸发生前化学反应对温度的影响，在冲击波阵面后的反应流动区内，炸药的热点温度随压力按下式变化：

$$\frac{\mathrm{d}\theta_h}{\mathrm{d}t}=\theta_h \Gamma \kappa \frac{\mathrm{d}p}{\mathrm{d}t} \tag{5.3.27}$$

因为大多数解流体动力学守恒方程的数值计算方法是用人为黏性力来处理冲击波强间断面，以使冲击波在几个网格的宽度上被“抹平”，这种处理冲击波的方法虽然能避免流场中可能出现的奇点，但也很难在计算结果中取到严格意义上的冲击波阵面状态参量。因此，如何在计算的 Lagrange 冲击波剖面上取波阵面压力 p_s 就成为计算热点温度的关键，从而成为计算热点反应速率的关键。

如图 5.3.3 所示，Tang 提出可根据人为黏性力 q 在冲击波阵面上的性质，取与 q 在冲击波阵面上降为零的时刻所对应的波剖面压力为冲击波阵面压力 p_s。

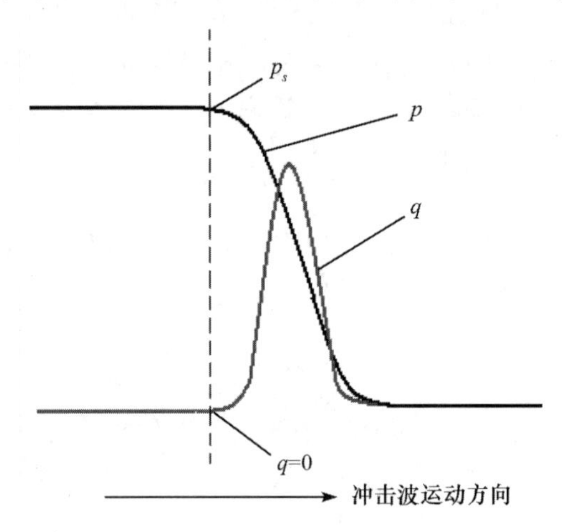

图 5.3.3　在流体动力学程序的计算结果中取冲击波阵面压力的方法

2. 体积燃烧反应过程

假设炸药体积燃烧反应过程也分两步进行：

(1) 热点反应产物通过热传导等能量转移机制加热炸药颗粒内部均质部分的过程，将其写成反应方程形式如下：

$$\mathbf{R_b}+\mathbf{P_h}\xrightarrow{\tau_e}\mathbf{I_b}+\mathbf{P_b^*}$$

此过程在炸药颗粒均质区域中产生中间高温状态的反应物。反应方程中的 $\mathbf{R_b}$ 为除热点外炸药其余部分的反应物，$\mathbf{P_h}$ 为高温热点反应产物，$\mathbf{I_b}$ 为除热点外炸药可能发生体积反应的中间高温状态反应物，$\mathbf{P_h^*}$ 为当能量从热点转移至炸药均质部分后冷却了的热点产物，τ_e 是能量从高温热点产物向炸药其余均质部分转移的能量转移过程时间；

(2) 炸药颗粒内部均质区域中的高温中间状态反应物分解成产物的化学反应过程：

$$\mathbf{I_b}\xrightarrow{\tau_c}\mathbf{P_b}$$

反应方程中 $\mathbf{P_b}$ 为参与体积燃烧反应的反应产物，τ_c 是体积燃烧反应完成的平均时间。

设 R_b 为 $\mathbf{R_b}$ 的质量分数，I_b 为 $\mathbf{I_b}$ 的质量分数，λ_b 为 $\mathbf{P_b}$ 的质量分数。若定义炸药颗粒内部均质部分的质量分数为 1，则炸药颗粒中参与体积燃烧反应的各组分的质量分数之和等于 1，即：

$$R_b + I_b + \lambda_b = 1 \tag{5.3.28}$$

参与体积燃烧反应各组分的变化速率如下：

$$\frac{dR_b}{dt} = -\frac{\eta\lambda_h}{\tau_e}R_b \tag{5.3.29}$$

$$\frac{dI_b}{dt} = \frac{\eta\lambda_h}{\tau_e}R_b - \frac{I_b}{\tau_c} \tag{5.3.30}$$

$$\frac{d\lambda_b}{dt} = \frac{I_b}{\tau_c} \tag{5.3.31}$$

进一步假设，体积燃烧反应过程要比能量转移过程快得多，即 $\tau_c \ll \tau_e$；由(5.3.30)式，要保证产生和消耗中间高温状态物质的速率基本相等，则有 $I_b \ll R_b$。由式(5.3.28)，忽略 I_b 得：

$$R_b = 1 - \lambda_b \tag{5.3.32}$$

将上式代入式(5.3.29)可得炸药颗粒内部发生体积燃烧反应的反应速率

$$\frac{d\lambda_b}{dt} = \frac{\eta\lambda_h}{\tau_e}(1 - \lambda_b) \tag{5.3.33}$$

式中 $\eta\lambda_h$ 为热点反应产物占炸药总质量的反应分数。

能量从热点反应产物向未反应均质炸药颗粒内转移的过程仅当热点反应超过了一定的阈值之后才可能发生，因此，式(5.3.33)中的 $\eta\lambda_h$ 必须用下式代替：

$$\frac{\eta\lambda_h - f_0}{\eta - f_0} \tag{5.3.34}$$

或

$$\frac{\lambda_h - f_0/\eta}{1 - f_0/\eta} \tag{5.3.34$'$}$$

因此，式(5.3.33)被替换为

$$\frac{d\lambda_b}{dt} = \frac{\eta(\lambda_h - f_0/\eta)}{\tau_e(1 - f_0/\eta)}(1 - \lambda_b) \tag{5.3.35}$$

其中 f_0 是引发体积燃烧反应的热点反应质量分数阈值。

控制体积燃烧反应速率的能量转移过程时间 τ_e 通过压力依赖于波后流场，在对能量转移过程没有更细致的了解时，可以给出如下唯象关系：

$$\tau_e = [G_0 p + G(p)]^{-1} \tag{5.3.36}$$

式中，G_0 为常数，压力 p 的线性项代表冲击幅值较弱时的能量转移项。而当冲击压力幅值较高时，能量转移过程受函数 $G(p)$ 控制，可选择 Forest Fire 反应速率作为函数 $G(p)$ 的表达式，即：

$$G(p) = \exp\left(\sum_{i=0}^{n} C_i p^i\right) \tag{5.3.37}$$

通过以上讨论，非均质炸药的整体反应度可表示为热点反应和体积反应两项之和：

$$\lambda = \eta\lambda_h + (1 - \eta)\lambda_b \tag{5.3.38}$$

其中，η 为炸药中可能发生热点反应的最大质量分数，$1 - \eta$ 为除热点反应之外其余发生体积燃烧的反应质量分数。通常有

$$\eta \ll 1-\eta \tag{5.3.39}$$

显然,取不同的能量转移过程时间 τ_e,可以得到不同的反应速率方程。Johnson 等人在 1985 年曾将两项经验热点模型的反应速率写成如下形式:

$$\dot{\lambda} = \eta\dot{\lambda}_h + [1-\lambda-\eta(1-\lambda_h)][(\lambda_h - f_0)/(1-f_0)]G(p,p_s) \tag{5.3.40}$$

式中$(1-\lambda-\eta(1-\lambda_h))$是已除去热点质量的未反应炸药质量分数,反应的增长被假设为一级反应过程。当 $\lambda_h < f_0$ 时,第二项(反应的增长项)不起作用。$G(p,p_s)$为反应增长速率函数,它是当地压力 p 和冲击波阵面压力 p_s的函数:

$$G(p,p_s) = G_0 p[1+F(p_s)/G_0 p_s] \tag{5.3.41}$$

G_0为常数,$F(p_s)$函数为

$$F(p_s) = A\ (p_s/p_0)^n\ [1+Cp_s/p_0]^{7-n} \tag{5.3.42}$$

式中 A、C 和 n 为常数。

Johnson 等用上述反应速率关系计算了 PBX－9404 炸药在平面一维持续冲击波(压力为 3.7GPa)作用下不同 Lagrange 位置的粒子速度历程,计算结果与实验结果的比较如图 5.3.4 所示,两者相符很好。计算中各模型参数取如下数值:$Z=5\times10^{13}\ \mu s^{-1}$,$E_a/k=\theta_a=26520\text{K}$,$\beta=2500\text{K}$,$m=3$,$p_0=3.5\text{GPa}$,$\theta_0=719\text{K}$,$G_0=2300(\text{GPa}\cdot\mu s)^{-1}$,$\Gamma\kappa=0.4$,$\eta=0.05$,$A=0.07\mu s^{-1}$,$C=4.2\times10^{-4}$,$n=2.85$,$f_0=0.14$。

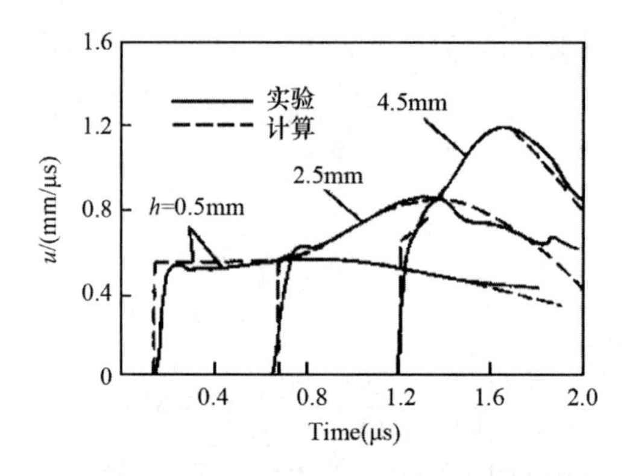

图 5.3.4　PBX－9404 炸药在 3.7GPa 持续冲击压力作用下的粒子速度历史

5.3.2　JTF 多过程三项经验热点模型

1988 年 Tang 在两项模型基础上提出了增加一个慢反应项的三项多过程反应速率形式,用于钝感非均匀炸药的冲击起爆和爆轰波传播的数值模拟计算。提出三项多过程反应速率模型是考虑到,虽然体积燃烧反应主要是化学分解反应,但其中还会发生一些产物分子的重组过程,特别是在分解反应快结束时。一个最明显的例子就是固态碳的凝结,此过程也是放热的,而且非常缓慢。由于此过程时间相当长,不能被忽略,所以要将此放热过程的贡献加入总体反应之中。三项多过程反应速率描述的炸药总反应度是三部分的加权和数:

$$\lambda = \eta\lambda_h + (1-\eta-\psi)\lambda_{bf} + \psi\lambda_{bs} \tag{5.3.43}$$

式中,下标 h 代表"热点"反应度,下标 f 和 s 分别表示"快"、"慢"两种反应,快反应是主

要的体积释能反应,慢反应考虑了反应产物趋于平衡态的弛豫过程,特别是固态碳的凝结。式中经验常数 η 表示炸药热点占总质量的分数,它的大小与炸药的颗粒尺寸和密度有关,是一个小量。经验常数 ψ 表示参与慢反应的炸药总质量分数,它的大小与炸药反应产物中的含碳量有关。

图 5.3.5 和图 5.3.6 分别示意了 JTF 三项多过程反应速率模型的基本物理过程和反应方程。其中三项反应速率模型的热点反应过程和从热点向均质炸药的能量转移过程与 JTF 两项经验热点模型相同。取代 JTF 两项模型认为的体积燃烧分解产物是最终产物的概念,三项模型假设体积燃烧分解产物只是过渡产物或部分反应物,图 5.3.6 中以 $\mathbf{T_b}$(其质量分数为 T_b)表示,该过程的反应时间为 τ_c。将过渡产物 $\mathbf{T_b}$分为两部分 $\mathbf{T_{bf}}$和 $\mathbf{T_{bs}}$(其质量分数为 T_{bf}和 T_{bs}),它们分别以快、慢两种反应方式过渡到最终产物 $\mathbf{P_{bf}}$和 $\mathbf{P_{bs}}$(其质量分数为 λ_{bf}和 λ_{bs}),所需特征反应时间分别为 τ_f和 τ_s。

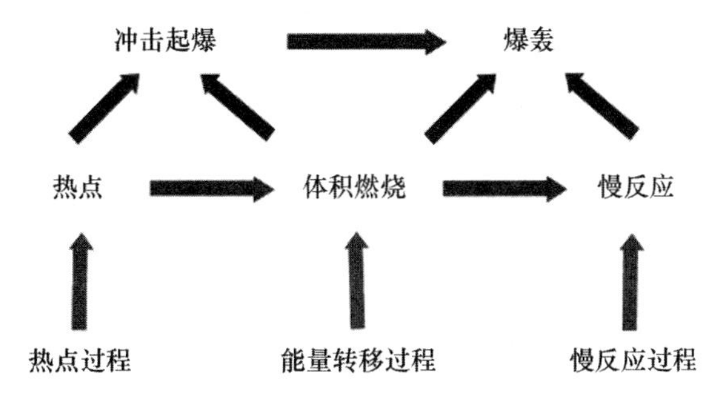

图 5.3.5　JTF 三项多过程反应模型的过程示意图

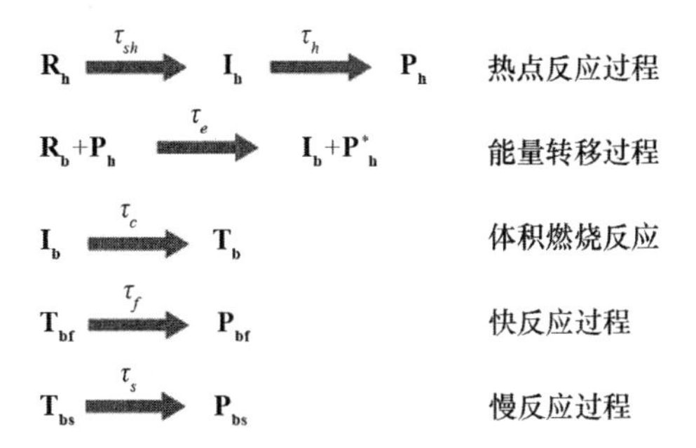

图 5.3.6　JTF 三项多过程反应模型的反应方程示意图

对图 5.3.6 所示的体积燃烧反应过程和后继的快、慢反应过程,定义参与反应各组分的质量分数为 1,则有

$$R_b + I_b + T_b + \lambda_b = 1 \tag{5.3.44}$$

$$R_b + I_b + T_{bf} + \lambda_{bf} = 1 \tag{5.3.45}$$

$$R_b + I_b + T_{bs} + \lambda_{bs} = 1 \tag{5.3.46}$$

参与快、慢反应的反应物和产物组分之间的关系为

$$T_b = (1-\psi)T_{bf} + \psi T_{bs} \tag{5.3.47}$$

$$\lambda_b = (1-\psi)\lambda_{bf} + \psi\lambda_{bs} \tag{5.3.48}$$

图5.3.6所示反应方程中每一组分的质量分数变化速率如下：

$$\frac{\mathrm{d}R_b}{\mathrm{d}t}=-\frac{\eta\lambda_h}{\tau_e}R_b \tag{5.3.49}$$

$$\frac{\mathrm{d}I_b}{\mathrm{d}t}=\frac{\eta\lambda_h}{\tau_e}R_b-\frac{I_b}{\tau_c} \tag{5.3.50}$$

$$\frac{\mathrm{d}T_{bf}}{\mathrm{d}t}=\frac{I_b}{\tau_c}-\frac{T_{bf}}{\tau_f} \tag{5.3.51}$$

$$\frac{\mathrm{d}T_{bs}}{\mathrm{d}t}=\frac{I_b}{\tau_c}-\frac{T_{bs}}{\tau_s} \tag{5.3.52}$$

$$\frac{\mathrm{d}\lambda_{bf}}{\mathrm{d}t}=\frac{T_{bf}}{\tau_f} \tag{5.3.53}$$

$$\frac{\mathrm{d}\lambda_{bs}}{\mathrm{d}t}=\frac{T_{bs}}{\tau_s} \tag{5.3.54}$$

在图5.3.6所示的所有反应中，能量转移过程和慢反应过程是两个反应较慢的过程，它们决定了体积燃烧反应和慢反应过程的反应时间。假设体积分解反应过程比能量转移过程快的多，即$\tau_c \ll \tau_e$，由式(5.3.50)要保证产生和消耗中间高温状态反应物的速率基本相等，则有$I_b \ll R_b$。由式(5.3.44)，忽略I_b得：

$$R_b+T_b+\lambda_b=1 \tag{5.3.55}$$

又假设快反应过程比体积燃烧分解反应过程快或具有相同量级，即$\tau_f \leqslant \tau_c$，由式(5.3.51)要保证产生和消耗过渡产物$\boldsymbol{T_{bf}}$的速率基本相等，则有$T_{bf} \leqslant I_b \ll R_b$。由式(5.3.45)，忽略$T_{bf}$和$I_b$得：

$$R_b+\lambda_{bf}=1 \tag{5.3.56}$$

将上式代入式(5.3.49)，得：

$$\frac{\mathrm{d}\lambda_{bf}}{\mathrm{d}t}=-\frac{\eta\lambda_h}{\tau_e}(1-\lambda_{bf}) \tag{5.3.57}$$

考虑到能量从热点反应产物向未反应均质炸药中转移的过程有一定的阈值，上式变为：

$$\frac{\mathrm{d}\lambda_{bf}}{\mathrm{d}t}=\frac{\eta(\lambda_h-f_0/\eta)}{\tau_e(1.-f_0/\eta)}(1-\lambda_{bf}) \tag{5.3.58}$$

再假设慢反应过程比快反应过程慢得多，即$\tau_f \ll \tau_s$，由式(5.3.46)不能忽略T_{bs}，有：

$$R_b+T_{bs}+\lambda_{bs}=1 \tag{5.3.59}$$

或

$$T_{bs}=1-R_b-\lambda_{bs}=\lambda_{bf}-\lambda_{bs} \tag{5.3.60}$$

因此

$$\frac{\mathrm{d}\lambda_{bs}}{\mathrm{d}t}=\frac{1}{\tau_s}(\lambda_{bf}-\lambda_{bs}) \tag{5.3.61}$$

至此，式(5.3.43)中的三个质量分数分别由式(5.3.25)(5.3.58)和式(5.3.61)定义的反应速率确定。其中：

热点过程时间

$$\tau_h = Fct(p_s, p)$$

能量转移时间

$$\frac{\eta}{\tau_e} = Fct(p) = \eta[G_0 p + \exp(\sum_{i=0}^{n} C_i p^i)]$$

慢反应过程时间

$$\tau_s \approx const$$

Tang 用 JTF 两项和三项多过程反应速率模型对图 5.3.7 所示实验进行计算，其中炸药样品为 PBX－9502。图5.3.8 是炸药样品/LiF 窗口界面粒子速度的模型计算结果与实验结果的比较，图中显见两种反应速率模型在描述爆轰波结构方面的优劣。

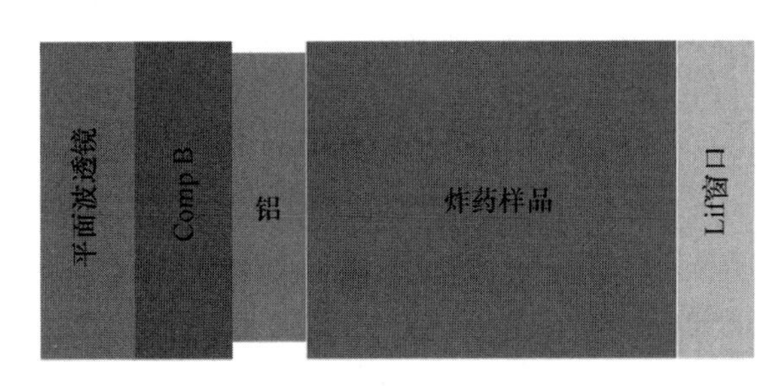

图 5.3.7　炸药样品与 LiF 窗口界面粒子速度激光测速装置

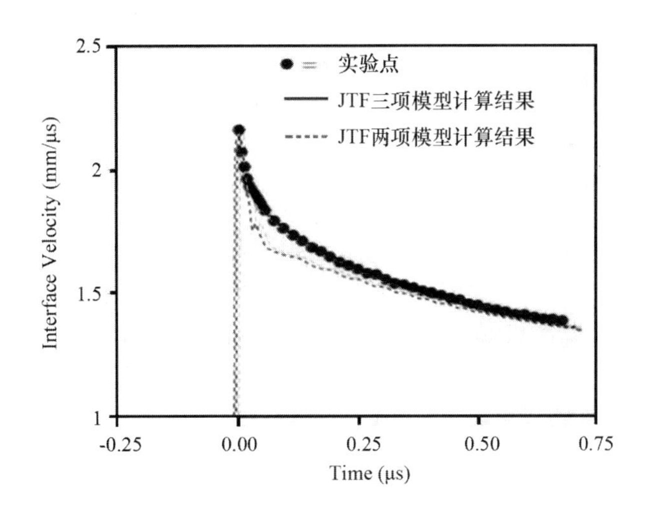

图 5.3.8　炸药样品与 LiF 窗口界面粒子速度的模型计算结果与实验结果比较

JTF 多过程经验热点反应模型的速率关系中包含有许多常数，有些是意义明确的炸药热物理常数，有些是实验定标的经验常数。在不同的实验条件下，这些经验常数是否广泛适用，应当如何调整，需要通过实验来检验。

从模型的推导过程来看，JTF 模型兼顾了不定常冲击起爆和定常爆轰波结构两方面的要求，全面考虑了炸药反应的各个阶段，是反应速率研究的重要进展。JTF 模型由各反应阶段组合式的构成了总体反应速率，各阶段反应速率主要由其特征时间控制，这种合理的思考为反应速率建模提供了一个宽广的框架，结合各阶段更具体的物理图像，可加深人们对非均匀炸药起爆过程和爆轰机理的认识。

5.4 与炸药初始微细观结构相关的反应速率模型

前面介绍的宏观唯象的反应速率模型虽然十分有用,但很难考虑影响炸药感度的某些重要因素。譬如同一配方的压装炸药,当颗粒尺寸不同或初始密度不同时,它们的起爆行为有什么差别?为什么会有这些差别?因此人们希望发展一种更基本的、能反映炸药初始微细观结构对冲击起爆感度影响的反应速率模型,以便更真实地描述热点的点火和生长过程,并能预估炸药颗粒尺寸、初始密度以及初始温度等因素对起爆行为的影响。有两种方法可以实现这种细观尺度的研究,一种是将空间网格细化,即中等尺度的数值模拟(见4.3.2节),因为要在微小的炸药颗粒和粘结剂材料中建计算网格,中等尺度的数值模拟受计算机存储能力和计算能力的限制,目前还无法解决实际爆轰装置尺度的相关问题;另一种是使用细观模型,即用单一尺寸颗粒(或球壳元胞)平均代替一个宏观网格内的所有微细观结构,并研究此单一细观结构在冲击波作用下的热力学行为,一旦得到此单一细观结构在冲击加载下的热力学响应行为,则该宏观网格单元内的材料行为就知道了。实际上,这两种细观尺度研究方法的基本控制方程都是宏观流体动力学守恒方程,都使用宏观流体动力学程序,差别在于炸药和其产物的状态方程是否对颗粒材料性质作平均。而后一种实现细观尺度研究的方法是目前实现跨尺度模拟研究最(如果不是唯一)可行的方法,近年来人们提出了许多种这样的模型,其中以微孔洞弹粘塑性塌缩为主要热点形成机制的 Kim 模型就是比较典型的例子,这种热点形成机制已经被越来越多的人所关注。

5.4.1 Kim 反应速率模型

图5.4.1是典型的塑料粘结炸药细观构造,A 是炸药颗粒,B 是粘结剂,C 是空穴。当这个构造受到冲击压缩时,空穴和粘结剂附近的炸药发生较大粘塑性变形,在颗粒边界附近的材料重新分布导致温度上升,从而在小范围内形成高温区即热点 D。高温区按 Arrhenius 律发生反应,高温反应产物气体点燃周围炸药,出现反应从 B、C 区域向外传播的层流燃烧。当燃烧反应发展到一定程度,高温高压产物气体渗透到炸药颗粒缝隙之中,又出现从炸药颗粒外表面向内传播的层流燃烧。

因为几乎无法对图5.4.1所示不规则结构进行定量考虑。为便于数学描述,又不失热点的基本特征,Kim 假设在含有足够多热点的炸药宏观体元内,所有的热点都是相似的。因此可以通过一个热点来研究附近所有热点的热力学过程行为。将图5.4.1的构造简化成图5.4.2所示的球壳元胞模型,炸药壳体将粘结剂和空穴包围在内部。外半径 r_0 可近似估计为平均的炸药颗粒半径,设炸药孔隙率为炸药中空穴的总体积与炸药总体积的比,也可表示为炸药实际装药密度和理论密度的函数,即:

$$\alpha_1 = \frac{r_i^3}{r_0^3} = 1 - \frac{\rho_0}{\rho_T} \tag{5.4.1}$$

式中:α_1 是炸药的孔隙率;ρ_T 是炸药的理论密度;ρ_0 是炸药的初始密度。只要炸药初始密度确定,孔隙率就确定;若炸药颗粒尺寸也已知,则可知 r_0 和 r_i 的近似值。

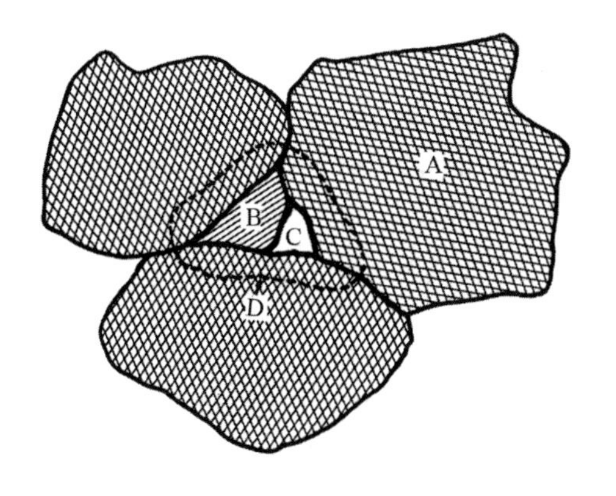

图 5.4.1　塑料粘结炸药的细观结构

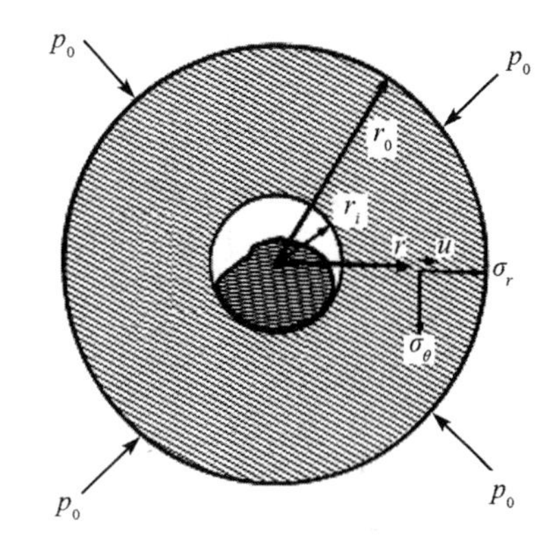

图 5.4.2　炸药的球壳元胞模型

因炸药颗粒尺寸很小,冲击波掠过后,空穴还来不及开始向内塌缩,炸药球壳元胞外表面所受的压力近似如图 5.4.2 所示,其中 p_0为冲击波压力。空穴塌缩时,在靠近壳体内表面处产生塑性变形,能量聚焦,引起温度升高。温度在炸药壳体上的分布可以通过如下弹粘塑性球壳空穴塌缩模型得到。

假定炸药材料是简单的弹粘塑性体,材料本构关系为:

$$\dot{\varepsilon}=\gamma\left(\frac{\sigma}{\sigma_0}-1\right)+\frac{1}{E}\dot{\sigma} \tag{5.4.2}$$

式中:$\dot{\varepsilon}$ 是主应变率;$\dot{\sigma}$ 是应力率;σ 是主应力;σ_0是屈服应力;γ 和 E 是炸药的黏性系数和杨氏模量。

在以球壳元胞中心为原点的球坐标系下,描述炸药球壳变形的弹粘塑性力学方程组为:

$$\frac{\partial\sigma_r}{\partial r}+2\frac{(\sigma_r-\sigma_\theta)}{r}=0 \tag{5.4.3}$$

$$\frac{\partial w}{\partial r}-\frac{w}{r}=3\gamma\left(\frac{(\sigma_r-\sigma_\theta)}{3k}-1\right)+\frac{1}{2G}\frac{\partial}{\partial t}(\sigma_r-\sigma_\theta) \tag{5.4.4}$$

$$\frac{\partial w}{\partial r}+2\frac{w}{r}=0 \tag{5.4.5}$$

式中:$w=\partial u/\partial t$ 是质点径向运动速率;u、r、σ_r 和 σ_θ 分别为径向位移、径向坐标、径向和切向应力分量;$G=E/3$ 是炸药介质的剪切模量;$k=\sigma_0/3$ 是剪切屈服强度。式(5.4.5)表示球壳在塌缩过程中的体积守恒。

常微分方程式(5.4.3)(5.4.4)(5.4.5)的初、边值条件为:

$$\begin{cases}\sigma_r(r_i,t)=-p_g\\ \sigma_r(r_0,t)=-p_0\\ \sigma_r(r,0)=0\\ \sigma_\theta(r,0)=0\end{cases} \tag{5.3.6}$$

式中:p_0是作用在球壳元胞外半径 r_0处的应力;p_g是空穴中的气体压力。边界条件中的负号表示应力以拉为正。忽略弹性变形,并假设炸药不可压缩,可得上述方程关于球壳内质

点径向运动速度 w 的解析解：

$$w(r,t)=\frac{\gamma}{2(r_0^{-3}-r_i^{-3})r^2k}\left(p_0-p_g-2\sqrt{3}k\ln\frac{r_0}{r_i}\right) \tag{5.4.7}$$

粘结剂所占据的体积限制了球壳内半径能够塌缩的最小值，从而避开了模型中 $r=0$ 的奇点。相应的力学温升为

$$\left(\frac{\mathrm{d}T}{\mathrm{d}t}\right)=\left(\frac{9}{4\rho_0C_p}\right)\frac{\left(p_0-p_g-2\sqrt{3}k\ln\frac{r_0}{r_i}\right)^2}{(r_i^{-3}-r_0^{-3})^2r^6}*\frac{\gamma}{k} \tag{5.4.8}$$

式中 C_p 是炸药的定压比热。在炸药介质中，除力学变形引起的温升外，同时还存在另外两个导致温度发生变化的过程，即热传导和化学反应。这两个过程都依赖于炸药壳体中温度的分布，同时又改变这个分布。因此，球壳元胞内总的温度变化可用下面的方程描述：

$$\frac{\mathrm{d}T}{\mathrm{d}t}=\frac{2.25\gamma\left(p_0-p_g-2\sqrt{3}k\ln(r_0/r_i)\right)^2}{\rho_0kC_p\left(r_i^{-3}-r_0^{-3}\right)^2r^6}+\frac{1}{\rho_0C_p}\frac{1}{r^2}\frac{\partial}{\partial r}\left(r^2k^*\frac{\partial T}{\partial r}\right)+\frac{Q}{\rho_0C_p}\frac{\mathrm{d}\Lambda}{\mathrm{d}t} \tag{5.4.9}$$

式中：T_0 是初始温度；k^* 是热传导系数；Q 是反应热。

在宏观流体动力学的数值计算中，连续体积加热的热传导时间和空间尺度与其他两个加热机制的时间和空间尺度相比，通常大很多，因此，可以忽略热传导项，这样式(5.4.9)成为常微分方程，积分后可得球壳元胞内的温度分布：

$$T(r,x,t)=T_0(r,x,t)+\int_0^t\frac{\mathrm{d}T}{\mathrm{d}t}(r,x,t)\mathrm{d}t \tag{5.4.10}$$

式中，$T(r,x,t)$ 表示 t 时刻位于宏观流体动力学坐标 x 处的球壳元胞内、径向位置 r 处的温度分布。

对球壳元胞内的温度分布使用 Arrhenius 反应速率，可得到球壳元胞内的局部反应速率：

$$\frac{\mathrm{d}\Lambda(r,x,t)}{\mathrm{d}t}=(1-\Lambda)Z\exp\left(-\frac{T^*}{T(r,x,t)}\right) \tag{5.4.11}$$

对局部反应速率 $\mathrm{d}\Lambda(r,x,t)/\mathrm{d}t$ 在球壳元胞内积分，又可以得到球壳元胞内表面附近成核热点的宏观反应速率：

$$\frac{\mathrm{d}\lambda_h(x,t)}{\mathrm{d}t}=\int_{r_i}^{r_0}\frac{\frac{\mathrm{d}\Lambda}{\mathrm{d}t}(r,x,t)4\pi r^2}{\frac{4}{3}\pi(r_0^3-r_i^3)}\mathrm{d}r \tag{5.4.12}$$

Kim 模型是考虑了温度分布的非单温热点模型。其中 γ 是唯一需要实验确定的参数，其余均为可从有关手册和文献中查到的炸药热力学参数。表 5.4.1 列出了 HMX 和 TATB 两种单质炸药的热点模型参数。

表 5.4.1　两种单质炸药的热点模型参数

参数＼炸药	HMX	TATB	单位
频率因子 Z	5.0×10^{13}	3.18×10^{19}	μs^{-1}
活化温度 T^*	26500	30140.8	K
初始温度 T_0	300	300	K
定压比热 C_p	1.4×10^{-5}	1.4×10^{-5}	$cm^2/\mu s/K$
初始密度 ρ_0	1.905	1.938	g/cm^3
剪切屈服强度 k	8×10^{-5}	8×10^{-5}	Mbar
反应热 Q	5.439×10^{-2}	2.510×10^{-2}	$cm^2/\mu s^2$
热传导系数 k^*	8.0×10^{-14}	8.0×10^{-14}	$cm/\mu s/K$

在 p_0 为 3.0Gpa，内、外半径分别是 0.0039cm 和 0.01cm，并假设空穴内气体压力为零的条件下，图 5.4.3 给出了 HMX 基炸药球壳内的温度分布，两条曲线分别对应 0.01μs 和 0.02μs 的情况。计算结果显示了式(5.4.10)所描述的球壳元胞的温升性质——它是时间 t 的单调递增函数，球壳径向坐标 r 的单调递减函数。因为塑性功加热与 r^{-6} 成正比，温度变化集中在球壳元胞的内表面附近。

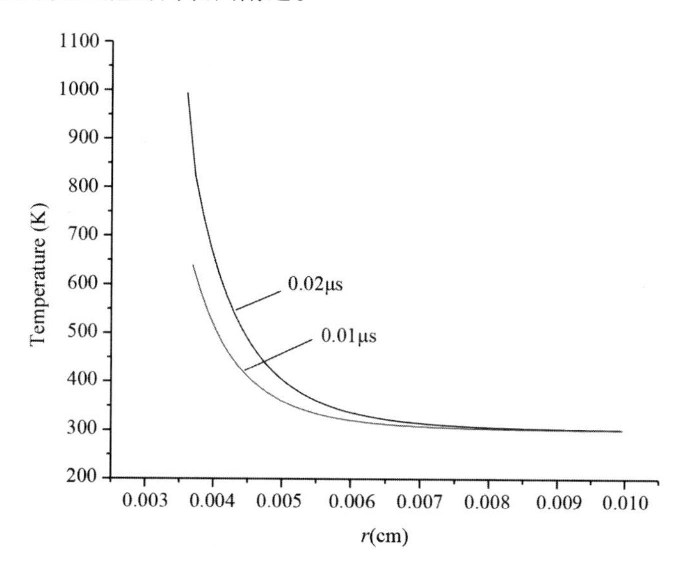

图 5.4.3　作用压力为 3.0Gpa 时炸药球壳内的温度分布

图 5.4.4 是其余条件相同，作用压力为 3.5Gpa，γ 分别取 $0.026\mu s^{-1}$ 和 $0.014\mu s^{-1}$ 时，由式(5.4.12)计算出的成核热点的宏观反应度曲线。

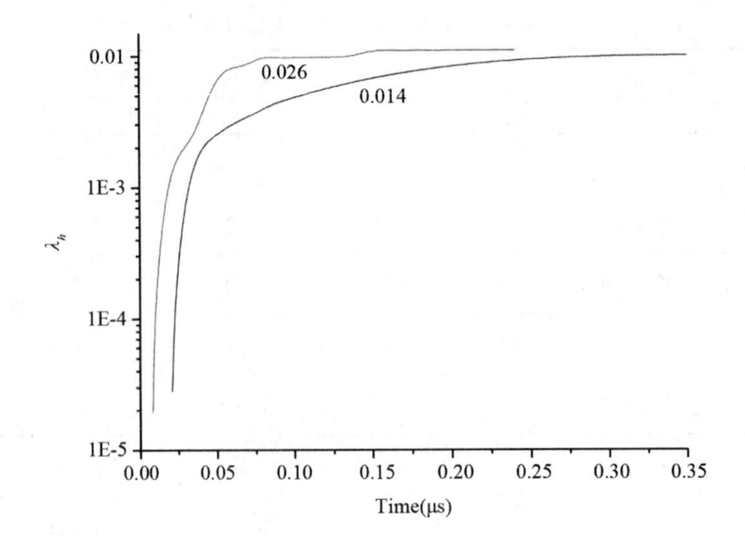

图 5.4.4 对应不同 γ 值的宏观热点反应度

从模型的推导和计算结果可以看出：

(1)热点反应在开始阶段增长很快，反应度到达一定值(这里是大约 0.01)后，对于各种 γ 值，热点反应都变得很缓慢。热点反应度的最大值与炸药材料属性、初始颗粒度、初始孔隙率、初始温度以及加载压力等密切相关；

(2)γ 值的大小对达到热点最大反应度的时间产生直接影响，而对热点最大反应度本身没有影响；

(3)当空穴被压实后，炸药球壳内半径约等于粘结剂所占球形空间体积的半径，热点成核过程完成。到达热点最大反应度之后，热点反应产生的高温引发向炸药颗粒内部传播的表面燃烧反应，因此增长阶段可以用表层燃烧理论来简化模型。

与 Lee-Tarver 的点火与增长模型类似，Kim 也采用了快、慢两个增长反应过程的概念。其中慢反应是从热点产生的球壳内表面向外燃烧的过程，反应速率是：

$$\frac{\mathrm{d}\lambda}{\mathrm{d}t} = -\frac{\dot{v}}{v} = \frac{4\pi r^2 \dot{r}}{(4/3)\pi r_0^3} = \frac{3}{r_0}\lambda^{\frac{2}{3}}\dot{r} \tag{5.4.13}$$

式中：v 是球壳元胞的总体积；$\dot{v}$ 是燃烧反应导致体积 v 的减小率；$\dot{r}$ 是从热点向外传播的表面燃烧波速率。根据燃烧实验，$\dot{r}$ 与压力存在如下关系

$$\dot{r} = a_1 p^{n_1} \tag{5.4.14}$$

通常，在低幅值冲击起爆情况下，式(5.4.14)中的 n_1 通常取 1，但是考虑初始孔隙度的影响，当 λ 很小时，燃烧表面积过小，因此 n_1 应当小于 1。热点向外燃烧反应的进展使压力升高，产物气体渗入颗粒间隙，使燃烧表面的几何拓扑关系转变为从外向内的燃烧方式，这时快反应阶段开始，其反应速率为

$$\frac{\mathrm{d}\lambda}{\mathrm{d}t} = -\frac{\dot{v}}{v} = \frac{3\,(1-\lambda)^{\frac{2}{3}}}{r_0}\dot{r} \tag{5.4.15}$$

$\dot{r}$ 仍取式(5.4.14)的形式：

$$\dot{r} = a_2 p^{n_2} \tag{5.4.16}$$

考虑到反应后期高压作用下，炸药颗粒被击碎，增大了比表面积及燃烧速度，压力指数应取 $n_2 > 1$。式(5.4.13)和式(5.4.15)之和即是反应生长阶段总的反应速率，它包含了四个可调系数 a_1、n_1、a_2 和 n_2，并与炸药初始颗粒尺寸 r_0 有关。取 Kim 在文献中提供的 PBX－9404炸药的模型原始参数：$a_1 = 1.2$，$n_1 = 0.4$，$a_2 = 32500$ 和 $n_2 = 2.5$，模型的计算结果如图5.4.5所示。图中给出了约4.0GPa冲击压力作用下不同Lagrange位置的压力历程，波阵面右下角的数字是Lagrange坐标（单位：cm），计算中取 $r_i = 0.0031\text{cm}$，$r_0 = 0.008\text{cm}$。很明显，达到定常爆轰状态后，Kim模型的计算结果与爆轰波形不符。

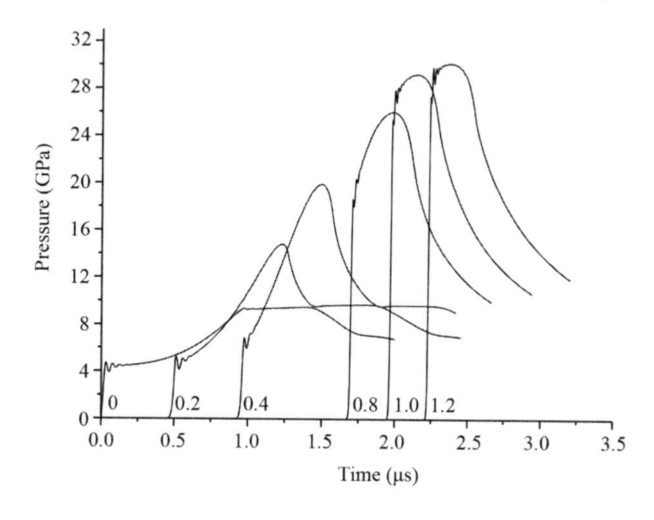

图5.4.5　Kim模型的计算结果

非均质炸药在低幅值冲击起爆和接近稳定爆轰时的反应机制很可能完全不同。假设非均质炸药从冲击起爆到爆轰波传播经历了热点点火、颗粒表面增长燃烧和炸药颗粒在高幅值冲击波作用下发生整体均质热爆炸反应三个过程。在低幅值冲击起爆条件下，反应过程的非均匀性起控制作用；而在爆轰（或压力接近爆轰的）过程中，炸药颗粒内均值材料受冲击整体加热的反应特性起主要作用。为此，我们认为Kim模型的前两项能够反映非均质炸药冲击起爆的热点反应机制，而将Kim模型的第三项改写成能描述爆轰整体均质反应的反应速率形式（函数形式和参数确定参见6.3节爆轰反应区流场的Lagrange分析）。这样，模型前两项和第三项分别描述不同压力范围的反应机制，总的反应速率成为：

$$\frac{\mathrm{d}\lambda}{\mathrm{d}t} = \frac{\mathrm{d}\lambda_h}{\mathrm{d}t} + \frac{3\lambda^{2/3}}{r_0} a_1 p^{n_1} + Gp^z (1-\lambda)^x \tag{5.4.17}$$

第三项中 $(1-\lambda)$ 的指数 x 也变为可调系数。重新拟合模型系数，得：$a_1 = 0.0093$，$n_1 = 0.723$，$G = 3300$，$z = 3.4$，$x = 1.18$。

仍取 $r_i = 0.0031\text{cm}$，$r_0 = 0.008\text{cm}$。图5.4.6给出了PBX－9404炸药在约4.0GPa冲击压力作用下，用式(5.4.17)定义的模型进行计算所得到的不同Lagrange位置的压力和粒子速度历史。

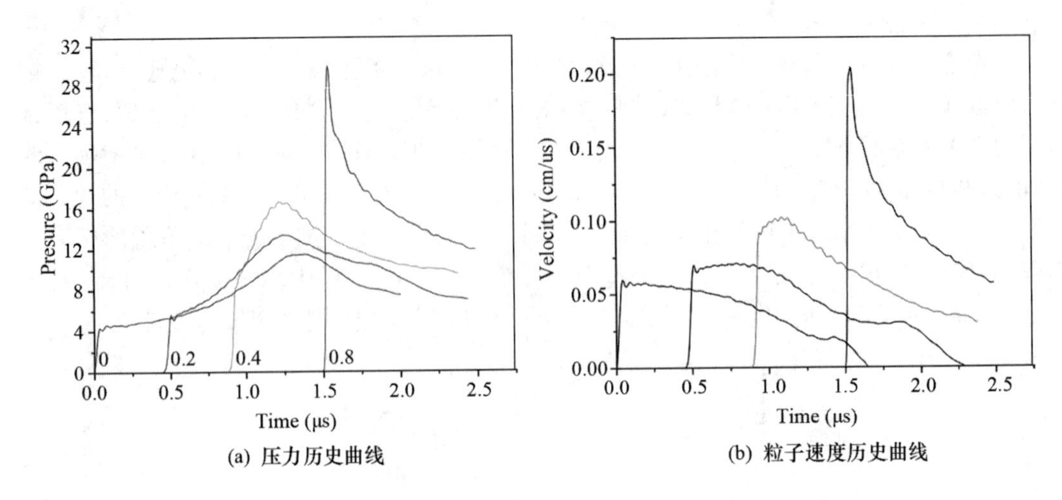

(a) 压力历史曲线　　(b) 粒子速度历史曲线

图 5.4.6　式(5.4.17)定义的模型计算结果

在相同加载条件下，图 5.4.7 比较了炸药初始孔隙率和初始颗粒尺寸对冲击起爆过程影响的模型计算结果。实线为 $r_i = 0.0039\text{cm}$、$r_0 = 0.01\text{cm}$、孔隙率为 5.9% 的压力历史，虚线为 $r_i = 0.002\text{cm}$、$r_0 = 0.006\text{cm}$、孔隙率为 3.7% 的压力历史。其中图(b)是图(a)中距撞击面 0.2cm 处压力剖面的(放大)比较。结果表明，粗颗粒炸药在反应冲击波阵面处的压力增长相对较大，而细颗粒炸药在波阵面上的压力增长很小，但波后的压力增长很快。这说明，模型能反映在一定的压力范围，细颗粒炸药相对粗颗粒炸药较难点火，但是更容易转变成爆轰的实验事实。

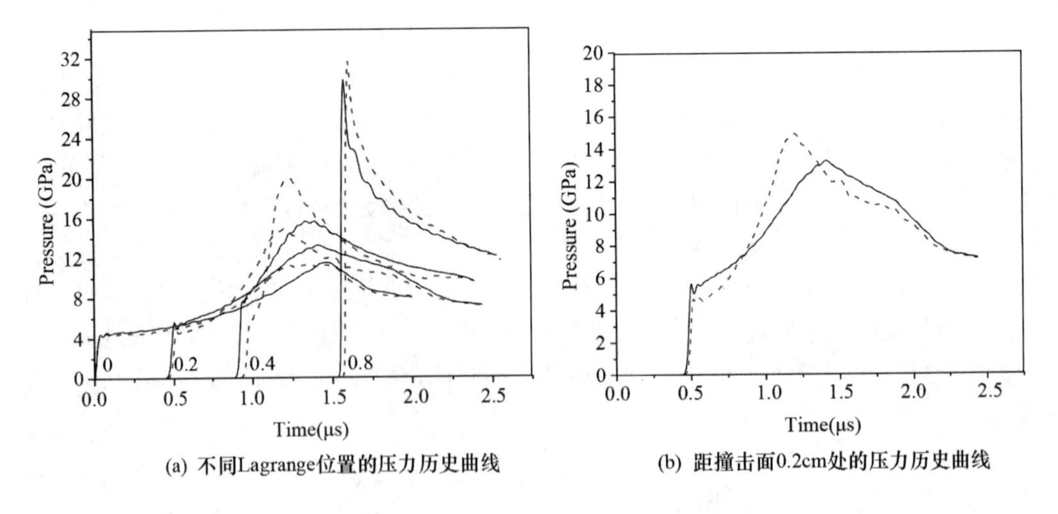

(a) 不同Lagrange位置的压力历史曲线　　(b) 距撞击面0.2cm处的压力历史曲线

图 5.4.7　不同孔隙率和颗粒尺寸情况下的压力剖面的模型计算结果比较

5.4.2　双球壳空穴塌缩模型

温丽晶等人对 Kim 的球壳塌缩热点模型作了改进，考虑了粘结剂含量和强度对热点形成的影响。他们假设，在图 5.4.2 所示炸药球壳元胞模型中，粘结剂不是堆积在炸药球壳的空穴内部，而是平均分布在球壳内壁上，如图 5.4.8 所示。若附着在炸药球壳内壁的粘结剂的强度不能忽略，相应空穴塌缩热点模型被称为双球壳空穴塌缩热点模型。

若已知炸药的粘结剂与炸药基体组分的体积配比，则：

$$\alpha_2 = \frac{V_B}{V_E} = \frac{r_i^3 - r_b^3}{r_o^3 - r_i^3} \qquad (5.4.18)$$

其中，α_2 是粘结剂与炸药体积配比，V_B、V_E 分别为粘结剂和炸药的体积。

因此，对于平均颗粒半径为 r_o 的塑料粘结炸药，可根据式(5.4.1)和式(5.4.18)求得双球壳塌缩模型中的空穴半径 r_b 和粘结剂与炸药交界处的半径 r_i。

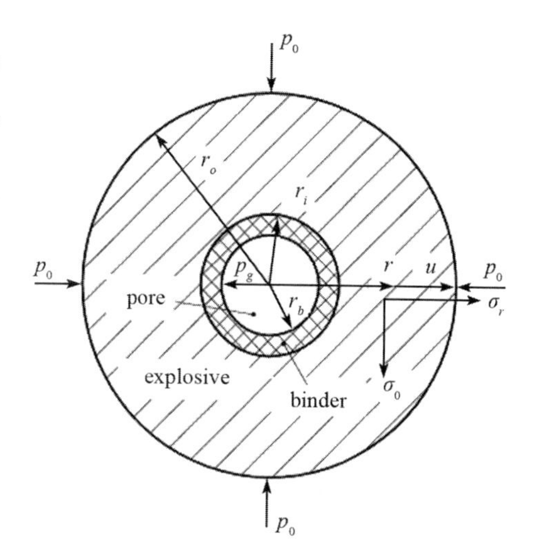

图 5.4.8　双球壳空穴塌缩模型

双球壳粘弹性空穴塌缩模型的球壳的径向塌缩速度分布为：

$$w(r,t) = \frac{\gamma_e \gamma_b}{2[(r_o^{-3} - r_i^{-3})\gamma_b k_e + (r_i^{-3} - r_b^{-3})\gamma_e k_b]r^2}\left(p_0 - p_g - 2\sqrt{3}k_b \ln\frac{r_i}{r_b} - 2\sqrt{3}k_e \ln\frac{r_o}{r_i}\right) \qquad (5.4.19)$$

由力学变形引起的球壳温升为：

$$\left(\frac{\mathrm{d}T}{\mathrm{d}t}\right) = \left(\frac{3\gamma_e\gamma_b k_e}{2\rho C_p}\right)\frac{\left(p_0 - p_g - 2\sqrt{3}k_b \ln\frac{r_i}{r_b} - 2\sqrt{3}k_e \ln\frac{r_o}{r_i}\right)^2}{[(r_o^{-3} - r_i^{-3})\gamma_b k_e + (r_i^{-3} - r_b^{-3})\gamma_e k_b]^2 r^6} \qquad (5.4.20)$$

式中材料常数的下标“e”表示炸药参量，下标“b”表示粘结剂材料参量。若不考虑粘结剂的作用，认为粘结剂堆积在空穴内部(见图 5.4.2)，其强度不影响炸药球壳的塌缩运动，这时双球壳模型中的粘结剂厚度为零，即 $r_i = r_b$，双球壳模型退化为 Kim 的单球壳模型。在已知炸药壳体内的温度分布后，与 Kim 模型一样，可求出炸药壳体内的局部反应速率，对其进行体积积分可获得宏观热点反应速率。双球壳粘弹性空穴塌缩模型不仅能反映炸药颗粒度和孔隙率对热点形成的影响，还能反映粘结剂含量和强度对热点形成的影响。

以 Kim 模型为基础的细观反应速率模型至少在定性上解释了比较重要的实验现象。例如粗颗粒炸药在低而长的压力脉冲作用下感度较高，细颗粒炸药对于高而短的压力脉冲比较敏感。这种感度反转现象对于钝感炸药和钝感起爆、传爆系列的研究及应用很有意义，也是推动反应速率研究的一个重要的实际问题。

除热点形成过程外，Cook 等人和 Howe 等人也各自建立了与炸药初始微细观结构相关的反应速率模型，其中对热点引发的颗粒燃烧过程也作细观处理，假设所有反应过程的反应速率只与未反应固体中的温度相关，将炸药燃烧增长考虑成一系列耦合的 Arrhenius 化学反应动力学阶段。这种类型的反应速率模型因更能描述反应的本质，是今后反应速率模型发展并实现反应流体动力学跨尺度计算的方向。

5.4.3 热点统计模型

Cochran 提出了一种热点统计模型。考虑冲击波通过非均匀炸药的一个区域,形成许多热点,如果所考虑的区域比热点大得多,并含有足够多的热点,那么热点的反应可以作统计处理。如果热点或反应核比原子尺度大得多,则它们又可当作连续介质处理。

冲击波在非均匀炸药中引发化学反应的热点假说可作如下图解:

冲击压缩炸药→产生局部热点→由于热扩散,热点未发生热爆炸。
↓
热点热爆炸,生成反应核 ——→ 由于反应核尺度过小或温度不够高,未点燃周围炸药,反应核不生长。
↓
点燃周围炸药,反应核生长(燃烧);
↓
反应核汇合,反应加速发展;
↓
炸药基体烧完,转变为爆轰波后的完全反应产物。

图 5.4.9　冲击波引发化学反应的热点假说图解

假定平面冲击波压缩下,在 t 时刻、x 位置处炸药的单位体积中产生了 $M(x,t,r)\Delta r$ 个半径为 r 的球形热点,其中一部分发生反应,生成 $N(x,t,r)\Delta r$ 个半径为 r 的球形反应核。再假定在半径 r 的反应核内炸药全部反应完成,反应核外的炸药完全未反应,那么该单位体积内炸药的反应度应为

$$\lambda = \int_0^\infty \frac{4}{3}\pi r^3 N \mathrm{d}r \tag{5.4.21}$$

热点和反应核的统计动力学给出:

$$\frac{\partial M}{\partial t} = \dot{S}(r) - \frac{DM}{r^2} - kM \tag{5.4.22}$$

$$\frac{\partial N}{\partial t} = kM - w\frac{\partial N}{\partial r} \tag{5.4.23}$$

式中,$\dot{S}(r)$ 是热点源速率,D 是热扩散率,k 是热点发生热炸成为反应核的速率常数(感应时间的倒数),w 是反应核的生长速率。式(5.4.21)和式(5.4.23)分别是关于 M 和 N 的线性常系数偏微分方程组,可用矩阵方法求解。根据层流燃烧速度随压力变化的关系,反应核生长速率 w 是压力 p 的线性函数,

$$w = w_0 p \tag{5.4.24}$$

式中 w_0 是常数。热点变成反应核的速率常数与波后压力 p 的关系可导出为

$$k = Z\exp\left(-2\sqrt{p_0/p}\right) \tag{5.4.25}$$

式中 Z 和 p_0 为可调常数。这个式子是通过热爆炸反应关系经一定简化推得的。$\dot{S}(r)$ 是 r 和体积冲击压缩速率 $\dot{\bar{v}}$ 的函数,$\bar{v}$ 是相对体积,在源速率中采用一个简单的热点尺度分布

函数：

$$f(r)=\frac{N_0}{r_0}\exp\left(-\frac{r}{r_0}\right) \tag{5.4.26}$$

式中，N_0和r_0分别是冲击波形成的热点个数和平均半径。热点源速率假设为如下形式

$$\dot{S}(r)=\begin{cases}-f(r)\dot{v}\left(1-\dfrac{4\pi}{3S_{\max}}\displaystyle\int_0^{\infty}Sr^3\mathrm{d}r\right), & \dot{v}<0\\ 0, & \dot{v}\geqslant 0\end{cases} \tag{5.4.27}$$

这里用$f\dot{v}$因子而不用压缩做功$p\dot{v}$可使求解简化。$S_{\max}$是一个限制非均匀加热总体积的参数，大约为百分之几。假定在某压缩度$\Delta\bar{v}$下，炸药中可成为热点的潜在源点全被激发，对应于某组N_0和r_0，有

$$\Delta\bar{v}\int_0^{\infty}f(r)\frac{4}{3}\pi r^3\mathrm{d}r=8\pi N_0 r_0^3\Delta\bar{v}=S_{\max} \tag{5.4.28}$$

因此可根据$\Delta\bar{v}$、N_0、r_0计算$S_{\max}$。若设$S_{\max}$由炸药初始孔隙度决定，$S_{\max}=1-\rho_0/\rho_{\mathrm{TMD}}$，TMD表示炸药的理论最大密度，则可用上式建立$\Delta\bar{v}$和$r_0$之间的关系。总之应对$\dot{S}(r)$作选择，以求物理上的合理性和简单性。

Cochran 利用 LX－17 炸药的压力 Lagrange 量计实验波形检验了这个模型。初始密度$\rho_0=1.90\mathrm{g/cm^3}$和平均颗位尺寸为$59\mu\mathrm{m}$的实验与计算结果示于图 5.4.10。在计算中取$D=4\times10^{-9}\mathrm{cm^2/\mu s}$，$w_0=5\times10^{-3}\mathrm{cm/\mu s\cdot Mbar}$，$p_0=0.36\mathrm{Mbar}$，$Z=400\mu\mathrm{s}^{-1}$，$S_{\max}=0.02$，$N_0=8\times10^9\mathrm{cm}^{-4}$，$r_0=1\times10^{-4}\mathrm{cm}$。Cochran 还计算了$\rho_0=1.8\mathrm{g/cm^3}$、平均颗粒尺寸为$58\mu\mathrm{m}$和$17\mu\mathrm{m}$的两种炸药冲击起爆过程中的压力历程，并与实验作了比较。因$N_0\propto S_{\max}/r_0^3$，$\rho_0$小则$S_{\max}$大，炸药颗粒粗则$r_0$小，从而$N_0$较大。Cochran 的细观模型通过$N_0$、$r_0$这两个实验确定的常数反映了炸药初始密度和颗粒度对反应速率影响，取得了一定程度的成功。

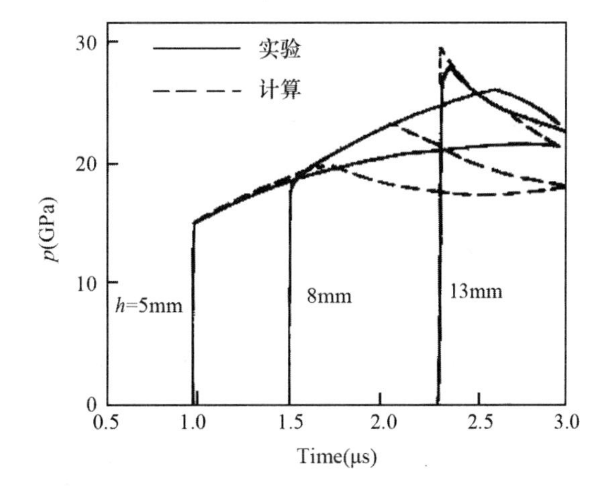

图 5.4.10　热点统计模型计算 LX－17 炸药中的压力历程

5.5 小 结

迄今为止已建立的冲击起爆和爆轰宏观唯象反应速率模型可大致归纳为三类:

(1)反应速率的函数关系没有任何实际物理意义,模型系数完全依靠拟合实验数据得到,其结果一般能部分反映冲击起爆和爆轰反应过程的某些特征,通常也能做到在一定程度上与标定实验结果定量相符。这类模型的典型代表就是 Forest Fire 反应速率模型,主要是靠取尽可能多的项来保证计算结果与实验结果较好地符合。

(2)从热点的基本概念出发,提出各种描述热点形成和由其所引发的后继颗粒表面燃烧过程的反应速率形式。大多数这类流行的对传统塑料粘结炸药建立的反应燃烧模型通过拟合 Pop 图实验数据获得模型参数,其中一些依靠拟合近年来得到的大量用埋入式粒子速度量计测量的实验数据获得模型参数。与 Pop 图数据相比,这些波剖面历史数据提供了对非均质炸药冲击起爆反应速率模型的更严格的检验。

(3)从守恒方程出发,对实验 Lagrange 量计记录进行 Lagrange 分析,得出起爆冲击波波后的反应流场,再由反应材料模型根据已知反应流场中各状态参量间的相互关系得到炸药冲击起爆反应速率的函数形式以及模型参数。因为用这种方法得到的反应速率模型与守恒方程更匹配,所以模型计算结果也能与实验结果符合更好。

关于炸药冲击起爆和爆轰反应区流场的 Lagrange 分析方法在第六章中介绍。

除了上述介绍的各种压力或温度相关反应速率模型外,CREST 反应速率模型是近十年发展起来且应用较广的一种熵相关反应速率模型。因为要计算冲击引起的熵增,其所使用的未反应炸药状态方程和求混合物状态的迭代方法不同于压力或温度相关的反应材料模型。我们在第七章介绍反应材料模型时再对它作详细讨论。

所有反应速率模型的函数形式及其中的参数值,对状态方程和混合法则甚至于程序格式和空间步长都有很大的依赖关系。一个模型的"好"与"坏",除了与模型所反映的机制是否正确相关,对模型中可调系数的实验拟合也是关键。我们用于拟合反应速率模型参数的方法与标定爆轰产物 JWL 方程系数的方法类似,首先将模型嵌入流体动力学程序,并将其作为非线性优化程序的子程序,把确定反应速率模型参数的问题转化为求目标函数极小值的非线性优化问题,而目标函数的选取则根据用于拟合模型参数的实验数据类型而定,尤其适合于用 Lagrange 量计记录来拟合模型系数。这种方法同样可用于利用实验数据来确定惰性材料的状态方程和/或本构关系参数。

参考文献

[1] 章冠人,陈大年编著. 凝聚炸药起爆动力学[M]. 北京:国防工业出版社,1991.

[2] Mader C L. Numerical Modeling of Explosives and Propellants[M]. CRC Press, 2007.

[3] 孙承纬,卫玉章,周之奎著. 应用爆轰物理[M]. 北京:国防工业出版社,1999.

[4] Bowden F P, Yoffe A D. Fast Reaction in Solids[M]. London:Butterworths, 1958.

[4] Mader C L, Forest C A. Two-Dimensional Homogeneous and Heterogeneous Detonation Wave Propagation[J]. LA-6259, 1976.

[5] Craig B G, Marshall E F. Behavior of a heterogeneous explosive when shocked but not detonated[C]. Proc. of 5th Symp. (Int.) on Detonation, 1970, 321 -330.

[6] Ramsay J B, Popolato A, Analysis of shock wave and Initiation data for solid explosives[C]. Proc. of 4th (Int.) Symp. on Detonation, 1965,233 -238.

[7] Mader C L. An Empirical Model of Heterogeneous Shock Initiation of 9404 [J]. LA -4475, 1970.

[8] Tarver C M, Hallquist J O et al. Modeling short pulse duration shock initiation of solid explosives[C]. Proc. of 8th Symp. (Int.) on Detonation, 1985, 951 -961.

[9] Winter R E, Markland L S, Prior S D. Modelling Shock Initiation of HMX-Based Explosive[C]. In Proceedings of the APS Conference on Shock Compression of Condensed Matter, 1999 883 -886.

[10] Tarver C M, McGuire E M. Reactive Flow Modeling of the Interaction of TATB Detonation Waves with Inert Materials [C]. Proc. of 12th Symp. (Int.) on Detonation, 2002.

[11] DeOliveira G, Kapila A K, Schwendeman D W. Detonation Diffraction, Dead Zones and the Ignition-and-Growth Model [C]. Proc. of 13th Symp. (Int.) on Detonation, 2006.

[12] Johnson J N, Tang P K, Forest C A. Shock-wave initiation of heterogeneous reactive solids[J]. J. Appl. Phys., 1985, 57(9), 4323 -4334.

[13] Kim K, Sohn C H. Modeling of reaction buildup processes in shocked porous explosives[C]. Proc. of 8th Symp.(Int.) on Detonation, 1985, 926 -933.

[14] 田占东. 固体炸药冲击起爆化学反应动力学研究[D]. 国防科技大学硕士论文, 2003.

[15] 田占东, 张震宇. PBX -9404 炸药冲击起爆细观反应速率模型拟[J]. 含能材料, 2007, 15 (5) : 464 -467.

[16] 曾代朋. 固体炸药冲击起爆化学反应动力学研究[D]. 国防科技大学硕士论文, 2003.

[17] 温丽晶. PBX 炸药冲击起爆细观反应速率模型研究[D]. 北京理工大学博士论文. 2011.

第六章　反应流场的实验分析方法

20世纪70年代以来,在冲击起爆实验方面最重要的进展,就是测量压力或粒子速度历史的Lagrange量计的发展与应用。通过对Lagrange量计提供的数据进行分析,可以得到波阵面后一维反应流场内出现在流体动力学控制方程中的各热力学量、反应度和反应速率的时间历程。这些反应流信息有助于我们进一步深入理解炸药的冲击起爆及爆轰波传播动力学过程,并提出合理的反应速率模型。

6.1　冲击起爆Lagrange分析方法

Lagrange分析方法是一种以Lagrange量计实验记录为基础的一维实验数据数值处理方法。该方法利用实验测得的一组压力历史或粒子速度历史,通过对质量、动量和能量守恒方程积分,在不需要任何状态方程和反应速率方程信息的条件下,可以获得一维流场中其他热力学量的历史。若补充相应的状态方程和混合法则,还能求出化学反应度和化学反应速率的变化历程。

这个方法的研究开始于1970年,Flowles和Williams首先用这种方法研究了惰性材料平面应力波传播的流场。随后,Cowperthwaite和Williams利用这种方法确定了一维应变条件下材料的动态本构关系。几乎与此同时,人们把它用于炸药冲击起爆过程的研究。初期的Lagrange分析是一种作图法,即用图解微分法得到等值线的斜率,然后再对基本方程组进行数值积分求得其他物理量。这种借助等压线或等粒子速度线的积分方法称为直接法(Direct Analysis)。由于直接法必须构造等值线,而且是沿等时线积分运动方程,使用起来具有局限性,而且不能充分利用Lagrange量计记录的信息。1973年,Grady引入了“经线”概念,经线和压力(或粒子速度)迹线结合可代替等值线和等时线,从而克服了直接法的不足。

6.1.1　全压力计Lagrange分析方法

一维Lagrange流体动力学的质量、动量和能量守恒方程为:

$$\frac{\partial v}{\partial t}=v_0\frac{\partial u}{\partial h} \tag{6.1.1}$$

$$\frac{\partial u}{\partial t}=-v_0\frac{\partial p}{\partial h} \tag{6.1.2}$$

$$\frac{\partial E}{\partial t}=-p\frac{\partial v}{\partial t} \tag{6.1.3}$$

式中h为Lagrange坐标。将微分方程从冲击波阵面开始沿粒子运动迹线(即等h线)积

分(注意积分顺序)

$$u - u_H = -v_0\int_{t_H}^{t}\left(\frac{\partial p}{\partial h}\right)_t \mathrm{d}t \tag{6.1.4}$$

$$v - v_H = -v_0\int_{t_H}^{t}\left(\frac{\partial u}{\partial h}\right)_t \mathrm{d}t \tag{6.1.5}$$

$$E - E_H = -v_0\int_{t_H}^{t}p\left(\frac{\partial u}{\partial h}\right)_t \mathrm{d}t \tag{6.1.6}$$

式中:下标 H 表示反应冲击波阵面上的参量;t_H为冲击波到达该量计位置的时间。由各个量计的压力波形起跳点的时间差可测得反应冲击波速度,波阵面压力 p_H可从压力计记录读出。这样,波阵面上的其余参量可由冲击波 Hugoniot 关系确定。

除了上述守恒方程外,全压力计 Lagrange 分析还需要在几个 Lagrange 位置上的压力时间剖面 $p(t)$,它们得自一维冲击起爆实验的埋入式压力量计记录,如图 6.1.1 所示。实验时需调整入射压力,使最后一个量计位置略小于到爆轰距离。因记录波形上不可避免地叠加有干扰信号,在作 Lagrange 分析时,须将波形预处理成光滑曲线。

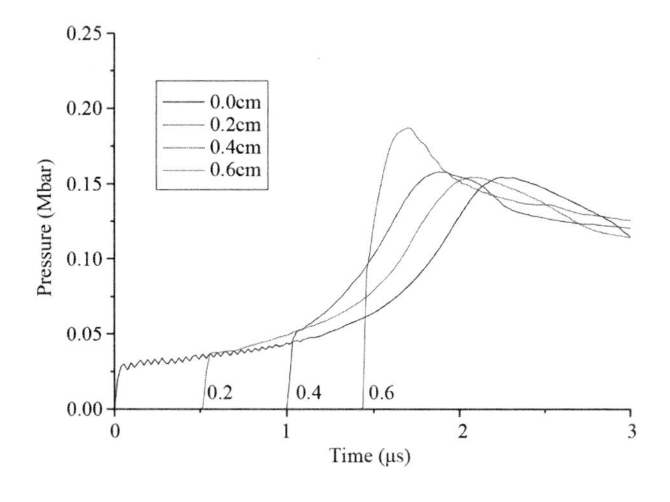

图 6.1.1　几个 Lagrange 位置上的压力剖面示意图

由式(6.1.4)可见,被积函数需要知道每一积分节点的 $p(h)$ 剖面。从理论上讲,可以通过简单地改变量计位置重复足够多的实验来确定此压力剖面,而实际上这对冲击起爆实验是行不通的。如果放置足够多的压力量计,会隔断反应的发展,产生失真的压力梯度。因此,对 Lagrange 坐标的压力梯度必须从对有限个(通常 4 ~6 个)压力量计记录进行拟合得到。而这样的拟合不是沿等时线将 p 看作 h 函数进行,而是沿"经线"进行。引入经线概念的目的是可以用数值方法对式(6.1.4)(6.1.5)和式(6.1.6)进行积分,并充分利用 Lagrange 量计记录信息。

将图 6.1.1 所示压力剖面在 $p-h-t$ 空间坐标系下绘出成图 6.1.2。作一系列光滑曲线将各压力剖面上具有相似特性的点连接起来,这些 $j=1,2,\cdots,n$ 的 n 条曲线在 $h-t$ 平面上的投影 $t_j(h)$ 就叫作经线,其中 $j=1$ 的第一条经线是冲击波阵面的轨迹,见

图6.1.3。经线是一簇人为的曲线,它主要是用来取代等时线。从图6.1.3可见,当$t<t^*$时,等时线在式(6.1.4)(6.1.5)(6.1.6)的积分区间不能跨越全部Lagrange量计位置$h_1 \sim h_4$。而且由于各Lagrange量计的记录时间长度不同,等时线不能适应这种变化,将放弃一些有用的流场信息。因此,构造经线的原则是,应能最大限度地利用各Lagrange位置上的记录信息,同时能正确地反映流场的变化形态,而且每条经线要有相近的拟合精度。

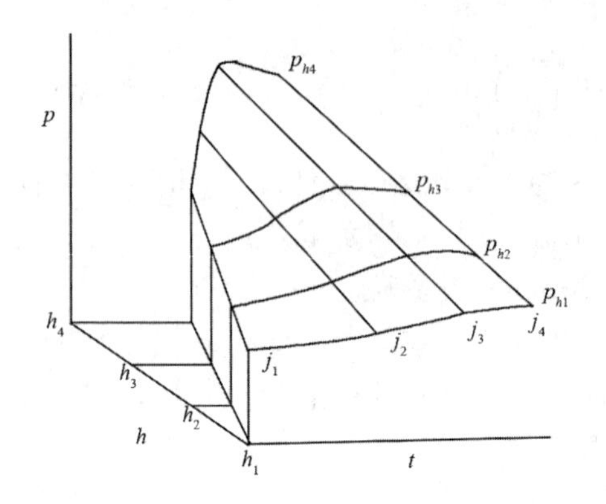

图6.1.2　$p-h-t$空间中的压力历程波形

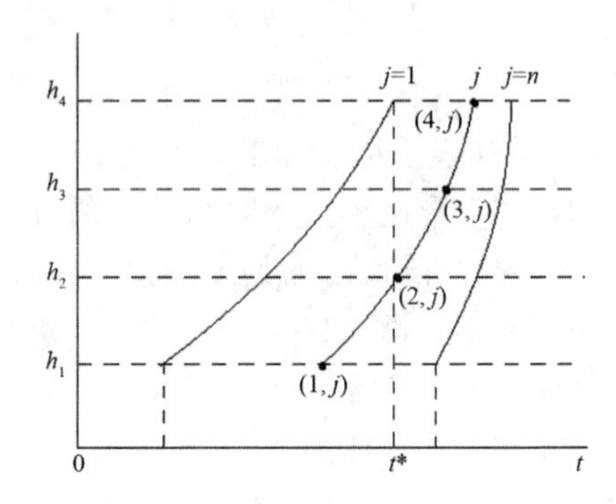

图6.1.3　$h-t$平面上的经线簇

利用三次样条函数对第j条经线与每一条压力量计记录曲线的交点进行拟合,可以得到沿第j条经线的p和h关系,即$p_j(h)$的数学表达式。式(6.1.4)中压力p对h的偏微分用沿经线的方向导数$(\mathrm{d}p/\mathrm{d}h)_j$代替,有:

$$\left(\frac{\partial p}{\partial h}\right)_t = \left(\frac{\mathrm{d}p}{\mathrm{d}h}\right)_j - \left(\frac{\partial p}{\partial t}\right)_h \left(\frac{\mathrm{d}t}{\mathrm{d}h}\right)_j \tag{6.1.7}$$

这样,式(6.1.4)的积分可以改写成

$$u - u_H = -v_0 \int_{t_H}^{t} \left[\left(\frac{\mathrm{d}p}{\mathrm{d}h}\right)_j - \left(\frac{\partial p}{\partial t}\right)_h \left(\frac{\mathrm{d}t}{\mathrm{d}h}\right)_j \right] \mathrm{d}t \tag{6.1.8}$$

式中下标H表示位于第一条经线上的状态点。因为每条径线的$p_j(h)$和$t_j(h)$关系已知,所以可以求出$(\mathrm{d}p/\mathrm{d}h)_j$和$(\mathrm{d}t/\mathrm{d}h)_j$,而$(\partial p/\partial t)_h$由相应$h$位置的已知$p(t)$曲线(Lagrange量计记录)求得,因而从式(6.1.8)的积分可以得到沿各条迹线(即粒子运动轨迹)的$u(t)$历程。注意:与流体动力学程序的习惯不同,数值积分步长不是时间步长Δt(即不是等时线间隔),积分是从一条经线$t_j(h)$积到另一条经线$t_{j+1}(h)$。另外,所选择的经线函数$t_j(h)$应使$p_j(h)$沿经线展开的变化率较缓。

在求出给定Lagrange位置的$u(t)$曲线以后,用同样的方法积分式(6.1.5)和式(6.1.6),可以得到比容和比内能的时间历程,被积函数中$(\partial u/\partial h)_t$用下式计算

$$\left(\frac{\partial u}{\partial h}\right)_t = \left(\frac{\mathrm{d}u}{\mathrm{d}t}\right)_j - \left(\frac{\partial u}{\partial t}\right)_h \left(\frac{\mathrm{d}t}{\mathrm{d}h}\right)_j \tag{6.1.9}$$

通过上述方法,利用实测$p(t)$曲线求得流场量中u、v、E等参量后,原则上如果我们假设压力作为比内能、比容和反应度函数的反应混合物状态方程已知,即$p=p(E,v,\lambda)$已知,就可以求出Lagrange量计位置处的反应度历程,通过简单的时间微分又可求出反应速率历程。实际上,因为冲击起爆反应过程的复杂性,波后流场中的混合物及其状态方程无

法通过实验或理论获得，因此，利用 Lagrange 分析结果确定冲击起爆反应速率的方法必须与未反应炸药和反应产物的状态方程、混合法则以及两种组分之间的压力和温度平衡条件相关。具体求解方法可参见 7.2 节中对反应材料模型的讨论。

6.1.2　由粒子速度计记录确定反应流场的方法

用电磁粒子速度计测量被冲击炸药中不同 Lagrange 位置的粒子速度历程，为研究反应流场提供了另一类有用的信息。4.3.1 节中介绍的组合式电磁粒子速度计的楔形安装方式尽可能地避免了一维反应流场中前面量计对后面量计造成的化学反应的阻隔，而且时间响应比锰铜压力计好，有效记录时间也长一些，更适于测量反应流场。图 6.1.4 为图 4.3.24 所示 PBX－9501 炸药的组合式电磁粒子速度计记录的 $u-h-t$ 三维剖面图。

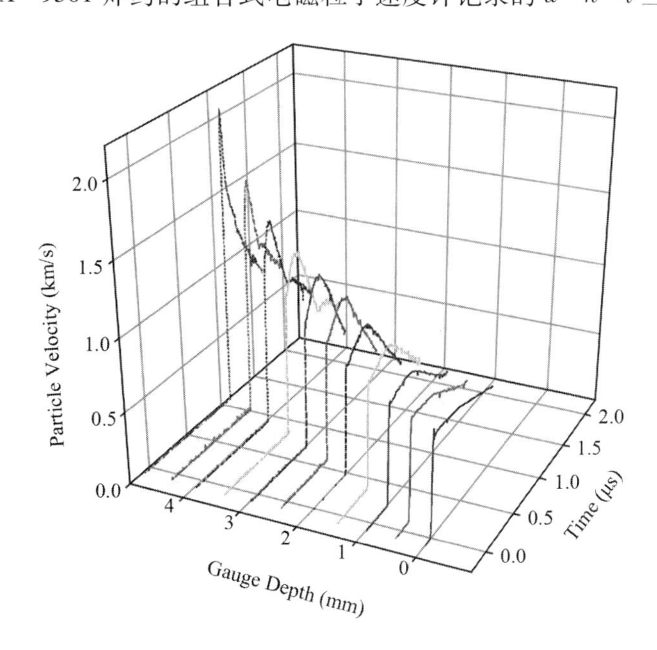

图 6.1.4　入射压力为 5.2GPa 时，PBX－9501 炸药的粒子速度三维剖面图

1. 由一组粒子速度计数据和一个压力计数据确定反应流场的方法

与处理压力计波形一样，通过建立径线，在 $u-h-t$ 空间内构造一个粒子速度场的曲面。将式(6.1.9)代入式(6.1.5)(6.1.6)，可以得到求沿各条粒子运动轨迹的 v 和 E 历程的积分：

$$v - v_H = -v_0\int_{t_H}^{t}\left[\left(\frac{\mathrm{d}u}{\mathrm{d}h}\right)_j - \left(\frac{\partial u}{\partial t}\right)_h\left(\frac{\mathrm{d}t}{\mathrm{d}h}\right)_j\right]\mathrm{d}t \tag{6.1.10}$$

$$E - E_H = -v_0\int_{t_H}^{t}p\left[\left(\frac{\mathrm{d}u}{\mathrm{d}h}\right)_j - \left(\frac{\partial u}{\partial t}\right)_h\left(\frac{\mathrm{d}t}{\mathrm{d}h}\right)_j\right]\mathrm{d}t \tag{6.1.11}$$

对压力场的求解有两种方法。一是沿等时线积分动量守恒方程，求 t 时刻的 $p(h)$ 剖面：

$$p - p' = -\frac{1}{v_0}\int_{h'}^{h}\left(\frac{\partial u}{\partial t}\right)_h \mathrm{d}h \tag{6.1.12}$$

式中，p 和 p' 分别是同一时刻不同 Lagrange 位置 h 和 h' 处的压力，撇号表示积分初值。显然，把冲击波阵面作为积分质量和能量守恒方程的边界条件是最合适的。但是，对于动量守恒方程的积分式(6.1.12)而言，由于是沿等时线积分，冲击波阵面不可能始终作为边界条件。如图 6.1.5 所示，设最后一个 Lagrange 量计的坐标和冲击波到达该量计的时间分别为 h_n 和 τ_n，则当 $t>\tau_n$ 时，冲击波阵面已不再是等时线的一个端点，也就不能成为积分的边界条件，必须另外选择。最方便的方法是选取 h_n 位置处的压力历史作为边界条件。即式(6.1.12)中的 h' 和 p' 分别是如下函数：

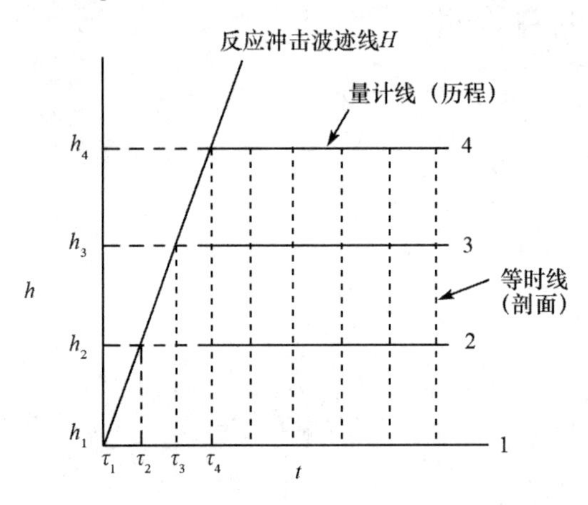

图 6.1.5　$h-t$ 平面上反应冲击波的迹线和等时线

$$h' = \begin{cases} h_H(t), & 0<t\leqslant\tau_n \\ h_n, & t>\tau_n \end{cases} \tag{6.1.13}$$

$$p' = \begin{cases} p_H(t), & 0<t\leqslant\tau_n \\ p(t,h_n), & t>\tau_n \end{cases} \tag{6.1.14}$$

式中，$h_H(t)$ 表示冲击波轨迹，$p(t,h_n)$ 为最后一个 Lagrange 量计位置处的压力量计记录。

得到流场状态参量 p、v、E 后，由反应混合物的状态方程可计算出 λ 和 $\mathrm{d}\lambda/\mathrm{d}t$。

2. 全粒子速度计 Lagrange 分析方法

Seaman 提出了一种全粒子速度计 Lagrange 分析方法，该方法对压力场的计算与上述不同。由式(6.1.2)(6.1.7)可以得到：

$$\left(\frac{\partial p}{\partial t}\right)_h = \left[\left(\frac{\mathrm{d}p}{\mathrm{d}h}\right)_j + \frac{1}{v_0}\left(\frac{\partial u}{\partial t}\right)_h\right] \Big/ \left(\frac{\mathrm{d}t}{\mathrm{d}h}\right)_j \tag{6.1.15}$$

沿每一条粒子运动迹线，在两条经线之间，用简单的左矩形公式积分上式，得：

$$p_{j+1} = p_j + \left(\frac{1}{(\mathrm{d}t/\mathrm{d}h)_j v_0}\right)\Delta u + \left(\frac{\mathrm{d}p}{\mathrm{d}h}\right)_j \frac{\Delta t}{(\mathrm{d}t/\mathrm{d}h)_j} \tag{6.1.16}$$

其中，$\Delta t = t_{j+1} - t_j$ 为两条经线之间的时间间隔，$\Delta u = u_{j+1} - u_j$ 为沿粒子运动迹线在两条经线之间的粒子速度增量。因为沿冲击波迹线，在 $j=1$ 这条经线上的压力及其梯度是已知的，所以沿每条粒子运动轨迹逐个经线点解式(6.1.16)式可求得冲击波后的压力历史$p(t)$。

若对式(6.1.15)用梯形公式积分,则有:

$$p_{j+1}=p_j+\left(\frac{1}{(\mathrm{d}t/\mathrm{d}h)v_0}\right)\Delta u+\frac{1}{2}\left(\left(\frac{\mathrm{d}p}{\mathrm{d}h}\right)_{j+1}+\left(\frac{\mathrm{d}p}{\mathrm{d}h}\right)_j\right)\frac{\Delta t}{(\mathrm{d}t/\mathrm{d}h)} \tag{6.1.17}$$

其中,

$$\begin{aligned}\left(\frac{\mathrm{d}p}{\mathrm{d}h}\right)_{j+1}&=p_{h(j+1)}\\&=\left[p_{h(j)}\left(1-\frac{\Delta t_h}{2t_h}+\frac{t_{hh}\Delta t}{2t_h^2}+\frac{\Delta t_{hh}\Delta t}{4t_h^2}-\frac{\Delta t_h^2}{2t_h^2}+\frac{t_{hh}\Delta t_h\Delta t}{2t_h^3}\right)\right.\\&\quad\left.+p_{hh(j)}\frac{\Delta t}{t_h}+\frac{1}{v_0t_h}\left(\frac{\Delta u_{hh}\Delta t}{2t_h}+\left(\Delta u_h-\Delta u\frac{t_{hh}}{t_h}\right)\left(1-\frac{\Delta t_h}{t_h}\right)\right)\right]\\&\quad\cdot\left(1-\frac{3\Delta t_h}{2t_h}+\frac{3t_{hh}\Delta t}{2t_h^2}-\frac{\Delta t_{hh}\Delta t}{4t_h^2}+\frac{\Delta t_h^2}{2t_h^2}-\frac{t_{hh}\Delta t_h\Delta t}{2t_h^3}\right)^{-1}\end{aligned} \tag{6.1.18}$$

为了表达简洁,上式中下标h和(j)分别代表对经线的方向导数和第j条经线上的参量,Δ表示物理量在两条经线之间的增量,如$\Delta u=u_{j+1}-u_j$,式中无下标(j)和$(j+1)$的量在此时间间隔上取平均值。在推导式(6.1.18)的过程中,假设$p(h)$函数的三阶以上的导数为零,即要求压力剖面为h的二次多项式函数,虽然这是一种过于简单的光滑数据的方法,但Seaman认为即使实验数据非常好,也难以得到可信的三阶导数,因而忽略三阶导数项是现实合理的。

式(6.1.17)中下标j的压力值是已知的,因而可以求出p_{j+1}的值,至此流场量p、u、v、E均已求出。根据Lagrange分析结果,显然我们只能得到反应流场中的p、u、v、E等热力学量以及反应度、反应速率作为时间函数的数值解。Lagrange分析的最终目的是要根据几何拓扑学方法寻找反应速率与这些热力学量之间的关系,以便确定经验反应速率模型。或,可以利用Lagrange分析结果评价根据热点物理概念提出的反应速率方程的有效性,并标定这些反应速率方程中的可调系数。

6.2　冲击起爆初期带反应流体动力学过程的解析模型

利用6.1节介绍的Lagrange分析方法虽然能够得到冲击起爆反应流场的p、u、v、E等热力学量以及反应度和反应速率的数值解,但是它们之间的相互函数关系只能靠“猜”。

Lambourn用特征线方法给出了一个关于冲击起爆反应流场的简单解析模型,称作常冲击阻抗模型(CONSTANT IMPEDANCE MODEL),简称CIM模型。这个能反映Lagrange量计记录特征的解析模型为更好地理解冲击至爆轰转变过程早期阶段的带反应流体动力学现象,建立符合物理规律的冲击起爆反应速率模型提供了一个很好的理论工具。

6.2.1 CIM 模型

已知平面一维 Lagrange 流体运动方程为：

$$\frac{\partial v}{\partial t}-\frac{\partial u}{\partial h}=0 \tag{6.2.1}$$

$$\frac{\partial u}{\partial t}+\frac{\partial p}{\partial h}=0 \tag{6.2.2}$$

式中 h 是 Lagrange 面质量坐标。将运动方程与第二章给出的反应方程式(2.2.60)结合，可以得到如下描述一维 Lagrange 反应流动的正、负特征线方程

$$\frac{\mathrm{d}h}{\mathrm{d}t}=\pm\rho_0 c \tag{6.2.3}$$

和沿相应特征线成立的特征线关系

$$\mathrm{d}p\pm\rho_0 c\mathrm{d}u=\rho_0 c^2\sigma\dot{\lambda}\mathrm{d}t \tag{6.2.4}$$

式中 $\dot{\lambda}$ 是反应速率，冻结声速 c 和热性系数 σ 是状态参数，需由部分反应混合物的状态方程确定。粒子运动轨迹 $\mathrm{d}h/\mathrm{d}t=0$ 是第三条特征线，反应方程、等熵方程和反应速率方程均沿此特征线积分。

特征线的概念，包括特征线方程和沿特征线成立的微分关系的详细推导和求解过程可参见 7.3 节关于特征线的描述。

为了能够得到特征线方程的解析解，CIM 模型做了如下假设：

(1) 冲击波后初始状态参量变化不大，c 为常数，因此炸药材料声阻抗 $Z=\rho_0 c$ 为常数；

(2) 炸药冲击阻抗 $\rho_0 D$ 也为常数，并等于声阻抗 Z；

(3) 特征线相容关系(6.2.4)式中的参数 $\rho_0 c^2\sigma$ 为常数；

(4) 冲击波所引发的是单一的放热反应，反应度为 λ。反应速率 $\dot{\lambda}$ 是冲击波阵面后时间 τ 的函数。即

$$\dot{\lambda}=f(t-t_{sh})=f(\tau) \tag{6.2.5}$$

式中 t_{sh} 表示冲击波到达该 Lagrange 质点的时刻。

假设(1)的含义是所有特征线在 $t-h$ 平面上均为直线，而且沿特征线，p 和 u 之间有线性关系；假设(2)保证了特征线平行于相同方向传播的冲击波迹线，冲击波后的压缩波性质不会发生变化(即特征线与冲击波迹线、特征线相互之间不会相交，因此压缩波不会转变为冲击波)；$\rho_0 c^2\sigma$ 的常数状态和 $\dot{\lambda}$ 对冲击波后时间 τ 的依赖性使得特征线关系可以被解析地积分求解。

图 6.2.1 是飞片撞击炸药的 CIM 模型的 Lagrange 波系图。横轴为面质量坐标 h，$h=0$ 位于碰撞表面，飞片在碰撞界面 OB 的左侧，炸药在右侧。$t=0$ 时刻飞片撞击炸药，冲击波沿 OA′A 传入炸药，沿 OC 传入飞片。过炸药内冲击波波后任意一点 D 作正特征线 BD 交碰撞界面于 B 点(斜率为 $1/Z$)，作负特征线 AD 交冲击波阵面于 A 点(斜率为 $-1/Z$)。

在 CIM 模型假设成立的前提条件下，沿正特征线 BD 积分特征线关系式(6.2.4)得：

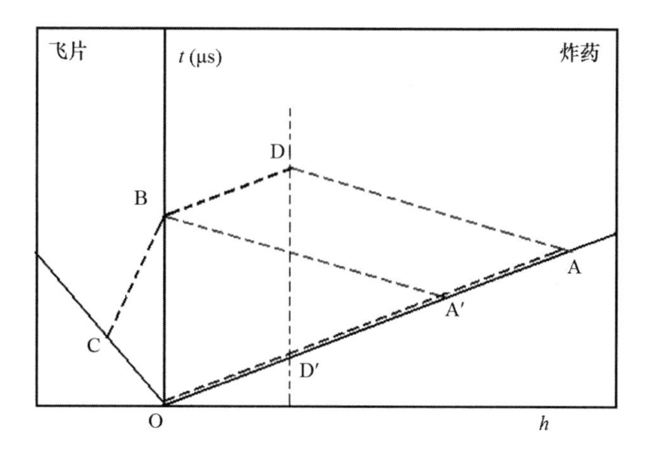

图 6.2.1　CIM 模型的 Lagrange 波系图

$$p_D + Zu_D = p_B + Zu_B + \rho_0 c^2 \sigma \int_{t_B}^{t_D} \dot{\lambda}(\tau)\,\mathrm{d}t \tag{6.2.6}$$

又根据假设,正特征线平行于冲击波迹线,所以沿正特征线 $\tau = t - t_{sh}$(即 DD′)为常数,从而 $\dot{\lambda}(\tau)$ 也是常数。因此沿正特征线 BD,式(6.2.6)可以被积分得到如下的解析关系:

$$p_D + Zu_D = p_B + Zu_B + \rho_0 c^2 \sigma \dot{\lambda}_D \cdot (t_D - t_B) \tag{6.2.7}$$

沿负特征线 AD,反应时间 τ 沿特征线是变化的。因为反应时间 τ 的起点在起爆冲击波阵面上,且冲击波和负特征线具有数值相等、方向相反的斜率,所以 $\mathrm{d}\tau = 2\mathrm{d}t$。因此,沿负特征线成立的特征线关系中,反应积分为:

$$\int_{t_A}^{t_D} \rho_0 c^2 \sigma \dot{\lambda}(\tau)\,\mathrm{d}t = \frac{\rho_0 c^2 \sigma}{2} \int_{t_A}^{t_D} \dot{\lambda}(\tau)\,\mathrm{d}\tau = \frac{\rho_0 c^2 \sigma}{2} \int_{t_A}^{t_D} \mathrm{d}\lambda \tag{6.2.8}$$

按照 ZND 模型,在冲击波迹线上 λ 等于零,所以沿负特征线 AD 和 A′B 有:

$$p_D - Zu_D = p_A - Zu_A + \frac{\rho_0 c^2 \sigma}{2} \lambda_D \tag{6.2.9}$$

$$p_B - Zu_B = p_A{}' - Zu_A{}' + \frac{\rho_0 c^2 \sigma}{2} \lambda_B \tag{6.2.10}$$

在飞片中无反应积分,假设飞片材料的阻抗为 Z_L,在飞片中沿正特征线 CB 有:

$$\Delta p + Z_L \Delta u = 0 \tag{6.2.11}$$

设飞片的撞击速度是 U,利用飞片和炸药的冲击波关系:

$$p_0 + Z_L(u_0 - U) = 0 \tag{6.2.12}$$

$$p_0 = Zu_0 \tag{6.2.13}$$

可以求得撞击界面 O 点的初始条件为:

$$p_0 = \frac{ZZ_L}{Z_L + Z} U, \quad u_0 = \frac{Z_L}{Z_L + Z} U \tag{6.2.14}$$

利用沿负特征线 A′B 成立的特征线关系式(6.2.10)和沿飞片特征线 CB 的特征线关

系式(6.2.11),可解得碰撞界面上任意一点 B 的状态为:

$$p_B = p_0 + \frac{Z_L \rho_0 c^2 \sigma}{2(Z_L + Z)} \lambda_B \tag{6.2.15}$$

$$u_B = u_0 - \frac{\rho_0 c^2 \sigma}{2(Z_L + Z)} \lambda_B \tag{6.2.16}$$

对于单一的放热反应,因为热性系数 $\sigma > 0$,λ 是缓慢变化的时间单调函数,从而碰撞界面上反应的发展使压力 p 增加,向反方向阻碍界面运动。而交界面上的 u 值在某一时间范围内几乎不发生变化,然后开始缓慢下降。因此位于交界面上的粒子速度历史没有峰值。

因为正特征线平行于冲击波迹线,而且假设 $\dot{\lambda} = f(\tau)$,所以沿正特征线 BD 有 $\lambda = \lambda_B = \lambda_D$。利用界面条件和冲击波关系,联立求解 BD 特征线关系式(6.2.7)和 AD 特征线关系式(6.2.9),可以得到反应炸药内部质点运动状态的解析解:

$$p = p_0 + \frac{Z_L \rho_0 c^2 \sigma}{2 \cdot (Z_L + Z)} \cdot \lambda + \frac{\rho_0 c^2 \sigma}{2} \cdot \dot{\lambda} \cdot \frac{h}{Z} \tag{6.2.17}$$

$$u = u_0 - \frac{\rho_0 c^2 \sigma}{2 \cdot (Z_L + Z)} \cdot \lambda + \frac{\rho_0 c^2 \sigma}{2 \cdot Z} \cdot \dot{\lambda} \cdot \frac{h}{Z} \tag{6.2.18}$$

这个特征线方程的解表明,受冲击炸药内部质点的 p 和 u 既依赖于局部反应度 λ,也依赖于反应速率 $\dot{\lambda}$ 和 Lagrange 面质量坐标 h 的乘积。如果从炸药内任意一点 D 向回作正特征线至交界面上的 B 点,该点的 Lagrange 面质量坐标为零,即 $h = 0$,则式(6.2.17)和式(6.2.18)的前两项就是由式(6.2.15)和式(6.2.16)描述的炸药位于交界面 B 点的 p 和 u的解。特征线方程解中的第三项代表了由炸药内部反应引起的增长,它们与局部反应速率 $\dot{\lambda}$ 和深度 h 的乘积相关。模型假设沿一条平行于冲击波迹线的特征线,$\dot{\lambda}$ 是常数,而 u 随质点深度 h 线性增加,其系数正比于 $\dot{\lambda}$,因此,质点速度 u 的峰值随质点深度而增加的事实反映了反应积累的效应。

如图 6.2.1 所示,在冲击波迹线上的任意一点处,正特征线紧挨着冲击波迹线。因此用方程(6.2.7)和冲击波关系 $p_A = Zu_A$,可得 p_A 和 u_A的解析解中包含反应速率 $\dot{\lambda}_A$,它是紧挨冲击波阵面后的反应速率。然而根据模型假设,在炸药和飞片中的冲击波强度均保持常数,而且 $\lambda_A = 0$,所以$\dot{\lambda}_A = 0$。这个结论在爆轰反应区流场中不成立(见 6.3.2 节中关于爆轰波反应区流场的 Lagrange 分析结论),因此 CIM 模型只适用于冲击起爆过程的早期阶段。

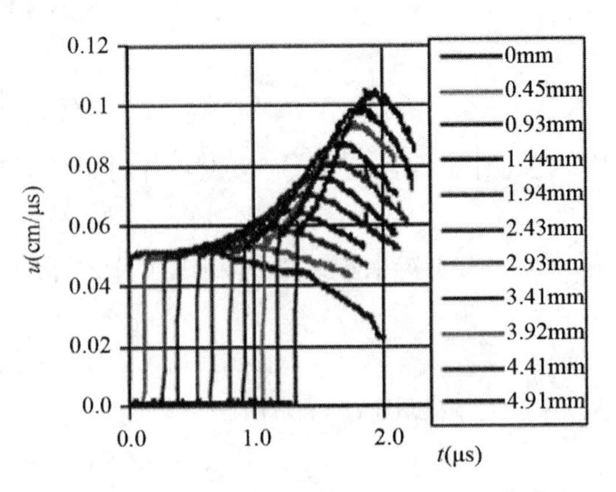

图 6.2.2　Gustavsen 测得 PBX－9501 炸药粒子速度剖面的实验记录

与冲击起爆 Lagrange 分析一样,利用 CIM 模型得到的解析解来计算反应流场中的 λ 和 $\dot{\lambda}$ 也需要用到实验 Lagrange 量计记录。图 6.2.2 是 Gustavsen 等人由电磁速度计实验测得的一组典型的 PBX－9501 炸药冲击起爆阶段初期的粒子速度面剖,实验的加载条件为厚铝飞片以750m/s 的速度撞击炸药,在炸药中造成初始压力 3. 3GPa 的持续冲击载荷。图中在波传播方向上间隔约 0. 5mm 的一组量计记录显示了炸药内部 0mm ~4. 91mm 之间的十个 Lagrange 位置处的粒子速度剖面。

1. 计算反应流场中任意 D 点的 $\lambda(\tau)$ 和 $\dot{\lambda}(\tau)$ 的方法一

根据模型假设式(6. 2. 5),考虑一个简单的随冲击波后时间 1. 5 幂次方增长、且受耗散项$(1-\lambda)$约束的反应速率形式:

$$\dot{\lambda}=b\tau^{1.5}(1-\lambda) \tag{6.2.19}$$

式中 b 是常数,主要用来控制粒子速度到达峰值的时间。因为存在耗散项,该反应速率在先达到一个峰值之后开始下降。当反应全部完成以后,反应速率下降至零。

式(6. 2. 19)是关于 λ 的常微分方程,对其积分求解,可以求出 $\lambda(\tau)$ 和 $\dot{\lambda}(\tau)$:

$$\dot{\lambda}=b\tau^{1.5}\exp\left(-\frac{b\tau^{2.5}}{2.5}\right) \tag{6.2.20}$$

$$\lambda=1-\exp\left(-\frac{b\tau^{2.5}}{2.5}\right) \tag{6.2.21}$$

将所得到的 $\lambda(\tau)$ 和 $\dot{\lambda}(\tau)$ 的关系式带入式(6. 2. 17)和式(6. 2. 18),即可得到冲击起爆反应流场 $p(\tau)$ 和 $u(\tau)$ 的解析表达式。图 6. 2. 3 是利用 CIM 模型对图 6. 2. 2 所示实验的计算结果,模型用到的材料常数见表 6. 2. 1。

表 6. 2. 1　计算中所需炸药及铝飞片参数

参数 材料	ρ_0 (g/cm³)	c (cm/μs)	Z (g/(cm² · μs))	b	σ	U (cm/μs)
PBX -9501	1. 842	0. 377	0. 694434	3. 9	0. 4	/
铝	2. 785	0. 5328	1. 4391	/	/	0. 075

从模型计算结果可见,反应速率模型式(6. 2. 19)能较好地重现 PBX -9501 炸药粒子速度到达峰值的时间、峰值的数值和峰值递增趋势等实验结果。粒子速度曲线的弯曲性质受反应速率函数中冲击波后 τ 的时间指数的影响,实验曲线的弯曲性质和计算曲线的弯曲性质基本吻合。

图 6. 2. 4 给出了一些流动参数的实验值与计算值的比较,其中(a)图为冲击波波阵面粒子速度 u_{sh} 和峰值粒子速度 u_{pk} 作为量计埋入深度函数的变化曲线。其中峰值速度 u_{pk} 的幅值近似呈线性增长,波阵面粒子速度 u_{sh} 的实验值在深度 3mm 处才开始增加。因为做了炸药冲击阻抗等于材料阻抗的假设,反应冲击波阵面粒子速度的模型计算值为常数,即模型不能反映冲击波阵面上粒子速度和压力的上升,以及起爆冲击波的加速过程。(b)图为冲击波阵面粒子速度 u_{sh} 和峰值粒子速度 u_{pk} 迹线的实验值与计算值的比较。图中粗虚线、细虚线、点划线分别为压力峰值迹线、反应速率最大值的迹线和粒子速度峰值迹线的模型计算结果,实线为冲击波迹线模型计算结果。实验结果显示波阵面粒子速度 u_{sh} 和峰值粒子速度 u_{pk} 之间的时间间隔初始时是增加的,随后缓慢下降。因为模型假设限

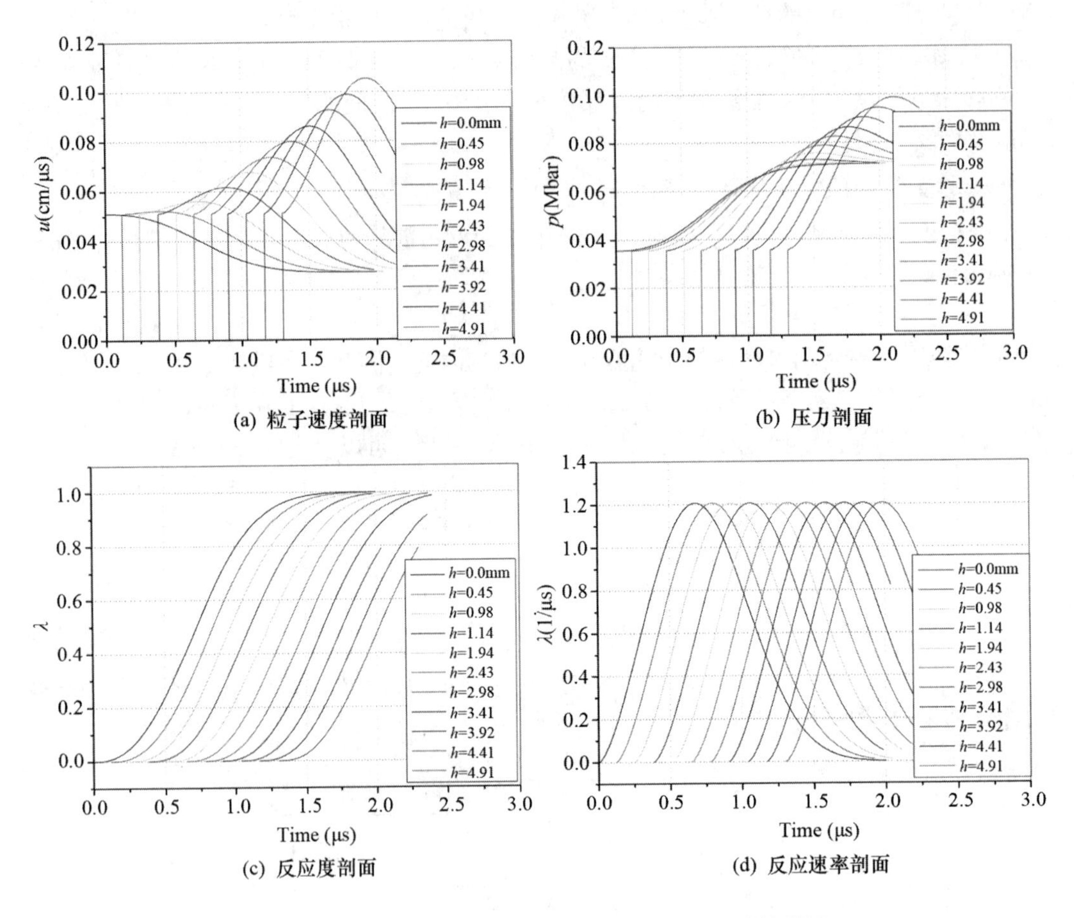

(a) 粒子速度剖面 (b) 压力剖面

(c) 反应度剖面 (d) 反应速率剖面

图 6.2.3 PBX－9501 炸药冲击起爆的 CIM 模型计算结果

制了冲击波后压缩波对冲击波的追赶，所以此时间间隔的计算结果在达到最大值后不会再减小。

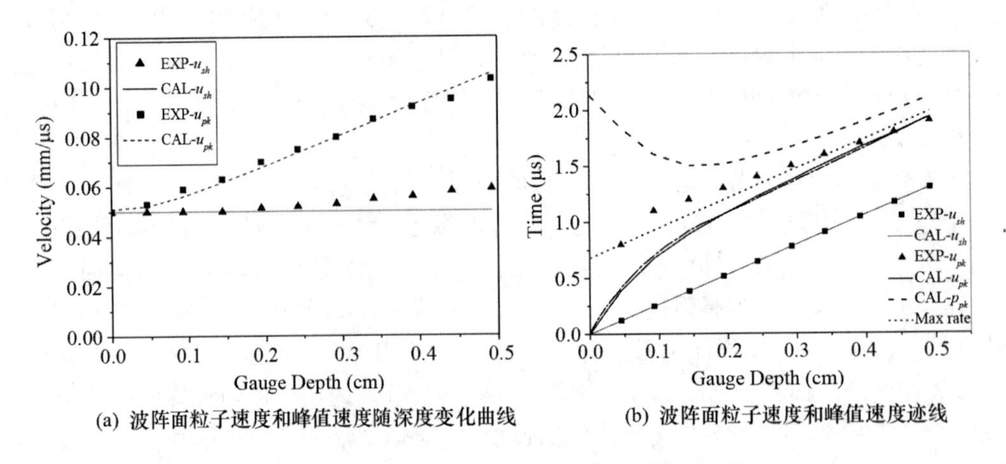

(a) 波阵面粒子速度和峰值速度随深度变化曲线 (b) 波阵面粒子速度和峰值速度迹线

图 6.2.4 PBX－9501 炸药实验值和计算值比较

2. 计算反应流场中任意 D 点的 $\lambda(\tau)$ 和 $\dot{\lambda}(\tau)$ 的方法二

此方法不需要事先给出反应速率方程的具体表达式。从图 6.2.2 的 PBX－9501 炸药实验粒子速度记录，读出给定 Lagrange 位置处的粒子速度随冲击波波后时间的变化历史 $u(\tau)$（见图 6.2.5(a)），将其带入式(6.2.18)得到关于 $\lambda(\tau)$ 的一阶常微分方程，解此常微分方程可得 $\lambda(\tau)$ 和 $\dot{\lambda}(\tau)$ 的数值解，再将积分结果带入式(6.2.19)，又可以得到

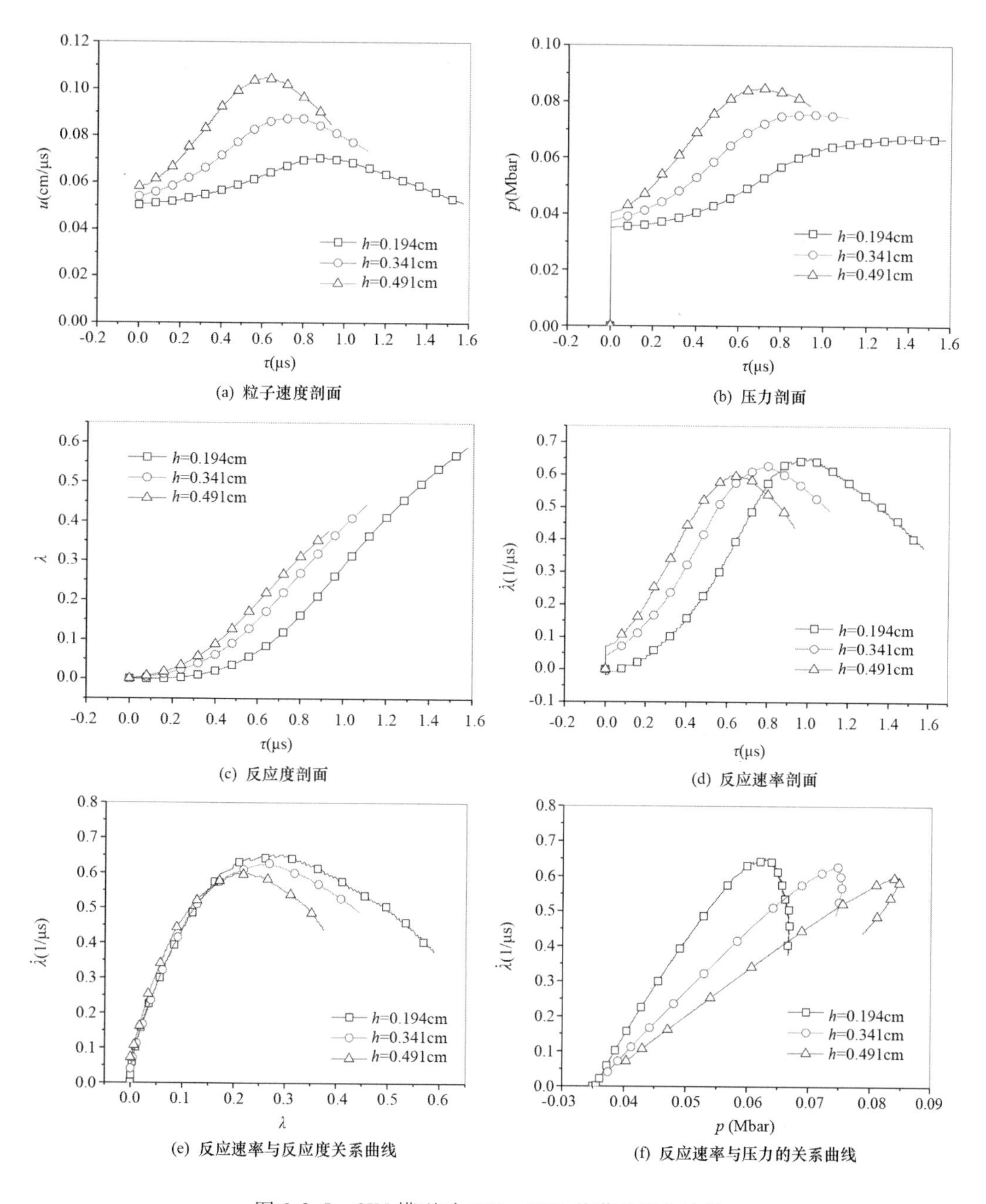

(a) 粒子速度剖面　(b) 压力剖面　(c) 反应度剖面　(d) 反应速率剖面　(e) 反应速率与反应度关系曲线　(f) 反应速率与压力的关系曲线

图 6.2.5　CIM 模型对 PBX－9501 炸药的积分结果

$p(\tau)$剖面。图6.2.5显示,由此方法得出的PBX-9501炸药的u、p、λ和$\dot{\lambda}$随冲击波波后时间τ的关系曲线,以及$\dot{\lambda}(\lambda)$和$\dot{\lambda}(p)$的关系曲线。

图6.2.5的结果显示,冲击起爆初期,反应速率峰值出现在u和p增长到最大值的附近,稍晚于u的峰值、稍早于p的峰值,u在峰值之后的下降不是由于来自碰撞界面的稀疏"反射",而是因为在峰值之后反应速率的下降。因此冲击波后流体动力学状态的变化与反应速率的关系强于与反应程度之间关系。

6.2.2 CIM模型的改进

在CIM模型的所有假设中,最弱的是炸药的$p-v$关系为线性关系(即c等于常数),以及反应冲击波后材料的声阻抗等于冲击阻抗的假设。因此CIM模型只适合描述冲击起爆过程的早期阶段。以PBX-9501炸药为例,在冲击起爆过程中,其声阻抗($Z=\rho_0c$)要大于冲击阻抗($S=\rho_0D$)约40%,这里D是冲击波速度。

在图6.2.4(a)显示的实验结果中,冲击波在进入炸药约3mm处开始加速。因为CIM模型假设了$\dot{\lambda}=f(\tau)$,因此反应速率在冲击波阵面上为零,冲击波速度增长的唯一机制只能是发生在波阵面后的化学反应信息向前输送造成冲击波的增长。即,在距加载端较近距离处,由反应产生的压缩波以声速追赶冲击波,并引起其强度增加。

本节对CIM模型改进只是为了测试炸药声阻抗与冲击阻抗不同时对结果的影响。在CIM模型的改进型中,冲击阻抗S仍然假设成常数,它小于材料声阻抗Z。虽然这意味着冲击波速度在Lagrange坐标系中仍为常数,但冲击波强度会因此增加。CIM模型的其余假设不变。

图6.2.6给出了改进的CIM模型的波系图,从中可以看出正特征线FA(或MA′)是如何追赶上冲击波的过程。图中OA′A是起爆冲击波迹线,斜率为$1/S$。从撞击界面上的F点(或M点)发出的压缩扰动在A点(或A′点)追赶上冲击波阵面,使冲击波阵面上的压力和粒子速度增加。与CIM模型一样,过炸药内冲击波波后任意一点D作正特征线BD交碰撞界面于B点(斜率为$1/Z$),作负特征线AD交冲击波阵面于A点(斜率为$-1/Z$)。

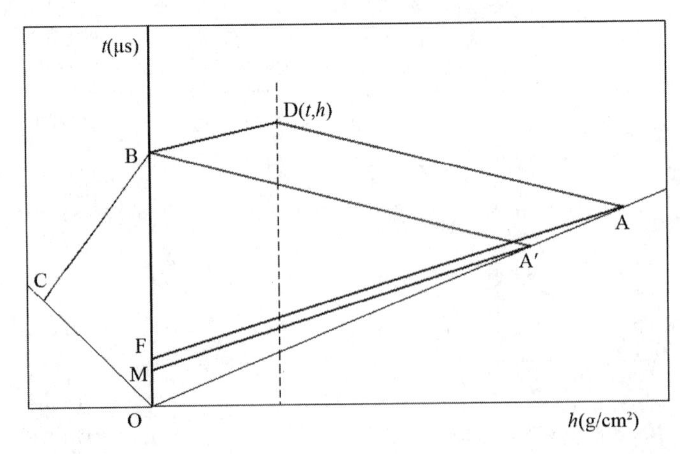

图6.2.6 改进的CIM模型的Lagrange波系图

首先考虑在正、负特征线 BD 和 AD 上 $\mathrm{d}t$ 与 $\mathrm{d}\tau$ 的关系，这里反应时间 τ 的起点在冲击波阵面上，而撞击时间 t 以 O 为原点。根据特征线斜率和冲击波迹线斜率的关系，沿负特征线 AD，有 $\mathrm{d}\tau/\mathrm{d}t=(Z/S+1)$；沿正特征线 BD，有 $\mathrm{d}\tau/\mathrm{d}t=-(Z/S-1)$，出现的负号是因为特征线斜率大于冲击波迹线斜率。这样，沿过 D 点正、负特征线的积分方程分别如下：

$$p_D+Zu_D=p_B+Zu_B-\frac{\rho_0c^2\sigma}{\dfrac{Z}{S}-1}\int_B^D\dot{\lambda}(\tau)\,\mathrm{d}\tau \tag{6.2.22}$$

$$p_D-Zu_D=p_A-Zu_A+\frac{\rho_0c^2\sigma}{\dfrac{Z}{S}+1}\int_A^D\dot{\lambda}(\tau)\,\mathrm{d}\tau \tag{6.2.23}$$

沿 BA′负特征线的积分方程为：

$$p_B-Zu_B=p_{A'}-Zu_{A'}+\frac{\rho_0c^2\sigma}{\dfrac{Z}{S}+1}\cdot\int_{A'}^{B}\dot{\lambda}(\tau)\,\mathrm{d}\tau \tag{6.2.24}$$

因为在冲击波迹线上 λ 等于零，上式中冲击波迹线上的 $\lambda_{A'}$ 等于零。联立式(6.2.24)和飞片中正特征线 CB 的特征线关系，可得碰撞界面上 B 点的状态：

$$p_B=\frac{Z\cdot Z_L\cdot U}{Z_L+Z}+\frac{Z_L(p_{A'}-Zu_{A'})}{Z_L+Z}+\frac{Z_L\rho_0c^2\sigma}{(Z_L+Z)(\dfrac{Z}{S}+1)}\cdot\lambda_B \tag{6.2.25}$$

$$u_B=\frac{Z_L\cdot U}{Z_L+Z}-\frac{p_{A'}-Zu_{A'}}{Z_L+Z}-\frac{\rho_0c^2\sigma}{(Z_L+Z)(\dfrac{Z}{S}+1)}\cdot\lambda_B \tag{6.2.26}$$

联立沿特征线的积分方程式(6.2.22)(6.2.23)和式(6.2.24)，可以得到炸药冲击起爆反应流场内任意 D 点的粒子速度 u 和压力 p 的解析解：

$$u_D=u_B+\frac{1}{2Z}\left\{[p_{A'}-Zu_{A'}-(p_A-Zu_A)]+\left(\frac{\rho_0c^2\sigma}{\dfrac{Z}{S}-1}+\frac{\rho_0c^2\sigma}{\dfrac{Z}{S}+1}\right)(\lambda_B-\lambda_D)\right\} \tag{6.2.27}$$

$$p_D=Zu_B+\frac{1}{2}\left\{[p_{A'}-Zu_{A'}+(p_A-Zu_A)]+\rho_0c^2\sigma\left[\frac{(\lambda_B+\lambda_D)}{\dfrac{Z}{S}+1}+\frac{(\lambda_B-\lambda_D)}{\dfrac{Z}{S}-1}\right]\right\} \tag{6.2.28}$$

如图 6.2.6 所示，碰撞界面上的 F 点和 M 点的状态沿特征线 FA 和 MA′影响冲击波波阵面上的 A 点和 A′点的状态。假设碰撞界面上的炸药质点在 t_F 时刻之前压力和粒子速度变化不大，即：

$$p_F\approx p_M\approx p_0,\quad u_F\approx u_M\approx u_0 \tag{6.2.29}$$

沿 FA 特征线的积分方程为：

$$p_0+Zu_0=p_A+Zu_A-\frac{\rho_0c^2\sigma}{\dfrac{Z}{S}-1}\lambda_F \tag{6.2.30}$$

利用冲击波条件：$p_0=Su_0$，$p_A=Su_A$，解得 A 点状态：

$$p_A=p_0+\frac{\rho_0c^2\sigma}{\left(\frac{Z}{S}\right)^2-1}\cdot\lambda_F,\quad u_A=u_0+\frac{\rho_0c^2\sigma}{(Z+S)\left(\frac{Z}{S}-1\right)}\cdot\lambda_F \tag{6.2.31}$$

同理，可得 A′点的状态为：

$$p_{A'}=p_0+\frac{\rho_0c^2\sigma}{\left(\frac{Z}{S}\right)^2-1}\cdot\lambda_M,\quad u_{A'}=u_0+\frac{\rho_0c^2\sigma}{(Z+S)(\frac{Z}{S}-1)}\cdot\lambda_M \tag{6.2.32}$$

将式(6.2.31)(6.2.32)带入式(6.2.27)(6.2.28)中，即可得到冲击起爆反应区内任意 D 点的粒子速度 u 和压力 p 的解析解的完整表达形式：

$$u_D=\frac{Z_LU}{Z_L+S}+\frac{S\rho_0c^2\sigma}{(Z_L+Z)(Z+S)}\cdot\lambda_M-\frac{\rho_0c^2\sigma}{(Z_L+Z)(\frac{Z}{S}+1)}\lambda_B$$
$$+\frac{1}{2Z}\cdot\frac{S\rho_0c^2\sigma}{Z+S}(\lambda_F-\lambda_M)+\frac{1}{2Z}\cdot\left(\frac{\rho_0c^2\sigma}{\frac{Z}{S}-1}+\frac{\rho_0c^2\sigma}{\frac{Z}{S}+1}\right)\cdot(\lambda_B-\lambda_D) \tag{6.2.33}$$

$$p_D=\frac{ZZ_LU}{Z_L+S}+\frac{ZS\rho_0c^2\sigma}{(Z_L+Z)(Z+S)}\cdot\lambda_M-\frac{Z\rho_0c^2\sigma}{(Z_L+Z)(\frac{Z}{S}+1)}\cdot\lambda_B$$
$$+\frac{Z_LU(S-Z)}{Z_L+S}-\frac{1}{2}\frac{S\rho_0c^2\sigma}{Z+S}(\lambda_F+\lambda_M)+\frac{\rho_0c^2\sigma}{2}\left(\frac{(\lambda_B+\lambda_D)}{\frac{Z}{S}+1}+\frac{(\lambda_B-\lambda_D)}{\frac{Z}{S}-1}\right) \tag{6.2.34}$$

显然，受冲击炸药反应区内任意 D 点处的 u 和 p 只依赖于 D 点处的局部反应度 λ_D，以及撞击界面上 B、F 和 M 三点的局部反应度 λ_B、λ_M和 λ_F。因为假设了反应速率 $\dot{\lambda}$ 是冲击波阵面后时间 τ 的函数，式中 λ 是对反应速率的积分结果。求解 D 点的状态，首先必须根据波系图得到撞击界面上 B、F 和 M 三点的冲击波后时间 τ 与 D 点坐标 τ_D和 h_D的关系。因为 M、F 和 B 三点均在碰撞界面上，这三点的反应时间 τ 和飞片撞击后的时间 t 相同，即 $\tau_F=t_F$，$\tau_M=t_M$，$\tau_B=t_B$。

利用波系图中的冲击波迹线方程和相应特征线方程，可以得到：

$$\tau_B=\tau_D+h_D\left(\frac{1}{S}-\frac{1}{Z}\right) \tag{6.2.35}$$

$$\tau_F=\frac{(Z-S)(Zt_D+h_D)}{Z\cdot(Z+S)}=\frac{(Z-S)\left[Z\left(\tau_D+\frac{h_D}{S}\right)+h_D\right]}{Z\cdot(Z+S)} \tag{6.2.36}$$

$$\tau_M=\frac{(Z-S)\left[Z\left(\tau_D+\frac{h_D}{S}\right)-h_D\right]}{Z\cdot(Z+S)} \tag{6.2.37}$$

仍然取式(6.2.19)给定的反应速率方程，将相应点处的 $\lambda(\tau)$ 和 $\dot{\lambda}(\tau)$ 分别带入

式(6.2.33)和式(6.2.34),对图6.2.2所示实验进行计算,即可得到如图6.2.7所示改进的CIM模型计算结果。所用PBX－9501炸药的模型参数见表6.2.2,铝飞片参数见表6.2.1。

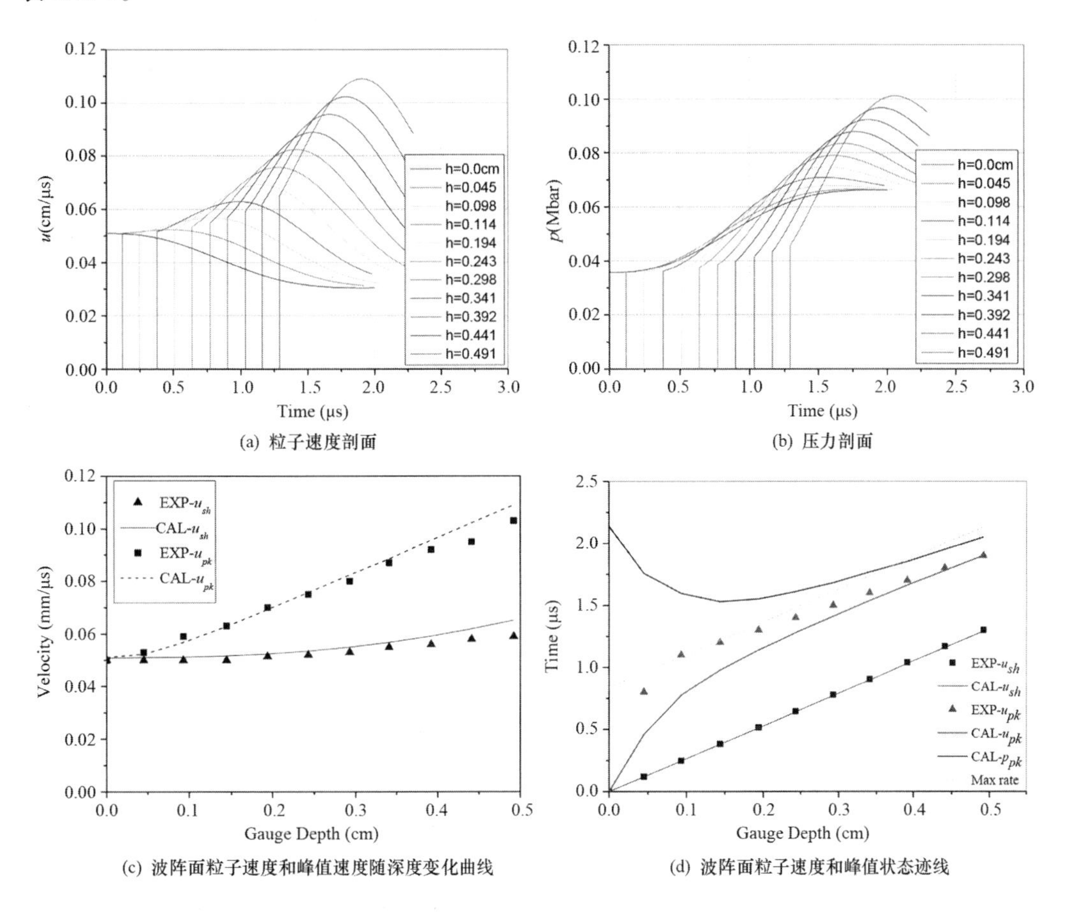

图6.2.7　PBX－9501炸药改进CIM模型的计算结果

表6.2.2　PBX－9501炸药的改进CIM模型参数

材料	ρ_0 (g/cm³)	c (cm/μs)	D (cm/μs)	b	σ	U (cm/μs)
PBX－9501	1.842	0.528	0.38	2.3	0.25	/

改进的CIM模型结果显示,冲击波轨迹和波后状态参量的峰值轨迹之间的间距在较大的位置深度时开始减小,虽然减小的速率比实验结果慢。更长时间的计算表明,u_{PK}的轨迹在更深的距离处会进一步加速,并最终追赶上冲击波。即相对于冲击波它变成了超声速,其行为就像正常的流体动力学压缩波追赶冲击波。波后的状态峰值追赶冲击波阵面速度的计算值小于实验值表明,CIM模型和改进的CIM模型的另一个主要假设不合适,这个假设就是炸药中所有粒子上的反应速率历史均相同,因而反应速率峰值迹线平行于冲击波迹线。实际上,随着位置深度的增加,每个粒子被压缩的程度会逐渐加重,反应

速率的峰值也会向冲击波阵面移动。

6.2.3 模型结论

建立 CIM 模型的动机不是为了准确地匹配实验结果，而是希望发展一个与 Lagrange 量计记录结果有类似特征的模型，从而能更好地理解冲击至爆轰转变过程早期阶段的反应流体动力学现象。

CIM 模型和改进的 CIM 模型中的假设只针对炸药性质，即只对炸药的状态方程做近似。模型的解析形式是一维带反应流体 Lagrange 守恒方程的动量方程的精确解。模型中的假设当然可以受到质疑，但有些结论并不是只要增加模型的复杂性就会发生改变的。

从 CIM 模型和改进的 CIM 模型的结果中，可以得出持续冲击起爆过程初期的物理图像：

(1) 因为反应引起了碰撞界面上压力的增加，从而阻止了界面的运动，界面粒子速度随时间下降。界面上压力的增加和粒子速度的减小都正比于反应度 λ。界面上的压力和粒子速度历史都只有最小值或最大值，没有峰值。

(2) 冲击波强度增长是因为冲击波后压力增加所致。峰值向前运动追赶冲击波是因为流动相对于冲击波是超声速的。改进的 CIM 模型结果表明，冲击波强度的增加也与碰撞界面上早期的 λ 值成正比。

(3) 对于炸药内部任意的粒子运动轨迹，CIM 模型显示粒子速度依赖于两项，一项正比于 λ，另一项正比于反应速率乘以粒子距撞击界面的深度($\dot{\lambda} \cdot h$)。当深度增加时，后一项起控制作用，因此粒子速度历史与反应速率历史关系密切。

(4) 因为假设炸药中的每个粒子经历了相同的反应历程，峰值粒子速度随深度增长纯粹是流体动力学现象，而不表示反应程度的增加。

(5) 峰值粒子速度的增加是由反应速率乘以深度($\dot{\lambda} \cdot h$)这一项造成，即粒子速度随深度 h 线性增加。峰值粒子速度以正比于最大反应速率($\dot{\lambda}_{max}$)的速率增长。

(6) 如果用更强的冲击加载实验做拟合，这时的最大反应速率更大，到峰值反应速率的时间更短。即随着冲击波强度的增加，最大反应速率增加，而到最大反应速率的时间减小。

(7) 在实验结果中，峰值粒子速度轨迹的加速有两个原因：当冲击强度增加时，到最大反应速率的时间减小，因此将峰值粒子速度轨迹向冲击波轨迹方向拖动；冲击波阵面后增长的峰值压力和粒子速度开始了类似于流体动力学压缩波的行为，它们相对于冲击波是超声速运动。

(8) 不论是 CIM 模型还是改进的 CIM 模型，都不能模拟冲击强度对反应速率的影响。然而，改进的 CIM 模型令人满意地模拟了增长的反应峰值向压缩波的转变过程。

(9) 在冲击起爆初期，各参量峰值发生的顺序为：最大密度、最大粒子速度、最大反应速率和最大压力。

6.3　爆轰波反应区流场的 Lagrange 分析方法

前两节介绍的反应流 Lagrange 分析和 CIM 模型只能给出在冲击起爆过程中埋入炸药的几个 Lagrange 量计之间的反应流流场。1981 年 Hayes 等人发表了根据实验粒子速度记录,结合连续性方程和动量守恒方程获得爆轰反应区压力剖面、比容剖面和时间与$\frac{\partial \ln p}{\partial \ln v}$之间关系的方法。由于他们的方法没有用到能量守恒方程以及与化学反应有关的假设,爆轰反应区中的化学反应性质只能根据时间与$\frac{\partial \ln p}{\partial \ln v}$之间关系的某些特征形状来推断。

1986 年,Partom 在提出一种研究弹性前驱波衰减和冲击波起爆问题的特征线方法时,将定常爆轰波作为特例,给出了定常爆轰反应区中混合物状态参量所满足的常微分方程组。利用这组常微分方程,我们提出了一种对高能炸药爆轰反应区流场进行 Lagrange 分析的简单方法——利用高精度测量方法测量炸药爆轰反应区的粒子速度历史或压力历史,通过插值或数据拟合可以得到爆轰反应区的反应流场。

6.3.1　反应方程

假设爆轰波反应区中未反应炸药和已反应产物组分的压力满足压力平衡条件,炸药和产物的状态方程分别为:

$$e_s = e_s(p, v_s) \tag{6.3.1}$$

$$e_g = e_g(p, v_g) \tag{6.3.2}$$

式中下标 s 和 g 分别代表固体炸药和气体产物组分。

爆轰反应区中混合物与各组分的比内能和比容满足加权求和的混和法则:

$$E = \lambda E_g + (1-\lambda)E_s \tag{6.3.3}$$

$$v = \lambda v_g + (1-\lambda)v_s \tag{6.3.4}$$

其中 λ 为反应进程变量(即产物气体的质量分数),$0 \leqslant \lambda \leqslant 1$。

在对两种组分的能量进行混合时,通常用两种方法考虑反应热 Q:

第一种方法是将 Q 作为炸药和产物共同的能量零点包含在气体产物的总比内能中,即 $E_g = e_g - Q, E_s = e_s$,则能量混合法则成为

$$E = \lambda e_g + (1-\lambda)e_s - \lambda Q \tag{6.3.5}$$

这种处理方法认为化学反应区是等熵流动区,能量平衡方程为

$$\mathrm{d}E = -p\mathrm{d}v \tag{6.3.6}$$

对式(6.3.5)微分,并利用式(6.3.6)消去 $\mathrm{d}E$ 得

$$-p\mathrm{d}v = \lambda \mathrm{d}e_g + (1-\lambda)\mathrm{d}e_s + (e_g - e_s - Q)\mathrm{d}\lambda \tag{6.3.7}$$

第二种(也是下面将采用的)方法是将化学反应看作是一种内热源,这时有

$$E = \lambda e_g + (1-\lambda)e_s \tag{6.3.8}$$

$$\mathrm{d}E = \lambda \mathrm{d}e_g + (1-\lambda)\mathrm{d}e_s + (e_g - e_s)\mathrm{d}\lambda \tag{6.3.9}$$

$$dE = -pdv + Qd\lambda \tag{6.3.10}$$

从式(6.3.9)和式(6.3.10)消去 dE,同样可以得到式(6.3.7)。因此,当 Q 为常数时,这两种方法是等价的。

混和法则还与反应机制有关。

如果在爆轰波反应区中,炸药的分解反应机制是体积反应,即认为在炸药或其颗粒内部反应物固体和产物气体组分密不可分,达到温度平衡所需的时间很短,则它们的温度满足热平衡假设,即:

$$T = T_s = T_g \tag{6.3.11}$$

此时爆轰反应区混和物中每一种组分的能量平衡方程为:

$$\dot{e}_s + p\dot{v}_s = \frac{\dot{q}}{1-\lambda} \tag{6.3.12}$$

$$\dot{e}_g + p\dot{v}_g = \frac{\dot{q}}{\lambda} + \frac{1}{\lambda}[Q + e_s - e_g + p(v_s - v_g)]\dot{\lambda} \tag{6.3.13}$$

式中:Q 为炸药的反应热;$\dot{q}$ 为每单位混和物质量由热传导引起的热流速率。系数 $1/(1-\lambda)$ 和 $1/\lambda$ 分别将每单位混和物质量上的能量转换为每单位反应固体质量和每单位产物气体质量上的能量。式(6.3.13)中的 $Q\dot{\lambda}$ 项表示在产物气体中由化学反应造成的能量增加;$(e_s - e_g)\dot{\lambda}$ 项表示由于反应物和产物的质量发生转移造成的产物气体能量增加;$p(v_s - v_g)\dot{\lambda}$ 是由外部压力引起的当质量转换时比容改变造成的能量附加项。

对反应物固体和产物气体组分的状态方程 $e_s = e_s(v_s, T)$ 和 $e_g = e_g(v_g, T)$ 进行微分,并利用热力学公式,可得:

$$C_{vs}\dot{T}_s = \dot{e}_s + p\dot{v}_s - \frac{\Gamma_s}{v_s}C_{vs}T_s\dot{v}_s \tag{6.3.14}$$

$$C_{vg}\dot{T}_g = \dot{e}_g + p\dot{v}_g - \frac{\Gamma_g}{v_g}C_{vg}T_g\dot{v}_g \tag{6.3.15}$$

式中 C_v 和 Γ 分别为定容比热和 Gruneisen 系数。

联立式(6.3.11)(6.3.12)(6.3.13)(6.3.14)(6.3.15),以及混和物各组分状态方程 $e_s = e_s(p, v_s)$ 和 $e_g = e_g(p, v_g)$ 的微分,可得各组分的反应方程:

$$\dot{v}_g = D_{vg}\dot{p} + E_{vg}\dot{\lambda} \tag{6.3.16}$$

$$\dot{v}_s = D_{vs}\dot{p} + E_{vs}\dot{\lambda} \tag{6.3.17}$$

将式(6.3.16)(6.3.17)代入对式(6.3.4)的微分方程中,可得

$$\dot{v} = D_v\dot{p} + E_v\dot{\lambda} \tag{6.3.18}$$

其中

$$D_v = \lambda D_{vg} + (1-\lambda)D_{vs} \tag{6.3.19}$$

$$E_v = \lambda E_{vg} + (1-\lambda)E_{vs} + v_g - v_s \tag{6.3.20}$$

式(6.3.18)就是利用各自独立的组分状态方程及其微分所表达的反应方程(方程的物理意义见式(2.2.60))。其中系数 D_{vg}、E_{vg} 和 D_{vs}、E_{vs} 可分别由产物和炸药的状态方程求出:

$$D_{vg} = \frac{1}{\Delta}\left[B_{Eg}\frac{\partial e_s}{\partial p} - \left(B_{Es} - \frac{\partial e_s}{\partial v_s} \right)\frac{\partial e_g}{\partial p} \right] \tag{6.3.21}$$

$$E_{vg} = \frac{1}{\Delta}\left[G_{Eg}\left(B_{Es} - \frac{\partial e_s}{\partial v_s} \right) - G_{Es}B_{Eg} \right] \tag{6.3.22}$$

$$D_{vs} = \frac{1}{\Delta}\left[A_{Es}\frac{\partial e_g}{\partial p} - \left(A_{Eg} - \frac{\partial e_g}{\partial v_g} \right)\frac{\partial e_s}{\partial p} \right] \tag{6.3.23}$$

$$E_{vs} = \frac{1}{\Delta}\left[G_{Es}\left(A_{Eg} - \frac{\partial e_g}{\partial v_g} \right) - G_{Eg}A_{Es} \right] \tag{6.3.24}$$

$$\Delta = A_{Es}B_{Eg} - \left(B_{Es} - \frac{\partial e_s}{\partial v_s} \right)\left(A_{Eg} - \frac{\partial e_g}{\partial v_g} \right) \tag{6.3.25}$$

其中

$$A_{Eg} = \frac{\Gamma_g}{v_g}TC_{vg}C_{vs}(1-\lambda)/D_q - p \tag{6.3.26}$$

$$B_{Eg} = -\frac{\Gamma_s}{v_s}TC_{vg}C_{vs}(1-\lambda)/D_q \tag{6.3.27}$$

$$G_{Eg} = C_{vg}[Q + e_s - e_g + p(v_s - v_g)]/D_q \tag{6.3.28}$$

$$A_{Es} = -\frac{\Gamma_g}{v_g}TC_{vg}C_{vs}\lambda/D_q \tag{6.3.29}$$

$$B_{Es} = -\frac{\Gamma_s}{v_s}TC_{vg}C_{vs}\lambda/D_q - p \tag{6.3.30}$$

$$G_{Es} = C_{vs}[Q + e_s - e_g + p(v_s - v_g)]/D_q \tag{6.3.31}$$

$$D_q = \lambda C_{vg} + (1-\lambda)C_{vs} \tag{6.3.32}$$

式中温度 T 由解如下常微分方程(6.3.33)得到,它通过联立式(6.3.11)(6.3.14)(6.3.15),以及混和物各组分温度相关状态方程的微分得到:

$$\dot{T} = D_T\dot{p} + E_T\dot{\lambda} \tag{6.3.33}$$

式中

$$D_T = A_TD_{vg} + B_TD_{vs} \tag{6.3.34}$$

$$E_T = A_TE_{vg} + B_TE_{vs} + C_T \tag{6.3.35}$$

$$A_T = -\frac{\Gamma_g}{v_g}TC_{vg}\lambda/D_q \tag{6.3.36}$$

$$B_T = -\frac{\Gamma_s}{v_s}TC_{vs}(1-\lambda)/D_q \tag{6.3.37}$$

$$C_T = [Q + e_s - e_g + p(v_s - v_g)]/D_q \tag{6.3.38}$$

如果爆轰反应区中炸药分解反应的主要机制是表面燃烧反应,即反应是由成核的热点通过表面燃烧形式向热点外传播,此移动的燃烧表面将高温产物与低温反应物分开,在两种组分间来不及进行热交换。这时它们的温度是不相等的,混和物中通过热传导引起的热流速率为零,因此爆轰反应区中每一组分的能量平衡方程变为:

$$\dot{e}_s + p\dot{v}_s = 0 \tag{6.3.39}$$

$$\dot{e}_g + p\dot{v}_g = \frac{1}{\lambda}[Q + e_s - e_g + p(v_s - v_g)]\dot{\lambda} \tag{6.3.40}$$

将它们与每一组分的状态方程 $e_s = e_s(p,v_s)$ 和 $e_g = e_g(p,v_g)$ 的微分关系式联立，就可以得到形式与式(6.3.16)(6.3.17)(6.3.18)完全相同的反应方程。只是其中系数与体积反应假设下得到的系数不同，它们为：

$$D_{vg} = -\frac{\partial e_g}{\partial p}\bigg/\left(p + \frac{\partial e_g}{\partial v_g}\right) \tag{6.3.41}$$

$$E_{vg} = \frac{1}{\lambda}[Q + e_s - e_g + p(v_s - v_g)]\bigg/\left(p + \frac{\partial e_g}{\partial v_g}\right) \tag{6.3.42}$$

$$D_{vs} = -\frac{\partial e_s}{\partial p}\bigg/\left(p + \frac{\partial e_s}{\partial v_s}\right) \tag{6.3.43}$$

$$E_{vs} = 0 \tag{6.3.44}$$

在表面燃烧反应机制的假设下，上述系数与温度 T 无关。

6.3.2 爆轰波反应区流场的 Lagrange 分析方法

描述一维定常爆轰波运动的 Lagrange 运动方程为：

$$\dot{v} + \frac{v_o}{D}\dot{u} = 0 \tag{6.3.45}$$

$$\dot{u} - \frac{v_o}{D}\dot{p} = 0 \tag{6.3.46}$$

式中，D 为不小于自持 CJ 爆轰波速度 D_J 的定常爆轰波速度，即 $D \geqslant D_J$（其中 $D > D_J$ 对应超压爆轰情况）。

从方程(6.3.45)(6.3.46)中消去 $\dot{u}$，可得压力与比容的微分关系式

$$\dot{v} + \frac{v_0^2}{D^2}\dot{p} = 0 \tag{6.3.47}$$

由运动方程(6.3.45)(6.3.46)和前面得到的反应方程(6.3.16)(6.3.17)(6.3.18)以及温度方程(6.3.33)，可以得到如下求解反应区 $u(\lambda)$ 关系的常微分方程组：

$$\frac{\mathrm{d}u}{\mathrm{d}\lambda} = -\frac{v_0}{D}\frac{E_v}{D_v + v_0^2/D^2} = \frac{v_0}{D}K_P \tag{6.3.48}$$

$$\frac{\mathrm{d}v_s}{\mathrm{d}\lambda} = D_{vs}K_P + E_{vs} \tag{6.3.49}$$

$$\frac{\mathrm{d}v_g}{\mathrm{d}\lambda} = D_{vg}K_P + E_{vg} \tag{6.3.50}$$

$$\frac{\mathrm{d}T}{\mathrm{d}\lambda} = D_T K_P + E_T \tag{6.3.51}$$

其中系数 $K_p = K_p(p,v_s,v_g,T,\lambda)$ 的表达式为

$$K_P = -\frac{E_v}{D_v + v_0^2/D^2} \tag{6.3.52}$$

方程(6.3.48)(6.3.49)(6.3.50)(6.3.51)中的系数与假设的化学反应机制有关，其中方程(6.3.51)只对体积反应机制下的热平衡假设成立。在表面燃烧反应机制假设下，系数 K_p 与温度 T 无关，只需联立求解前三个方程。

对常微分方程组(6.3.48)(6.3.49)(6.3.50)(6.3.51)积分，可以同时解出定常爆轰波反应区中的 $u(\lambda)$、$v_s(\lambda)$、$v_g(\lambda)$ 和 $T(\lambda)$ 关系。积分从爆轰波阵面($\lambda=0$)的 VN 点开始，到反应区末端($\lambda=1$)的 CJ 点结束。在用数值方法求解常微分方程组时，方程中的爆轰波传播速度 D 作为一个可调参数。当计算在整个反应区中稳定，并且 $\lambda=1$ 时，使 u 值或 p 值落在 CJ 点上的最小爆轰波速度即为炸药的 CJ 爆轰速度 D_J。将 $u(\lambda)$ 关系代入方程(6.3.46)(6.3.45)中，还可得到爆轰波反应区中的 $p(\lambda)$ 关系和 $v(\lambda)$ 关系，它们都与反应区中反应速率方程的具体函数形式无关。

在求出 $p(\lambda)$、$u(\lambda)$ 和 $v(\lambda)$ 关系之后，只要根据实验测出的爆轰波反应区中 p、u、v 三个参量中任意一个参量随时间的变化波形，用数值方法就可以得到 p、u、v、λ 和 $\dot{\lambda}$ 等状态变量的爆轰反应区流场分布，以及它们之间的相互关系图象。

6.3.3　对 PBX－9404 炸药的应用

根据 Hayes 的实验结果，初始密度为 1.84g/cm^3 的 PBX－9404 炸药，其爆轰波 VN 尖峰处的压力和粒子速度值分别为 39.81GPa 和 2.455mm/μs，相应的 CJ 值分别为 37.0GPa 和 2.29mm/μs，反应区宽度≤50ns，且粒子速度在 VN 点与 CJ 点之间呈近似线性下降的趋势。在没有更准确的实验爆轰波波形的前提下，我们假设 PBX－9404 炸药爆轰反应区中理想的粒子速度剖面 $u(t)$ 为线性关系(如图 6.3.1 所示)，其中反应区宽度假设为 40ns。由方程(6.3.46)，相应的压力剖面 $p(t)$ 也呈线性关系。用此爆轰波反应区粒子速度剖面可以进行 PBX－9404 炸药爆轰反应区流场的 Lagrange 分析，结果既可用于检验已有的反应速率模型，也可用于指导建立合适的爆轰唯象反应速率函数形式，并标定其中的可调参数。这对定性分析爆轰波反应流场的特性具有指导意义。

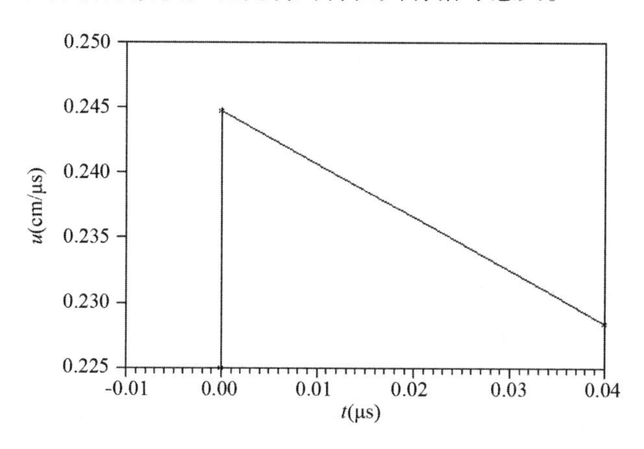

图 6.3.1　PBX－9404 炸药 CJ 爆轰波的理想粒子速度剖面

1. 爆轰反应区流场 Lagrange 分析

对 PBX－9404 炸药解常微分方程组(6.3.48)(6.3.49)(6.3.50)(6.3.51),得到不同反应机制假设下 PBX－9404 炸药爆轰波反应区的 $u(\lambda)$ 和 $p(\lambda)$ 关系曲线,分别如图 6.3.2(a)和(b)所示,其中涉及的未反应炸药和爆轰产物组分的状态方程取 JWL 形式,方程参数见附表 1 和附表 2。

计算结果显示,在 PBX－9404 炸药的爆轰反应区中如果发生的是体积反应,压力 p 和粒子速度 u 在爆轰波阵面之后有一段幅值上升过程,尔后才下降到 CJ 点,在压力上升期间,约 80% 左右的炸药已完成了反应。根据文献对 PBX－9404 炸药爆轰反应区实验结果的报道,在爆轰波阵面之后并没有观察到这样一个压力和粒子速度的幅值上升区。这种反常现象即与热平衡假设有关又与反应时间及 VN 点状态至 CJ 点状态的落差有关。爆轰反应区内的混合物要在足够短的时间内达到热平衡必须先经历一个吸热过程。即在热平衡条件限制下,炸药爆轰反应过程的初期是未反应炸药固体吸收产物气体热量的过程,混和物的整体反应在宏观上体现的是一个吸热反应。经过一定延迟时间之后,才开始放热反应。

对于类似图 6.3.2 所示的爆轰反应区 $u(\lambda)$ 和 $p(\lambda)$ 关系曲线,经典爆轰理论和实验爆轰波波形表明,即使在正常爆轰的极限条件下,对反应区宽度很窄(约 40ns)的 PBX－9404 炸药来说,爆轰反应仍然是以表面燃烧反应为主。

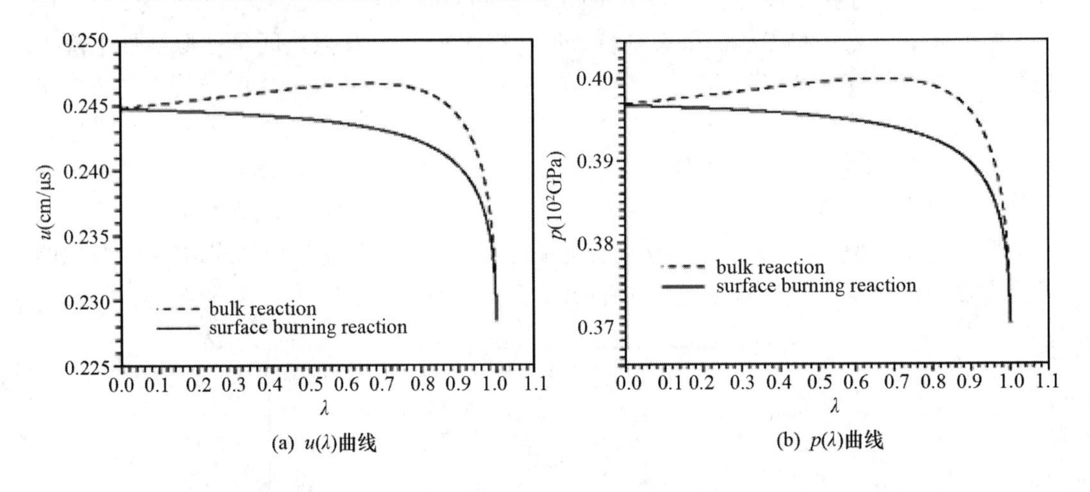

图 6.3.2 PBX－9404 炸药爆轰波反应区 $u(\lambda)$ 和 $p(\lambda)$ 曲线

从理论模型所得表面燃烧反应机制下的 $u(\lambda)$ 曲线(图 6.3.2(a))和实验粒子速度剖面 $u(t)$(图 6.3.1)消去 u,可以得到爆轰反应区的 $\lambda(t)$ 关系,再经过简单的求导可得 $\dot{\lambda}(t)$,结果见图 6.3.3。与低幅值冲击起爆 CIM 模型的 Lagrange 分析结果不同,爆轰反应区反应速率的最大值出现在波阵面上。爆轰波化学反应主要发生在波阵面附近,反应速率 $\dot{\lambda}$ 与压力 p 的关系见图 6.3.4。

2. 对已有反应速率模型的检验

以压力相关的 Forest Five 反应速率方程(5.1.43)和 JTF 两项经验热点模型

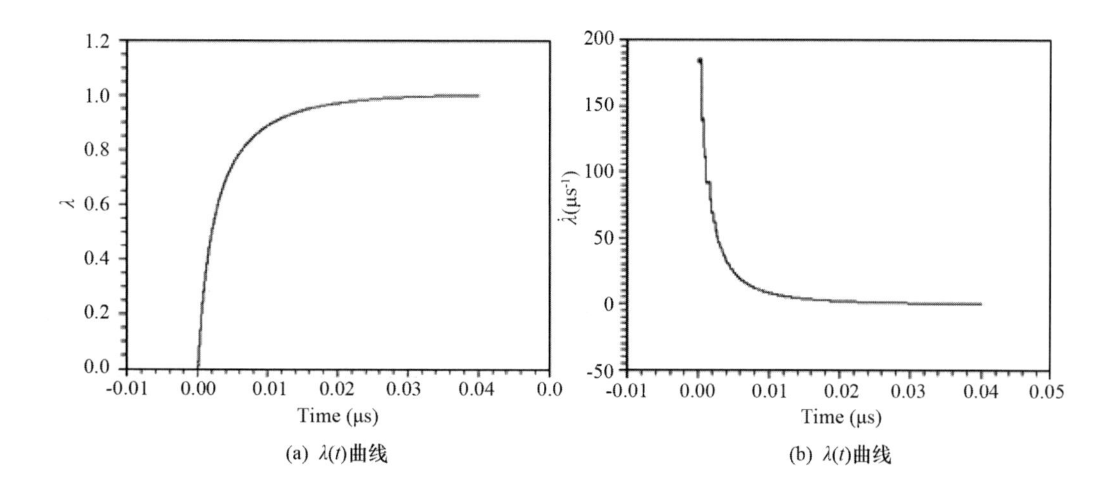

图 6.3.3　PBX－9404 炸药爆轰波反应区 $\lambda(t)$ 和 $\dot{\lambda}(t)$ 关系曲线
——表面燃烧机制下的 Lagrange 分析结果

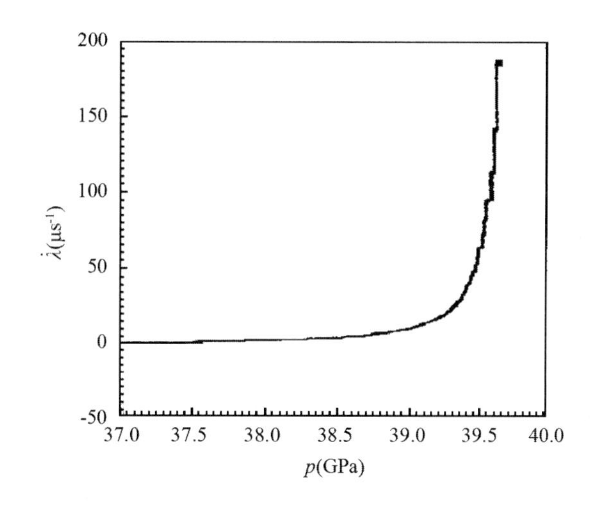

图 6.3.4　PBX－9404 炸药爆轰波反应区 $\dot{\lambda}(p)$ 关系曲线

式(5.3.40)为例，将 PBX－9404 炸药爆轰反应区的线性 $p(t)$ 关系代入其中，解常微分方程可以求出相应的 $\lambda(t)$ 和 $\dot{\lambda}(t)$ 曲线，结果分别如图 6.3.5 和图 6.3.6 所示。因为具有强非线性性，Forest Fire 反应速率描述的定常爆轰反应区宽度非常窄，只有约 3ns 左右，即定常爆轰反应在 3ns 内已完成，这与实验结果明显不符。而按照 JTF 经验热点模型的结果，虽然在爆轰波阵面上的初始反应速率最大值与 Lagrange 分析结果相比明显偏低，但由于反应速率随反应区时间线性下降，平均反应速率可使反应区宽度保持在 40ns 左右，这在实验精度范围内与实验结果基本一致。但是，反应速率 $\dot{\lambda}$ 随时间 t 的变化剖面与 Lagrange 分析结果不符，因此，这两种反应速率模型均不适宜用来精确描述 PBX－9404 炸药的爆轰反应区结构。

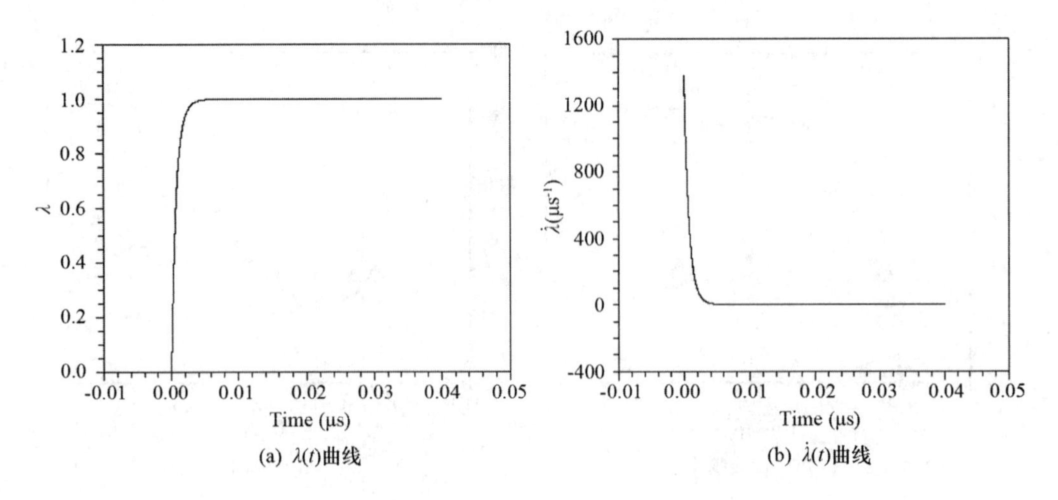

(a) $\lambda(t)$曲线　　(b) $\dot{\lambda}(t)$曲线

图 6.3.5　PBX－9404 炸药爆轰波反应区中 $\lambda(t)$ 和 $\dot{\lambda}(t)$ 关系曲线——Forest-Fire 模型结果

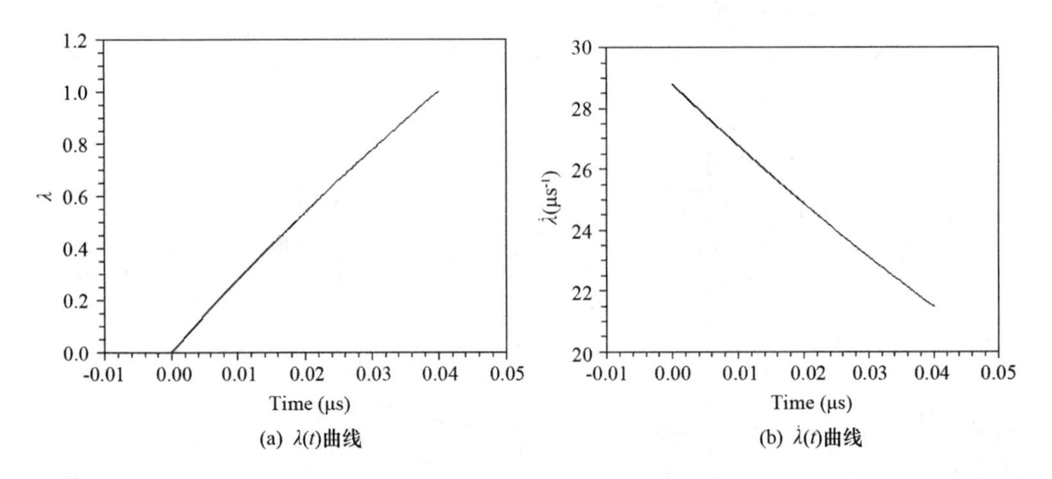

(a) $\lambda(t)$曲线　　(b) $\dot{\lambda}(t)$曲线

图 6.3.6　PBX－9404 炸药爆轰波反应区中 $\lambda(t)$ 和 $\dot{\lambda}(t)$ 关系曲线——JTF 经验热点模型结果

3. 爆轰反应速率方程建模

根据爆轰反应区 Lagrang 分析结果，描述 PBX－9404 炸药爆轰反应的唯象反应速率方程可用下式表示：

$$\dot{\lambda} = Gp^{z}\ (1-\lambda)^{x} \tag{6.3.53}$$

其中 G、z、x 为炸药常数。在图 6.3.7 示出的两条 $\dot{\lambda}(t)$ 曲线中，实线为 PBX－9404 炸药爆轰反应区 Lagrange 分析结果；虚线为将 Lagrange 分析结果 $p(t)$ 和 $\lambda(t)$ 带入式(6.3.53)而得到的 $\dot{\lambda}(t)$ 曲线，其中 G、z、x 值分别为 4394.0、3.4 和 1.3，压力和时间的单位分别为 Mbar 和 μs。

爆轰反应速率方程(6.3.53)在形式上与 Lee-Tarver 和 Kim 的点火与增长模型中描述反应快速完成的第三项相同。但是，在物理概念上它们有着本质上的区别。首先，它描述了在爆轰波作用下，包括热点反应在内的整个爆轰反应过程，而不是仅描述热点燃烧波汇聚后的快速反应。其次，在通常的点火与增长模型中，p^{z}项代表了与冲击波压力有关的层状燃烧速率。实验表明，在低压下，表征炸药中薄层燃烧速率的压力指数 z 一般取 1.0。Lee 和 Tarver 在他们的文章中提到，有些实验证明，在较高的压力下，压力指数 z 会突然增

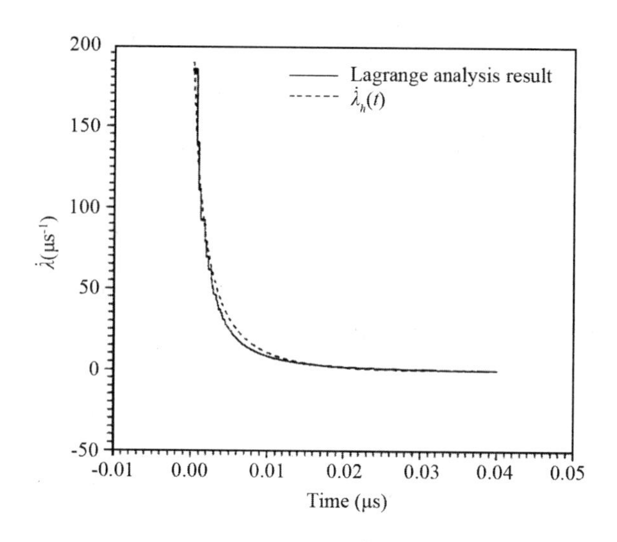

图 6.3.7　爆轰波反应区 Lagrange 分析及 $\dot{\lambda}(t)$ 拟合结果

高至 2.0，因此，Lee-Tarver 三项反应速率方程针对 PBX－9404 炸药的第三项压力指数取 2.0。根据我们的爆轰反应区 Lagrange 分析结果，在高幅值冲击波作用下，压力指数 z 有可能更大。第三，在高幅值冲击波作用下，$(1-\lambda)$ 的指数 $x=1.3$ 大于 Kim 选取的 $x=2/3$，这表明在高压下由于炸药颗粒被不同程度的粉碎，燃烧表面进入炸药的初始颗粒之中，因此燃烧表面积与炸药颗粒体积之比迅速增加，反应更集中于冲击波阵面附近。

将根据爆轰 Lagrange 分析结果拟合得到的唯象反应速率方程嵌入流体动力学程序，可用于对爆轰波结构和爆轰波的传播过程进行数值计算，原则上应能得到与实验结果相符的计算结果。

4. 爆轰反应区纵向结构计算

我们简单地构造一个 PBX－9404 炸药的反应速率方程如下：

$$\dot{\lambda}=\dot{\lambda}_h+\dot{\lambda}_d \tag{6.3.54}$$

其中第一项 $\dot{\lambda}_h$ 取 JTF 经验热点模型的热点项（见式(5.3.25)），第二项 $\dot{\lambda}_d$ 为爆轰反应速率方程式(6.3.53)。加入第一项的目的是使计算能从低幅值冲击起爆开始，它满足一阶 Arrhenius 反应速率，只是其中常数通过热点反应特征时间 τ_h 确定。

Johnson 等人确定 τ_h 的方法为，用厚弹性板撞击 PBX－9404 炸药，撞击产生的压力大约为 3.7GPa，用电磁测速计测出距撞击面 0.5mm 处的粒子速度波形。测得的实验波形表明，在低压下化学反应的主要部分在冲击波阵面到达后的某一时刻开始。他们认为这段时间就是热点反应的延迟时间或诱发期，他们估计平均诱发期比 0.6μs 略小。因此，简单地选择 $\tau_h=0.5\mu s$。正如 Johnson 自己所说，这一决定 τ_h 的过程带有一定的主观性和个人偏向性，而且造成 0.5μs 左右诱发期的物理机制不明。虽然某些实验数据说明延迟时间是由于热点的 Arrhenius 反应造成的，但其他实验数据却说明 0.5μs 的诱发期对冲击波造成的平均热点温度来说太长了。这就是说，0.5μs 的诱发期很可能是由于热点形成后反应向外发展的结果。因此，式(5.3.25)在某种程度上已包含了对反应增长过程的描述。在爆轰条件下，热点反应特征时间 τ_h 远小于式(6.3.53)所描述的爆轰反应特征时间，热点反应不影响爆轰反应过程。而爆轰反应因为与压力强相关，在较低幅值的冲击波作用下对冲击起爆反应的贡献很小。

将反应速率方程式(6.3.54)嵌入一维带反应流体动力学特征线程序，对厚铝板以600m/s的速度撞击PBX－9404炸药引起的冲击起爆至爆轰过程进行计算，结果如图6.3.8所示。图6.3.9和图6.3.10分别为Forest Fire反应速率和JTF两项经验热点模型(式(6.3.40))在状态方程和加载条件完全相同时的计算结果。图中波阵面右下角标出的数字是Lagrange质点坐标(单位：cm)，粗虚线是在不同Lagrange位置上冲击波阵面压力与冲击波到达时间的关系曲线，细虚线是反应区末端($\lambda=1$)对应的状态连线，定常爆轰波的VN点和CJ点的状态分别落在这两条曲线上。为仔细观察爆轰反应区的状态剖面，图6.3.8、图6.3.9、图6.3.10中的(b)图将(a)图中Lagrange位置$h=1.8$cm处压力剖面的时间尺度放大，实线是压力剖面，虚线是不同Lagrange位置处化学反应完成时($W=0$或$\lambda=1$)的压力连线。Forest Fire反应速率模型结果显示，当爆轰波速度达到定常状态后，反应区CJ点的状态不稳定。

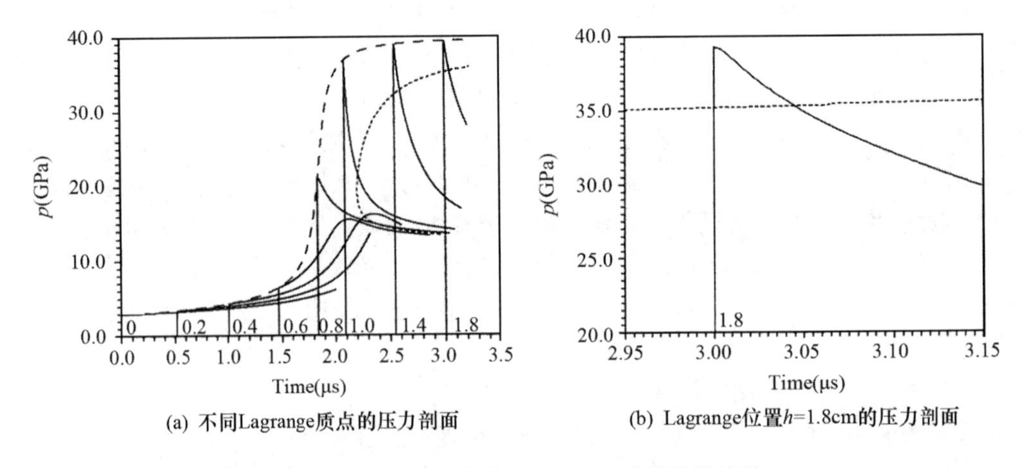

图6.3.8　反应速率模型(6.3.48)式的计算结果

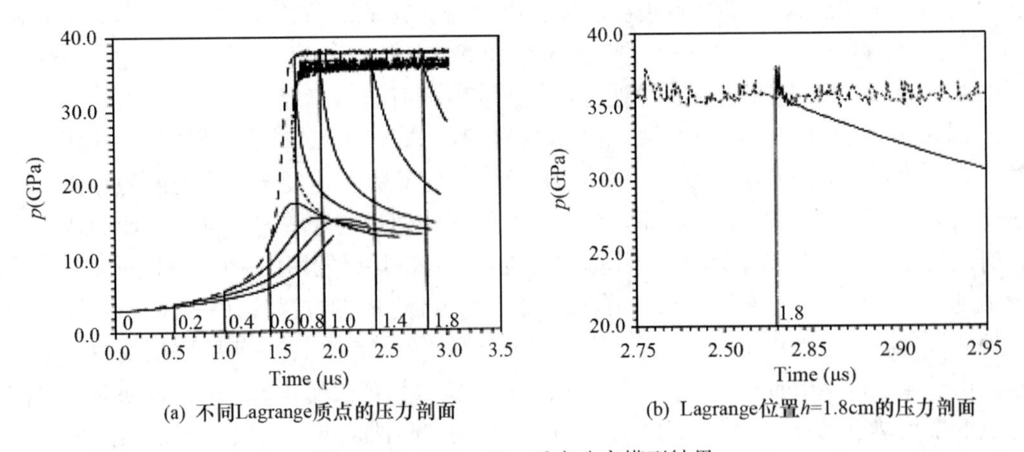

图6.3.9　Forest-Fire反应速率模型结果

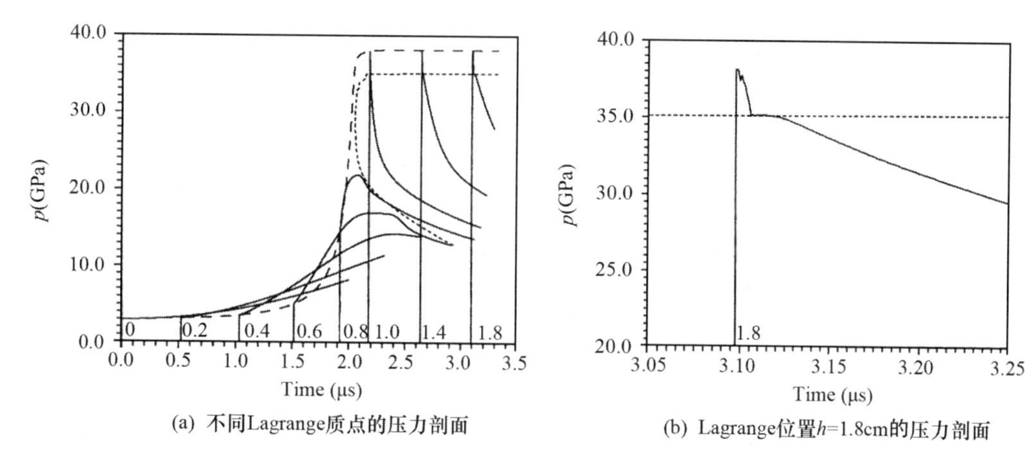

(a) 不同Lagrange质点的压力剖面　　(b) Lagrange位置h=1.8cm的压力剖面

图 6.3.10　JTF 两项经验热点模型结果

从计算结果可以得出如下结论：

(1)合适的爆轰反应速率模型不仅能准确计算定常爆轰波纵向结构(包括 VN 点状态、CJ 点状态、反应区宽度以及爆轰波波形)，还能反映非均质炸药冲击起爆的爆轰增长过程，即 p_{VN}和爆速已不变但 p_J还在缓慢上升的过程(区别于波阵面和反应区末端压力都在上升期间的爆轰建立过程)；

(2)因为波阵面附近的反应速率过大，用能使显式流体动力学过程稳定的 Δt 计算爆轰反应过程，会使化学反应度步长过大，所以要想用 Forest Fire 反应速率方程稳定地计算带反应的爆轰过程，计算网格尺寸必须划分得足够细；

(3)不合适的爆轰反应速率模型得不到状态方程所能描述的正常爆轰状态，到定常爆轰的转变很突然，观察不到爆轰增长过程。

5. 高压短脉冲冲击起爆计算

Tarver 用电脉冲爆炸铝箔加速 0.025mm ~ 1.27mm 的六种不同厚度的聚脂膜片撞击 19mm 厚 PBX－9404 炸药样品，得到了短脉冲冲击波起爆的阈值速度。

图 6.3.11 为 0.025mm 厚聚脂膜片以 4200m/s 的实验阈值速度撞击 PBX－9404 炸药时，用式(6.3.54)表示的两项反应速率模型计算出的短脉冲冲击波起爆图像。计算中聚脂膜片材料模型为流体弹塑性模型，状态方程取 Gruneison 状态方程，材料密度 ρ_o 为 1.217g/cm^3，$D-u$ 曲线系数 C_0 和 S 值分别为 0.2722cm/μs 和 1.333，Gruneison 系数 Γ_0等于 1.06。炸药样品界面的初始撞击压力和粒子速度分别为 19.7GPa 和 0.159cm/μs，相应的压力脉冲宽度 $\tau \approx 0.0145\mu s$。其中图 6.3.11(a)显示的是不同 Lagrange 质点上的压力剖面图，图 6.3.11(b)显示的是冲击波速度随冲击波到达位置的变化曲线 $D(h)$。由 $D(h)$ 曲线得到在此撞击条件下的到爆轰距离约为 $h^*=4.2$mm，小于 Tarver 等人在实验中所用的炸药厚度。

Ramsay 等人在 1965 年给出了 PBX－9404 炸药在短脉冲冲击波作用下的临界起爆能量判据：

$$p^2\tau = 470 \tag{6.3.49}$$

其中，压力 p 的单位为 0.1GPa，脉冲宽度 τ 的单位为 μs。根据此判据，对于聚脂膜片以

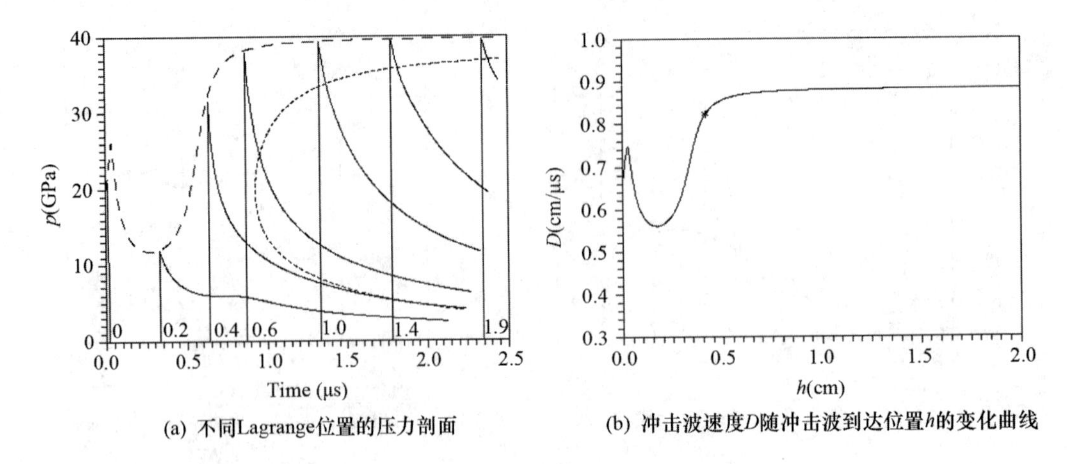

(a) 不同Lagrange位置的压力剖面　(b) 冲击波速度D随冲击波到达位置h的变化曲线

图 6.3.11　两项速率模型式(6.3.48)的计算结果(脉冲宽度 $\tau=0.0145\mu s$)

4200m/s 的速度撞击 PBX－9404 炸药所产生的 19.7GPa 的初始界面压力,冲击波脉冲宽度不能小于 0.012μs。否则,无论被测的 PBX－9404 炸药样品有多厚,都不会在其中发生从冲击波到爆轰波的转变。

图 6.3.12 显示的是与图 6.3.11 的初始撞击条件相同,但脉冲宽度为 $\tau=0.0122\mu s$ 的短脉冲冲击波起爆过程,这时到达爆轰的距离约为 $h^*=16.7mm$。当 τ 值降到其临界值 0.012μs 时,两项速率模型式(6.3.54)的计算结果表明,炸药在实验样品厚度范围内不能被引爆。为了比较,图 6.3.13 中给出的是由 Forest Fire 反应速率模型得到的高压短脉冲冲击波起爆图像,其中除了冲击波的脉冲宽度增加到 0.0175μs 外,其余初始入射条件与图 6.3.11 和图 6.3.12 所示结果的计算条件完全相同。

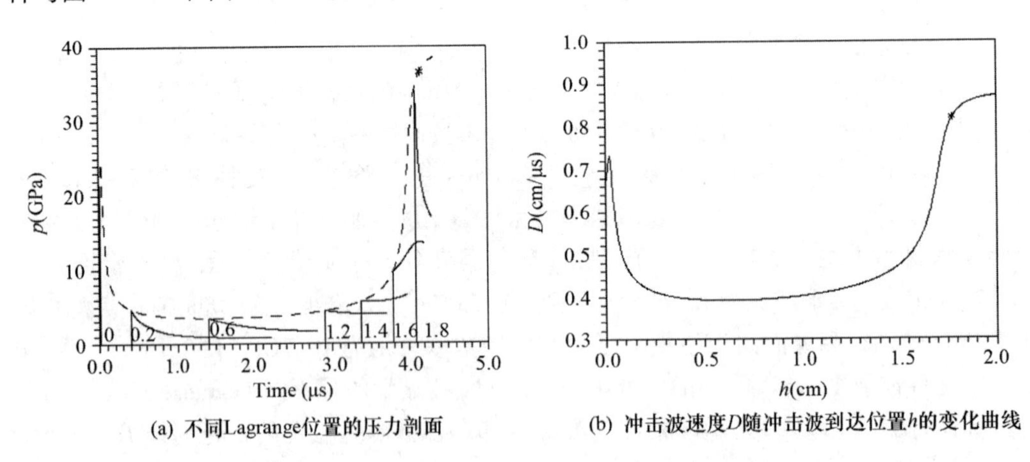

(a) 不同Lagrange位置的压力剖面　(b) 冲击波速度D随冲击波到达位置h的变化曲线

图 6.3.12　两项速率模型式(6.3.48)的计算结果(脉冲宽度 $\tau=0.0122\mu s$)

对比计算结果可见,用 Forest Fire 反应速率模型计算得到的短脉冲冲击起爆阈值偏大,两项反应速率模型式(6.3.54)的计算结果与临界能量判据符合的更好。由此可见,得自定常爆轰波 Lagrange 分析的结果在很大程度上反映了炸药在高幅值冲击压力作用下的带反应流体动力学规律。

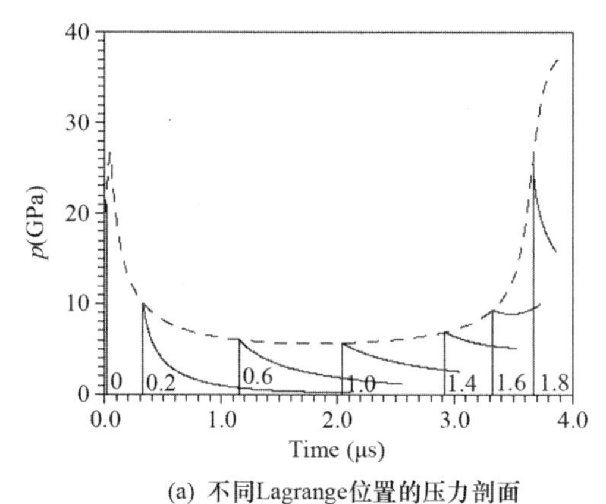

(a) 不同Lagrange位置的压力剖面

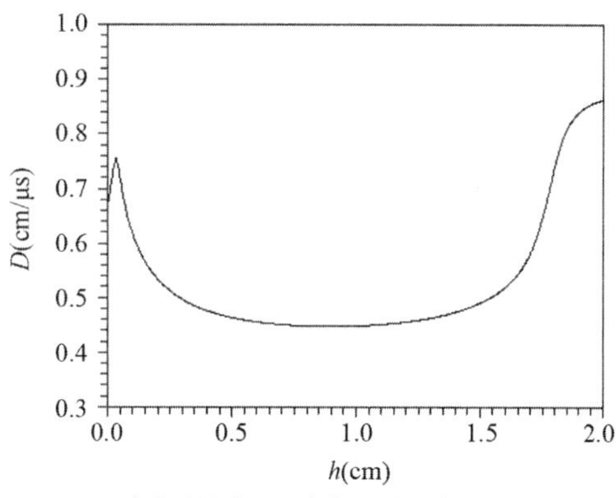

(b) 冲击波速度D随冲击波到达位置h的变化曲线

图 6.3.13　Forest-Fire 反应速率模型的计算结果（脉冲宽度 $\tau=0.0175\mu s$）

6.3.4　对 PBX－9502 炸药的应用

PBX－9502 炸药的典型压制密度为 $1.895 g/cm^3$。《LLNL 炸药手册》中给出的 CJ 爆速和 CJ 压力分别是 0.7710cm/μs 和 0.302Mbar，稳定爆轰时的化学反应区宽度约 2 ~ 3mm。未反应炸药及其爆轰产物的 JWL 状态方程参数见附表 1 和附表 2。在下面爆轰 Lagrange 分析中，实际用到的爆轰波参数是利用运动方程与未反应炸药及爆轰产物状态方程在定常爆轰条件下求出的互相匹配的值。

1. 爆轰反应区流场 Lagrange 分析

根据 ZND 模型的假设，在 VN 点上无化学反应发生（$\lambda=0$），粒子速度 u（或压力 p）和未反应炸药比容 v_s 的积分初值与化学反应机制无关，可由未反应炸药的 JWL 状态方程和冲击 Hugoniot 关系求出，如此得到的 PBX－9502 炸药的 p_{VN} 和 u_{VN} 分别为 0.3723Mbar 和 0.2545cm/μs。若爆轰波反应区中的化学反应机制为体积反应，还需已知 T_{VN}，可利用 HOM 状态方程（3.4.7）求解 T_{VN}。

图 6.3.14 为解常微分方程组（6.3.42）（6.3.43）（6.3.44）及式（6.3.45）得到的不同反应机制假设下 PBX－9502 炸药爆轰反应区的 $u(\lambda)$ 和 $p(\lambda)$ 关系曲线。与反应区宽度相对较窄的敏感炸药不同，PBX－9502 炸药爆轰反应区的 $u(\lambda)$ 和 $p(\lambda)$ 关系几乎与反应机制假设无关，即使爆轰反应区进行的是表面燃烧反应，钝感炸药足够宽的爆轰反应区也能保证混合物有充分时间实现温度平衡。因此，在钝感炸药的爆轰计算中，反应机制的选取不影响计算结果。同理，因为冲击起爆过程的化学反应时间相较于爆轰波反应区而言更长，在数值计算的反应材料模型中作温度平衡假设是合理的，不同反应机制下的反应速率模型参数需要进行微调。现有的大多数流体动力学程序在进行带反应流体动力学迭代计算时均作了温度平衡假设。

爆轰波速度 D 是解常微分方程组（6.3.42）（6.3.43）（6.3.44）及式（6.3.45）的可调参数。如图 6.3.15 所示，爆轰波速度 D 取不同值时，PBX－9502 炸药的爆轰反应区 $p(\lambda)$ 曲线不同，其中能保证积分曲线光滑稳定的最小爆轰波传播速度对应 CJ 爆速，结果为 $D_J=0.7718$cm/μs、$\lambda=1$ 对应的 CJ 状态为 $p_J=0.286$Mbar、$u_J=0.195$cm/μs。当爆轰波速

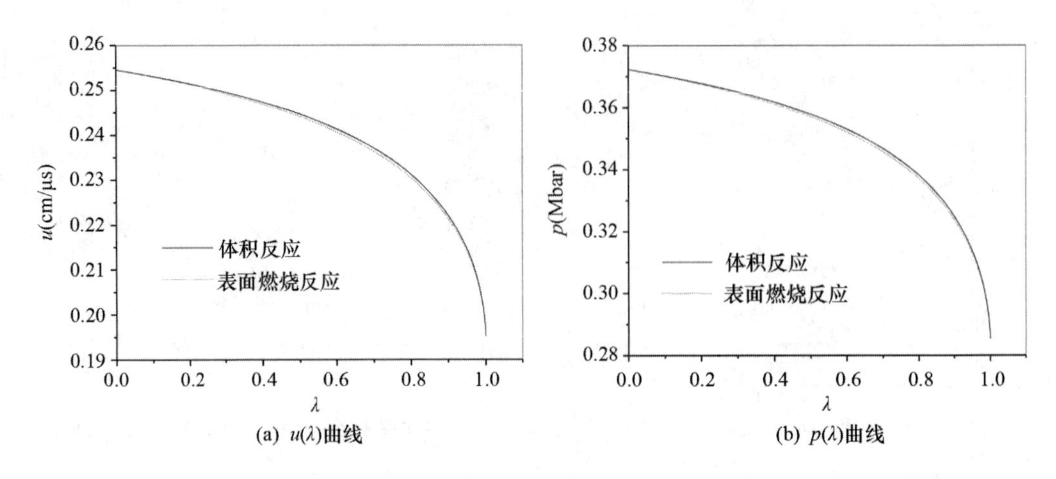

(a) $u(\lambda)$曲线　　(b) $p(\lambda)$曲线

图 6.3.14　PBX－9502 炸药爆轰波反应区 $u(\lambda)$ 和 $p(\lambda)$ 曲线

度 $D>D_J$时，爆轰波处于超压状态，$p(\lambda)$曲线光滑，爆轰反应区状态稳定，$\lambda=1$ 时，$p>p_J$。当爆轰波速度 $D<D_J$时，$p(\lambda=1)<p_J$，$p(\lambda)$曲线在 λ 值接近 1 时出现振荡，说明在这种情况下反应区的流动处于非定常状态。

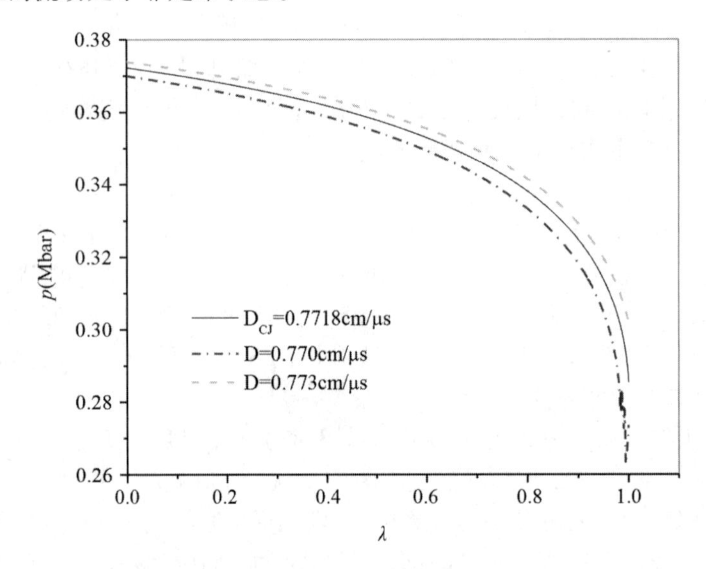

图 6.3.15　对应不同爆速 D 的爆轰波反应区 $p(\lambda)$ 关系曲线

图 6.3.16 是 PBX－9502 炸药冲击起爆至爆轰转变的一组实验粒子速度 Lagrange 量计记录。这组粒子速度历史（从左至右）反映了由平板碰撞能量支持的平面冲击波向由炸药能量释放支持的爆轰的转变，量计的埋入深度从碰撞界面到 7.46mm 之间，碰撞界面的压力为 16.27GPa。位于碰撞界面的量计（最左边的记录）记录了接近惰性的冲击波进入炸药的过程，而后五个量计则记录了类似于典型 ZND 模型爆轰波结构的波形（冲击波后跟着在整个反应区内下降的粒子速度）。因为 PBX－9502 炸药到正常爆轰之前的爆轰建立（或增长）过程很长，图中显示的类似爆轰波粒子速度剖面还远未达到正常爆轰状态。因为没有实测的 CJ 爆轰波粒子速度剖面 $u(t)$，为了进行爆轰波 Lagrange 分析，我们

假设类似爆轰波粒子速度剖面 $u(t)$ 在达到正常爆轰之前波形不变，将图 6. 3. 16 中最后一条 $u(t)$ 曲线整体提高到波阵面的粒子速度值为 PBX－9502 炸药的 VN 点值，如图 6. 3. 17 (a)所示。对该 u(t)曲线在爆轰反应区范围内光滑拟合(见图 6. 3. 17 (b))，可得 PBX－9502 炸药爆轰反应区的 $u(t)$ 曲线，该曲线的终点取 PBX－9502 炸药的 CJ 点值，选定 VN 点值和 CJ 点值之后，得到爆轰反应区的宽度是 0. 2μs 左右。

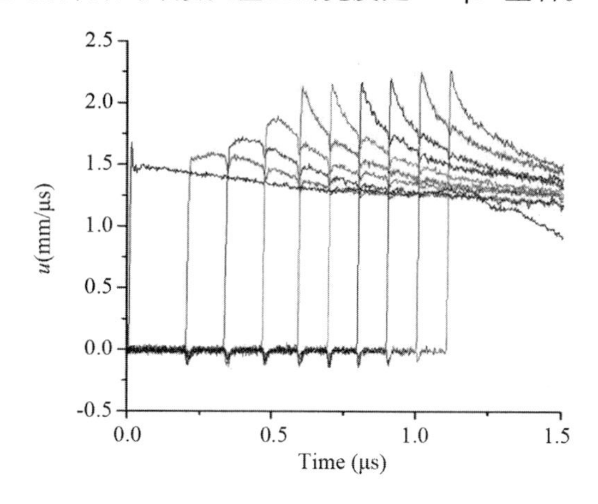

图 6. 3. 16　PBX－9502 炸药冲击起爆至爆轰转变的实验 $u(t)$ 曲线

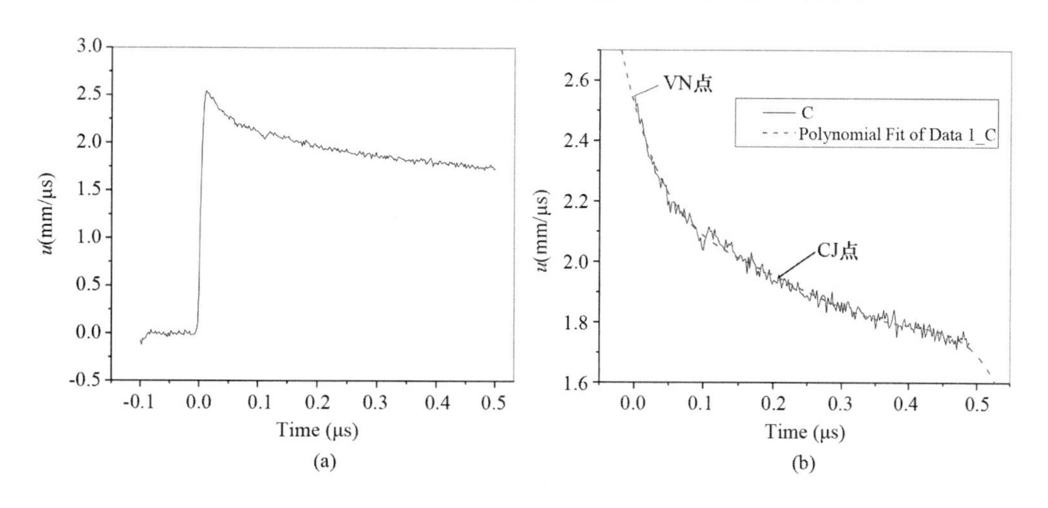

图 6. 3. 17　PBX－9502 炸药爆轰反应区 $u(t)$ 曲线

从 $u(\lambda)$ 曲线和 $u(t)$ 曲线消去 u，得到 PBX－9502 炸药爆轰反应区 Lagrange 分析结果，如图 6. 3. 18 所示。PBX－9502 炸药的爆轰反应过程仍然可用反应速率方程(6. 3. 47)描述，其中一组适合于 PBX－9502 炸药的方程参数 G、z 和 x 的值分别为 449. 658、1. 973 和 1. 24。

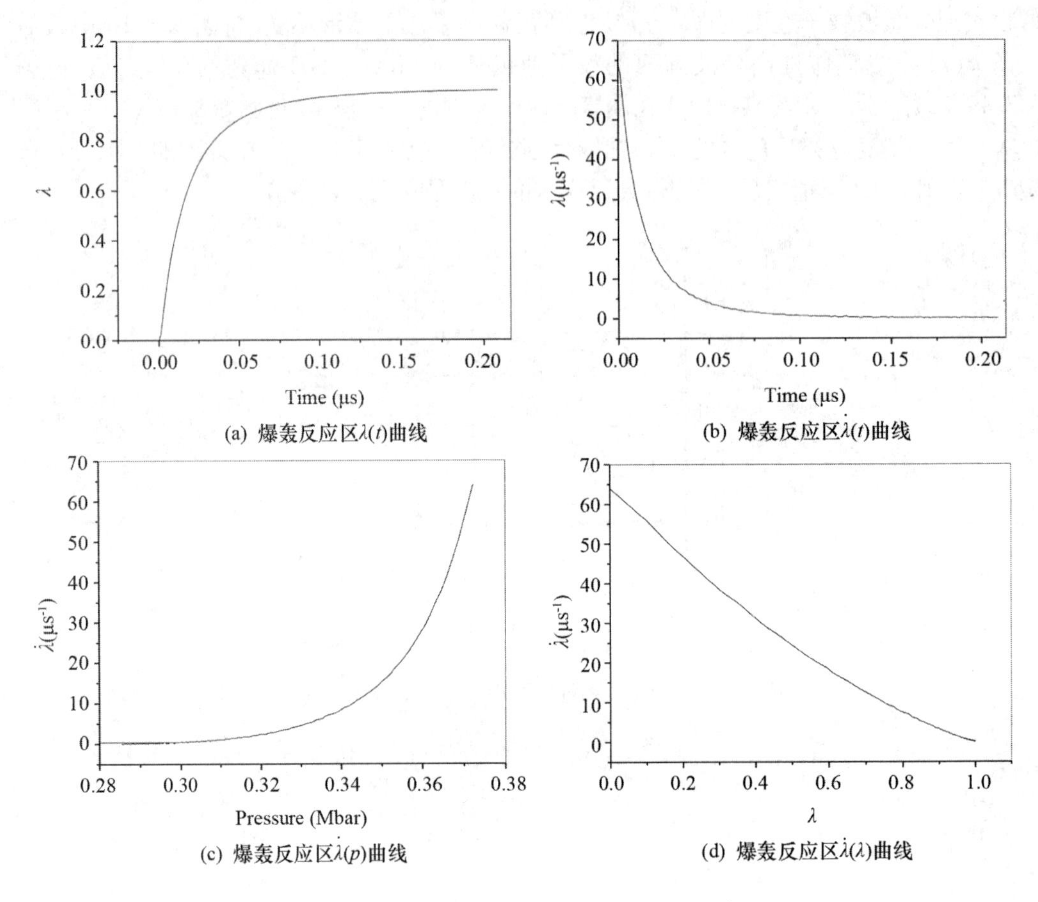

(a) 爆轰反应区$\lambda(t)$曲线　(b) 爆轰反应区$\dot{\lambda}(t)$曲线

(c) 爆轰反应区$\dot{\lambda}(p)$曲线　(d) 爆轰反应区$\dot{\lambda}(\lambda)$曲线

图 6.3.18　PBX－9502 爆轰反应区 $\lambda(t)$ 曲线和 $\dot{\lambda}(t)$ 曲线

2. 爆轰反应区纵向结构计算

将爆轰反应速率方程(6.3.53)加入流体动力学程序,对 PBX－9502 炸药的冲击起爆至爆轰过程进行计算,起爆条件为 1.0cm 厚 Kel-F 平板以 3970m/s 的速度撞击 PBX－9502 炸药,撞击界面压力约 23.0GPa,计算结果如图 6.3.19 所示。图 6.3.20 是将爆轰反

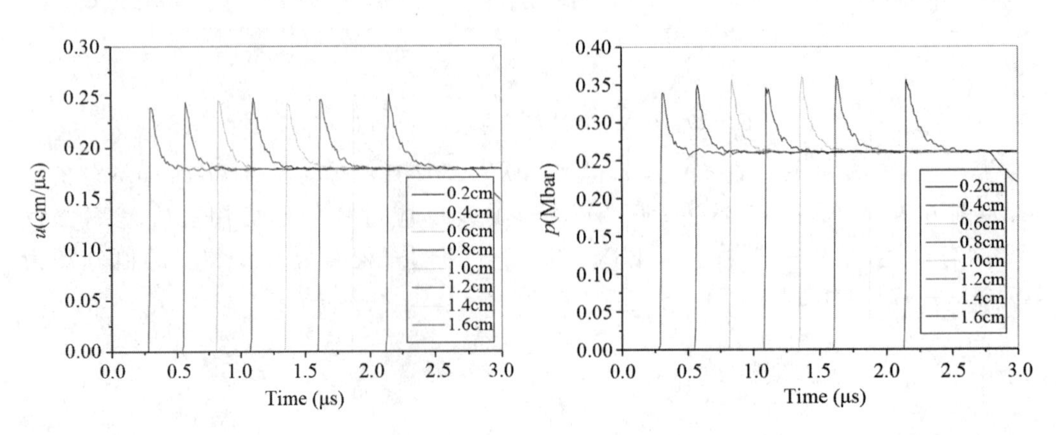

图 6.3.19　反应速率方程(6.3.47)的计算结果

应的计算结果在时间尺度上放大后（虚线）与图 6.3.17（b）所示爆轰波反应区实验粒子速度剖面（实线）作比较，图中还给出了用 Lee-Tarver 三项点火与增长模型得到的计算结果（点划线），其中模型参数选用了适合于描述 PBX－9502 炸药爆轰反应的参数值。显然，两种反应速率模型都能很好地描述 PBX－9502 炸药的爆轰反应区纵向结构。

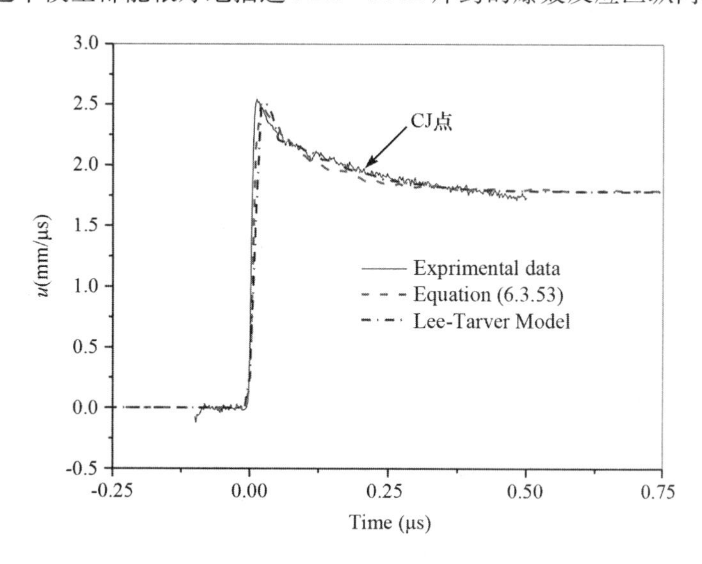

图 6.3.20　模型结果与实验结果的比较

3. 二维拟定常爆轰波波形计算

PBX－9502 炸药爆轰反应区的 Lagrange 分析结果显示，在爆轰反应区的前 1/4 时间段内，反应已完成 80% 以上（见图 6.3.18（a）），反应速率下降很快；其后 3/4 反应区时间段内的反应属于慢反应，反应速率很小。因反应区宽度对直径效应影响很大，为精确计算爆轰反应对直径效应的影响，必须使用足够小的网格尺寸，以避免在反应快结束时，在满足流体动力学稳定性的一个时间步长（Δt）内计算出的 $\Delta\lambda$ 过大，使反应提前结束，从而导致实际计算的反应区宽度减小。这种网格尺寸对反应区流动的影响不属于流体动力学计算格式的稳定性问题，但影响对爆轰反应问题计算的收敛结果。

我们利用 DYNA2D 和 LS-DYNA 程序＋反应速率方程（6.3.53）对二维拟定常爆轰波波形进行了计算。图 6.3.21 为爆轰波在直径为 9.97mm 的圆柱形 JB－9014 炸药装药中传播的网格变形图和压力等值线图，因为 JB－9014 炸药的配方与 PBX－9502 炸药的配方基本相同，计算取 PBX－9502 炸药的状态方程参数。计算网格为纯 Lagrange 网格，为比较网格尺寸对计算结果的影响，在爆速和波形均稳定后作了变网格尺寸处理，方形网格尺寸边长从 0.1mm

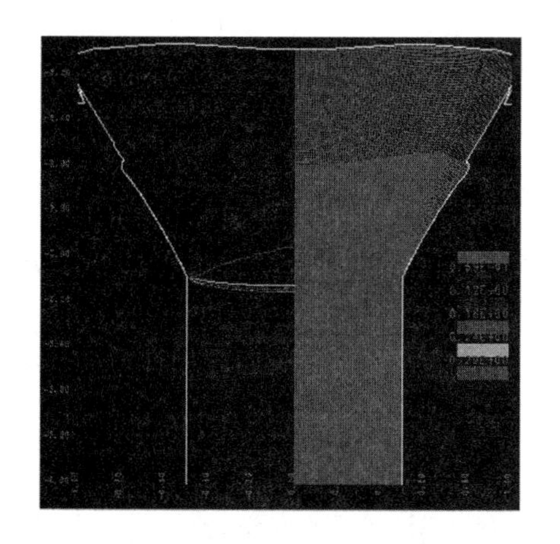

图 6.3.21　变网格尺寸对计算结果的影响

减半至 0.05mm，从计算结果中可以明显看出网格尺寸对反应流场，特别是边界处的反应流场的影响。定态爆轰波波形的计算结果与谭多望等人实验结果（图 4.6.17）的比较如图 6.3.22 所示，图中计算波形标注的百分数为反应度 λ 之值。很明显，细网格计算的波阵面形状在靠近药柱边界处与实验结果符合的更好。

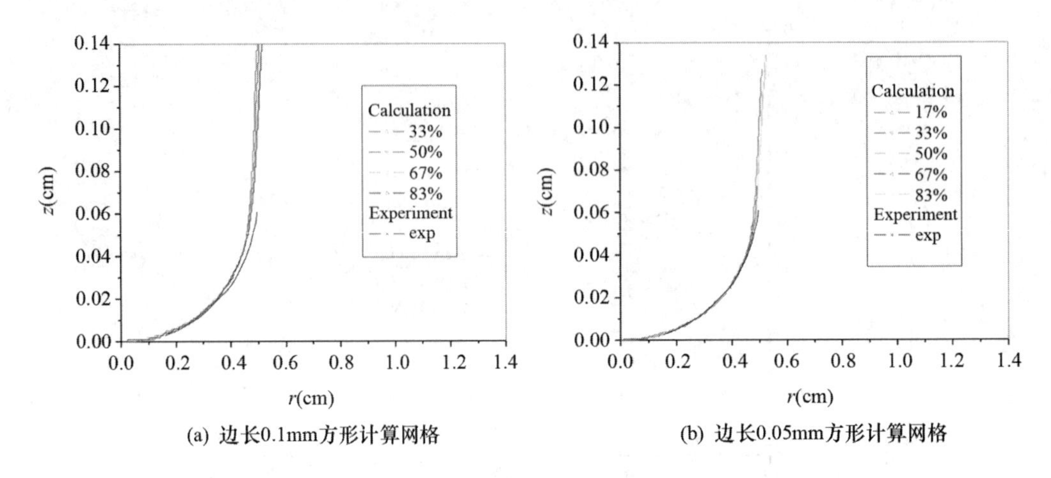

图 6.3.22　直径 9.97mm 药柱定态爆轰波波形计算结果与实验结果的比较

图 6.3.23 是几种直径药柱的爆轰波波形计算结果与图 4.6.17 和图 4.6.18 所示 JB－9014 炸药和 PBX－9502 炸药爆轰波实验波形的比较。虽然两种炸药的配方基本相同，但实验爆轰波波形的曲率差别较大，需作进一步的实验进行验证，我们的计算结果更接近谭多望等人对 JB－9014 炸药的实验结果。波阵面曲率的计算值与实验值的偏差随装药直径的增加而加大。

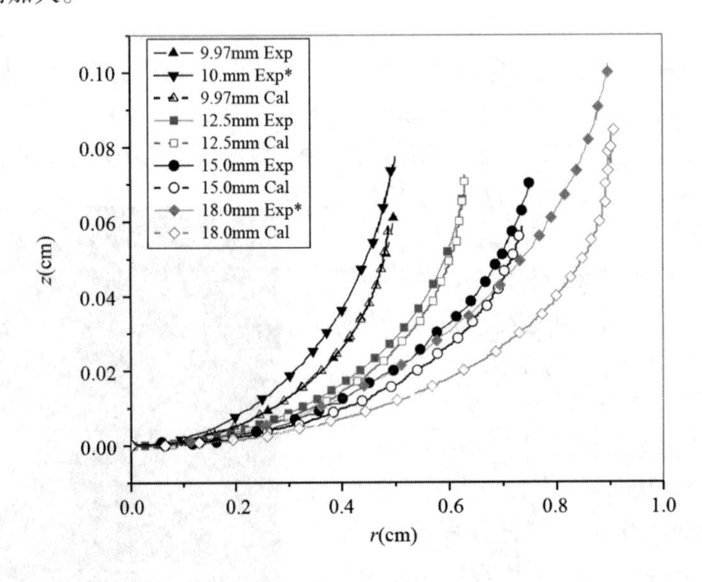

图 6.3.23　爆轰波波形计算结果与实验结果的比较（标注 * 号的是 PBX－9502 炸药的实验曲线）

图6.3.24是对Sandwich试验作计算的几何模型。PBX-9502炸药样品的厚度L为8mm,在z方向只建一个Euler实体网格单元,对该单元的两个xoy平面设置平面对称面条件。在xoy平面上的网格单元尺寸为0.05mm×0.05mm,整个计算模型共计1276000个Euler网格单元。起爆方式为传爆药顶端平面起爆,对传爆药的爆轰计算不涉及化学反应。

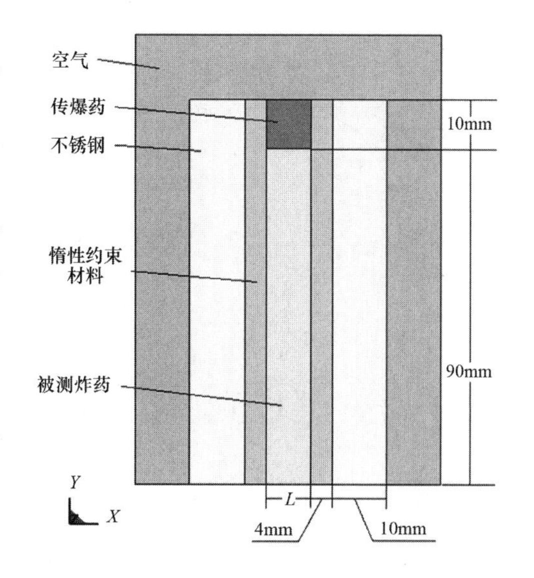

图6.3.24 计算几何模型

在被测炸药中心线上,从传爆药与炸药样品接触面开始,沿爆轰波传播方向(y方向)每隔2mm取一个节点粒子速度剖面,根据粒子速度剖面的时间差可以绘出爆轰波阵面的运动轨迹如图6.3.25所示。由$y-t$数据,对应惰性约束材料为PMMA的PBX-9502炸药样品的定态爆轰波速度D为7.294km/s;对应惰性约束材料为Fe的定态爆轰波速度D为7.373km/s。

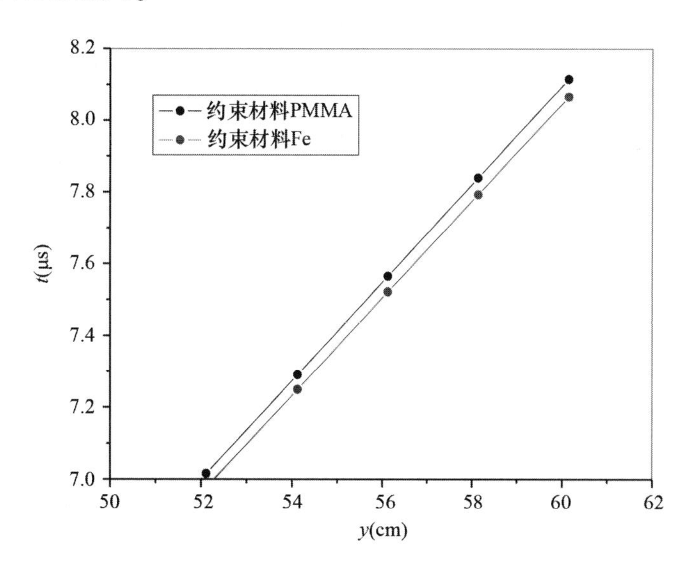

图6.3.25 两种惰性材料约束下的爆轰波阵面运动轨迹

图6.3.26和图6.3.27给出的是惰性约束材料分别为PMMA和Fe时的平面二维定态爆轰波波形,其中(a)图为Aslam和Bdzil等人为相同试验装置所做的实验和DSD分析结果(图中坐标单位为mm);(b)图为我们的计算结果,计算波形由压力等值线描述。图6.3.28将计算波形与实验和DSD分析结果呈现在一幅图中进行比较。结果显示,得自爆轰Lagrange分析的简单的反应速率模型式(6.3.53)能很好地描述爆轰波在Sandwich试验中的传播。

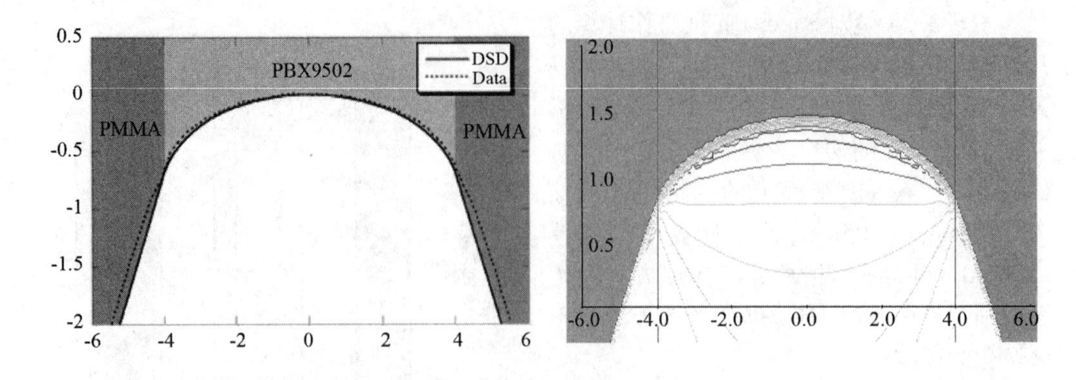

图 6.3.26　惰性约束材料为 PMMA 时的定态爆轰波波形

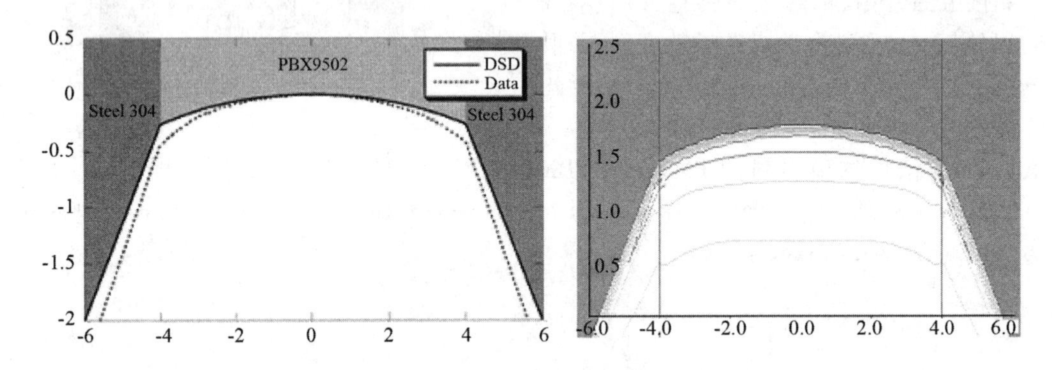

图 6.3.27　惰性约束材料为 Fe 时的定态爆轰波波形

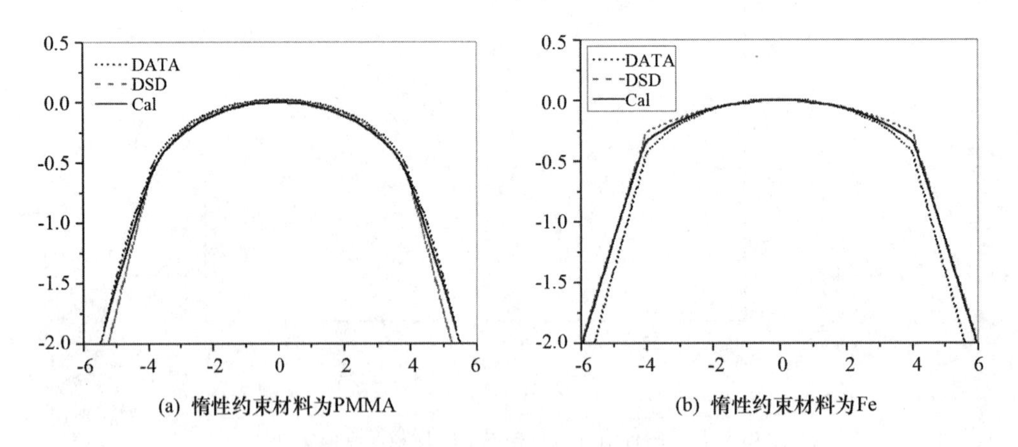

图 6.3.28　Sandwich 试验平面二维定态爆轰波波形

计算结果还表明，对于 Fe 这类强约束材料，边侧稀疏对爆轰波反应的影响不大，在整个炸药样品厚度方向上，反应区宽度基本相同。而对于 PMMA 这类密度较低的弱约束材料，边侧稀疏对位于炸药边界处爆轰波反应有很大影响，边界附近的反应区宽度明显宽于炸药中心处的反应区宽度。

Tarver 和 McGuire 用 Lee-Tarver 三项点火与增长模型对 Eden 和 Belcher 的 Sandwich

试验也作过计算,爆轰波的压力等值线如图 6. 3. 29 所示,计算中 EDC35 炸药选用了适合于爆轰计算的 PBX - 9502 炸药的模型参数。与 PMMA 和铁相同,黄铜中传播的冲击波速度低于 EDC35 炸药的爆轰波速度,计算结果可观察到在与黄铜壁接触的炸药样品一侧有与图 6. 3. 28 类似的正规弯曲波阵面。然而,铍中传播的冲击波速度高于 EDC35 炸药的爆轰波速度,因此,铍中传播的冲击波"拉着"爆轰波,以高于 EDC35 炸药爆轰波传播速度的速度沿 EDC35 炸药/铍界面运动。上述计算中所用惰性材料的状态方程及参数见表 6. 3. 1。

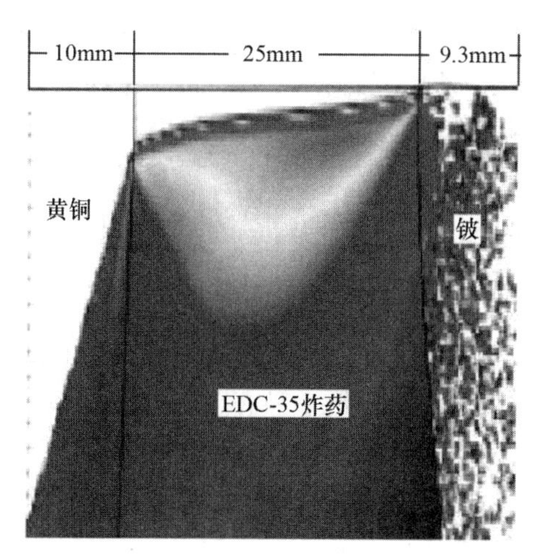

图 6. 3. 29　Lee-Tarver 三项点火与增长模型对 Sandwich 试验的计算结果

表 6. 3. 1　惰性约束材料 Gruneisen 状态方程参数

$$p=\rho_0 C^2\mu[1+(1-\gamma_0/2)\mu-a/2\mu^2]/[1-(S_1-1)\mu-S_2\mu^2/(\mu+1)-S_3\mu^3/(\mu+1)^2]^2+(\gamma_0+a\mu)E,$$

式中 $\mu=(\rho/\rho_0-1)$

惰性材料	$\rho_0(g/cm^3)$	$C(mm/\mu s)$	S_1	S_2	S_3	γ_0	a
Al6061	2. 703	5. 24	1. 4	0. 0	0. 0	1. 97	0. 48
Steel	7. 90	4. 57	1. 49	0. 0	0. 0	1. 93	0. 5
PMMA	1. 186	2. 57	1. 54	0. 0	0. 0	0. 85	0. 0
Brass	8. 45	3. 834	1. 43	0. 0	0. 0	2. 0	0. 0
Beryllium	1. 85	8. 0	1. 124	0. 0	0. 0	1. 11	0. 16
Copper	8. 93	3. 94	1. 489	0. 0	0. 0	2. 02	0. 47

6.4 小 结

反应流场的Lagrange分析是了解炸药冲击起爆和爆轰反应流体动力学机制的重要工具。从Lagrange分析可以得到冲击波阵面后一维反应流场中混合物状态参量的历程,再利用混合物状态方程(由未反应炸药和反应产物的状态方程、混合法则以及两种组分之间的平衡条件构造)可以确定反应度及反应速率历程。然后将反应速率拟合为反应混合物状态参量的经验函数形式,如此得到的唯象反应速率方程与Lagrange量计记录、流体动力学守恒方程以及混合物状态方程均匹配,因而能通过数值模拟很好地重现给定的Lagrange实验现象,如果模型所代表的实际物理意义正确,它还能模拟更多的实验现象和带反应流体动力学过程。

参考文献

[1] 章冠人,陈大年编著.凝聚炸药起爆动力学[M].北京:国防工业出版社,1991.

[2] 孙承纬,卫玉章,周之奎著.应用爆轰物理[M].北京:国防工业出版社,1999.

[3] Fowles G R, et al. Plane Stress Wave Propagation in Solids[J]. J. Appl. Phys., 1970, 41: 360-363.

[4] Grady D E. Experimental Analysis of Spherical Wave Propagation[J]. J. Geophys. Res., 1973, 78: 1299-1307.

[5] Seaman L. Lagrangian Analysis for Multvple Stress or Velocity Gages on Attenuating Waves[J]. J. Appl. Phys., 1974,45:4303-4314.

[6] 浣石.用拉格朗日实验和分析方法对冲击波爆压装TNT的动力学研究[D].国防科技大学硕士学位论文,1984.

[7] Lambourn B D. The hydrodynamics of the early stages of the shock to detonation transition[J]. Proc. of Shock Compression of Condensed Matter, 2003.

[8] Lambourn B D. An Interpretation of Particle Velocity histories During growth to Detonation[J]. Proc. of Shock Compression of Condensed Matter, 2003:367-370.

[9] 张震宇,等.高能炸药爆轰波反应区流场的拉格朗日分析方法[J].爆炸与冲击,1996, 16(3).

[10] 张震宇,等.PBX-9404炸药高压反应速率方程的研究[J].爆炸与冲击,1999,19(4):360-364.

[11] 李述涛.固体炸药起爆早期反应速率研究[D].国防科技大学硕士论文,2003.

[12] Partom Y. Elastie Precursor Decay Calculation[J]. Journal of Applied Physics, 1986, 59(8).

[13] Partom Y. Characteristics Code for Shock Initiation[J]. LA-10773,1986.

[14] Hayes B, Tarver C M. Interpolation of Detonation Parameters From Experimental Particle Velocity Records[C]. Proc. of 7th Symp. (Int.) on Detonation, 1982.

[15] Tarver C M, J.. Hallquist J O, Erickson L M. Modeling of Short Pulse Duration Shock

Initiation of Explosives[C]. Proc. of 8th Symp. (Int.) on Detonation, 1986.

[16] Ramsay J B. A Poplate Analysis of Shock Wave and Initiation Data for Solid Explosives [C]. Proc. of 4th Symp. (Int.) on Detonation, 1965.

[17] Dobratz B M, Crawford P C. LLNL Explosives Handbook. UCRL - 52997 - Chg. 2.

[18] 陈军,曾代朋,张震宇. PBX - 9502 炸药爆轰反应速率模型研究[J]. 高压物理学报. 2010,4.

[20] 陈军,田占东,张震宇. PBX - 9502 炸药爆轰约束三明治试验的数值模拟研究[J]. 含能材料,2011,2.

[21] Tarver C M, McGuire E M. Reactive Flow Modeling of the Interaction of TATB Detonation Waves with Inert Materials [J]. Proc. of 12th Symp. (Int.) on Detonation, 2002.

第七章 爆轰的数值模拟

爆轰物理的研究方法与其他任意一门学科一样,包括理论分析、实验研究和数值计算。理论分析方法是在研究冲击起爆和爆轰规律的基础上,建立各种简化的带反应流体动力学模型,给出描述带反应流体动力学现象的各类控制方程,在一定假设和条件下,经过解析推导及运算,得到问题的解析解或简化解。理论分析方法的优点是,往往可以给出带普遍性的信息,用最小代价给出规律性的结果或变化趋势。但通常只有极少数情况可以得到解析解,一般仅限于包含两个自变量的一维问题。实验研究一直是爆轰物理的主要研究手段,实验研究的困难在于所有爆轰物理研究的现象都是复杂的化学、物理和力学过程的耦合,瞬时而且有相当大的破坏效应,实验费用昂贵且不可重复。随着计算机硬件和偏微分方程数值方法研究的进展,数值计算作为一种变通工具正广泛用于替代解决无解析解及无法实现(或昂贵)实验的爆轰问题。

对爆轰问题的数值计算不是纯理论分析,它更接近于实验分支。原因是,现有的非线性偏微分方程数值解的数学理论尚不充分,还没有严格的稳定性分析、误差估计或收敛性证明。因此数值计算结果的正确与否无法从数学理论得到证明。只能依靠一些比较简单的、线性化了的、与原问题多少有点关系的问题的严格数学分析作为定性指导;依靠物理直觉作定性判断;第三依靠与爆轰实验的比较。在计算机上进行一次特定的计算如同进行一次物理实验,因为我们“打开”一组流体动力学方程,且等着看产生什么结果时,与实验研究人员所做的完全相似。

近几十年来,人们开展了多种尺度的爆轰数值模拟研究。从20世纪50年代Alder和Wainwright的开创性工作以来,分子动力学方法本身已经发展为一种比较成熟的工具,出现了许多分支,其区分的标准主要在于得到原子间势函数的方法:

(1)量子方法。理论上这种方法是最精确的,但是由于计算量太大,能够计算的体系很小;

(2)半经验方法。势函数形式来源于量子理论,而参数取值则来源于实验拟合或者量子力学计算。半经验方法没有量子方法精确,但是可以模拟更大的体系以更为复杂的分子结构;

(3)经验方法。势函数形式以及参数取值均来自于经验拟合,可以模拟的体系最大,但是精确性不够。基于分子动力学理论的凝聚态炸药点火和起爆模型大多采用的是半经验势函数方法。

模型主要分为两类:一类考虑实际炸药分子的三维分子结构。虽然这类研究的最终目的在于解释实际含能化合物中的起爆和爆轰,但是由于模型结构复杂,计算量大,目前主要是用来研究单个或少量分子的基本化学反应中的能量传输机制,最多包含几百个原子。另一类采用模型化的体系,例如单原子或双原子分子点阵。由于模型相对比较简单,因此所能考虑的体系较大，可以进行包含几百万个原子的数值模拟，模拟时间可以达到几十个皮秒。其关注的重点是冲击或碰撞所引起的爆轰过程本身，如冲击波和化学反应波在晶体中的运动、波的结构和特性、能量模式之间的转换机制等，并且能够引入一些结构缺陷（如空穴、杂质、纳米裂纹等）来研究其对于起爆过程的影响。对凝聚态炸药起爆的分子动力学研究的主要限制在于高度理想化的含能分子的描述，分子动力学模拟只能作机理性的研究。

为了衔接在原子（分子）尺度和宏观连续介质尺度之间理解上的差异，近年来人们进行了大量中等尺度的数值模拟（mesoscale simulations）研究。所谓中等尺度数值模拟，本质上就是一种网格细分的宏观尺度数值模拟，其目的是希望弄清楚几种热点机制的相对重要性，以及各种微观结构特性、加载条件和材料性质是如何影响热点的形成和发展的，以便建立一个更实用、更真实的宏观反应速率模型，使得在宏观连续介质基础上的数值模拟能够更加深入地揭示冲击起爆和爆轰过程的本质。

受计算机存储能力与计算能力的限制，迄今为止，能用于解决工程问题的仍然是宏观流体动力学数值模拟。本章只介绍爆轰的宏观流体动力学数值计算方法，与一般流体动力学数值模拟相同，对冲击起爆和爆轰现象的数值模拟的基础是质量、动量和能量守恒方程，加上对材料行为的适当描述而构成的连续介质力学方程。用现有的任何方法人们都很难对这组非线性偏微分方程所描述的复杂流动问题求得通解，但是对代数方程却有许多求解方法。因此人们设法构造与之相关的代数方程组。在极限情况下，这些代数方程组会具有跟原偏微分方程相同的特性。这就是流体动力学数值方法的本质。

过去几十年间，人们已经编制了许多从一维到三维的流体动力学程序（其中一些已开发成商用软件），只要加入合适的反应材料模型，原则上所有这些程序（或商用软件）都能进行带化学反应的流体动力学数值计算。

下面在讨论冲击起爆和爆轰反应流的数值计算方法之前，先对一般连续介质流体动力学的数值计算方法作简要介绍。

7.1　流体动力学数值计算方法简介

需要用流体动力学数值计算解决的问题有两个最主要特点——高强度和短历时。因此，流体动力学数值计算方法有许多特殊要求区别于一般流体力学、空气动力学和结构动力学问题。下面是几个一般流体动力学数值计算方法共同涉及的问题。

1. 空间离散化

空间离散化的本质是放弃大约 10 ~ 20 个不能求解的偏微分方程（组），而换以成千上万个我们能够利用计算机求解的代数方程（组）。在流体动力学数值计算方法中，有限差分方法和有限元方法是两种最常见的空间离散化方法。

可以把有限差分方法看作一精确算题的近似解法。因为根据物理模型，人们把基本的物理关系演算成微分方程形式，然后用相应的差分算子系统地代替导数。这种由基本微分方程以及边界条件和初始条件来进行的导数替代产生一组代数方程（其数量取决于想要的精度），这组代数方程可以用标准的方法来进行数值求解。

有限元方法是在空间域中除离散偏微分方程外的另一种常用方法。有限元方法一开始就引入离散化,不涉及微分方程和导数替代,而是将具有无限个自由度的连续体一开始就由有限个自由度的替代系统所代替。这后一离散系统的特性近似于原始连续模型的特性,一旦得出这个近似特性,结果方程就完全可解了。因此,有时候有限元法被看作是对近似问题的精确求解。

有限差分和有限元两种方法之间没有根本的数学差异,它们在数值计算方面具有相同的精度,两种方法的主要不同点不在于两种方法本身,而在于使用这些方法的计算机程序的数据处理过程。有限元程序在处理不规则几何形状和网格尺寸及类型的变化方面具有特殊的优点,因为在有限元方法中,运动方程是通过每个单元的节点力列出方程式,并不取决于相邻网格的形状。而在有限差分方法中,运动方程是通过相邻网格的压力梯度直接表示出来,对于不规则的区域和边界必须分别列出差分方程式。

另外,在编制一维流体动力学计算程序时,特征线方法也是一种常用的空间离散化方法。特征线方法能使计算物理图像、特别是冲击波阵面附近的物理图像清晰明确,但因为计算逻辑十分复杂,对二维以上问题难以用计算机语言编程。

2. 网格的描述

计算前要作出的一个决定是,用 Lagrange 网格还是 Euler 网格对空间进行离散化。在 Lagrange 系统的物质变形图中(图 7.1.1),网格被嵌入所研究的材料中,并随之变形。换句话说,Lagrange 网格跟随固定的质量微元运动。而 Euler 网格(图 7.1.2)在空间固定,材料质量在网格内流动。针对不同的问题,两种方法各有优缺点。因为炸药的气体爆轰产物无任何强度,在爆轰(特别是有约束条件下的爆轰)数值模拟中,用 Euler 网格可以避免由于网格大变形引起的计算精度下降、时间步长减小甚至网格单元出现负体积等诸多问题。

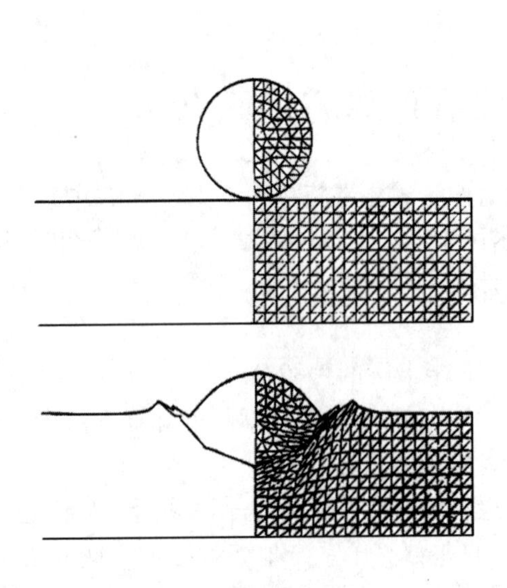

图 7.1.1　Lagrange 系统地变形

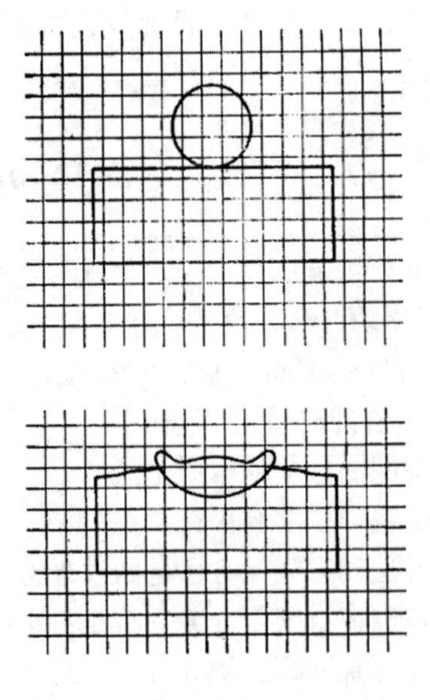

图 7.1.2　Euler 系统的变形

3. 时间积分

为了完全离散偏微分控制方程，必须规定对时间的离散化方法。在流体动力学程序中使用的是显式时间积分法，而在结构动力学问题上一般使用隐式法。显式积分方法有利于计算机程序编程简单、明确、易于完成求解。但是，随时间步进的计算只是有条件地稳定，最大时间步长由 Courat 稳定性条件控制

$$\Delta t = C_t\left(\frac{h_{\min}}{c+u}\right) \tag{7.1.1}$$

式中，c 为材料声速，u 为质点速度，$h_{\min}$是所有网格中最小的特征尺寸，C_t是小于 1 的稳定性系数。因此，对于全部的计算网格，最小网格单元（有时是变形最大的网格单元）决定了时间步长。这就计算时间（或费用）而言有重要意义。

设想在两个坐标方向都以恒定的网格单元尺寸 h 进行二维计算。在给定时间步长情况下进行计算的总次数正比于整个网格中的单元的个数。假定在每个方向上有 N 个网格单元，则涉及所要模拟的几何形状部位的每个计算周期要进行 $N\times N$ 次计算。进一步假定，为达到所要求的模拟时间（$T=M\Delta t$），需进行 M 个计算周期，那么对于一项给定的模拟研究，其总的计算工作量与 $N\times N\times M$ 成比例。

现在，如果为了增加计算精度而将网格加密，采用 0.5h 的单元尺寸（即两倍空间分辨率），则由网格单元尺寸决定的时间步长必须同样减半。因此，计算的总工作量就变为 $2N\times 2N\times 2M=8N\times N\times M$。有时问题所要求的较高的分辨率会变成因计算机可用存储空间不够而不可能进行计算。因此，许多数值模拟工作事先应对计算能力和费用（包括经济和时间）这两个因素进行权衡。

4. 人为黏性

描述理想流体运动的守恒方程是一组非线性双曲型偏微分方程。压缩波在流体介质中传播的特点是出现冲击波，即使这样的冲击波不是由初始或边界条件引起的，它们也可以通过由材料的非线性响应引起的压缩波的逐渐陡峭而在流体内部自发地产生。

冲击波在数学上是物理量不连续的强间断面，而流体动力学守恒方程则是基于处理连续域的假设为基础。1950 年，Von Neumannh 和 Richtmyer 用人为黏性解决了这个矛盾，他们将人为黏性力加入到运动方程的压力项，能起到使冲击波在几个网格的宽度上被“抹平”的作用，这样虽然会丧失激波区的细节，但可以保持跨激波正确的性质。人为黏性的本质是用带小参数的非线性抛物型偏微分方程的解的极限作为非线性双曲型偏微分方程的广义解。这种处理方法有时会使解在冲击波阵面附近发生某种程度的畸变，在爆轰数值计算中，由于化学反应能量的释放依赖于波阵面附近很窄区域内的状态变量，因此存在冲击波结构与反应区的相互作用问题，人为黏性系数的选取以及计算网格的大小都有可能使计算结果偏离正确的爆轰波结构。

最常用的人为黏性力有如下几种形式：

Von Neumann 和 Richtmyer 于 1950 年首先引进的人为黏性力是

$$q_1=\begin{cases}\mu^2\rho\Delta r^2\left(\dfrac{\partial u}{\partial r}\right)^2 & \dfrac{\partial u}{\partial r}<0 \text{ 时}\\[2ex] 0 & \dfrac{\partial u}{\partial r}>0 \text{ 时}\end{cases} \tag{7.1.2}$$

式中：μ 为黏性系数；Δr 为特征网格长度；ρ 是流体介质密度。q_1 是黏性力，取速度梯度的二次形式，是为了在连续区域减小黏性作用，而在间断处加大黏性作用。

Landshoff(1955)在 Lagrange 差分格式中用下面的人工黏性力进行了试验，其中人为黏性力 q_2 与速度梯度的关系是线性的，

$$q_2=\begin{cases}a_L c\rho\Delta r\dfrac{\partial u}{\partial r}, & \dfrac{\partial u}{\partial r}<0\text{ 时}\\ 0, & \dfrac{\partial u}{\partial r}>0\text{ 时}\end{cases}\tag{7.1.3}$$

式中：a_L 为黏性系数；c 为局部声速。他发现，Von Neumann 和 Richtmyer 的 q_1 给出的结果与他的 q_2 给出的结果相比，在激波后初始过冲较大但振荡衰减得较快。于是他建议用 q_1 和 q_2 的线性组合来定义人为黏性力，即

$$q=\begin{cases}a_L c\rho\Delta r\left(\dfrac{\partial u}{\partial r}\right)+\mu^2\rho\Delta r^2\left(\dfrac{\partial u}{\partial r}\right)^2 & \dfrac{\partial u}{\partial r}<0\text{ 时}\\ 0 & \dfrac{\partial u}{\partial r}>0\text{ 时}\end{cases}\tag{7.1.4}$$

只有当介质受压缩时人为黏性力才起作用。

在 Lagrange 坐标系下，采用四边形（二维）或六面体（三维）单元会因为积分不充分而出现不稳定，这种由于内力承受不住压力而产生的网格扭曲现象被称为沙漏。为了保证网格的稳定性，需添加人为沙漏黏性力。当材料强度为零时，沙漏黏性力很难阻止网格的扭曲，这时应考虑采用 Euler 网格离散化方法解决局部大变形问题。

5. 材料模型

在流体动力学的计算方法中，对材料响应描述的通常做法是将其划分为体积压缩部分和偏量变形部分分别加以处理。

若作用在惰性介质或未反应固体炸药上的压力不太大，材料强度对抵抗材料变形的影响不能忽略，则基本方程中应包含描述材料应力 - 应变关系的本构方程。

对高幅值（相比于固体炸药强度）冲击加载压力作用下的冲击起爆和爆轰过程，炸药的响应只需考虑描述体积压缩部分的状态方程。按照 ZND 模型假设，炸药的冲击起爆和爆轰过程由三个区域组成（见图 2.1.1）：一是惰性先导冲击波或压缩波阵面；二是化学反应区；三是反应产物区。三个流动区域的材料行为可用统一的混合物状态方程 $E=E(p,v,\lambda)$ 描述。其中 λ 是爆轰产物的质量分数。$\lambda=0$ 时，混合物即为未反应炸药，其状态用未反应炸药状态方程描述；$\lambda=1$ 表示化学反应已全部完成，此后的状态用爆轰产物状态方程描述。这两个流动区是无化学反应的惰性介质流动区。当 $0<\lambda<1$ 时，化学反应区经历的是流体动力学和化学反应动力学相互耦合的一种复杂过程。在目前条件下，要准确地模拟冲击起爆和爆轰中的化学反应动力学过程是十分困难的。因此，人们只能采用一些唯象的模型、考虑简单的化学反应道，把反应速率函数看成是局部平衡的热力学变量的函数。常用的反应速率形式一般为

$$\mathrm{d}\lambda/\mathrm{d}t=\mathrm{r}(p,v,\lambda)\tag{7.1.5}$$

式中的 λ 在这里没有实际的物理意义，它只是一个结合未反应炸药和爆轰产物状态方程，以及反应速率现象的一个概念性的变量。由于这种反应速率函数忽略了化学反应的

很多细致过程，同时又缺乏严格的理论根据，故目前在爆轰的数值模拟中所使用的反应速率函数形式是多种多样的，这部分内容已在第五章和第六章中作了介绍。反应速率中的一些参数，一般都是根据某些特定实验数据而确定，因此它们的适用性也往往和实验方法以及实验条件有关。一个好的反应速率模型应能尽可能多的预测各类实验结果。

7.1.1　有限差分方法

这里以 Mader 等人编制的一维流体动力学差分程序 SIN 为例，忽略流体介质的弹塑性行为，将注意力重点集中在对求解反应介质流动问题的描述上。在一维运动中，流体质团的排列始终是有序的，各个质团之间的相互位置在整个运动过程中始终保持不变。所以，对一维流体动力学问题的数值模拟，最常用的方法是利用 Lagrange 守恒方程进行网格差分。

以平面一维情况为例，Lagrange 流体动力学的基本守恒方程为：

$$\frac{\partial u}{\partial t} = -\frac{\partial (p+q)}{\partial M} \tag{7.1.6}$$

$$v = \frac{\partial R}{\partial M} \tag{7.1.7}$$

$$\frac{\partial E}{\partial t} = -(p+q)\frac{\partial u}{\partial M} + k\frac{\partial}{\partial M}\left(\frac{\partial T}{\partial R}\right) \tag{7.1.8}$$

式中：$M=\rho_0 r$ 是单位面积上的面质量坐标；r 是 Lagrange 坐标；E 是比内能；q 是人为黏性力；k 是热传导系数；R 为欧拉坐标，有

$$\frac{\partial R}{\partial t} = u \tag{7.1.9}$$

每个单元单位面积的质量为

$$\Delta M = \rho_0 \Delta r = \rho \Delta R \tag{7.1.10}$$

如果描述材料性质的状态方程已知（在带反应流体动力学计算中，需已知反应混合物的状态方程和炸药的反应速率方程），将其与上述基本守恒方程组联立，就构成一维（带反应）流体动力学的封闭方程组。把它们写成差分方程后，就可以进行解代数方程组的数值模拟计算。

在 SIN 程序的差分方程组中，压力、温度、比容和内能等状态参量定义在网格单元的质心上，而速度 u 和坐标 R 定义在网格的节点上。差分求解的基本步骤如下：

1. 网格剖分

如图 7.1.3 所示，用两簇相互垂直的平行直线簇将 $r-t$ 平面上的流动区域剖分为许多小矩形，称为网格。其中网格的顶点 (r_j, t_n) 称为网格点或节点，水平节点之间的线段称为网格单元，r 方向和 t 方向的节点间距 Δr 和 Δt 分别称为空间步长和时间步长，设 L 为流体介质的总长度。

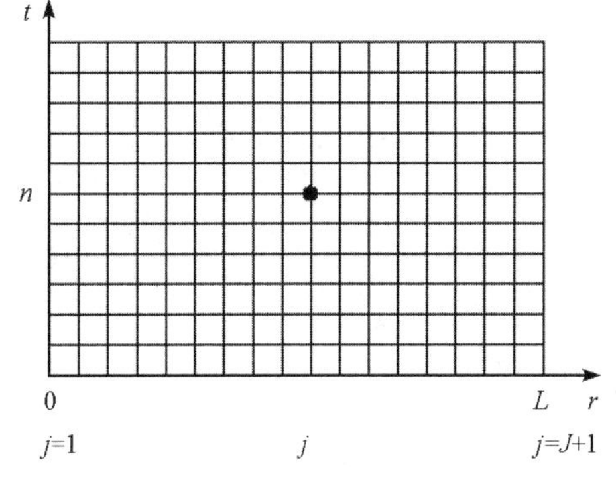

图 7.1.3　网格剖分图

2. **初、边界条件**

零时刻 Lagrange 质点所处的位置为

$$R_j^0=(j-1)\Delta r \tag{7.1.11}$$

式中，$j=1,2,\cdots,J+1$，J 为网格单元个数，$\Delta r=L/J$。状态参量的初、边界条件视具体问题而定。

3. **时间步进守恒方程的差分**

对显式时间积分的差分格式，当 n 时刻流场中的状态已知，$n+1$ 时刻流场的状态按如下差分格式的顺序求解。

（1）粒子速度（动量守恒方程（7.1.6）的差分）

$$u_j^{n+\frac{1}{2}}=u_j^{n-\frac{1}{2}}-\frac{\Delta t}{\Delta M}\left[\left(p_{j+\frac{1}{2}}^n+q_{j+\frac{1}{2}}^n\right)-\left(p_{j-\frac{1}{2}}^n+q_{j-\frac{1}{2}}^n\right)\right] \tag{7.1.12}$$

（2）位置坐标（运动方程（7.1.9）的差分）

$$R_j^{n+1}=R_j^n+u_j^{n+\frac{1}{2}}\Delta t \tag{7.1.13}$$

（3）比容（质量守恒方程（7.1.7）的差分）

$$v_{j+\frac{1}{2}}^{n+1}=\frac{R_{j+1}^{n+1}-R_j^{n+1}}{\Delta M} \tag{7.1.14}$$

（4）人为黏性

采用 Von-Neumann 和 Richtmyer 的人为黏性力，计算黏性力的差分格式为：

$$q_{j+\frac{1}{2}}^{n+1}=\begin{cases}\dfrac{\mu^2}{v_{j+\frac{1}{2}}^{n+1}}\left(u_j^{n+1}-u_{j+1}^{n+1}\right)\left(u_j^{n+1}-u_{j+1}^{n+1}\right), & u_{j+1}^{n+1}<u_j^{n+1}\\ 0, & u_{j+1}^{n+1}\geqslant u_j^{n+1}\end{cases} \tag{7.1.15}$$

采用 Landshaff 人为黏性项，计算黏性力的差分格式为：

$$q_{j+\frac{1}{2}}^{n+1}=\begin{cases}\dfrac{a_L c}{v_{j+\frac{1}{2}}^{n+1}}\left(u_j^{n+1}-u_{j+1}^{n+1}\right), & u_{j+1}^{n+1}<u_j^{n+1}\\ 0, & u_{j+1}^{n+1}\geqslant u_j^{n+1}\end{cases} \tag{7.1.16}$$

（5）比内能（能量守恒方程（7.1.8）的差分）

$$\begin{aligned}E_{j+\frac{1}{2}}^{n+1}=E_{j+\frac{1}{2}}^n&-\frac{\Delta t}{2\Delta M}\left(\left(p_{j+\frac{1}{2}}^n+p_{j+\frac{3}{2}}^n\right)+\left(q_{j+\frac{1}{2}}^n+q_{j+\frac{3}{2}}^n\right)\right)u_{j+1}^{n+\frac{1}{2}}\\&+\frac{\Delta t}{2\Delta M}\left(\left(p_{j+\frac{1}{2}}^n+p_{j-\frac{1}{2}}^n\right)+\left(q_{j+\frac{1}{2}}^n+q_{j-\frac{1}{2}}^n\right)\right)u_j^{n+\frac{1}{2}}\end{aligned} \tag{7.1.17}$$

如果要考虑热传导的影响，$E_{j+\frac{1}{2}}^{n+1}$ 还需加上热传导项，设热传导系数 k 为常数，则

$$E_{j+\frac{1}{2}}^{n+1}=E_{j+\frac{1}{2}}^{n+1}+\frac{k\Delta t}{\Delta M}\left[\frac{\left(T_{j+\frac{3}{2}}^n-T_{j+\frac{1}{2}}^n\right)}{R_{j+2}^{n+1}-R_j^{n+1}}-\frac{\left(T_{j+\frac{1}{2}}^n-T_{j-\frac{1}{2}}^n\right)}{R_{j+1}^{n+1}-R_{j-1}^{n+1}}\right] \tag{7.1.18}$$

（6）压力

对于惰性流体，将状态方程 $p=p(E,v)$ 用于 $n+1$ 时刻的网格单元，即

$$p_{j+\frac{1}{2}}^{n+1}=p\left(E_{j+\frac{1}{2}}^{n+1},v_{j+\frac{1}{2}}^{n+1}\right) \tag{7.1.19}$$

将差分格式（7.1.14）（7.1.17）或式（7.1.18）得到的 $v_{j+\frac{1}{2}}^{n+1}$ 和 $E_{j+\frac{1}{2}}^{n+1}$ 带入状态方程，可求

出 $p_{j+\frac{1}{2}}^{n+\frac{1}{2}}$。

需要注意的是，因为能量守恒方程的差分格式给出的是 $n+1$ 时刻的内能 E 与 n 时刻压力 p 的关系，所以在 SIN 程序的差分格式中，$n+1$ 时刻的内能 E 和压力 p 均能显式求解。而在大多流体动力学程序中，能量守恒方程的差分格式给出的是 $n+1$ 时刻的内能 E 与 $n+1$ 时刻的压力 p 的关系，因此，$n+1$ 时刻的内能 E 和压力 p 需由能量守恒方程和状态方程联立求解。

当 $n+1$ 时刻所有变量均求出后，按顺序重复差分方程(7.1.12)(7.1.13)(7.1.14)(7.1.15)(7.1.16)(7.1.17)(7.1.18)(7.1.19)，开始下一时刻的循环。

7.1.2　有限元方法

以弹丸撞击靶板的轴对称二维问题为例。弹丸和靶板都是连续介质，但是为了便于使用计算机进行计算，我们把它们离散化成三角形（或四边形）的小区域。这些小区域称为单元，假设所有单元只在有限个节点上相互作用，而这些节点的位移就是有限元问题的未知量。如果想知道单元内任一点的位移或其他变量，可以从已知节点上的信息内推或通过状态方程和本构关系求出。

显式动力有限元方法的离散化过程和基本循环步骤见图 7.1.4。

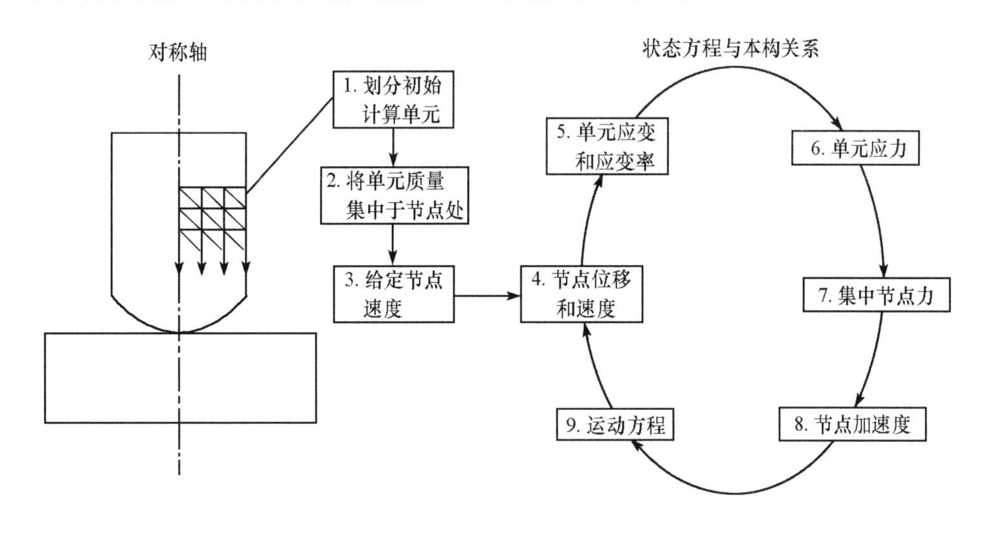

图 7.1.4　有限元方法的循环步骤

1. 网格单元

动力有限元的网格划分非常灵活。二维有限元程序可以用四边形单元或三角形单元对被积分区域进行离散。为了更简单地说明有限元原理，下面讨论采用的是轴对称三角形单元，图 7.1.5 为单元的几何示意图。

对于轴对称有限元模型，节点处于垂直于旋转轴的平面上，这些圆环能够沿着 z 轴上、下移动，也能沿 r 轴径向膨胀或收缩。单元的初始体积根据其节点的坐标进行计算，体积乘以密度可以得到单元的质量，它被平均分配给三个节点，节点 i 的总质量 $\overline{M_i}$ 由与它相邻的各单元对该节点的质量贡献累加得到。初始已知节点 i 的三个坐标 r_i、z_i、θ_i，以及

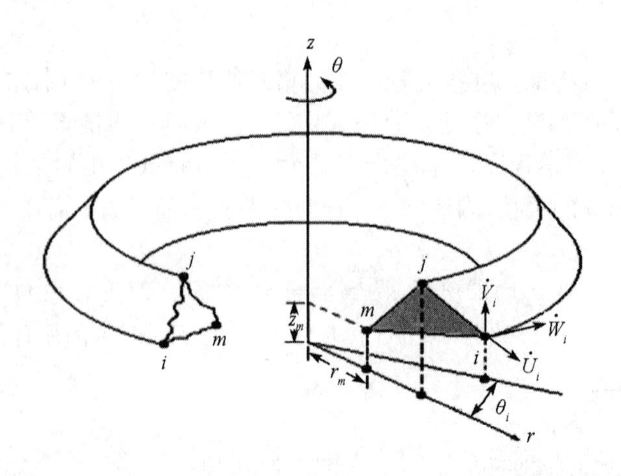

图 7.1.5　轴对称三角形单元的几何示意图

径向、轴向和切向速度 $\dot{U}_i$、$\dot{V}_i$ 和 $\dot{W}_i$，其中 $\dot{W}_i = r_i\dot{\theta}_i$。

2. 应变和应变率

假设节点之间的连线始终保持直线，则在单元内某一(r,z)位置处的位移和速度必须是随空间坐标线性变化的，即它们是 r 和 z 的线性函数。在节点速度和位置确定之后，就可以得到单元的速度场，并计算出单元的应变率和应变增量。

三角形单元的速度场(即单元内任意(r,z)位置处的速度)可用如下线性插值函数表示成：

$$\dot{U} = \alpha_1 + \alpha_2 r + \alpha_3 z \tag{7.1.20}$$

$$\dot{V} = \alpha_4 + \alpha_5 r + \alpha_6 z \tag{7.1.21}$$

$$\dot{W} = \alpha_7 + \alpha_8 r + \alpha_9 z \tag{7.1.22}$$

其中 α_i 为与几何形状及节点速度相关的常数。将单元的三个节点在 r 方向上的速度值和坐标值分别代入式(7.1.20)，得：

$$\dot{U}_i = \alpha_1 + \alpha_2 r_i + \alpha_3 z_i \tag{7.1.23}$$

$$\dot{U}_j = \alpha_1 + \alpha_2 r_j + \alpha_3 z_j \tag{7.1.24}$$

$$\dot{U}_m = \alpha_1 + \alpha_2 r_m + \alpha_3 z_m \tag{7.1.25}$$

联立这三个式子解出 α_1、α_2 和 α_3，再带入式(7.1.20)，可得单元内任意坐标(r,z)处的径向速度的表达式，它与该点的坐标以及单元相关节点的速度和位置有关：

$$\dot{U}(r,z) = \frac{1}{2A}[(a_i + b_i r + c_i z)\dot{U}_i + (a_j + b_j r + c_j z)\dot{U}_j + (a_m + b_m r + c_m z)\dot{U}_m] \tag{7.1.26}$$

其中，$a_i = r_j z_m - r_m z_j$，$b_i = z_j - z_m$，$c_i = r_m - r_j$，A 为 $r-z$ 平面上单元的面积。

同理可得另外两个方向上的速度表达式。

速度场知道后，就可以计算应变率：

$$\dot{\varepsilon}_r = \frac{\partial \dot{U}}{\partial r} \tag{7.1.27}$$

$$\dot{\varepsilon}_z = \frac{\partial \dot{V}}{\partial z} \tag{7.1.28}$$

$$\dot{\varepsilon}_\theta = \frac{\overline{\dot{U}}}{\bar{r}} \tag{7.1.29}$$

$$\dot{\gamma}_{rz} = \frac{\partial \dot{U}}{\partial z} + \frac{\partial \dot{V}}{\partial r} \tag{7.1.30}$$

在轴对称条件下

$$\dot{\gamma}_{r\theta} = \dot{\gamma}_{z\theta} = 0 \tag{7.1.31}$$

式中：$\dot{\varepsilon}_r$、$\dot{\varepsilon}_z$、$\dot{\varepsilon}_\theta$ 为法向应变率；$\dot{\gamma}_{rz}$、$\dot{\gamma}_{r\theta}$、$\dot{\gamma}_{z\theta}$为剪切应变率，参量头顶的“-”表示取单元中心的物理量。因为，式(7.1.27)(7.1.28)和式(7.1.30)定义的应变率是线性函数的微分，因此应变率在整个单元内为常数。$\dot{\varepsilon}_\theta$ 是径向节点速度和节点 r 坐标平均值的函数，它不一定是常数。

由等效应变率：

$$\overline{\dot{\varepsilon}} = \sqrt{\frac{2}{9}\left[(\dot{\varepsilon}_r - \dot{\varepsilon}_z)^2 + (\dot{\varepsilon}_r - \dot{\varepsilon}_\theta)^2 + (\dot{\varepsilon}_z - \dot{\varepsilon}_\theta)^2 + \frac{3}{2}(\dot{\gamma}_{rz}^2 + \dot{\gamma}_{r\theta}^2 + \dot{\gamma}_{z\theta}^2)\right]} \tag{7.1.32}$$

可得有效塑性应变增量

$$\Delta\bar{\varepsilon}_p = \overline{\dot{\varepsilon}}\Delta t \tag{7.1.33}$$

3. 应力

单元的应力由描述材料力学特性的本构关系和状态方程决定。应力与静水压力和偏应力的关系为：

$$\sigma_{ij} = S_{ij} - (p+q)\delta_{ij} \tag{7.1.34}$$

式中：σ_{ij}为应力分量；S_{ij}为偏应力分量；p 为静水压力；q 是人为黏性力。应变率与偏应变率之间的关系为：

$$\dot{\varepsilon}_{ij} = \dot{e}_{ij} + \delta_{ij}\dot{\varepsilon}_v \tag{7.1.35}$$

$$\dot{\varepsilon}_v = -\frac{1}{3}(\dot{\varepsilon}_r + \dot{\varepsilon}_z + \dot{\varepsilon}_\theta) \tag{7.1.36}$$

式中 $\dot{\varepsilon}_v$ 为体积应变率。

在弹塑性流体假设下，偏应力和剪切应力在 $t+\Delta t$ 时刻的近似值为：

$$S_r^{t+\Delta t} = S_r^t + 2G\,\dot{e}_r\Delta t \tag{7.1.37}$$

$$S_z^{t+\Delta t} = S_z^t + 2G\,\dot{e}_z\Delta t \tag{7.1.38}$$

$$S_\theta^{t+\Delta t} = S_\theta^t + 2G\,\dot{e}_\theta\Delta t \tag{7.1.39}$$

$$\tau_{rz}^{t+\Delta t} = \tau_{rz}^t + G\,\dot{\gamma}_{rz}\Delta t \tag{7.1.40}$$

式中：G 为剪切模量；$\dot{e}_r$，$\dot{e}_z$，$\dot{e}_\theta$ 为偏应变率分量；τ_{rz}^t为 t 时刻的剪切应力。

已知能量守恒方程为：

$$\dot{E} + (p+q)\dot{\varepsilon}_v - S_{ij}\dot{e}_{ij} = 0 \tag{7.1.41}$$

式中 E 是比内能。流体介质的静水压力和内能由离散化的能量守恒方程和状态方程联立求解，即

$$E^{n+1}=E^{n}-\frac{1}{2}(p^{n+1}+q^{n+1}+p^{n}+q^{n})\dot{\varepsilon}_{v}\Delta t+\frac{\bar{v}}{v_{0}}S_{ij}\dot{e}_{ij}\Delta t \tag{7.1.42}$$

$$p^{n+1}=p(v^{n+1},E^{n+1}) \tag{7.1.43}$$

以 $p=p_v+\Gamma E(1+\mu)$ 形式表达的 Mie-Gruneisen 状态方程为例：

$$p=(K_1\mu+K_2\mu^2+K_3\mu^3)(1-\frac{\Gamma\mu}{2})+\Gamma E(1+\mu) \tag{7.1.44}$$

式中 $\mu=v_0/v-1$，解方程(7.1.42)(7.1.43)得：

$$E^{t+\Delta t}=\frac{E^{t}-.5[(p+q)^{t}+(p_v+q)^{t+\Delta t}]\dot{\varepsilon}_{v}\Delta t+\Delta E_{d}}{1+.5\Gamma(1+\mu)\dot{\varepsilon}_{v}\Delta t} \tag{7.1.45}$$

式中 ΔE_d 是前一个时间循环中由偏应力和剪应力做功引起的内能变化：

$$\Delta E_{d}=(\bar{S}_{r}\dot{e}_{r}+\bar{S}_{z}\dot{e}_{z}+\bar{S}_{\theta}\dot{e}_{\theta}+\bar{\tau}_{rz}\dot{\gamma}_{rz})(\bar{v}/v_{0})\Delta t \tag{7.1.46}$$

所有参量上的横杠表示该参量是 t 时刻和 $t+\Delta t$ 时刻的平均值。

4. **人为黏性力**

人为黏性力是体积应变率的一次项和二次项的组合：

$$\begin{cases}q=c_{L}\rho ch\,|\dot{\varepsilon}_{v}|+c_{0}^{2}\rho h^{2}\,(\dot{\varepsilon}_{v})^{2} & for \quad \dot{\varepsilon}_{v}<0\\ q=0 & for \quad \dot{\varepsilon}_{v}\geqslant 0\end{cases} \tag{7.1.47}$$

式中：c 和 ρ 分别是材料的声速和密度；h 是单元的特征尺寸；c_L 和 c_0 是无量纲黏性系数。

5. **集中节点力**

在单元应力得到之后，根据虚功原理，可得单元节点 i 上的节点力分量：

$$F_{r}^{i}=-\pi\bar{r}[(z_{j}-z_{m})\sigma_{r}+(r_{m}-r_{j})\tau_{rz}]-\frac{2}{3}\pi A\sigma_{\theta} \tag{7.1.48}$$

$$F_{z}^{i}=-\pi\bar{r}[(r_{m}-r_{j})\sigma_{z}+(z_{j}-z_{m})\tau_{rz}] \tag{7.1.49}$$

单元组合后，节点 i 上总的集中节点力应等于与该节点相邻的所有单元（个数为 n）在节点 i 的节点力之和。即：

$$(\bar{F}_{r}^{i})^{t+\Delta t}=\sum^{n}(F_{r}^{i})^{t+\Delta t} \tag{7.1.50}$$

$$(\bar{F}_{z}^{i})^{t+\Delta t}=\sum^{n}(F_{z}^{i})^{t+\Delta t} \tag{7.1.51}$$

6. **运动方程**

由牛顿第二定律，节点 i 的径向加速度为：

$$\ddot{U}_{i}^{t+\Delta t}=\frac{(\bar{F}_{r}^{i})^{t+\Delta t}}{\bar{\bar{M}}_{i}} \tag{7.1.52}$$

再由运动方程，可得 $t+\Delta t$ 时刻节点 i 的径向速度和位移

$$\dot{U}_{i}^{t+\Delta t}=\dot{U}_{i}^{t}+\ddot{U}_{i}^{t+\Delta t}\Delta t \tag{7.1.53}$$

$$U_{i}^{t+\Delta t}=U_{i}^{t}+\dot{U}_{i}^{t}\Delta t=U_{i}^{t}+\Delta U_{i}^{t+\Delta t} \tag{7.1.54}$$

及新的节点位置坐标

$$r_{i}^{t+\Delta t}=r_{i}^{t}+\Delta U_{i}^{t+\Delta t} \tag{7.1.55}$$

z 方向的运动方程可以类似求解。

至此，一个 Δt 的有限元循环结束，从求单元的应变率和应变增量开始下一个有限元循环步骤的计算。

7.2　爆轰反应区流场的计算

对带化学反应的冲击起爆和爆轰反应区流场计算而言，有限差分和有限元循环的基本步骤不变，唯一不同的是描述炸药爆轰反应区反应材料特性的材料模型，因此计算反应混合物内能和压力的方法不同。我们将带化学反应的材料模型称之为反应材料模型，它有两个基本要素：反应材料（即反应混合物）的状态方程；控制炸药分解速率的反应速率方程。除此之外，反应材料模型还与构造混合物状态方程的各组分状态方程、混合法则以及差分格式和迭代计算方法等有关。

7.2.1　SIN 程序对反应区混合物状态的计算方法

对式（7.1.5）表达的反应速率模型用最简单的 Euler 前差公式，可求得 $n+1$ 时刻的反应度：

$$\lambda_{j+\frac{1}{2}}^{n+1} = \lambda_{j+\frac{1}{2}}^{n} + \mathrm{r}(p_{j+\frac{1}{2}}^{n},\ v_{j+\frac{1}{2}}^{n},\ \lambda_{j+\frac{1}{2}}^{n})\Delta t \tag{7.2.1}$$

按照 SIN 程序的差分格式，原则上可利用反应混合物状态方程 $E=E(p,v,\lambda)$，由已知的 $n+1$ 时刻的混合物状态参量 $v_{j+\frac{1}{2}}^{n+1}$，$E_{j+\frac{1}{2}}^{n+1}$和 $\lambda_{j+\frac{1}{2}}^{n+1}$显式求出 $n+1$ 时刻的压力 $p_{j+\frac{1}{2}}^{n+1}$。但是，因为炸药的冲击起爆和爆轰包含非常复杂且迅速的化学反应过程，反应区内的物质性态随反应度 λ 不断地变化，目前还无法通过理论或实验得到具有给定反应度 λ 的混合物及其状态方程。在进行带反应流体动力学数值计算时，混合物的状态方程必须利用混合法则，通过未反应炸药状态方程和爆轰产物状态方程来构造。

在 SIN 程序的反应材料模型中，使用的是 Forest Fier 反应速率模型，反应度用未反应炸药质量分数 W 表示，它与通常所用爆轰产物质量分数 λ 的关系为 $W=1-\lambda$。未反应炸药和爆轰产物的状态方程均采用 HOM 状态方程，将两种组分的状态方程统一写成：

$$p = p_r + \Gamma(e-e_r)/v \tag{7.2.2}$$

$$T = T_r + (e-e_r)/C_{vr} \tag{7.2.3}$$

下标 r 表示参考状态，分别取 H 和 i 表示未反应炸药 Hugoniot 曲线和过 CJ 点的爆轰产物等熵线，将其作为未反应炸药（固态）和爆轰产物（气态）的参考曲线。

假定混合物中的固态和气态组分处于压力和温度平衡状态：

$$p = p_s = p_g \tag{7.2.4}$$

$$T = T_s = T_g \tag{7.2.5}$$

两个分量的比容和比内能由“杠杆法则”决定：

$$v = Wv_s + (1-W)v_g \tag{7.2.6}$$

$$E = We_s + (1-W)e_g \tag{7.2.7}$$

式中：下标 s 和 g 分别代表未反应炸药（固态）和爆轰产物（气态）参量，无下标量为混合物参量。出现于流体动力学基本方程组中的参量都是混合物的物理量。需要注意的是，气态 HOM 状态方程中，用以改变气体爆轰产物标准状态的常数 e_z的实际物理意义是作为能量零点包含在气体产物状态方程中的反应热。

将状态方程(7.2.3)分别用于 T_s 和 T_g，并分别乘以 WC_{vs} 和 $(1-W)C_{vg}$，然后相加，得：

$$T=[E-We_H-(1-W)e_i+WT_HC_{vs}+(1-W)T_iC_{vg}]/[WC_{vs}+(1-W)C_{vg}] \tag{7.2.8}$$

其中用到了热平衡条件式(7.2.5)和比内能混合条件式(7.2.7)。

再将状态方程(7.2.2)分别用于 p_s 和 p_g，利用压力平衡条件，可得：

$$p_H-p_i+\left(\frac{\Gamma C_{vs}}{v_s}-\frac{C_{vg}}{\beta v_g}\right)T-\frac{\Gamma C_{vs}T_H}{v_s}+\frac{C_{vg}T_i}{\beta v_g}=0 \tag{7.2.9}$$

式中：Γ 为未反应炸药的 Gruneisen 系数；$\Gamma'=-1/\beta$ 为爆轰产物的 Gruneisen 系数。从式(7.2.8)和式(7.2.9)式消去 T，可得混合物状态方程

$$E=E(W,v_s,v_g) \tag{7.2.10}$$

已知 $n+1$ 时刻混合物的状态 v、E 和 W，上式和比容混合条件式(7.2.6)成为确定唯一未知量 v_s 或 v_g 的方程组，可以用线性反馈法对 v_s 或 v_g 进行迭代求解，直到式(7.2.10)满足为止。求得 v_s 和 v_g 后，由式(7.2.8)可求得混合物温度 T，再利用各组分状态方程可得 e_s 和 e_g，以及混合物的压力 p。

7.2.2 压力或温度相关反应材料模型的计算方法

本节介绍的反应材料模型与 SIN 程序中的反应材料模型一样适用于所有压力、比容或温度相关的反应速率模型。原则上，模型选用的 JWL 状态方程可用具有相同自变量的其他状态方程代替。

1. 反应材料模型

反应材料模型假设反应材料是未反应炸药和爆轰产物两种组分的混合物，在炸药分解时它们处于压力平衡和温度平衡状态，压力或温度相关的反应速率控制着反应的进程。流体动力学程序中反应材料模型的基本要素和处理程序如下：

(1)状态方程

用温度 T 相关的 JWL 状态方程描述未反应炸药和爆轰产物组分的热力学性质，方程的具体形式分别见 3.4.2 节和 3.2.5 节。

(2)温度计算

在反应模型中引入温度是因为反应速率有可能与温度相关，而且在体积反应机制假设下，反应流计算需要处理混合物的温度平衡假设。

混合物的比内能由下式定义：

$$E=(1-\lambda)e_s+\lambda e_g+(1-\lambda)Q \tag{7.2.11}$$

式中：e_s 和 e_g 分别由未反应炸药和爆轰产物的状态方程计算；λ 是已反应炸药(爆轰产物)的质量分数；Q 是未反应炸药通过化学反应释放的化学键能，并假设爆轰产物所含的化学能为零。令温度相关的混合物状态方程为 $E=E(v,T,\lambda)$，取微分得：

$$\mathrm{d}E=\left(\frac{\partial E}{\partial v}\right)_{T,\lambda}\mathrm{d}v+\left(\frac{\partial E}{\partial T}\right)_{v,\lambda}\mathrm{d}T+\left(\frac{\partial E}{\partial \lambda}\right)_{T,v}\mathrm{d}\lambda \tag{7.2.12}$$

因此，由能量混合法则式(7.2.11)，混合物的比内能增量为：

$$
\mathrm{d}E=\left[(1-\lambda)\left(\frac{\partial e_s}{\partial v}\right)_{T,\lambda}+\lambda\left(\frac{\partial e_g}{\partial v}\right)_{T,\lambda}\right]\mathrm{d}v+\left[(1-\lambda)\left(\frac{\partial e_s}{\partial T}\right)_{v,\lambda}+\lambda\left(\frac{\partial e_g}{\partial T}\right)_{v,\lambda}\right]\mathrm{d}T
$$

$$
-\left[e_s-e_g+Q-(1-\lambda)\left(\frac{\partial e_s}{\partial \lambda}\right)_{T,v}-\lambda\left(\frac{\partial e_g}{\partial \lambda}\right)_{T,v}\right]\mathrm{d}\lambda \tag{7.2.13}
$$

整理上式,可得温度增量的表达式:

$$
C_v\mathrm{d}T=\mathrm{d}E-J\mathrm{d}v+H\mathrm{d}\lambda \tag{7.2.14}
$$

式中

$$
C_v=\left(\frac{\partial E}{\partial T}\right)_{v,\lambda}=(1-\lambda)\left(\frac{\partial e_s}{\partial T}\right)_{v,\lambda}+\lambda\left(\frac{\partial e_g}{\partial T}\right)_{v,\lambda} \tag{7.2.15}
$$

$$
J=\left(\frac{\partial E}{\partial v}\right)_{T,\lambda}=(1-\lambda)\left(\frac{\partial e_s}{\partial v}\right)_{T,\lambda}+\lambda\left(\frac{\partial e_g}{\partial v}\right)_{T,\lambda} \tag{7.2.16}
$$

$$
H=-\left(\frac{\partial E}{\partial \lambda}\right)_{T,v}=e_s-e_g+Q-(1-\lambda)\left(\frac{\partial e_s}{\partial \lambda}\right)_{T,v}-\lambda\left(\frac{\partial e_g}{\partial \lambda}\right)_{T,v} \tag{7.2.17}
$$

T 是混合物的平均温度。将能量守恒方程(7.1.41)带入式(7.2.14),得:

$$
C_v\mathrm{d}T=-(p+J+q)\mathrm{d}v+H\mathrm{d}\lambda+S_{ij}\mathrm{d}e_{ij} \tag{7.2.18}
$$

即温度变化由三部分组成:在常 λ(冻结)条件下,反应材料流体动力学加热引起的温度变化 $\mathrm{d}T_H$;在常比容 v 条件下,由化学反应引起的温度变化 $\mathrm{d}T_B$;反应材料塑性功加热引起的温度变化 $\mathrm{d}T_s$。

因此,温度随时间变化的微分关系为:

$$
C_v\frac{\partial T}{\partial t}=-(p+J+q)\frac{\partial v}{\partial t}+H\frac{\partial \lambda}{\partial t}+S_{ij}\frac{\partial e_{ij}}{\partial t} \tag{7.2.19}
$$

其中

$$
C_v\frac{\partial T_H}{\partial t}=-(p+J+q)\frac{\partial v}{\partial t} \tag{7.2.20}
$$

$$
C_v\frac{\partial T_B}{\partial t}=H\frac{\partial \lambda}{\partial t} \tag{7.2.21}
$$

$$
C_v\frac{\partial T_s}{\partial t}=S_{ij}\frac{\partial e_{ij}}{\partial t} \tag{7.2.22}
$$

分别是流体动力学、化学反应和塑性功引起的温度随时间的变化。

(3)混合物状态方程

一个简单的混合法则约定混合物的相对比容按反应度 λ 由两个独立组分的相对比容加权求和得到,即:

$$
v=(1-\lambda)v_s+\lambda v_g \tag{7.2.23}
$$

混合物和每一组分的状态用各自状态方程描述,并假设反应物和产物的压力处于热力学平衡状态,即:

$$
p(v,T,\lambda)=p_s(v_s,T)=p_g(v_g,T) \tag{7.2.24}
$$

这里 T 是混合物的平均温度。反应物和产物的相对比容分别由下式给出,

$$
v_s=\frac{1}{\eta_s}=\frac{\beta}{(1-\lambda)\eta} \tag{7.2.25}
$$

$$v_g = \frac{1}{\eta_g} = \frac{(1-\beta)}{\lambda\eta} \tag{7.2.26}$$

式中：$\eta=\rho/\rho_0$是混合物的相对密度（或压缩度）；ρ_0是炸药的初始密度；η_s和 η_g分别是反应物和产物的相对密度；β 是反应物体积占混合物总体积的体积分数（ $=v_s/v$）。体积分数 β 随反应的发生从 1 下降到 0，当 $\beta=1$ 时，所有物质均为反应物，而 $\beta=0$ 时，所有物质均为气体产物。

在实际反应材料模型的计算中，模型是以 η_s和 η_g为工作变量，而不是以反应物和产物的相对比容为变量。因此，在混合物中的反应物和产物的压力依赖于这两种组分的相对密度，这时压力平衡条件成为：

$$p(\eta,T,\lambda) = p_s(\eta_s,T) = p_g(\eta_g,T) \tag{7.2.27}$$

模型引入 β 的目的是在 λ 和 η 给定的条件下，用调整一个参量 β 来代替调整两个参量 η_s和 η_g。通过式(7.2.25)(7.2.26)(7.2.27)，利用迭代方法调整体积分数 β 实现混合物两相的压力平衡。在处理压力平衡时，需固定 λ 和 T，求温度 T 时用到的所有微分关系均在压力平衡条件下取值。

(4)反应速率模型

反应速率模型是整个反应材料模型中最重要的部分，它控制了炸药释放其存储的化学能的速率。这里所介绍的流体动力学程序中关于爆轰反应区流场的计算方法适用于任何由式(7.1.5)所定义的压力相关反应速率模型，或类似 Arrhenius 反应速率的温度相关反应速率模型。

2. 有限元程序 DYNA 对反应流场状态的迭代计算方法(时间步进差分格式)

假设已知 n 时刻所有混合物(包括两个独立组分)的状态变量，$n+1$ 时刻混合物的相对比容(或相对密度)也已在有限元的基本循环(或差分格式)中得到。下面以式(7.1.5)所定义的压力相关反应速率模型为例，给出 DYNA 程序计算反应流场的差分格式。其中反应混合物的内能、压力和温度必须由能量守恒方程和混合物状态方程同时(联立)求解。

对混合物的平均温度和流体动力学压力采用预估－校正法进行迭代计算。其中头顶带“～”符号的参量为该参量的中间预估值，同时为了简洁起见，在差分格式中忽略空间标记。

(1)混合物平均温度和流体动力学压力的预估(在固定 λ 值条件下执行)

- 温度

$$\tilde{T}^{n+1} = T^n - (p^n + J^n + q^n)\left(\frac{v^{n+1}-v^n}{C_v^n}\right) + \Delta T_s \tag{7.2.28}$$

式中 ΔT_s 是由本构模型得到的材料塑性功加热。

- 混合模型

给出 β 的初始假设值

$$\tilde{\beta}^{n+1} = \frac{(1-\lambda^n)\eta_g^n}{(1-\lambda^n)\eta_g^n + \lambda^n\eta_s^n} \tag{7.2.29}$$

计算

$$\tilde{\eta}_s^{n+1}=(1-\lambda^n)\frac{\eta^{n+1}}{\tilde{\beta}^{n+1}} \tag{7.2.30}$$

$$\tilde{p}_s^{n+1}=p_s(\tilde{\eta}_s^{n+1},\tilde{T}^{n+1}) \tag{7.2.31}$$

$$\tilde{\eta}_g^{n+1}=\frac{\lambda^n\eta^{n+1}}{(1-\tilde{\beta}^{n+1})} \tag{7.2.32}$$

$$\tilde{p}_g^{n+1}=p_g(\tilde{\eta}_g^{n+1},\tilde{T}^{n+1}) \tag{7.2.33}$$

然后对$\tilde{\beta}^{n+1}$进行迭代,直到满足$|\tilde{p}_s^{n+1}-\tilde{p}_g^{n+1}|\leqslant 10^{-6}$。

(2)混合物平均温度和流体动力学压力的校正(在固定 λ 值条件下执行)

- 温度

$$T^{n+1}=T^n-0.5\left[(p^n+J^n+q^n)\left(\frac{v^{n+1}-v^n}{C_v^n}\right)+(\tilde{p}^{n+1}+\tilde{J}^{n+1}+q^n)\left(\frac{v^{n+1}-v^n}{\tilde{C}_v^{n+1}}\right)\right]+\Delta T_s \tag{7.2.34}$$

- 混合模型

给出β的初始假设值

$$\beta^{n+1}=\frac{(1-\lambda^n)\tilde{\eta}_g^{n+1}}{(1-\lambda^n)\tilde{\eta}_g^{n+1}+\lambda^n\tilde{\eta}_s^{n+1}} \tag{7.2.35}$$

计算

$$\eta_s^{n+1}=(1-\lambda^n)\frac{\eta^{n+1}}{\beta^{n+1}} \tag{7.2.36}$$

$$p_s^{n+1}=p_s(\eta_s^{n+1},T^{n+1}) \tag{7.2.37}$$

$$\eta_g^{n+1}=\frac{\lambda^n\eta^{n+1}}{(1-\beta^{n+1})} \tag{7.2.38}$$

$$p_g^{n+1}=p_g(\eta_g^{n+1},T^{n+1}) \tag{7.2.39}$$

然后对β^{n+1}进行迭代,直到满足$|p_s^{n+1}-p_g^{n+1}|\leqslant 10^{-6}$。这时,$n+1$ 时刻所有满足压力平衡和温度平衡的参量p^{n+1}、T^{n+1}、β^{n+1}、$\eta_s^{n+1}(v_s^{n+1})$和$\eta_g^{n+1}(v_g^{n+1})$同时得到,然后再利用各组分状态方程求出 $n+1$ 时刻的 e_s和 e_g。注意,至此得到的 T^{n+1}还没有包括化学反应的贡献。

(3)反应度计算

在时间尺度上将式(7.1.5)定义的反应速率方程离散化为:

$$\lambda^{n+1}-\lambda^n=\Delta t\left\{R^{n+1}+\frac{\mathrm{d}R}{\mathrm{d}\lambda}\kappa(\lambda^{n+1}-\lambda^n)\right\} \tag{7.2.40}$$

式中:$\frac{\mathrm{d}R}{\mathrm{d}\lambda}$和 κ 取 $n+1$ 时刻的值,由如下两式定义:

$$\frac{\mathrm{d}R}{\mathrm{d}\lambda}=\frac{\partial R}{\partial\lambda}+\frac{\partial R}{\partial p}\cdot\frac{\mathrm{d}p}{\mathrm{d}\lambda} \tag{7.2.41}$$

$$\kappa=\frac{1}{2+\frac{\mathrm{d}R}{\mathrm{d}\lambda}\Delta t} \tag{7.2.42}$$

$\frac{\mathrm{d}p}{\mathrm{d}\lambda}$由在热力学平衡状态下对状态方程(7.2.27)求导得到。κ 值不大于 1,可以保证计算

格式的稳定性。

由式(7.2.40)可以解出每一时间循环的产物质量分数增量为

$$\lambda^{n+1}-\lambda^{n}=\frac{\Delta tR^{n}}{1-\frac{\mathrm{d}R}{\mathrm{d}\lambda}\kappa\Delta t} \tag{7.2.43}$$

(4)考虑化学反应引起的温度变化(在固定 λ 值条件下执行)

调整温度:

$$T^{n+1}=T^{n+1}+(\lambda^{n+1}-\lambda^{n})\frac{H^{n+1}}{C_v^{n+1}} \tag{7.2.44}$$

3. 有限差分程序 PERUSE 对反应流场状态的迭代计算方法

PERUSE 是具有二阶精度的一维 Lagrange 流体动力学有限差分程序,其中用于计算反应流场的反应材料模型与有限元程序 DYNA 使用的反应材料模型完全相同,但计算反应流场混合物状态的迭代方法有所区别。与 SIN 程序一样,$n+1$ 时刻混合物的相对比容(或相对密度)和内能已在基本守恒方程的差分格式中得到,对反应材料的迭代计算只求解 $n+1$ 时刻混合物的压力和温度。

在 PERUSE 程序中,对流体动力学守恒方程采用时间步进显式两阶段(预估-校正)数值技术。预估-校正方法首先计算时间半格点上具有一阶精度的预估压力(预估阶段),然后在此基础上进一步求解一个时间步长上具有二阶精度的状态参量(校正阶段)。

假设 t^n 和 t^{n+1} 之间的时间步长为 $\Delta t^{n+1/2}$。在下面的差分方程中,头顶带"~"符号的参量是预估或校正阶段该参量的中间值,同时,为了简洁起见,在差分格式中忽略空间标记。

(1)预估(半时间步长 Euler 前差)

预估阶段的目的是计算时间半格点 $v^{n+\frac{1}{2}}$ 上混合物的状态变量。过程如下,其中 $v^{n+\frac{1}{2}}$,$E^{n+\frac{1}{2}}$ 和 q^n 已由流体动力学守恒方程求出。

① 计算流体动力学压力(在固定 λ 值条件下执行)

- 温度

$$\tilde{T}^{n+\frac{1}{2}}=T^{n}-(p^{n}+J^{n}+q^{n})\left(\frac{v^{n+\frac{1}{2}}-v^{n}}{C_{v}{}^{n}}\right) \tag{7.2.53}$$

- 混合模型

给出 $\tilde{\beta}^{n+\frac{1}{2}}$ 的初始假设值

$$\tilde{\beta}^{n+\frac{1}{2}}=\frac{(1-\lambda^{n})\eta_{g}{}^{n}}{(1-\lambda^{n})\eta_{g}^{n}+\lambda^{n}\eta_{s}^{n}} \tag{7.2.54}$$

计算

$$\tilde{\eta}_{s}^{n+\frac{1}{2}}=(1-\lambda^{n})\frac{\eta^{n+\frac{1}{2}}}{\tilde{\beta}^{n+\frac{1}{2}}} \tag{7.2.55}$$

$$\tilde{p}_{s}^{n+\frac{1}{2}}=p_{s}(\tilde{\eta}_{s}^{n+\frac{1}{2}},\tilde{T}^{n+\frac{1}{2}}) \tag{7.2.56}$$

$$\tilde{\eta}_g^{n+\frac{1}{2}} = \frac{\lambda^n \eta^{n+\frac{1}{2}}}{(1-\tilde{\beta}^{n+\frac{1}{2}})} \tag{7.2.57}$$

$$\tilde{p}_g^{n+\frac{1}{2}} = p_g(\tilde{\eta}_g^{n+\frac{1}{2}}, \tilde{T}^{n+\frac{1}{2}}) \tag{7.2.58}$$

然后对 $\tilde{\beta}^{n+\frac{1}{2}}$ 进行迭代，直到满足 $|\tilde{p}_s^{n+\frac{1}{2}} - \tilde{p}_g^{n+\frac{1}{2}}| \leqslant 10^{-6}$。

② 计算反应

在时间尺度上将(7.1.5)式定义的反应速率方程离散化为：

$$\dot{\lambda}^n = r(\tilde{p}^{n+\frac{1}{2}}, \tilde{v}^{n+\frac{1}{2}}, \lambda^n) \tag{7.2.65}$$

$$\lambda^{n+\frac{1}{2}} = \lambda^n + \frac{\Delta t^{n+\frac{1}{2}}}{2}\dot{\lambda}^n \tag{7.2.65}$$

③ 更新受反应影响的流体动力学压力（在固定 λ 值条件下执行）

- 温度

$$T^{n+\frac{1}{2}} = \tilde{T}^{n+\frac{1}{2}} + (\lambda^{n+\frac{1}{2}} - \lambda^n)\frac{\tilde{H}^{n+\frac{1}{2}}}{\tilde{C}_v^{n+\frac{1}{2}}} \tag{7.2.59}$$

- 混合模型

给出 $\beta^{n+\frac{1}{2}}$ 的初始假设值

$$\beta^{n+\frac{1}{2}} = \frac{(1-\lambda^{n+\frac{1}{2}})\tilde{\eta}_g^{n+\frac{1}{2}}}{(1-\lambda^{n+\frac{1}{2}})\tilde{\eta}_g^{n+\frac{1}{2}} + \lambda^{n+\frac{1}{2}}\tilde{\eta}_s^{n+\frac{1}{2}}} \tag{7.2.60}$$

计算

$$\eta_s^{n+\frac{1}{2}} = (1-\lambda^{n+\frac{1}{2}})\frac{\eta^{n+\frac{1}{2}}}{\beta^{n+\frac{1}{2}}} \tag{7.2.61}$$

$$p_s^{n+\frac{1}{2}} = p_s(\eta_s^{n+\frac{1}{2}}, T^{n+\frac{1}{2}}) \tag{7.2.62}$$

$$\eta_g^{n+\frac{1}{2}} = \frac{\lambda^{n+\frac{1}{2}}\eta^{n+\frac{1}{2}}}{(1-\beta^{n+\frac{1}{2}})} \tag{7.2.63}$$

$$p_g^{n+\frac{1}{2}} = p_g(\eta_g^{n+\frac{1}{2}}, T^{n+\frac{1}{2}}) \tag{7.2.64}$$

然后对 $\beta^{n+\frac{1}{2}}$ 进行迭代，直到满足 $|p_s^{n+\frac{1}{2}} - p_g^{n+\frac{1}{2}}| \leqslant 10^{-6}$。

(2)校正

混合物状态变量被更新至 $n+1$ 时刻的值，其中 v^{n+1}、E^{n+1} 和 $q^{n+\frac{1}{2}}$ 由流体动力方程求出。

① 计算流体动力学压力（在固定 λ 值条件下执行）

- 温度

$$\tilde{T}^{n+1} = T^n - (p^{n+\frac{1}{2}} + J^{n+\frac{1}{2}} + q^{n+\frac{1}{2}})\left(\frac{v^{n+1} - v^n}{C_v^{n+\frac{1}{2}}}\right) \tag{7.2.53}$$

- 混合模型

给出 $\tilde{\beta}^{n+1}$ 的初始假设值

$$\tilde{\beta}^{n+1}=\frac{(1-\lambda^{n+\frac{1}{2}})\eta_g^{n+\frac{1}{2}}}{(1-\lambda^{n+\frac{1}{2}})\eta_g^{n+\frac{1}{2}}+\lambda^{n+\frac{1}{2}}\eta_s^{n+\frac{1}{2}}} \tag{7.2.54}$$

计算

$$\tilde{\eta}_s^{n+1}=(1-\lambda^{n+\frac{1}{2}})\frac{\eta^{n+1}}{\tilde{\beta}^{n+1}} \tag{7.2.55}$$

$$\tilde{p}_s^{n+1}=p_s(\tilde{\eta}_s^{n+1},\tilde{T}^{n+1}) \tag{7.2.56}$$

$$\tilde{\eta}_g^{n+1}=\frac{\lambda^{n+\frac{1}{2}}\eta^{n+1}}{(1-\tilde{\beta}^{n+1})} \tag{7.2.57}$$

$$\tilde{p}_g^{n+1}=p_g(\tilde{\eta}_g^{n+1},\tilde{T}^{n+1}) \tag{7.2.58}$$

然后对 $\tilde{\beta}^{n+1}$ 进行迭代，直到满足 $|\tilde{p}_s^{n+1}-\tilde{p}_g^{n+1}|\leqslant 10^{-6}$。

② 计算反应

$$\dot{\lambda}^{n+\frac{1}{2}}=r(\tilde{p}^{n+1},\tilde{v}^{n+1},\lambda^{n+\frac{1}{2}}) \tag{7.2.65}$$

$$\lambda^{n+1}=\lambda^{n}+\Delta t^{n+\frac{1}{2}}\dot{\lambda}^{n+\frac{1}{2}} \tag{7.2.65}$$

③ 更新受反应影响的流体动力学压力（在固定 λ 值条件下执行）

- 温度

$$T^{n+1}=\tilde{T}^{n+1}+(\lambda^{n+1}-\lambda^{n})\frac{\tilde{H}^{n+1}}{\tilde{C}_v^{n+1}} \tag{7.2.59}$$

- 混合模型

给出 β^{n+1} 的初始假设值

$$\beta^{n+1}=\frac{(1-\lambda^{n+1})\tilde{\eta}_g^{n+1}}{(1-\lambda^{n+1})\tilde{\eta}_g^{n+1}+\lambda^{n+1}\tilde{\eta}_s^{n+1}} \tag{7.2.60}$$

计算

$$\eta_s^{n+1}=(1-\lambda^{n+1})\frac{\eta^{n+1}}{\beta^{n+1}} \tag{7.2.61}$$

$$p_s^{n+1}=p_s(\eta_s^{n+1},T^{n+1}) \tag{7.2.62}$$

$$\eta_g^{n+1}=\frac{\lambda^{n+1}\eta^{n+1}}{(1-\beta^{n+1})} \tag{7.2.63}$$

$$p_g^{n+1}=p_g(\eta_g^{n+1},T^{n+1}) \tag{7.2.64}$$

然后对 β^{n+1} 进行迭代，直到满足 $|p_s^{n+1}-p_g^{n+1}|\leqslant 10^{-6}$。

4. 模型及算法验证

显然，反应材料模型与网格离散化方法无关，也与空间维数无关。只要给定未反应炸药 Hugoniot 曲线和产物过 CJ 点的等熵线，也可用其他形式的未反应炸药和爆轰产物状态方程计算混合物的状态。计算结果在细节上不但与未反应炸药状态方程、爆轰产物状态方程，以及反应速率方程有关，还与程序所选用的混合法则，以及计算混合物状态的迭代方法有关。

作为比较，Whitworth 给出了流体动力学有限元程序 DYNA2D 和一维流体动力学有限差分程序 PERUSE 对同一个简单一维问题的计算结果。问题如图 7.2.1 所示，幅值为

0.025Mbar 的持续压力脉冲对厚度为 3.5cm 的 PBX－9404 炸药平板进行冲击起爆加载。对 DYNA2D 用轴对称二维网格在 z 方向建一维网格单元，即在 r 方向只建一个网格单元，并利用一维应变约束条件，对所有网格节点在 r 方向上的运动进行约束。z 方向网格单元的密度为 16 个单元/mm，这样可以保证计算结果收敛。持续压力脉冲在此一维网格的一端作为边界条件输入。

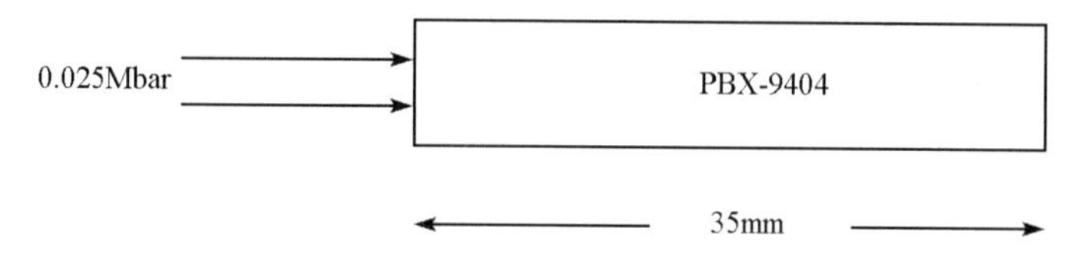

图 7.2.1　一维冲击起爆问题

在炸药反应材料模型中选用 Lee-Tarver 的三项点火与增长反应速率方程。模型参数（包括未反应炸药状态方程、产物状态方程和反应速率方程参数）分别参见相应附表。

图 7.2.2 和图 7.2.3 分别给出了 DYNA2D 程序和 PERUSE 程序的计算压力剖面，图中波剖面对应的距起爆端 Lagrange 质点位置分别为 1、2、5、8、10、15、20 和 25mm。计算结果显示，到爆轰距离在距起爆端约 15mm 左右。一旦达到爆轰，爆轰波以 0.88cm/μs 的稳定爆速传播，这个爆轰波传播速度与 PBX－9404 炸药的实际爆速一致。两个程序的计算结果具有很好的一致性，因此相互验证了各自程序中关于反应流计算的迭代方法的可靠性。

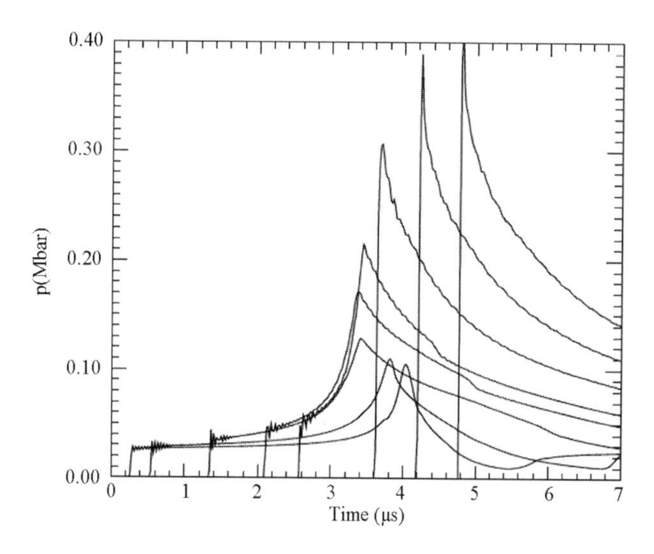

图 7.2.2　在幅值为 0.025Mbar 的持续脉冲加载下，PBX－9404 炸药的冲击起爆压力剖面
——DYNA2D 的计算结果

DYNA2D 的计算结果在起爆冲击波阵面附近有明显数值振荡，而这种数值噪声在 PERUSE 的计算结果中没有出现。这很可能是因为在两个计算中采用了不同类型的人为黏性力 q 的结果。

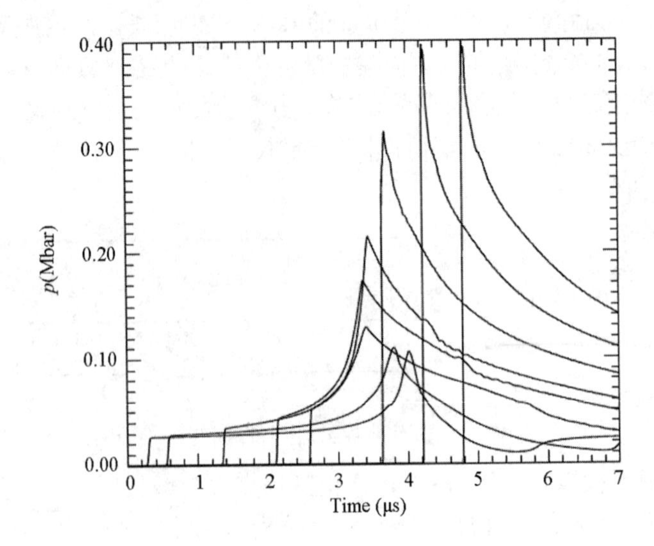

图 7.2.3 在幅值为 0.025Mbar 的持续脉冲加载下，PBX－9404 炸药的冲击起爆压力剖面——PERUSE 的计算结果

7.2.3 熵相关反应材料模型的计算方法

Handley 在 2006 年提出了一种熵相关反应速率模型——CREST 模型，相应的反应材料模型同样涉及反应混合物状态方程，其中未反应炸药组分的状态方程是与熵（或熵函数）相关的完全状态方程，除自变量外，所有未反应炸药组分的热力学参量，包括温度 T，都能由热力学关系求出。反应产物组分的状态用标准的 JWL 状态方程描述。CREST 反应速率模型控制着未反应炸药向气体产物分解过程的速率。

1. 固体未反应炸药状态方程

用 Mie-Gruneisen 状态方程来描述未反应炸药的状态，方程的参考曲线为未反应炸药组分比容相关的主等熵线。这种状态方程的优点是：它是一个完全状态方程，很容易由热力学关系求出未反应炸药组分的温度和熵（或熵相关）函数，从而方便使用温度或熵相关的反应速率模型。

未反应炸药状态方程的公式表达如下：

$$p_s = p_i(v_s) + \frac{\Gamma(v_s)}{v_s}(E_s - E_i(v_s)) \tag{7.2.65}$$

$$p_i(v_s) = 3K_{0s}f(2f+1)^{5/2}\left(F + \frac{f}{2}\frac{\mathrm{d}F}{\mathrm{d}f}\right) \tag{7.2.66}$$

$$E_i(v_s) = \frac{9}{2}v_{0s}K_{0s}f^2F + Q \tag{7.2.67}$$

$$f = \frac{1}{2}\left[\left(\frac{v_{0s}}{v_s}\right)^{2/3} - 1\right] \tag{7.2.68}$$

$$F = \exp[g(f)] \tag{7.2.69}$$

$$g(f) = g_A + g_B + g_C \tag{7.2.70}$$

$$g_A = A_1 f + A_2 f^2 + A_3 f^3 + [B_1(f-f_c) + B_2(f-f_c)^2 + B_3(f-f_c)^3]\frac{1}{2}\left[1 - \frac{2}{\pi}\tan^{-1}\left(\frac{f-f_c}{\delta}\right)\right] \quad (7.2.71)$$

$$g_B = \frac{\delta}{2\pi}(B_1 - \delta^2 B_3)\ln[\delta^2 + (f-f_c)^2] - \frac{B_2\delta^2}{\pi}\tan^{-1}\left(\frac{f-f_c}{\delta}\right) + \frac{\delta}{2\pi}(f-f_c)[2B_2 + B_3(f-f_c)] \quad (7.2.72)$$

$$g_C = [B_1 f_c - B_2 f_c^2 + B_3 f_c^3]\frac{1}{2}\left[1 - \frac{2}{\pi}\tan^{-1}\left(\frac{-f_c}{\delta}\right)\right] - \frac{\delta}{2\pi}(B_1 - \delta^2 B_3)\ln(\delta^2 + f_c^2) + \frac{B_2\delta^2}{\pi}\tan^{-1}\left(\frac{-f_c}{\delta}\right) + \frac{\delta}{2\pi}f_c(2B_2 - B_3 f_c) \quad (7.2.73)$$

$$\Gamma(v_s) = \gamma_{00} + \Gamma_1\left(\frac{v}{v_{0s}}\right)^m \exp\left[-\Gamma_2\left(\frac{v}{v_{0s}}\right)\right] \quad (7.2.74)$$

式中：下标 s 和 i 分别表示未反应炸药组分的参量和过初始状态点的主等熵线上的参量；$p_i(v_s)$ 和 $E_i(v_s)$ 是主等熵线上的压力和比内能；Γ 是 Gruneisen 系数；Q 是未反应炸药的初始比内能；f 是用于定义压缩程度的有限应变参量；v_{0s} 是炸药初始比容；K_{0s} 是等熵体积模量，A_1、A_2、A_3、B_1、B_2、B_3、f_c、δ、m、γ_{00}、Γ_1 和 Γ_2 均为炸药常数。

以主等熵线为参考曲线，其他不同熵值的等熵线由下式给出：

$$E_s = E_i(v_s) + \tau(v_s)Z_s(s) \quad (7.2.75)$$

其中 $Z_s(s)$ 是未反应炸药的熵的函数，而

$$\tau(v_s) = \exp\left(-\int_{v_{0s}}^{v_s}\frac{\Gamma}{v_s}dv_s\right) \quad (7.2.76)$$

给定任意状态点 (v_s, E_s)，τ 很容易由式(7.2.76)积分得到，从而 Z_s 可由式(7.2.75)求出。Z_s 函数是在过 (v_s, E_s) 状态点的等熵线上，当 $v_s = v_{0s}$ 时的比内能，它沿等熵线是常数。

2. 气体产物状态方程

混合物中气体产物状态由标准 JWL 状态方程描述：

$$p_g = A\left(1 - \frac{\omega}{R_1\bar{v}}\right)e^{-R_1\bar{v}} + B\left(1 - \frac{\omega}{R_2\bar{v}}\right)e^{-R_2\bar{v}} + \frac{\omega}{\bar{v}}E_g \quad (7.2.77)$$

式中：$\bar{v} = \dfrac{v_g}{v_{0s}}$ 为气态组分的相对比容；下标 g 表示气体产物组分的状态参量；v_{0s} 是未反应固体炸药的初始比容。A、B、R_1、R_2 和 ω 是炸药常数。

3. CREST 反应速率模型

CREST 反应速率模型是一个新的、可用于冲击起爆和爆轰波传播计算的宏观连续反

应速率模型，它与以往（包括前面介绍过的）反应速率模型完全不同。首先，它不试图模拟冲击波或爆轰波在非均质炸药中传播的微（细）观结构效应（即热点效应）；其次，它与冲击波波后的局部流动变量如压力和温度等无关。模型的基础是近年来人们利用 CIM 模型（见 6.2 节）对非均质炸药冲击转爆轰实验粒子速度量计数据的详细分析，这些分析指出，在增长至爆轰的早期阶段，粒子速度峰值的轨迹平行于冲击波轨迹，好像任何邻近粒子轨迹上的反应都是相互独立的。由此，在任一点上的反应都是冲击波通过之后的时间 τ 的函数，并且受损耗项 $(1-\lambda)$ 的限制，反应速率至少在一级近似下与局部冲击强度有关。而在所有必须用人工黏性对冲击波强间断面进行光滑处理的流体动力学程序的应用中，对起爆冲击波强度最好的度量是未反应炸药在冲击波作用下的熵函数。受冲击炸药的熵在冲击波阵面后保持常数，直到炸药再次受到冲击。CREST 反应速率模型正是一种熵相关的反应速率模型，而熵由未反应炸药的完全状态方程确定。这种反应速率模型最大的优点是，不需要建立额外的冲击钝化模型来模拟复合冲击加载条件下的起爆问题。双冲击加载冲击起爆的实验结果表明，跟在一个弱冲击波后的二次冲击加载所引发的反应速率明显小于具有相同压力幅值的单个冲击波波后的反应速率。因为在经过双冲击才达到给定压力状态的材料中，其内能（从而熵）要小于经过单次冲击就达到相同压力状态的材料中的内能，因此熵相关的反应速率模型很自然地能够避开热点概念来解释双冲击起爆的冲击钝化现象。

CREST 反应速率模型包含两个反应速率，一个是快反应速率 $\dot{\lambda}_1$，它描述所有主要的反应源机制（即它反映的是“热点”点火过程）和一个慢反应速率 $\dot{\lambda}_2$，这是由快反应项激活的炸药体积燃烧过程。这两个反应速率都只与未反应炸药的熵相关函数 Z_s 有关，Z_s 由未反应炸药状态方程确定。炸药在冲击作用下发生的总的反应速率 $\dot{\lambda}$ 是这两个反应速率的加权之和，即

$$\dot{\lambda}=m_1\dot{\lambda}_1+m_2\dot{\lambda}_2 \tag{7.2.78}$$

式中 m_1 和 m_2 为加权因子。快、慢两项反应速率分别由如下方程给出：

$$\dot{\lambda}_1=(1-\lambda_1)\left[-2b_1\ln(1-\lambda_1)\right]^{\frac{1}{2}} \tag{7.2.79}$$

$$\dot{\lambda}_2=(1-\lambda_2)\lambda_1\left[2b_2\left(\frac{b_2\lambda_1}{b_1}\right)-\ln(1-\lambda_2)\right]^{\frac{1}{2}} \tag{7.2.80}$$

模型中所有 λ 的取值范围均在 0 和 1 之间，$\lambda=0$ 表示固体未反应炸药，$\lambda=1$ 表示反应完成后的气体反应产物。

反应速率参数 b_1 和 b_2 很大程度上决定了到峰值反应速率的时间，m_1 和 m_2 决定了峰值反应速率的值，它们是熵函数相关参数 Z_s 的函数：

$$b_1=c_0\left(Z_s\right)^{c_1} \tag{7.2.81}$$

$$b_2=c_2\left(Z_s\right)^{c_3} \tag{7.2.82}$$

$$m_1=(1-\lambda)\frac{c_6\left(Z_s\right)^{c_{12}}}{\sqrt{b_1}} \tag{7.2.83}$$

$$m_2=(1-\lambda)\left[\frac{c_8\left(Z_s\right)^{-c_9}+c_{10}(Z_s-c_{13})^{c_{11}}}{\sqrt{b_2}}\right] \tag{7.2.84}$$

式中 c_0、c_1、c_2、c_3、c_6、c_8、c_9、c_{10}、c_{11} 和 c_{12} 是炸药常数，它们通过拟合一维持续脉冲冲击起爆实验的粒子速度量计记录得到。模型用一个额外常数 c_{13} 来表示熵的阈值，起爆冲击波引起的熵增若低于此阈值，则无反应发生。加权因子表达式中的损耗因子 $(1-\lambda)$ 保证了总反应速率 $\dot{\lambda}$ 是随时间平滑变化的函数。

4. 反应材料模型

在构造熵相关反应材料（混合物）状态方程时，假设未反应炸药固体组分和已反应产物气体组分之间处于压力平衡状态。先导冲击波强度决定了未反应炸药固体组分的熵，它在受到再次冲击之前保持常数，未反应炸药固体组分的状态在整个反应过程中始终处于过受冲击 Hugoniot 状态点的等熵线上，而反应产物气体组分的比容和比内能状态受压力平衡假设约束。

对未反应炸药所含的化学能通常有两种处理方法。

最传统的方法是取固体炸药的比内能在 $p=0$ 和 $v=v_0$ 时为能量零点，化学能在反应区内被释放。这时反应区的能量守恒方程为

$$\mathrm{d}E+(p+q)\mathrm{d}v=\lambda\mathrm{d}Q \tag{7.2.85}$$

另一种处理方法则假设，在 $p=0$ 和 $v=v_0$ 时固体炸药含有潜在的化学能 Q，它等于爆轰反应中每单位质量炸药所释放出的热量。这个能量不是通过化学反应释放，而是在从固体炸药到气体产物的相变过程中进行能量转移。按照 2.1 节对比内能标记符号的约定，本节中未反应炸药组分和产物组分的比内能标记为 E_s 和 E_g，取炸轰产物所含化学能 $Q_J=0$ 作为混合物能量的零点基准。

在流体动力学程序中，用固体炸药含化学潜能的方法更方便，因为不需要在积分求解时改变能量守恒方程的形式。这里所介绍的 CREST 反应材料模型用的就是固体炸药含化学潜能的方法。

假设爆轰反应热 Q 作为未反应炸药的初始比内能，而此能量在以 λ 为进程变量的从炸药至产物的相变过程中被释放。则简单的混合法则和每一组分的状态方程如下：

$$\mathrm{d}E+(p+q)\mathrm{d}v=0 \tag{7.2.86}$$

$$\mathrm{d}E_s+(p+q)\mathrm{d}v_s=0 \tag{7.2.87}$$

$$v=(1-\lambda)v_s+\lambda v_g \tag{7.2.88}$$

$$E=(1-\lambda)E_s+\lambda E_g \tag{7.2.89}$$

$$p=p_s=p_g \tag{7.2.90}$$

式中：p、v 和 E 分别为反应混合物的压力、比容和比内能；q 是人为黏性力；λ 是已反应材料的质量分数。

由守恒方程求出混合物中每一单元的参量 v、E 和 λ，则反应材料问题变为由四个方程(7.2.87)(7.2.88)(7.2.89)(7.2.90)求五个变量 p、v_s、E_s、v_g 和 E_g（需要注意的是，方程(7.2.86)是混合物的流体动力学能量守恒方程，不属于反应材料模型的方程）。为了求解未知变量，需要用迭代方法调整未反应炸药的比容 v_s，以实现压力平衡。因为数值原因，对压力平衡的迭代需要保证炸药和产物组分有足够的量，可以用 ε 作为激活反应材料模型的一个截止小量。当 $\lambda<\varepsilon$，炸药由未反应炸药状态方程描述；若 $(1-\lambda)<\varepsilon$，则炸药由爆轰产物状态方程描述。对 λ 的其他值，炸药由混合物状态方程描述。

5. **反应材料模型在流体动力学程序中的实现**

流体动力学程序求解质量、动量和能量守恒等基本控制方程的数值方法与描述流场介质材料性质的材料模型无关。在带反应流体动力学计算中,反应材料模型与其他描述惰性材料热力学性质的状态方程一样,在状态方程子程序中求解。因此,在所有流体动力学程序中(包括商用软件),只要开放了用户自定义状态方程接口,原则上就能将上述反应材料模型嵌入,实现对冲击起爆和爆轰过程的计算。

仍然以一维 Lagrange 流体动力学有限差分程序 PERUSE 为例,给出利用 CREST 反应材料模型计算反应混合物及其组分状态的迭代计算差分格式。假设 t^n 和 t^{n+1} 之间的时间步长为 $\Delta t^{n+\frac{1}{2}}$。在下面的差分方程中,头顶带"~"符号的参量是预估或校正阶段该参量的中间值,同时,为了简洁起见,在差分格式中忽略空间标记。

现假设流场介质处于带反应流动状态,即流场介质可用反应材料模型描述,有 $\varepsilon<\lambda<1-\varepsilon$。求解满足混合物两组分之间压力平衡状态的迭代计算格式如下:

(1)预估(半时间步长 Euler 前差)

预估阶段的目的是计算时间半格点上混合物的 CREST 模型变量。计算过程如下,其中 $v^{n+\frac{1}{2}}$,$E^{n+\frac{1}{2}}$ 和 q^n 已由流体动力学基本守恒方程求出。

① 在给定 λ 值的条件下,解方程(7.2.75)(7.2.87)(7.2.88)(7.2.89)(7.2.90),计算流体动力学压力。

以前一时刻计算得到的 v_s 值作为 $\tilde{v}_s^{n+\frac{1}{2}}$ 的迭代初值,

$$\tilde{E}_s^{n+\frac{1}{2}}=E_s^n-(p^n+q^n)(\tilde{v}_s^{n+\frac{1}{2}}-v_s^n) \tag{7.2.91}$$

$$\tilde{Z}_s^{n+\frac{1}{2}}=\frac{\tilde{E}_s^{n+\frac{1}{2}}-\tilde{E}_i^{n+\frac{1}{2}}(v_s)}{\tilde{\tau}^{n+\frac{1}{2}}(v_s)} \tag{7.2.92}$$

$$\tilde{p}_s^{n+\frac{1}{2}}=p_s(\tilde{v}_s^{n+\frac{1}{2}},\tilde{E}_s^{n+\frac{1}{2}}) \tag{7.2.93}$$

$$\tilde{v}_g^{n+\frac{1}{2}}=\frac{v^{n+\frac{1}{2}}-(1-\lambda^n)\tilde{v}_s^{n+\frac{1}{2}}}{\lambda^n} \tag{7.2.94}$$

$$\tilde{E}_g^{n+\frac{1}{2}}=\frac{E^{n+\frac{1}{2}}-(1-\lambda^n)\tilde{E}_s^{n+\frac{1}{2}}}{\lambda^n} \tag{7.2.95}$$

$$\tilde{p}_g^{n+\frac{1}{2}}=p_g(\tilde{v}_g^{n+\frac{1}{2}},\tilde{E}_g^{n+\frac{1}{2}}) \tag{7.2.96}$$

然后对 $\tilde{v}_s^{n+\frac{1}{2}}$ 进行迭代,直到满足 $|\tilde{p}_s^{n+\frac{1}{2}}-\tilde{p}_g^{n+\frac{1}{2}}|\leqslant 10^{-6}$ Mbar。

② 解方程(7.2.78)(7.2.79)(7.2.80)(7.2.81)(7.2.82)(7.2.83)(7.2.84),计算反应

$$\tilde{b}_1^{n+\frac{1}{2}}=c_0\,(\tilde{Z}_s^{n+\frac{1}{2}})^{c_1} \tag{7.2.97}$$

$$\tilde{b}_2^{n+\frac{1}{2}}=c_2\,(\tilde{Z}_s^{n+\frac{1}{2}})^{c_3} \tag{7.2.98}$$

$$\tilde{m}_1^{n+\frac{1}{2}}=(1-\lambda^n)\frac{c_6\,(\tilde{Z}_s^{n+\frac{1}{2}})^{c_{12}}}{\sqrt{\tilde{b}_1^{n+\frac{1}{2}}}} \tag{7.2.99}$$

$$\tilde{m}_2^{n+\frac{1}{2}} = (1-\lambda^n)\frac{c_8(\tilde{Z}_s^{n+\frac{1}{2}})^{-c_9} + c_{10}(\tilde{Z}_s^{n+\frac{1}{2}} - c_{13})^{c_{11}}}{\sqrt{\tilde{b}_2^{n+\frac{1}{2}}}} \tag{7.2.100}$$

$$\lambda_1^{n+\frac{1}{2}} = \lambda_1^n + \frac{\Delta t^{n+\frac{1}{2}}}{2}\dot{\lambda}_1^n \tag{7.2.101}$$

$$\lambda_2^{n+\frac{1}{2}} = \lambda_2^n + \frac{\Delta t^{n+\frac{1}{2}}}{2}\dot{\lambda}_2^n \tag{7.2.102}$$

$$\lambda^{n+\frac{1}{2}} = \lambda^n + \frac{\Delta t^{n+\frac{1}{2}}}{2}\dot{\lambda}^n \tag{7.2.103}$$

③ 在固定的 λ 值下，再次解方程(7.2.75)和方程(7.2.87)(7.2.88)(7.2.89)(7.2.90)，调整流体动力学压力。

根据步骤①的计算结果，以 $\tilde{v}_s^{n+\frac{1}{2}}$ 作为 $v_s^{n+\frac{1}{2}}$ 的迭代初值做如下计算：

$$E_s^{n+\frac{1}{2}} = E_s^n - \left[\frac{1}{2}(p^n + \tilde{p}^{n+\frac{1}{2}}) + q^n\right](v_s^{n+\frac{1}{2}} - v_s^n) \tag{7.2.104}$$

$$Z_s^{n+\frac{1}{2}} = \frac{E_s^{n+\frac{1}{2}} - E_i^{n+\frac{1}{2}}(v_s)}{\tau^{n+\frac{1}{2}}(v_s)} \tag{7.2.105}$$

$$p_s^{n+\frac{1}{2}} = p_s(v_s^{n+\frac{1}{2}}, E_s^{n+\frac{1}{2}}) \tag{7.2.106}$$

$$v_g^{n+\frac{1}{2}} = \frac{v^{n+\frac{1}{2}} - (1-\lambda^{n+\frac{1}{2}})v_s^{n+\frac{1}{2}}}{\lambda^{n+\frac{1}{2}}} \tag{7.2.107}$$

$$E_g^{n+\frac{1}{2}} = \frac{E^{n+\frac{1}{2}} - (1-\lambda^{n+\frac{1}{2}})E_s^{n+\frac{1}{2}}}{\lambda^{n+\frac{1}{2}}} \tag{7.2.108}$$

$$p_g^{n+\frac{1}{2}} = p_g(v_g^{n+\frac{1}{2}}, E_g^{n+\frac{1}{2}}) \tag{7.2.109}$$

对 $v_s^{n+\frac{1}{2}}$ 进行迭代，直到满足 $|p_s^{n+\frac{1}{2}} - p_g^{n+\frac{1}{2}}| \leqslant 10^{-6}\,\text{Mbar}$。

④ 解方程(7.2.78)(7.2.79)(7.2.80)(7.2.81)(7.2.82)(7.2.83)(7.2.84)，为下一步的校正调整反应速率

$$b_1^{n+\frac{1}{2}} = c_0(Z_s^{n+\frac{1}{2}})^{c_1} \tag{7.2.110}$$

$$b_2^{n+\frac{1}{2}} = c_2(Z_s^{n+\frac{1}{2}})^{c_3} \tag{7.2.111}$$

$$m_1^{n+\frac{1}{2}} = (1-\lambda^{n+\frac{1}{2}})\frac{c_6(Z_s^{n+\frac{1}{2}})^{c_{12}}}{\sqrt{b_1^{n+\frac{1}{2}}}} \tag{7.2.112}$$

$$m_2^{n+\frac{1}{2}} = (1-\lambda^{n+\frac{1}{2}})\frac{c_8(Z_s^{n+\frac{1}{2}})^{-c_9} + c_{10}(Z_s^{n+\frac{1}{2}} - c_{13})^{c_{11}}}{\sqrt{b_2^{n+\frac{1}{2}}}} \tag{7.2.113}$$

$$\dot{\lambda}_1^{n+\frac{1}{2}} = (1-\lambda_1^{n+\frac{1}{2}})\left[-2b_1^{n+\frac{1}{2}}\ln(1-\lambda_1^{n+\frac{1}{2}})\right]^{\frac{1}{2}} \tag{7.2.114}$$

$$\dot{\lambda}_2^{n+\frac{1}{2}} = (1-\lambda_2^{n+\frac{1}{2}})\lambda_1^{n+\frac{1}{2}}\left[2b_2^{n+\frac{1}{2}}\left(\frac{b_2^{n+\frac{1}{2}}\lambda_1^{n+\frac{1}{2}}}{b_1^{n+\frac{1}{2}}} - \ln(1-\lambda_2^{n+\frac{1}{2}})\right)\right]^{\frac{1}{2}} \tag{7.2.115}$$

$$\dot{\lambda}^{n+\frac{1}{2}} = m_1^{n+\frac{1}{2}}\dot{\lambda}_1^{n+\frac{1}{2}} + m_2^{n+\frac{1}{2}}\dot{\lambda}_2^{n+\frac{1}{2}} \tag{7.2.116}$$

(2)校正

将 CREST 反应模型变量更新至 $n+1$ 时刻的值，其中 v^{n+1}、E^{n+1} 和 q^n 由流体动力方程求出。

① 在给定 λ 值条件下计算流体动力学压力

以预估的 $v_s^{n+\frac{1}{2}}$ 作为 $\tilde{v}_s^{n+1}$ 的迭代初值，

$$\tilde{E}_s^{n+1} = E_s^n - (p^{n+\frac{1}{2}} + q^n)(\tilde{v}_s^{n+1} - v_s^n) \tag{7.2.117}$$

$$\tilde{Z}_s^{n+1} = \frac{\tilde{E}_s^{n+1} - \tilde{E}_i^{n+1}(v_s)}{\tilde{\tau}^{n+1}(v_s)} \tag{7.2.118}$$

$$\tilde{p}_s^{n+1} = p_s(\tilde{v}_s^{n+1}, \tilde{E}_s^{n+1}) \tag{7.2.119}$$

$$\tilde{v}_g^{n+1} = \frac{v^{n+1} - (1-\lambda^{n+\frac{1}{2}})\tilde{v}_s^{n+1}}{\lambda^{n+\frac{1}{2}}} \tag{7.2.120}$$

$$\tilde{E}_g^{n+1} = \frac{E^{n+1} - (1-\lambda^{n+\frac{1}{2}})\tilde{E}_s^{n+1}}{\lambda^{n+\frac{1}{2}}} \tag{7.2.121}$$

$$\tilde{p}_g^{n+1} = p_g(\tilde{v}_g^{n+1}, \tilde{E}_g^{n+1}) \tag{7.2.122}$$

对 $\tilde{v}_s^{n+1}$ 进行迭代计算，直到满足 $|\tilde{p}_s^{n+1} - \tilde{p}_g^{n+1}| \leqslant 10^{-6}$ Mbar。

② 解方程(7.2.78)(7.2.79)(7.2.80)(7.2.81)(7.2.82)(7.2.83)(7.2.84)，计算反应

$$\tilde{b}_1^{n+1} = c_0\,(\tilde{Z}_s^{n+1})^{c_1} \tag{7.2.123}$$

$$\tilde{b}_2^{n+1} = c_2\,(\tilde{Z}_s^{n+1})^{c_3} \tag{7.2.124}$$

$$\tilde{m}_1^{n+1} = (1-\lambda^{n+\frac{1}{2}})\frac{c_6\,(\tilde{Z}_s^{n+1})^{c_{12}}}{\sqrt{\tilde{b}_1^{n+1}}} \tag{7.2.125}$$

$$\tilde{m}_2^{n+1} = (1-\lambda^{n+\frac{1}{2}})\frac{c_8\,(\tilde{Z}_s^{n+1})^{-c_9} + c_{10}(\tilde{Z}_s^{n+1} - c_{13})^{c_{11}}}{\sqrt{\tilde{b}_2^{n+1}}} \tag{7.2.126}$$

$$\lambda_1^{n+1} = \lambda_1^n + \Delta t^{n+\frac{1}{2}}\dot{\lambda}_1^{n+\frac{1}{2}} \tag{7.2.127}$$

$$\lambda_2^{n+1} = \lambda_2^n + \Delta t^{n+\frac{1}{2}}\dot{\lambda}_2^{n+\frac{1}{2}} \tag{7.2.128}$$

$$\lambda^{n+1} = \lambda^n + \Delta t^{n+\frac{1}{2}}\dot{\lambda}^{n+\frac{1}{2}} \tag{7.2.129}$$

③ 在固定的 λ 值下解方程(7.2.75)和(7.2.87)(7.2.88)(7.2.89)(7.2.90)，调整流体动力学压力。

以校正步骤①得到的 $\tilde{v}_s^{n+1}$ 作为 v_s^{n+1} 迭代初值做如下计算：

$$E_s^{n+1} = E_s^n - \left[\frac{1}{2}(p^{n+\frac{1}{2}} + \tilde{p}^{n+1}) + q^n\right](v_s^{n+1} - v_s^n) \tag{7.2.130}$$

$$Z_s^{n+1} = \frac{E_s^{n+1} - E_i^{n+1}(v_s)}{\tau^{n+1}(v_s)} \tag{7.2.131}$$

$$p_s^{n+1} = p_s(v_s^{n+1}, E_s^{n+1}) \tag{7.2.132}$$

$$v_g^{n+1}=\frac{v^{n+1}-(1-\lambda^{n+1})v_s^{n+1}}{\lambda^{n+1}} \tag{7.2.133}$$

$$E_g^{n+1}=\frac{E^{n+1}-(1-\lambda^{n+1})E_s^{n+1}}{\lambda^{n+1}} \tag{7.2.134}$$

$$p_g^{n+1}=p_g(v_g^{n+1},E_g^{n+1}) \tag{7.2.135}$$

对 v_s^{n+1} 进行迭代，直到满足 $|p_s^{n+1}-p_g^{n+1}|\leqslant 10^{-6}\text{Mbar}$。

④ 解方程(7.2.78)(7.2.79)(7.2.80)(7.2.81)(7.2.82)(7.2.83)(7.2.84)，计算下一时步的反应速率

$$b_1^{n+1}=c_0\,(Z_s^{n+1})^{c_1} \tag{7.2.136}$$

$$b_2^{n+1}=c_2\,(Z_s^{n+1})^{c_3} \tag{7.2.137}$$

$$m_1^{n+1}=(1-\lambda^{n+1})\frac{c_6\,(Z_s^{n+1})^{c_{12}}}{\sqrt{b_1^{n+1}}} \tag{7.2.138}$$

$$m_2^{n+1}=(1-\lambda^{n+1})\frac{c_8\,(Z_s^{n+1})^{-c_9}+c_{10}(Z_s^{n+1}-c_{13})^{c_{11}}}{\sqrt{b_2^{n+1}}} \tag{7.2.139}$$

$$\dot{\lambda}_1^{n+1}=(1-\lambda_1^{n+1})[-2b_1^{n+1}\ln(1-\lambda_1^{n+1})]^{\frac{1}{2}} \tag{7.2.140}$$

$$\dot{\lambda}_2^{n+1}=(1-\lambda_2^{n+1})\lambda_1^{n+1}\left[2b_2^{n+1}\left(\frac{b_2^{n+1}\lambda_1^{n+1}}{b_1^{n+1}}-\ln(1-\lambda_2^{n+1})\right)\right]^{\frac{1}{2}} \tag{7.2.141}$$

$$\dot{\lambda}^{n+1}=m_1^{n+1}\dot{\lambda}_1^{n+1}+m_2^{n+1}\dot{\lambda}_2^{n+1} \tag{7.2.142}$$

6. 模型及算法验证

对模型的验证需将反应材料模型及算法嵌入相对简单的流体动力学程序，选择模型参数齐全的炸药对加载条件简单（能用数值计算精确模拟）、且具有精确测试结果的简单实验进行数值计算并比较。表 7.2.1 给出了 HMX 基炸药 EDC37 和 TATB 基炸药 PBX－9502 的 CREST 反应材料模型参数。

表 7.2.1　EDC－37 和 PBX－9502 炸药的 CREST 反应材料模型参数

Parameter	EDC37	PBX9502	Units
ρ_0	1.8445	1.889	g/cm^3
ρ_{0s}	1.8445	1.942	g/cm^3
Reaction products equation of state			
A	6.642021	4.603	Mbar
B	0.2282927	0.09544	Mbar
R_1	4.25	3.903	
R_2	1.825	1.659	
ω	0.25	0.48	
Q	0.0719557	0.0373	Mbar cm^3/g

（续表）

Unreacted equation of state			
K_{0S}	0.1424525	0.09314021	Mbar
A_1	2.417494	0.246257	
A_2	2.208027	11.44221	
A_3	0.0	0.0	
B_1	0.0	16.8477	
B_2	0.0	6.534913	
B_3	0.0	0.0	
f_c	0.0	0.05	
δ	0.0	0.021322	
Γ_1	32.33557	126.4052	
Γ_2	3.596933	6.554447	
γ_{00}	0.4	0.4	
m	2.0	2.0	
T_{0s}	293.0	293.0	K
C_{V0s}	9.17×10^{-6}	1.068×10^{-5}	Mbar cm^3/g/K
dC_{V_s}/dT	0.0	2.42×10^{-8}	Mbar $cm^3/g/K^2$
Reaction rate parameters			
c_0	2.0×10^8	2.0×10^7	$\mu s^{-2}(\text{Mbar cm}^3/g)^{-c_1}$
c_1	2.0	2.5	
c_2	2.2×10^8	8.0×10^6	$\mu s^{-2}(\text{Mbar cm}^3/g)^{-c_3}$
c_3	2.5	2.5	
c_6	0.0	1.8×10^{12}	μs^{-1}
c_8	1.6×10^{-4}	0.0	$\mu s^{-1}(\text{Mbar cm}^3/g)^{c_9}$
c_9	1.0	1.0	
c_{10}	4.0×10^5	3.0×10^3	$\mu s^{-1}(\text{Mbar cm}^3/g)^{-c_{11}}$
c_{11}	1.8	1.25	
c_{12}	0.0	5.0	
c_{13}	0.0	0.0012	Mbar cm^3/g

图 7.2.4 是 EDC37 炸药受幅值为 5.92GPa 持续单冲击波加载时，位于加载界面附近典型的 CREST 反应速率历史。

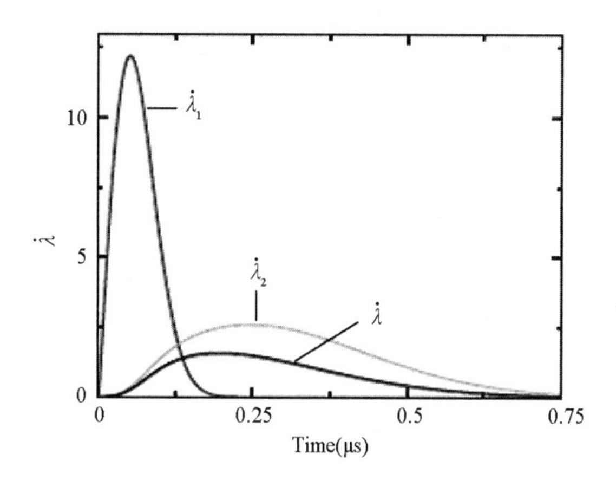

图 7.2.4　EDC37 炸药受 5.92GPa 持续冲击波加载时，
位于加载界面附近典型的 CREST 反应速率历史

图 7.2.5 给出了 CREST 反应材料模型对 EDC37 炸药的持续单冲击波和复合(双)冲击波加载实验的模拟结果。在大多数情况下,对冲击强度(即冲击波到达时刻的粒子速度值)和粒子速度峰值的计算结果与实验结果合理的符合。冲击波到达时间和粒子速度峰值到达时间也都与实验匹配。将图 7.2.5(a)与图 6.2.2 显示的 Lee-Tarver 三项点火与

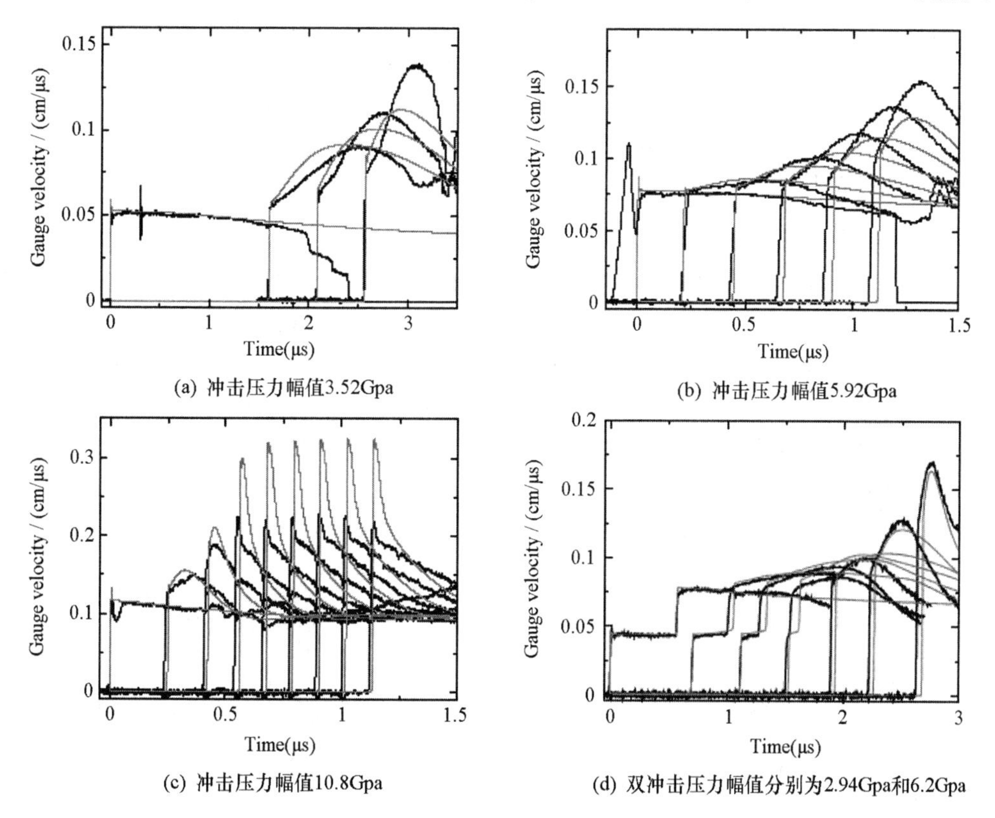

图 7.2.5　EDC37 炸药 CREST 模型结果与气炮加载实验粒子速度剖面的比较

增长反应速率模型对同一实验的计算结果进行比较,CREST 反应材料模型所得的粒子速度历史的特征形状显然与实验结果更符合。

图 7.2.5(c)显示接近稳定爆轰时的模型结果与实验结果差别很大。有两个可能的原因:未反应炸药和爆轰产物状态方程参数偏离了炸药的 CJ 爆轰状态;反应速率模型不能正确反映炸药自冲击至爆轰转变的爆轰增长过程。

7.3 一种用于冲击起爆和爆轰计算的特征线方法

多数用于研究炸药反应材料模型的定量实验和大量工程问题都可以按一维、二维问题处理。通常一维反应流体动力学程序可用两种离散化方法编制:一种是差分方法,一种是特征线方法。用差分法编制反应流体动力学程序的优点是,能灵活地处理边界条件和复杂冲击波加载。然而它们也有缺点:冲击波阵面幅值和冲击波到达的时间分辨率较低,冲击波波阵面后有数值振荡,如果用较高的人工黏性来控制波后振荡,将导致冲击波阵面发生畸变。另外,由于冲击波阵面被处理成压缩波,因而不能使用与冲击波阵面压力相关的反应速率方程。这些缺点对冲击起爆和爆轰的数值模拟也许是致命的,特别是在高幅值冲击波作用下,因为在高幅值冲击波作用下,炸药的化学反应区厚度非常小,在波阵面上有一个很窄的化学反应尖峰。如果用特征线法模拟冲击波起爆过程就可以克服这些缺点。虽然它本身也有许多缺点,例如,对复合冲击波的模拟。但是它能准确预测冲击波幅值和传播时间,以及冲击波波后陡峭参数下降现象,非常有利于将冲击波强度相关的反应速率模型(类似于冲击波阵面压力 p_s 相关的 JTF 模型)在程序中实现。

7.3.1 特征线的概念

控制一维冲击起爆和爆轰波流场中的物体行为的基本方程组是一组以 x 和 t 为自变量的一阶非线性双曲型偏微分方程组。根据偏微分方程的数学理论,在 $x-t$ 平面存在两簇特征线,沿这些曲线,能把原来的偏微分方程组转换成全微分方程。将求偏微分方程通解的问题转换成求常微分方程解的问题就是特征线方法的数学意义。

可以从两个不同角度引入特征线和特征线关系(又称相容条件)的概念,即方向导数法和不定导数法。根据方向导数的定义,二元函数 $f(x,t)$ 在它的定义域内沿曲线 $x=x(t)$ 的方向导数为:

$$\left.\frac{\mathrm{d}f}{\mathrm{d}t}\right|_{x=x(t)}=\frac{\mathrm{d}f(t,x(t))}{\mathrm{d}t}=\frac{\partial f}{\partial t}+\frac{\mathrm{d}x}{\mathrm{d}t}\frac{\partial f}{\partial x} \tag{7.3.1}$$

因此,任意一个二元函数 $f(x,t)$ 的两个偏导数 $\frac{\partial f}{\partial t}$ 和 $\frac{\partial f}{\partial x}$ 的线性组合可以表示成:

$$a\frac{\partial f}{\partial t}+b\frac{\partial f}{\partial x}=a\left(\frac{\partial f}{\partial t}+\frac{b}{a}\frac{\partial f}{\partial x}\right)=a\left(\frac{\partial f}{\partial t}+\frac{\mathrm{d}x}{\mathrm{d}t}\frac{\partial f}{\partial x}\right) \tag{7.3.1}$$

只要取 $\frac{\mathrm{d}x}{\mathrm{d}t}=\frac{b}{a}$,就可以说两个偏导数的线性组合是二元函数 $f(x,t)$ 沿曲线 $\frac{\mathrm{d}x}{\mathrm{d}t}=\frac{b}{a}$ 的方向导数。该曲线的具体函数形式可由积分 $x=\int\frac{b}{a}\mathrm{d}t+c$ 决定,c 是积分常数。所以这样的曲

线不是只有一条，而是有一簇。这一簇曲线就是特征线。而二元函数 $f(x,t)$ 沿曲线 $\frac{dx}{dt}=\frac{b}{a}$ 的方向导数即为特征线关系，或称为沿特征线的相容关系式。

下面举两个简单的例子来说明特征线的概念，以及如何利用特征线方法求解偏微分方程的通解或数值解。

例 1　求如下一阶常系数齐次偏微分方程在给定初始条件下的通解（设 $a>0$ 为常数）：

$$\frac{\partial u}{\partial t}+a\frac{\partial u}{\partial x}=0 \tag{7.3.1}$$

已知初始条件为：

$$u(x,0)\equiv\varphi(x) \tag{7.3.2}$$

解　将方程(7.3.1)写成如下等价的方向导数形式：

$$\frac{\partial u}{\partial t}+\frac{dx}{dt}\frac{\partial u}{\partial x}=\left(\frac{du}{dt}\right)_{\text{沿特征线}}=0 \tag{7.3.3}$$

式中，令

$$\frac{dx}{dt}=a \tag{7.3.4}$$

方程(7.3.4)即为偏微分方程(7.3.1)的特征线方程或特征方向，沿此特征线成立的全微分式(7.3.3)即为特征线关系。这样，在 $x-t$ 平面上求偏微分方程(7.3.1)初值问题的通解 $u(x,t)$ 就转变为求沿特征线(7.3.4)成立的全微分方程解的问题。

因为 a 为常数，对式(7.3.4)积分，可得偏微分方程(7.3.1)的特征直线簇方程 $x=at+c$，其中 c 为积分常数。如图 7.3.1 所示，在 $x-t$ 平面任取一点 (x,t)，过 (x,t) 点做一条特征线与 x 轴相交，交点为 x_0。这条特征线的方程为：

$$x-at=x_0 \tag{7.3.5}$$

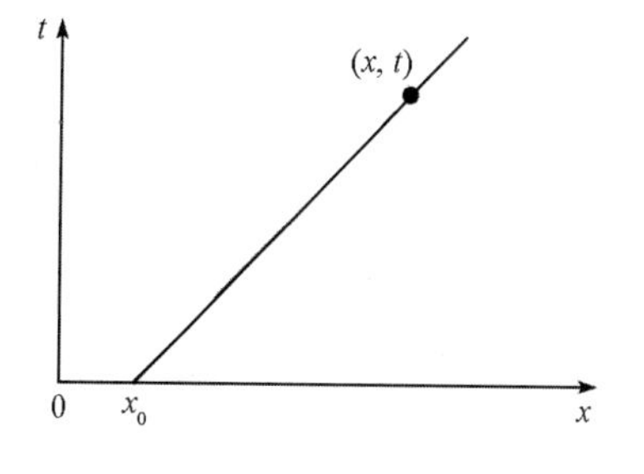

图 7.3.1　特征线示意图

沿此特征线，对全微分方程(7.3.3)积分，得特征线关系：

$$u(x,t)\equiv c_1 \tag{7.3.6}$$

其中 c_1 为积分常数。即沿式(7.3.5)定义的特征直线，函数 u 为常数，因此：

$$u(x,t)=u(x_0,0)=\varphi(x_0)\equiv\varphi(x-at) \tag{7.3.7}$$

式(7.3.7)即为偏微分方程(7.3.1)在已知初始条件(7.3.2)式下的通解。

例 2　求一阶常系数非齐次偏微分方程在给定初始条件下的数值解（$a>0$ 为常数）：

$$\frac{\partial u}{\partial t}+a\frac{\partial u}{\partial x}=f(x,t,u) \tag{7.3.8}$$

初始条件仍为(7.3.2)式。

解　与例 1 相同，利用方向导数的概念，求偏微分方程(7.3.8)初值问题的解可转变为求沿特征线(7.3.4)成立的常微分方程初值问题的解，即

$$\begin{cases}\dfrac{\mathrm{d}u}{\mathrm{d}t}=f(x,t,u)\\u(x,0)\equiv\varphi(x)\end{cases}\tag{7.3.9}$$

作特征线网格如图 7.3.2 所示。两簇平行直线将 $x-t$ 平面剖分为许多小菱形四边形，其中时间网格线间隔为 τ，空间网格线倾斜，与特征线平行。过 $(x_0,0)$ 的特征线 $x-at=x_0$ 与直线 $t=\tau$ 交于点 (x_1,τ)，空间坐标 $x_1=x_0+a\tau$。沿特征线解常微分方程初值问题式(7.3.9)，可以求得第一层 $t=\tau$ 上 (x_1,τ) 点的函数值 $u(x_1,\tau)$ 为：

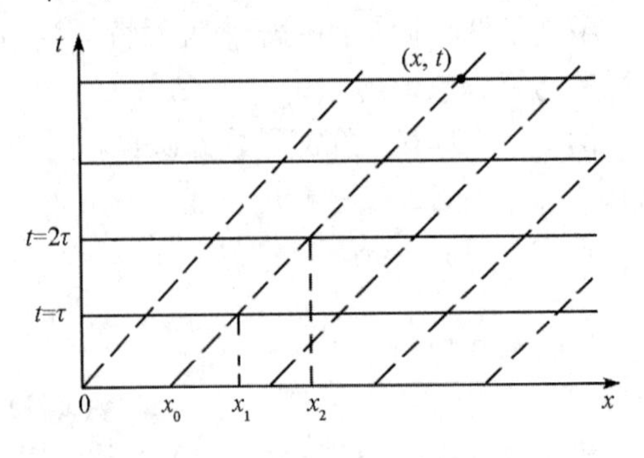

图 7.3.2　特征线网格示意图

$$u(x_1,\tau)=u(x_0,0)+\int_0^{\tau}f(x,t,u)\,\mathrm{d}t\tag{7.3.10}$$

用数值积分的左矩形公式求其中的积分，可得 $u(x_1,\tau)$ 的近似值：

$$u(x_1,\tau)=\varphi(x_0)+\tau\cdot f(x_0,0,\varphi(x_0))\tag{7.3.11}$$

求出第一层上的函数值 $u(x_1,\tau)$ 后，再由特征线方程求出该条特征线与 $t=2\tau$ 交点的空间坐标 $x_2=x_1+a\tau$。沿特征线解全微分方程初值问题式(7.3.9)，可以求得第二层上函数的近似值：

$$u(x_2,2\tau)=u(x_1,\tau)+\tau\cdot f(x_1,\tau,u(x_1,\tau))\tag{7.3.12}$$

依次类推，直到第 n 层的函数值 $u(x,t)$ 求出为止。

显然，上面介绍的特征线数值计算方法难以推广到非线性双曲型偏微分方程(组)。原因是：非线性双曲型偏微分方程的特征方向与函数本身有关，特征线数值计算网格不能事先划分，而且沿特征线上的微分关系式也比较复杂，导致特征线计算网格的划分逻辑复杂、编程困难；在非线性偏微分方程所描述的流场中，特征线簇的每一条特征线相互不平行，一旦相交，沿两条相交特征线各自成立的微分关系会导致在交点上出现奇点，这对应流场中出现的冲击波。因此，在使用特征线方法计算冲击起爆或爆轰波传播问题时，必须将流场分成波前和波后两个区域，波前为未扰动区，而冲击波迹线作为波后连续流动区的边界，该边界上的状态由冲击波关系确定。

7.3.2　一维带反应流体动力学特征线数值计算方法

控制冲击起爆和爆轰波流场流动行为的基本方程是一组非线性双曲型偏微分方程组。Partom 对一维带反应流体动力学方程组提出了一种特别的特征线数值计算方法，该方法除了具有特征线方法本身的优点外，还具有以下特点：可模拟多种冲击波加载条件；显式计算，不需要进行任何迭代处理。因此，在用此方法编制的程序中很容易加入不同的炸药和产物的状态方程，以及各种反应速率模型，非常适用于验证各种反应材料模型。

1. 特征线方程及其相容关系

描述冲击起爆和爆轰波波后流场流动行为的平面一维 Lagrange 流体运动方程为：

$$\frac{\partial v}{\partial t}-v_0\frac{\partial u}{\partial h}=0 \tag{7.3.13}$$

$$\frac{\partial u}{\partial t}+v_0\frac{\partial p}{\partial h}=0 \tag{7.3.14}$$

式中 h 为 Lagrange 坐标。将 6.3.1 节中推导出的反应方程(6.3.18)代入式(7.3.13),得:

$$D_v\frac{\partial p}{\partial t}-v_0\frac{\partial u}{\partial h}=-E_v\frac{\partial\lambda}{\partial t} \tag{7.3.15}$$

式中系数 D_v 和 E_v 与未反应炸药和爆轰产物的状态方程及反应机制假设有关。用 μ 乘以式(7.3.14),然后与式(7.3.15)相加,得:

$$D_v\frac{\partial p}{\partial t}+\mu v_0\frac{\partial p}{\partial h}+\mu\frac{\partial u}{\partial t}-v_0\frac{\partial u}{\partial h}=-E_v\frac{\partial\lambda}{\partial t} \tag{7.3.16}$$

整理上式,并令 p 和 u 在 $x-t$ 平面相同的方向上有全微分(即沿 $x-t$ 平面的同一条曲线有方向导数):

$$\left(\frac{\partial p}{\partial t}+\frac{\mathrm{d}h}{\mathrm{d}t}\frac{\partial p}{\partial h}\right)+\frac{\mu}{D_v}\left(\frac{\partial u}{\partial t}+\frac{\mathrm{d}h}{\mathrm{d}t}\frac{\partial u}{\partial h}\right)=-\frac{E_v}{D_v}\frac{\partial\lambda}{\partial t} \tag{7.3.17}$$

即只要取特征线方向

$$\frac{\mathrm{d}h}{\mathrm{d}t}=k=\mu\frac{v_0}{D_v}=-\frac{v_0}{\mu} \tag{7.3.18}$$

p 和 u 沿 $x-t$ 平面的同一条曲线(特征线)就有相同的方向导数。从上式中解出 μ,可得带反应平面一维 Lagrange 流体运动非线性偏微分方程组(7.3.14)(7.3.15)的特征线方程为:

$$\frac{\mathrm{d}h}{\mathrm{d}t}=\pm C_L \tag{7.3.19}$$

和沿特征线成立的相容关系

$$\mathrm{d}p\pm\rho_0C_L\mathrm{d}u=\rho_0^2C_L^2E_v\dot{\lambda}\mathrm{d}t=F\mathrm{d}t \tag{7.3.20}$$

其中 $C_L=v_0/\sqrt{-D_v}$ 为特征线斜率,它也是 Lagrange 声速,$\rho_0=1/v_0$。粒子运动轨迹 $\frac{\mathrm{d}h}{\mathrm{d}t}=0$ 是第三条特征线,反应方程、求解温度的方程(6.3.33)和反应速率方程均沿此特征线积分。

2. 冲击波变化方程

在 Partom 提出的特征线数值计算方法中,需要用冲击波变化方程求解冲击波迹线及冲击波迹线上的状态。用如下变换关系(沿冲击波迹线的方向导数),则可以将方程(7.3.14)(7.3.15)中的偏微分 $\frac{\partial p}{\partial h}$ 和 $\frac{\partial u}{\partial h}$ 转换成沿冲击波迹线方向的微分,

$$\frac{\partial f}{\partial h}=\left(\frac{\partial f}{\partial h}\right)_s-\frac{\dot{f}}{D} \tag{7.3.21}$$

式中:f 代表 p 或 u;D 为冲击波速度;下标 s 表示沿冲击波迹线的偏微分。将冲击波阵面上的 Hugoniot 关系代入上式,可得冲击波变化方程:

$$\left(\frac{\partial p}{\partial h}\right)_s=\frac{(C_L^2/D^2-1)\dot{p}+F}{D\left(\frac{1}{2}C_L^2/C_H^2+\frac{3}{2}C_L^2/D^2\right)}=A\dot{p}+B \tag{7.3.22}$$

和

$$\left(\frac{\partial u}{\partial h}\right)_s = G(A\dot{p} + B) \tag{7.3.23}$$

式中：$G=(1+D^2/C_H^2)/(2\rho_0 D)$；$C_H^2=-v_0\dfrac{\mathrm{d}p_H}{\mathrm{d}v}$为 Hugoniot 声速；$p_H$为 Hugoniot 压力。

方程(7.3.22)(7.3.23)建立了沿冲击波迹线的微分$\left(\dfrac{\partial p}{\partial h}\right)_s$和$\left(\dfrac{\partial u}{\partial h}\right)_s$与沿粒子运动轨迹的微分$\dot{p}$之间的联系。

3. 特征线网格及求解过程

用冲击波迹线网格来构造特征线数值计算网格。冲击波迹线网格如图 7.3.3 所示，其中“水平”网格线用 i 标记，“水平”网格线上的节点用 j 标记，$j=1$ 的节点位于起爆边界上，$j=i$ 的节点在冲击波迹线上。这样构造的网格其特点是：冲击波迹线通过网格节点；“水平”网格线与 Lagrange 空间坐标轴不平行。只要保证“水平”线斜率大于正特征线斜率且小于冲击波迹线斜率，即：

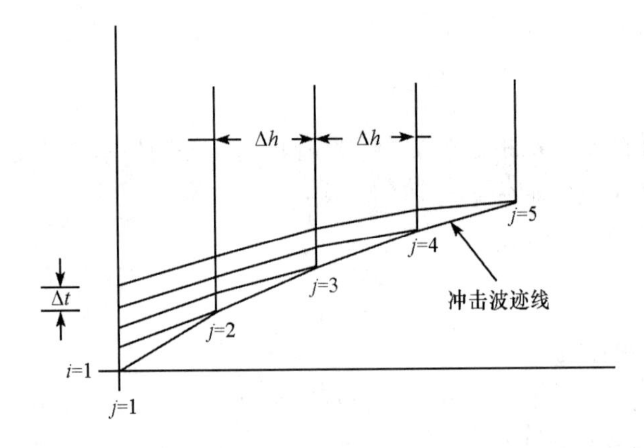

图 7.3.3　冲击波迹线网格

$$\frac{1}{D_{\max}} > \frac{\Delta t}{\Delta h} > \frac{1}{D_{\min}} - \frac{1}{C_{\max}} \tag{7.3.24}$$

就可以在整个网格中取 Δh 和 Δt 为常数。

条件(7.3.24)通常容易满足，其中下标 max 和 min 分别代表参数相对于整个流场的最大值和最小值。对于冲击起爆问题，$D_{\max}$是 CJ 爆轰波速度，$D_{\min}$是初始冲击波速度，$C_{\max}$是起爆界面上的最大声速。

图 7.3.3 所示特征线网格的积分顺序是：从左往右，先下后上。首先计算边界节点($j=1$)上的参数，然后计算正规节点($1<j<i-1$)上的参数，最后计算位于冲击波迹线附近和迹线上两个节点 $j=i-1$ 和 $j=i$ 的参数值。

(1) 正规网格节点

所谓正规网格节点，是指图 7.3.3 所示的冲击波迹线网格中，除边界节点和冲击波迹线及其附近节点外的内部网格节点。正规网格节点上差分方程的建立，如图 7.3.4 所示，其中节点 1、2、3 在第 $i-1$ 条“水平”线上，节点 4、5、6 在第 i 条“水平”线上，连接节点 1、5

和2、6的直线平行于冲击波迹线，节点1、2、3、4上的所有参数均已求出，节点5上的参量待求。从节点5向时间的反方向画两条特征线，其斜率分别为$\pm C_L$，其中正特征线存在两种情况：$C_L \geqslant D_L$和$C_L < D_L$。作为近似，C_L取节点2上的值。

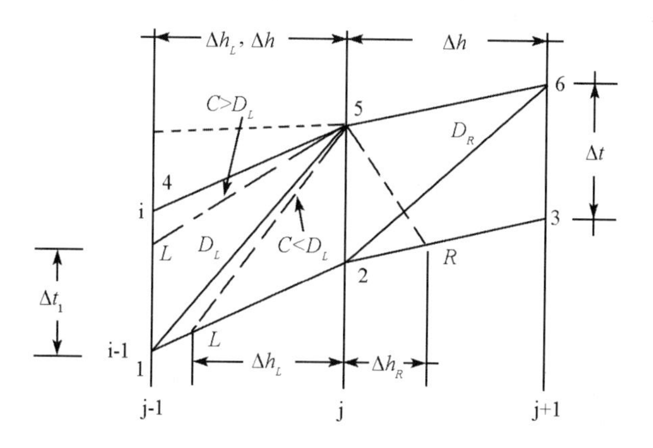

图 7.3.4　正规网格节点

当$C_L \geqslant D_L$时，正特征线与节点1和4的连线交于L点，

$$\Delta t_1 = \Delta h\left(\frac{1}{D_L} - \frac{1}{C_L}\right) \tag{7.3.25}$$

$$\Delta h_L = \Delta h\ ;\Delta t_L = \Delta h_L / C_L \tag{7.3.26}$$

当$C_L < D_L$时，正特征线与节点1和节点2的连线交于另一L点，

$$\Delta h_L = \frac{\Delta t}{\left(\frac{1}{C_L} + \frac{\Delta t}{\Delta h} - \frac{1}{D_L}\right)};\Delta t_L = \Delta h_L / C_L \tag{7.3.27}$$

对负特征线，它与节点2和节点3的连线交于R点，

$$\Delta h_R = \frac{\Delta t}{\left(\frac{1}{C_L} + \frac{1}{D_R} - \frac{\Delta t}{\Delta h}\right)};\Delta t_R = \Delta h_R / C_L \tag{7.3.28}$$

沿正、负特征线，积分特征线关系(7.3.20)，得：

$$p - p_L + \rho_0 C_L (u - u_L) = F_L \Delta t_L \tag{7.3.29}$$

$$p - p_R - \rho_0 C_L (u - u_R) = F_R \Delta t_R \tag{7.3.30}$$

由此可解出节点5处的压力和质点速度为

$$p = \frac{1}{2}\left[\rho_0 C_L (u_L - u_R) + (p_L + p_R) + (F_L \Delta t_L + F_R \Delta t_R)\right] \tag{7.3.31}$$

$$u = \frac{1}{2\rho_0 C_L}\left[\rho_0 C_L (u_L + u_R) + (p_L - p_R) + (F_L \Delta t_L - F_R \Delta t_R)\right] \tag{7.3.32}$$

式中，位于L点或R点（下标为L或R）的参量由相邻网格节点的已知参量线性插值得到。

节点5上的其余参量通过沿粒子轨迹的积分由炸药及产物状态方程和各组分反应方程（见6.3.1节）求出：

$$\lambda = \lambda_2 + \dot{\lambda}_2 \Delta t \tag{7.3.33}$$

$$v_g = v_{g2} + D_{vg2}(p - p_2) + E_{vg2}(\lambda - \lambda_2) \tag{7.3.34}$$

$$v_s = v_{s2} + D_{vs2}(p - p_2) + E_{vs2}(\lambda - \lambda_2) \tag{7.3.35}$$

$$T = T_2 + D_{T2}(p - p_2) + E_{T2}(\lambda - \lambda_2) \tag{7.3.36}$$

根据状态方程和混合法则:

$$e_g = e_g(p, v_g) \tag{7.3.37}$$

$$e_s = e_s(p, v_s) \tag{7.3.38}$$

$$v = \lambda v_g + (1 - \lambda) v_s \tag{7.3.39}$$

$$E = \lambda e_g + (1 - \lambda) e_s \tag{7.3.40}$$

上述方程中,式(7.3.36)仅当炸药的分解反应机制为体积反应时成立。

(2)边界节点

如果图7.3.4中的网格节点标记 $j=1$,则节点2和节点5位于起爆边界面上,如图7.3.5所示。其中节点2和节点3的参数值已知,求节点5的流动参数。

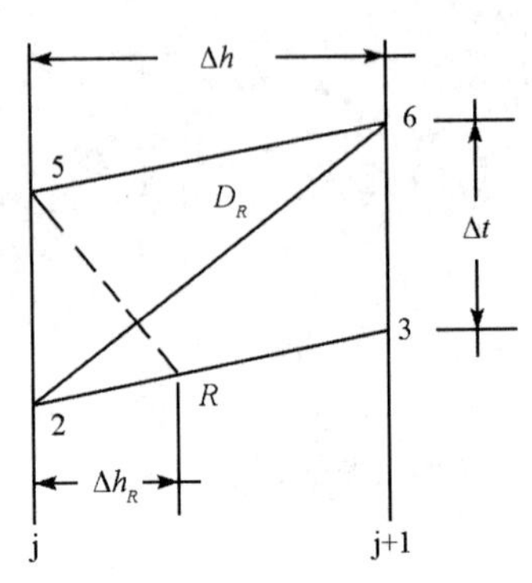

图7.3.5 边界网格节点

这时,沿负特征线的差分方程(7.3.30)仍然成立,对它求解还需要一个附加边界条件。在冲击波迹线网格差分方法中可设置如下四种边界条件:

① 压力边界条件

已知边界节点上的压力历史 $p_b(t)$,将 p_b 代入方程(7.3.30)可得:

$$u = u_R + \frac{1}{\rho_0 C_L}(p_b - p_R - F_R \Delta t_R) \tag{7.3.41}$$

② 质速边界条件

已知边界上的质速 $u_b(t)$,可得:

$$p = p_R + \rho_0 C_L(u_b - u_R) + F_R \Delta t_R \tag{7.3.42}$$

③ 厚飞板碰撞条件

已知飞片材料的冲击 Hugoniot 曲线为:

$$D = C_P + S_P u \tag{7.3.43}$$

则飞片中传入的冲击波 $p-u$ 关系为:

$$p = \rho_P C_P(W - u) + \rho_p S_P (u - W)^2 \tag{7.3.44}$$

式中:ρ_p 为飞板材料的初始密度;W 为飞片撞击速度。对方程(7.3.44)微分,然后再沿界面粒子运动轨迹积分可得如下差分方程:

$$p - p_2 = R(u - u_2) \tag{7.3.45}$$

式中

$$R = -\rho_p C_p + 2\rho_p S_p(u_2 - W) \tag{7.3.46}$$

联立求解方程(7.3.30)和方程(7.3.45)可得界面节点5处的压力和质速:

$$u = (F_R \Delta t_R - p_2 + p_R + R u_2 - \rho_0 C_L u_R)/(R - \rho_0 C_L) \tag{7.3.47}$$

$$p = p_2 + R(u - u_2) \tag{7.3.48}$$

④ 飞板碰撞和压力边界混合条件

初始时用厚板碰撞条件，当时间大于某一时刻后改用压力边界条件。此条件可用于模拟薄飞片碰撞起爆问题。

在飞板撞击炸药初始时刻，边界节点 $i=j=1$ 处的 p 和 u 由下式与式(7.3.44)联立求出：

$$p=\rho_0 Cu+\rho_0 Su^2 \tag{7.3.49}$$

式中 C 和 S 为未反应炸药的 $D-u$ 曲线系数。

(3) 冲击波迹线及其附近的节点

图 7.3.6 为推导冲击波迹线附近和迹线上节点 5 和节点 3 差分方程的示意图。

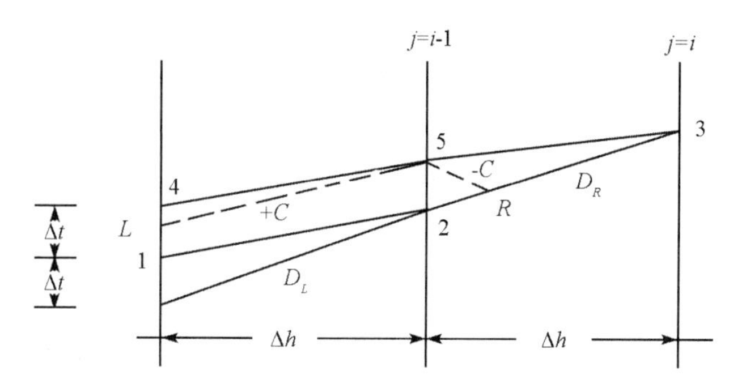

图 7.3.6　冲击波迹线及其附近的节点

图中 Δh_L 和 Δt_L 以及沿正特征线的差分方程与正规节点的相同。而沿负特征线有：

$$\Delta h_R=\frac{\Delta t}{\left(\dfrac{1}{C_L}+\dfrac{1}{D_R}\right)};\quad \Delta t_R=\Delta h_R/C_L \tag{7.3.50}$$

由冲击波变化方程(7.3.22)(7.3.23)，可得差分方程：

$$p_R-p_2=\Delta h_R\left(A\frac{p-p_2}{\Delta t}+B\right) \tag{7.3.51}$$

$$u_R-u_2=\Delta h_R G\left(A\frac{p-p_2}{\Delta t}+B\right) \tag{7.3.52}$$

再将 p_R 和 u_R 代入方程(7.3.30)得：

$$R_1 p-\rho_0 C_L u=R_2 \tag{7.3.53}$$

式中

$$R_1=1-A\Delta h_R/\Delta t+\rho_0 C_L GA\Delta h_R/\Delta t \tag{7.3.54}$$

$$R_2=F_R\Delta t_R+Q_1-\rho_0 C_L Q_2 \tag{7.3.55}$$

$$Q_1=p_2+(B-p_2A/\Delta t)\Delta h_R \tag{7.3.56}$$

$$Q_2=u_2+G(B-p_2A/\Delta t)\Delta h_R \tag{7.3.57}$$

由于节点 3 上的参量未知，上述式子中 F_R 近似取节点 2 上的值。联立方程(7.3.53)(7.3.29)，可求得冲击波迹线附近节点 $j=i-1$（节点 5）上的 p 和 u：

$$p=(R_2+F_L\Delta t_L+p_L+\rho_0 C_L u_L)/(1+R_1) \tag{7.3.58}$$

$$u=(R_1 p-R_2)/(\rho_0 C_L) \tag{7.3.59}$$

求出节点5上的p和u后,冲击波迹线上的节点3处的p和u可由冲击波变化方程直接给出:

$$p_3 = p_2 + \Delta h\left(A\frac{p_5 - p_2}{\Delta t} + B\right) \tag{7.3.60}$$

$$u_3 = u_2 + \Delta hG\left(A\frac{p_5 - p_2}{\Delta t} + B\right) \tag{7.3.61}$$

最后,$i=2$时的边界条件求解如下:

压力边界

$$u = (R_1 p_b - R_2)/(\rho_0 C_L) \tag{7.3.62}$$

质速边界

$$p = (R_2 + \rho_0 C_L u_b)/R_1 \tag{7.3.63}$$

厚飞板碰撞界面

$$u = [R_2 - R_1(p_2 - Ru_2)]/(RR_1 - \rho_0 C_L) \tag{7.3.64}$$

$$p = Ru + p_2 - Ru_2 \tag{7.3.65}$$

这里介绍的冲击波迹线网格特征线方法对冲击起爆至爆轰转变问题的计算有两个突出的优点:第一,反应材料模型可以显式求解,不需要进行迭代计算。因此,很容易将反应速率模型嵌入程序。这非常适合于检验或比较各种具有不同函数形式的反应速率方程对冲击起爆现象描述的"好"与"坏";第二,因为冲击波阵面由激波装配法确定,波阵面为强间断,可以精确得到波阵面状态。这对某些波阵面强度相关的反应速率模型而言非常方便。其缺点是不能用于界面反射或复合加载等复杂流动问题,解的收敛程度与网格尺寸的大小有关。

4. 算例

铝飞片以750m/s的速度撞击PBX-9404炸药,界面撞击压力约为3.8GPa。反应材料模型中未反应炸药和爆轰产物状态方程均用JWL方程,反应速率方程选用压力相关的Forest-Fire反应速率模型,反应机制为体积反应(热平衡假设成立)。模型参数(包括未反应炸药状态方程、产物状态方程和反应速率方程参数)分别参见附录中相应的附表。

图7.3.7为特征线程序计算结果。其中图(a)所示波阵面右下角标出的数字是Lagrange质点坐标(单位:cm),粗虚线是在不同Lagrange位置上冲击波阵面压力与冲击波到达时间的关系曲线,细虚线是反应区末端($\lambda=1$)对应的状态连线,定常爆轰波的VN点和CJ点的状态分别落在这两条曲线上。图(c)给出的是不同Lagrange质点的$p-v$关系图,判断一个反应速率模型好坏的重要依据之一是在描述稳定爆轰的传播过程时,检验其稳定性,以及将计算得到的化学反应区中的$p-v$图与根据ZND模型理论得到的$p-v$图作对比。对于所有Lagrange质点,当冲击波通过后,质点的初始状态都在炸药冲击绝热线上(图中粗虚线所示)。p和v的以后行为与质点在反应过渡区中的初始位置有关。当爆轰达到定常状态时,压力p首先从VN点沿图中点划线所示Rayleigh线下降至CJ点,尔后再沿等熵线下降。这与ZND模型描述的图像符合。图(d)显示的是冲击波到达时间与冲击波到达位置坐标平面上的冲击波迹线$h(t)$。用楔形实验得到的结果正是这条起爆冲击波迹线。将与准定常流动区中的爆轰波传播迹线所对应的直线延长,此延长线

与起始过渡区中冲击波迹线的分叉点即为通常所说的到达爆轰点。

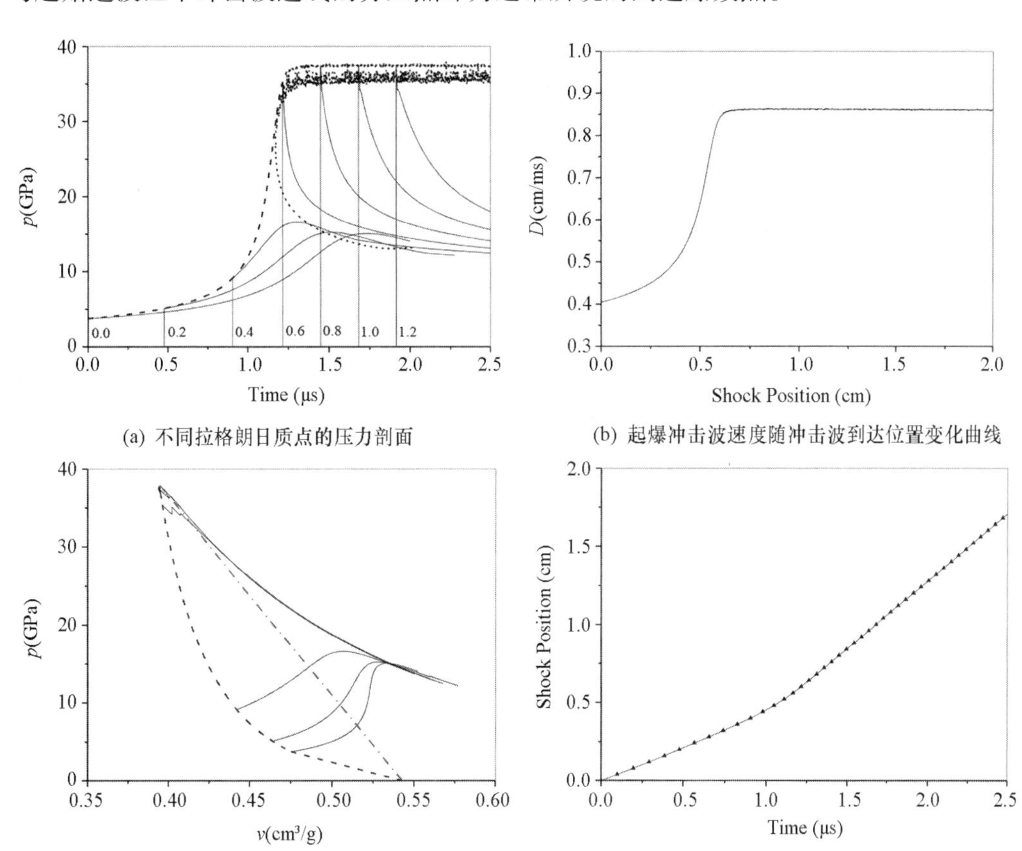

(a) 不同拉格朗日质点的压力剖面

(b) 起爆冲击波速度随冲击波到达位置变化曲线

(c) 起爆冲击波及爆轰波p-v曲线

(d) 起爆冲击波及爆轰波迹线

图 7.3.7　一维冲击波迹线网格特征线方法的计算结果

7.4　爆轰驱动计算方法

爆轰产物膨胀驱使飞片或弹药壳体运动是炸药实际应用的重要方面，是常规弹药和导弹战斗部设计的基础。爆轰波对惰性介质作用后，在惰性介质中传播的冲击波会因为追赶稀疏波的作用，在很短时间内将波阵面附近与化学峰对应的尖峰迅速抹平。因此，对爆轰驱动的计算可以不必考虑爆轰波的化学反应，认为炸药的化学能在冲击波阵面上瞬时释放（CJ 理论），这时爆轰波的计算可以采用一种简单方法，即引入所谓"燃烧函数"F，它的作用类似于考虑化学反应的反应进程变量，在模拟爆轰过程时控制着波阵面附近炸药化学能的释放。

在每一个炸药的网格单元中，爆轰产物压力由下式给出：

$$p = Fp_{eos}(v,E) \tag{7.4.1}$$

式中：p_{eos}是爆轰产物状态方程描述的产物压力；v 是相对比容；E 是炸药包含了化学潜能的总的单位体积的内能；F 是"燃烧函数"。两种最常见的定义如下。

1. Wilkins 函数 F_1

$$F_1=\begin{cases}0 & t\leqslant t_i \quad \text{在爆轰波未到达的炸药单元内}\\ \dfrac{aD\,(t-t_i)^b}{h} & t_i<t\leqslant t_i+\dfrac{h}{aD}\quad \text{冲击(压缩)波阵面内}\\ 1 & t>t_i+\dfrac{h}{aD}\quad \text{爆轰产物}\end{cases} \tag{7.4.2}$$

式中:D 是炸药的 CJ 爆速;h 是炸药网格单元的特征尺寸;t_i是第 i 个网格单元的起爆时间,即它是爆轰波从起爆点传播到第 i 个网格单元前沿的时间,如果定义了多个起爆点,则由距第 i 个单元最近的起爆点决定起爆时间 t_i;a 和 b 是可调参数。

这种燃烧函数表明,经过时间 $t=h/(aD)$,爆轰波以速度 D 走过的距离为 h/a,而函数 F_1由零单调上升到 1,压力则由零增加到 CJ 爆压 p_J。也就是说,当爆轰波每走完一段 h/a 的距离,在此距离起始处的网格内炸药完成了化学反应,即实现了完全起爆。所以燃烧函数 F_1的作用类似爆轰反应的反应进程变量,只不过反应起始点在未反应炸药的初始状态点,而不在先导冲击波阵面上,波阵面附近不存在正常爆轰波的化学峰。

参数 a 和 b 一般是通过试算逐步调整,以获得合理而较好的计算结果,其中 a 值的物理意义明确,它可以调整反应区的宽度,例如,$a=0.25$,则爆轰反应区的宽度就等于 $4h$,即压力从 0 到 p_J经过四个网格单元长度;而 b 值通常取 1,使波阵面压力随时间线性增加。

2. CJ 比容燃烧函数 F_2

$$F_2=\left(\frac{1-v}{1-v_J}\right)^m \tag{7.4.3}$$

式中:v 是相对比容;v_J是 CJ 相对比容,m 为可调参数。在爆轰波或冲击波传到之处,炸药开始受压,相应单元的密度升高、比容下降,从而使 F_2开始大于零,这表示化学反应被触发,炸药开始释放能量,而释放的能量会加速提高过渡区中的压力和密度,当相对比容下降到 v_J值,达到 $F_2=1$,该网格单元起爆结束。

在计算 F_2时,需定义未反应炸药的本构关系以计算炸药的受压缩程度。DYNA 程序将炸药材料的冲击响应行为用弹－理想塑性本构模型描述,在爆轰发生之前,炸药单元的压力为

$$p^{n+1}=K\left(\frac{1}{v^{n+1}}-1\right) \tag{7.4.4}$$

式中 K 是炸药体积模量。一旦炸药发生完全爆轰,单元的所有剪切应力等于 0。这时炸药单元的行为类似于气体。

在大多数的计算中,特别是当起爆端面是自由面时,波后的密度一般达不到 CJ 密度,即比容总是大于 v_J,所以炸药单元达不到 $F_2=1$ 的状态。这意味着爆轰反应不能全部完成,计算得到的只是一个放能不完全的爆轰波,其波速和压力都低于 CJ 值。若两者偏离 CJ 值较大,就有可能计算出弱爆轰图像。

实际上,大多数流体动学程序在处理爆轰驱动计算时还有第三种燃烧函数的定义,即

燃烧函数取 F_1 和 F_2 的最大值

$$F = \max(F_1, F_2) \tag{7.4.5}$$

7.5　小　结

爆轰数值模拟与惰性介质流体动力学数值模拟的基本控制方程相同。反应材料模型有两个基本要素——反应混合物状态方程和反应速率方程。其中反应速率方程既反映爆轰化学能量的释放速率,也描述反应混合物的物态变化速率。

各种反应材料模型和迭代计算方法都必须在流体动力学程序中实现才能得到真正应用。几乎所有的流体动力学程序都是用 FORTRAN 语言编制,其中绝大部分的编码(在几千条至几十万条 FORTRAN 语言之间)是专门用于进行各种各样的管理操作——输入/输出、数据存储、滑移界面逻辑、材料迁移,等等。而我们(程序用户)所关心的材料模型(包括反应材料模型)只包含在其中几个只有几百条 FORTRAN 语言的子程序内,除了用户自己编制的有源程序的程序外,几乎所有商用程序都会为正版用户开放材料模型(含本构和状态方程)接口,便于用户能够使用自己修改或新建立的材料模型。

参考文献

[1] Mader C L. Numerical Modeling of Explosives and Propellants[M]. CRC Press, 2007.

[2] 孙承纬. 一维冲击波和爆轰波计算程序 SSS[J]. 计算物理,1986,3(2).

[3] 宋江杰,等. 固体非均质炸药冲击点火与起爆模型研究进展. 爆炸与冲击,2012,32(2):121 - 128.

[4] Von Neumann J, Richtmyer R D. A Method for the Numerical Calculations of Hydrodynamic Shocks[J]. J. Appl Phy,. 1950(21):232 - 237.

[5] Landshoff R, ANumerical Method for Treating Fluid Flow in the Presence of Shocks[J]. LASL Rept. No. LA - 1930. 1955.

[6] Johnson G R, EPIC - 2, A Computer Program for Elastic-Plastic Impact Computations in 2 Dimensions Plus Spin[C]. ARBRL-CR-00373, 1978.

[7] Whirley R G, Engelmann B E. DYNA2D: A Non-linear, Explicit, Twodimensional Finite Element Code for Solid Mechanics[M]. User Manual. University of California Press, 1992.

[8] Whitworth N J, Simple One-Dimensional Model of Hot-Spor Formation in Heterogeneous Solid Explosives[D]. Master's thesis, Cranfield University, 1999.

[9] Handley C A. The CREST Reactive Burn Model[C]. Proc. of 13th Symp. (Int.) on Detonation ,2006: 864 - 870.

[10] Handley C A. The CREST Reactive Burn Mode[C]. In Proceedings of the APS Conference on Shock Compression of Condensed Matter, 2007: 373 - 376.

[11] 田占东,张震宇. 一维反应流体动力学特征线程序 CSIN[J]. 北京理工大学学报, Vol. 23(增刊)

第八章　含铝炸药爆轰模型

在炸药中加入金属粉末是改善其做功能力的方法之一，其中铝粉被广泛应用于军用炸药以改善其爆炸效应和能量释放特征。含有大量铝（Al）和氧化剂高氯酸胺（AP）的复合炸药通常在爆炸过程的后期会释放大量能量（每克铝约产生30kJ的能量），而纯炸药在爆轰过程中所释放的能量则低得多（PETN约6.3kJ/g、乳化炸药约3kJ/g）。铝在炸药爆炸中延迟释放的能量使得Taylor稀疏波区的能量，有时甚至在爆轰产物膨胀到初始装药体积的数倍之后仍在升高。这种后期的能量释放给确定产物状态方程的问题引入了时间相关性。

尽管过去几十年间，人们对铝的反应做了大量的试验和理论研究，但因为铝颗粒的表面有一薄层氧化铝保护膜，致使铝在爆轰过程中的氧化反应非常复杂，迄今还不可能根据热力学（或热化学）原理预测铝在炸药爆轰过程中的点火和燃烧速率。

8.1　含铝炸药的爆轰性能及反应机制

8.1.1　试验现象描述

在含铝炸药的爆轰过程中，铝的氧化反应与炸药组分、爆轰产物温度、爆炸装置对爆轰产物的约束条件、铝颗粒的形状和尺寸等多种因素有关。

1970年Finger等人对HMX基含铝和AP（高氯酸氨）的塑料粘接炸药进行了标准圆筒试验，在含铝炸药中加入AP可以促进铝的氧化反应。他们的试验结果表明：与纯炸药相比，虽然含铝炸药的爆速下降，但基本爆炸性能（即爆轰产物膨胀对金属壳体的加速能力）有明显改善。

1985年McGuire and Finger同样利用圆筒试验对HMX和TATB基含BTF（$C_6N_6O_6$）和Al的炸药爆轰参数进行了测量，他们发现同时加入BTF和Al也会改善炸药的基本爆轰性能。根据试验结果，爆温的增加对于在低膨胀体积下释放的爆炸能量的增加起了关键作用，而且细的铝颗粒尺寸（1μm）有助于改善爆轰性能。

Grishkin等人在1993年针对不同颗粒形状的铝对RDX和HMX基含铝炸药的爆轰性能的影响进行了实验，结果表明，当铝含量增加时，含铝炸药的爆速下降；爆轰性能改善的最大值发生在铝含量为7%~14%之间。

1991年Ishida等人测量了HMX基含铝和含LiF炸药的爆压和爆速，之所以添加LiF是因为它是一种惰性物质，且与铝具有相同的密度和冲击特性。他们给出了如下一些关键的实验结果：首先，尽管爆速和爆压均有所下降，但LiF添加物不影响主要基体炸药（HMX）的反应程度。其次，纯炸药和含惰性添加物的炸药的反应区宽度均大于1mm，而含铝炸药由实验所得到的爆轰反应区宽度至少是这个值的两倍以上。通过对炸药/PMMA 界面粒子速度的测量表明，对于含 LiF 炸药，此速度随含 LiF 质量分数的增加而线性下降，而对含铝炸药此趋势是非线性的，这就说明，尽管含铝和含 LiF 炸药的爆速近似，但铝颗粒的燃烧会影响爆压。显然，在含铝炸药的爆轰过程中有两个相互竞争的能量平衡行为会影响这些爆轰参数值，其中一个是因铝加热并导致熔化的吸热行为，另一个是由铝与基体炸药爆轰气体产物发生反应而引发的放热行为。必须对此（在 CJ 面附近的）竞争过程进行详细研究才能进一步了解它们对爆轰波结构的影响。

Arkhipov 等人在 2000 年研究了不同颗粒尺寸（0.5μm、20μm、50μm 和 150μm）和不同铝含量（5%、15% 和 25% 质量浓度）的 HMX 基含铝炸药的爆炸特征。实验测量了爆速、铜管膨胀速度、爆炸驱动铁板的运动速度和爆热。实验结果表明：添加铝会降低炸药的爆速，铝颗粒尺寸越小，爆速下降的越多（猜测其原因：铝粉惰性吸热；发生产生 Al_2O 的吸热反应；若生成 Al_2O_3 会导致气体爆轰产物的摩尔数减少）。但尽管爆速下降，铝的添加仍然会明显增加总的爆炸能量。在稳定的爆轰反应区后，即在基体炸药爆轰反应产物的膨胀过程中，铝与基体炸药爆轰反应产物发生的氧化反应所释放出的能量增加了被驱动金属板的速度。

原则上，当铝颗粒尺寸减小，颗粒表面积与体积之比增加，颗粒加热和燃烧的时间都会减少（Baudin，1998）。含亚微米（或毫微米）尺度铝颗粒的炸药，在爆轰过程中铝颗粒的点火延迟时间要小于炸药爆轰反应区时间，因此，由铝颗粒反应释放出的能量会增加爆轰压力和速度（Miller，1998）。随着近年来新材料技术的发展，制造 50 ~ 100nm 尺度化学稳定的超细铝颗粒已成为可能，人们对有可能进一步改善爆轰性能的含 nm 级金属粉末的混合炸药充满了期待。

1998 年 Baudin 等人利用标准 1 英寸圆筒试验对液态炸药（NM + 3wt.% PMMA）和固态 TNT 炸药中所含铝颗粒的尺寸效应进行了评估。起初，他们期望在炸药中加入 nm 尺度的铝粉能提高炸药的基本爆轰性能。然而，对各类含铝炸药的圆筒试验结果表明，5μm 和 nm 级铝粉具有类似效应，且铝颗粒尺寸下降会导致爆速下降。可以猜测，爆速下降的可能原因是铝颗粒较大的比表面积导致冷的 nm 级铝颗粒与基体炸药爆轰产物之间有更快的热转移。通过对炸药/PMMA 界面温度的测量发现，爆轰波阵面附近前 200ns 期间含 nm 级铝颗粒炸药的爆温高于含 5μm 尺寸铝颗粒炸药的爆温。因此，爆轰产物中 nm 级铝颗粒较快的氧化反应使得铝的能量释放更接近爆轰波阵面，从而直接影响爆速（导致爆速下降）。

2007 年，Trzcinski 等人利用圆筒试验研究了 15% ~ 60% 铝含量和不同铝颗粒类型对 RDX 基含铝炸药爆轰特性的影响，测量了不同装药直径及约束条件下的爆速变化，利用闪光 X 光技术测量了爆轰波曲面形状，以及无约束和有水约束条件下装药爆轰波的曲率半径。两种不同类型铝颗粒的形状和尺寸见图 8.1.1 和图 8.1.2。图 8.1.3 和图 8.1.4 是典型的圆筒试验在给定时刻的闪光 X 光照片和圆筒外表面的形状曲线（图 8.1.4 中标记说明，以 45Alp -1 为例 ：45 是炸药中铝含量的百分比（或质量分数）、Alp 是所添加铝颗粒的类型（见图 8.1.1）、-1 表示第一发试验；RDXph 是一种脱敏 RDX 装药（94% RDX + 6wax））。图 8.1.5 和图 8.1.6 是对圆筒试验结果进行处理后得到的圆筒壁（壳体）中心径向膨胀速度剖面,图中标记30LiF 表示含30% LiF 的混合炸药,30Alp 表示含30% Al颗粒的混合炸药。

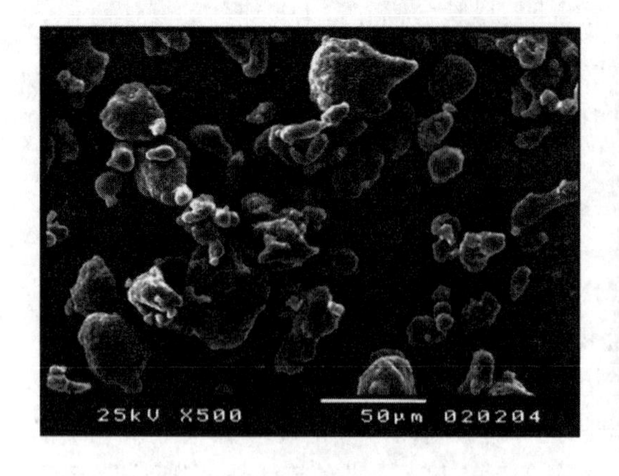

图8.1.1 Alp铝颗粒的SEM照片

图8.1.2 Alf铝颗粒的SEM照片

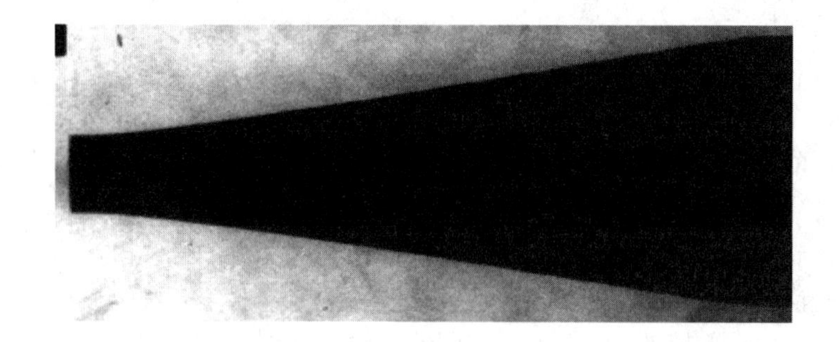

图8.1.3 RDXph/Alp70/30装药爆轰产物驱动圆管膨胀闪光X光照片

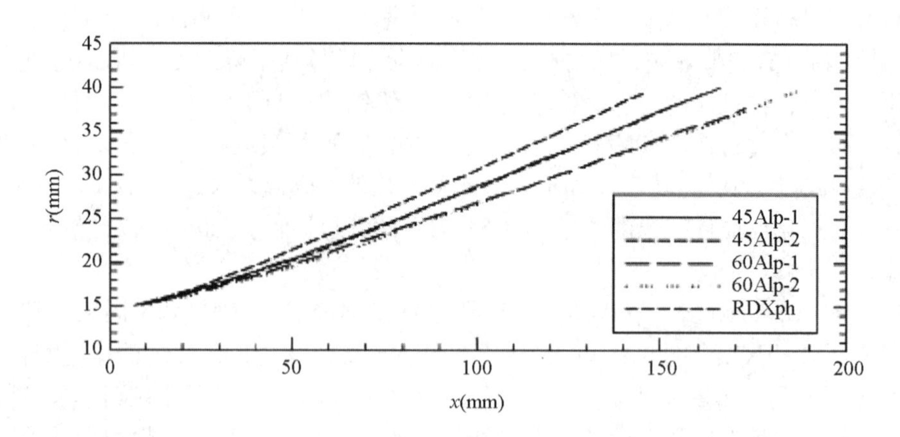

图8.1.4 RDXph/Alp70/30装药爆轰产物驱动圆管膨胀在给定时刻圆管外壁的 $r-x$ 剖面

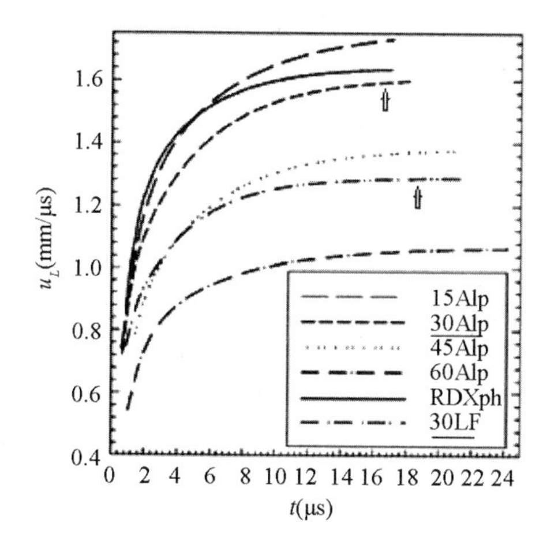

图 8.1.5　RDXph/Alp 装药驱动铜管壁膨胀速度－时间剖面

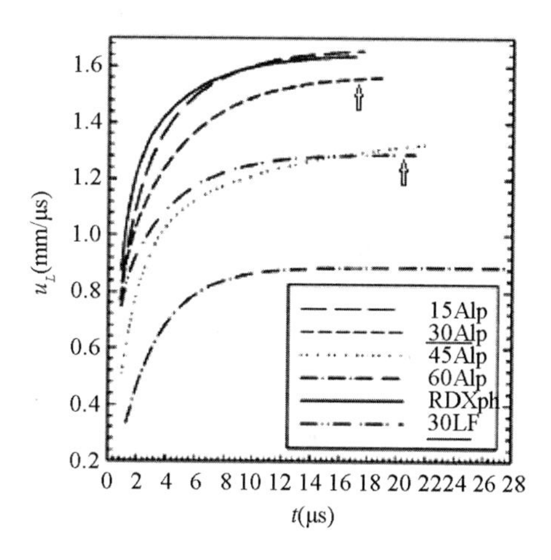

图 8.1.6　RDXph/Alf 装药驱动铜管壁膨胀速度－时间剖面

表 8.1.1 为脱敏 RDX 及其含金属颗粒混合炸药的密度和不同约束条件下的爆速测量结果。比较表中黑体标记的两种混合炸药结果可见，少量的铝颗粒在支持爆轰波传播的化学反应区内的反应会导致爆速降低。可能的原因 1：虽然铝的反应产生了更多热量，但同时减少了气体爆轰产物的摩尔数；原因 2：在爆轰反应区内铝比 LiF 吸收了更多能量。

表 8.1.1　混合炸药的密度和不同约束条件下的爆速测量结果

Explosive	Unconfined charges		Copper tube		Water envelope	
	ρ_0(g/cm^3)	D(m/s)	ρ_0(g/cm^3)	D(m/s)	ρ_0(g/cm^3)	D(m/s)
RDXph	1.63	8300	1.64	8400	–	–
RDXph/Alp 85:15	1.73	8020	1.73	8155	1.73	8080
RDXph/Alf 85:15	1.69	7880	1.70	7985	1.69	7970
RDXph/Alp 70:30	1.82	7775	1.84	7940	1.81	7850
RDXph/Alf 70:30	1.75	7410	1.74	7490	1.75	7375
RDXph/Alp 55:45	1.93	7495	1.94	7640	1.94	7630
RDXph/Alf 55:45	1.80	6790	1.82	6910	1.75	6730
RDXph/Alp 40:60	2.02	6880	2.02	7080	2.03	7100
RDXph/Alf 40:60	1.82	5820	1.83	5970	1.78	5390
RDXph/LiF 70:30	1.73	7495	1.73	7540	–	–

图 8.1.7 和图 8.1.8 分别是爆速随装药直径和装药密度的变化。因为装药直径增加会弱化侧向稀疏对反应区中反应过程的影响，通常理想炸药的爆速是随装药直径的增加而增加。但图 8.1.7 显示，在给定直径范围内，含铝炸药的平均爆速随装药直径增加会减小。这说明，随着装药直径的增加，反应区中铝颗粒参与反应的程度会增加，且结果导致

爆速下降。热力学计算结果也证明,当更多的铝参与爆轰反应时,爆速就会下降。另外,正如所期望的那样,不管装药密度是否增加,铝含量的增加也会导致爆速下降。

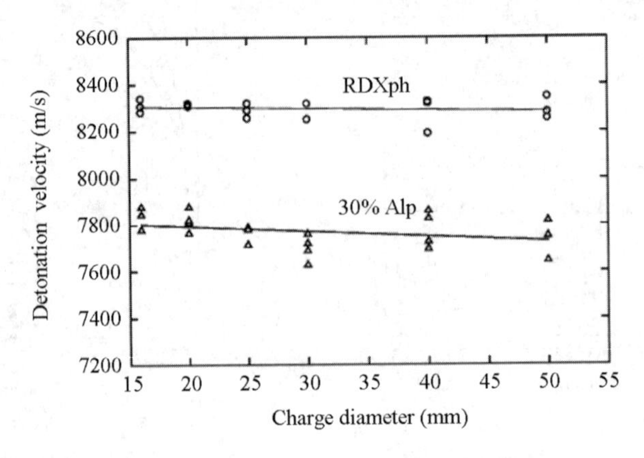

图 8.1.7　爆速随装药直径的变化

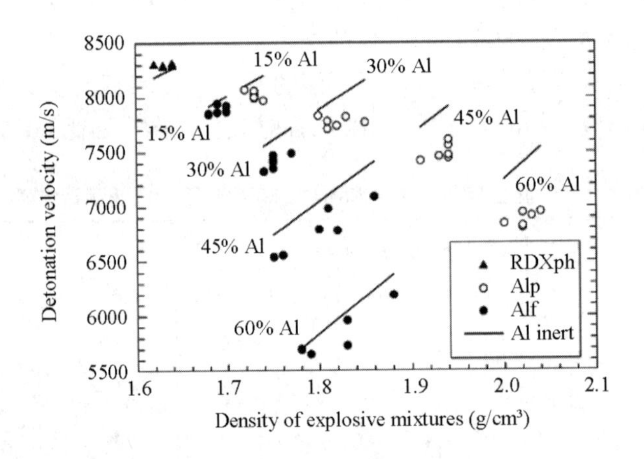

图 8.1.8　爆速随装药密度的变化

综上所述,所有对含铝炸药所进行的实验研究结果已清楚证明,通过改变金属反应动力学能强烈影响含金属炸药的实际爆轰特性。迄今为止,含铝炸药中 nm 级铝颗粒的反应机制还很模糊,许多针对不同混合炸药的实验结果相互矛盾。图 8.1.9 和图 8.1.10 分别给出了一些反映铝含量质量分数和颗粒尺寸对含铝炸药爆轰波速度影响的实验结果。由图可见含铝炸药的两个截然不同的爆轰特征:一是爆速随铝含量的增加而下降;二是铝粉的颗粒尺寸对爆速的影响。对于一般 μm 量级的铝颗粒,炸药中添加的铝会导致爆速下降,铝颗粒尺寸越小,爆速下降越明显。对于 nm 量级的铝颗粒,爆速既有可能增加也有可能下降,这与铝颗粒在爆轰反应区内的反应机制有关。

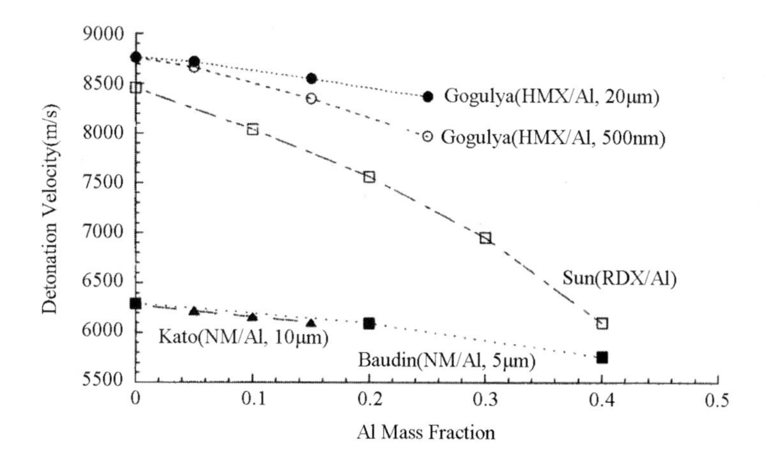

图 8.1.9 爆速与含铝浓度的关系

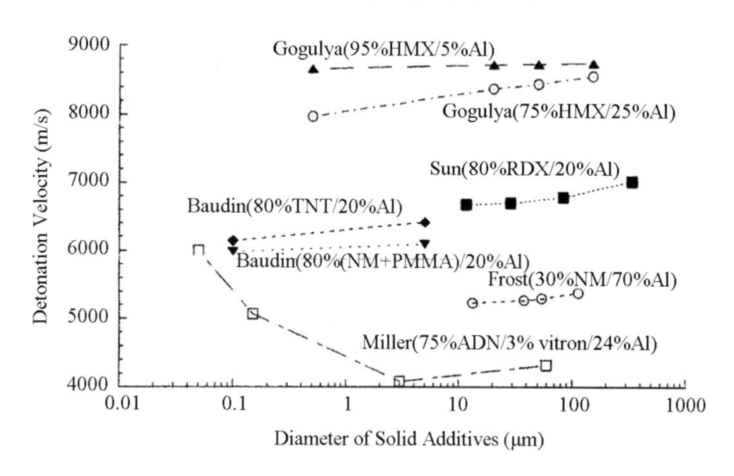

图 8.1.10 爆速与铝颗粒尺寸的关系

8.1.2 含铝炸药的非理想爆轰性质与铝粉反应机制

含铝炸药中添加物 AP 的分解和铝的氧化反应的能量水平较高,但其反应速率通常比基体(纯)炸药的爆轰反应速率低两个数量级。这导致含铝炸药的爆轰表现为一种典型的非理想爆轰特性,其非理想爆轰过程主要体现在 CJ 面之后,这里铝颗粒与炸药中添加的氧化剂以及基体炸药爆轰反应的爆轰产物气体组分发生二次氧化反应,二次反应所释放出来的能量不能支持爆轰波阵面的传播,因此不能用传统的理想爆轰理论来描述含铝炸药的后期能量释放过程。有实验证据表明,含铝炸药二次反应开始的时间(即二次反应延迟时间或点火时间)为 μs 量级。利用圆筒试验,通过与具有相同含量 LiF 的混合炸药试验结果进行比较,有可能确定含铝炸药爆轰时铝开始发生氧化反应的时刻。有研究者在 25.4mm 直径的圆筒试验中探测到铝的二次反应能量在圆筒膨胀至初始体积的两倍时开始释放。对于 5μm 量级的铝,这个时间小于 4μs。Manner 等人对 HMX/Al 和 HMX/LiF 炸药做了 12.7mm 直径的圆筒试验,并对结果进行了比较,其中含金属炸药所添加的金属颗粒尺寸分布为1.7～6.8μm，平均颗粒尺寸是3.2μm，比以前更精确的试验结果表明，HMX/Al炸药驱动铜管运动的速度比HMX/LiF炸药驱动铜管运动的速度有明显增加的时刻为1～2μs。对于CJ温度大于3000K的高能炸药，实验表明尺寸小于150μm的铝颗粒的点火时间小于几个μs。很明显，这些点火延迟时间比低压燃烧实验得到的ms量级点火时间小三个量级。因此，在低压条件下得到的大量实验数据、经验公式和理论模型不能被用于预测铝在炸药爆轰过程中的点火时间（铝颗粒在爆轰过程中经历了极高的加热速率和复杂的三维应力，这使铝颗粒表面的氧化保护膜立刻破碎从而无法阻止铝开始发生氧化反应）。

通过对大量实验的总结与分析，人们发展了多种理论模型来解释含铝炸药的爆轰反应机理。目前比较公认的含铝炸药爆轰反应机理可归纳为二次反应理论、惰性热稀释理论及化学热稀释理论。

1. 二次反应理论

在爆轰过程中，含铝炸药中的纯炸药组分首先分解，即发生一次反应，随后铝与一次反应的产物之间发生化学反应，即二次反应。1956年，美国学者Cook阐述了这种理论，他认为含铝炸药爆轰时在CJ面之前（ZND模型所描述的反应区内）铝粉并不参加化学反应，即使铝粉参与了爆轰反应，在到达CJ面时也远远没有反应完全。铝粉的反应主要在CJ面之后，当爆轰产物膨胀时才开始反应并逐渐完成。

根据二次反应理论，铝粉在炸药爆轰时没有参加CJ面前的反应或在CJ面前远未反应完全，它在反应动力学上对炸药中正常爆轰反应物的浓度起了稀释作用，因而导致爆速、爆压以及CJ面之前的爆轰反应区内——ZND模型（或爆轰波阵面上——CJ模型）的化学能降低。含铝炸药中所含的炸药反应物爆轰后，铝粉与CJ面内正常爆轰的爆轰产物进行二次反应。二次反应放出的能量因会受到稀疏波的影响而不能支持爆轰波阵面的传播，对爆速没有贡献，但它可以使爆轰产物的温度与压力维持较长时间，这部分能量可参与完成爆炸做功，因而使含铝炸药具有很高的总做功能力，表现出较大的威力。可是，二次反应理论仍不完善，用它来解释高能炸药与铝粉组成的混合炸药爆炸时较为合适。因为高能炸药爆轰时，反应区厚度很薄，铝粉在爆轰反应区内确实来不及参加反应，只能在炸药爆轰的CJ面之后才能和爆轰产物进行反应，所以表现出的结果与实际情况比较吻合。而当用这种理论解释由硝酸铵等低能炸药与铝粉组成的混合物爆炸时，与实际情况则相差较大。

2. 惰性热稀释理论

惰性热稀释理论认为，含铝炸药中的铝粉在爆轰反应区内作为惰性物质不但不参加化学反应，而且还要吸收和消耗一部分能量，从而降低CJ爆轰波的总能量，使含铝炸药爆速、爆压和猛度下降。铝粉的惰性热稀释理论包括吸热理论和可压缩性理论。

吸热理论：铝粉是热传导性能很好的金属，其导热系数为230w·m^{-1}·K^{-1}，作为惰性物质，在CJ面之前的极短时间内没有参加反应，它能从灼热的爆轰产物气体中吸收热量，并且铝粉在爆轰波阵面的高压下沸点很高，可达5000K以上，所以可以认为铝粉在正常爆轰反应区内只吸热液化而不蒸发，这些都降低了爆轰波阵面的能量，使含铝炸药的爆速和爆压降低。

可压缩性理论：每种惰性添加物都有一定的可压缩性，铝粉在含铝炸药爆轰瞬间的可压缩性缓冲了爆轰波的传播速度，削弱了爆轰波阵面的能量，使爆速和爆压下降。

金属添加剂的热传导性越好、粒度越小、比表面积越大、可压缩性越强，热稀释作用也就越大，爆速下降越显著。根据具有不同的热传导率、比表面积、可压缩性系数的金属添加剂的试验结果，证明了惰性热稀释理论的合理性。

3. 化学热稀释理论

化学热稀释理论假设含铝炸药的非理想爆轰过程为一维，模型是稳定的 ZND 结构后面跟着一个非稳定的反应区，铝在稳定区内和后面的非稳定区内都参加反应，且在后一阶段释放大量的能量。所以认为含铝炸药爆轰时首先是炸药理想组分爆轰分解形成中间产物，同时少部分铝粉参加反应，然后是大部分铝粉与中间产物反应形成最终产物。因此，对于不同类型的含铝炸药需要估计出有多少数量的铝在稳定区内反应支持爆轰的传播和多少数量的铝在稳定区之后反应支持非稳定流动。

铝在爆轰波中参加的化学反应其主要生成物为 Al_2O 和 Al_2O_3，爆轰特性则取决于气态 Al_2O 和液态 Al_2O_3 的比率。在爆轰波反应区内，生成的 Al_2O 较多，吸热效应显著，导致爆轰波强度减弱，在爆轰产物膨胀时，温度下降，Al_2O_3 的生成占优势，从而放出大量的热，加大爆轰产物的做功能力。

很明显，以上三种含铝炸药的爆轰反应机理并不矛盾。惰性热稀释理论和化学热稀释理论只是对引起含铝炸药的一些爆轰实验现象（爆速、爆压下降）的不同解释（关于化学反应对爆轰波参数的影响还可参见 2.2.3 节中对热性系数 σ 的讨论）。

8.2 含铝炸药稳定爆轰反应区模型

理想炸药与非理想含铝炸药爆轰的主要区别是，CJ 面后一个经历的是等熵膨胀过程，另一个经历的是有熵增的产物膨胀过程，而这个熵增是由铝与氧化剂以及基体炸药爆轰（一次）反应产物的氧化反应引起。

在理想炸药的 ZND 模型中，爆轰反应时间有限，远小于爆轰的流体动力学过程时间。如果装药尺寸只稍大于装药的临界直径，爆轰波的流动是发散的，有一小部分能量会在声速面（即 CJ 面）后释放。而在含铝炸药的非理想爆轰中，爆轰波之所以能稳定传播主要由炸药中理想组分（如 HMX 和 RDX）的快速反应维持，使其爆轰压力可高达 100kbar。这些理想组分的爆轰产物分散在炸药内部，提供了启动炸药非理想组分燃烧所需的表面积、热量和氧化剂。但这些非理想组分发生氧化反应的时间比基体（纯）炸药的有机反应慢的多，因此有大量的能量在 CJ 面后释放。假设含铝炸药的非理想爆轰过程是一个一维流动过程，则这种非理想爆轰波的结构为：在爆轰波阵面附近有一个稳定的化学反应区，这个反应区宽度（相对于装药尺度或爆轰的流体动力学过程）很窄，可用理想爆轰波的 ZND 模型描述，在这个稳定的化学反应区之后（即 ZND 模型的 CJ 面之后）跟随一个非稳定的、随爆轰产物膨胀过程进行的化学反应区。

含铝炸药稳定爆轰反应区内的流动与理想炸药的爆轰反应区一样，处于定常状态，其中所有质点的流动速度均为爆速。图 8.2.1 给出了 $p-v$ 平面上相关的 Hugonint 曲线和

Rayleigh 线的图解,其中 Unreacted Hugoniot 曲线为未反应含铝炸药的冲击 Hugoniot 曲线,Inert Al Hugoniot 曲线为铝未参与稳定爆轰反应区内反应的含铝炸药爆轰 Hugoniot 曲线,Partially Reacted Al Hugoniot 曲线为有部分铝参与稳定爆轰反应区内反应的含铝炸药爆轰 Hugoniot 曲线。若铝在稳定爆轰反应区内来不及发生氧化反应,则 ZND 模型的 CJ 点落在 Rayleigh 线与 Inert Al Hugonint 曲线的切点上。若有部分铝参与了稳定爆轰反应区内的反应,则最小爆速(和最小熵)的爆轰状态解(即 CJ 点)出现在 Rayleigh 线与 Partially reacted Al Hugonint 曲线的切点上。大量实验证明,更多的铝参与稳态反应区的反应会导致爆速下降,从而 Rayleigh 线斜率的绝对值下降,Rayleigh 线与 Partially reacted Al Hugonint 曲线的切点低于 Rayleigh 线与 Inert Al Hugonint 曲线的切点,因此图 8.2.1 中含铝炸药的 Partially reacted Al Hugonint 曲线落在 Inert Al Hugonint 曲线的下方。

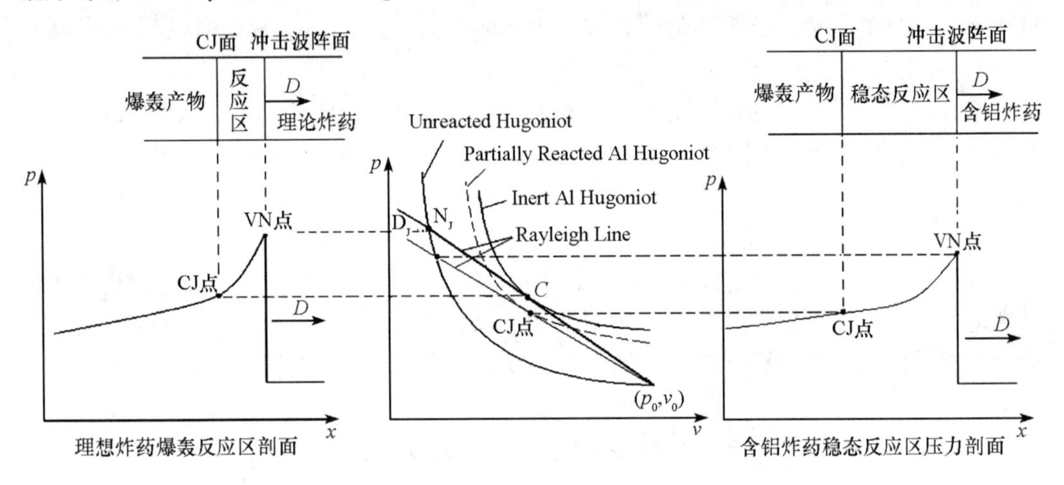

图 8.2.1　含铝炸药稳定爆轰波 Hugonint 曲线和 Rayleigh 线

根据实验结果,纯炸药和含惰性添加物的炸药的爆轰反应区宽度均为 1mm 左右,而含铝炸药在有部分铝参与反应的条件下,其稳定爆轰反应区宽度可以达到这个值的两倍以上,但仍然只是 mm 量级。图 8.2.1 也示意地给出了稳定爆轰反应区因部分铝参与反应而加宽的压力剖面示意图。

含铝炸药稳定爆轰反应区模型可用理想炸药的带反应流体动力学模型描述。模型包含未反应炸药状态方程和爆轰产物状态方程,其中用如下未反应炸药状态方程描述爆轰波先导冲击波阵面上的 Hugoniot 状态:

$$p_e = r_1 e^{-r_5 \bar{v}_e} + r_2 e^{-r_6 \bar{v}_e} + r_3 \frac{T_e}{\bar{v}_e} (r_3 = \omega_e C_{vr}) \tag{8.2.1}$$

$$e_e = \frac{r_1}{r_5} e^{-r_5 \bar{v}_e} + \frac{r_2}{r_6} e^{-r_6 \bar{v}_e} + C_{vr} T_e \tag{8.2.2}$$

而爆轰产物状态方程则以描述爆轰反应区 CJ 面后等熵膨胀过程的过 CJ 点等熵线为参考曲线(下一小节对含铝炸药非理想爆轰产物状态方程做进一步讨论):

$$p_s = A e^{-R_1 \bar{v}} + B e^{-R_2 \bar{v}} + C \bar{v}^{-(1+\omega)} \tag{8.2.3}$$

ZND 模型爆轰反应区内混合物的状态方程利用未反应炸药状态方程、爆轰产物状态方程和反应速率方程通过混合法则得到。可用 Lee 和 Tarver 的三项反应速率方程描述含铝炸药一次反应(在稳定反应区内的反应)的反应速率。Lee 和 Tarver 的三项反应速率方程的形式为:

$$\frac{\mathrm{d}\lambda}{\mathrm{d}t} = I(1-\lambda)^{b}\left(\frac{\rho}{\rho_0}-1-a\right)^{x} + G_1(1-\lambda)^{c}\lambda^{d}p^{y} + G_2(1-\lambda)^{e}\lambda^{g}p^{z} \tag{8.2.4}$$

式中,λ 是已反应炸药(爆轰产物)的质量分数,t 是时间,ρ_0是炸药的初始密度,p 是压力,$I, G_1, G_2, a, b, c, d, e, g, x, y$ 和 z 是炸药常数。对 ZND 模型所描述爆轰波,方程(8.2.4)的第一项是点火项。第二项描述了爆轰时主要反应产物气体(CO_2、N_2、H_2O、CO 等)的快速形成,以及它们的后继膨胀和平衡过程。对**钝感炸药**,第三项描述爆轰反应快完成时,固态碳粒子(金刚石、石墨和无定型碳等)凝结所控制的相对缓慢的扩散反应。而对含铝炸药,第三项描述爆轰反应区内铝颗粒与爆轰产物气体(O_2、CO_2、H_2O、N_2)所发生的相对缓慢的氧化反应。

需要注意的是,方程(8.2.4)描述的只是含铝炸药两次反应机制中的第一次反应(即含铝炸药中理想组分的爆轰反应+很少量参与一次反应的 Al 的氧化反应)的能量释放速率。受反应区定常流动条件限制,稳态反应区宽度有限(时间宽度为 μs 量级),该模型不能考虑含铝炸药在 CJ 面后缓慢发生的二次反应,只能用于描述爆轰波阵面附近的一些流体动力学过程,以及这些过程对周围物质的作用。理想组分在 ZND 模型反应区内很短时间的能量释放直接影响的是爆轰波临界直径和爆轰波阵面的曲率等直径效应,因此,曲率测量能用于推导这些能量的释放速率。

8.3　含铝炸药的非理想爆轰模型

在非理想炸药的稳定反应区之外(CJ 面后)需要用其他方法来适当构造爆轰产物的状态方程,以便在很宽的体积膨胀区间描述含铝炸药爆轰产物的状态。在含铝炸药爆轰产物膨胀期间,铝与氧化剂以及基体炸药的爆轰产物会发生缓慢的二次氧化反应,导致产物膨胀过程不是一个等熵过程,而引起熵增的唯一原因是铝的氧化反应,而且这个产物膨胀过程所释放的能量有时(视铝与氧化剂的含量及其比例)比含铝炸药在稳态反应区内释放的能量大得多。

导致表征非理想炸药爆轰产物状态出现困难的原因是,有些组分的反应时间与产物对周围介质作用的流体动力学响应时间尺度相当。爆轰波结构由反应混合物的流动、化学反应(具体地,是能量释放速率)以及反应物和产物状态方程控制。对于理想炸药,由于爆轰反应时间比炸药系统的流体动力学相应时间小很多,所以(包括非理想炸药中的理想组分的)化学反应可以从问题中解耦出来。将物理过程与问题解耦并不意味着该过程没有发生。相反,它意味着可以在不同时考虑(建模)的情况下解决问题。然后求解控制解耦过程的方程,单独得到这些特殊过程的解。通常,一个物理过程太快或太慢,就可以将其与问题解耦。

当对炸药参数进行实验测量时,对不同物理过程对爆轰的贡献进行相似性缩放和解耦是非常方便的方法。以圆筒试验为例,在理想炸药的圆筒试验中,圆筒壳体的膨胀主要受产物状态方程控制。因此,产物的状态方程可以通过比较计算和测量的圆筒壁面径向位移或速度来确定,与炸药的化学反应速率无关。一旦产物的状态方程已知,就更容易评估来自其他不同类型实验的反应速率。当理想炸药 2 英寸圆筒试验的筒壁膨胀数据按 0.5 的倍数缩放时,与相应 1 英寸试验数据吻合,就证实的确可以从试验中得到一个与装药尺寸无关的状态方程。然而,因为非理想炸药含有反应时间与爆炸系统动力学响应时间相当的化学组分,虽然仍然可以对其进行圆筒试验,但是如果忽略了非理想组分缓慢的反应过程,所得到的状态方程将在某种程度上依赖于试验装药直径。而且在高度非理想炸药中,如果装药直径小于某一临界直径,所得到的状态方程就不能描述经历了后期反应而生成的产物的状态。

本节讨论几种目前常用于预测含铝炸药在产物膨胀过程中的非理想爆轰行为(即包含铝颗粒在 CJ 面后二次反应的产物膨胀过程)的爆轰产物状态方程。

8.3.1 非理想炸药爆轰产物 JWL 和 JWLS 状态方程

这类爆轰产物状态方程是用描述理想炸药 CJ 爆轰行为的爆轰产物状态方程来描述含铝炸药的非理想爆轰产物状态,其中用于构造产物状态方程的参考曲线为过 CJ 点的"等熵线"。

用这种模型来描述非理想炸药含化学反应的爆轰产物膨胀状态在理论上有明显缺陷,因为:①理想炸药爆轰产物的状态方程是以过 CJ 点的等熵线(一个以给定熵 s 为参数的 $p-v$ 关系)为参考曲线。而非理想炸药爆轰产物在 CJ 面后的膨胀过程包含铝与氧化剂以及基体炸药一次爆轰反应产物之间发生的氧化反应,这个过程会因为存在二次反应而引发熵增,因此,这个过程不能用一个简单的 $p-v$ 关系来描述;②因为过 CJ 点的等熵线在 CJ 点处必须满足稳定爆轰波 Hugoniot(能量守恒)关系,因此该模型只能用到含铝炸药一次反应所释放的爆热,而无法考虑 CJ 面后铝的(二次)氧化反应所缓慢释放的化学能的作用。

这类方程用得最多的是 JWL 产物状态方程(见 3.2.4 节),标定方程参数的标准方法是圆筒试验。将理想炸药的爆轰产物 JWL 状态方程代入数值计算模型虽然可以重复用来标定方程参数的圆筒试验结果,但因为铝在 CJ 面后的反应程度(因此熵增的程度)与装药尺寸和约束程度相关,从不同直径的圆筒试验得到的 JWL"等熵线"系数是不同的,不同直径的圆筒试验结果之间也不满足相似率。而且用这样的状态方程来描述在其他不同约束(或无约束)条件下的爆轰产物行为,特别是对大的产物体积膨胀状态,如水下爆炸效应和大尺寸装药在空气中爆炸的超压等,会出现与实验结果之间的明显偏差。

原则上,可以利用增加等熵线斜率(因为此斜率为负值,所以斜率的绝对值减小)来提高模型计算产物对外做功的能力。

以含铝炸药 H6 为例,炸药的组分与重量百分比为:RDX/TNT/Al/D-2 蜡/ $CaCl_2$(外加)、0.45/0.30/0.20/0.05/0.005。表 8.3.1 列出了含铝炸药 H6 的 CJ 参数和爆轰产物 JWL 方程参数,因为参数得自圆筒试验,这套参数所定义的等熵线实际上在、且只在圆筒试验测量的产物体积膨胀范围内包含了铝在产物膨胀过程中的二次反应附加做功和熵增的效应。

表 8.3.1　H6 炸药爆轰产物 JWL 状态方程参数

CJ 参数				状态方程参数					
ρ_0 (g/cm^3)	p_J (Mbar)	D_J (cm/μs)	E_0 (Mbar)	A (Mbar)	B (Mbar)	C (Mbar)	R_1	R_2	ω
1.75	0.240	0.747	0.103	7.5807	0.08513	0.01143	4.9	1.1	0.20

为了能在更宽的体积膨胀范围内能将爆轰产物状态方程用于对水下爆炸问题进行计算，Sternberg 和 Hudson 对非理想含铝炸药提出了一种修正的 JWLS 产物状态方程。

考虑这样一个事实，如果 $f(\bar{v})$ 是任意连续函数，则状态方程为：

$$p = f(\bar{v}) + (\omega/\bar{v})\int f(\bar{v})\,\mathrm{d}\bar{v} + (\omega/\bar{v})E \tag{8.3.1}$$

而相应的等熵线具有如下形式：

$$p_s = f(\bar{v}) + C\bar{v}^{-(\omega+1)} \tag{8.3.2}$$

由此思路，若取如下形式的状态方程（此即爆轰产物 JWLS 状态方程）

$$\begin{aligned} p = {} & A_1\left(1-\frac{\omega}{R_1\bar{v}}\right)\mathrm{e}^{-R_1\bar{v}} + A_2\left(1-\frac{\omega}{R_2\bar{v}}\right)\mathrm{e}^{-R_2\bar{v}} + A_3\left(1-\frac{\omega}{\beta_3-1}\right)\bar{v}^{-\beta_3} \\ & + \cdots + A_n\left(1-\frac{\omega}{\beta_n-1}\right)\bar{v}^{-\beta_n} + \frac{\omega}{\bar{v}}E \end{aligned} \tag{8.3.3}$$

其中，$\beta_3,\cdots,\beta_n$ 是大于 $(\omega+1)$ 的正的常数。则相应的等熵线形式为

$$p_s = A_1\mathrm{e}^{-R_1\bar{v}} + A_2\mathrm{e}^{-R_2\bar{v}} + \sum_{j=3}^{6} A_j\bar{v}^{-\beta_j} + C\bar{v}^{-(1+\omega)} \tag{8.3.4}$$

式中，C 是积分常数。因此可以有任意数量的常数用来调整等熵线斜率，以使圆筒试验数据和水下爆炸压力历史曲线数据与爆炸流体动力学数值计算结果匹配。Sternberg 和 Hudson 用于确定方程参数的步骤是，首先给定 $R_1,R_2,\omega,\beta_3,\cdots,\beta_n$，然后对等熵线方程 (8.3.4) 进行微分和积分，分别等于给定的能量和声速。这样根据已知的 CJ 状态参数 p_{CJ}、D、E_0 和位于（二次反应完成后的）产物膨胀等熵线上另外 $n-2$ 个相对比容 $\bar{v}$ 处的压力（或能量、声速）值，可以得到 $n+1$ 个求解常数 $A_1,A_2,A_3,\cdots,A_n$ 和 C 的线性代数方程（组）。然后调整常数 $R_1,R_2,\omega,\beta_3,\cdots,\beta_n$ 中的一个或多个，不断重复此过程，直到流体动力学计算结果与水下爆炸实验数据符合。

H6 炸药的 JWLS 产物状态方程参数在表 8.3.2 中列出，相应的炸药初始密度和 CJ 状态参数见表 8.3.1。

表 8.3.2　H6 炸药爆轰产物 JWLS 状态方程参数

<table>
<tr><td>A_1 (Mbar)</td><td>A_2 (Mbar)</td><td>C (Mbar)</td><td>R_1</td><td colspan="2">R_2</td><td colspan="2">ω</td></tr>
<tr><td>16.964</td><td>0.1509</td><td>0.01642</td><td>4.9</td><td colspan="2">1.1</td><td colspan="2">0.20</td></tr>
<tr><td>A_3 (Mbar)</td><td>A_4 (Mbar)</td><td>A_5 (Mbar)</td><td>A_6 (Mbar)</td><td>β_1</td><td>β_2</td><td>β_3</td><td>β_4</td></tr>
<tr><td>-0.06096</td><td>0.2701</td><td>-0.3708</td><td>0.05807</td><td>2.0</td><td>2.5</td><td>3.0</td><td>3.5</td></tr>
</table>

图 8.3.1 给出了 H6 炸药在 $p-v$ 平面上的 JWL 和 JWLS 等熵线。这两条等熵线分别在相对体积 $\bar{v}>7$ 和 $\bar{v}>10$ 后，基本上退化为多方曲线，多方指数 $k \to 1+\omega$。图中显示，从 CJ 压力向下，JWL 的等熵线在 JWLS 的等熵线上方，到 $\bar{v}\approx 1.75$ 时两条曲线的上、下关系发生反转。修正的 JWLS 产物状态方程实际上只是改变过 CJ 点等熵线的斜率，以提高等熵线下的曲面面积。参见图 3.2.7，这样做的目的是为了提高爆轰产物在中、低压状态下的做功能力，模拟含铝炸药在产物膨胀过程中二次反应所释放的化学能对产物做功能力增加的影响，让产物状态方程更适合描述水下爆炸过程。

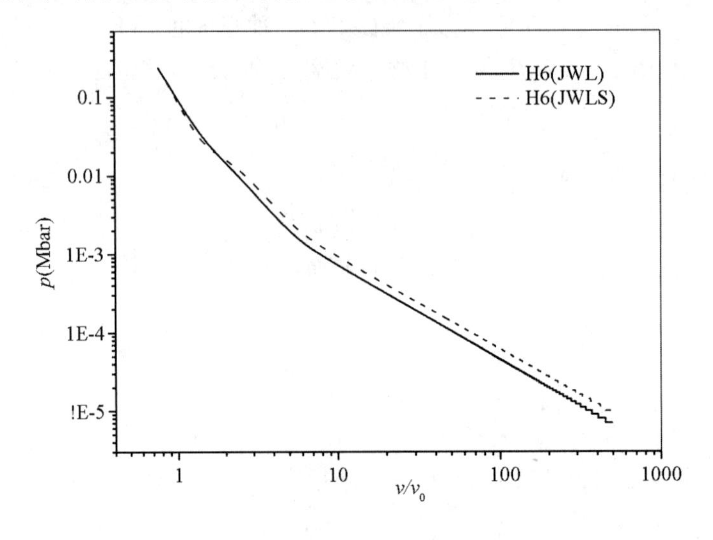

图 8.3.1　含铝炸药 H6 的 JWL 等熵线和 JWLS 等熵线

对理想炸药，除了可用圆筒试验确定等熵线外，还可以利用热力学程序计算来确定爆轰产物的等熵线。因为利用热力学程序只能计算平衡(状)态，所以此类计算与过程(即反应速率)无关，也与铝颗粒的形状、尺寸及活化程度无关。

8.3.2　JWL-Guirguis 爆轰产物状态方程

将含铝炸药中所有的组分分成理想组分和非理想组分，其中理想组份在 CJ 面之前的稳态反应区内完全反应，其余非理想组分在 CJ 面前不发生反应，它们因此对爆压和爆速无贡献。类比于理想炸药带反应流体动力学模型中的反应进程变量 λ，假设非理想组分的化学反应也可视为单一组分化学反应，这里用单一变量 λ 来描述 CJ 面后二次反应产物的质量分数，$0\leqslant\lambda\leqslant 1$，$\lambda=0$ 表示非理想组分在 CJ 面后的化学反应还没开始，$\lambda=1$ 表示非理想组分的化学反应已经完成。图 8.3.2 是 $p-v$ 平面上与含铝炸药二次反应质量分数 λ 对应的一簇等熵线示意图，其中 $\lambda=0$ 的等熵线为铝不参与二次反应时的过 CJ 点的等熵线(含铝炸药的 CJ 点参见图 8.2.1)。

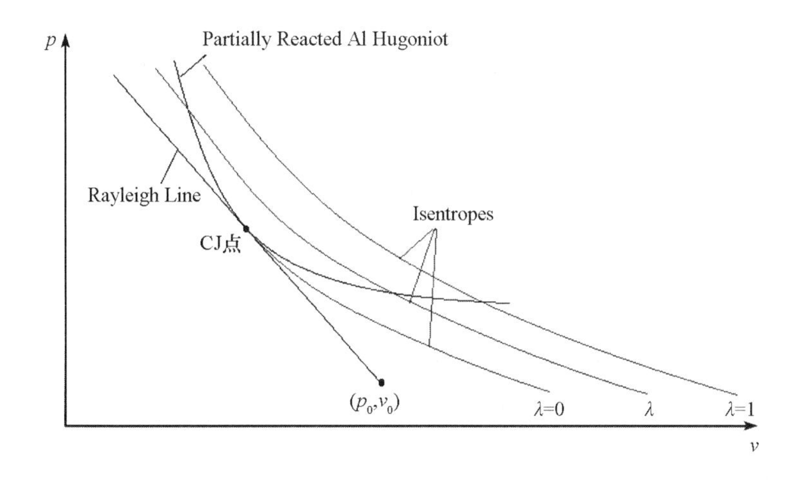

图 8.3.2　与含铝炸药二次反应质量分数 λ 对应的等熵线簇

JWL-Guirguis 爆轰产物状态方程（本章以下简称为 JWL-G 产物状态方程）将含铝炸药爆轰产物状态方程写成：

$$p(\vartheta,e,\lambda)=A(\lambda)\left(1-\frac{\omega(\lambda)}{R_1(\lambda)\vartheta}\right)\mathrm{e}^{-R_1(\lambda)\vartheta}+B(\lambda)\left(1-\frac{\omega(\lambda)}{R_2(\lambda)\vartheta}\right)\mathrm{e}^{-R_2(\lambda)\vartheta}+\frac{\omega(\lambda)(e-[1-\lambda\delta(T,p)]Q)}{\vartheta} \tag{8.3.5}$$

$$e(T,\vartheta,\lambda)=(1-\lambda\delta(T,p))Q+\frac{\varepsilon(\lambda)}{\vartheta^{\omega(\lambda)}}+C_v(\lambda)T+\frac{A(\lambda)}{R_1(\lambda)}\mathrm{e}^{-R_1(\lambda)\vartheta}+\frac{B(\lambda)}{R_2(\lambda)}\mathrm{e}^{-R_2(\lambda)\vartheta} \tag{8.3.6}$$

式中，e 和 ϑ 分别是反应物每单位炸药装药质量的总的内能和产物比容，Q 是每单位质量中非理想组分所存储的能量，δ 是已释放的二次反应能量分数，方程（8.3.6）中的 ε 是积分常数，其余参数 A,B,R_1,R_2 和 ω 均只与二次反应产物组分 λ 有关，即对于每一条给定 λ 的等熵线，参数 A,B,R_1,R_2 和 ω 为与 λ 相关的常数。

方程（8.3.5）和（8.3.6）的函数形式表明，稳态反应区 CJ 面后含二次反应的混合物的状态 $e(T,\vartheta,\lambda)$ 和 $p(\vartheta,e,\lambda)$ 通过 λ 与含铝炸药二次反应的反应速率 $\mathrm{d}\lambda/\mathrm{d}t$ 联系，这也就是说 JWL-G 产物状态方程是一种时间相关状态方程。JWL-G 爆轰产物状态方程的实质是将以单一过 CJ 点的等熵线为参考曲线的产物状态方程替换为以一簇等熵线为参考曲线的产物状态方程。

对于由给定 λ 定义的组分，Guirquis 等人用热力学程序 TIGER 从过 CJ 点的平衡等熵线开始逐条计算，并拟合成如下形式：

$$p(\vartheta,\lambda)=A(\lambda)\mathrm{e}^{-R_1(\lambda)\vartheta}+B(\lambda)\mathrm{e}^{-R_2(\lambda)\vartheta}+\frac{C(\lambda)}{\vartheta^{\omega(\lambda)+1}} \tag{8.3.7}$$

从技术上，可以用任一合适的热力学程序依次取 $\lambda=0.1,0.2,\cdots,1$ 计算不同组分的平衡等熵线，但这种做法不适合将含铝炸药的状态方程（8.3.5）和（8.3.6）应用于具体的流体动力学计算，因为：①模型需要输入大量等熵线参数；②在一个显式流体动力学计算周期 Δt 内，由反应速率确定的 $n+1$ 时刻的 λ 值不一定能正好落在某一条已知的等熵线上，相应的流体动力学状态还需要从两条相邻等熵线差值得到。

作为简化，Guirguis 等人用了一种替代方法，利用热力学程序只计算 $\lambda=0$ 和 $\lambda=1$ 的平衡等熵线，得到 $A(0)$，$B(0)$，$R_1(0)$，$R_2(0)$，$\omega(0)$ 和 $A(1)$，$B(1)$，$R_1(1)$，$R_2(1)$，$\omega(1)$。然后，假设状态方程(8.3.5)和(8.3.6)的参数可以在 $\lambda=0$ 和 $\lambda=1$ 之间插值，即 $A(\lambda)=(1-\lambda)A(0)+\lambda A(1)$，$B(\lambda)=(1-\lambda)B(0)+\lambda B(1)$，…，以此类推。

以 RDX 为基的含铝炸药为例，因为 RDX 是反应物中唯一的理想组分，因此，$\lambda=0$ 时的 $A(0)$，$B(0)$，$R_1(0)$，$R_2(0)$ 和 $\omega(0)$ 是已知纯 RDX 炸药的 JWL 参数（注：将标准 JWL 方程中单位初始体积的比内能和相对比容改成单位质量的比内能和比容后，产物状态方程的所有参数 A，B，R_1，R_2 和 ω 均只与产物组分有关）。若已由实验测得 CJ 爆压和爆速，根据爆轰波能量守恒方程同样可以得到仅存储在 RDX（反应物理想组分）中的能量（即稳态反应区反应所释放的能量）$e_0(0)$ 及 $\varepsilon_0(0)$。

利用热力学程序 TIGER 还可以计算 $\lambda=1$ 时的 CJ 爆压、爆温及爆速，它们是当所有组分（包括 Al）都在 CJ 面上完成化学反应时的 CJ 参数。再将这些值代入爆轰波能量守恒方程，就可以得到存储在反应物（包括理想和非理想组分）中的所有的化学能 $e_0(1)$ 及 $\varepsilon_0(1)$。然后由已知的 $e_0(0)$ 和 $e_0(1)$ 可以求出存储在炸药非理想组分中每单位质量上的能量 Q。模型在这里隐含了一个假设，即因为铝的氧化反应是 CJ 面后产物膨胀过程中引起熵增的唯一原因，铝在 CJ 面上完成氧化反应引起的熵增与该反应在 CJ 面后逐渐完成所引起熵增相同（或相等）。

表 8.3.3 列出了 Guirguis 等人提供的一种典型的 RDX 基含铝水下炸药在 $\lambda=0$ 和 $\lambda=1$ 时的 A，B，R_1，R_2，ω，e_0，ε，Q 值和通过实验测得的、反应物理想组分反应完成时（即 $\lambda=0$ 时）的 CJ 参数（表中以黑体字标识），以及由 TIGER 程序预测的当所有组分（包括 Al 参与的）反应均在 CJ 面上完成时（即 $\lambda=1$ 时）的 CJ 参数。

表 8.3.3　一种 RDX 基含铝水下炸药在 $\lambda=0$ 和 $\lambda=1$ 时的 CJ 参数

$\lambda=0$		$\lambda=1$	
$A=7.783$Mbar	$R_1=4.485$	$A=6.527$Mbar	$R_1=5.1523$
$B=0.07071$Mbar	$R_2=1.068$	$B=0.1064$Mbar	$R_2=1.0305$
$\omega=0.3$	$\varepsilon=0.05580$	$\omega=0.1551$	$\varepsilon=0.04845$
$\rho_0=\mathbf{1.780}$g/cm^3		$\rho_0=\mathbf{1.780}$g/cm^3	
$p_{CJ}=\mathbf{0.120}$Mbar	$D_{CJ}=\mathbf{0.570}$cm/μs	$p_{CJ}=0.204$Mbar	$D_{CJ}=0.690$cm/μs
$T_{CJ}=3150$K		$T_{CJ}=5925$K	
$e_0=0.03015$Mbar. cm^3/g		$e_0=0.09568$Mbar. cm^3/g	
$Q=0.081906$Mbar. cm^3/g of non-ideal components			

图 8.3.3 绘出了 $\lambda=0$ 和 $\lambda=1$ 的从各自 CJ 点发出的等熵线，图中 ϑ 是比容，V 是相对比容。图中还给出了一条 Hudson 和 Sternberg 通过拟合圆筒试验和水下爆炸实验结果得到的产物膨胀曲线，类似 JWLS 产物状态方程的参考等熵线（方程(8.3.4)），拟合该等熵线用到的约束条件为 $\lambda=0$ 时的 CJ 状态参数 p_{CJ}，D，E_0 和 $\lambda=1$ 的等熵线上的另外 $n-2$

个相对比容 $\bar{v}$ 处的压力值。

含铝炸药二次反应的反应速率 $\mathrm{d}\lambda/\mathrm{d}t$ 是时间相关爆轰产物状态方程的另一个关键因素。目前,相关文献常用的描述二次反应的唯象反应速率方程为:

$$\frac{\mathrm{d}\lambda}{\mathrm{d}t}=a\,(1-\lambda)^{m}p^{n} \tag{8.3.8}$$

其中常数 a 与铝的颗粒尺寸相关,$(1-\lambda)^{m}$ 是针对几何反应面积随反应进行的减小量,p^{n} 则是对理论分析和实验测量结果进行综合考虑而得出的。

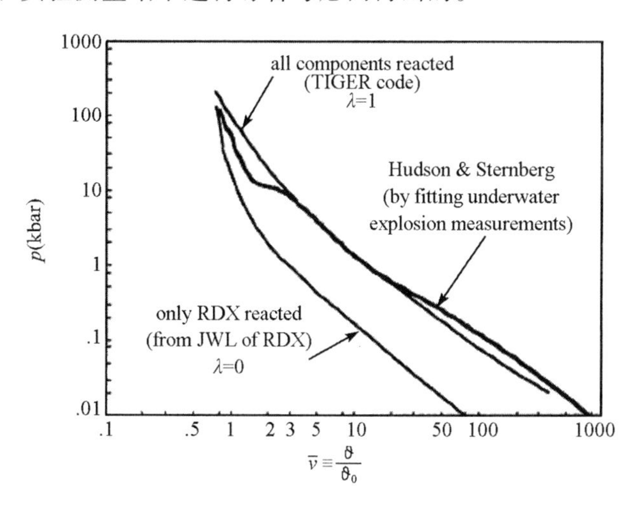

图 8.3.3　$\lambda=0$ 和 $\lambda=1$ 时的过相应 CJ 点的等熵线

关于 JWL-G 爆轰产物状态方程有几点需要注意:①状态方程(8.3.5)中的参数 ϑ 是比容而非相对比容;②图 8.3.3 显示的 $\lambda=0$ 的等熵线是由热力学程序 TIGRE 计算得到,在对数坐标平面呈指数下降,这与由圆筒试验得到的 JWL 等熵线特征不符。图 8.3.4 给出了另外三种炸药得自圆筒试验的 JWL 等熵线作为比较,它们在产物膨胀到相对比容 $\bar{v}\leqslant 7$ 之前在对数坐标平面内近似为直线。其中 $R-13$ 炸药的 CJ 状态与图 8.3.3 中 Guirguis 等人提供的 RDX 基含铝水下炸药的 CJ 状态相近。

8.3.3　JWL-Miller 爆轰产物状态方程

含铝炸药的 JWL-Miller 爆轰产物状态方程(以下简称 JWL-M 产物状态方程)是在上述时间相关 JWL 爆轰产物状态方程基础上简化得到。令时间相关 JWL 爆轰产物状态方程(8.3.5)的参数 $A(\lambda)$,$B(\lambda)$,$R_1(\lambda)$,$R_2(\lambda)$ 和 $\omega(\lambda)$ 为常数,均取过 CJ 点等熵线上(即 $\lambda=0$ 时)的值,又令 $\delta=1$。这样,时间相关 JWL-G 爆轰产物状态方程的形式可简化为如下 JWL-M 产物状态方程:

$$p(\bar{v},e,\lambda)=A\left(1-\frac{\omega}{R_1\bar{v}}\right)\mathrm{e}^{-R_1\bar{v}}+B\left(1-\frac{\omega}{R_2\bar{v}}\right)\mathrm{e}^{-R_2\bar{v}}+\frac{\omega([e-Q]+\lambda Q)}{\bar{v}} \tag{8.3.9}$$

式中,e 和 $\bar{v}$ 分别是单位初始体积反应物中总的比内能和产物相对比容,Q 是每单位初始体积中非理想组分所存储的能量,$[e-Q]$ 代表产物理想组分中所含的潜在化学能,即稳态反应所释放的能量。

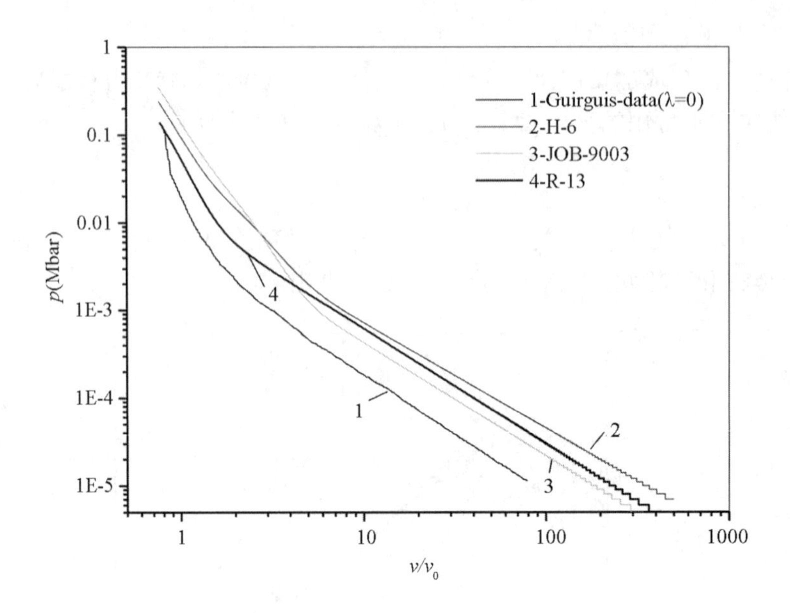

图 8.3.4　几种炸药过 CJ 点的等熵线

方程(8.3.9)中的 λ 与含铝炸药的二次反应过程有关,λ 由反应速率方程(8.3.8)确定,因此 JWL-M 产物状态方程仍然是一个时间相关的状态方程。若 $Q=0$ 或 $\lambda=0$ 保持不变,则产物在膨胀过程中不发生化学反应,因此产物膨胀过程中的熵增为零,这时 JWL-M 产物状态方程退化为理想炸药的以过 CJ 点等熵线为参考曲线的 JWL 爆轰产物状态方程。

表 8.3.4 给出了两种理想炸药 Pentolite 和 PETN 的 JWL 产物状态方程参数,和一种非理想含铝水下炸药 Al/Ap Explosive 的 JWL 和 JWL-M 产物状态方程参数。Miller 和 Guirguis 等人对表中含铝炸药 Al/Ap Explosive 的 4 和 8 - inch 圆筒试验数据进行了模拟,结果表明,用标准 JWL 产物状态方程不能同时拟合圆筒试验的初期和后期的试验数据,而用时间相关 JWL-M 产物状态方程则能很好地拟合试验数据。

为简单起见,本章以下将表 8.3.4 中的含铝炸药 Al/Ap Explosive 简称为 AAE 炸药。除 AAE 炸药外,表中的其余两种炸药均为理想炸药,使用标准 JWL 产物状态方程。AAE 炸药有三种产物状态方程模型:①JWL 产物状态方程,其中与方程对应的过 CJ 点“等熵线”实际已包含了部分熵增效应(所包含熵增效应的大小与确定“等熵线”方程参数的试验的装药尺寸、约束程度等有关);②JWL-M0 产物状态方程,这里的 0 表示 $Q=0$,这也是一个标准的 JWL 状态方程,其参考曲线为 AAE 炸药过 CJ 点的等熵线,它描述的是铝在产物膨胀过程中不发生二次反应时的状态;③JWL-M 时间相关产物状态方程,公式(8.3.8)为反应速率方程。

图 8.3.5 绘出了与表 8.3.4 中四个产物状态方程对应的过 CJ 点的等熵线,其中用 AAE(JWL-M0)标记的等熵线既是 JWL-M0 产物状态方程的参考等熵线,也是与 JWL-M 时间相关产物状态方程对应的过 CJ 点($\lambda=0$)的等熵线。

表 8.3.4　几种炸药爆轰产物状态方程参数

参数	炸药			
	Pentolite	PETN	Al/AP Explosive	
	JWL	JWL	JWL	JWL－M
A(Mbar)	5.3177	6.1694	18.8337	6.9513
B(Mbar)	0.08931	0.1691	1.3747	0.0313
C(Mbar)	0.00976	0.007	0.03298	0.02128
R_1	4.6	4.4	8.0	5.4
R_2	1.05	1.2	4.0	1.4
ω	0.33	0.25	0.40	0.40
E_0(Mbar)	0.08	0.101	0.095	0.070
a	–	–	–	0.0065
m	–	–	–	1/2
n	–	–	–	1/6
Q(Mbar)	–	–	–	0.110
p_J(Mbar)	0.235	0.335	0.150	0.150
D_J(cm/μs)	0.736	0.830	0.59	0.59
ρ_0(g/cm^3)	1.65	1.77	1.88	1.88

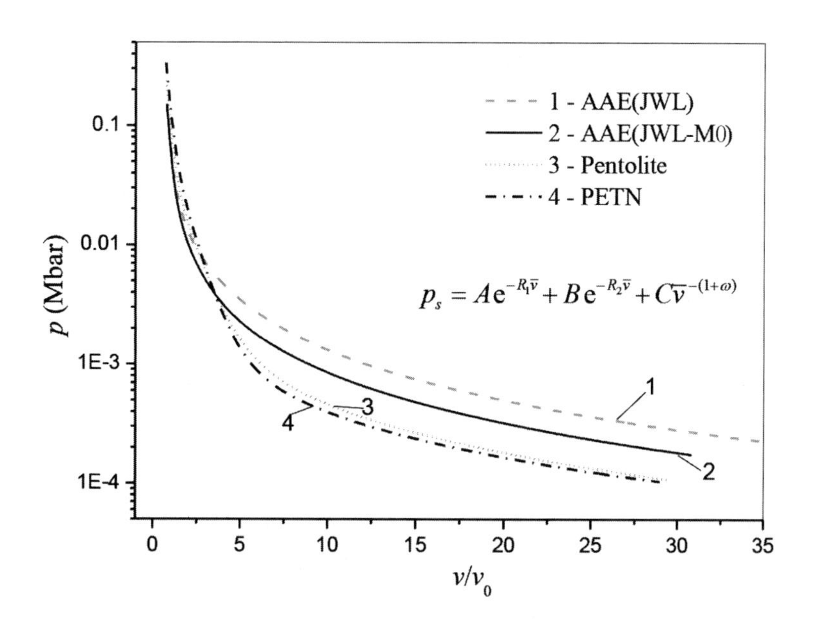

图 8.3.5　四个产物状态方程的过 CJ 点等熵线

8.3.4 JWL-Three Lines 爆轰产物状态方程

根据含铝炸药爆轰产物的膨胀特性，其爆轰产物膨胀过程是一个因铝在膨胀过程中发生氧化反应而有熵增的过程。但是，一旦铝的氧化反应完成，接下来的产物膨胀过程又将是一个等熵过程。因此，我们在 JWL-M 爆轰产物状态方程的基础上提出一个新的含铝炸药 JWL-Three Lines 爆轰产物状态方程（JWL equation of state based on Three Lines，以下简称 JWL-TL 爆轰产物状态方程）。如图 8.3.6 所示，JWL-TL 产物状态方程的三条参考曲线是：①过 CJ 点（$\lambda=0$）的等熵线；②产物含熵增过程的膨胀曲线 $p(v)$，这实际上是一个与约束程度相关的曲线簇；③含铝炸药二次反应结束后（$\lambda=1$）的等熵线。JWL-TL 爆轰产物状态方程的前半部分就是 JWL-M 产物状态方程。JWL-TL 模型的关键及实现的难点是如何确定 $\lambda=1$ 的等熵线，我们考虑有三种方法：①如图 8.3.3 所示，假设铝的二次氧化反应引起熵增的大小与反应快慢无关，可用热力学程序计算铝的二次氧化反应在 CJ 面上瞬时完成后产物的等熵膨胀曲线；②参考 Hudson 和 Sternberg 拟合水下爆炸实验结果得到含铝炸药爆轰产物膨胀曲线的方法确定 $\lambda=1$ 的等熵线；③设计一种对含铝炸药爆轰产物膨胀长（或强）约束的、可定量测量且能用来与计算结果定量比较的状态参量测量方法，类比圆筒试验方法来确定含铝炸药二次反应结束后（$\lambda=1$）的等熵线。

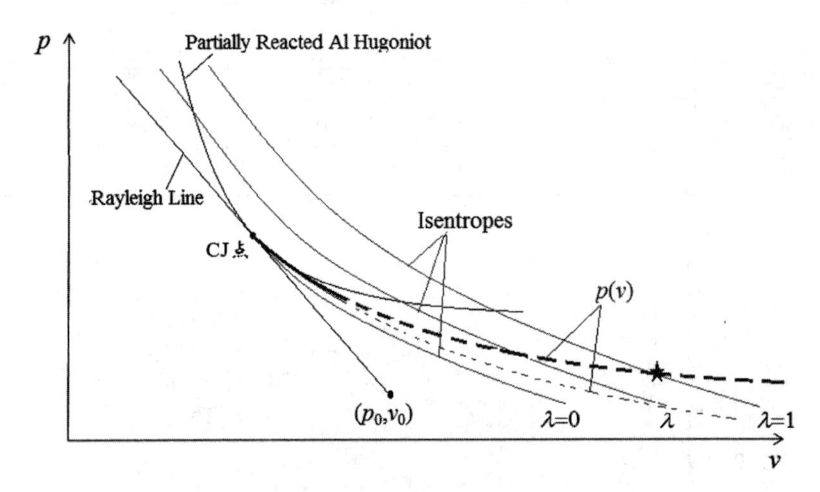

图 8.3.6 与二次反应质量分数 λ 对应的等熵线簇示意图

为模型讨论方便，以 Guirguis 等人在文献[23]中提供的含铝炸药为原型，我们在表 8.3.5 中给出了一个虚拟含铝炸药（以下简称 RAE 炸药）的 JWL-TL 爆轰产物状态方程参数。图 8.3.7 绘出了 RAE 炸药的过 CJ 点的等熵线（标记为：RAE（JWL-TL）$-\lambda=0$）和二次反应结束后的等熵线（标记为：RAE（JWL-TL）$-\lambda=1$）。其中 RAE 炸药过 CJ 点（$\lambda=0$）的等熵线是利用图 8.3.4 中显示的 R－13 炸药的过 CJ 点等熵线，将其 CJ 点挪至 Guirguis 等人提供的 RDX 基含铝水下炸药的 CJ 点，然后重新拟合这条曲线得到 RAE 炸药的过 CJ 点 JWL 等熵线参数；RAE 炸药二次反应结束后（$\lambda=1$）的等熵线，是从图 8.3.3 中读出相应的 RDX 基含铝水下炸药铝在 CJ 面上完全反应的等熵线数据（图 8.3.7 中的曲线 3），然后重新拟合参数得到。

表 8.3.5　RAE 炸药 JWL-TL 爆轰产物状态方程参数

含铝炸药理想组分爆轰反应的 CJ 参数				过 CJ 点($\lambda=0$)的等熵线参数					
ρ_0 (g/cm³)	p_J (Mbar)	D_J (cm/μs)	E_0 (Mbar)	A (Mbar)	B (Mbar)	C (Mbar)	R_1	R_2	ω
1.780	0.12	0.57	0.055	10.0314	0.07884	0.00974	5.98	1.76	0.26
铝在 CJ 面上完全反应的 CJ 参数				二次反应结束后($\lambda=1$)的等熵线参数					
ρ_0 (g/cm³)	p_J (Mbar)	D_J (cm/μs)	E_0 (Mbar)	A (Mbar)	B (Mbar)	C (Mbar)	R_1	R_2	ω
1.780	0.204	0.69	0.08	32.2572	0.3535	0.03405	7.97	1.98	0.323

二次反应速率方程参数

Q(Mbar)	a	m	n
0.110	0.512	1.02	0.8

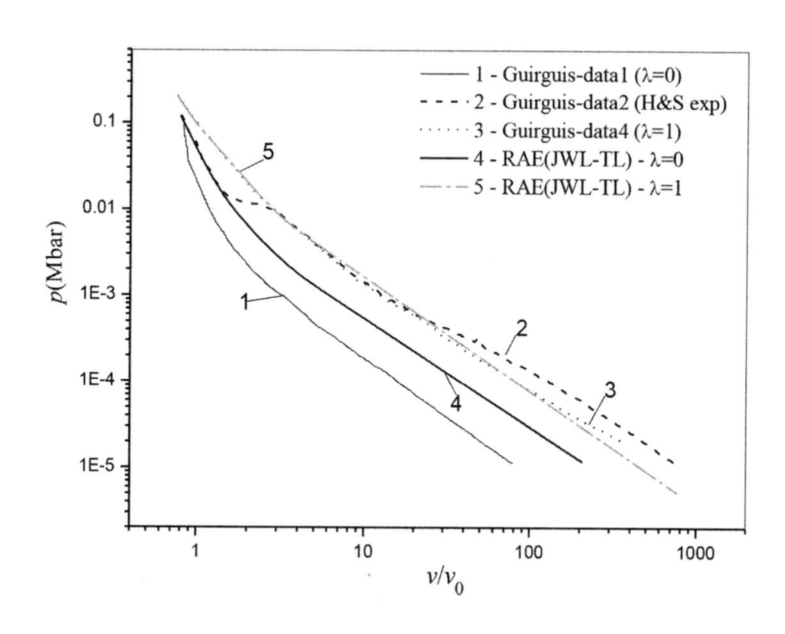

图 8.3.7　RAE 炸药 $\lambda=0$ 和 $\lambda=1$ 的过相应 CJ 点等熵线

8.4　含铝炸药爆轰数值模拟

关于理想炸药爆轰的数值计算方法在第七章已做了详细论述，含铝炸药稳态反应区状态可用理想炸药带反应流体动力学模型描述。这里主要对含铝炸药非理想爆轰模型 JWL-M 和 JWL-TL 产物状态方程的一些计算结果进行分析，并与实验以及理想炸药的相应计算结果作比较，进一步讨论非理想炸药 JWL-M 产物状态方程的适用性和模拟强约束时存在的问题，以及采用 JWL-TL 爆轰产物状态方程的必要性。

JWL-M 产物状态方程已嵌入商用流体动力学软件 AUTODYN,表 8.3.4 所列 AAE 炸药的参数是其材料模型数据库中唯一的一组非理想炸药参数,可以用来计算该含铝炸药的水下爆炸和空气超压等爆轰驱动问题。

8.4.1 含铝炸药 JWL-M 产物状态方程参数确定

构造含铝炸药爆轰产物状态方程有三条关键曲线:①爆轰产物过 CJ 点的等熵线;②CJ 面后由后期铝氧化反应能量释放导致的含熵增的 $p-v$ 膨胀曲线(簇),该曲线与装药尺寸、约束程度,以及后期能量释放速率相关;③后期铝氧化反应释放能量过程完成后的产物等熵膨胀曲线。

利用实验对含铝炸药 JWL-M 产物状态方程参数进行标定需要分几步进行:第一步,确定含铝炸药爆轰产物过 CJ 点的等熵线参数。假设只有很少部分的铝参与了稳态反应区中的反应,利用对含 LiF 炸药(其中 LiF 的含量与待研究含铝炸药中铝的含量相同)的小直径标准圆筒试验可以近似得到相应含铝炸药爆轰产物过 CJ 点的等熵线。也可通过热力学程序计算得到这条等熵线。第二步,在已知含铝炸药 CJ 状态和过 CJ 点等熵线的前提下,对含铝炸药做(一种或几种)大直径圆筒试验以确定非理想炸药在爆轰产物膨胀过程中二次反应的反应速率方程系数。在各种尺寸的圆筒试验条件下,测试区间的产物膨胀相对体积 $\bar{v}$ 都超不过 12。对于理想炸药,约 85% 的爆炸能量在等熵线上从 CJ 点开始至相对体积 $\bar{v}=12$ 之前被释放出来。在这种情况下,将得自圆筒试验的 JWL 产物状态方程用于产物相对体积膨胀远大于 12 的水下和空气中的爆炸试验计算是不合适的。而对于那些大量能量释放于相对体积 $\bar{v}$ 远大于 12 的非理想炸药,需要爆轰产物在一定约束条件下其相对体积 $\bar{v}$ 膨胀更大时的实验数据,而这些数据无法从圆筒试验得到。所以,由大直径圆筒试验标定出的二次反应速率方程参数还可以通过水下爆炸试验或空气中爆炸试验进行验证和调整。

本章分别利用表 8.3.4 中的 AAE 炸药爆轰产物状态方程数据和图 8.1.5 所示 Trzcinski 等人的圆筒试验数据,只讨论方法。

1. AAE 炸药 JWL-M 产物状态方程参数的拟合

AAE 炸药在等熵条件下和有二次反应引发熵增条件下的“圆筒试验数据”均由数值计算结果代替。将 JWL-M 产物状态方程嵌入二维流体动力学程序,构造适应度函数(见(3.2.75)式),用非线性优化程序与二维流体动力学程序的方法重新拟合一套 JWL-M 产物状态方程参数。

图 8.4.1 为 AAE 炸药在等熵条件下直径 Φ50mm 的“圆筒试验数据”和通过优化拟合得到的以过 CJ 点等熵线为参考曲线的 JWL 产物状态方程的计算结果,其中坐标 $R-R_0$ 为圆筒外壁径向位移(R_0 是圆筒外半径,R 是实时外半径),u_r 是圆筒外半径的径向运动速度。图中标记“exp data (JWL-M0)”表示等熵条件下的“圆筒试验数据”,它是利用表 8.3.4 所列 AAE 炸药的 JWL-M 产物状态方程取 $Q=0$ 计算得到。图中由“fit-n(JWL-M0)”标记的曲线为第 n 条拟合曲线。显然,由(3.2.75)式定义的适应度函数可以确定不止一条满足精度要求的拟合曲线,这些曲线在细节上可能分别更符合不同膨胀阶段的试验数据,最终选取拟合参数时,除了看拟合精度,有时还需要考虑结果的发展趋势。

表 8.4.1 为拟合得到的四条过 CJ 点等熵线参数。AAE 炸药的初始密度和 CJ 状态见表 8.3.4。

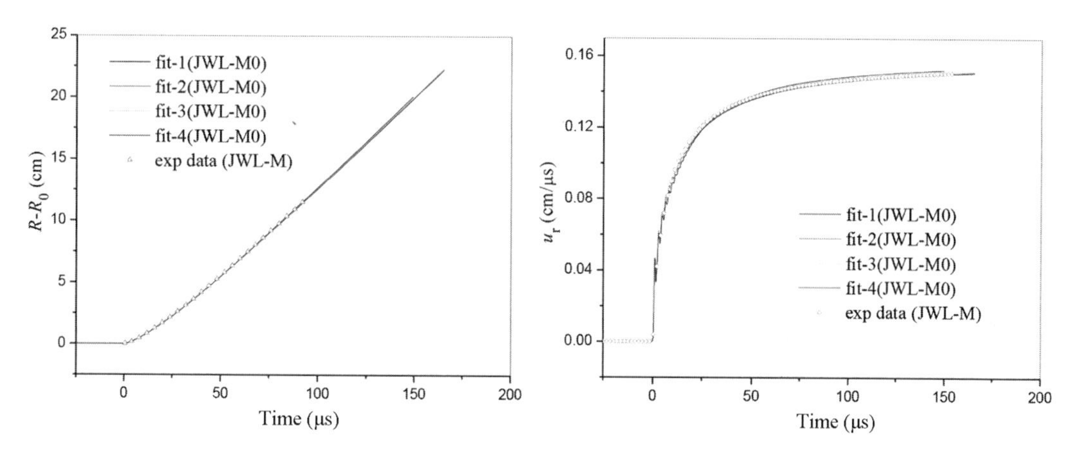

图 8.4.1　等熵条件下的 AAE 炸药"圆筒试验"及拟合结果

表 8.4.1　AAE 炸药过 CJ 点等熵线系数的拟合结果

曲线	参数					
	A (Mbar)	B (Mbar)	C (Mbar)	R_1	R_2	ω
fit－1(JWL-M0)	6.7239	0.05746	0.02230	5.38	2.08	0.40
fit－2(JWL-M0)	7.0623	0.1427	0.02273	5.546	2.619	0.406
fit－3(JWL-M0)	6.3451	0.01127	0.02377	5.24	1.40	0.42
fit－4(JWL-M0)	5.3467	－0.1276	0.02981	4.84	2.28	0.48

图 8.4.2 给出的是 AAE 炸药在有二次反应引发熵增条件下的"圆筒试验数据"和优化拟合曲线。图中"exp data (JWL-M)"标记的"圆筒试验数据"是用表 8.3.4 中 AAE 炸药的 JWL-M 产物状态方程计算得到,"fit－1 和 2(JWL-M)"标记了两条二次反应速率方程(8.3.8)的拟合曲线,拟合参数分别为 $a = 0.00421$、$m = 0.53$、$n = 0.0988$ 和 $a = 0.00586$、$m = 0.544$、$n = 0.184$。作为比较,图中也给出了等熵条件下的"圆筒试验数据"和一条拟合曲线。

2. 根据圆筒径向膨胀速度拟合含铝炸药 JWL-M 产物状态方程参数

Trzcinski 等人对含 30% LiF 和含 30% Al 的混合炸药分别做了直径 Φ25mm 的标准圆筒试验,筒壁径向膨胀速度见图 8.1.5。用非线性优化方法,首先根据 30% LiF 炸药的圆筒试验结果拟合 30% Al 炸药过 CJ 点的等熵线。然后再根据 30% Al 炸药的圆筒试验结果拟合含铝炸药 CJ 面后二次反应速率系数。拟合结果见图 8.4.3,其中(a)图为圆筒试验和相应拟合数据计算结果的比较,(b)图为两个位于狭缝像位置处的炸药单元二次反应度 λ 的时间剖面,其中单元 A 靠近轴线,单元 B 位于圆筒壁附近。拟合得到的 30% Al 混合炸药的 JWL-M 产物状态方程参数见表 8.4.2。

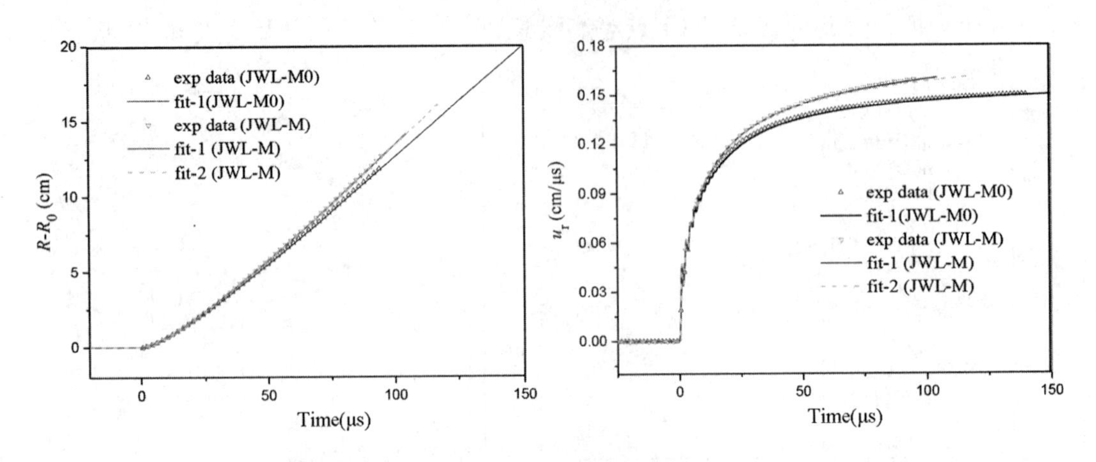

图 8.4.2 AAE 炸药的圆筒试验及拟合结果

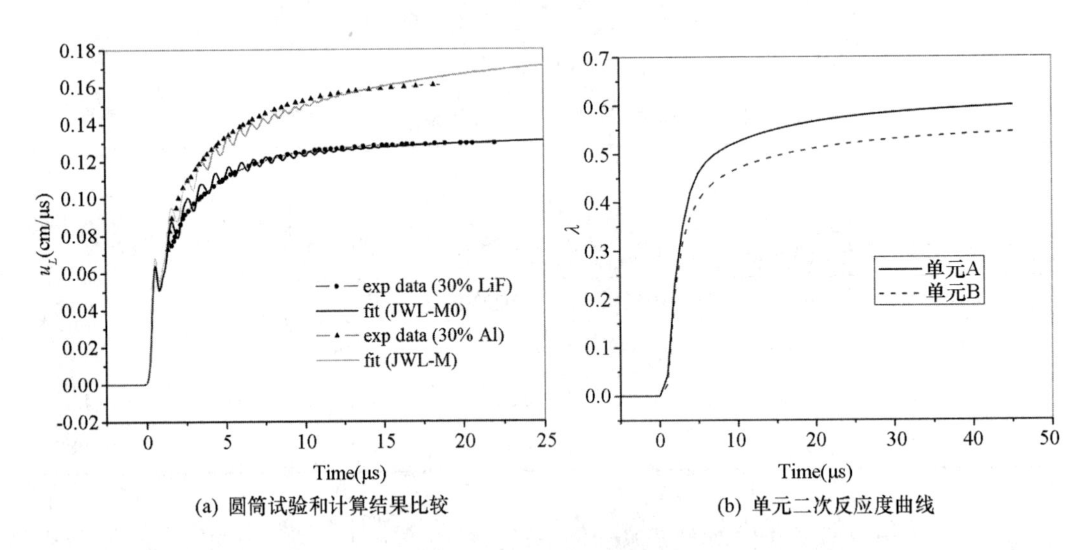

(a) 圆筒试验和计算结果比较　　(b) 单元二次反应度曲线

图 8.4.3 Trzcinski 等人含铝炸药的 JWL-M 产物状态方程计算结果

表 8.4.2 30% Al 混合炸药的 JWL-M 产物状态方程参数

CJ 参数				过 CJ 点等熵线参数					
ρ_0 (g/cm³)	p_J (Mbar)	D_J (cm/μs)	E_0 (Mbar)	A (Mbar)	B (Mbar)	C (Mbar)	R_1	R_2	ω
1.74	0.230	0.750	0.05	8.0579	0.1378	0.00420	4.95	1.56	0.34

二次反应速率方程参数

Q (Mbar)	a	m	n
0.110	0.912	1.02	0.80

3. Moby-Dick 实验

Moby-Dick 实验是 Miller and Guirguis 等人提出的一种小型实验室实验,可以用来表征含铝炸药的后期能量释放特征,通过对 Moby-Dick 实验的实验数据进行拟合,标定的含铝炸药时间相关产物状态方程可以再现大尺寸圆筒试验结果。

Moby-Dick 实验装置见图 8.4.4,其设计原理是,少量炸药(小到 1/2g)的膨胀率可与数十千克规模的水下炸药的膨胀率相比。这样做的目的是确保测量结果能反映大多数(如果不是全部)由典型水下炸药中非理想组分的后期反应所释放的能量。在实验中,炸药试样被限制在一个钢块内,除了一个方向不受约束,在此方向上,允许爆轰产物沿一根插入钢块的小直径、厚的透明 lexan 管驱动水介质膨胀。用高速扫描相机(an electronic framing and streak camera)追踪爆轰产物气体和水介质界面的运动。在相对体积 $\bar{v}=2\sim20$、$t=10\sim50\mu s$ 组合范围内对产物气泡的一维膨胀过程进行观测是可能的,这里 t 是 CJ 面后的时间。

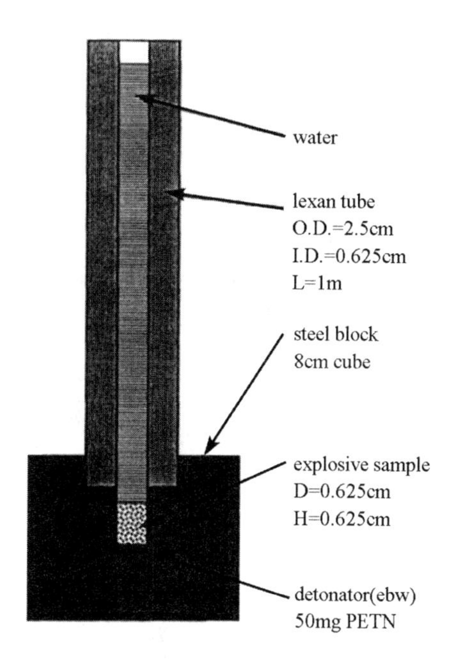

图 8.4.4 Moby-Dick 实验装置

在图 8.4.5 中,对 Moby-Dick 实验的测量值与使用相应状态方程的计算结果进行了比较。图中下方的实线为用传统 JWL 状态方程对理想炸药 Pentolite 的计算结果,上方两条曲线为对 AAE 炸药的计算结果,其中虚线用的是传统 JWL 状态方程,实线用的是时间相关 JWL-M 状态方程。显然,对于理想炸药,已知的 JWL 状态方程由传统的 1 英寸和 2 英寸圆筒试验确定,可成功再现 Moby-Dick 实验数据。而对于非理想的 Al/AP 炸药,JWL 状态方程必须引入时间相关性,以便能同时拟合 CJ 面附近早期和 CJ 面后晚期膨胀阶段的实验数据,并为状态方程中的可调参数确定唯一的值。

Miller and Guirguis 利用 Moby-Dick 实验数据对 JWL-M 状态方程参数拟合的具体方法是,首先用热力学程序 TIGER 对可调参数进行评估,然后通过拟合 Moby-Dick 实验数据的早期和晚期状态进行微调。如此得到的时间相关状态方程可再现大型圆筒试验的实验数据和大药量水下装药产生的水中冲击波的压力－时间历程。

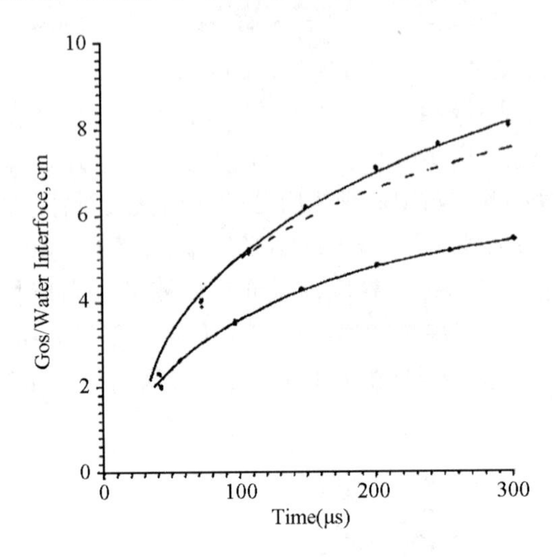

图 8.4.5　Moby-Dick 实验与相应状态方程计算结果的比较

8.4.2　圆筒试验计算结果及讨论

圆筒试验是专门用于确定理想炸药爆轰产物 JWL 状态方程参数和评估炸药做功能力的标准化试验。这里对四种满足几何相似率的 AAE 炸药圆筒试验装置进行计算，①AAE 炸药尺寸：Φ25mm×300mm，铜管外径 Φ30mm；②AAE 炸药尺寸：Φ50mm×500mm，铜管外径 Φ60mm；③AAE 炸药尺寸：Φ100mm×500mm，铜管外径 Φ120mm；④AAE 炸药尺寸：Φ200mm×500mm，铜管外径 Φ240mm。

图 8.4.6 是直径 Φ100mm 圆筒试验装置的几何示意图，其中选了三个位置处的炸药单元，并标出单元号。图 8.4.7 和图 8.4.8 给出了这三个单元的爆轰产物 $p-v$ 膨胀曲线，其中图 8.4.7 为 AAE 炸药标准 JWL 状态方程的计算结果（JWL-M 产物状态方程取 $Q=0$），图 8.4.8 是 AAE 炸药 JWL-M 产物状态方程计算结果，图 8.4.9 为三个单元二次反应度 λ 的时间剖面图。

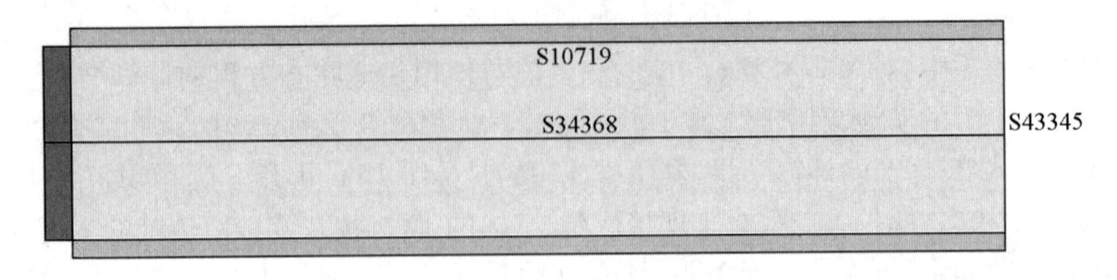

图 8.4.6　直径 Φ100mm 圆筒试验装置的几何示意图

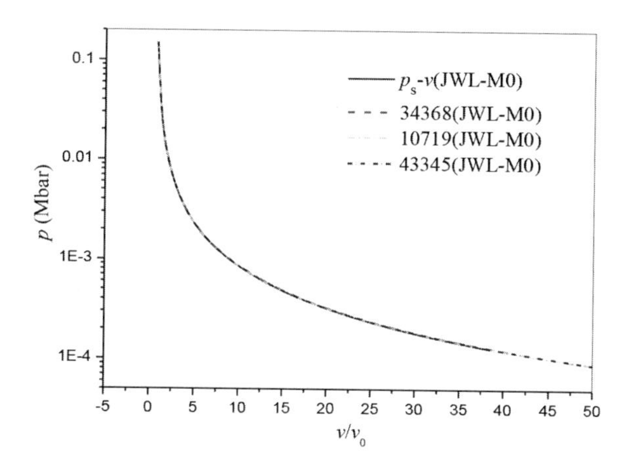

图 8.4.7　理想炸药的等熵膨胀曲线

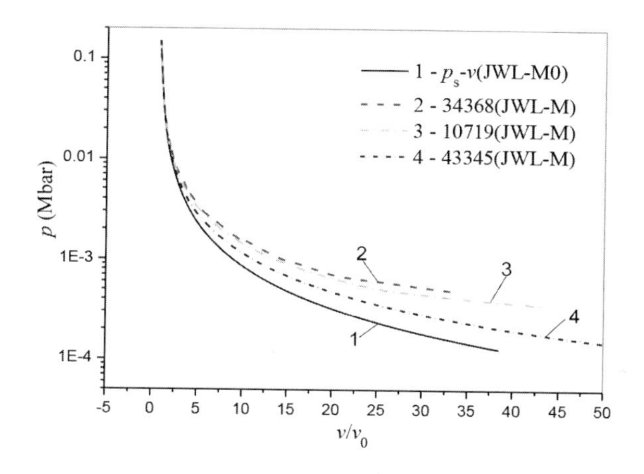

图 8.4.8　非理想炸药的熵增膨胀曲线

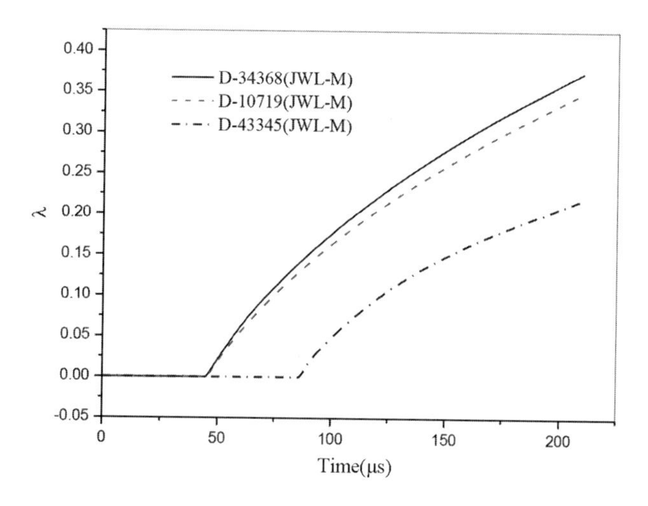

图 8.4.9　非理想炸药二次反应度 λ 的时间剖面

由图可见,根据理想炸药的爆轰模型,不论产物状态衰减的快慢过程如何,所有炸药单元在 $p-v$ 平面上均经历了同一等熵膨胀过程。而非理想炸药的产物膨胀过程为非等熵过程,熵增的大小与产物中铝的二次氧化反应强度有关,因此不同单元在 $p-v$ 平面上所经历的膨胀过程与该单元受的约束程度、稀疏波到达的快慢过程(即二次反应和熵增的程度)有关。

图 8.4.10 和图 8.4.11 为四种几何尺寸圆筒试验的理想和非理想模型计算结果,其中图 8.4.10 是铜管外壁径向运动速度 u_r 与径向位移 $R-R_0$ 的关系,图 8.4.11 是由式(8.4.1)定义的圆筒比动能 E 与径向位移的关系。将两图中曲线按几何相似率调整(直径 Φ25mm 的试验曲线位移 ×4,直径 Φ50mm 的试验曲线位移 ×2,直径 Φ200mm 的试验曲线位移/3),在作了几何相似率的调整之后,图中理想炸药爆轰产物状态模型结果 a、b、c 和 d 四条曲线基本与直径 Φ100mm 的相应曲线重合,而非理想爆轰产物状态方程 JWL-M 的计算结果曲线 1、2、3 和 4 则不满足几何相似率,如图 8.4.12 和图 8.4.13 所示。

$$E=\frac{1}{2}u_r^2 \tag{8.4.1}$$

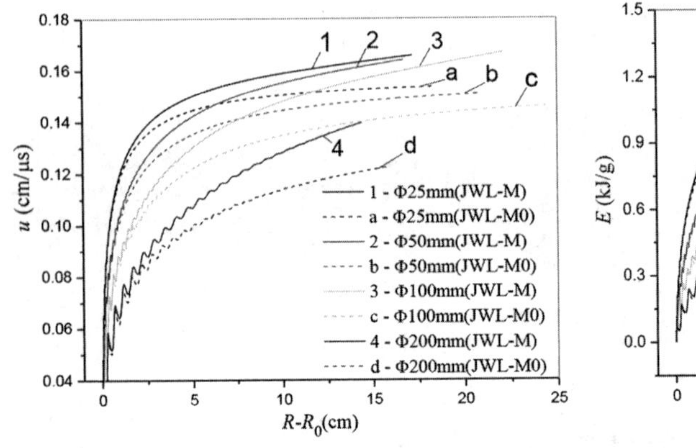

图 8.4.10　圆筒外径径向运动速度与位移关系

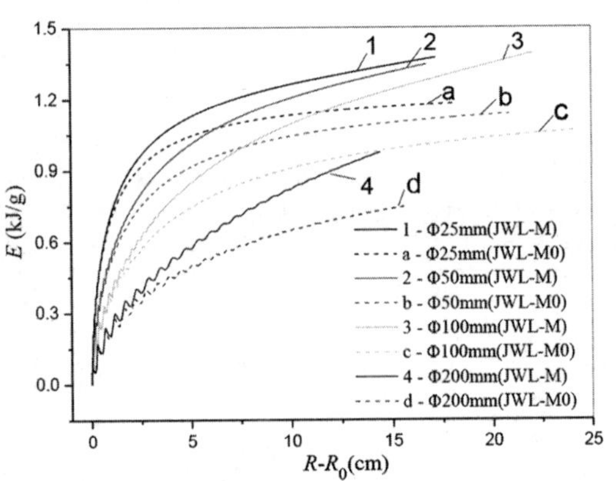

图 8.4.11　圆筒比动能与径向位移关系

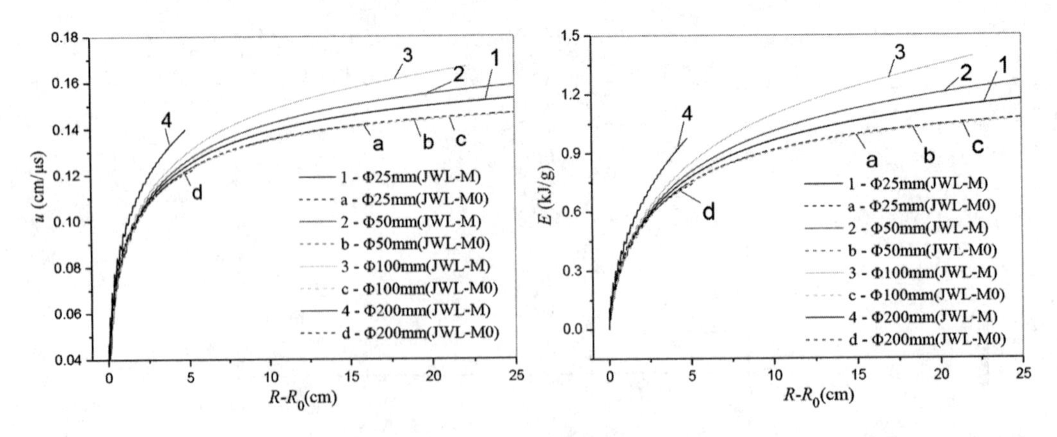

图 8.4.12　与图 8.3.10 相应的几何相似率关系　　图 8.4.13　与图 8.3.11 相应的几何相似率关系

很明显,对于铜管外壁径向运动速度 u_r 和圆筒比动能 E,用理想炸药 JWL 产物状态方程计算的产物等熵膨胀试验结果基本满足几何相似率关系。而非理想炸药,因为不同直径的圆筒试验对产物膨胀的约束强度不同,二次反应释放的能量(因此熵增)程度不同,用非理想炸药 JWL-M 产物状态方程计算的非等熵产物膨胀圆筒试验结果不满足几何相似率。

图 8.4.14(a)和(b)分别为不同直径圆筒试验位于狭缝像与轴心位置相交处炸药单元二次反应度 λ 的时间剖面和该单元的 $p-v$ 膨胀曲线。非理想炸药 JWL-M 产物状态方程的所有计算结果都表明,含铝炸药二次反应的反应速率和产物做功能力(参见图 3.2.7)与炸药装药尺寸以及约束程度密切相关。

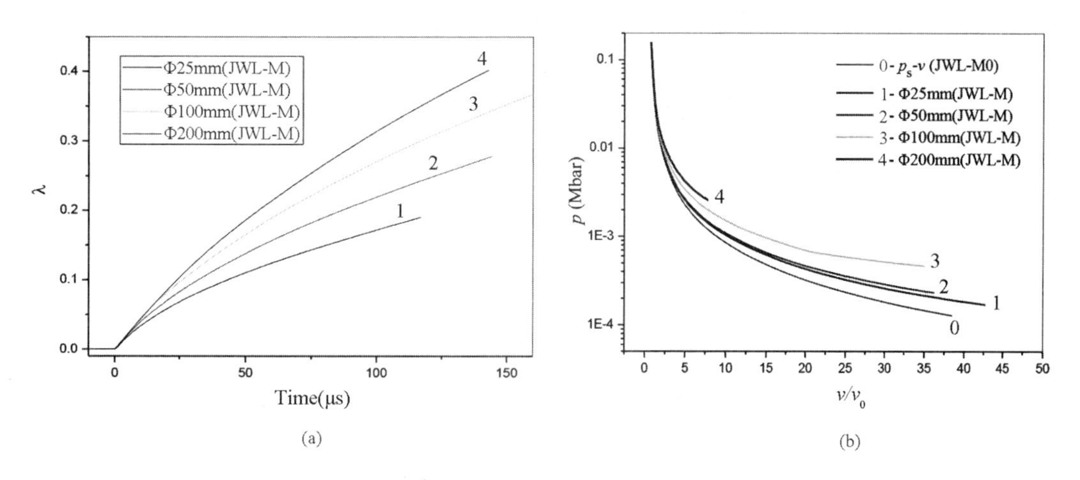

图 8.4.14　不同直径圆筒试验的二次反应度 λ 的时间剖面和装药轴心单元的 $p-v$ 膨胀曲线

8.4.3　水下爆炸计算结果及讨论

水下爆炸大体可分为三个阶段:装药的爆轰、水中冲击波的产生和传播、气泡的形成和脉动。当炸药在水中爆炸时,爆炸产物以极高的速度向周围扩散,强烈地压缩相邻的水,使其压力、密度、温度突跃式地升高,形成初始冲击波。随着冲击波的离开,爆炸产物在水中以气泡的形式存在并不断膨胀与压缩,同时产生附加的脉动压力。

理想炸药的爆轰反应时间远小于水下爆炸的流体动力学过程时间,爆轰产物状态方程是影响水中能量沉积比例和水中流体动力学运动的主要因素。而非理想炸药因其配方中含有大量可发生氧化反应的金属铝颗粒,其每单位体积内含有大量能量。这类炸药在水下爆炸过程中展现出优异性能基于两个独立原因:一是因为水的密度是空气密度的 1000 倍,它使爆轰产物可以长时间保持在高温、高压状态,让铝有更多时间完成反应;二是因为 CJ 面后二次反应的能量在气泡膨胀至初始装药体积的几倍甚至几十倍之后仍在持续释放,这种延迟释放的能量可以减少由于冲击波加热水时的能量损失。

大尺寸炸药装药爆炸时,靠近装药中心的粒子在几乎恒定的体积下相对较早地完成了它们的反应,而靠近炸药装药表面的介质在爆轰波到达时就开始膨胀,它们的反应很慢,如果炸药装药没有被适当地约束,它们可能根本不会发生反应。然而,水下爆炸由于水的约束,装药表面附近的介质会发生部分反应,但不会完全反应。同样,如果炸药装药量小或没有适当的约束，炸药中非理想组分可能不能完全反应，在极端情况下，可能完全不发生反应。这使得用传统方法，如小直径圆筒试验等很难对这类炸药的性能进行表征。

为方便比较和分析，我们对几种炸药在一维柱对称条件下的水下爆炸过程进行计算，所用程序为 LS-DYNA，并将含铝炸药 JWL-M 和 JWL-TL 产物状态方程嵌入其中。计算几何模型如图 8.4.15 所示，假设在无限水域中有一无限长炸药药柱，沿炸药药柱轴线同时起爆，这样在水中传出的冲击波是一个一维柱面对称冲击波，水介质只在冲击波传播方向（图 8.4.15 中 R 方向）上有应变，而在炸药药柱轴线方向（图 8.4.15 中 Z 方向）没有应变。这样，我们可以只对药柱中间某个厚度为 Δh 的截面体积部分进行计算。具体建模时，用 LS-DYNA 程序中的轴对称二维壳单元建模，并利用在 R 方向上的一维应变约束条件，在 Z 方向上只建一个网格，并对所有网格节点在 Z 方向上的运动进行约束。由此，水下爆炸模型被简化为求解沿 R 方向传播的一维水中冲击波传播问题。计算中取柱形药柱半径为 5.27cm（与 1kg 球形 TNT 装药半径相等）。

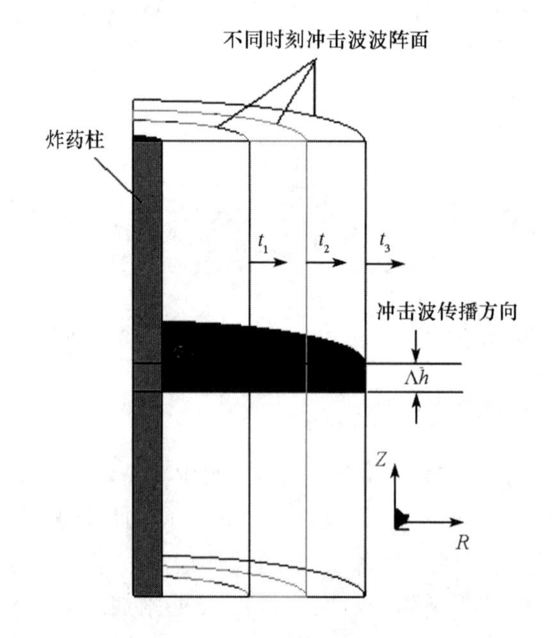

图 8.4.15　一维柱对称水下爆炸几何模型

水的材料模型为：空材料（无本构模型）+ Gruneisen 状态方程。

Gruneisen 状态方程用冲击波速度 - 粒子速度的三次曲线确定压力。当材料受压缩时：

$$p=\frac{\rho_0 C^2\mu\left[1+\left(1-\frac{\gamma_0}{2}\right)\mu-\frac{a}{2}\mu^2\right]}{\left[1-(S_1-1)-S_2\frac{\mu^2}{\mu+1}-S_3\frac{\mu^3}{(\mu+1)^2}\right]^2}+(\gamma_0+a\mu)E \tag{8.4.2}$$

当材料膨胀时：

$$p=\rho_0 C^2\mu+(\gamma_0+a\mu)E \tag{8.4.3}$$

式中，C 是冲击波速度 - 粒子速度曲线的截距；S_1，S_2 和 S_3 是冲击波速度 - 粒子速度曲线的斜率系数；γ_0 是 Gruneisen 系数；a 是 γ_0 的一阶体积系数；$\mu=\rho/\rho_0-1$。

根据 Gruneisen 状态方程的公式，在一定深度，由于水受重力作用，水的密度 ρ 大于水的初始密度 ρ_0，即当 $\mu>0$ 时，可以得到在该水深处水的初始静压力。这里的计算就是通过调整 Gruneisen 状态方程参数中的初始相对比容来给定炸药在不同水深处的初始静压力。

作为定性探讨，几何柱对称计算不能考虑浅水爆炸来自自由面稀疏波的影响，以及气泡脉动过程中的漂移现象。因为是一维几何模型，水域范围可取的足够大，因此也不用考虑来自水域边界的界面反射影响。

图 8.4.16 是 AAE 炸药爆炸后距爆心 1 ~ 10m 处的水中冲击波压力波形，水深 48m。其中图(a)和(c)为理想炸药模型的计算结果，材料模型均为 JWL 产物状态方程(参数见表 8.3.4)，图(a)为 JWL-M 产物状态方程，取 $Q=0$；图(b)为 JWL-M 产物状态方程描述的非理想炸药计算结果；图(d)是三种模型计算的峰值压力与距爆心距离的关系曲线。

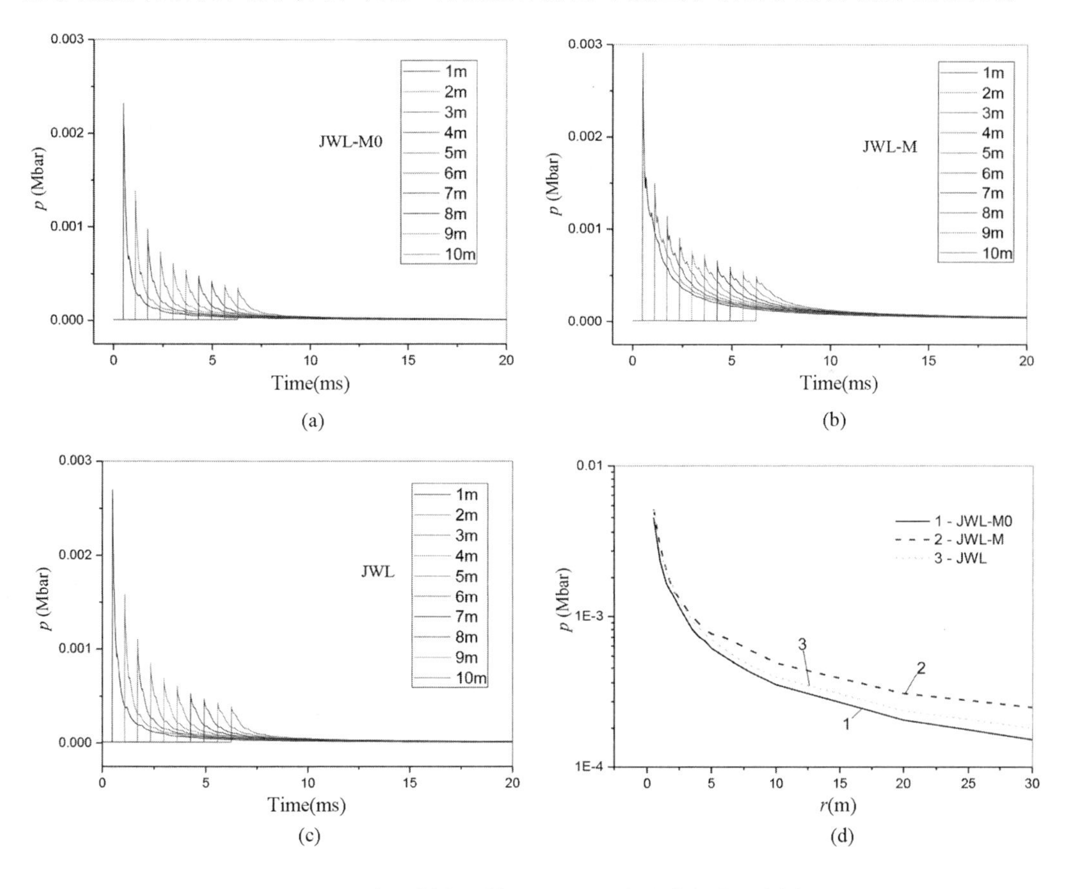

图 8.4.16　水下爆炸距爆心 1 ~ 10m 处的冲击波压力剖面

图 8.4.17 是对几种炸药(或模型)在距爆心 2m 和 5m 处的水中冲击波压力波形的比较，其中有 JOB - 9003 炸药的 JWL 产物状态方程计算结果(方程参数见表 3.2.4)。

图 8.4.18(a)给出的是炸药在水深约 48m 处爆炸后爆轰产物与水介质交界面节点位移曲线(气泡半径)的计算结果，AAE 炸药 JWL-M 产物状态方程计算的气泡半径明显大

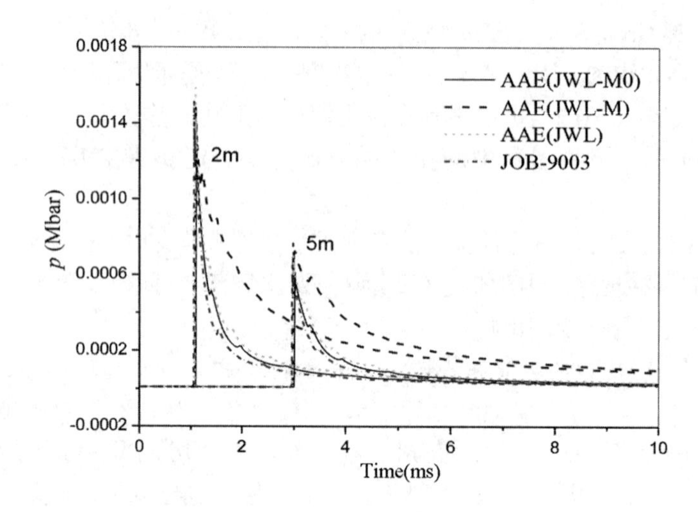

图 8.4.17　水下爆炸距爆心 1m 和 5m 处的冲击波压力剖面

得不合理。为验证这是否是将模型嵌入程序时出现的错误，我们用 AUTODYN 程序中现成的 JWL-M 产物状态方程对一维球对称水下爆炸问题进行了计算，模型参数完全相同，图 8.4.18(b) 是 1kg 炸药在水深约 500m 爆炸时的气泡脉动图像，其中非理想炸药的 JWL-M 产物状态方程模拟结果与图 8.4.18(a) 显示的非理想模型计算结果一样，不合理。

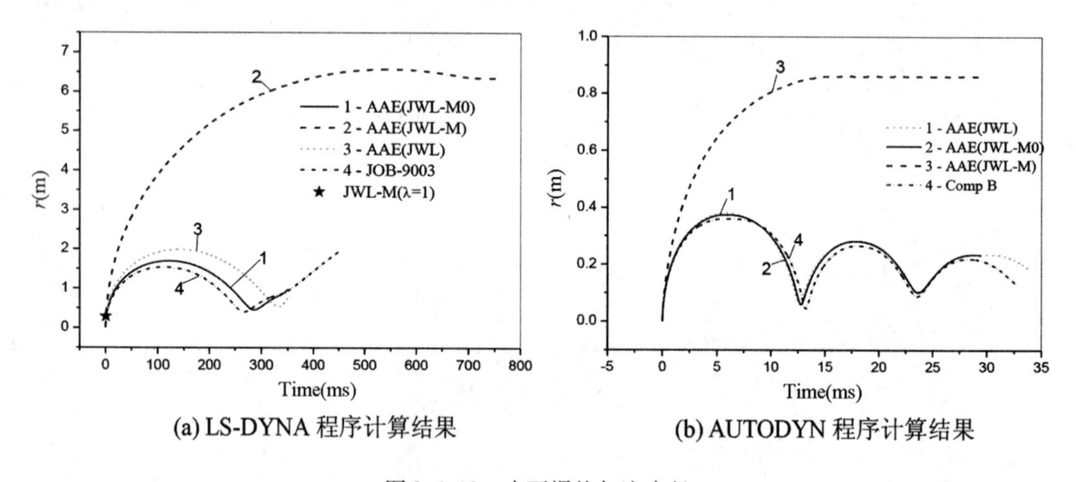

(a) LS-DYNA 程序计算结果　　(b) AUTODYN 程序计算结果

图 8.4.18　水下爆炸气泡半径

将图 8.4.18(a) 的时间尺度在起爆初期放大，结果如图 8.4.19 所示，图 8.4.18(a) 和图 8.4.19 中的星号标记是 AAE 炸药内部特征单元 JWL-M 模型二次反应完成（即 $\lambda=1$）时的状态点。图 8.4.20 给出的是 AAE 炸药和 JOB－9003 炸药产物状态方程模型的参考 $p-v$ 膨胀曲线，其中与 AAE 炸药 JWL 模型对应的“等熵线”在确定其系数时实际已包含了部分熵增效应，而图中 JWL-M 模型对应的曲线是在水下爆炸计算结果中提取的特征爆轰产物单元的 $p-v$ 膨胀曲线，这条曲线与单元位于炸药中的位置和外界约束强度（水深）有关。

由图 8.4.19 和图 8.4.20 可见，很明显，在由 JWL-M 模型描述的非理想炸药二次反应完成之后，气泡半径的膨胀趋势和产物膨胀状态变化的趋势未变，仍表现为有化学反应能量释放继续支持产物膨胀的状态。

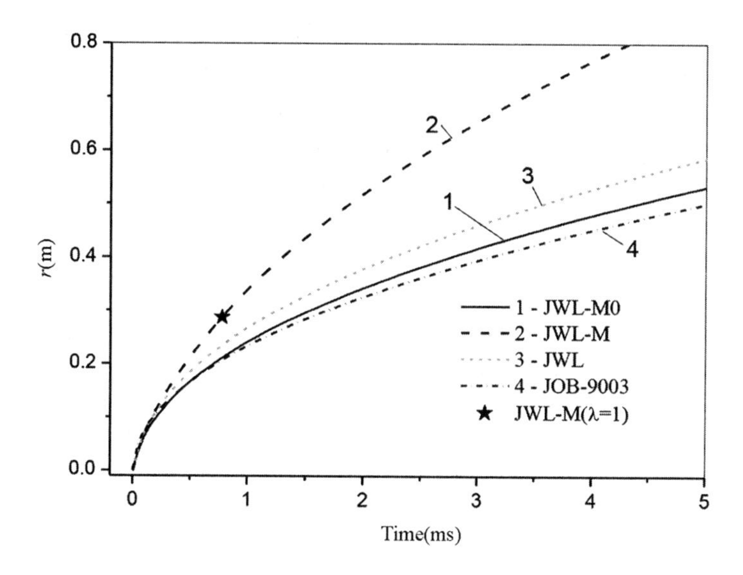

图 8. 4. 19　水下爆炸气泡半径（LS-DYNA 计算结果）

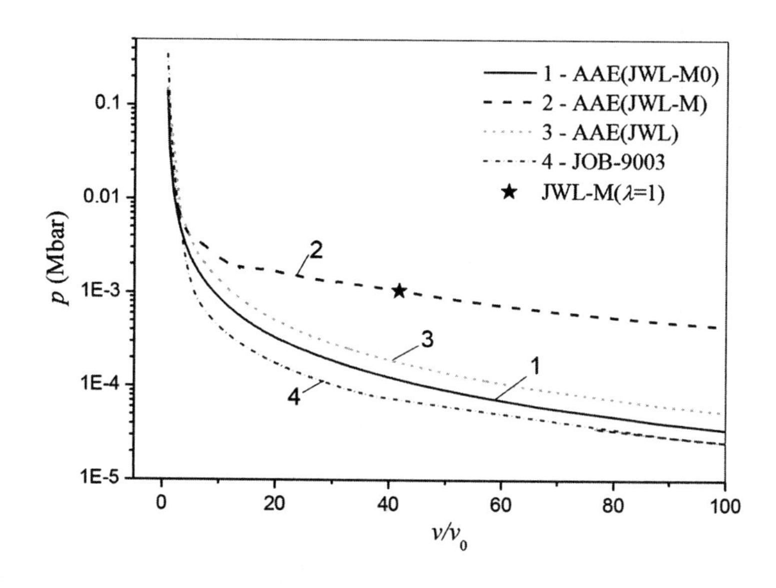

图 8. 4. 20　AAE 炸药和 JOB－9003 炸药产物状态方程模型的参考 $p-v$ 膨胀曲线

显然，导致 JWL-M 产物状态方程水下爆炸计算结果不合理的原因是模型本身。根据图 8. 3. 6 绘出的与含铝炸药二次反应质量分数 λ 对应的等熵线簇示意图，图中虚线表示的 $p(v)$ 膨胀曲线是 JWL-M 产物状态方程描述的非理想炸药爆轰产物的 $p-v$ 膨胀曲线，这样的膨胀曲线不只一条，它们的斜率与含铝炸药的二次反应强度（即反应速率模型）有关,也因此与炸药装置的约束程度有关。水下爆炸中,水对爆轰产物的约束始终存在,约束强度视水深而不同,这导致反应会以一定速率持续进行,一旦二次反应完成,JWL-M 产物状态方程描述的非理想炸药爆轰产物 $p-v$ 膨胀曲线将与 $\lambda=1$ 的爆轰产物等熵线相交(图中星号标记位置),此后(即二次反应完成后)爆轰产物的状态不再沿 JWL-M 产物状态方程描述的有非理想炸药二次反应能量支持的爆轰产物 $p-v$ 膨胀曲线下降,而应该沿含铝炸药二次反应完成后 $\lambda=1$ 的爆轰产物等熵线下降。这是 JWL-M 模型在计算强约束、大尺度装药膨胀状态的问题时会遇到的一个缺陷,因此,模型需做进一步改进才能描述此类问题。

对同样的水下爆炸问题,用 JWL-TL 模型计算 RAE 炸药水下爆炸的气泡半径,并与相应的 JWL-M 模型和 JWL-M0 模型的计算结果进行比较,结果如图 8.4.21 所示。图 8.4.22 为 RAE 炸药 JWL-TL 模型的两条参考等熵线和在不同约束条件下(对应 Φ50mm 圆筒试验和水下爆炸)炸药内部特征单元的 $p-v$ 膨胀曲线。显然,如果能准确地得到含铝炸药二次反应完成后 $\lambda=1$ 的爆轰产物膨胀等熵线,JWL-TL 产物状态方程就应该能很好地描述含铝炸药水下爆炸实验结果。

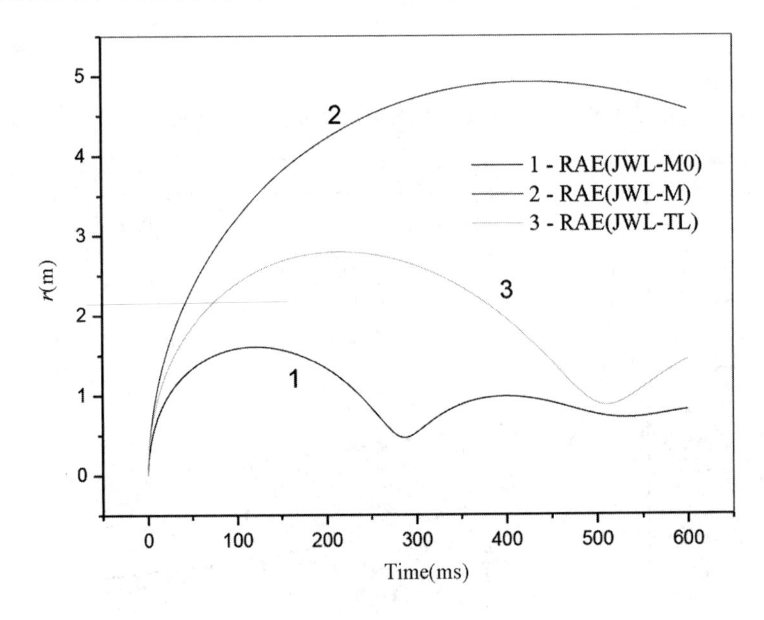

图 8.4.21　RAE 炸药水下爆炸气泡半径计算结果比较

如果爆炸装置的约束强度很弱,如小尺寸裸炸药或有薄壳体约束的小尺寸炸药在空气中爆炸,爆炸后期二次反应速率会变得很小,产生的熵增也很小,即图 8.3.6 中 $p(v)$ 曲线的斜率会减小(负斜率的绝对值增加),以至于在我们对爆炸装置感兴趣的作用时间范围内,含熵增的 $p(v)$ 膨胀曲线可能还未与 $\lambda=1$ 的爆轰产物等熵线相交,如图 8.3.6 中细虚线和图 8.4.22 中对应 Φ50mm 圆筒试验的曲线 4 所描述的 $p-v$ 膨胀过程。

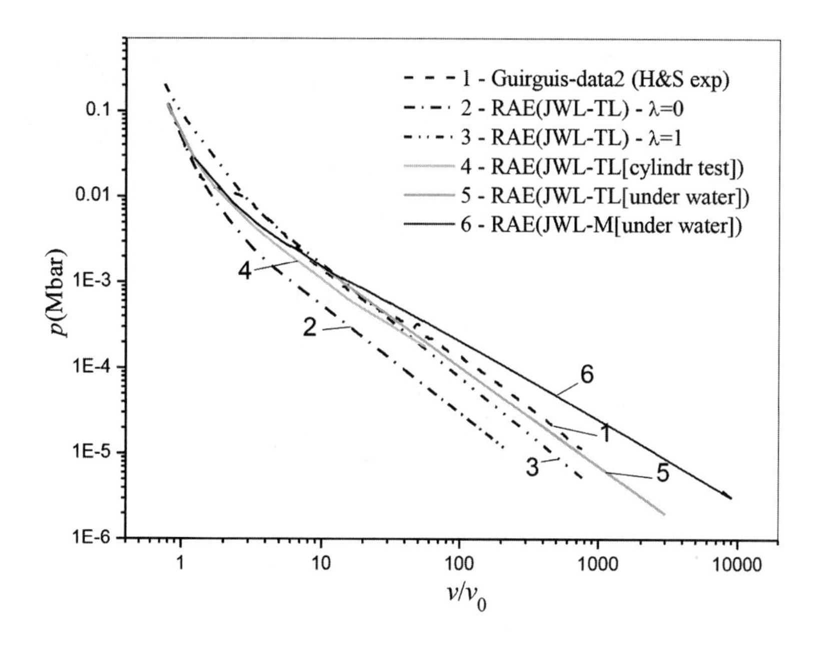

图 8.4.22　RAE 炸药的 $p-v$ 膨胀曲线

水下爆炸时，炸药中的化学能分别传入水和爆轰产物。能量以内能和动能形式存储在水中。冲击波压缩水增加了水的内能，其中一些能量是有用的，表现为水中冲击波压力的增加。然而，高幅值冲击波对装药附近水的加热浪费了部分能够对外做机械功的能量。计算结果表明，含铝炸药后期缓慢释放的能量能减缓水中冲击波压力衰减的速度。而且，因为添加了金属反应物，含铝炸药的爆压和爆速降低，在水中产生的初始冲击波较弱，加热水所浪费的能量会减小，气泡中剩余的能量增加。因此，气泡在膨胀后可以达到较大尺寸，在释放的总能量相同的情况下，振荡周期变长。

8.4.4　混凝土地基静态装药爆炸效果比较

泥土地基上有两层不同强度、厚 40cm 的混凝土层，约 2kg 装药埋深 55cm，混凝土材料在爆炸冲击作用下的力学响应和损伤过程用连续损伤本构模型描述。

在给定装药尺寸和埋深条件下，图 8.4.23 和图 8.4.24 分别给出了两种炸药不同产物状态方程的静态装药爆炸计算效果。

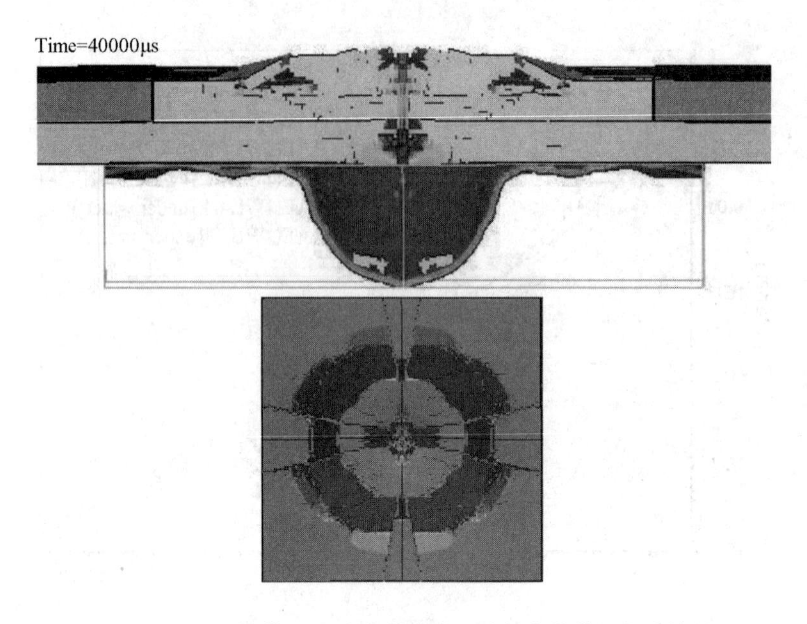

图 8.4.23 TNT 炸药 JWL 产物状态方程的静态装药爆炸计算效果

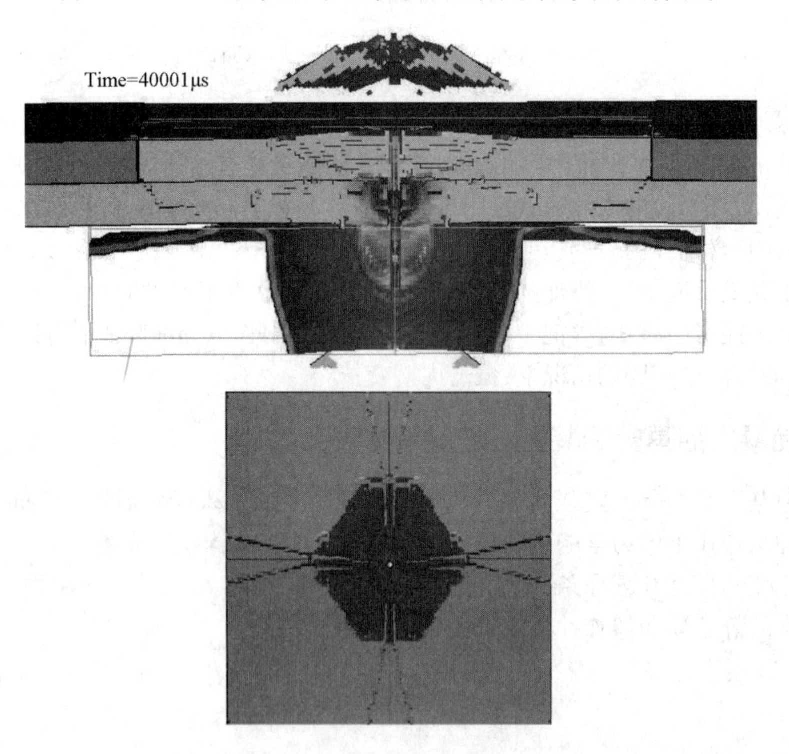

图 8.4.24 RAE 炸药 JWL-TL 产物状态方程的静态装药爆炸计算效果

从图 8.4.23 和图 8.4.24 所示的静态装药爆炸计算效果和模型本身的机制来看，理想炸药虽然具有较高的爆速、爆压和初始爆热值，但在对混凝土的爆炸作用中，理想炸药有相当部分的能量用于对混凝土的加热和破碎，这部分能量损耗无助于对混凝土的后期膨胀抛掷作用。显然，非理想炸药 JWL-TL 产物状态模型能更好地描述产物在大膨胀状态下的做功能力。

8.4.5　密闭空间炸药爆炸压力波形

模拟 1kg 左右炸药在爆炸罐内的爆炸过程，为简化起见，计算几何模型作了球对称处理，并取 1/4 几何对称，炸药和空气取欧拉网格单元，半径 2m 处作固壁处理以模拟刚性罐壁。计算的 1/4 球体如图 8.4.25 所示，图 8.4.26 ~图 8.4.28 给出了两种炸药用不同产物状态方程模拟得到的位于球体不同半径位置处单元的压力剖面，不同半径位置处的单元号见图 8.4.25。

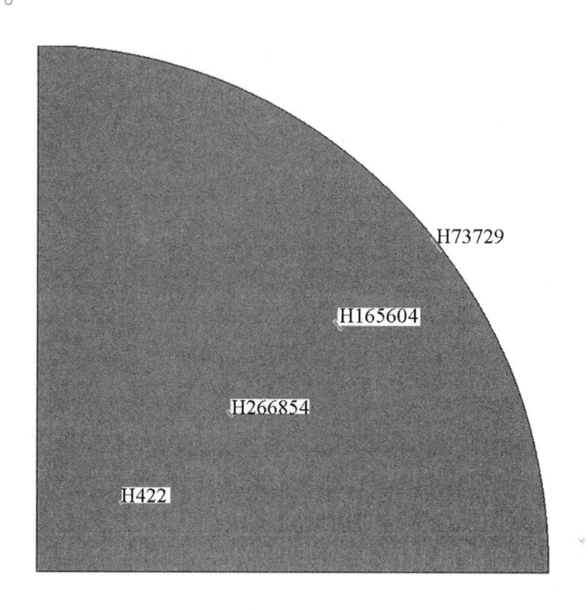

图 8.4.25　1/4 球体

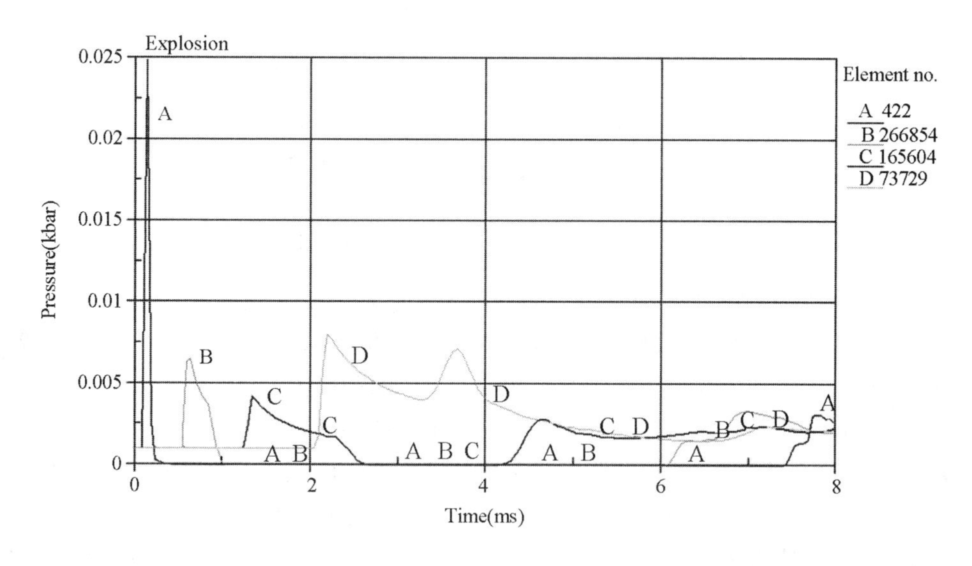

图 8.4.26　TNT 炸药 JWL 产物状态方程计算结果

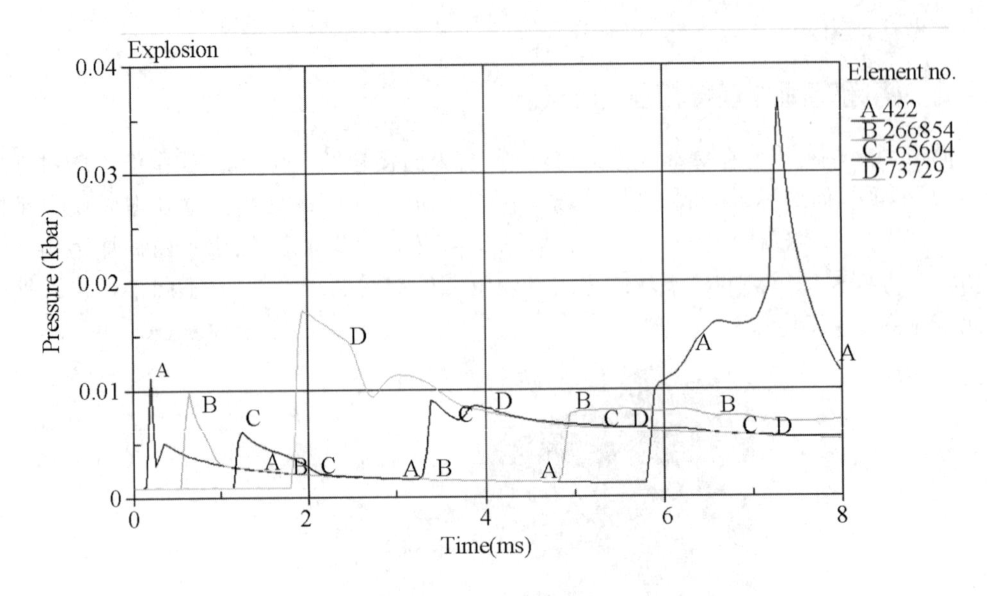

图 8.4.27 RAE 炸药 JWL-TL 产物状态方程计算结果

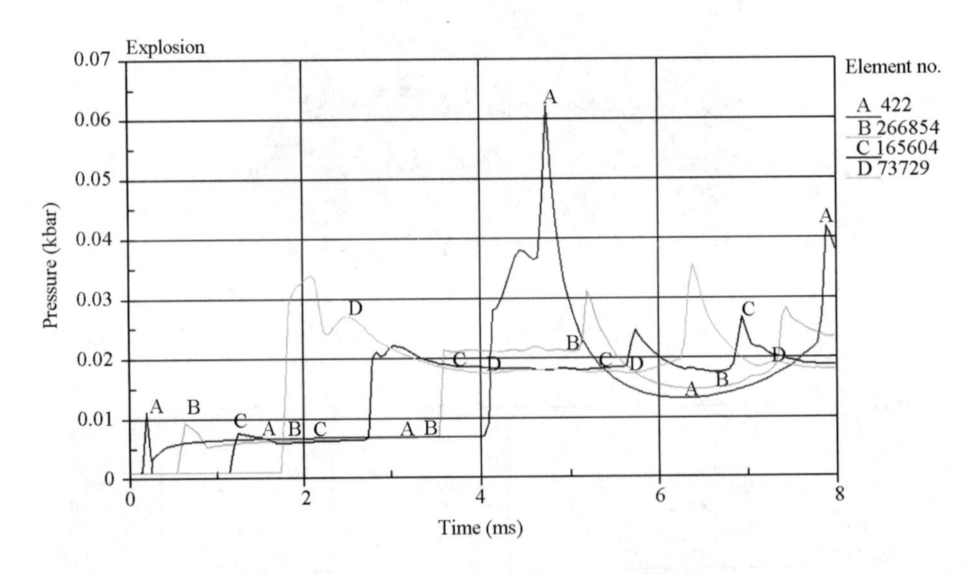

图 8.4.28 RAE 炸药 JWL-M 产物状态方程计算结果

标准 JWL 产物状态方程所描述的理想炸药在爆轰产物膨胀过程中所有单元的压力均沿爆轰产物过 CJ 点的等熵线膨胀(下降)。当产物体积膨胀到足够大时,产物在等熵线上的压力会低于空气中的大气压,因此,图 8.4.26 显示的空气冲击波压力很快衰减到低于空气中的初始压力。而由时间相关产物状态方程描述的含铝炸药,因为其 CJ 面后存在二次反应,使得产物膨胀过程减缓,在空气中传播的冲击波也因此衰减减缓。因为含铝炸药的二次反应受约束程度影响,大尺寸装药中心二次反应完全,装药边侧的炸药可能只有少量或无二次反应发生,因此,小尺寸理想炸药和含铝炸药爆轰在空气中产生的超压差别不大,而大尺寸装药爆轰在空气中产生的超压会有明显区别。图 8.4.28 给出的

JWL－M产物状态方程结果明显不合理，原因见8.4.3节的水下爆炸计算结果讨论。

8.5　含铝炸药做功能力评价方法

炸药的做功能力是衡量炸药作用和确定炸药用途的重要参数，所有能够改变炸药爆轰波CJ状态和爆轰产物过CJ点等熵线（或$p-v$膨胀曲线）斜率的爆轰参数均影响炸药的做功能力。除了测量炸药CJ状态参数（如爆压、爆速等）的实验外，圆筒试验是确定炸药爆轰产物驱动能力和能量释放特征的基础，常用于评价理想炸药的做功能力。

8.5.1　理想炸药做功能力的圆筒试验评价方法

因为理想炸药满足如图8.4.12和图8.4.13所示几何相似率关系，所以可用任一直径与标准圆筒试验满足相似率关系的圆筒试验结果对炸药的做功能力进行评价。最常见且直接利用圆筒试验结果的炸药做功能力评价方法是比较$R-R_0=19$mm（Φ25mm标准圆筒试验）或$R-R_0=38$mm（Φ50mm圆筒试验）时的圆筒比动能。表8.5.1是Φ50mm圆筒试验的筒壁膨胀到特征距离38mm时几种炸药筒壁径向膨胀速度和圆筒比动能（式(8.4.1)定义）计算值的比较，其中后两种炸药是含铝炸药，它们的过CJ点"等熵线"实际上已包含了由二次反应引起的部分熵增效应。图8.5.1是几种炸药Φ50mm圆筒试验筒壁位移和径向膨胀速度时间剖面的计算结果，图8.5.2分别给出了这几种炸药的筒壁膨胀速度u_r和圆筒比动能E与筒壁位移$R-R_0$关系曲线的计算结果的比较。

表8.5.1　几种炸药Φ50mm圆筒试验计算结果比较

炸药	参数					
	ρ_0 (g/cm^3)	D (cm/μs)	$R-R_0$ (cm)	t (μs)	u_r (cm/μs)	E (kJ/g)
JOB－9003	1.849	0.8712	3.8	25.20	0.1734	1.503
PETN	1.77	0.830	3.8	25.07	0.1749	1.529
Pentolite	1.65	0.736	3.8	29.13	0.1555	1.209
H－6	1.76	0.747	3.8	29.47	0.1554	1.208
AAE(JWL)	1.88	0.59	3.8	33.88	0.1463	1.070

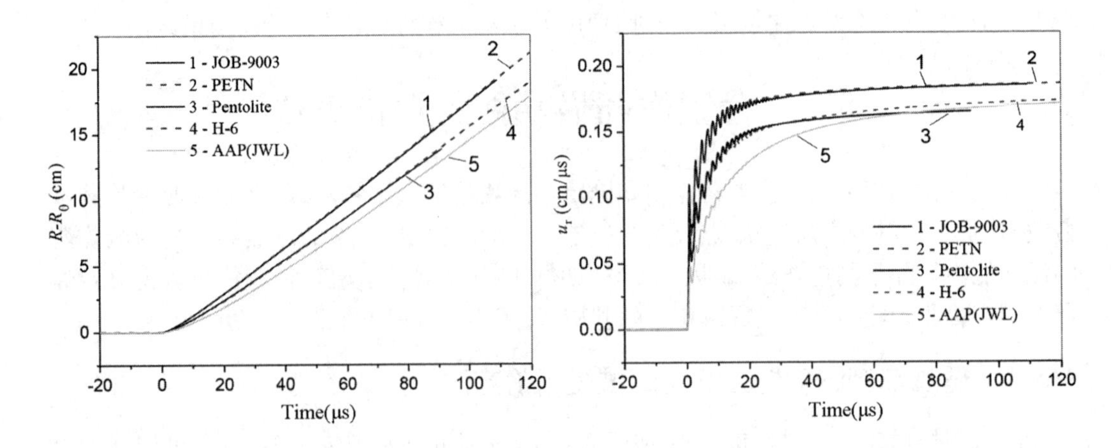

图 8.5.1　几种炸药 Φ50mm 圆筒试验筒壁位移和径向膨胀速度时间剖面

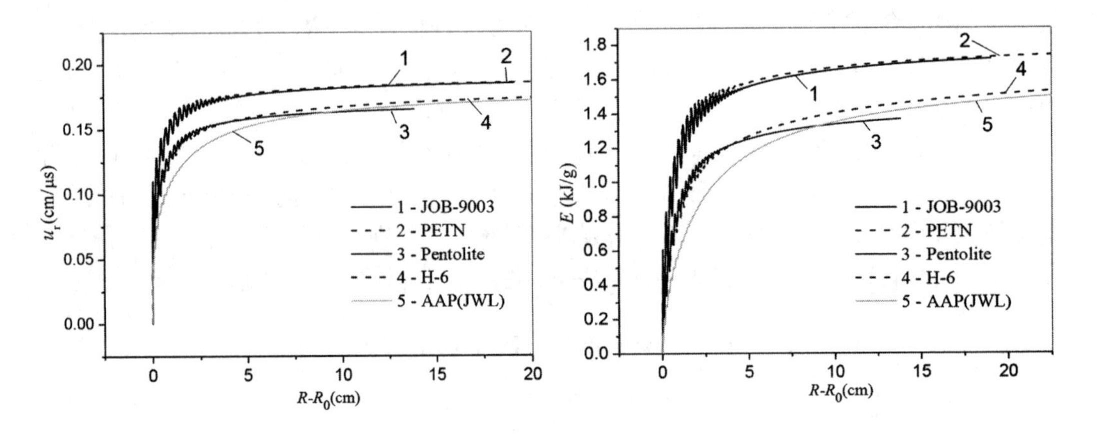

图 8.5.2　几种炸药 Φ50mm 圆筒外径径向运动速度和圆筒比动能与位移的关系曲线

由图可见，含铝炸药因 CJ 面后二次反应能量的缓慢释放造成圆筒膨胀加速过程时间变长，在 Φ50mm 圆筒试验的特征距离 38mm 处，筒壁还处于加速阶段。另由图 8.4.10 ~ 图 8.4.13 可见，含铝炸药圆筒试验的圆筒加速过程与圆筒直径（装药量和约束强度）密切相关，多数用于水下爆炸的含铝炸药的二次反应时间远大于圆筒试验的时间尺度，所以圆筒试验不适合用于评价含铝炸药的做功能力。

圆筒试验除了可以用来评价炸药的做功能力外，其主要作用是拟合确定炸药爆轰产物状态方程参数。一旦炸药的产物状态方程确定，类似图 8.5.1 和图 8.5.2 的圆筒试验结果均很容易通过数值计算得到。利用图示曲线能对炸药的做功能力进行更好地比较与分析，比列表显示更清晰和详细。

格尼能是一种广泛用于表征炸药滑移爆轰加速金属板能力的能量，在爆轰产物轴对称驱动圆筒的情况下，格尼能 E_g 的表达式如下：

$$E_g = \frac{1}{2}\left(\mu + \frac{1}{2}\right)u^2 \tag{8.5.1}$$

式中，μ 是圆筒质量与炸药质量之比，u 是筒壁中心质点在滑移爆轰波作用下的运动速度，可由如下公式计算：

$$u = 2D \cdot \sin\left(\frac{1}{2}\arctan\left(\frac{u_{\mathrm{m}}}{D}\right)\right) \tag{8.5.2}$$

式中，D 是圆筒内滑移爆轰波速度，u_{m} 是筒壁中心质点的径向运动速度。

图 8.5.3 是几种炸药 Φ50mm 圆筒试验的格尼能－位移曲线。

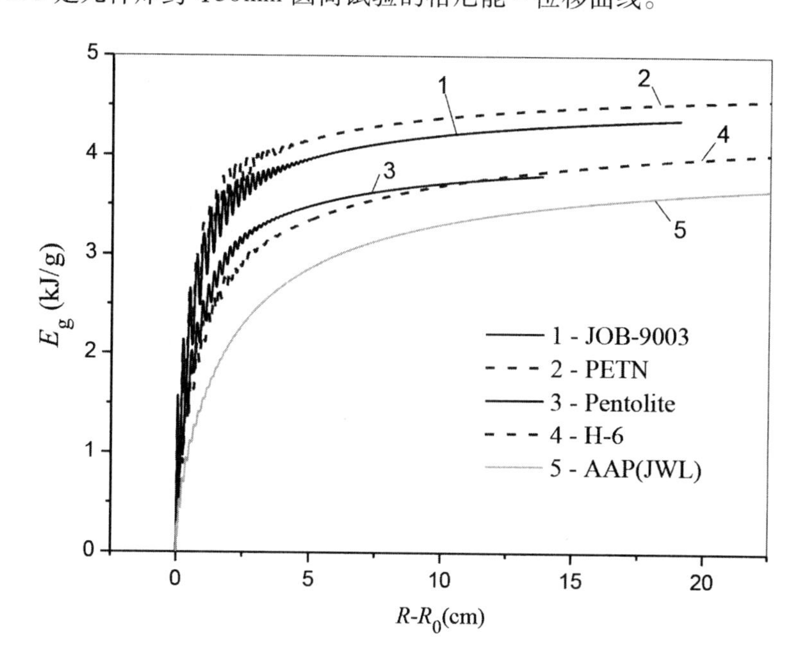

图 8.5.3　几种炸药 Φ50mm 的格尼能－位移曲线

8.5.2　炸药做功能力的产物膨胀做功评价方法

炸药爆轰时所释放的化学能以两种形式对外作用，一种是释放热量，另一种是由于在相同压力下固体炸药与气体产物之间的巨大比容差对外做机械功。要提高炸药的做功能力，首先应该希望炸药在爆轰时单位质量炸药爆炸所生成产物气体的摩尔数最大。

爆轰产物从 CJ 点体积 v_{CJ} 开始膨胀，膨胀到体积 v 时对外所做的功为：

$$w(v) = \int_{v_{CJ}}^{v} p_i(v)\,\mathrm{d}v \tag{8.5.3}$$

式中，若炸药是理想炸药，$p_i(v)$ 为爆轰产物过 CJ 点的等熵线；若炸药是含铝炸药，$p_i(v)$ 为非理想爆轰产物的 $p-v$ 膨胀曲线，因为在产物膨胀过程中伴随有二次反应发生，这条 $p-v$ 膨胀曲线是非等熵的过程线。因产物中各单元所经历的状态过程不同，用式(8.5.3)来计算非理想炸药爆轰产物膨胀做功时，只能选取产物中有代表性的内部单元进行。

图 8.5.4 给出了几种理想炸药的过 CJ 点等熵线和非理想 AAE 炸药爆轰产物内部特征单元的 $p-v$ 膨胀曲线，其中代表产物非理想膨胀过程的 6 和 7 两条曲线是用与时间（过程）相关的非理想产物状态方程 JWL-M 计算的结果，分别对应爆轰产物在柱对称水

下爆炸和直径 Φ100mm 的圆筒试验中特征单元的 $p-v$ 膨胀过程。图 8.5.4 中爆轰产物 $p-v$ 膨胀曲线下的面积即为爆轰产物从 CJ 体积 v_{CJ} 开始膨胀所做的功，对这些曲线积分可得如图 8.5.5 所示的爆轰产物膨胀做功 $w(v)$。图 8.5.4 和图 8.5.5 中曲线 6 上的星号表示非理想炸药二次反应完成时的状态点，按 8.4.3 小节（图 8.4.20 和图 8.4.22）中的讨论，图 8.5.4 和图 8.5.5 中曲线 6 上的星号之后，曲线 6 的斜率应发生明显转折，产物转向沿过星号点的 $\lambda=1$ 的等熵线膨胀。

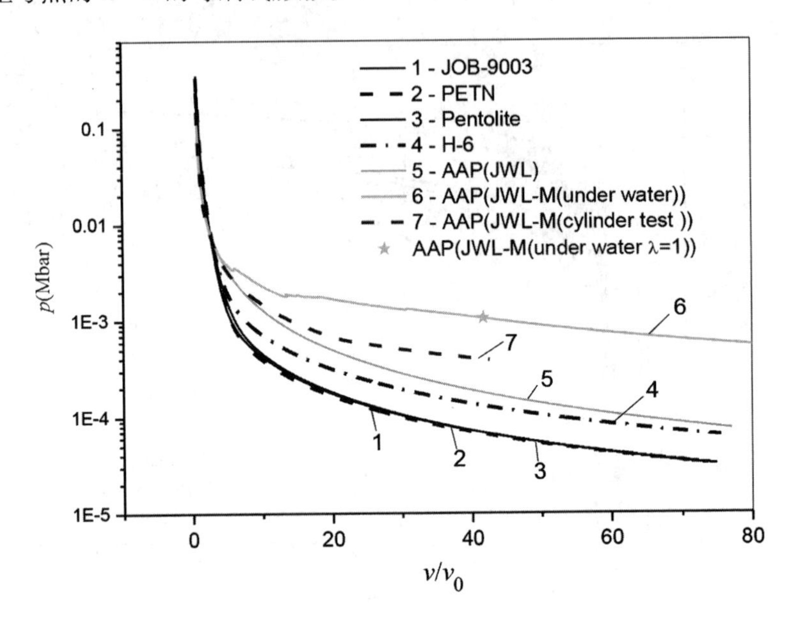

图 8.5.4 几种炸药爆轰产物的 $p-v$ 膨胀曲线

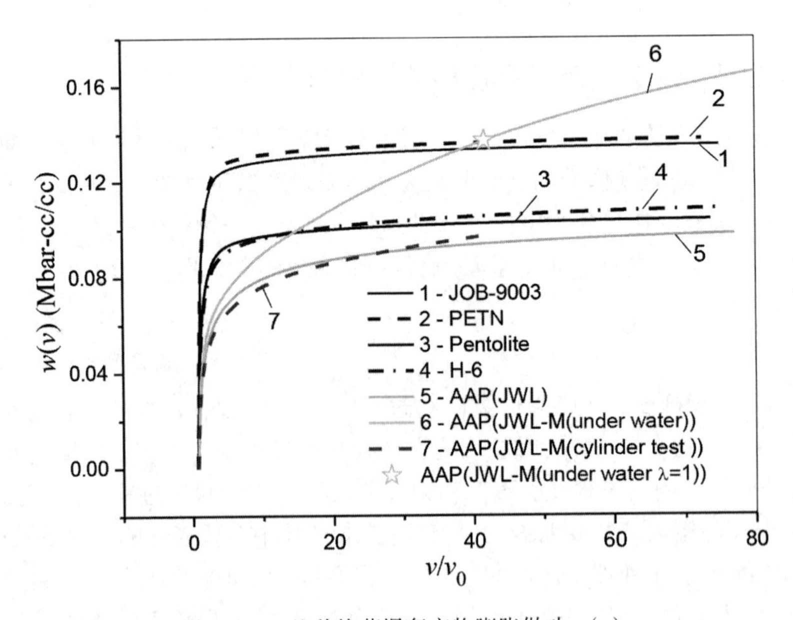

图 8.5.5 几种炸药爆轰产物膨胀做功 $w(v)$

比较图 8.5.2、图 8.5.3 和图 8.5.5 可知，几种理想炸药由三种能量（圆筒比动能、圆筒膨胀格尼能和产物膨胀做功）所表征的做功能力的相对大小在 $\bar{v}<10$ 的膨胀范围内是一致的。而对于非理想炸药，图 8.4.11 和图 8.5.5 显示，即使是同一种炸药，在不同爆炸装置中产物膨胀的做功能力也是不同的，与炸药的装药尺寸、约束强度和约束时间等影响产物膨胀过程的因素密切相关。

对图 8.4.22 中的 $p-v$ 曲线积分，图 8.5.6 给出了 RAE 炸药与理想炸药做功能力的比较，其中图（a）为式（8.5.3）定义的爆轰产物膨胀做功，图（b）为爆轰产物从 $\bar{v}=7$ 开始膨胀到体积 v 时对外所作的功，即取式（8.5.3）的积分下限为 $\bar{v}=7$ 所得到的产物膨胀做功 $w(v)$。很明显，对于 JOB－9003 这类理想炸药，约 85% 的爆炸能量在等熵线上从爆轰 CJ 点开始至相对比容 $\bar{v}=7$ 之前被释放，而含铝炸药中有大量能量缓慢释放于 $\bar{v}$ 远大于 7 的膨胀过程。

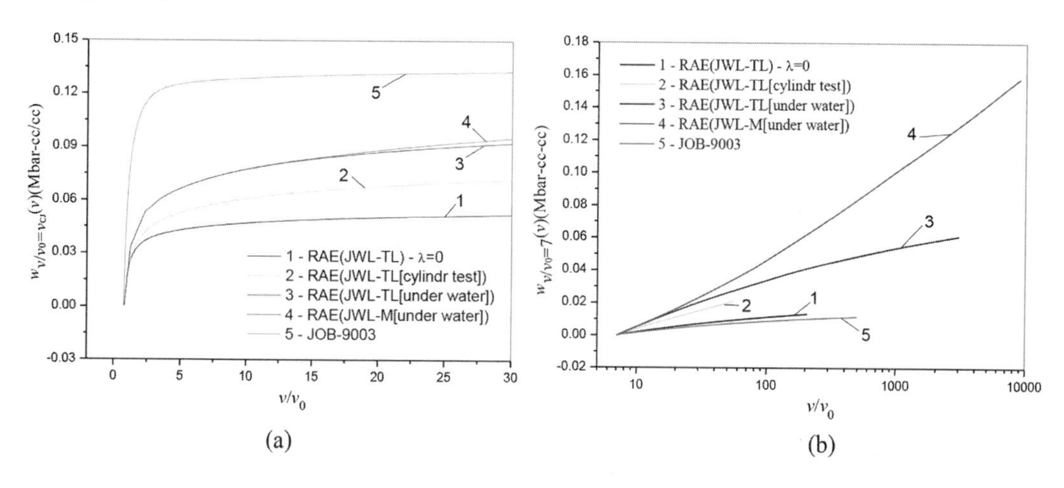

图 8.5.6　RAE 炸药与理想炸药爆轰产物膨胀做功 $w(v)$ 比较

8.6　小　结

通过本章对含铝炸药爆轰二次反应机制及爆轰产物状态方程模型的讨论可以得到以下结论：

1. 理想炸药与非理想炸药的能量释放作用区不同，理想炸药的能量释放作用区主要在相对比容 $\bar{v}=7$ 之前，当相对比容 $\bar{v}>7$，产物压力下降到约 10^{-1} GPa 的量级，这时过 CJ 点的等熵线基本上退化为指数 $k\to 1+\omega$ 的多方曲线，产物对外做功的能力明显下降。而含铝炸药的爆轰反应有其特殊性，具有不同成分的含铝炸药的爆轰反应过程和产物组分比较复杂，会引起含铝炸药的能量释放规律及做功能力发生较大变化。理想炸药与非理想炸药能量释放规律的主要区别就在于 CJ 面后产物的非定常膨胀过程中是否发生产物的二次反应，非理想炸药的二次反应能量在 CJ 面后逐渐释放，能量释放规律（程度和快慢）与 CJ 面后产物经历过程的状态（如压力、温度等）以及铝颗粒的尺寸和活化程度等诸多因素相关,因此这些因素也会影响炸药的做功能力。对于一个定型的炸药,炸药加工工艺必须固定,否则,小则影响炸药性能,大则变成另一个新炸药。

2. 由圆筒试验拟合得到的标准 JWL 产物状态方程只适合描述理想炸药爆轰产物膨胀状态,因为:①理想炸药爆轰能量在 CJ 面之前的稳态反应区内释放,爆轰产物的膨胀是一个等熵过程,标准 JWL 产物状态方程以该等熵线为参考曲线。而非理想炸药在 CJ 面后的爆轰产物膨胀过程中会发生二次反应,导致该膨胀过程出现熵增,从而产物膨胀会偏离过 CJ 点的等熵线。②圆筒试验的测量要求在圆筒发生破裂之前完成,因而用各种直径圆筒试验数据拟合过 CJ 点的等熵线,都只能在产物膨胀到 $\bar{v}<10$ 的范围内利用试验结果,绝大多数的理想炸药其爆轰产物对外做功的 80% 以上是在爆轰产物压力下降到 0.1GPa 左右完成,而与这个压力值对应的产物相对比容正好是 7～10,用 JWL 产物状态方程描述的理想炸药通常只关心这 80% 的对外做功能力。$\bar{v}>10$ 以后,产物膨胀沿等熵线过渡(简单与 ω 有关)到理想气体能用多方指数状态方程描述的状态。③所有理想炸药和非理想炸药由圆筒试验得到的过 CJ 点"等熵线",在 $\bar{v}>10$ 之后均为实验外推结果。

3. 基于炸药圆筒试验的圆筒比动能和圆筒膨胀格尼能表征的炸药做功能力不适合于表征非理想炸药在大产物膨胀状态时的对外做功能力。比较炸药由三种能量(圆筒比动能、圆筒膨胀格尼能和产物膨胀做功)所表征的做功能力,从总体上看理想炸药似乎更高,但从水下爆炸和混凝土中爆炸的实际效果和计算结果来看,非理想炸药的爆炸作用更加明显,这是因为虽然理想炸药的爆压、爆速和爆热较高,但在对于水下和混凝土内这类密实物质爆炸作用时,理想炸药有相当大部分的能量用于对水的加热和对混凝土的破碎,这部分能量损耗无助于对水的后期膨胀做功和对混凝土的后期抛掷效应。而非理想炸药中有大量能量缓慢释放于相对比容 $\bar{v}$ 远大于 7 的膨胀过程。根据图 8.3.6 所示的非理想炸药产物膨胀路径,以及用式(8.5.3)定义的产物对外做功能力,影响非理想炸药在大产物膨胀区间的做功能力除了二次反应的快、慢和反应释放能量的大小,还与二次反应完成后(与 $\lambda=1$ 对应)的等熵线向熵增方向偏离过 CJ 点等熵线的大小有关。

4. 含铝炸药的二次反应受约束程度影响,大尺寸装药内部的二次反应通常能够完成,而装药边侧的炸药可能只有少量或极端情况下完全无二次反应发生。因此,位于含铝炸药装药不同位置处的炸药单元,在爆轰产物膨胀时经历的 $p-v$ 膨胀曲线不同。

5. 我们提出的描述非理想炸药爆轰产物状态的 JWL-TL 状态方程是对 JWL-M 产物状态方程的改进。我们希望此模型可以用一套参数同时描述炸药在各种装药条件(含装药尺寸、约束条件等)下的爆轰产物膨胀状态。模型的参数确定需分三步进行:首先,用含 LiF 炸药做圆筒试验近似确定具有相同含量的含铝炸药的过 CJ 点等熵线;其次,用含铝炸药做圆筒试验确定铝在爆轰产物膨胀过程中二次反应(式(8.3.8))的反应速率系数;再次,用热力学计算或设计试验确定含铝炸药二次反应完成后的产物等熵膨胀曲线,这一步是建立并使用 JWL-TL 产物状态方程模型的关键,需做进一步研究。

对炸药做功能力的正确评价有助于确定炸药的实际用途,本章对含铝炸药做功能力的评价立足于 JWL-TL 非理想爆轰模型,且必须实际模拟爆轰装置的爆轰过程,并提取产物膨胀过程的状态。爆轰模型的好坏、模型参数选取是否准确都将影响炸药做功能力的评价效果。

参考文献

[1] Beckstead M W. Correlating Aluminum Burning Times[J]. Combust. Explos. Shock Waves (Engl. Transl), 2005, 41(5): 533-546.

[2] Beckstead M W, Liang Y, Pudduppakkam K V. Numerical Simulation of Single Aluminum Particle Combustion (Review)[J]. Combust. Explos. Shock Waves (Engl. Transl), 2005, 41(6): 622-638.

[3] Finger M, Homig H C, Lee E L, et al. Metal acceleration by composite explosives[R]. 5th Symp. on Detonation, 1970.

[4] Mcguire R R, Finger M. Composite explosives for metal acceleration: the effect of detonation temperature[R]. 8th Symp. on Detonation, 1985.

[5] Grishkin A M, Doubnov L V, Davodov V Y , et al. Effect of powdered aluminum additives on the detonation parameters of high explosives[J]. Fizika Goreniya Vzryva, 1993,29(2): 115-117.

[6] Ishida T , Haykawa T,Tokita K, et al. Detonation pressure measurements of aluminized explosives by means of shock-induced polarization[C]. 22th Int. Annual Conference on ICT, 1991, 71: 1-12.

[7] Arkhipov V I, Makhov M N, Pepekin V I, et al. Investigation into detonation of aluminized high explosives[J]. Chem. Phys. Reports,2000, 18(12): 2329-2337.

[8] Baudin G, Lefrancois A, Bogot D, et al. Combustion of nanophase aluminum in the detonation of nitromethane[R]. 11 th Symp. on Detonation, 1998.

[9] Miller P J, Bedford C D, Davis J J, Effect of metal particle size on the detonation performance of various metallized explosives[R]. 11 th Symp. on Detonation, 1998.

[10] Trzcinnski W A, Cudziło S, Szymannczyk L. Studies of Detonation Characteristics of Aluminum Enriched RDX Composition[J]. Propellants, Explosives, Pyrotechnics , 2007,32 (5) : 392-400.

[11] Gogulya M F. Detonation Wave in HMX/Al Mixtures (Pressure and Temperature Measurements) [R]. 11 th Symp. on Detonation, 1998.

[12] Sun Y B. Explosive Mixtures in Military [M]. bejing: China Weapon Industry Press, 1995.

[13] Kato Y, Brochet C. Cellular Structure of Detonation in Nitromethane Containing Aluminum Particles [J]. Dynamics of Shock Wave and Detonation, Progress in Astronautics and Aeronautics, 93, 1983.

[14] Baudin G, Lefrancois A, Bogot D, et al. Combustion of Nanophase Aluminum in the Detonation of Nitromethanc[R]. 11th Symp. on Detonation, 1998.

[15] Frost D L, Aslam T, Hill L G. Application of Detonation Shock Dynamics to the

Propagation of a Detonation in Nitrometnane in a Packed Inert Particle Bed[J]. Shock Compression of Condensed Matter, CP505,1999.

[16] Miller P J, Bedford C D, Davis J J. Effect of Metal Particle Size on the Detonation Performance of Verious Metallized Explosives[R]. 11th Symp. on Detonation, 1998.

[17] Tappan B C, Manner V W, Lloyd J M, et al. Pemberton. Fast Reactions of Aluminum and Explosive Decomposition Products in a Post-Detonation Environment[C]. 17th Conference of the American Physical Society Topical Group on Shock Compression of Condensed Matter, Chicago, IL, USA, June 26 - July 1, 2011, AIP Conference Proceedings 1426, pp. 271-274.

[18] Manner V W, Pemberton S J, Gunderson J A, et al. The Role of Aluminum in the Detonation and Post-Detonation Expansion of Selected Cast HMX-Based Explosives[J]. Propellants Explos. Pyrotech. 2012, 37(2): 198-206.

[19] Bjanholt G. Effects of Aluminum and Lithium Fluoride Admixtures on Metal Acceleration Ability of Comp B[C]. 6th Symposium (International) on Detonation, San Diego, CA, USA, August 24 - 27, 1976, pp. 510-520.

[20] Cook M A, Filler A S, Keyes R T, et al. Aluminized explosives[J]. Journal of Physical Chemistry, 1957, 61(2):189-196.

[21] 孙业斌,惠君明,曹欣茂. 军用混合炸药[M]. 北京:兵器工业出版社,1995.

[22] 高大元. 混合炸药爆轰与安全性能实验与理论研究[D]. 南京:南京理工大学,2003.

[23] Guirguis R H, Miller P J. "Time-Dependent Equations of State for Aluminized Underwater Explosives. 10th Symposium (International) on Detonation, pp. 675-682.

[24] 卢校军,王蓉,黄毅民,等. 两种含铝炸药做功能力与JWL状态方程研究[J]. 含能材料,2005,13(3):144-147.

[25] 计冬奎,肖川,杨凯,等. 含铝炸药JWL状态方程参数的确定[J]. 火炸药学报,2012,35(5):49-51,57.

[26] 计冬奎,高修柱,肖川,等. 含铝炸药做功能力和JWL状态方程尺寸效应研究[J]. 兵工学报,2012,33(5):552-555.

[27] 项大林,荣吉利,李健,等. 基于KHT程序的RDX基含铝炸药JWL状态方程参数预测研究[J]. 北京理工大学学报,2013,33(3):239-243.

[28] Sternberg H M, Hudson L. Equations of State for Underwater Explosives[C]. in Proceedings of the International Symposium on Pyrotechnics and Explosives , Beijing, China, 12 October1987, pp680-686.

[29] Miller P J, Guirguis R H. Experimental study and model calculations of metal combustion in AL/AP underwater explosives[J]. Mat Res Soc Symp Proc,1993,296: 299-304.

[30] Miller P J, Guirguis R H. Effects of Late Chemical Rwactions in Non-Idel Underwater Explosives on the Energy Partition in the Bubble [C]. Proceedings of the Joint AIRAPT/APS, 1993, Colorado Springs, CO.

[31] Forbes J, Lemar R, Baker R. Detonation Wave Propagation in PBXW－11[R]. 10th Symp. on Detonation, 1989.

第九章　固体含能材料的燃烧

固体含能材料的燃烧涉及热传导、对流、扩散、复杂的化学反应、质量输运等一系列过程，是一种综合的物理化学过程，在航空、航天、军事等领域都有着广泛的应用。本章主要讨论固体均质含能材料的稳态燃烧模型和点火模型。

9.1　含能材料的稳态燃烧

9.1.1　含能材料的燃烧

燃烧是含能材料（尤其是推进剂，枪炮发射药等）的主要化学反应形式之一，其特点是反应在局部区域（反应区）内进行，并以化学反应波的形式在介质中传播。燃烧波的传播是化学反应区的能量通过热传导、热辐射、对流和扩散作用传递给未反应物的。燃烧波的传播速度相对较慢，一般是每秒几毫米到数百米之间，远低于爆轰波的传播速度。燃烧产物的质点运动方向和燃烧波传播方向相反，在燃烧波阵面处的压力相对较低，所以燃烧波的波形主要表现为膨胀波，在特殊的条件下也可能伴有压缩波。与爆轰波不同，燃烧波一般受环境条件（如环境温度、压力等）的影响较大。

含能材料的燃烧可以分为平行层燃烧和对流燃烧。平流层燃烧的固相反应区很薄，基本上只在固相表面反应，然后一层一层向未燃区传播，其燃速较低，一般在每秒数百毫米以下，并且传播速度易于稳定，能量传递方式主要是热传导、热辐射以及气态燃烧产物的扩散作用，波形是单纯的燃烧波。而对流燃烧则是燃烧产物部分渗透入固相内，因此有一个相对较厚（厚度可达厘米量级）的固相层同时参与燃烧反应，然后向未燃区传播，其燃速较快，一般在每秒数百毫米至数百米，并且传播速度较平行层燃烧难于稳定，受外界条件特别是受压力的影响要比平行层燃烧大，能量传递以对流和气态燃烧产物的扩散作用为主，燃烧产物的传播方向有一部分与燃烧波传播方向相同，波形表现为膨胀 - 压缩波。

对于燃烧过程，从化学观点看是氧化剂和燃料分子间进行了激烈的化学反应，原来的分子结构被破坏，原子的外层电子重新组合，经过一系列中间产物的变化，最后生成最终燃烧产物。在这一过程中，物质总的热能是降低的，降低的能量大多以热和光能的形式释放出来形成火焰。从物理观点看，燃烧过程总是伴随着物质的流动，可能是均相流也可能是多相流，可能是层流也可能是湍流。燃烧过程大多是多种物质的不均匀场，尤其是含能材料的燃烧，由于含能材料的多组分、多种分解反应产物、多种燃烧反应产物，更容易形成不均匀的物质场，因此伴随着不同物质间的混合、扩散和相变，由于各种反应热效应不同，还存在着不均匀的温度场，形成温度梯度，伴随着能量的传递。因此，可以说燃烧是一种物理和化学的综合高速变化过程。

从学科角度看,燃烧学涉及热力学、化学动力学、反应流体力学、传质传热学以及数学等多学科。燃烧学所研究的内容可以分为两个方面:一方面是燃烧理论的研究,主要研究燃烧过程中所涉及的各种基本现象;另一方面是燃烧技术的研究,主要是应用燃烧理论解决工程技术中的各种实际问题。对于含能材料的燃烧,除上述共性问题外,还包括对燃烧性能的控制、改进和提高,各类含能材料的燃烧特性、物理模型和数学模型的研究,燃烧转爆轰的条件和机理的研究,等等。

燃烧理论研究主要是根据一定的试验现象,经过分析对特定的燃烧过程建立物理模型,然后结合一定的假设,忽略一些次要因素,建立数学模型。但是由于燃烧过程的复杂性,这类方法得到的结论往往难以与实际过程吻合,因此,试验依然是必不可少的研究手段。燃烧现象的研究方法大体上可以分为三类:

(1)基本现象的研究

利用实验室手段,将复杂的燃烧现象转化为其他条件不变、单一条件变化的燃烧问题。这种方法有利于分析各种因素对燃烧过程的影响,但与实际应用条件有较大差距。

(2)综合性研究

在实际燃烧条件下对各种情况的燃烧规律进行研究,这类研究具有重要的实用价值,所得结论可以直接指导工程实践,但是由于燃烧现象的复杂性,这种方法不易获得深入的理论认识。

(3)介于前两者之间的半基本半综合性的研究

实验技术的发展,如激光技术、时间分辨光谱技术等现代测试手段的出现,为燃烧现象的研究提供了强有力的工具,对燃烧火焰结构可以进行非接触测量,可以测量温度分布场、燃烧产物的组成及其分布场等,这都有利于对复杂的燃烧现象进行更深入的研究。另外,由于计算机的应用和计算能力的不断提高,燃烧模型的数值计算方法有了迅速发展,已经形成了计算燃烧学,尤其是近二十年以来,采用详细化学反应动力学的燃烧过程模拟取得了巨大的发展。

9.1.2　稳态燃烧

稳态燃烧是指火焰结构不随时间发生变化的燃烧过程。均质推进剂的预混燃烧过程按平行层向药柱内部推进,可以看作是与燃烧表面垂直的一维燃烧过程。典型的一维燃烧波结构可分为三个区域——固相区、亚表面两相区和气相区。固相区和亚表面两相区统称为凝聚相区域,如图 9.1.1 所示。

固体含能材料的热传导系数一般较低,大约为 $10^{-3} \sim 10^{-4}$cal/(cm·K·s),因此固相区域的加热区通常很薄,只有几十微米的量级。在固相区,由于温度较低(低于熔化温度),对于大多数含能材料来说化学反应通常都是可以忽略的,但也有例外,如 AP(熔化温度 725 - 825K)和 ADN(熔化温度 365 - 368K)在固相区域内会发生强烈的放热反应。另外,有些含能材料可能会发生相变,如固相 HMX 存在四种多晶结构——β、α、γ 和 δ,它们分别存在于不同的温度范围之内。

当含能材料的温度达到熔点后,固相熔化转变为液相,出现熔化层,含能材料开始发

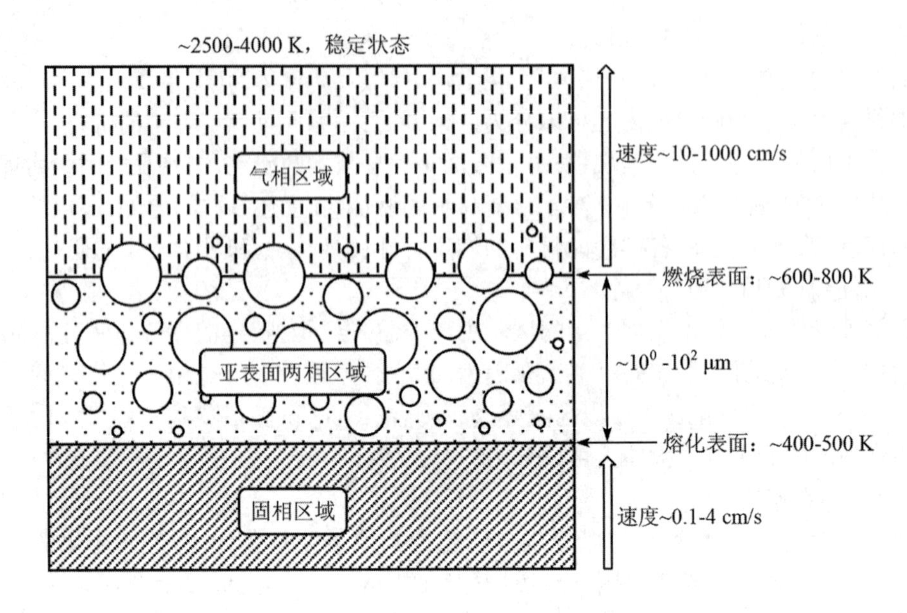

图 9.1.1　固相含能材料燃烧波结构示意图

生分解、蒸发等现象，生成气体产物，这些气体产物在液相中以气泡的形式存在，因此这个区域是由液、气两相构成的区域，称为亚表面两相区，也叫作泡沫层。同时在这个区域内会出现明显的蒸发现象，蒸发速率和分解速率相加就是凝聚相向气相的质量转变速率，这个质量转变速率既是确定线性燃烧速率的重要参量，也是确定凝聚相表面退化速率的重要参量。泡沫层的厚度与压力密切相关，例如在 1 atm 时，HMX 和 RDX 的泡沫层厚度分别约为 70 和 130 μm，而在 70 – 100 atm 时，这个厚度通常小于 20 μm。

凝聚相的分解和蒸发产物进入气相区后，可进一步发生化学反应，形成最终火焰。气相区域的火焰从本质上来说是预混的，组分来自于凝聚相的蒸发和分解产物，在气相火焰中可能存在上千个反应、上百种组分，直到最终火焰区达到平衡反应才会停止。放热的气相反应反过来又为凝聚相表面提供一个高强度热流。

当燃烧稳定时，几个区域之间形成动态平衡，存在热和物质交换。大量的热由气相区域传递给凝聚相区域，凝聚相区域内的物质则持续不断地进入气相反应区，支持反应的进行。这种动态平衡一直持续到含能材料全部燃尽。

根据特性的差异，双基推进剂气相区域又可以进一步分成三个区域——混合相区（烟 – 蒸汽 – 气体区）、暗区和火焰区，如图 9.1.2 所示。在混合相区中包含大量分散在气体中的固体和液体微粒，在这里进行着强烈的热分解反应，研究表明，这个反应区中进行的基本上是 NO_2 还原为 NO 的反应，它控制着双基推进剂的燃烧。在暗区中，随着远离推进剂表面，分解产物逐渐聚集，并且首先在分解产物和未完全燃烧产物之间开始进行化学反应。暗区逐渐过渡到火焰区（发光火焰区），在火焰中形成最终的燃烧产物，并且在火焰温度下建立化学平衡。

燃烧速度是含能材料燃烧的一个重要参数，通常有线性燃速和质量燃速两种表示方法。线性燃速是指单位时间内燃烧面沿其法线方向的位移；质量燃速是指单位时间内单

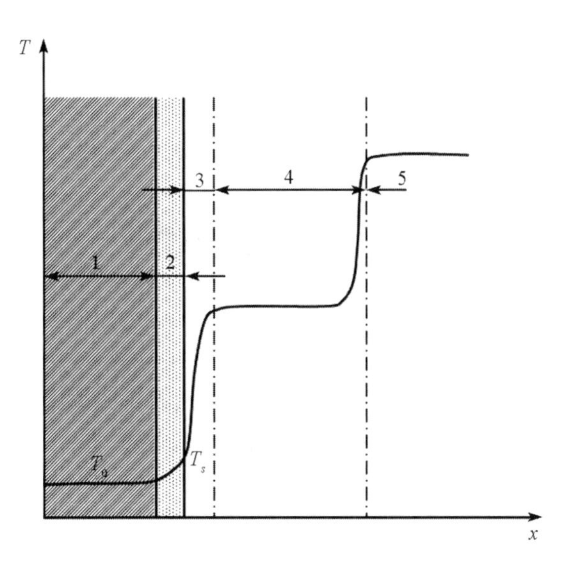

1—固相区;2—亚表面两相区;3—混合相区(烟-蒸汽-气体区);4—暗区;5—火焰区

图9.1.2　双基推进剂一维燃烧示意图

位燃烧面上沿其法线方向燃烧消耗的质量。质量燃速和线性燃速有如下关系

$$\dot{m}'' = \rho_c r_b \tag{9.1.1}$$

式中:$\dot{m}''$是质量燃速;ρ_c 是凝聚相含能材料的密度;r_b 是线性燃速。

燃烧过程中的压力是影响燃速的最重要的参数。对于大多数含能材料,随着压力的提高,气相反应区尺寸变小,高温火焰区与燃烧表面的距离缩小,因此从气相传到燃烧表面的热流密度增加,使凝聚相的分解反应加速。同时,气相反应区中的物质浓度随压力提高而增大,引起气相中的放热反应加速。

由于压力的重要性,研究者便努力通过试验将燃速 r_b 和压力 p 联系起来。这种规律的一般形式为

$$r_b = a + bp^n \tag{9.1.2}$$

式中:a、b 和 n 的值取决于含能材料配方、温度和压力范围;a、b 是经验常数;n 是燃速压力指数,是评定含能材料燃烧稳定性好坏的重要指标。

对大多数含能材料而言,在低压(0.1~1MPa)下满足 Saint-Robert 规律,即 $a=0$,n 对均质含能材料约为 0.7,对非均质含能材料约为 0.4。在高压(大于 20MPa)下满足 Muraour 规律,即 $n=1$,对均质含能材料 a 约为 10mm/s,b 为燃烧期间的放热函数,可表示为

$$\log(1000b) = 0.214 + 0.308\frac{T_{flame}}{1000} \tag{9.1.3}$$

式中:T_{flame}是火焰温度(K),与燃烧热有关;b 的单位是 mm/(s·MPa)。

在中等压力范围内,常采用 Vieile 燃速定律

$$r_b = bp^n \tag{9.1.4}$$

燃速除了受压力影响以外,还受环境温度即初温的影响。一般来说,燃速随初温的升

高而增大。一般可以用温度敏感系数 σ_p 来描述温度对燃速的影响,温度敏感系数定义为恒压条件下燃速随初温的变化率,即

$$\sigma_p = \left.\frac{\partial(\ln r_b)}{\partial T}\right|_p \tag{9.1.5}$$

9.2 稳态燃烧模型

含能材料稳态燃烧模型可以分为三大类:第一类是简单燃烧模型,这类模型不考虑具体的化学反应过程;第二类是基于整体反应动力学的燃烧模型,这类模型通常采用简化的化学反应机制描述凝聚相和/或气相中的化学反应过程;第三类是基于详细反应动力学的燃烧模型,这类模型通常采用基元反应机制描述化学反应过程。

9.2.1 简单燃烧模型

简单模型是以凝聚相和气相中的质量和能量守恒定律,以及两相间的相互作用机理为基础建立的,没有考虑化学反应动力学、物质的输运和热辐射等。简单模型通过求解固相和气相的守恒方程,然后将所获得的界面计算结果与预先所假定的表面机理相匹配,可得到含能材料的燃速。虽然简化模型不能解决化学动力学问题,但用来处理多维的瞬态问题是非常有效的。

在凝聚相中,假设物性参数不变,质量守恒和能量守恒方程分别是

$$\dot{m}'' = \rho_c r_b \tag{9.2.1}$$

$$\lambda_c \frac{d^2 T}{dx^2} - \rho_c r_b c_{pc} \frac{dT}{dx} + Q_c \dot{w}_c(x) = 0 \tag{9.2.2}$$

边界条件:

$$T = T_0 \quad \text{at} \quad x = -\infty$$

$$T = T_s \quad \text{at} \quad x = 0$$

式中:λ 为热传导系数;T 为温度;ρ 为密度;c_p 为比热容;Q 为单位质量含能材料的反应热;$\dot{w}$ 是质量生成速率;下标 c 表示凝聚相;T_0 和 T_s 分别表示初始温度和燃烧表面(即凝聚相和气相分界面)的温度;x 和 t 分别是空间坐标和时间坐标,为便于描述,选择燃烧表面作为空间坐标的零点。

如果忽略凝聚相的化学反应,即 $\dot{w}_c(x) = 0$,积分式(9.2.2)可得凝聚相中的温度分布

$$T(x) = T_0 + (T_s - T_0)\exp\left(\frac{r_b}{\alpha_c}x\right) \tag{9.2.3}$$

式中:$\alpha_c = \lambda_c/(\rho_c c_{pc})$ 是热扩散系数;α_c/r_b 反映的是凝聚相中加热层的厚度。

从燃烧表面传递到凝聚相的热流密度可以对式(9.2.2)在$(0, -\infty)$内积分得到,即

$$\lambda_c \left[\frac{dT}{dx}\right]_{x=0^-} = \rho_c r_b c_{pc}(T_s - T_0) + Q_c \int_0^{-\infty} \dot{w}_c(x)\, dx \tag{9.2.4}$$

式(9.2.4)中最后一项代表的是凝聚相中的化学反应生成热。Merzhanov 和 Duboviskii 假设凝聚相中的分解反应是 0 级、高活化能的,即

$$\dot{w}_c = \rho_c A_c \exp(-E_c/R_u T) \tag{9.2.5}$$

于是,可以得到

$$\dot{m}'' = \frac{A_c R_u T_s^2 \lambda_c \rho_c \exp(-E_c/R_u T_s)}{E_c[c_{pc}(T_s - T_0) - Q_c/2]} \tag{9.2.6}$$

式中:A_c和E_c分别是凝聚相化学反应的频率因子和活化能;R_u是普适气体常数。高活化能意味着凝聚相的反应只发生在靠近表面的一个很窄的区域内。

对于硝铵类含能材料的燃烧,Mitani 和 Williams 得到一个类似于式(9.2.6)的关系式

$$\dot{m}'' = \frac{A_c R_u T_s^2 \lambda_c \rho_c \exp(-E_c/R_u T_s)}{E_c[Q_c(1-G) + (c_{pc}(T_s - T_0) - Q_c)\ln(1/G)]} \tag{9.2.7}$$

式中 G 是指由凝聚相进入气相的含能材料的质量分数。式(9.2.6)是假设凝聚相中的含能材料完全分解,而式(9.2.7)则假设一部分含能材料并未分解,而是在燃烧表面汽化。

气相中,不考虑热物性参数的变化,质量守恒和能量守恒方程分别为

$$\dot{m}'' = \rho_c r_b = \rho_g u_g \tag{9.2.8}$$

$$\lambda_g \frac{d^2 T}{dx^2} - \rho_c r_b c_{pg} \frac{dT}{dx} + Q_g \dot{w}_g(x) = 0 \tag{9.2.9}$$

边界条件:

$$T = T_{flame} \quad \text{or} \quad \frac{dT}{dx} = 0 \quad \text{at} \quad x = \infty$$

$$T = T_s \quad \text{at} \quad x = 0$$

式中:u 是速度;T_{flame}是最终火焰温度;下标 g 表示气相。

积分式(9.2.9)可得气相传递至燃烧表面的热流密度

$$\lambda_g \left[\frac{dT}{dx}\right]_{x=0^+} = Q_g \int_0^\infty \exp\left(-\frac{\rho_c r_b c_{pg}}{\lambda_g} x\right) \dot{w}_g(x)\, dx \tag{9.2.10}$$

Williams 假设气相反应是高活化能的,得到

$$\dot{m}'' = \frac{2\lambda_g B_g R_u^2 p^n c_{pg} T_{flame}^4 \exp(-E_g/R_u T_{flame})}{E_g^2 Q_g^2}, \quad \frac{E_g}{R_u T_{flame}} \gg 1 \tag{9.2.11}$$

式中 B_g、E_g和 n 分别表示气相化学反应的频率因子、活化能、反应总级数。

考虑到凝聚相中只有部分含能材料分解,Mitani 和 Williams 得到

$$\dot{m}'' = \frac{2\lambda_g B_g R_u^2 p^n c_{pg} T_{flame}^4 \exp(-E_g/R_u T_{flame})}{G^2 E_g^2 Q_g^2}, \quad \frac{E_g}{R_u T_{flame}} \gg 1 \tag{9.2.12}$$

燃烧速率一般是通过燃烧表面处的能量平衡获得的

$$\lambda_g \left[\frac{dT}{dx}\right]_{x=0^+} = \rho_c r_b c_{pc}(T_s - T_0) + \dot{m}'' Y_s H_v - \dot{m}''(1 - Y_s) Q_c \tag{9.2.13}$$

式中:Y_s是含能材料在燃烧表面处蒸发(即未分解)的质量分数;H_v是蒸发焓。式(9.2.13)中有三个未知参数 $\dot{m}''$、T_s和 Y_s,需要另外两个条件才能求解。一个条件是式(9.2.6),另一个条件是对燃烧表面蒸发和分解机制的假设。例如,对于硝酸酯,只考虑表面的分解过程,即 $Y_s = 0$,对于特屈儿,可以采用 Clasius-Clapeyron 关系式描述蒸发过程,即

$$p_v = p_0 \exp(-H_v/R_u T_s) \tag{9.2.14}$$

式中：p_0是常数；蒸发压力 p_v是 Y_s的函数。

不同的简单模型对于凝聚相、气相和燃烧表面机制的假设有所不同，也就采用了不同的方法来确定燃烧速率。例如 1980 年，Beckstead 将其 1970 年发展的适用于复合推进剂的多层火焰模型（即 BDP 模型）推广应用于双基推进剂，形成一种 BDP 单元推进剂模型。该模型包含三个相互耦合的方程。

用 Arrhenius 公式描述燃烧表面上的质量燃速

$$\dot{m}'' = A\exp(-E_s/R_u T_s) \tag{9.2.15}$$

由燃烧表面上的能量平衡，可得

$$T_s = T_0 - \frac{Q_s}{c_{pg}} + \frac{Q_g}{c_{pg}}\exp(-x^*) \tag{9.2.16}$$

气相释放的能量可以从总的能量平衡得到

$$Q_g = c_{pg}(T_{flame} - T_0) - Q_s \tag{9.2.17}$$

x^* 是无量纲火焰距离，可表示为

$$x^* = \frac{c_{pg}\dot{m}''}{\lambda_g} \cdot \frac{1}{kp^\delta} \tag{9.2.18}$$

式中：Q_s是燃烧表面释放的能量；k 是气相的反应速率常数，δ 是反应级数。

9.2.2 基于整体反应动力学的燃烧模型

这类模型通常利用简化的化学反应机制描述凝聚相和/或气相中的化学反应过程，通过求解能量方程和组分输运方程获得燃烧过程的参数。与简单模型不同的是，这类模型通常无法获得压力和温度敏感系数的解析解。

Price 等人将改进的 BDP 模型应用于 HMX 的燃烧，在该模型中，考虑了两个相互竞争的反应途径

$$HMC_{(c)} \rightarrow 4CH_2O + 4N_2O \tag{R.1}$$

$$HMC_{(c)} \rightarrow 4HCN + 4NO_2 + 2H_2 \tag{R.2}$$

其中：(R.1)是一个放热反应；(R.2)是一个吸热反应。

Ben-Reuven 建立的 RDX 和 HMX 燃烧模型中，在凝聚相考虑了一阶单步反应(R.3)，假设凝聚相分解生成的气体产物溶解在凝聚相中，忽略了气泡的形成。在气相中，除了反应(R.3)外，还考虑了(R.3)分解产物之间的化学反应(R.4)，积分能量守恒和组分连续性方程得到稳态解。

$$RDX_{(c),(g)} \rightarrow 1.5N_2 + N_2O + NO_2 + 3CH_2O \tag{R.3}$$

$$\frac{5}{7}CH_2O + NO_2 \rightarrow NO + \frac{2}{7}CO_2 + \frac{3}{7}CO + \frac{5}{7}H_2O(R.4) \tag{R.4}$$

Cohen 等对 Ben-Reuven 的 HMX 燃烧模型进行了改进，在凝聚相和气相中进一步考虑了 HMX 分解产物之间的化学反应，凝聚相反应机制为

$$HMX \rightarrow 4N_2O + 4CH_2O \tag{R.5}$$

$$N_2O + CH_2O \rightarrow CO + H_2O + N_2 \tag{R.6}$$

$$CO + H_2O \rightarrow CO_2 + H_2 \tag{R.7}$$

气相反应机制为

$$HMX \rightarrow 2N_2 + \frac{4}{3}N_2O + \frac{4}{3}NO_2 + 4CH_2O \tag{R.8}$$

$$NO_2 + CH_2O \rightarrow CO + H_2O + NO \tag{R.9}$$

$$N_2O + CH_2O \rightarrow CO + H_2O + N_2 \tag{R.10}$$

$$NO + CH_2O \rightarrow CO + H_2O + \frac{1}{2}N_2 \tag{R.11}$$

9.2.3　基于详细反应动力学的燃烧模型

这类模型的特点是采用基元反应描述化学反应过程，通常对燃烧过程中物理过程的描述也更为详细，例如在凝聚相中考虑气泡的形成及影响、在气相中考虑组分的扩散和黏性效应、采用变热物性参数等。下面重点介绍 Liau 等人建立的 RDX 燃烧模型，并结合计算结果和实验结果对典型含能材料的燃烧特性进行分析。

1. 控制方程

Liau 等人建立的燃烧模型主要包括固相区、亚表面两相区（泡沫层）和气相区三部分，如图 9.1.1 所示，分别建立三个区域的控制方程，结合初始条件和边界条件构成封闭方程组。

固相区的温度较低（低于熔化温度），通常可以假设不发生化学反应，主要物理过程为惰性热传导，控制方程为能量守恒方程

$$\rho c_p \frac{\partial T}{\partial t} + \rho u c_p \frac{\partial T}{\partial x} = \frac{\partial}{\partial x}\left(\lambda \frac{\partial T}{\partial x}\right) + Q'''_{rad} \tag{9.2.19}$$

式中 Q'''_{rad}是外部热源。对于稳态燃烧，控制方程中的时间导数项为 0，这里考虑到方程的一般形式，保留了这一项。

亚表面两相区域的情况要复杂得多，因为该区域可能存在熔化与未熔化物质的混合物，存在分解的气相产物和液相物质的混合物。熔化后的含能材料发生分解反应，生成气体产物，这些分解的气体产物在液相中以气泡的形式存在。Boggs 等的实验结果证实了在稳态燃烧阶段，液体熔化层中存在气泡。Parr 和 Hanson-Parr 也指出在凝聚相表面附近存在大量的气泡。Glotov 等燃烧单个 RDX 晶粒，发现气泡约占表面的 10%。该区域内的主要物理化学过程包括分解、蒸发、气泡形成、气相组分之间的化学反应、液相含能材料和气泡间的质量和能量输运等。详细考虑所有的物理化学过程是不现实的，通常会进行一定的简化。如 Liau 和 Yang，Davidson 和 Beckstead 等基于空间平均方法采用两相流动力学模型来描述这些复杂过程，用空隙率 φ 描述气泡所占的体积分数

$$A_g = \phi A \tag{9.2.20}$$

式中：A 是含能材料试样的横截面积；A_g是气泡所占的横截面积。

忽略两相区域的质量扩散，控制方程为质量守恒方程、液相组分连续性方程、气体组分连续性方程和能量守恒方程

$$\frac{\partial[(1-\phi_f)\rho_c + \phi_f\rho_g]}{\partial t} + \frac{\partial}{\partial x}[(1-\phi_f)\rho_c u_c + \phi_f\rho_g u_g] = 0 \tag{9.2.21}$$

$$\frac{\partial[(1-\phi_f)\rho_c Y_{ci}]}{\partial t}+\frac{\partial}{\partial x}[(1-\phi_f)\rho_c u_c Y_{ci}]=\dot{w}_{ci},\quad i=1,2,\cdots,N_c \tag{9.2.22}$$

$$\frac{\partial(\phi_f\rho_g Y_{gi})}{\partial t}+\frac{\partial(\phi_f\rho_g u_g Y_{gi})}{\partial x}=\dot{w}_{gi},\quad i=1,2,\cdots,N_g \tag{9.2.23}$$

$$\rho_f c_{pf}\frac{\partial T}{\partial t}-\frac{\partial p}{\partial t}+\rho_f u_f c_{pf}\frac{\partial T}{\partial x}=\frac{\partial}{\partial x}(\lambda_f\frac{\partial T}{\partial x})-\sum_{j=1}^{N_g}\dot{w}_{gj}h_{gj}-\sum_{j=1}^{N_c}\dot{w}_{cj}h_{cj}+\sum_{j=1}^{N_g}h_{gj}h_{gj}\dot{w}_{c\to g}-\sum_{j=1}^{N_c}h_{cj}h_{cj}\dot{w}_{c\to g}+Q'''_{rad,c} \tag{9.2.24}$$

式中：下标 f 表示物理量的质量平均值；下标 i 和 j 表示组分；下标 $c\to g$ 表示由液相到气相的转变；Y 是质量分数；p 是压力；h 是焓。

物理量的质量平均值可表示为

$$\rho_f c_{pf}=(1-\phi_f)\rho_c c_{pc}+\phi_f\rho_g c_{pg} \tag{9.2.25}$$

$$\rho_f u_f c_{pf}=(1-\phi_f)\rho_c u_c c_{pc}+\phi_f\rho_g u_g c_{pg} \tag{9.2.26}$$

$$\lambda_f=\frac{[(1-\phi_f)\rho_c u_c\lambda_c+\phi_f\rho_g u_g\lambda_g]}{[(1-\phi_f)\rho_c u_c+\phi_f\rho_g u_g]} \tag{9.2.27}$$

式中

$$\begin{aligned} c_{pc}&=\sum_{i=1}^{N_c}c_{pci}Y_{ci}\\ c_{pg}&=\sum_{i=1}^{N_g}c_{pgi}Y_{gi}\\ \lambda_c&=\sum_{i=1}^{N_c}\lambda_{ci}Y_{ci}\\ \lambda_g&=\sum_{i=1}^{N_g}\lambda_{gi}Y_{gi}\end{aligned} \tag{9.2.28}$$

式中，N_c 和 N_g 分别表示液相组分数和气相组分数。

质量源项和能量源项由化学反应机制确定。泡沫层中除了热分解和分解产物之间的化学反应外，还存在由蒸发造成的相变。例如，对 RDX，相变过程可表示为

$$RDX_{(l)}\Leftrightarrow RDX_{(g)} \tag{R.12}$$

该过程包括蒸发和冷凝，在相平衡时，蒸发速率等于冷凝速率，在非平衡状态，净蒸发速率可由蒸发速率和冷凝速率差表示

$$\dot{m}''_{net}=s\frac{1}{4}\sqrt{\frac{8R_uT}{\pi W_{RDX}}}\frac{pW_{RDX}}{R_uT}\left(\frac{p_{evap}}{p}-X_{RDX}\right) \tag{9.2.29}$$

式中：s 是黏性系数（经验常数）；W_{RDX} 是 RDX 的分子量；p_{evap} 是蒸汽压；X_{RDX} 是 RDX 的摩尔分数。

因此，由蒸发引起的质量转化速率为

$$\dot{w}_{c\to g}=A_{sp}\dot{m}''_{net} \tag{9.2.30}$$

式中 A_{sp} 是比表面积，可表示为

$$A_{sp} = (36\pi n)^{1/3}\phi_f^{2/3}, \quad \phi < 1/2$$
$$A_{sp} = (36\pi n)^{1/3}(1-\phi_f)^{2/3}, \phi < 1/2 \tag{9.2.31}$$

式中 n 是气泡的数量密度,取经验值。

气相区主要包括凝聚相分解产物、蒸发产物以及这些物质之间的化学反应产物,也可能会包含分散的凝聚相物质,因此对气相区的处理方法与亚表面两相区的处理类似,有时为了问题的简化,可忽略气相中的凝聚相物质,取气体的体积分数 $\varphi_g = 1$。另外,由于火焰的扩散,气相的横截面积并不是常数。

气相区的控制方程包括质量守恒、液相和气相组分连续性方程、能量守恒方程

$$\frac{\partial[(1-\phi_g)A\rho_c + \phi_g A\rho_g]}{\partial t} + \frac{\partial}{\partial x}[(1-\phi_g)A\rho_c u_c + \phi_g A\rho_g u_g] = 0 \tag{9.2.32}$$

$$\frac{\partial[(1-\phi_g)A\rho_c Y_{ci}]}{\partial t} + \frac{\partial}{\partial x}[(1-\phi_g)A\rho_c u_c Y_{ci}] = A\dot{w}_{ci}, \quad i = 1,2,\cdots,N_c \tag{9.2.33}$$

$$\phi_g A\rho_g \frac{\partial(Y_{gi})}{\partial t} + \phi_g A\rho_g u_g \frac{\partial Y_{gi}}{\partial x} = A\dot{w}_{gi} - Y_{gi}A\dot{w}_{c\to g}, \quad i = 1,2,\cdots,N_g \tag{9.2.34}$$

$$\rho c_p A\frac{\partial T}{\partial t} - \frac{\partial(pA)}{\partial t} + \rho u c_p A\frac{\partial T}{\partial x} = \frac{\partial}{\partial x}\left(\lambda A\frac{\partial T}{\partial x}\right) - \phi_g A\sum_{j=1}^{N_g}\rho_g Y_{gj}V_{gj}c_{pgi}\frac{\partial T}{\partial t}$$
$$- A\sum_{j=1}^{N_g}\dot{w}_{gj}h_{gj} - A\sum_{j=1}^{N_c}\dot{w}_{cj}h_{cj} + A\sum_{j=1}^{N_g}h_{gj}Y_{gj}\dot{w}_{c\to g} - A\sum_{j=1}^{N_c}h_{cj}Y_{cj}\dot{w}_{c\to g} + AQ'''_{rad,c} \tag{9.2.35}$$

式中,

$$\rho c_p = (1-\phi_g)\rho_c c_{pc} + \phi_g\rho_g c_{pg} \tag{9.2.36}$$

$$\rho u c_p = (1-\phi_g)\rho_c u_c c_{pc} + \phi_g\rho_g u_g c_{pg} \tag{9.2.37}$$

$$\lambda_g = \frac{[(1-\phi_g)\rho_c u_c\lambda_c + \phi_g\rho_g u_g\lambda_g]}{[(1-\phi_g)\rho_c u_c + \phi_g\rho_g u_g]} \tag{9.2.38}$$

组分 i 的焓可表示为

$$h_i = \int_{T_{ref}}^{T} c_{pi}dT + h_i^{ref} \tag{9.2.39}$$

式中 h_i^{ref} 是组分 i 的标准生成焓。

扩散速度 V_i 包括两项,分别代表了浓度效应(Fick 定律)和温度效应(Soret 效应)

$$V_i = -D_i\frac{1}{X_i}\frac{\partial X_i}{\partial x} + \frac{D_{Ti}}{X_i}\frac{1}{T}\frac{\partial T}{\partial x} \tag{9.2.40}$$

式中:D_i 是组分 i 的质量扩散系数;D_{Ti} 是组分 i 的热扩散系数。

为使方程组封闭,还需引入多组分混合气体的状态方程

$$p = \sum_{i=1}^{N_g}[X_i]R_u T \tag{9.2.41}$$

式中 $[X_i]$ 表示组分 i 的摩尔浓度。

混合物的密度为

$$\rho = \sum_{i=1}^{N_g}[X_i]W_i \tag{9.2.42}$$

式中 W_i 表示组分 i 的分子量。

2. **边界条件**

在燃烧表面处应满足界面平衡条件，即

$$[(1-\phi_f)\rho_c u_c+\phi_f\rho_g u_g]_{0^-}=[(1-\phi_g)\rho_c u_c+\phi_g\rho_g u_g]_{0^+} \tag{9.2.43}$$

$$[(1-\phi_f)\rho_c u_c Y_{ci}+\phi_f\rho_g u_g Y_{gi}]_{0^-}=[(1-\phi_g)\rho_c u_c Y_{ci}+\phi_g\rho_g u_g Y_{gi}]_{0^+} \tag{9.2.44}$$

$$\left[\lambda_f\frac{\mathrm{d}T}{\mathrm{d}x}+(1-\phi_f)\rho_c u_c Y_{ci}h_{c\to g}\right]_{0^-}=\left[\lambda_g\frac{\mathrm{d}T}{\mathrm{d}x}\right]_{0^+}+\alpha_{sur}q'' \tag{9.2.45}$$

式中：0^+ 和 0^- 分别表示燃烧表面气相侧和亚表面两相侧；q'' 是外部热流强度；α_{sur} 指燃烧表面处吸收的外部热流的比例。由于存在蒸发过程，在表面处还应满足

$$[(1-\phi_f)\rho_c u_c]_{0^-}=\dot{m}''_{net} \tag{9.2.46}$$

固相区和泡沫层之间的界面处（$x=x_{melt}$）温度为熔化温度，且无气泡，热流密度连续

$$\left[\lambda\frac{\mathrm{d}T}{\mathrm{d}x}+\rho uY_i h_{i,s\to l}\right]_{x_{melt}^-}=\left[\lambda_f\frac{\mathrm{d}T}{\mathrm{d}x}\right]_{x_{melt}^+} \tag{9.2.47}$$

气相区的远场（$x=\infty$）边界条件为

$$\frac{\partial\rho}{\partial x}=\frac{\partial u}{\partial x}=\frac{\partial Y_i}{\partial x}=\frac{\partial T}{\partial x}=0 \tag{9.2.48}$$

固相区的远场（$x=-\infty$）边界条件为

$$T=T_0 \tag{9.2.49}$$

式中 T_0 是环境温度。

3. **化学反应动力学**

目前，在基于详细化学反应动力学的燃烧模型中，对凝聚相中化学反应的描述通常采用整体反应机制，气相中多组分混合气体的化学反应一般采用基元反应机制。表 9.2.1 给出了这类模型中的一些典型代表及其采用的反应机制。

在多组分气体混合物的化学反应中，K 个包含有 I 个组分的化学反应一般形式可表示为

$$\sum_{i=1}^{I}\upsilon'_{ik}\chi_i\Leftrightarrow\sum_{i=1}^{I}\upsilon''_{ik}\chi_i\quad(k=1,\cdots,K) \tag{9.2.50}$$

式中：υ'_{ik} 和 υ''_{ik} 分别表示正向化学计量系数和反向化学计量系数；χ_i 表示组分 i 的化学符号。

根据质量作用定律可知，一种化学反应组分消失的速率与参加反应的各化学组分浓度幂函数的乘积成正比，其中幂函数的方次就是各自的化学计量系数，所以第 k 个可逆反应的化学反应速率可表示为

$$q_k=k_{fk}\prod_{i=1}^{I}[X_i]^{\upsilon'_{ik}}-k_{rk}\prod_{i=1}^{I}[X_i]^{\upsilon''_{ik}} \tag{9.2.51}$$

其中，k_{fk} 和 k_{rk} 表示第 k 个反应的正向和反向反应速率常数。正向反应速率常数与温度相关，遵循 Arrhenius 定律

$$k_{fk}=A_{rk}T^{b_k}\exp\left(\frac{-E_{ak}}{R_uT}\right) \tag{9.2.52}$$

其中 A_{rk}、b_k 和 E_{ak} 分别是第 k 个反应的频率因子、温度指数和活化能。

表 9.2.1　典型含能材料化学反应机制

名称	研究者	凝聚相			气相	
		分解	蒸发	气体反应	组分数	反应数
RDX	Liau and Yang	2	1	1	38	178
	Prasad et al.	2	表面	1	48	228
	Davidson and Beckstead	2	1	1	45	231
HMX	Prasad et al.	2	表面	1	48	228
	Davidson and Beckstead	2	1	1	45	232
GAP	Davidson and Beckstead	4	—	—	58	292
	Puduppakkam and Beckstead	2	—	—	74	460
AP	Jing et al.	4	—	—	33	79
BTTN	Puduppakkam and Beckstead	1	1	—	85	538
NG	Miller and Anderson	1	—	—	35	178
	Puduppakkam and Beckstead	1	1		85	538
ADN	Liau et al.	—	—	—	33	180
	Korobeinichev et al.	—	—	—	31	172
AP/HTPB	Jeppson et al.	8	—	—	44	157
RDX/GAP	Liau et al.	4	1	5	71	520
	Puduppakkam and Beckstead	4	1	1	76	488
HMX/GAP	Kim et al.	4	1	5	74	532
RDX/GAP/BTTN	Puduppakkam and Beckstead	5	2	1	76	488
	Yoon et al.	5	2	5	72	429

反向反应速率常数由正向反应速率常数和平衡常数获得，即

$$k_{rk} = \frac{k_{fk}}{K_{ck}} \tag{9.2.53}$$

式中 K_{kc}是第 k 个反应的平衡常数（以浓度表示），且

$$K_{ck} = K_{pk}\left(\frac{p_{atm}}{R_u T}\right)^{\sum_{i=1}^{I} v_{ik}} \tag{9.2.54}$$

式中：p_{atm}表示 1 个大气压；$\boldsymbol{v}_{ik} = \boldsymbol{v}''_{ik} - \boldsymbol{v}'_{ik}$；$K_{pk}$是以压力表示的平衡常数，且

$$K_{pk} = \exp\left(\frac{\Delta S_k^0}{R_u} - \frac{\Delta H_k^0}{R_u T}\right) \tag{9.2.55}$$

式中：S 和 H 分别表示熵和焓；上标“0”表示 1 个大气压下的值；Δ 表示第 k 个反应中反应物完全转化为产物时的变化量，且

$$\frac{\Delta S_k^0}{Ru} = \sum_{i=1}^{I} \upsilon_{ik} \frac{S_i^0}{R_u} \tag{9.2.56}$$

$$\frac{\Delta H_k^0}{RuT} = \sum_{i=1}^{I} \upsilon_{ik} \frac{H_i^0}{R_u T} \tag{9.2.57}$$

组分 i 的生成速率等于所有包含该组分的反应进程之和，即

$$\dot{\omega}_i = \sum_{k=1}^{K} \upsilon_{ik} q_k \quad (i = 1, \cdots, I) \tag{9.2.58}$$

有两类燃烧反应可能会呈现出非 Arrhenius 行为，即低活化能状态，一类是活性中间体的重新组合，一类是活性中间体的交换反应。这些反应的反应速率常数依然可以表示成 Arrhenius 反应速率的一般形式，但其本质不同。此时，反应速率表达式中必须包含活性中间体的浓度，即

$$q_k = \left(\sum_{i=1}^{I} (\alpha_{ik})[X_i]\right)\left(k_{fk} \prod_{i=1}^{I} [X_i]^{\upsilon'_{ik}} - k_{rk} \prod_{i=1}^{I} [X_I]^{\upsilon''_{ik}}\right) \tag{9.2.59}$$

式中 α_{ik} 为活性中间体的影响因子。

有些反应不仅与温度有关，也与压力有关，如离解反应，离解反应通常在燃烧过程中起着很重要的作用，因为就是靠离解反应才能产生活性粒子，然后才能进行一系列的化学反应。此时必须定义低压限和高压限两套 Arrhenius 系数，即

$$k_0 = A_{r0} T^{b_0} \exp(-E_{a0}/R_u T) \tag{9.2.60}$$

$$k_\infty = A_{r\infty} T^{b_\infty} \exp(-E_{a\infty}/R_u T) \tag{9.2.61}$$

式中：A_{r0}、b_0 和 E_{a0} 是低压限的 Arrhenius 系数；$A_{r\infty}$、b_∞ 和 $E_{a\infty}$ 是高压限的 Arrhenius 系数。

任意压力下的反应速率常数可表示为

$$k = k_\infty \left(\frac{p_r}{1 + p_r}\right) F \tag{9.2.62}$$

式中：$p_r = \dfrac{k_0 [M]}{k_\infty}$；$[M]$ 为混合物的浓度或某些组分（活性中间体）的浓度之和；F 有几种不同的形式，如果取 Linermann 形式，则 $F = 1$。

4. 物性参数

多组分混合气体的热力学参数（比热容、熵和焓）和输运参数（热传导系数和扩散系数）不仅与各组分的热力学参数和输运参数有关，也与混合物的组成有关。

根据 Sandia 国家实验室为专门计算气相反应的软件包 CHEMKIN 建立的气相组分的热力学数据库，1 个大气压时，组分 i 的定压比热容（摩尔单位下）可以拟合成多项式的形式

$$\frac{C_{pi}^0}{R_u} = \sum_{n=1}^{N} a_{ni} T^{(n-1)} \tag{9.2.63}$$

式中：上标 0 代表 1 个大气压时的值；N 为拟合系数的个数；a 为拟合系数。

根据焓与定压比热容的关系，有

$$H_i^0 = \int_{298}^{T_i} C_{pi}^0 \mathrm{d}T + H_i^0(298) \tag{9.2.64}$$

所以

$$\frac{H_i^0}{R_u T_i} = \sum_{n=1}^{N} \frac{a_{ni} T_i^{(n-1)}}{n} + \frac{a_{N+1,i}}{T_i} \tag{9.2.65}$$

式中 $H_i^0(298) = a_{N+1,i} \cdot R_u$，代表 298K、1 个大气压时组分 i 的生成焓。

根据熵与定压比热容的关系，有

$$S_i^0 = \int_{298}^{T_i} \frac{C_{pi}^0}{T} \mathrm{d}T + S_i^0(298) \tag{9.2.66}$$

$$\frac{S_i^0}{R_u} = a_{1i} \ln T_i + \sum_{n=2}^{N} \frac{a_{ni} T_i^{(n-1)}}{(n-1)} + a_{N+2,i} \tag{9.2.67}$$

式中 $S_i^0(298) = a_{N+2,i} R_u$，代表 298K、1 个大气压时组分 i 的熵。

以上方程可以是任意阶的，根据 CHEMKIN 软件包和 NASA 化学平衡程序的数据，对于每种组分采用七参数的拟合关系式

$$\frac{C_{pi}^0}{R_u} = a_{1i} + a_{2i} T_i + a_{3i} T_i^2 + a_{4i} T_i^3 + a_{5i} T_i^4 \tag{9.2.68}$$

$$\frac{H_i^0}{R_u T_i} = a_{1i} + \frac{a_{2i}}{2} T_i + \frac{a_{3i}}{3} T_i^2 + \frac{a_{4i}}{4} T_i^3 + \frac{a_{5i}}{5} T_i^4 + \frac{a_{6i}}{T_i} \tag{9.2.69}$$

$$\frac{S_i^0}{R_u} = a_{1i} \ln T_i + a_{2i} T_i + \frac{a_{3i}}{2} T_i^2 + \frac{a_{4i}}{3} T_i^3 + \frac{a_{5i}}{4} T_i^4 + a_{7i} \tag{9.2.70}$$

对于理想气体，比热容和焓与压力无关，1 个大气压下的值也是实际值。上述方程中的定压比热容、焓和熵均是摩尔单位下的，在实际应用中，通常使用的是质量单位下的值，将摩尔单位下的值除以分子量即可得到质量单位下的相应值

$$c_{pi} = \frac{C_{pi}}{W_i} \tag{9.2.71}$$

$$h_i = \frac{H_i}{W_i} \tag{9.2.72}$$

$$s_i^0 = \frac{S_i^0}{W_i} \tag{9.2.73}$$

混合物的平均热力学属性同样可以采用摩尔单位和质量单位两种表示方法

$$C_p = \sum_{i=1}^{I} C_{pi} X_i \tag{9.2.74}$$

$$c_p = \sum_{i=1}^{I} c_{pi} Y_i = C_p / \overline{W} \tag{9.2.75}$$

$$H = \sum_{i=1}^{I} H_i X_i \tag{9.2.76}$$

$$h = \sum_{i=1}^{I} h_i Y_i = H / \overline{W} \tag{9.2.77}$$

式中：C_p 和 H 是摩尔单位下的混合物定压比热容和焓；c_p 和 h 是质量单位下的混合物定压比热容和焓。

由于熵与压力相关，所以混合物的熵要复杂一些

$$S_i = S_i^0 - R_u \ln X_i - R_u \ln(p/p_{atm}) \tag{9.2.78}$$

$$S = \sum_{i=1}^{I} S_i X_i \tag{9.2.79}$$

$$s = S/\overline{W} \tag{9.2.80}$$

式中:S 是摩尔单位下的混合物的熵;s 是质量单位下的混合物的熵。

基于 Lennard-Jones 参数,组分 i 热传导系数 λ_i 可表示为

$$\lambda_i = 0.25(9\gamma_i - 5)\mu_i C_{vi} \tag{9.2.81}$$

式中 γ_i 是组分 i 的比热比。

包含有 I 种组分的混合物的热传导系数为

$$\lambda = \frac{1}{2}\left[\sum_{i=1}^{I} X_i \lambda_i + \left(\sum_{i=1}^{I} X_i/\lambda_i\right)^{-1}\right] \tag{9.2.82}$$

若系统中包含组分 i 和组分 j 两种气体,二元扩散系数可表示为

$$D_{ij} = 1.8829 \times 10^3 \frac{\left[T^3\left(\dfrac{M_i + M_j}{M_i M_j}\right)\right]^{1/2}}{p\sigma_{ij}^2 \Omega^{(1,1)*(T_{ij}^*)}} \tag{9.2.83}$$

式中:M 是分子量;p 是混合物的总压力;除 σ_{ij} 单位是 Å 外,其余均为 cgs 单位制。

$$\sigma_{ij} = 0.5(\sigma_i + \sigma_j) \tag{9.2.84}$$

$$\Omega^{(1,1)*}(T_{ij}^*) = (T/T_{eij})^{-0.145} + (T/T_{eij} + 0.5)^{-2} \tag{9.2.85}$$

$$T_{eij} = (T_{ei} T_{ej})^{1/2} = \left(\frac{\varepsilon_i \varepsilon_j}{\kappa_B^2}\right)^{1/2} \tag{9.2.86}$$

式中:σ_i 是碰撞直径(Å);ε_i 是 Lennard-Jones 势阱深度;κ_B 是玻尔兹曼常数。

若系统包含多种组分,组分 i 在混合物中的扩散系数可由二元扩散系数得到

$$D_i = (1 - Y_i)\left(\sum_{j \neq i} X_j/D_{ij}\right)^{-1} \tag{9.2.87}$$

5. 结果分析

下面结合计算结果和实验结果,对一些典型的单质含能材料(RDX、NG、BTTN、AP、HMX、TMETN 等)的燃烧特性进行分析。

燃烧速度是含能材料燃烧最重要的参数之一,燃烧速度和压力的关系一般可表示为式(9.1.4)。图 9.2.1 给出的是几种硝酸酯(NG、BTTN 和 TMETN)燃烧速度与压力关系,计算得到的 NG、BTTN 和 TMETN 三种含能材料的压力指数 n 分别为 0.72、0.82 和 0.89,与实验数据 0.77、0.85 和 1.07 符合较好。

图 9.2.2 和图 9.2.3 分别是 RDX 和 HMX 的燃烧速度与压力关系。模型中的气相反应采用的是 Yetter 等提出的基元反应机制,尽管 RDX 和 HMX 的蒸汽压不同,但是燃烧速率比较接近,压力指数分别为 0.83 和 0.88。

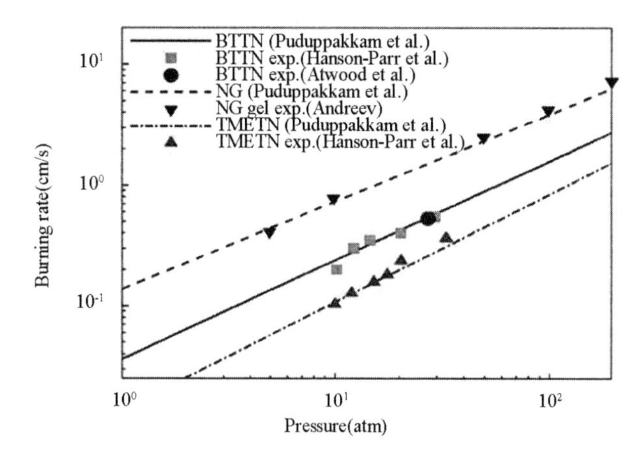

图 9.2.1　NG、BTTN 和 TMETN 的燃烧速度与压力关系

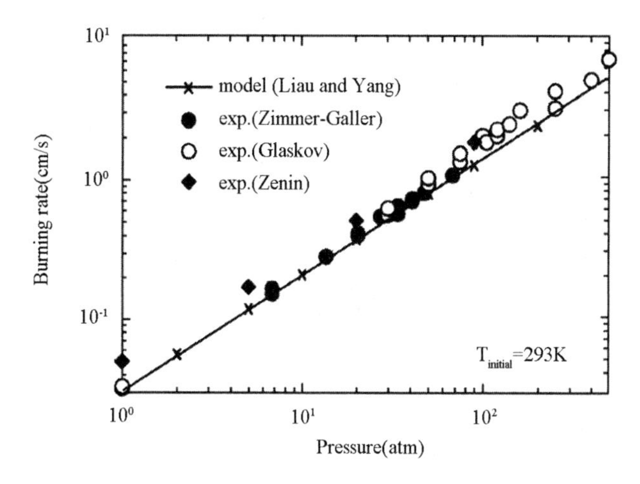

图 9.2.2　RDX 的燃烧速度与压力关系

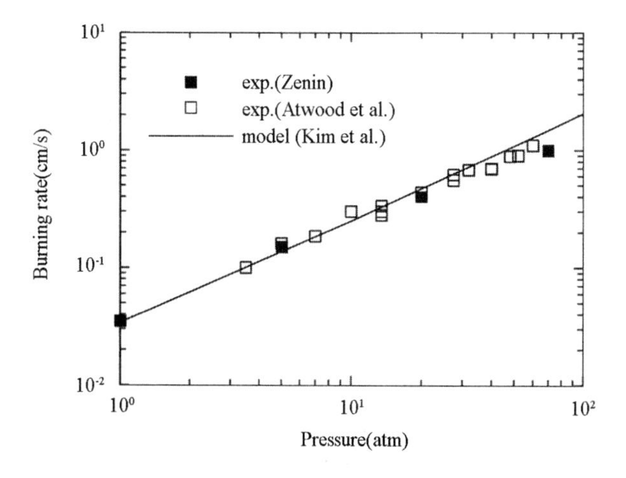

图 9.2.3　HMX 的燃烧速度与压力关系

图 9.2.4 是 AP 的燃烧速度与压力关系，由图可见，计算结果和实验结果符合很好，AP 的压力指数约为 0.76。

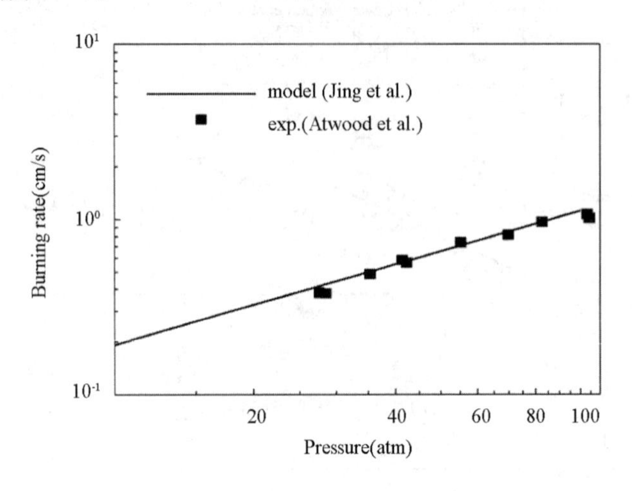

图 9.2.4 AP 的燃烧速度与压力关系

除环境压力外，初始温度对燃烧速度也有一定的影响，通常用温度敏感系数 σ_p 来描述温度的影响，σ_p 的定义见式(9.1.5)。温度敏感系数是最难以符合实验数据的参数。图 9.2.5 给出的是 RDX、HMX 和 AP 三种含能材料的温度敏感系数在不同压力下的计算结果和实验结果。温度敏感系数主要与凝聚相的释热有关，一般来说，如果凝聚相释放能量大，则温度敏感系数大，同时凝聚相的热物性参数也对温度敏感系数有较大的影响。图中的实验结果表明温度敏感系数随压力的增加而下降，这是因为压力越高，气相区域能量释放越快，同时火焰更靠近燃烧表面，因此从气相传至凝聚相的热流强度增加，从而使凝聚相的初始温度影响减弱。在 50atm 以上，RDX 和 HMX 的温度敏感系数很低，只有 0.001 K^{-1}左右，但当压力接近 1atm 时，RDX 和 HMX 的温度敏感系数分别达到 0.002 K^{-1}和 0.005 K^{-1}左右。大多数模型都无法得到这一特点，2006 年，Washburn 和 Beckstead 考虑泡沫层中气泡的表面张力，模拟出 RDX 和 HMX 温度敏感系数在低压下的差异。

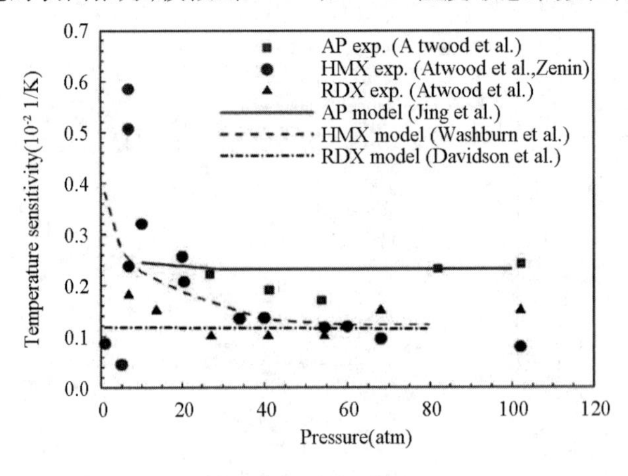

图 9.2.5 几种含能材料的温度敏感系数

温度和组分浓度的分布数据有助于更清晰地理解燃烧波结构。由图 9. 2. 6 所示的 RDX 在不同压力下自持燃烧的温度分布可以看出，随着压力的增加，最终火焰温度的增加，同时由于气相化学反应的加速，火焰更靠近燃烧表面。图 9. 2. 7 和图 9. 2. 8 对比了 0. 5atm 时 RDX 燃烧的主要组分浓度分布的计算结果和实验结果，二者的一致性较好，只有靠近燃烧表面处的差异较大，这种差异可能主要来自于实验中燃烧表面精确位置的难以确定造成的。

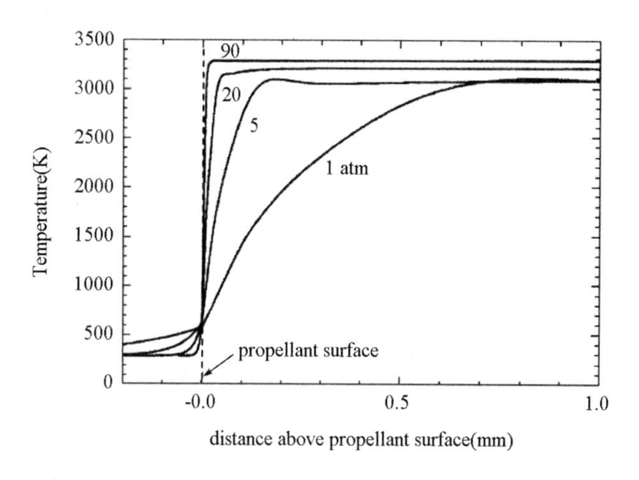

图 9. 2. 6　不同压力下 RDX 自持燃烧的温度分布

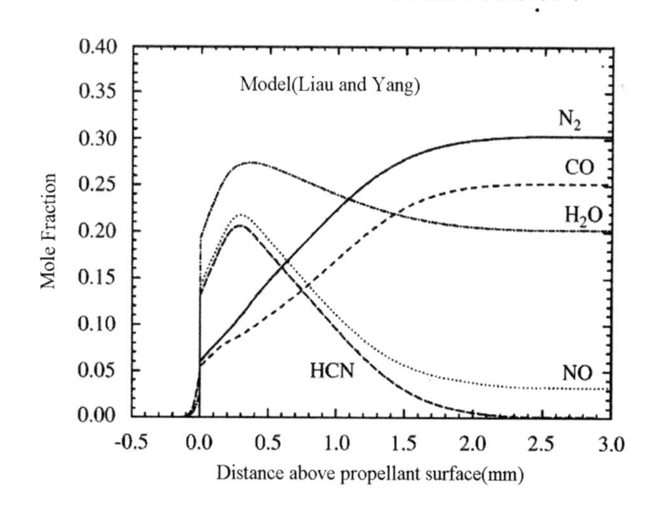

图 9. 2. 7　0. 5atm 时 RDX 燃烧时主要组分浓度分布的计算结果

图 9. 2. 9、图 9. 2. 10、图 9..2. 11 和图 9. 2. 12 是 90atm 时，RDX 自持燃烧的温度分布和主要浓度分布。由图可见，90atm 时的燃烧波结构与 1 atm 类似，不同的是高压下火焰更接近燃烧表面，熔化层厚度更薄。主要组分的浓度分布表明整个化学反应可以分成三步：

(1) RDX 在燃烧表面附近分解成 CH_2O、HCN、NO_2 等；

(2) 第一阶段的氧化反应，消耗 NO_2，生成 NO 和 H_2O；

(3) 第二阶段的氧化反应，主要是 HCN 和 NO 参与反应生成最终产物 CO、N_2、H_2 等。

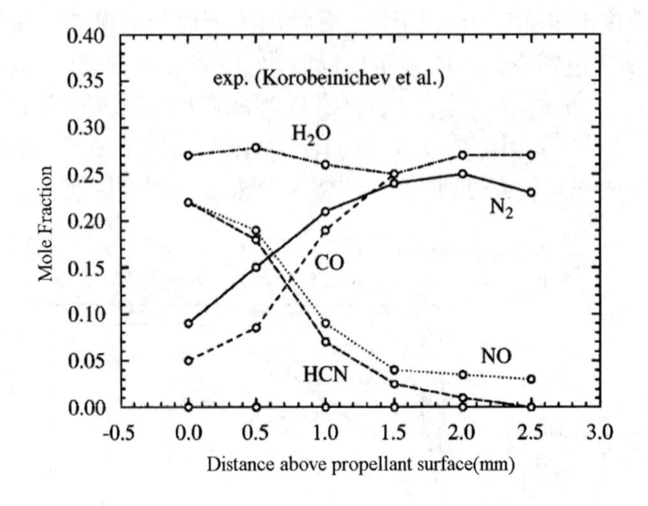

图 9. 2. 8　0. 5atm 时 RDX 燃烧时主要组分浓度分布的实验结果

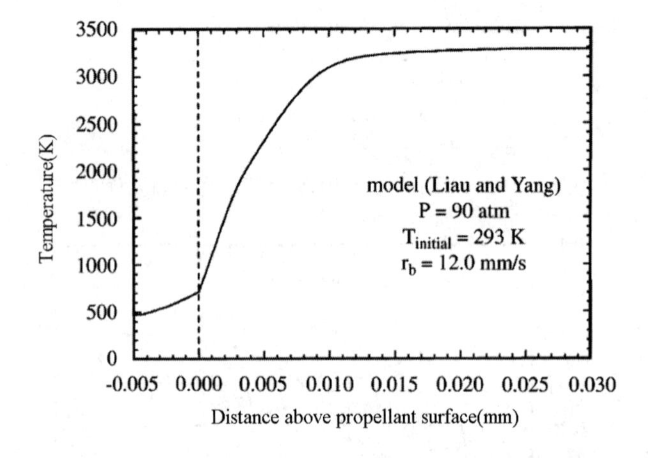

图 9. 2. 9　90atm 时 RDX 自持燃烧的温度分布

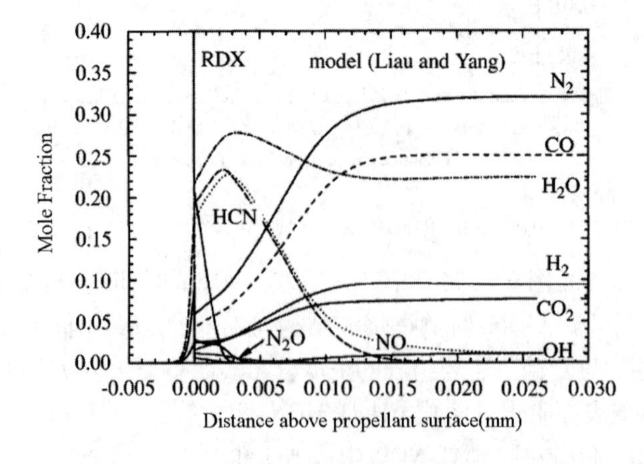

图 9. 2. 10　90atm 时 RDX 自持燃烧的主要组分浓度分布

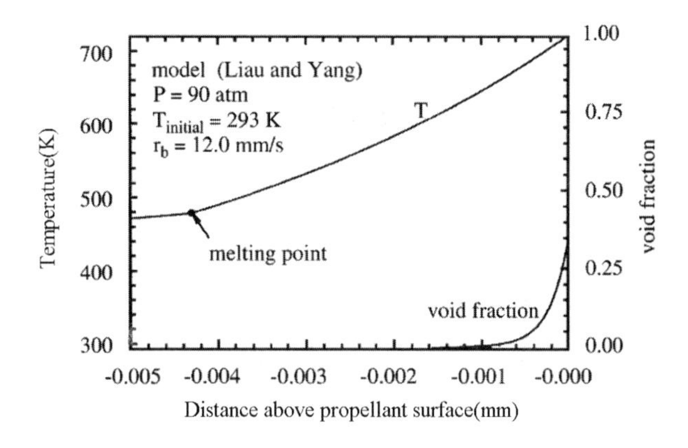

图 9. 2. 11 90atm 时 RDX 自持燃烧的泡沫层中温度分布

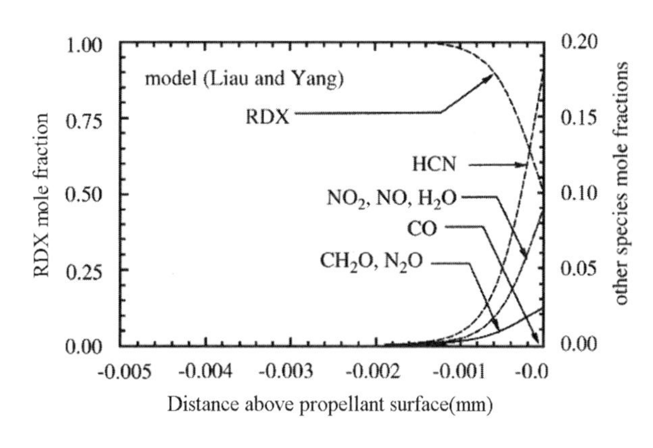

图 9. 2. 12 90atm 时 RDX 自持燃烧的泡沫层中主要组分浓度分布

含能材料燃烧火焰中的暗区是由于组分输运效应和高活化能反应(某些中间产物,如 NO、CO 和 HCN 等)造成的。由图 9. 2. 13 所示的 RDX 在 1 atm 时激光助燃条件下温度分布的计算结果和实验结果,可以清晰地看到暗区的存在。图 9. 2. 14 给出的是几种含能材料暗区宽度和压力的关系。暗区宽度 L_d 和压力的关系可表示为

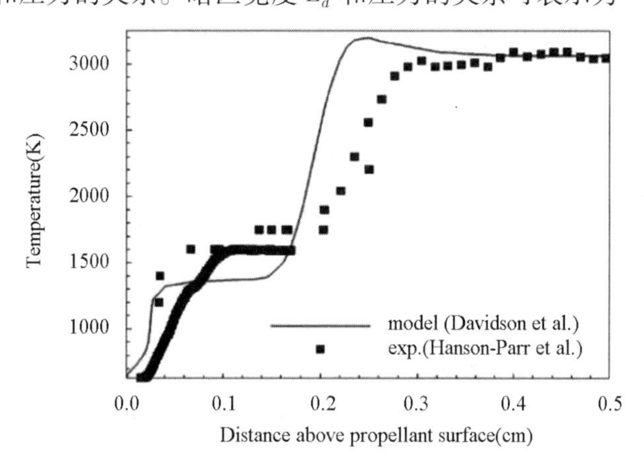

图 9. 2. 13 RDX 激光助燃条件下温度分布的计算结果和实验结果

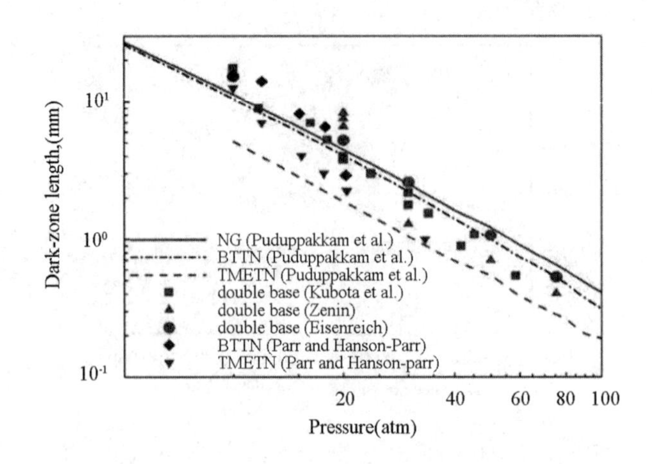

图 9.2.14　几种含能材料暗区宽度和压力的关系

$$L_d = ap^d \tag{9.2.88}$$

式中,压力指数 d 是负值,表明随压力的增加,暗区宽度下降。式(9.2.88)在很低压力时不适用。计算得到的压力指数约为 -1.7,和实验结果 -1.8 和 -2.2 是比较接近的。

9.3　激光点火模型

含能材料在外界能量作用下的点火过程包含一系列复杂的物理化学过程,从 20 世纪 50 年代就一直是各国学者关注和研究的热点。世界上第一台激光器——红宝石激光器于 1960 年研制成功,在 20 世纪 60 年代中叶,便有了激光点火的设想和研究,从 70 年代中期开始,国内外有关激光点火的技术与理论研究不断深入,取得了显著的成果。

9.3.1　激光点火原理

激光是一种高亮度的定向能束,激光应用的一个重要基础是激光与物质的相互作用。激光辐照介质、材料、器件、结构物和生物体可引起各种力学、物理、化学和生物效应。含能材料作为一种特殊的物质,受到激光辐照后与一般物质具有一定的共性,也有其特殊性。

含能材料的激光点火过程从本质上讲是激光与含能材料相互作用的过程,与一般物质所不同的是,含能材料在高功率密度激光的作用下,可以发生快速化学反应,反应过程中释放出的能量使反应速度进一步加快。化学反应过程及其产物对激光点火存在影响,使得激光与含能材料互作用过程比激光与一般材料相互作用的机理更为复杂。

根据光的波粒二象性,激光与物质的相互作用可以看作是激光光子与受辐照物质之间的相互作用,首先从入射激光的能量被物质吸收和反射开始,从微观机理上讲,激光对物质的作用是高频电磁场对物质中自由电子和束缚电子的作用。总体上讲,激光对含能材料的作用可分为热作用、冲击作用、电离作用和光化学作用等。

含能材料的激光点火机理与激光强度和波长密切相关。光化学点火不需要很高的激光强度，但对激光波长有严格要求；在激光功率密度大于 10^9 W/cm²时，电离及等离子体点火机理占主导地位，当激光功率密度小于 10^6 W/cm²时，热点火机理占主导地位。本节主要考虑激光的热作用。

含能材料受到激光辐照之后，通过对激光能量的吸收和转化，引起材料边界上和内部的热流运动，使得各处温度不同程度地升高。从电磁波的角度分析激光的热作用，就是材料在激光的电场作用下做受迫振动，最终使激光能量转化为热能，宏观上表现为材料温度的升高。激光的热作用和普通加热有显著的区别，主要表现为激光热作用的选择性和局域性。作为一级近似，材料分子的运动可以分为平动、转动、振动和分子内电子的运动，每个运动对应一定的能级，且不同形式运动的能级间距是不同的。例如，电子的能级间距与可见光和紫外光频率相对应，因此材料在可见光和紫外光辐照下，主要激发的是分子的电子能级。而振动能级的间距与红外光频率对应，用红外激光辐照材料，会使材料中大量分子的振动能级被激发，使分子产生很高的振动温度，处于高振动激发态的分子有可能克服反应活化能从而进行化学反应。激光热作用的另一个特点是局域性，在激光功率密度较高、材料吸收系数较大的情况下，激光能量迅速地被辐照面附近的一薄层材料吸收，同时，激光能量转化为热能的速率远大于材料的热扩散速率，从而在材料内形成局部的高温区域。

Parr 和 Hanson-Parr 用平面激光诱导荧光法（PLIF）和粒子成像速度计（PIV）测量了 RDX 激光点火过程和稳态燃烧中的温度分布，以及组分 CN、OH、NO_2和 NO 的浓度分布。实验测量的火焰结构如图 9.3.1 所示，图中分别给出了两种激光密度（195W/cm² 和 402W/cm²）下不同时刻组分 CN 的浓度，组分 CN 的浓度较高对应着明亮火焰的出现，即发生了点火，且组分 CN 浓度最高位置就是火焰中心的位置，因此可以通过组分 CN 的浓度及其位置变化来描述火焰的发展变化，图中凝聚相表面指的是凝聚相 RDX 和气相（环境气体以及 RDX 的分解和蒸发产物）的分界面，表面上方区域为气相，下方区域为凝聚

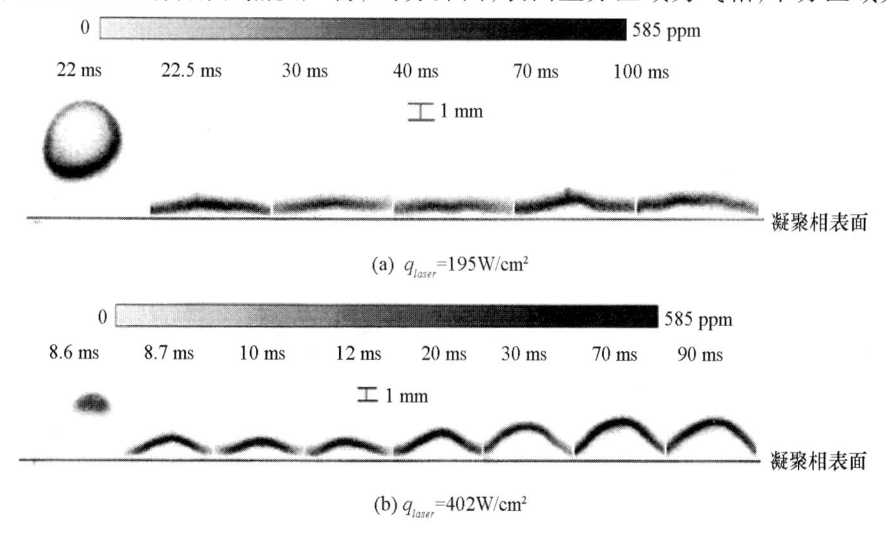

图 9.3.1 RDX 激光点火的火焰结构

相。由图可见,RDX的点火是发生在气相中的,当激光功率密度为195W/cm^{2}时,气相在22 ms已经发生了点火,点火之后火焰中心迅速向凝聚相表面(即凝聚相和气相分界面)靠近,然后又缓慢地远离表面并逐渐稳定。当激光功率密度为402W/cm^{2}时,气相在8.7ms发生点火,点火之后火焰中心同样是先靠近表面,然后缓慢地远离表面并逐渐稳定。

根据上述结果,Parr等指出在RDX的激光点火过程中,首先是在气相中形成一个点火核,点火核迅速发展成为一薄层火焰结构,薄层火焰结构向凝聚相表面移动,随后又远离表面移动,并逐渐达到稳定的燃烧状态。同时,Parr等给出激光功率密度分别为195W/cm^2、402W/cm^{2}和807W/cm^{2}时,RDX的点火延迟时间分别是20.4 ±0.62ms、8.70 ±0.36ms和4.00 ±0.10ms。

含能材料激光点火过程包含复杂的物理化学过程,单纯依靠实验难以对其进行全面的理解和掌握,因此研究人员一直试图建立一个合适的模型对其进行描述。经过几十年的发展,建立了多种含能材料的点火模型。这些模型大体上可以分为两类,一类是简单点火模型,另一类是20世纪90年代以后发展起来的基于基元反应机制的详细点火模型。

9.3.2 简单点火模型

根据点火机制的不同,简单点火模型可以分为固相反应模型、异相反应模型和气相反应模型。

固相反应模型认为固相区域的放热反应在点火过程中起决定性作用,而表面和气相中的反应可以忽略。控制方程一般是能量守恒方程,包含热传导、化学反应放热和对外界能量的吸收等物理化学过程。结果表明点火延迟时间与凝聚相反应参数、外部热流、初始温度等因素相关,同时可以得到凝聚相区域的温度分布。但是由于凝聚相反应对压力不敏感,因此固相反应模型并不能有效地预测压力对点火过程的影响。

异相反应模型认为由于环境氧化剂向含能材料表面的扩散作用,凝聚相和气相界面处的化学反应在点火过程中起决定性作用。这类模型的控制方程通常是凝聚相的能量守恒方程和组分连续性方程,同时需要采用合适的界面条件。异相反应模型广泛应用于冲击管点火研究中,缺点是往往过高地预测了界面处扩散效应对点火过程的影响。

气相反应模型则假设放热的气相化学反应及其向含能材料表面的热反馈是点火的主要原因。因此,气相反应模型既需要考虑凝聚相区域的能量守恒方程,也需要引入气相中的能量守恒和组分连续性方程。表9.3.1对三种简单点火模型的特点进行了分析和比较。

从本质上讲,这三类简单点火模型都属于半经验模型,尽管得到的点火宏观参数如点火延迟时间与实验一致,但并不能揭示含能材料激光点火的物理本质,也无法给出点火过程中更加细致的参数(如组分浓度、火焰发展过程等)与实验进行对比。主要原因在于这些模型的前提假设以及物理建模过于简单,例如,这些模型大多采用单步反应模型、采用常热物性材料参数、没有考虑对流扩散效应的影响等等。

表 9.3.1　三种简单点火模型的特点

	固相反应模型	异相反应模型	气相反应模型
前提假设	• 固相区的化学反应导致点火	• 界面处的异相反应导致点火	• 气相区的化学反应导致点火
重点区域	• 凝聚相	• 凝聚相和界面	• 凝聚相和气相
主要方程	• 凝聚相的能量方程 • 凝聚相的组分方程(可选,取决于化学反应的描述) • 解析求解时通常忽略对流项	• 凝聚相的能量方程 • 凝聚相的组分方程(可选,取决于化学反应的描述) • 解析求解时通常忽略对流项	• 气相和凝聚相的能量方程 • 气相的组分方程 • 凝聚相的组分方程(可选,取决于化学反应的描述)
求解方法	• 渐近线方法 • 数值方法	• Laplace 变换 • 局部相似 • 渐近线方法 • 经典热学理论 • 数值方法	• 数值方法 • 渐近线方法
点火判据	• 点火/不点火(go/no-go) • 温度突跃增加 • 达到稳态燃烧状态	• 点火/不点火(go/no-go) • 温度突跃增加 • 界面温度突跃增加 • 界面温度达到临界值	• 温度突跃增加 • 界面温度、界面温度梯度或组分浓度达到临界值 • 发光 • 达到稳定燃烧状态
主要结论	• 可获得凝聚相中的温度分布及其发展 • 点火延迟时间是反应速率常数、热流强度、压力等参数的函数	• 可获得凝聚相中的温度分布及其发展、界面条件 • 点火延迟时间是界面处反应速率常数和氧化剂浓度等参数的函数	• 可获得凝聚相和气相中的温度分布及其发展、气相中的组分浓度分布及其发展 • 点火延迟时间是压力和热流强度的函数
附加说明	• 适合于凝聚相反应占主导的含能材料,如双基推进剂 • 由于凝聚相化学反应对压力不明感,难以有效预测压力的影响	• 适合于界面反应占主导的含能材料,如聚合物、自燃系统等 • 往往过高预测表面反应的影响,尤其是对均质推进剂 • 最低活化能的表面反应决定点火	• 适合于气相反应占主导的含能材料,如 LOVA 推进剂 • 有利于引入详细的化学反应机制

9.3.3　详细点火模型

在 20 世纪 90 年代,Liau、Kim、Meredith 等发展了一种基于基元化学反应动力学机制的激光点火模型,可以更细致地描述含能材料的激光点火过程,计算得到的点火延迟时间、温度发展历程及其分布、主要组分的浓度等参数均与实验结果有较好的一致性。

在燃烧模型的基础上,1995 年,Yang 和 Liau 首先建立了 RDX 激光点火的详细模型,考虑了包括固相区域、液相区域和气相区域在内的整个空间的瞬态发展历程,将整个点火过程分六个阶段——惰性加热、凝聚相的热分解、初级火焰的产生、次级火焰的准备和形成以及稳态燃烧的建立。模型的气相反应机制包括 45 种组分 232 个反应,凝聚相区域的分解反应用 Brill 等提出的两阶段反应模型。对气相区的处理包括多组分、多反应道化学反应系统的质量、能量和组分守恒。Kim 对该模型进行了进一步描述,并给出了 RDX 激光点火的过程示意图,如图 9. 3. 2 所示。

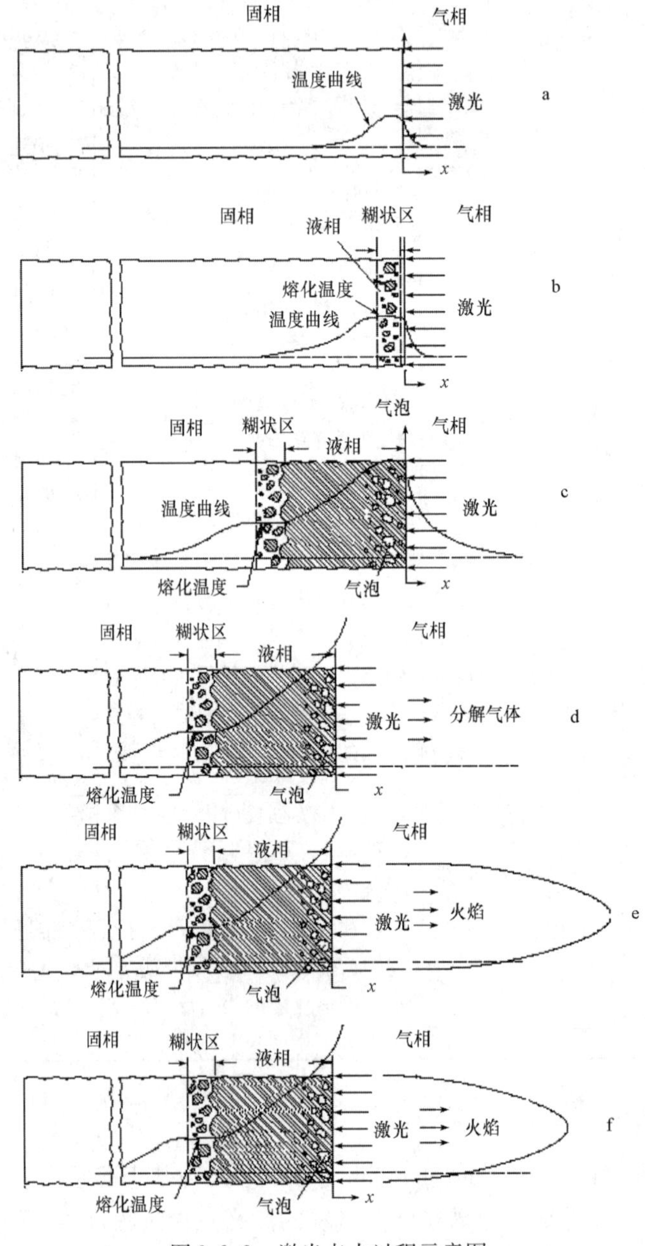

图 9. 3. 2 激光点火过程示意图

由图 9.3.2 可见，当激光作用于 RDX 表面，固相 RDX 开始吸收激光能量（图 9.3.2(a)），在气相中只有某些组分可以吸收一定量的激光能量，如只有 RDX 蒸汽和 CO_2 可以吸收波长为 10.6μm 的激光能量，因此惰性加热阶段气相吸收可以忽略。随着温度的不断升高，固相达到熔化温度，在熔化之前，吸收的能量不能使温度进一步升高，由于短时间内吸收的能量只能使部分固相发生熔化，于是形成一个由固相和液相组成的糊状区域（图 9.3.2(b)）；当熔化层形成后，固液界面处的糊状区域因温度的继续升高而移动（图 9.3.2(c)）；熔化后的 RDX 发生分解反应，生成气体产物，这些分解的气体产物在液相中以气泡的形式存在。同时液相表面开始快速蒸发，蒸发和分解产物逐渐进入气相（图 9.3.2(d)）；如果激光热流可以激发 RDX 的自加速放热反应和光辐射，就实现了点火，形成发光火焰（图 9.3.2(e)）；气相区域的火焰从本质上来说是预混的，组分来自于凝聚相的蒸发和分解产物，在气相火焰中可能存在上千个反应、上百种组分，直到最终火焰区达到平衡反应才会停止。火焰形成之后，会逐渐向液相和气相界面移动，最终达到某一位置后形成稳态燃烧（图 9.3.2(f)）。

Liau 等建立的详细点火模型的基本方程与 9.2.3 节的基于详细化学反应动力学的燃烧模型类似。有人在 Liau 等建立的模型基础上，采用了一些不同的描述方法，下面以 RDX 为例，介绍一下这种模型。

假设凝聚相中的分解产物溶解在液体 RDX 中，不改变液相的体积和密度，不考虑气泡的影响。所以凝聚相的控制方程为能量守恒方程和组分连续性方程

$$\rho c_p \frac{\partial T}{\partial t} + \rho u c_p \frac{\partial T}{\partial x} - \frac{\partial}{\partial x}\left(\lambda \frac{\partial T}{\partial x}\right) - \sum_i \dot{\omega}_i W_i h_i - Q'''_{rad} = 0 \tag{9.3.1}$$

$$\rho \frac{\partial Y_i}{\partial t} + \rho u \frac{\partial Y_i}{\partial x} = \dot{\omega}_i W_i \tag{9.3.2}$$

式中 h_i 和 W_i 分别表示组分 i 的焓和分子量。

凝聚相区域的待求变量为温度 $T(x,t)$ 和组分的质量分数 $Y_i(x,t)$。在静止坐标系下，凝聚相是静止的，即运动速度为 0，在该模型中，选取凝聚相表面为参考点，因此，凝聚相的运动速度等于静止坐标系下表面的移动速度。整个凝聚相的运动速度相等（不考虑凝聚相的扩散），与凝聚相的分解速率和蒸发速率相关，可表示为

$$(\rho u)_c = \dot{m}_{decomp} + \dot{m}_{evap} \tag{9.3.3}$$

式中：下标“c”表示凝聚相；$\dot{m}_{decomp}$ 和 $\dot{m}_{evap}$ 分别表示凝聚相的分解速率和蒸发速率。

组分的摩尔生成速率可以通过化学反应动力学求出，与凝聚相反应机制相关。组分的焓由组分的热力学属性确定。热源项 Q'''_{rad} 可表示为

$$Q'''_{rad} = \beta e^{\beta x} q''_c \tag{9.3.4}$$

其中：q''_c 是达到凝聚相表面的热流密度；β 是吸收系数。

凝聚相区域初始组分只有 RDX，初始温度为环境温度，即

$$Y_i(x,0) = \begin{cases} 1, & \text{for RDX} \\ 0, & \text{for all other species} \end{cases} \tag{9.3.5}$$

$$T(x,0) = T_0 \tag{9.3.6}$$

凝聚相左边界（$-\infty$）是 Dirichlet 边界条件，右边界（0^-）是 Neumann 边界条件（热流

密度连续)，即

$$Y_i|_{-\infty}=\begin{cases}1, & \text{for RDX}\\0, & \text{for all other species}\end{cases} \tag{9.3.7}$$

$$T|_{-\infty}=T_0 \tag{9.3.8}$$

$$-\lambda_c\left.\frac{\partial T}{\partial x}\right|_{0^-}=-\lambda_g\left.\frac{\partial T}{\partial x}\right|_{0^+}-\dot{m}_{evap}H_{evap}+q''_c \tag{9.3.9}$$

式中：下标“g”表示气相；$\dot{m}_{evap}H_{evap}$表示界面处由于蒸发产生的能量损失。

气相中的主要物理化学过程包括热传导、对流、扩散、复杂的化学反应和组分对激光能量的吸收，待求变量包括压力 $p(x,t)$（或密度 $\rho(x,t)$）、速度 $u(x,t)$、温度 $T(x,t)$ 和组分质量分数 $Y_i(x,t)$，控制方程为总体质量守恒、动量守恒、能量守恒和组分连续性方程。

多组分气体反应混合物的质量守恒方程

$$\frac{\partial\rho}{\partial t}+\frac{\partial}{\partial x}(\rho u)=0 \tag{9.3.10}$$

式中两项分别为瞬态项(或时间导数项)和对流项，密度与压力、温度和混合物的组成相关，由状态方程控制。

动量守恒方程

$$\frac{\partial(\rho u)}{\partial t}+\frac{\partial(\rho uu)}{\partial x}+\frac{\partial p}{\partial x}-\frac{4}{3}\frac{\partial}{\partial x}\left[\mu\frac{\partial u}{\partial x}\right]=0 \tag{9.3.11}$$

式中包括瞬态项、对流项、对压力的依赖项和黏性项，μ 为混合物的黏性系数。

能量守恒方程

$$\frac{\partial\rho H}{\partial t}-\frac{\partial p}{\partial t}-u\frac{\partial p}{\partial x}+\frac{\partial\rho uH}{\partial x}-\frac{\partial}{\partial x}\left[\lambda\frac{\partial T}{\partial x}\right]+\sum_{i=1}^{N}\left[\frac{\partial(\rho Y_iV_iH_i)}{\partial x}\right]-\frac{4}{3}\mu\left[\frac{\partial u}{\partial x}\right]^2-Q'''_g=0 \tag{9.3.12}$$

式中包括瞬态项、两个对压力的依赖项、对流项、热量传导项、扩散项、黏性耗散项和对激光能量的吸收项；H 表示混合物的焓；V_i 是第 i 中组分在混合物中的扩散速度。

组分连续性方程

$$\frac{\partial(\rho Y_i)}{\partial t}+\frac{\partial(\rho uY_i)}{\partial x}+\frac{\partial}{\partial x}(\rho V_iY_i)-\dot{\omega}_iW_i=0 \tag{9.3.13}$$

式中包括瞬态项、对流项、扩散项和化学反应生成项。

对波长为 10.6μs 的 CO_2 激光，气相组分对激光能量的吸收主要由 RDX 和 CO_2 决定，因此，式(9.3.12)中的 Q'''_g 可表示为

$$Q'''_g=([X_{\mathrm{RDX}}]\kappa_{\mathrm{RDX}}+[X_{\mathrm{CO_2}}]\kappa_{\mathrm{CO_2}})A_\nu q''_g \tag{9.3.14}$$

式中：$[X]$表示组分的摩尔浓度；A_ν 是阿伏加德罗常数；q''_g 是气相中的激光功率密度；κ 为组分的吸收截面积，κ_{RDX}和 $\kappa_{\mathrm{CO_2}}$分别为 $5.74\times10^{-19}\mathrm{cm^2}$/molecule 和 $2\times10^{-22}\mathrm{cm^2}$/molecule。

由于组分的吸收作用，气相中的激光功率密度是不均匀的，对于任意位置 $x\in(0,+\infty)$，有

$$q''_g(x)=q''_{laser}-\int_x^{+\infty}Q'''_g\mathrm{d}x \tag{9.3.15}$$

由此也可以得到凝聚相表面的激光功率密度

$$q''_c = q''_{laser} - \int_0^{+\infty} Q'''_g \mathrm{d}x \tag{9.3.16}$$

式(9.3.12)(9.3.13)中的组分扩散速度 V_i 由两部分组成,即

$$V_i = V_i^{ordinary} + V^{correction} \tag{9.3.17}$$

式中 $V_i^{ordinary}$ 指由于组分浓度差所产生的扩散速度

$$V_i^{ordinary} = -D_i \frac{1}{X_i}\frac{\mathrm{d}X_i}{\mathrm{d}x} \tag{9.3.18}$$

D_i 指组分 i 在混合物中的扩散系数,可由二元扩散系数获得。

$V^{correction}$ 是扩散速度的修正项,目的是保证 $\sum_i Y_i V_i = 0$

$$V^{correction} = \sum_i D_i \frac{\mathrm{d}Y_i}{\mathrm{d}x} \tag{9.3.19}$$

在气相中,初始压力和初始温度分别为环境压力和环境温度,初始质量流为0,初始组分为环境气体即

$$p(x,0) = p_0 \tag{9.3.20}$$

$$T(x,0) = T_0 \tag{9.3.21}$$

$$\rho u(x,0) = 0 \tag{9.3.22}$$

$$Y_i(x,0) = \begin{cases} 1, & \text{for ambient gases} \\ 0, & \text{for all} \end{cases} \tag{9.3.23}$$

气相区域的左边界条件(0^+)和右边界条件($+\infty$)分别为

$$(\rho u)\big|_{0+} = (\rho u)\big|_{0-} \tag{9.3.24}$$

$$T\big|_{0+} = T\big|_{0-} \tag{9.3.25}$$

$$Y_i\big|_{0+} = Y_i\big|_{0-} \tag{9.3.26}$$

$$\left.\frac{\partial \rho u}{\partial x}\right|_{+\infty} = \left.\frac{\partial Y_i}{\partial x}\right|_{+\infty} = \left.\frac{\partial T}{\partial x}\right|_{+\infty} = 0 \tag{9.3.27}$$

$$p\big|_{+\infty} = p_0 \tag{9.3.28}$$

图9.3.3是均质RDX激光点火过程中气相区域中不同时刻的温度分布,激光功率密度为400W/cm^2,环境压力为0.1 MPa,初始温度为300K。由图可见,由于吸收激光能量,凝聚相表面($x=0$ 处)的温度快速升高,在1.9ms时接近熔化温度,在这段时间内,气相区域的温升主要由热传导造成。RDX熔化之后,形成具有一定厚度的熔化层,熔化层内的RDX发生分解反应,分解产物逐渐进入气相,同时RDX在凝聚相表面蒸发,进入气相,气相区域的组分组成逐渐发生变化,这些组分之间开始发生化学反应并释放能量,到了7.5ms时,温度最大值达到1330K。9.0ms时,初级火焰形成,初级火焰的温度约为1500K。9.4ms时,气相温度急剧升高至RDX绝热燃烧火焰温度,次级火焰形成,气相发生点火。气相发生点火以后,温度曲线逐渐靠近凝聚相表面,表明点火后燃烧火焰向凝聚相表面回传。火焰靠近表面后,又重新远离表面运动,经过一段时间后,火焰再次朝向表面运动,并最终在40ms左右达到稳定状态。

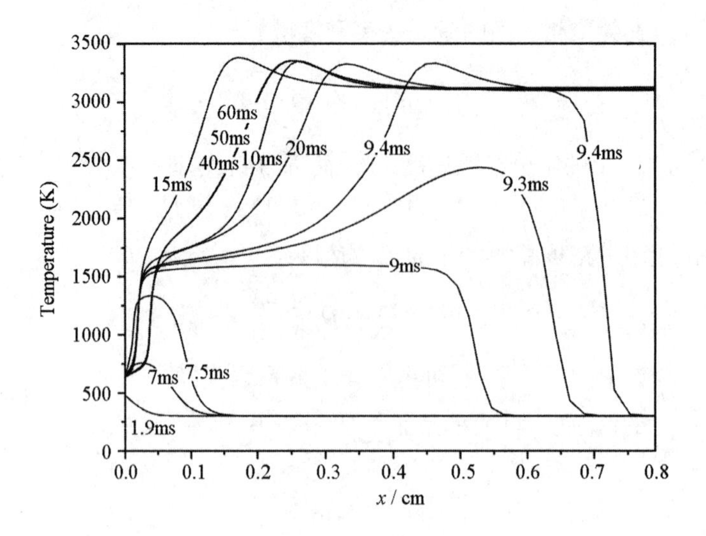

图 9.3.3　气相中不同时刻的温度分布

图 9.3.4、图 9.3.5、图 9.3.6、图 9.3.7 分别给出了四个不同时刻气相中主要组分的摩尔分数分布。7ms 时(图 9.3.4),主要组分包括 HCN、HONO、CH_2O、NO、N_2O、H_2CN、NO_2、和 H_2XNNO_2,这些组分主要来自于燃烧表面附近 RDX 的分解反应。随着时间的推移,这些分解产物之间发生快速的化学反应,生成 NO、HCN、H2O、CO 和 CO_2 等(图 9.3.5 和图 9.3.6)。达到稳定燃烧状态时(图 9.3.7),生成最终产物,最终产物主要包括 N_2、CO、H_2O、H_2、CO_2 和 NO 等。

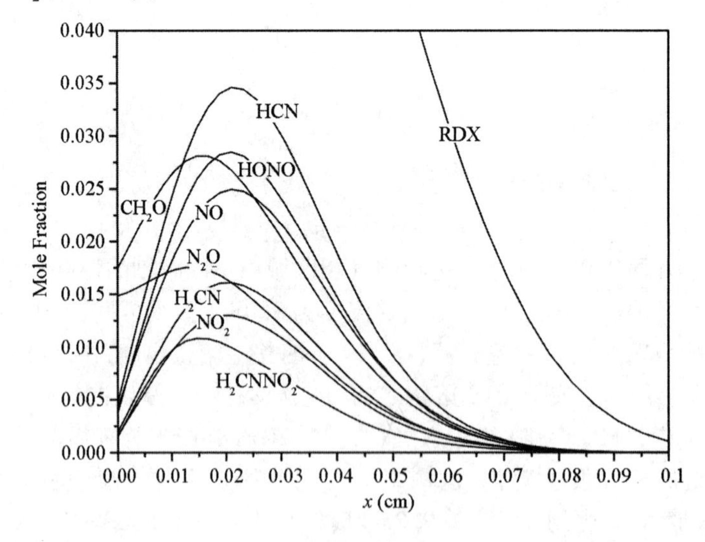

图 9.3.4　7ms 时气相中主要组分的摩尔分数分布

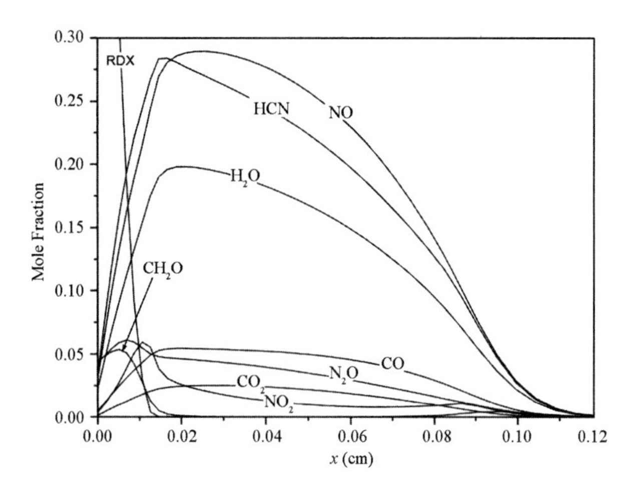

图 9. 3. 5　7. 5ms 时气相中主要组分的摩尔分数分布

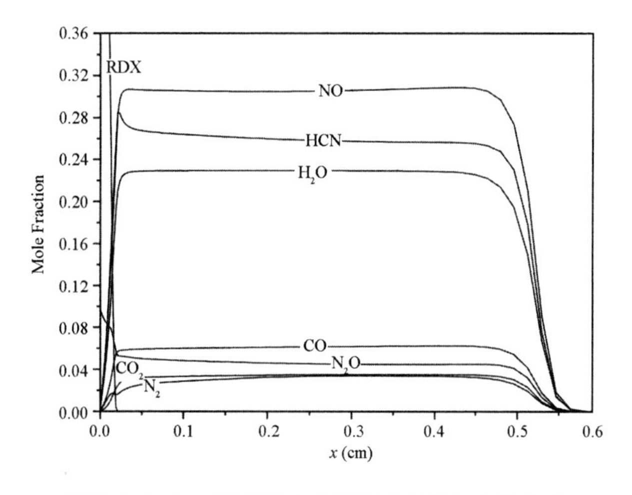

图 9. 3. 6　9ms 时气相中主要组分的摩尔分数分布

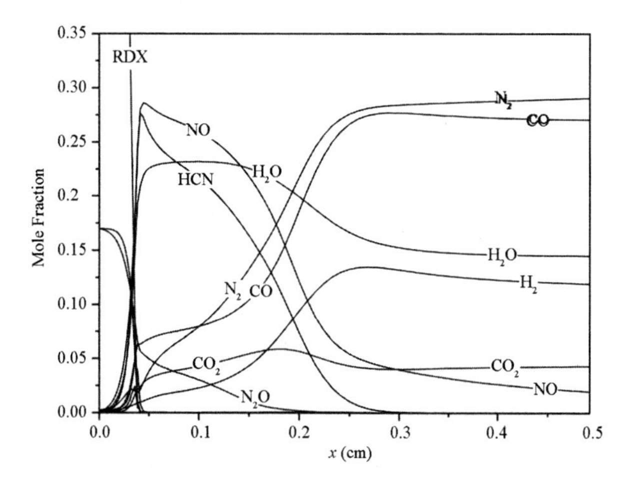

图 9. 3. 7　50ms 时气相中主要组分的摩尔分数分布

随着激光功率密度的增加,凝聚相吸收能量速率增加,使得温升加快,从而导致分解速率和蒸发速率加快,气相化学反应加快,点火延迟时间迅速减小。图9.3.8给出的是均质RDX的点火延迟时间与激光功率密度的关系,图中还给出了一些实验结果。

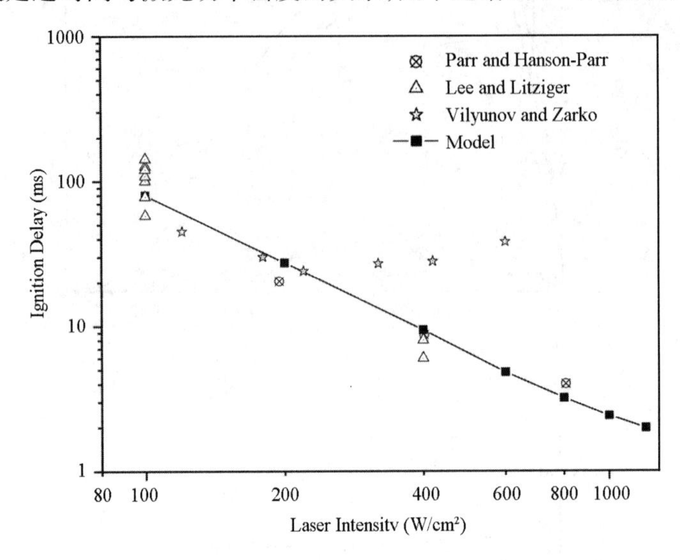

图9.3.8　RDX激光点火延迟时间和激光功率密度的关系

9.4　快烤燃

烤燃是指金属密封状态下,含能材料在外部热流(强激光或火焰等)作用下的响应。根据加热速率的快慢,烤燃可分为慢烤燃和快烤燃两种类型,慢烤燃的点火延迟时间以小时或天计,快烤燃的点火延迟时间为秒或分钟量级。

烤燃现象的一个主要特点是研究对象处于较高的温度环境中,环境中的热量以一定的热传导形式对含能材料进行加热,并在容易产生能量激发的部位首先点火或爆炸。在慢烤燃环境下,由于热流通量较小,炸药温度整体上升,没有明显的温度梯度,点火发生在炸药内部,一旦发生点火,在整个炸药中几乎同时发生剧烈的爆炸式反应。在快烤燃环境下,由于热流通量较大,炸药中存在明显的温度梯度,只在炸药表面才产生明显的温升,因此,化学反应从炸药表面附近开始,反应形式为燃烧,剧烈程度要比慢烤燃弱得多。

图9.4.1是Raun等给出的快烤燃过程示意图。在外界热源的作用下,壳体不断吸收能量并向内部传递,使炸药温度不断升高并发生熔化、分解等现象,由于炸药中靠近加热壳体处的温度最高,此处出现反应区,生成气体产物(图9.4.1(a));炸药的温度不断升高,导致化学反应加速,化学反应释放出的能量又使炸药温度进一步升高,最终使靠近辐照面的炸药发生点火(图9.4.1(b));点火后的炸药发生快速的燃烧反应,释放能量,生成气体产物,从而使装置内部压力增加,导致壳体变形(图9.4.1(c));当压力升高至一定程度后,壳体发生破裂(图9.4.1(d))。

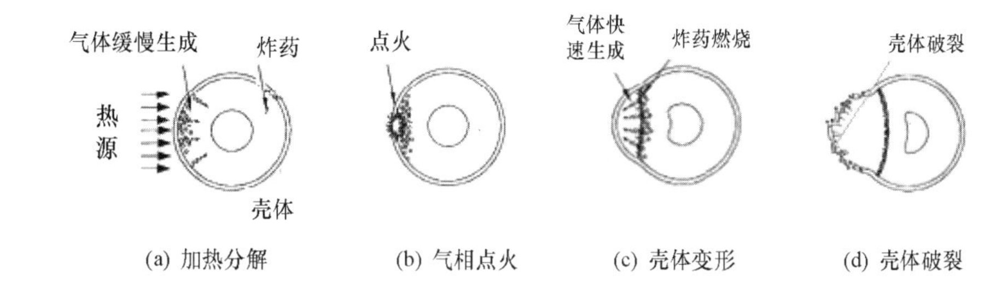

图 9.4.1　典型的快烤燃过程示意图

美国 C-SAFE 研究中心针对装有常规炸药的容器被迅速加热的快烤燃过程，利用丙烷燃烧加热和电加热进行了系统的实验研究，典型实验装置如图 9.4.2 所示，利用热电偶和压力传感器测试了不同位置的温度和压力历史(图 9.4.3)。

(a) 整体装置

(b) 局部视图

图 9.4.2　C-SAFE 快烤燃实验装置图

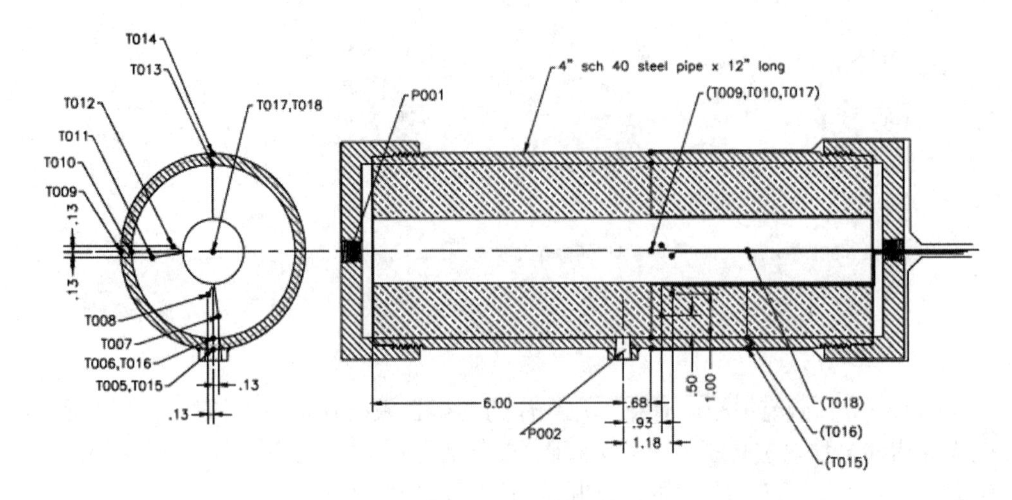

图 9.4.3　C-SAFE 快烤燃实验热电偶和压力传感器布置图

实验发现快速烤燃过程中温度梯度较大，热对流、热传导、约束强度是炸药反应程度的重要影响因素，反应发生在约束壳体与炸药界面之间。研究人员认为快烤燃实验主要包括的物理过程有外部热源加热炸药与壳体；炸药局部点火或燃烧；炸药局部点火或燃烧生成的产物对壳体产生压力；在燃烧生成的产物作用下壳体膨胀；持续燃烧和膨胀可能导致壳体破裂。C-SAFE 的三分钟快烤燃实验回收的壳体和炸药如图 9.4.4 和图 9.4.5 所示。

图 9.4.4　C-SAFE 三分钟快烤燃实验回收的壳体

图 9.4.5　C-SAFE 三分钟快烤燃实验回收的炸药

Ciro 等通过对 C-SAFE 的快烤燃实验进行分析，认为快烤燃过程可以利用一维模型描述，如图 9.4.6 所示，图中 R_{ei}表示炸药内半径，即中心孔半径，R_{eo}表示炸药外半径，R_{so}表示壳体外半径。

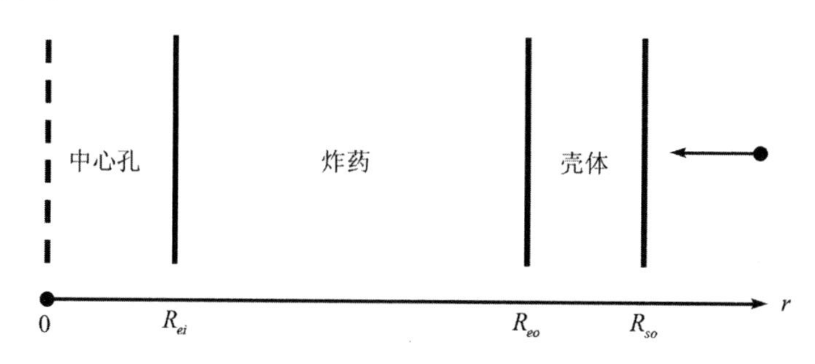

图 9.4.6　快烤燃一维模型示意图

Ciro 等采用了三种方法对快烤燃过程进行了分析。第一种方法是杜哈梅尔叠加积分(Duhamel superposition integral)方法，该方法根据实验中测量的壳体和炸药界面处的温度可以获得界面处的热流密度。假设材料的热物性参数为常数，一维柱对称非稳态热传导方程为

$$\frac{\partial T(r,t)}{\partial t}=\alpha\left(\frac{\partial T(r,t)}{\partial r^2}+\frac{1}{r}\frac{\partial T(r,t)}{\partial r}\right) \tag{9.4.1}$$

式中：r 是空间坐标；α 是热扩散率。

由式(9.4.1)可得，壳体和炸药界面处热流的近似表达式为

$$q(t_n) = \frac{2\lambda_e}{\sqrt{\pi\alpha}}\sum_{j=1}^{n}\left(\frac{T_j - T_{j-1}}{\sqrt{t_n - t_j} + \sqrt{t_n + t_{j-1}}}\right) + \frac{\lambda_e}{2R_{eo}}(T_j - T_0) \tag{9.4.2}$$

式中下标 e 表示炸药。

第二种方法是逆向热传导(inverse heat conduction)方法，该方法根据实测的炸药内部某一点的温度历史，可以计算出炸药表面的温度和热流。考虑一个无限长圆柱形结构，如图 9.4.7 所示，图中 R_e表示测量点，初始温度均匀。

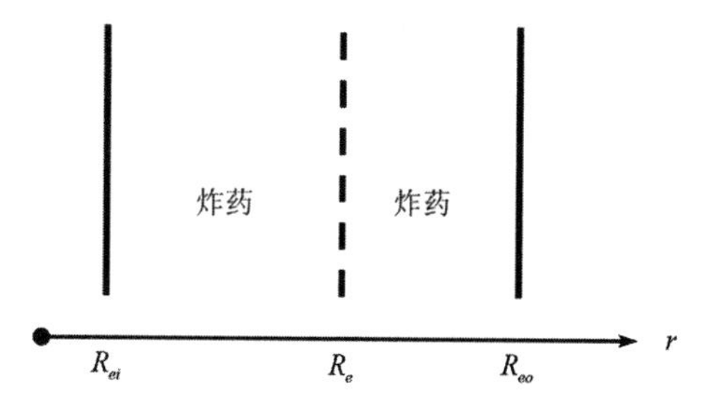

图 9.4.7　一维柱对称热传导模型

将整个空间分为两个区域，第一个区域是从炸药外表面 R_{ei}处到测量点 R_e处，第二个区域是从测量点 R_e处到炸药内表面 R_{eo}处。第一个区域可以直接求解，从而为第二个区域的求解提供边界条件。

第一个区域的控制方程为

$$q = -\lambda_e(T)\frac{\partial T(r,t)}{\partial r} \tag{9.4.3}$$

$$\rho c_p\frac{\partial T(r,t)}{\partial t} = -\frac{1}{r}\frac{\partial}{\partial r}(rq) \tag{9.4.4}$$

对式(9.4.3)(9.4.4)进行差分,其中空间项采用一阶向前差分,时间项采用一阶向后差分,可得

$$T_{i+1}^{n} = -\frac{\Delta r}{\lambda} q_{i+1}^{n} + T_{i}^{n} \tag{9.4.5}$$

$$q_{i+1}^{n} = -\frac{r_i}{r_{i+1}} q_{i}^{n} + \frac{r_i}{r_{i+1}} \frac{\Delta r \rho c_p}{\Delta t} (T_{i}^{n-1} - T_{i}^{n}) \tag{9.4.6}$$

将式(9.4.6)带入式(9.4.5),有

$$T_{i+1}^{n} = -\frac{r_i}{r_{i+1}} \frac{\Delta r q_{i}^{n}}{\lambda} + T_{i}^{n-1}\left(-\frac{r_i}{r_{i+1}} \frac{\Delta r^2 \rho c_p}{\lambda \Delta t}\right) + T_{i}^{n}\left(1 + \frac{r_i}{r_{i+1}} \frac{\Delta r^2 \rho c_p}{\lambda \Delta t}\right) \tag{9.4.7}$$

将式(9.4.6)(9.4.7)的计算结果作为第二区的边界条件,即可对第二区进行求解。

第三种方法是建立热反应模型,对整个快烤燃过程进行较为细致的模拟,可以得到热流密度、温度和点火延迟时间等参数。以 HMX 基含能材料为例,其反应过程可以采用一个简化的三步模型

$$HMX_{(s)} \Rightarrow H_2C = N - NO_{2(s)} \tag{R.13}$$

$$H_2C = N - NO_{2(s)} \Rightarrow CH_2O_{(g)} + N_2O_{(g)} \tag{R.14}$$

$$CH_2O_{(g)} + N_2O_{(g)} \Rightarrow H_2O_{(g)} + N_{2(g)} + CO_{(g)} + CO_{2(g)} \tag{R.15}$$

考虑一个如图 9.4.6 所示的一维快烤燃模型,在炸药中,即当 $R_{ei} < r < R_{eo}$ 时,有

$$\rho_e c_{pe} \frac{\partial T(r,t)}{\partial t} = \frac{\partial}{\partial r}\left[\lambda_e \frac{\partial T(r,t)}{\partial r}\right] + \frac{\lambda_e \partial T(r,t)}{r \quad \partial r} + S \tag{9.4.8}$$

式中 S 是化学反应放热项,由化学反应(R13)、(R14)和(R15)决定。

在壳体中,即当 $R_{eo} < r < R_{so}$ 时,有

$$\rho_s c_{ps} \frac{\partial T(r,t)}{\partial t} = \frac{\partial}{\partial r}\left[\lambda_s \frac{\partial T(r,t)}{\partial r}\right] + \frac{\lambda_s \partial T(r,t)}{r \quad \partial r} \tag{9.4.9}$$

式中下标 s 表示壳体。

初始条件和边界条件为

$$T(r,0) = T_0 \tag{9.4.10}$$

$$-\lambda_s \frac{\partial T(R_{so,t})}{\partial r} = q_s \tag{9.4.11}$$

$$\frac{\partial T(R_{ei},t)}{\partial r} = 0 \tag{9.4.12}$$

炸药和壳体之间通常会存在一个气隙,气隙的存在对于点火延迟时间有重要的影响。通常,炸药经加工并装入容器后,会在容器和炸药之间存在空气隙,一般此空气隙非常小,如果炸药铸装入容器,则不会有气隙存在,但由于壳体和炸药热膨胀系数的不同,在加热过程中,也会产生气隙,且气隙宽度随着温度的升高而增加。考虑气隙的界面条件为

$$-\lambda_e \frac{\partial T(R_e,t)}{\partial r} = h(T_s - T_e) \tag{9.4.13}$$

$$h(T_s - T_e) = -\lambda_s \frac{\partial T(R_s,t)}{\partial r} \tag{9.4.14}$$

式中 h 是界面处的传热系数,通常包括热传导、对流和热辐射三项,可表示为

$$h = \frac{\lambda_{Air}}{L_{Air}} + h_c + \frac{\sigma(T_s^2 + T_e^2)(T_s + T_e)}{\frac{1}{\varepsilon_s} + \frac{1}{\varepsilon_e} + 1} \tag{9.4.15}$$

式中 L_{Air} 是壳体和炸药之间的气隙宽度。

参考文献

[1] 王伯羲，冯增国，杨荣杰. 火药燃烧理论[M]. 北京：北京理工大学出版社，1997.

[2] 严传俊，范玮. 燃烧学[M]. 西安：西北工业大学出版社，2005.

[3] 王守范. 固体火箭反动机燃烧与流动[M]. 北京：北京工业学院出版社，1987.

[4] 金韶华，松全才. 炸药理论[M]. 西安：西北工业大学出版社，2010.

[5] 周霖. 爆炸化学基础[M]. 北京：北京理工大学出版社，2005.

[6] 张奇，白春华，梁慧敏. 燃烧与爆炸基础[M]. 北京：北京理工大学出版社，2007.

[7] 王克秀，李葆萱，吴心平. 固体火箭推进剂及燃烧[M]. 北京：国防工业出版社，1983.

[8] K. K. 郭，M. 萨默菲尔德[M]. 宋兆武,译. 固体推进剂燃烧基础(上册). 北京：宇航出版社，1988.

[9] 项仕标，项顼，冯长根. 激光对含能材料作用特性分析[J]. 激光与红外，2002，32(4):233 -236.

[10] 田占东. RDX 激光点火与快烤燃的模型构建和特性研究[D]. 博士学位论文，国防科学技术大学研究生院，2012.

[11] Zhandong Tian, Zhenyu Zhang, Fangyun Lu, and Rong Chen. Modeling and Simulation of Laser-Induced Ignition of RDX Using Detailed Chemical Kinetics[J]. Propellants Explos. Pyrotech. 2014, 39(6), 838 -843.

[12] Meredith K V. Ignition Modeling of HMX in Laser-induced and Fast-cookoff Environments[D]. PhD. Dissertation, Provo UT: Brigham Young University, 2003.

[13] Ciro W, Edding E G, Sarofim A. Fast Cookoff Tests Report[C]. CSAFE internal report, Salt Lake City: Center for the Simulation of Accidental Fires and Explosions, 2003.

[14] Beckstead M W, Puduppakkam K, Thakre P. Modeling of Combustion and Ignition of Solid-propellant Ingredients[J]. Progress in Energy and Combustion Science, 2007, 33(6):497 -551.

[15] Parr T P, Hanson - Parr D M. Nitramine Flame Structure as a Function of Pressure [C]. Proceedings of the 26th JANNAF Combustion Committee Meeting, CPIA Publication 529, Vol. I, 1989:27 -37.

[16] Parr T P, Hanson-Parr D M. RDX Ignition Flame Structure[C]. 27th Symposium (International) on Combustion/the Combustion Institute, 1998:2301 -2308.

[17] Liau Y C, Kim E S, Yang V. A Comprehensive Analysis of Laser-induced Ignition of RDX Monopropellant[J]. Combustion and Flame 2001, 126:1680 -1698.

[18] Liau Y C, Lyman J L. Modeling Laser-Induced Ignition of Nitramine Propellants with Condensed and Gas-Phase Absorption[J]. Combustion Science and Technology, 2002, 174(3):141 - 171.

[19] Ciro M. Heat Transfer at Interfaces of a Container of High-Energy Materials Immersed in a Pool File[D]. PhD. Dissertation, Utah: the University of Utah, 2005.

[20] Kee R J, Rupley F M, Meeks E. CHEMKIN-Ⅲ: A Fortran Chemical Kinetics Package for the Analysis of Gasphase Chemical and Plasma Kinetics [R]. Sandia National Laboratories Report SAND96 - 8216, 1996.

[21] Kee R J, Rupley F M, Miller J A. the Chemkin Thermodynamic Data Base[R]. Sandia National Laboratories Report SAND87 - 8215B, 1990.

[22] Liau Y C. A Comprehensive Analysis of RDX Propellant Combustion and Ignition with Two-Phase Subsurface Reactions [D]. PhD. Dissertation, Pennsylvania State University, 2003:74 - 78.

[23] Raun R L, Butcher A G, Caldwell D J, et al. An Approach for Predicting cookoff Reaction Time and Reaction Severity[C]. 1993 JANNAF Propulsion System Hazards Subcommittee Meeting, CPIA NO. 582, 1992:407 - 504.

[24] Stull D R, Prophet H. JANAF Thermochemical Tables[R]. Report NSRDS - NBS 37, Washington DC: National Bureau of Standards, 1971.

[25] Cloutman L D. A Selected Library of Transport Coefficients for Combustion and Plasma Physics Applications[R]. UCRL - ID - 139893, 2000.

[26] Rarthik V P. Modeling the Steady-state Combustion of Solid Propeuant Lngredients with Detailed Kinetics [D]. PHD. Dissertation, Prouo UT: Brigham Young Uniuersity, 2003.

附　录

附表 1　炸药爆轰产物 JWL 状态方程参数

参数 / 炸药	A_g (Mbar)	B_g (Mbar)	R_1	R_2	C_{vg} (Mbar/K)	w_g	E_0 (Mbar)	p_{CJ} (Mbar)	D_{CJ} (cm/μs)
PBX－9404	8. 524	0. 1802	4. 6	1. 3	1.0×10^{-5}	0. 38	0. 102	0. 37	0. 88
PBX－9501	16. 689	0. 5969	5. 9	2. 1	1.0×10^{-5}	0. 45	0. 102	0. 34	0. 88
EDC37	8. 524	0. 1802	4. 6	1. 3	1.0×10^{-5}	0. 38	0. 102		
LX－17	5. 31396	0. 02703	4. 1	1. 1	1.0×10^{-5}	0. 46	0. 069	0. 30	0. 76
PBX－9502	13. 6177•	0. 7199	6. 2	2. 2	1.0×10^{-5}	0. 5	0. 069	0. 302	0. 771
TNT	33. 9489	0. 8217	8. 3	2. 8	1.0×10^{-5}	0. 6	0. 058	0. 18	0. 693

注：表中塑料粘接炸药的配方：PBX－9404(94% HMX、3% NC 和 3% CEF)、PBX－9501(95% HMX、2. 5% Estane 和 2. 5% BDNPA－F)、EDC37(91% HMX、8% K10 和 1% Nitrocellulose)、LX－17(92. 5TATB 和 7. 5% Kel－F)、PBX－9502(95% TATB 和 5% Kel－F)。

附表 2　未反应炸药的 JWL 状态方程参数

参数 / 炸药	ρ_0 (g/cm³)	A_s (Mbar)	B_s (Mbar)	r_1	r_2	C_{vs} (Mbar/K)	w_s	G (Mbar)	Y (Mbar)
PBX－9404	1. 842	9522.	－0. 05944	14. 1	1. 41	2.7806×10^{-5}	0. 8867	0. 0454	0. 002
PBX－9501	1. 835	7320.	－0. 05265	14. 1	1. 41	2.7806×10^{-5}	0. 8867	0. 0352	0. 002
EDC37	1. 842	69. 69	－1. 727	7. 80	3. 90	2.505×10^{-5}	0. 8578		
LX－17	1. 90	778. 1	－0. 05031	11. 3	1. 13	2.487×10^{-5}	0. 8938	0. 0354	0. 002
PBX－9502	1. 895	778. 1	－0. 05031	11. 3	1. 13	2.487×10^{-5}	0. 8938	0. 0354	0. 002
TNT	1. 645	171. 01	－0. 03745	9. 8	0. 98	2.7172×10^{-5}	0. 5647		

注：1. 表中的 G 和 Y 分别是炸药的剪切模量和屈服应力；2. 表中炸药参数对应的初始温度为 $T_0=298$°K。若初始温度变化，只需改变 ρ_0 和 B_s 两个炸药参数，以 PBX－9501 炸药为例：$T_0=323$°K 时，$\rho_0=1.82\text{g/cm}^3$，$B_s=-0.055179$Mbar；$T_0=423$°K，$\rho_0=1.762\text{g/cm}^3$，$B_s=-0.065278$Mbar。

附表 3　炸药的 HOM 状态方程参数

炸药＼参数	硝基甲烷	液态 TNT	Comp B	PETN	PBX－9404
“固态”（未反应炸药）					
C_0	0. 1647	0. 2	0. 231	0. 233	0. 2423
S	1. 637	1. 65	1. 830	2. 740	1. 833
F	5. 41171	4. 23681	－8. 868	－3. 884	－9. 042
G	－2. 72959	－8. 59733	－79. 74	－52. 09	－71. 32
H	－3. 21986	－16. 06098	－159. 4	－105. 1	－125. 2
I	－3. 90757	－13. 76396	－135. 4	－90. 67	－92. 04
J	2. 39028	－2. 05713	－39. 13	－26. 24	－22. 19
Γ	0. 6805	1. 66	1. 5	0. 77	0. 675
Cv	0. 414	0. 383	0. 259	0. 30	0. 4
$\bar{\alpha}$	3.0×10^{-4}	2.3153×10^{-4}	5.0×10^{-5}	7.35×10^{-5}	5.0×10^{-5}
v_0	0. 88652	0. 691085	0. 5831	0. 5634	0. 5423
T_0	300. 0	358. 1	298. 0	298. 0	298. 0
“气态”（爆轰产物）					
A	－3. 11581	－3. 55948	－3. 526	－3. 477	－3. 539
B	－2. 35968	－2. 41906	－2. 334	－2. 477	－2. 577
C	0. 21066	0. 21314	0. 5973	0. 2562	0. 2601
D	3.8057×10^{-3}	0. 05427	3.045×10^{-3}	-3.996×10^{-3}	0. 01391
E	-3.5345×10^{-3}	－0. 01683	－0. 1752	-3.882×10^{-3}	－0. 01139
K	－1. 39937	－1. 47916	－1. 561	－1. 608	－1. 619
L	0. 47935	0. 51439	0. 5331	0. 4876	0. 5215
M	0. 06067	0. 09027	0. 08063	0. 05483	0. 06775
N	4.1067×10^{-3}	8.5038×10^{-3}	3.338×10^{-3}	2.609×10^{-3}	4.265×10^{-3}
O	1.1333×10^{-4}	3.216×10^{-4}	-6.844×10^{-4}	2.772×10^{-5}	1.047×10^{-4}
Q	7. 79645	7. 68605	7. 503	7. 506	7. 364
R	－0. 53300	－0. 47044	－0. 4412	－0. 4846	－0. 4937
S	0. 07090	0. 09906	0. 1513	0. 05232	0. 02924
U	0. 02061	5.2409×10^{-3}	0. 06779	0. 03455	0. 03303
W	5.6614×10^{-3}	-4.0218×10^{-3}	－0. 02424	－0. 01067	－0. 01145
C_{vg}	0. 556	0. 5	0. 5	0. 5	0. 5
e_z	0. 1	0. 1	0. 1	0. 1	0. 1

注：表中参数对应于长度、时间、质量和温度的单位分别为 cm、μs、g 和 K。

附表 4 炸药的三项式反应速率模型系数

参数 / 炸药	PBX - 9404	PBX - 9501	EDC37	LX - 17	PBX - 9502	PBX - 9502_b
$I/\mu s$	7.43×10^{11}	1.4×10^{11}	3.0×10^{10}	4.0×10^{6}	1.5×10^{5}	4.0×10^{6}
b	0. 667	0. 667	0. 667	0. 667	0. 667	
a	0. 0	0. 0	0. 0	0. 22	0. 237	0. 214
x	20. 0	20. 0	20. 0	7. 0	7. 0	7. 0
$G_1/(\mathrm{Mbar})^{-y}\mu s^{-1}$	3. 1	130	90. 0	0. 6	0. 8	1100. 0
c	0. 667	0. 667	0. 667	0. 667	0. 667	
d	0. 111	0. 277	0. 333	0. 111	0. 111	1. 0
y	1. 0	2. 0	2. 0	1. 0	1. 0	2. 0
$G_2/(\mathrm{Mbar})^{-z}\mu s^{-1}$	400. 0	400. 0	200. 0	400. 0	3500. 0	30. 0
e	0. 333	0. 333	0. 333	0. 333	0. 333	0. 667
g	1. 0	1. 0	1. 0	1. 0	1. 0	0. 667
z	2. 0	2. 0	2. 0	3. 0	3. 7	1. 0
λ_{igmax}	0. 3	0. 3	0. 3	0. 5	0. 3	0. 25
λ_{G1max}	0. 5	0. 5	0. 5	0. 5	0. 5	0. 8
λ_{G2min}	0. 0	0. 5	0. 0	0. 0	0. 0	0. 8

参考文献

[1] 章冠人,陈大年编著. 凝聚炸药起爆动力学[M]. 北京:国防工业出版社,1991.

[2] DeOliveira G, Kapila A K, Schwendeman D W. Detonation Diffraction, Dead Zones and the Ignition-and-Growth Model [C]. Proc. of 13th Symp. (Int.) on Detonation, 2006.

[3] Tarver C M, Hallquist J O, et al. Modeling short pulse duration shock initiation of solid explosives[C]. Proc. of 8th Symp. (Int.) on Detonation, 1985: 951 - 961.

[4] Winter R E, Markland L S, and Prior S D. Modelling Shock Initiation of HMX-Based Explosive [C]. In Proceedings of the APS Conference on Shock Compression of Condensed Matter, 1999: 883 - 886.

[5] Mader C L. Numerical Modeling of Explosives and Propellants[M]. CRC Press, 2007.

[6] Tarver C M, McGuire E M. Reactive Flow Modeling of the Interaction of TATB Detonation Waves with Inert Materials [C]. Proc. of 12th Symp. (Int.) on Detonation, 2002.

[7] Bahl K L, Breithaupt R D, Tarver C M, and Von Holle W G. FABRY PEROT VELOCIMZE´1´RY ON DETONATING LX - 17 IN PLANAR AND SPHERICALLY DIVERGENT GEOMETRIES[C]. Proc. of 9th Symp. (Int.) on Detonation, 1990: 137.